CAX工程应用丛书

UG NX 12.0 中文版标准教程（视频教学版）

张红松 刘昌丽 编著

清華大學出版社
北京

内 容 简 介

本书内容由浅入深，从易到难，各章节既相对独立又前后关联，结合编者多年的工作经验和学习感受，及时给出总结和相关提示，帮助读者快捷地掌握所学的知识。

本书分为 11 章，第 1 章为 UG NX 12.0 简介，第 2 章介绍 UG NX 12.0 基本操作，第 3 章介绍曲线操作，第 4 章介绍草图绘制，第 5 章介绍建模基础，第 6 章介绍实体建模，第 7 章介绍编辑特征，第 8 章介绍曲面操作，第 9 章介绍钣金设计，第 10 章介绍装配特征，第 11 章介绍工程图。

本书适合 UG NX 设计技术的初学者。全书解说翔实，图文并茂，语言简洁，思路清晰。随书下载资源包含书中所有实例的源文件和实例操作过程的视频文件，可以帮助读者更加轻松自如地学习本书知识。

图书在版编目（CIP）数据

UG NX 12.0 中文版标准教程：视频教学版/张红松，刘昌丽编著. —北京：清华大学出版社，2020.7
（CAX 工程应用丛书）
ISBN 978-7-302-55877-4

Ⅰ. ①U… Ⅱ. ①张… ②刘… Ⅲ. ①机械设计－计算机辅助设计－应用软件 Ⅳ. ①TH122

中国版本图书馆 CIP 数据核字（2020）第 109190 号

责任编辑： 夏毓彦
封面设计： 王　翔
责任校对： 闫秀华
责任印制： 沈　露

出版发行： 清华大学出版社
网　　址： http://www.tup.com.cn，http://www.wqbook.com
地　　址： 北京清华大学学研大厦 A 座　　**邮　　编：** 100084
社 总 机： 010-62770175　　**邮　　购：** 010-62786544
投稿与读者服务： 010-62776969，c-service@tup.tsinghua.edu.cn
质量反馈： 010-62772015，zhiliang@tup.tsinghua.edu.cn
印 装 者： 大厂回族自治县彩虹印刷有限公司
经　　销： 全国新华书店
开　　本： 190mm×260mm　　**印　　张：** 20.5　　**字　　数：** 525 千字
版　　次： 2020 年 8 月第 1 版　　**印　　次：** 2020 年 8 月第 1 次印刷
定　　价： 69.00 元

产品编号：086358-01

前　言

Unigraphics Solutions 公司（简称 UGS）是全球著名的 MCAD 供应商，主要为汽车交通、航空航天、日用消费品、通用机械及电子工业等领域通过其虚拟产品开发（VPD）的理念提供多级化、集成、企业级、包括软件产品与服务在内的完整的 MCAD 解决方案。其主要的 CAD 产品是 UG。

本书突出技能培养的特点，体现理论和功能的完整性。内容紧密结合现代化设计和制造的需求，并力求做到文字精炼，语言通俗易懂，举例实用。从实际操作入手，讲解深入浅出，操作步骤简单明了，使读者根据书中的讲解能更快地上机操作，掌握操作技能。

全书分为 11 章：第 1 章为 UG NX 12.0 简介，第 2 章介绍 UG NX 12.0 基本操作，第 3 章介绍曲线操作，第 4 章介绍草图绘制，第 5 章介绍建模基础，第 6 章介绍实体建模，第 7 章介绍编辑特征，第 8 章介绍曲面操作，第 9 章介绍钣金设计，第 10 章介绍装配特征，第 11 章介绍工程图。

与市面上类似图书比较，本书具有以下鲜明特色：

（1）内容全面，剪裁得当

本书定位于创作一本针对 UG NX 12.0 在工业设计领域应用功能全貌的教材，书中内容全面具体，不留死角，适合于各种不同需求的读者。为了在有限的篇幅内提高知识集中程度，作者对所讲述的知识点进行了精心剪裁。具体采取的方法有两点：一，通过实例操作驱动知识点讲解，不专门对知识点进行重复的理论介绍，既生动具体，又简洁明了；二，次要生僻知识点忽略不讲，这样既节省了篇幅，也提高了读者的学习效率。

（2）实例丰富，步步为营

对于 UG 这类专业软件在工业设计领域应用的工具书，作者力求避免空洞的介绍和描述，步步为营，逐个知识点采用工业设计实例演绎，这样读者在实例操作过程中就牢固地掌握了软件功能。实例的种类也非常丰富，有知识点讲解的小实例，有几个知识点或全章知识点相结合的综合实例，有练习提高的上机实例，更有完整实用的工程案例。各种实例交错讲解，达到巩固读者理解的目的。

（3）工程案例潜移默化

UG 是一个侧重应用的工程软件，所以最后的落脚点还是工程应用。为了体现这一点，本书采用的巧妙处理方法是：将齿轮泵设计这个典型的工程案例的完整设计过程拆分为很多细小的实例，根据知识点演绎的需要，随时灵活讲解，知识点讲完后，这个工程案例设计全流程的各个细节也一并讲完，“随风潜入夜，润物细无声”，潜移默化地培养读者的工程设计能力，同时使全书的内容显得更紧凑严谨。

（4）例解与图解配合使用

与同类书比较，本书一个最大的特点是“例解+图解”。“例解”是指抛弃传统的基础知识点铺陈的讲解方法，采用直接实例引导加知识点拨的方式进行讲解，这种方式的讲解使本书操作性强，可以以最快的速度抓住读者，避免枯燥。“图解”是指多图少字，图文紧密结合，这种方式大大增强了本书的可读性。

（5）随书配送的综合实例演练视频讲解形象具体

随书配送的下载资源中包含全书所有实例源文件和每章综合实例演练过程的视频文件，可以帮助读者形象直观地学习和掌握本书内容。为了增强教学的效果，更进一步方便读者的学习，作者亲自对实例动画进行了配音讲解。利用作者精心设计的多媒体界面，读者可以像看电影一样轻松愉悦地学习本书。需要授课 PPT 文件的老师还可以联系作者索取。

（6）实例源文件与综合实例演练视频下载

随书配送资源包括全书所有实例源文件和每章综合实例的演练视频，下载地址请扫描下方二维码获得。如果下载有问题，请联系邮箱 booksaga@163.com，邮件主题写“UG NX 12.0 中文版标准教程”。

（7）读者与技术支持

本书由河南工程学院的张红松老师和石家庄三维书屋文化传播有限公司的刘昌丽老师编著，其中张红松执笔编写第 1～9 章，刘昌丽执笔编写第 10、11 章。另外，卢园、康士廷和胡仁喜等参与了部分编写工作。

由于作者水平有限，书中难免存在疏漏之处，恳请专家和广大读者批评指正。在学习过程中如遇到疑难问题，可以通过技术支持通道与我们联系，我们将在第一时间给予答复！

本书技术支持网站、电子邮箱、QQ 群请参见资源包中的相关文件。

作　者

2020 年 5 月

目　录

第 1 章

UG NX 12.0 简介

计算机辅助设计（CAD）技术是现代信息技术领域中的设计技术之一，也是使用最广泛的技术之一。Unigraphics Solutions 公司的 Unigraphics 作为中高端三维 CAD 软件，具有功能强大、应用范围广等优点，因此被认为是具有“统一力”的中高端设计解决方案。本章将对 Unigraphics 软件做简要介绍。

1.1 产品综述

1997 年 10 月，Unigraphics Solutions 公司与 Intergraph 公司签约，合并了后者的机械 CAD 产品，将微机版的 Solid Edge 软件统一到 Parasolid 平台上，由此形成了一个从低端到高端，兼有 UNIX 工作站版和 Windows NT 微机版较完善的企业级 CAD/CAE/CAM/PDM 集成系统。UG 于 1991 年被美国 EDS 公司收购，并以 EDS UG 的实体运营，1998 年 EDS UG 收购了 Intergraph 公司的机械软件部，成立 Unigraphics Solutions Inc 这个 EDS 公司的子公司，这家子公司简称 UGS。2001 年 9 月 EDS 收购 SDRC 公司，同时回购 UGS 股权，将 SDRC 与 UGS 组成 Unigraphics PLM Solutions 事业部。该事业部中间又经过了一些变更，最后被西门子公司收购，称为西门子集团公司旗下的 UGS PLM Software 软件公司，并于 2018 年推出 UG NX 12.0 最新版本，该软件在原版本的基础上进行了 300 多处改进。例如，在特征和自由建模方面提供了更加强大的功能，使得用户可以更快、更高效、更高质量地设计产品。在制图方面也做了重要的改进，使得制图更加直观、快速和精确、贴近工业标准。它集成了美国航空航天、汽车工业的经验，成为机械行业集成化 CAD/CAE/CAM 主流软件之一，是知识驱动自动化技术领域中的领先者，实现了设计优化技术与基于产品和过程的知识工程的结合，在航空航天、汽车、通用机械、工业设备、医疗器械以及其他高科技行业中的机械设计和模具加工自动化领域得到了广泛的应用，显著地提高了所应用行业的生产率。UG NX 采用基于约束的特征建模和传统的几何建模为一体的复合建模技术，在曲面造型、数控加工方面是它的强项，但在分析方面较为薄弱，UG 还提供了分析软件 NASTRAN、ANSYS、PATRAN 接口，机构动力学软件 IDAMS 接口，注塑模分析软件 MOLDFLOW 接口等。

UG 具有以下 5 大优势。

- UG 可以为机械设计、模具设计及电器设计单位提供一套完整的设计、分析和制造方案。

- UG 是一个完全的参数化软件，为零部件的系列化建模、装配和分析提供强大的基础支持。
- UG 可以管理 CAD 数据及整个产品开发周期中的所有相关数据，实现逆向工程（Reverse Engineering）和并行工程（Concurrent Engineering）等先进设计方法。
- UG 可以完成包括自由曲面在内的复杂模型的创建，同时在图形显示方面运用了区域化管理方式，节约系统资源。
- UG 具有强大的装配功能，并在装配模块中运用了引用集的设计思想。为节省计算机资源提出了行之有效的解决方案，可以极大地提高设计效率。

随着 UG 版本的提高，软件的功能越来越强大，复杂程度也越来越高。对于汽车设计师来说，UG 是使用得最广泛的设计软件之一。目前国内的大部分院校、研发部门都在使用该软件，如上海汽车工业集团总公司、上海大众汽车公司、上海通用汽车公司、泛亚汽车技术中心、同济大学等在教学和研究中都使用 UG 作为工作软件。

1.2　UG NX 12.0 新功能简介

UG NX 12.0 不仅具有 UG 以前版本的强大功能，还在工业设计、装配设计、钣金设计、工程图设计等方面增加了很多强大的新功能。

1. 工业设计

（1）模块化设计。NX 推出了模块化设计功能，能简化复杂设计的建模和编辑，并支持多位设计师并行工作。通过零部件模块，设计师可以采用可重用设计元素的有序结构，将设计划分为独立、自洽且具有模块化接口的功能元素。

（2）基于特征的建模。新的特征建模浏览器为特征及其关系提供了丰富直观的图形视图，当鼠标在浏览器中悬停在某个特征之上时，对象将在图形窗口和零部件导航器中突出显示，并将显示与其他特征和对象的关系；对于创建阵列特征，NX8 提供了更高的灵活性和控制能力，可以通过更为广泛的布局选择创建阵列，包括线性、多边形、参考、圆形螺旋或常规选项，还可以使用阵列填充指定的边界、在线性布局中创建对称阵列、交叉列或行以及在圆形或多边形布局中创建辐射阵列。

（3）同步建模。NX 12.0 是采用同步建模结束的第四个 NX 版本，包含经过改进的同步建模功能，能提高建模灵活性，在更短的时间内实现更多设计备选方案的评估。无论是否有特征历史记录，现在都可以更改位置相对的凸面的相交倒圆顺序。在删除模型的面时，可以有选择地修复或不修复邻接面。现在，通过同步建模中的面修改功能，能够得到质量更高且曲率连续的扩展曲面。面的移动操作变得更加实用，可直接在图形窗口中控制方向和位置参数。

（4）可视化。增加了高级的实时着色渲染工具，能将美学设计评估和验证的真实性提高到新的层次。新的任务环境提供了从一个位置访问所有可视化工具的能力，帮助用户更为轻松地通过基于图像的灯光布置、系统场景和高级材料阴影场景创建高质量图像。高级环境阴影会考虑整个场景的环境照明，而不是单个光源，因此可为模型带来深度感，有助于提高对三维形状的感知。

2．装配设计

NX 12.0 提供了约束导航器，可以更方便地查找和处理装配体约束和解决问题。装配导航器得到了增强，增加了一个新的图标来标示未解算的装配体约束，能清楚地指示问题的性质和严重性，并使您能够更快地访问其他信息。增加的固定和胶接约束可将组件固定在核实的位置。

3．钣金设计

NX 12.0 中的钣金设计通过在装配体关联环境中的建模功能得到了改进，可以使用现有的几何模型创建关联法兰，以控制法兰的大小和角度；将实体模型转换为钣金模型时可以选择通过零折弯半径保留陡峭边缘。

4．制图

NX 12.0 绘图工具增加了一组命令，用于创建和编辑自定义的工程图模板。可以为模板文件中的每个图纸选项卡创建和编辑关联的边界和区域，构造和修改自定义标题块，创建和连接模块区域，将注释、表格、符号和视图与图纸区域关联，从当前制图零部件创建可重用图纸模板，以及应用基础知识融合的规则来控制模板中的对象插入到其他零件中的行为。

1.3　UG NX 12.0 操作界面

使用 UG 进行工程设计，必须进入软件的操作环境才可进行操作。

1.3.1　UG NX 12.0 的启动

启动 UG NX 12.0 中文版，有下面 4 种方法。

- 双击桌面上 UG NX 12.0 的快捷方式图标，即可启动 UG NX 12.0 中文版。
- 单击桌面左下方的“开始”按钮，在弹出的菜单中选择“所有程序”→UGS NX 12.0→NX 12.0，即可启动 UG NX 12.0 中文版。
- 将 UG NX 12.0 的快捷方式图标拖到桌面下方的快捷启动栏中，只需单击快捷启动栏中 UG NX 12.0 的快捷方式图标即可启动 UG NX 12.0 中文版。
- 直接在 UG NX 12.0 安装目录的 UGII 子目录下双击 ugraf.exe图标，即可启动 UG NX 12.0 中文版。

UG NX 12.0 中文版的启动界面如图 1-1 所示。

1.3.2　UG NX 12.0 的主界面

UG NX 12.0 在界面上倾向于 Windows 风格，并且功能强大、设计友好。在创建一个部件文件后，进入 UG NX 12.0 的主界面，如图 1-2 所示。

图 1-1　UG NX 12.0 中文版的启动界面

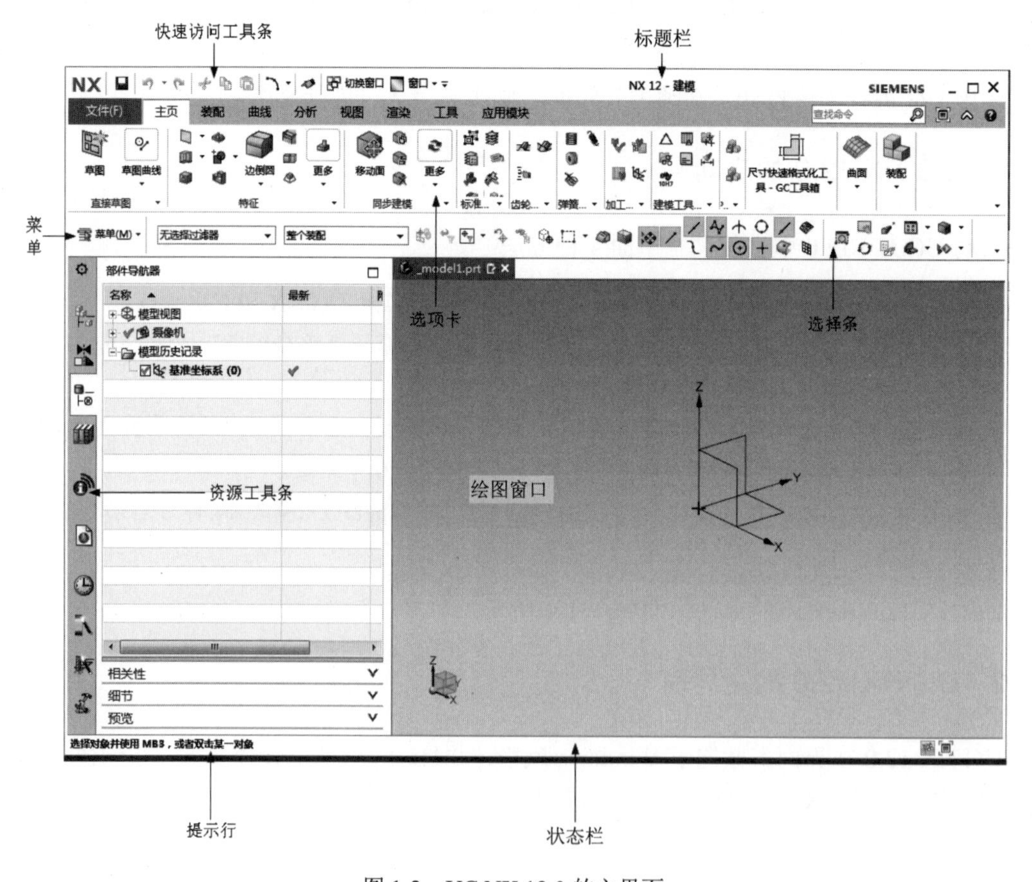

图 1-2　UG NX 12.0 的主界面

- 标题栏：用于显示版本、当前模块、当前工作部件文件名、当前工作部件文件的修改状态等信息。
- 菜单：用于显示 UG NX 12.0 中各功能菜单，是经过分类并固定显示的。通过菜单可激发各层级联菜单，UG NX 12.0 的所有功能几乎都能在菜单上找到。
- 选项卡：用于显示 UG NX 12.0 的常用功能。
- 绘图窗口：用于显示模型及相关对象。
- 提示行：用于显示下一操作步骤。
- 状态栏：用于显示当前操作步骤的状态，或当前操作的结果。
- 部件导航器：用于显示建模的先后顺序和父子关系，可以直接在相应的条目上右击，快速地进行各种操作。

1.3.3　菜单

UG NX 12.0 的菜单如图 1-3 所示。

- 文件：模型文件的管理。
- 编辑：模型文件的设计更改。
- 视图：模型的显示控制。
- 插入：建模模块环境下的常用命令。
- 格式：模型格式组织与管理。
- 工具：复杂建模工具。
- 装配：虚拟装配建模功能，是装配模块的功能。
- 信息：信息查询。
- 分析：模型对象分析。
- 首选项：设置各个模块的参数。
- 窗口：窗口切换，用于切换到已经能够弹出的其他部件文件的图形显示窗口。
- GC 工具箱：用于弹簧，齿轮等标准零件的创建以及加工准备。
- 帮助：使用求助。

图 1-3　UG NX 12.0 的菜单

1.3.4　选项卡

UG NX 12.0 根据实际使用的需要将常用工具组合为不同的选项卡，进入不同的模块就会显示相关的选项卡。同时用户也可以自定义选项卡的显示/隐藏状态。

在选项卡区域的任何位置右击，会弹出如图 1-4 所示的“选项卡”设置快捷菜单。

用户可以根据自己工作的需要设置界面中显示的选项卡，以方便操作。设置时，只需在相应功能的选项卡选项上单击，使其前面出现一个对勾即可。要取消设置，不想让某个选项卡出现在界面上时，只要再次单击该选项，去掉前面的对勾即可。每个选项卡上的按钮和菜单上相同命令前的按钮一致。用户可以通过菜单执行操作，也可以通过选项卡上的按钮执行操作，但有些特殊命令只能在菜单中找到。

用户可以通过选项卡最右下方的▾按钮来激活“添加或移除按钮”，然后选择添加或去除该选项卡内的图标，如图1-5所示。

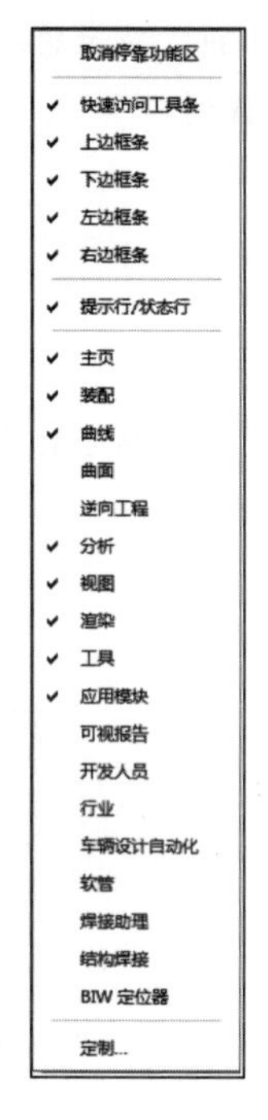

图1-4　“选项卡”设置快捷菜单

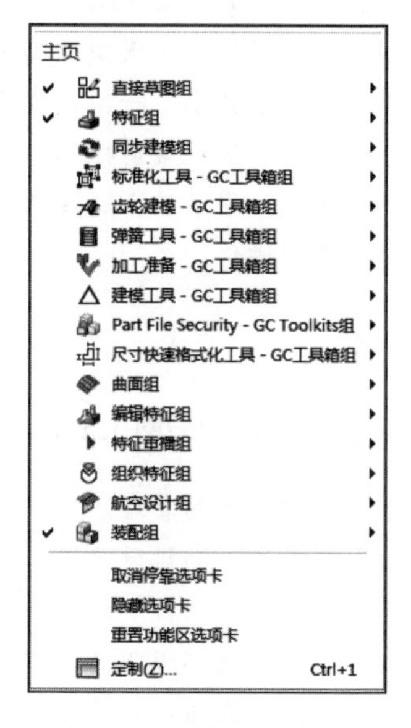

图1-5　添加或删除组

常用选项卡有以下几种。

(1)“主页”选项卡

“主页”选项卡根据选择的模块显示不同的内容。图1-6所示为建模环境中的“主页”选项卡，提供了建立参数化特征实体模型的大部分工具，主要用于建立规则和不太复杂的实体特征，以及用于修改特征形状、位置及其显示状态等的工具。

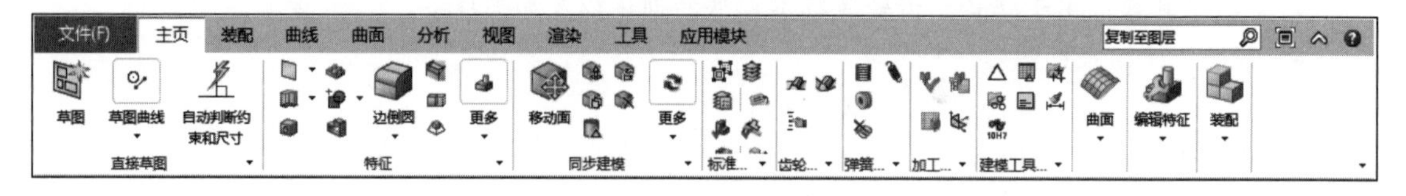

图1-6　“主页”选项卡

(2)“曲线”选项卡

“曲线”选项卡提供建立各种形状曲线的工具和修改曲线形状与参数的各种工具，如图1-7所示。

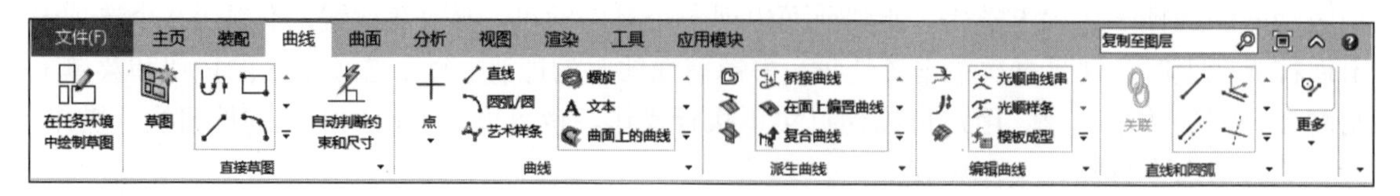

图1-7　“曲线”选项卡

（3）“视图”选项卡

“视图”选项卡用来对图形窗口的物体进行显示操作，如图 1-8 所示。

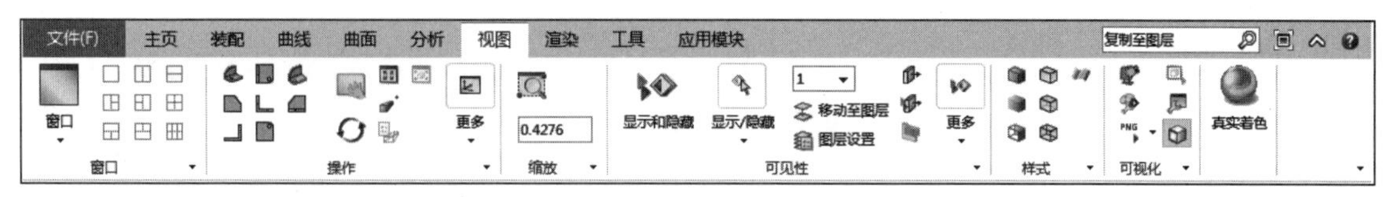

图 1-8　“视图”选项卡

（4）“应用模块”选项卡

“应用模块”选项卡用于各个模块的相互切换，如图 1-9 所示。

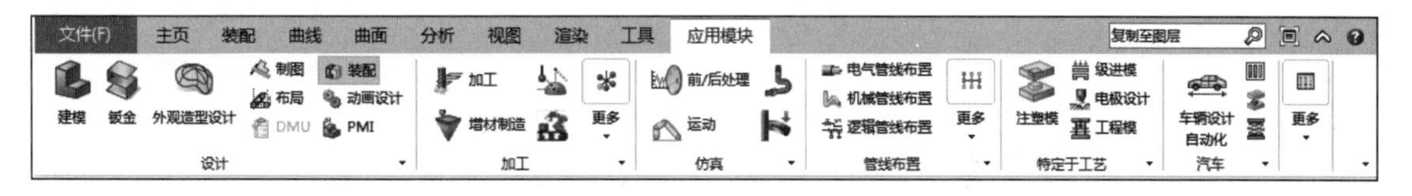

图 1-9　“应用模块”选项卡

（5）“曲面”选项卡

“曲面”选项卡提供了构建各种曲面的工具和用于修改曲面形状及参数的各种工具，如图 1-10 所示。

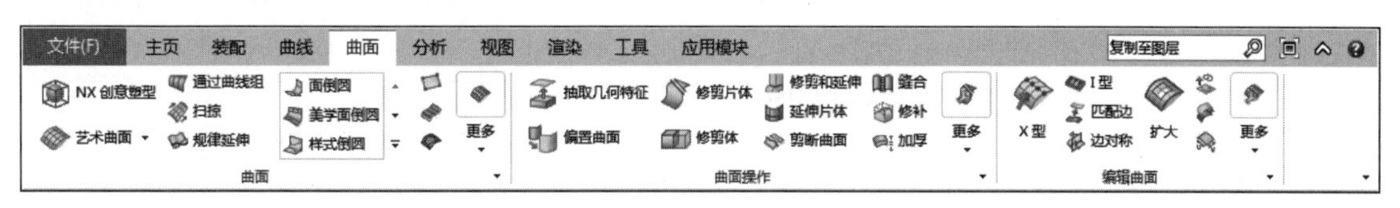

图 1-10　“曲面”选项卡

1.4　系统的基本设置

本节将介绍 UG 工作环境和系统参数的设置。

1.4.1　工作环境设置

在 Windows 7 中，软件的工作路径是由系统注册表和环境变量来设置的。UG NX 12.0 安装后会自动建立一些系统环境变量，如 UGII_BASE_DIR、UGII_LANG 和 UG_ROOT_DIR 等。如果用户要添加环境变量，可以在“计算机”图标上右击，在弹出的快捷菜单中选择“属性”命令，在弹出的对话框中单击“高级系统设置”选项，弹出如图 1-11 所示的“系统属性”对话框，在“高级”选项卡中单击“环境变量”按钮，弹出如图 1-12 所示的“环境变量”对话框。

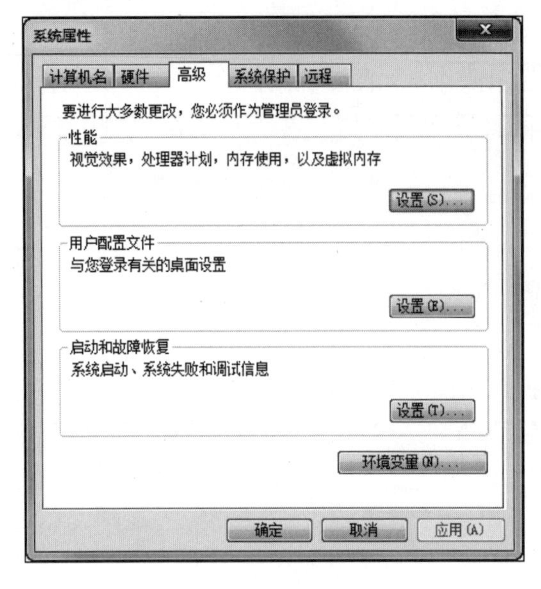

图 1-11 “系统属性”对话框

图 1-12 “环境变量”对话框

如果要对 UG NX 12.0 进行中英文界面的切换，就在“环境变量”对话框中的“系统变量”列表框中选中 UGII_LANG，然后单击下面的“编辑”按钮，会弹出如图 1-13 所示的“编辑系统变量”对话框，在“变量值”文本框中输入 simple_chinese（中文）或 english（英文）。

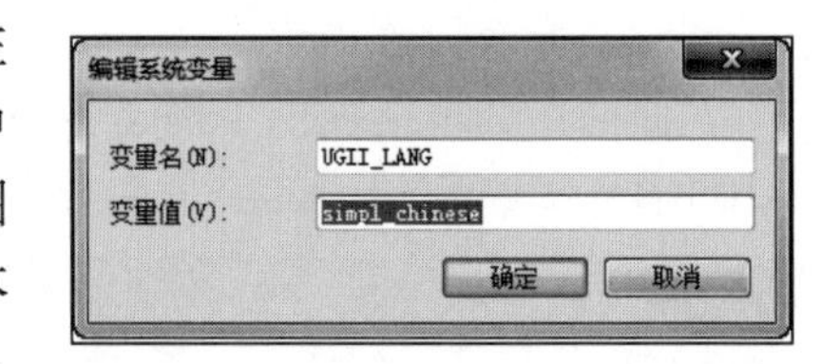

图 1-13 “编辑系统变量”对话框

1.4.2 默认参数设置

在 UG NX 12.0 环境中，操作参数一般都可以修改。大多数的操作参数都有默认值，如尺寸的单位、尺寸的标注方式、字体的大小以及对象的颜色等。参数的默认值都保存在默认参数设置文件中，当启动 UG NX 12.0 时会自动调用。UG NX 12.0 可修改默认参数方式，用户可以根据自己的习惯预先设置参数的默认值，显著提高设计效率。

在菜单栏中选择“文件”→“实用工具”→“用户默认设置”，弹出如图 1-14 所示的“用户默认设置”对话框。在该对话框中可以查找所需默认设置的作用域和版本、把默认参数以电子表格的格式输出、升级旧版本的默认设置等。

(1) 查找默认设置

在如图 1-14 所示的对话框中单击图标，弹出如图 1-15 所示的“查找默认设置”对话框，在“输入与默认设置关联的字符”文本框中输入要查找的默认设置，单击“查找”按钮，在“找到的默认设置”列表框中会列出其作用域、版本、类型等。

(2) 管理当前设置

在如图 1-14 所示的对话框中单击图标，弹出如图 1-16 所示的“管理当前设置”对话框。在该对话框中可以实现对默认设置的新建、删除、导入、导出和以电子表格的格式输出等设置。

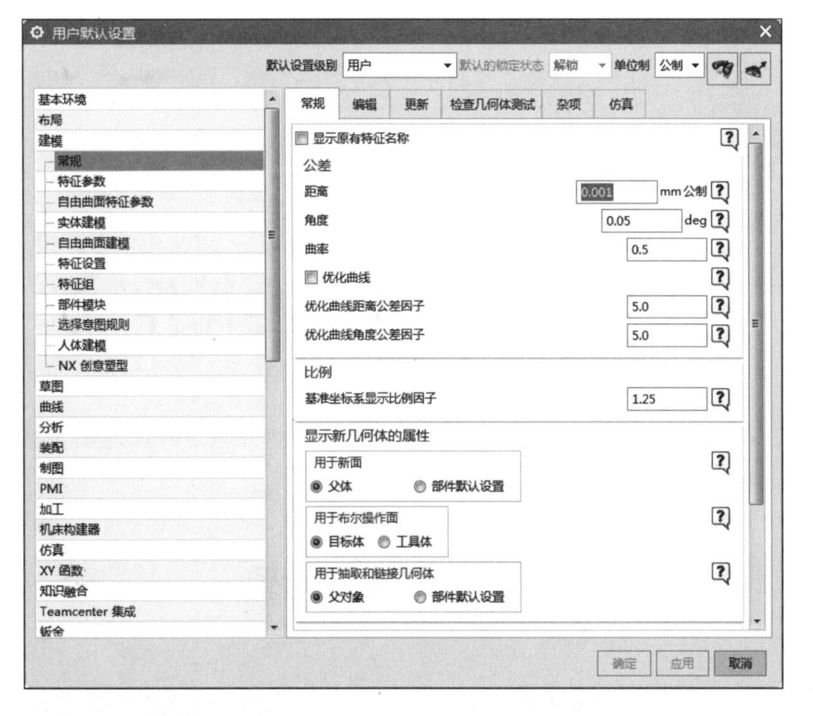

图 1-14　“用户默认设置”对话框

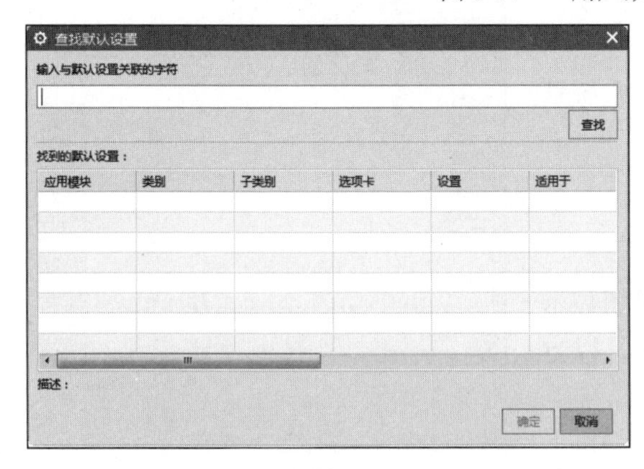

图 1-15　“查找默认设置”对话框

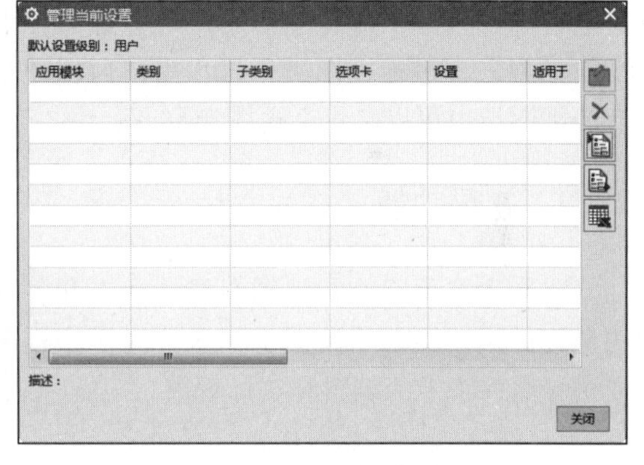

图 1-16　“管理当前设置”对话框

1.5 思 考 题

1. UG NX 12.0 是一款什么样的软件，它的应用领域和应用背景如何？
2. UG NX 12.0 与之前的版本相比有哪些变化，增添了哪些新的特性和功能？

第 2 章

UG NX 12.0 基本操作

本章将介绍 UG NX 12.0 的三维概念设计和操作方法，并重点介绍通用工具在所有模块中的使用方法。熟练掌握这些基本操作将会提高工作效率。

2.1 视图布局设置

视图布局的主要作用是在绘图区内显示多个视角的视图。在同一布局中，只有一个视图是工作视图，其他视图都是非工作视图，用户可更加方便地观察和操作模型。在进行视图操作时，用户可以使用系统默认的视图，也可以自定义视图布局。

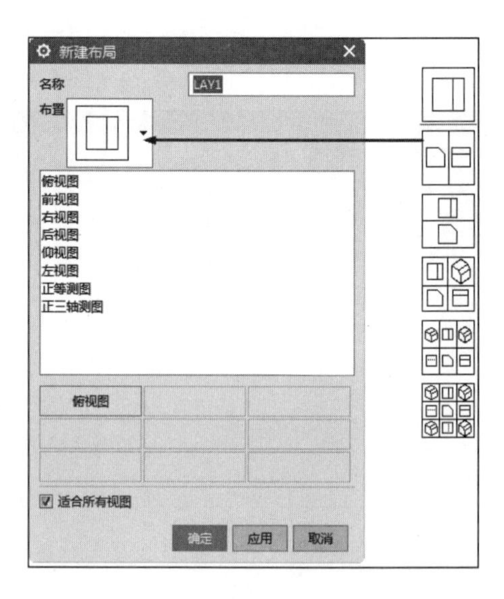

图 2-1 “新建布局”对话框

2.1.1 布局功能

它们主要用于控制视图布局的状态和各视图显示的角度。用户可以将绘图工作区分为多个视图，以方便进行组件细节的编辑和实体观察。

1. 新建视图布局

01 在菜单栏中选择“视图”→“布局”→“新建”，弹出如图 2-1 所示的“新建布局”对话框。该对话框用于设置布局的形式和各视图的视角。

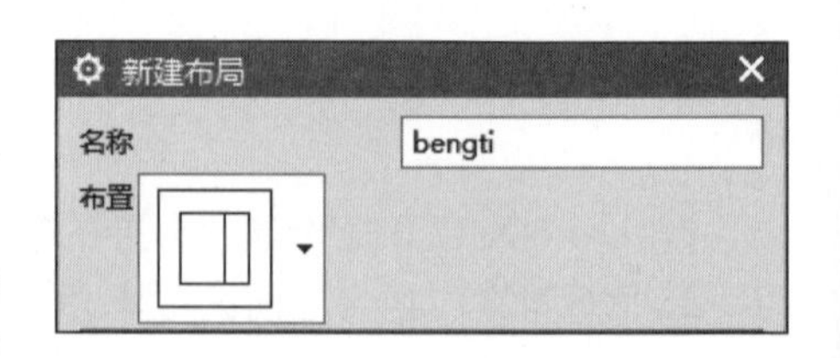

图 2-2 输入布局名称

- 名称：在该文本框中输入布局的名称，此处以泵体为例，所以输入 bengti，如图 2-2 所示。
- 布置：在下拉列表中选择图形的布置方式，如俯视、左视等，此处选择 L4。当选择好布局时，列表框下面的按钮上就会显示布局中包含的视图，如图 2-3 所示。

02 单击“确定”按钮，此时视图中显示刚才设置的布局，如图 2-4 所示。

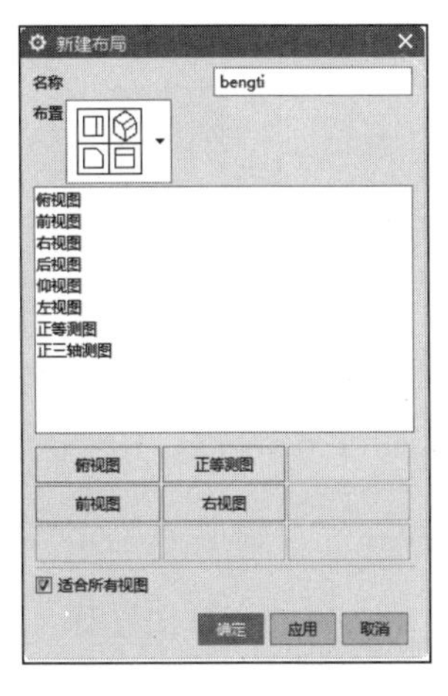

图 2-3　选择布局

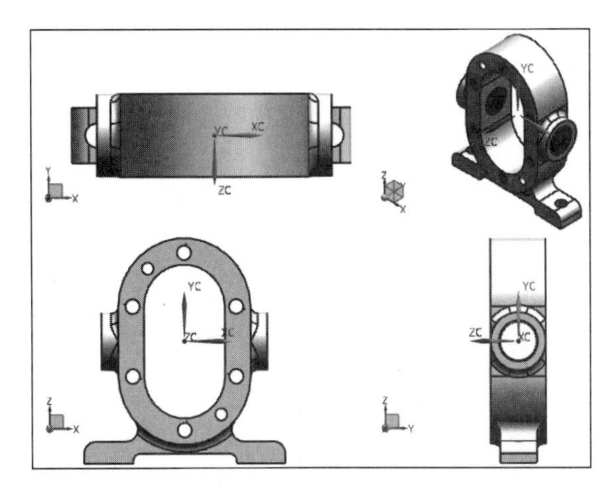

图 2-4　布局示意图

2. 保存布局

在菜单栏中选择“视图”→“布局”→“保存”，系统则用当前的视图布局名称保存修改后的布局。在菜单栏中选择“视图”→“布局”→“另存为”，弹出如图 2-5 所示的“另存布局”对话框，在列表框中选择要更换名称的布局，在“名称”文本框中输入一个新的布局名称，则系统会用新的名称保存修改过的布局。

图 2-5　“另存布局”对话框

3. 打开视图布局

在菜单栏中选择“视图”→“布局”→“打开”，弹出如图 2-6 所示的“打开布局”对话框。该对话框用于选择要打开的某个布局，系统会按该布局的方式来显示图形。此处选择 L3 布局，泵体显示如图 2-7 所示。

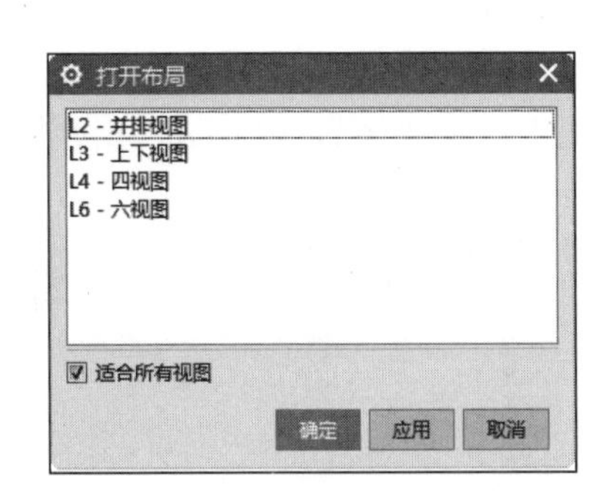

图 2-6　“打开布局”对话框

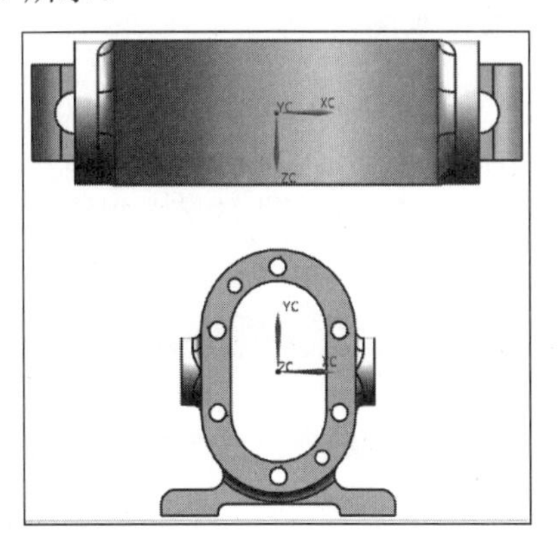

图 2-7　泵体显示

4. 适合所有视图

在菜单栏中选择“视图”→“布局”→“适合所有视图”，系统就会自动调整当前视图布局中所有视图的中心和比例，使实体模型最大程度吻合在每个视图边界内，如图 2-8 所示。只有在定义了视图布局后该命令才被激活。

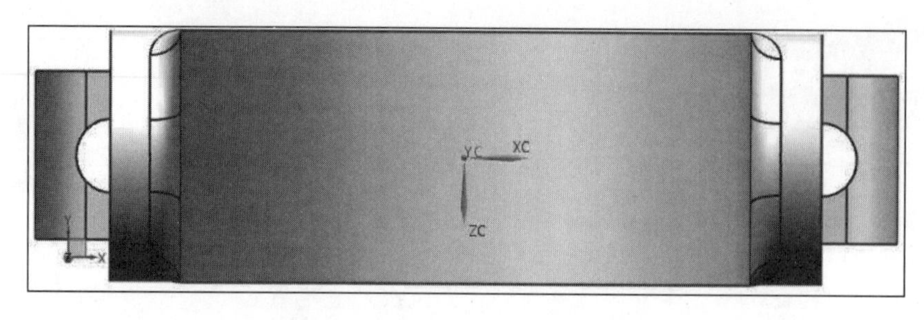

图 2-8 “适合所有视图”示意图

5. 更新显示布局

在菜单栏中选择“视图”→“布局”→“更新显示”，系统就会自动进行更新操作。当对实体进行修改以后，可以使用更新操作，使每一幅视图实时显示，如图 2-9 所示。

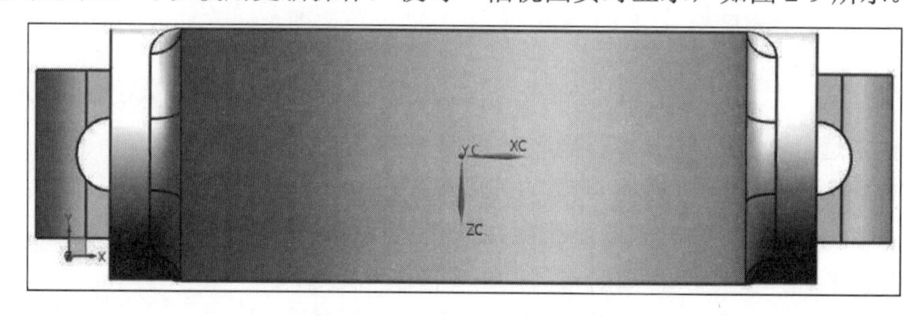

图 2-9 “更新显示”示意图

6. 重新生成布局

在菜单栏中选择“视图”→“布局”→“重新生成”，系统就会重新生成视图布局中的每个视图。

7. 替换视图

在菜单栏中选择“视图”→“布局”→“替换视图”，弹出如图 2-10 所示的“要替换的视图”对话框。选择 Right 视图，单击“确定”按钮，弹出如图 2-11 所示的“视图替换为...”对话框（用于替换布局中的某个视图）。在该对话框中选择“前视图”，则 Right 视图将被替换为前视图，示意图如图 2-12 所示。

图 2-10 “要替换的视图”对话框

图 2-11 “视图替换为...”对话框

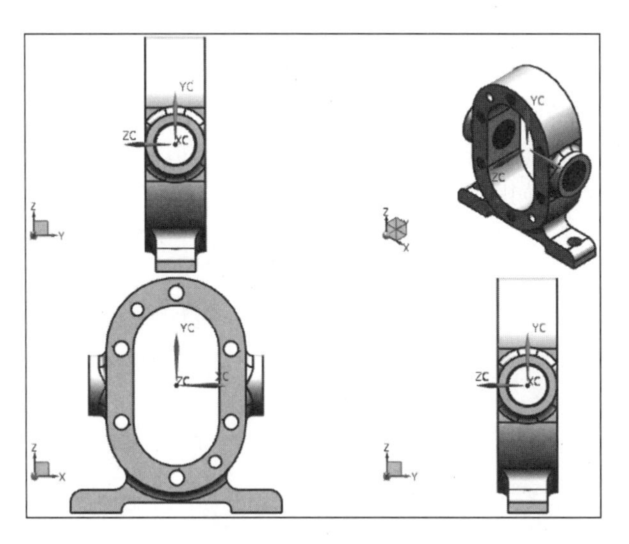

图 2-12　“替换视图”示意图

8. 删除布局

在菜单栏中选择“视图”→“布局”→“删除”，当存在用户删除的布局时，弹出如图 2-13 所示的“删除布局”对话框。从列表框中选择要删除的视图布局后，系统就会删除该视图布局。

图 2-13　“删除布局”对话框

2.1.2　布局操作

它们主要用于在指定视图中改变模型的显示尺寸和显示方位。

1. 适合窗口

在菜单栏中选择“视图”→“操作”→“适合窗口”，或单击“视图”选项卡→“操作”组→“适合窗口”图标，系统自动将模型中所有对象尽可能最大地全部显示在视图窗口的中心，不改变模型原来的显示方位，如图 2-14 所示。

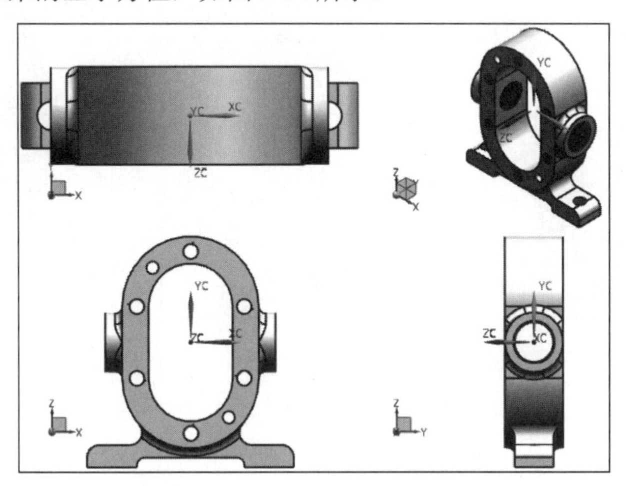

图 2-14　“适合窗口”显示示意图

2．缩放

在菜单栏中选择“视图”→“操作”→“缩放”，弹出如图 2-15 所示的“缩放视图”对话框。系统会按照用户指定的数值缩放整个模型，不改变模型原来的显示方位。单击该对话框中的“缩小一半”按钮，视图如图 2-16 所示。

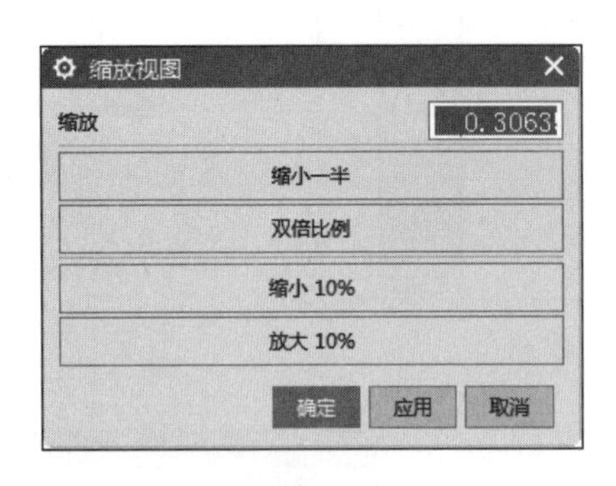

图 2-15　“缩放视图”对话框

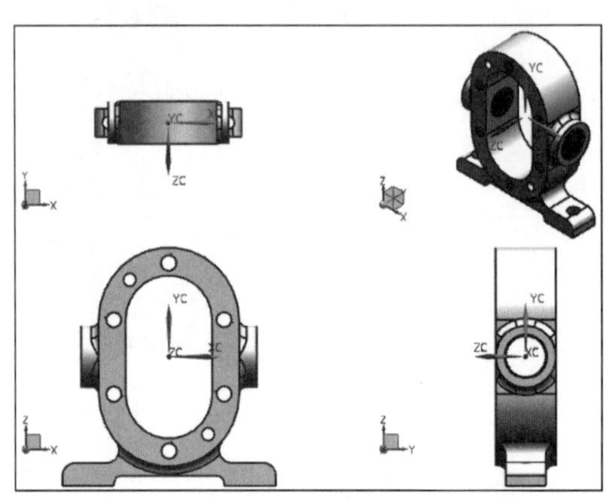

图 2-16　“缩放视图”示意图

3．显示非比例缩放

在菜单栏中选择“视图”→“操作”→“显示非比例缩放”，系统会要求用户使用鼠标拖出一个矩形，然后按照矩形的比例缩放实际的图形（见图 2-17）。

4．旋转

在菜单栏中选择“视图”→“操作”→“旋转”，弹出如图 2-18 所示的“旋转视图”对话框。该对话框用于将模型沿指定的轴线旋转指定的角度，或绕工作坐标系原点自由旋转模型，使模型的显示方位发生变化，不改变模型的显示大小，如图 2-19 所示。

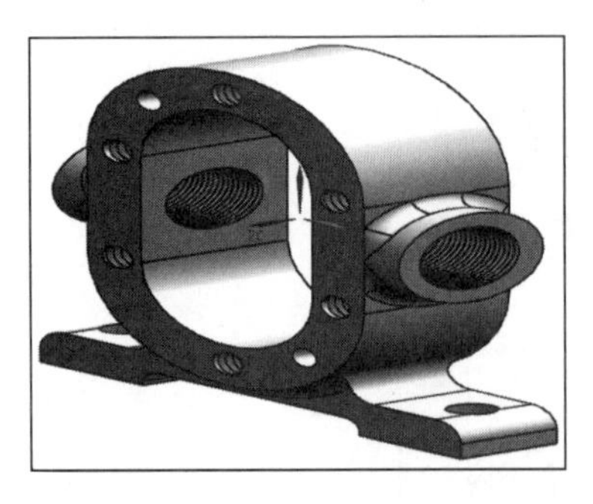

图 2-17　“显示非比例缩放”示意图

图 2-18　“旋转视图”对话框

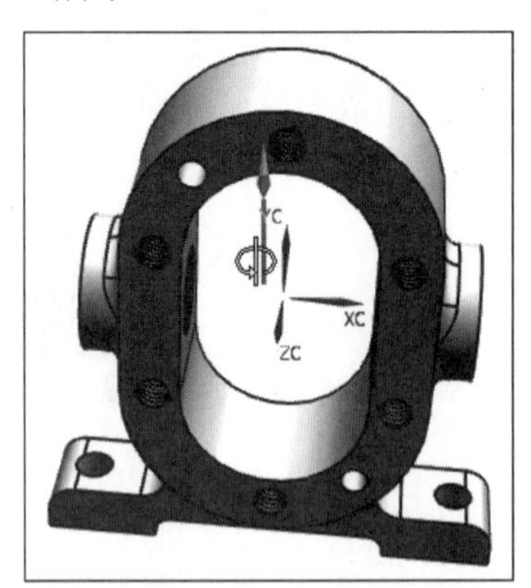

图 2-19　“旋转视图”示意图

5．原点

在菜单栏中选择“视图”→“操作”→“原点”，弹出如图 2-20 所示的“点”对话框，在对话框中可将视图的显示中心重新定位到指定的位置。

6．导航选项

在菜单栏中选择“视图”→“操作”→“导航选项”，弹出如图 2-21 所示的“导航选项”对话框，同时鼠标指针自动变为标识，用户可以直接拖动鼠标产生轨迹；或单击“重新定义”按钮，选择已经存在的曲线或者边缘来定义轨迹。模型会自动沿着定义的轨迹运动，如图 2-22 所示。

图 2-20　“点”对话框

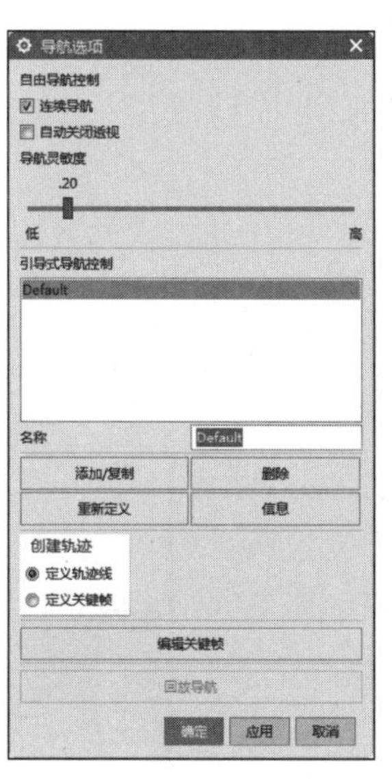

图 2-21　“导航选项”对话框

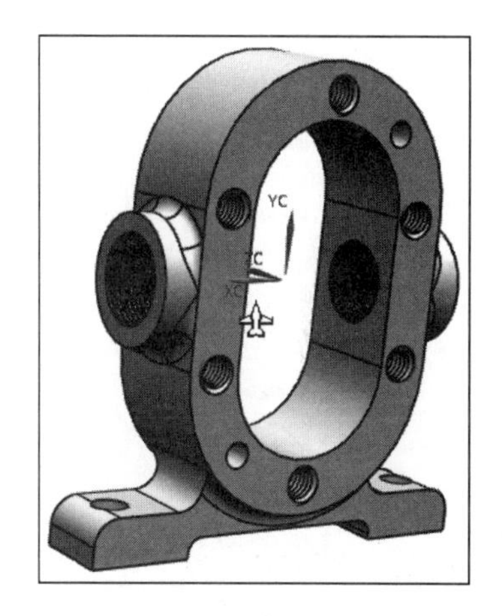

图 2-22　“导航选项”示意图

7．设置镜像平面

在菜单栏中选择“视图”→“操作”→“设置镜像平面”，系统会出现动态坐标系，以方便用户进行设置。

8．镜像显示

在菜单栏中选择“视图”→“操作”→“镜像显示”，系统会根据用户已经设置好的镜像平面生成镜像显示，默认状态下为当前 WCS 的 XZ 平面，如图 2-23 所示。

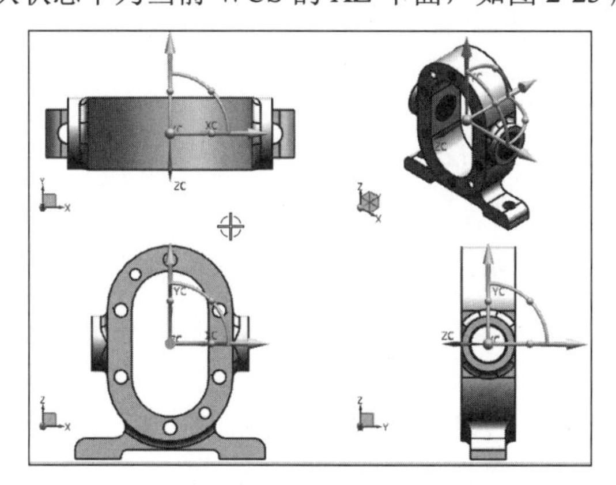

图 2-23　“镜像显示”示意图

9．新建截面

在菜单栏中选择“视图”→“截面”→“新建截面”，弹出如图 2-24 所示的“视图剖切”对话框。该对话框用于设置一个或多个平面来截取当前对象，以便详细观察截面特征，如图 2-25 所示。

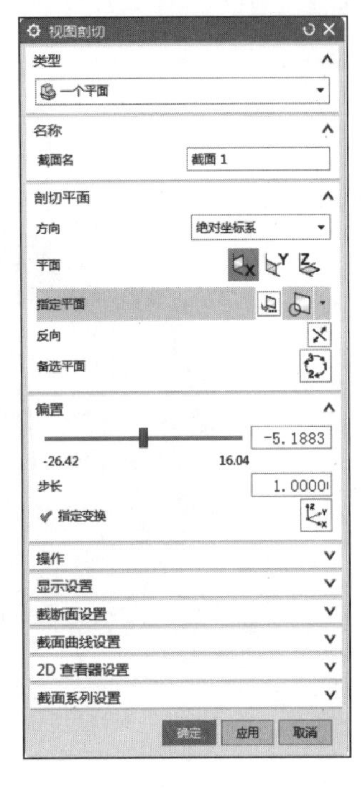

图 2-24　“视图剖切”对话框

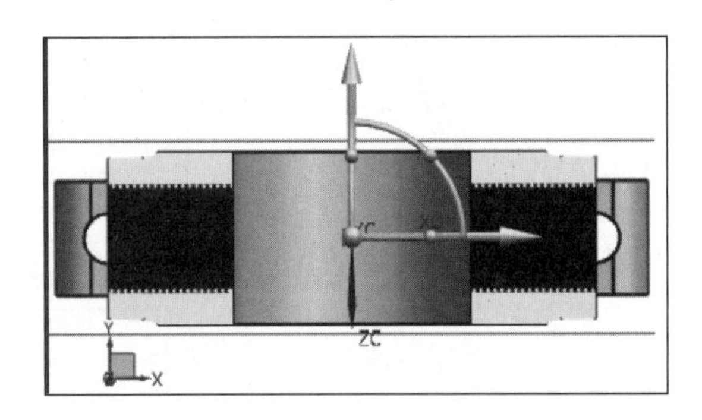

图 2-25　“视图剖切”示意图

10．恢复

在菜单栏中选择“视图”→“操作”→“恢复”，用于将视图恢复为原来的视图显示状态。

11．重新生成工作视图

在菜单栏中选择“视图”→“操作”→“重新生成工作视图”，用于移除临时显示的对象并更新任何已修改的几何体的显示。

2.2　工作图层设置

图层用于在空间中使用不同的层次来放置几何体。图层相当于传统设计者使用的透明图纸。用多张透明图纸来表示设计模型，每个图层上存放模型中的部分对象，所有图层对齐叠加起来就构成了模型的所有对象。

在一个组件的所有图层中，只有一个图层是当前工作图层，所有工作只能在工作图层上进行。其他图层则可对它们的可见性、可选择性等进行设置来辅助工作。如果要在某图层中创建对象，则应在创建前使其成为当前工作层。

为了便于各图层的管理，UG 中的图层用图层号来表示和区分，图层号不能改变。每一个模型文件中最多可包含 256 个图层，分别用 1～256 表示。

引入图层使得模型中对各种对象的管理更加有效、方便。

2.2.1　图层的设置

可根据实际需要和习惯设置用户自己的图层标准，通常可根据对象类型来设置图层和图层的类别，如创建表 2-1 所示的图层。

表2-1　图层的设置

图　层　号	对　　象	类　别　名
1～20	实体	SOLID
21～40	草图	SKETCHES
41～60	曲线	CURVES
61～80	参考对象	DATUMS
81～100	片体	SHEETS
101～120	工程图对象	DRAF
121～140	装配组件	COMPONENTS

有关图层的设置的具体操作是：在菜单栏中选择“格式”→“图层设置”，或单击“视图”选项卡→“可见性”组→“图层设置”图标，弹出如图 2-26 所示的“图层设置”对话框。

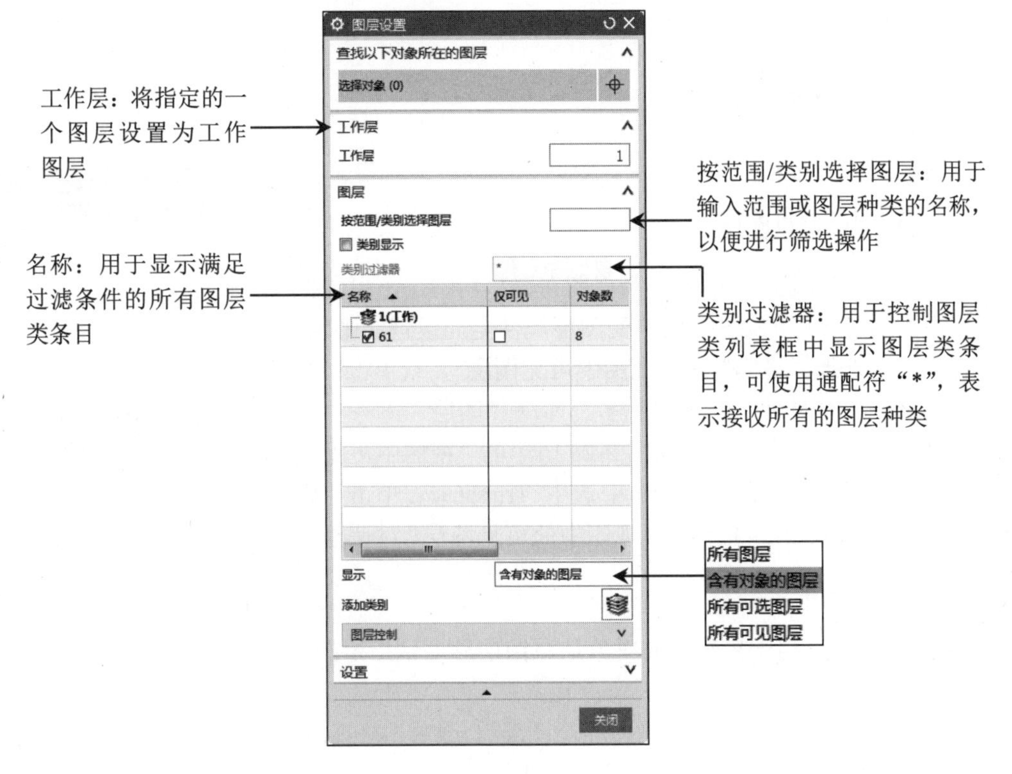

图 2-26　“图层设置”对话框

2.2.2 图层类别

为更有效地对图层进行管理，可将多个图层构成一组，每一组称为一个图层类。图层类用名称来区分，必要时还可附加一些描述信息。通过图层类，可同时对多个图层进行可见性或可选性的改变。同一图层可属于多个图层类。

在菜单栏中选择“格式”→“图层类别”，或单击“视图”选项卡→“可见性”组→“更多”库→“图层”库→“图层类别”图标，弹出如图 2-27 所示的“图层类别”对话框。

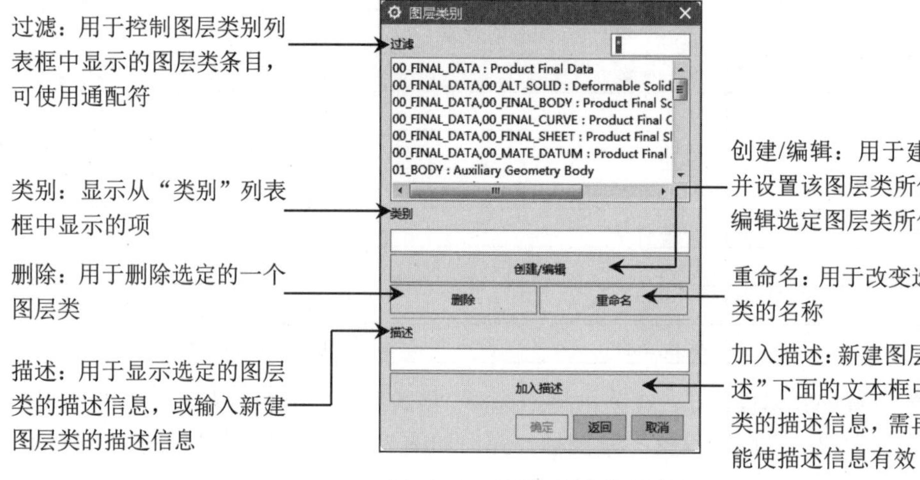

图 2-27 “图层类别”对话框

2.2.3 图层的其他操作

图层的操作有多种，包括显示与隐藏、移动、复制等。

1. 在视图中可见图层

“在视图中可见图层”用于在多视图布局显示情况下单独控制指定视图中各图层的属性，而不受图层属性全局设置的影响。

在菜单区选择“格式”→“视图中可见图层”，或单击“视图”选项卡→“可见性”组→“更多”库→“图层”库→“视图中可见图层”图标，弹出如图 2-28 所示的“视图中可见图层”视图选择对话框。在该对话框中选中 Trimetric，单击“确定”按钮，弹出如图 2-29 所示的“视图中的可见图层”对话框。

图 2-28 视图中可见图层

2. 移动至图层

“移动至图层”用于将选定的对象从原图层移动到指定的图层中，原图层中不再包含这些对象。

在菜单栏中选择“格式”→“移动至图层”，或单击“视图”选项卡→“可见性”组→“移动至图层”图标，弹出“类选择”对话框（见图 2-30），用于“移动至图层”操作。

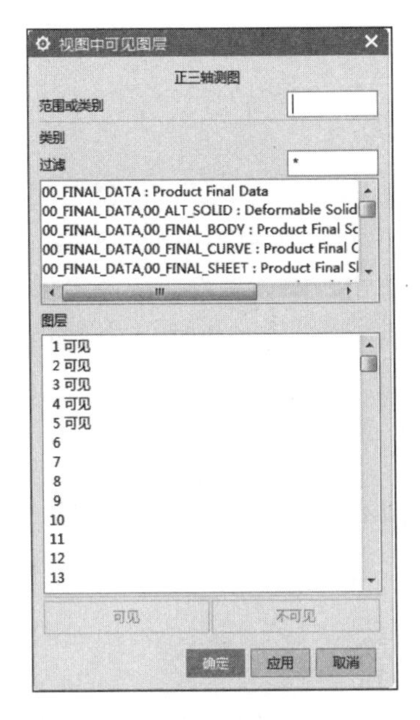

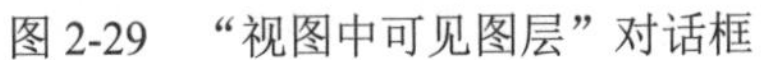
图 2-29　“视图中可见图层”对话框

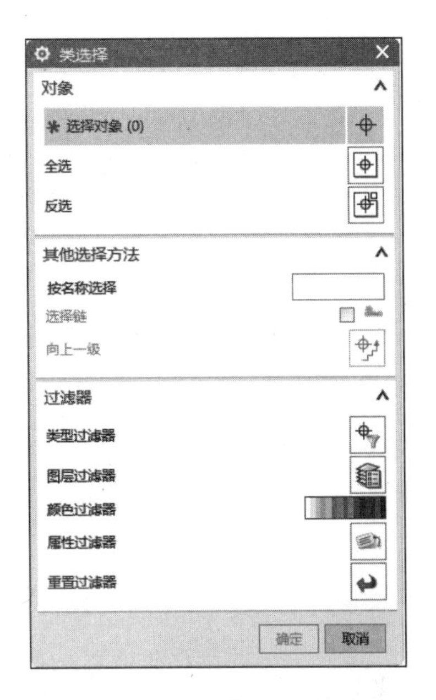

图 2-30　“类选择”对话框

3. 复制至图层

“复制至图层”用于将选定的对象从原图层复制一个备份到指定的图层，原图层和目标图层中都包含这些对象。

在菜单栏中选择“格式”→“复制至图层”，或单击“视图”选项卡→“可见性”组→“复制至图层”图标，弹出“类选择”对话框，用于“复制至图层”操作。

2.3 对象操作

UG 建模过程中的点、线、面、图层、实体等被称为对象，三维实体的创建、编辑操作过程实质上也可以看作是对对象的操作过程。本节将介绍对象的操作过程。

2.3.1 “类选择”对话框

“类选择”对话框是选择对象的一种通用功能，可选择一个或多个对象，并且提供了多种选择方法及对象类型过滤方法，非常方便。

1. 对象

有“选择对象”“全选”和“反选”3 种方式。

（1）选择对象：用于选取对象。

（2）全选：用于选取所有的对象。

（3）反选：用于选取在绘图工作区中未被用户选中的对象。

2. 其他选择方法

有“按名称选择”“选择链”和“向上一级”3 种方式。

（1）按名称选择：用于输入预选取对象的名称，可使用通配符“?”或“*”。

（2）选择链：用于选择首尾相接的多个对象，先单击对象链中的第一个对象，再单击最后一个对象，使所选对象呈高亮度显示，单击“确定”按钮，结束选择对象的操作。

（3）向上一级：用于选取上一级的对象。当选取了含有群组的对象时，该按钮才被激活，单击该按钮，系统自动选取群组中当前对象的上一级对象。

3. 过滤器

过滤器用于限制要选择对象的范围，有“类型”“图层”“颜色”“属性”和“重置”5 种方式。

（1）类型过滤器：在“类选择”对话框中单击“类型过滤器”按钮，弹出如图 2-31 所示的“按类型选择”对话框，在该对话框中可设置在对象选择中需要包括或排除的对象类型。当选取“曲线”“面”“尺寸”“符号”等对象类型时，单击“细节过滤”按钮，还可以做进一步限制，如图 2-32 所示。

（2）图层过滤器：在“类选择”对话框中单击“图层过滤器”按钮，弹出如图 2-33 所示的“按图层选择”对话框，在该对话框中可以设置在选择对象时需包括或排除对象的所在层。

（3）颜色过滤器：在“类选择”对话框中单击“颜色过滤器”按钮，弹出如图 2-34 所示的“颜色”对话框，在该对话框中通过指定的颜色来限制选择对象的范围。

图 2-31　“按类型选择”对话框

图 2-32　“曲线”对话框

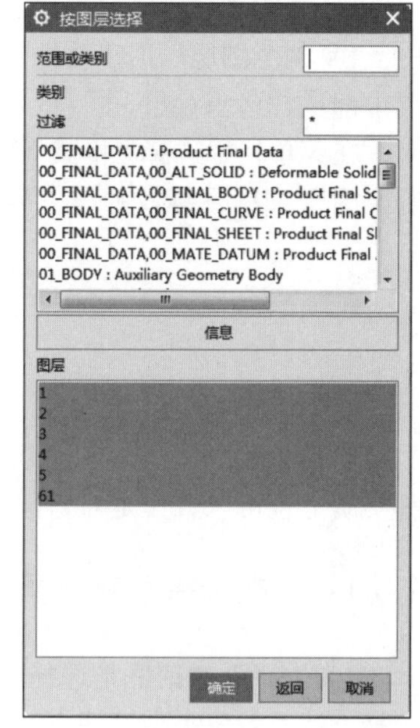

图 2-33　“按图层选择”对话框

（4）属性过滤器：在“类选择”对话框中单击“属性过滤器”按钮，弹出如图 2-35 所示的“按属性选择”对话框，可按对象线型、线宽或其他自定义属性过滤。

（5）重置过滤器：在“类选择”对话框中单击“重置过滤器”按钮，用于恢复成默认的过滤方式。

图 2-34　“颜色”对话框

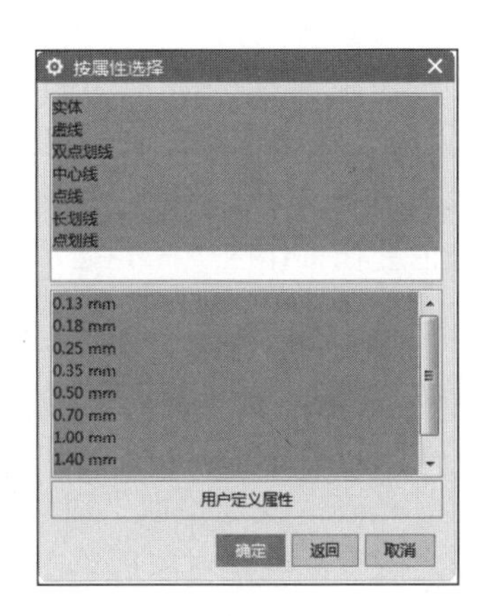

图 2-35　“按属性选择”对话框

2.3.2　选择对象

在 UG 的建模过程中，对象的选择有多种方式，在菜单栏中选择“编辑”→“选择”后，系统会弹出如图 2-36 所示的子菜单。

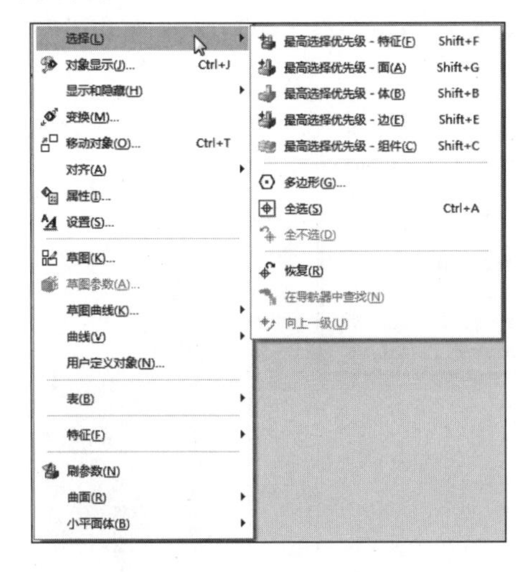

图 2-36　“选择”子菜单

以下对部分子菜单功能做介绍。

1．最高选择优先级-特征

它的选择范围较为特定，仅允许特征被选择，像一般的线、面是不允许选择的。

2．最高选择优先级-组件

该命令多用于装配环境下对各组件的选择。

3．全不选

系统释放所有已经选择的对象。

当绘图工作区有大量可视化对象供选择时（也可在视图上右击，选择“从列表中选择”

命令），系统会调出如图 2-37 所示的“快速拾取”对话框来依次遍历可选择对象。其中的数字表示重叠对象的顺序，各框中的数字与工作区中的对象一一对应，当数字框中的数字高亮显示时，对应的对象也会在工作区中高亮显示。下面给出两种常用的选择方法：

（1）键盘：通过键盘上的“→”等方向键移动高亮显示区来选择对象，再按 Enter 键或单击确认。

（2）鼠标：在“快速拾取”对话框中移动鼠标，高亮显示数字也会随之改变，确定对象后单击即可确认。

图 2-37 “快速拾取”对话框

如果要放弃选择，单击对话框中的“关闭”按钮或按 Esc 键即可。

2.3.3 隐藏对象

当绘图工作区内图形太多以至于操作不便时，可将暂时不需要的对象隐藏，如模型中的草图、基准面、曲线、尺寸、坐标、平面等，在菜单栏中选择“编辑”→“显示和隐藏”，在打开的子菜单中提供了显示和隐藏功能命令，如图 2-38 所示。图 2-39 所示是隐藏基准平面前后的图形。

图 2-38 “显示和隐藏”子菜单

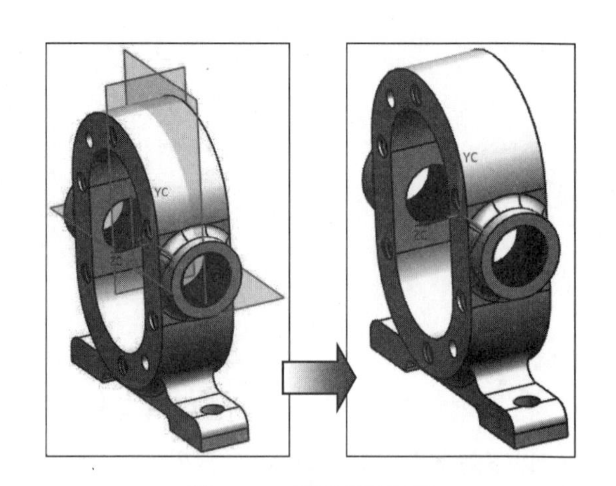

图 2-39 隐藏基准平面

1．显示和隐藏

单击该命令，弹出“显示和隐藏”对话框（见图 2-40），可以通过对话框中的显示和隐藏选项决定视图中要显示或者隐藏的内容（比如实体、曲面等），也可以选择全部选项中的显示和隐藏，此时所有视图都将被显示或隐藏。

2．隐藏

该命令也可以通过按 Ctrl+B 组合键实现，会弹出“类选择”对话框，可以通过类型或直接选取来选择需要隐藏的对象。

3．反转显示和隐藏

该命令用于反转当前所有对象的显示或隐藏状态，即显示的对象将会全部隐藏，而隐藏的将会全部显示。

4．立即隐藏

该命令将选中的对象立即隐藏。单击该命令将会弹出如图 2-41 所示的“立即隐藏”对话框。可以通过“选择对象”按钮在工作区选择要隐藏的对象。

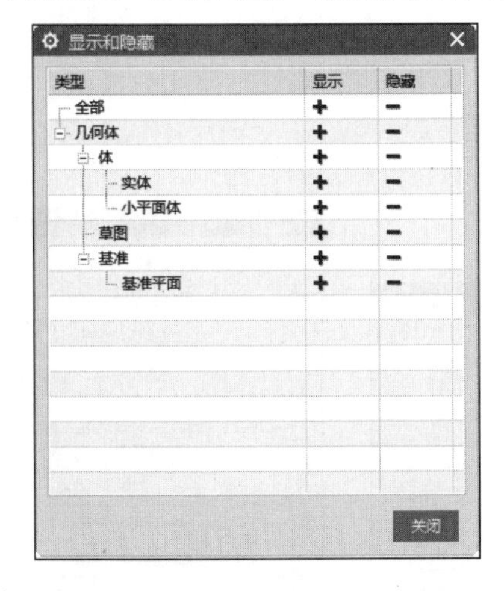

图 2-40　“显示和隐藏”对话框

图 2-41　“立即隐藏”对话框

5．显示

该命令可将隐藏对象重新显示出来。单击该命令后将会弹出“类选择”对话框，此时工作区中将显示所有已经隐藏的对象，在其中选择需要重新显示的对象即可。

6．显示所有此类型对象

该命令可重新显示此类型的所有隐藏对象，并提供了 5 种过滤方式，分别通过“类型”“图层”“其他”“重置”和“颜色”确定对象类别，如图 2-42 所示。

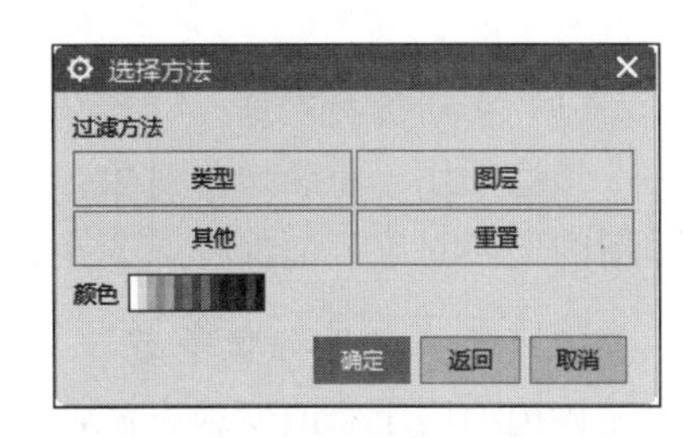

图 2-42　“选择方法”对话框

7．全部显示

该命令也可以通过按 Shift + Ctrl + U 组合键实现，将重新显示所有在可选层上的隐藏对象。

8．按名称显示

该命令可重新显示指定名称的隐藏对象，选择此命令，弹出如图 2-43 所示的“显示模式”对话框，在“名称”文本框中输入要显示的对象名称，单击“确定”按钮，将重新显示此名称的对象。

图 2-43　“显示模式”对话框

2.3.4　变换对象

在菜单栏中选择“编辑”→“变换”，打开如图 2-44 所示的“变换”对话框。选择对象后单击“确定”按钮，会弹出 2-45 所示的“变换”对话框，可被变换的对象包括直线、曲线、面、实体等。该对话框在操作变换对象时经常用到。在执行“变换”对话框中的任何方式时，最后都会弹出如图 2-46 所示的对话框。

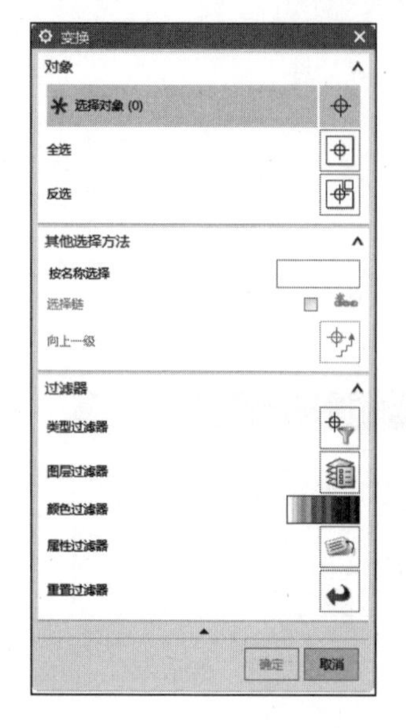

图 2-44　“变换”对话框

图 2-45　“变换”对话框

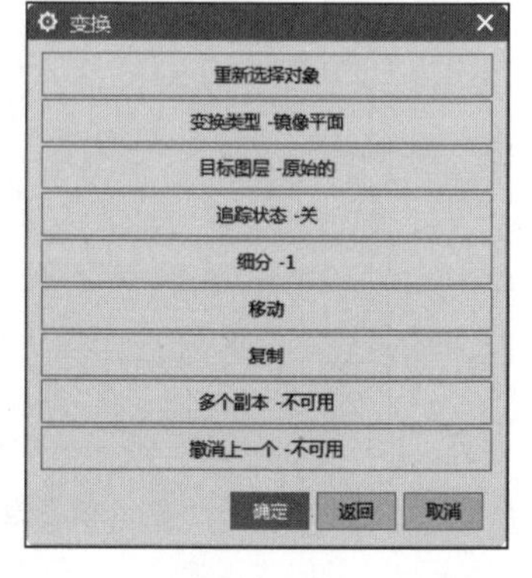

图 2-46　对象“变换”公共参数设置对话框

对象“变换”公共参数设置对话框用于选择新的变换对象、改变变换方法、指定变换后对象的存放图层等，主要选项说明如下。

（1）重新选择对象

该选项用于重新选择对象，即通过“类选择”对话框来选择新的变换对象，而保持原变换方法不变。

（2）变换类型-镜像平面

该选项用于修改变换方法，即在不重新选择变换对象的情况下修改变换方法（见图 2-47），当前选择的变换方法以简写的形式显示在“-”符号后面。

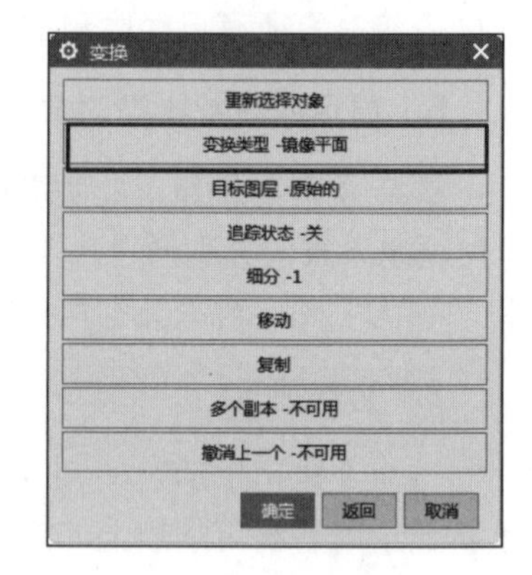

图 2-47　变换类型

（3）目标图层-原始的

该选项用于指定目标图层，即在变换完成后指定新建立的对象所在的图层。单击该按钮后，会有以下 3 种选项。

① 工作的：变换后的对象放在当前工作图层中。

② 原始的：变换后的对象保持在源对象所在的图层中。

③ 指定：变换后的对象被移动到指定的图层中。

（4）追踪状态-关

该选项是一个开关选项，用于设置追踪变换过程。当其设置为“开”时，在源对象与变换后的对象之间画连接线。该选项可以与“平移”“旋转”“比例”“镜像”或“重定位”等变换方法一起使用，以建立一个封闭的形状。

该选项对于源对象类型为实体、片体或边界的对象变换操作时不可用。跟踪曲线独立于图层设置，总是建立在当前的工作图层中。

（5）细分-1

该选项用于等分变换距离，即把变换距离（或角度）分割成几个相等的部分，实际变换距离（或角度）是其等分值，指定的值称为“等分因子”。它可用于“平移”“比例”“旋转”等变换操作。例如，“平移”变换实际变换的距离是原指定距离除以“等分因子”的商。

（6）移动

该选项用于移动对象，即变换后将源对象从原来的位置移动到由变换参数所指定的新位置。如果所选取的对象和其他对象间有父子依存关系（依赖于其他父对象而建立），则只有选取了全部的父对象一起进行变换后，才能用“移动”命令选项。

（7）复制

该选项用于复制对象，即变换后将源对象从原来的位置复制到由变换参数所指定的新位置。对于依赖其他父对象而建立的对象，复制后的新对象中数据关联信息将会丢失，即不再依赖于任何对象而独立存在。

（8）多个副本-不可用

该选项用于复制多个对象。按指定的变换参数和复制个数在新位置复制源对象的多个备份，相当于一次执行了多个“复制”命令操作。

（9）撤销上一个-不可用

该选项用于撤销最近变换，即撤销最近一次的变换操作，但源对象依旧处于选中状态。

对象的几何变换只能用于变化几何对象，不能用于变换视图、布局、图纸等。另外，变换过程中可以使用“移动”或“复制”命令多次，但每使用一次都要建立一个新对象，所建立的新对象都是以上一个操作的结果作为源对象，并以同样的变换参数变换后得到的。

下面对图 2-48 所示的“变换”对话框中的部分功能做介绍。

（1）比例

该选项用于将选取的对象相对于指定参考点成比例地缩放尺寸。片体进行非均匀比例缩放前，应先缩放其定义曲线。选取的对象在参考点处不移动。选中该选项后，在系统弹出的点构造器中选择一个参考点，系统会弹出如图 2-48 所示的选项。

图 2-48 “比例”选项

- 比例：该文本框用于设置均匀缩放，如图 2-49 所示。
- 非均匀比例：单击该按钮后，在弹出的对话框中设置 XC、YC、ZC 方向上的缩放比例，如图 2-50 所示。

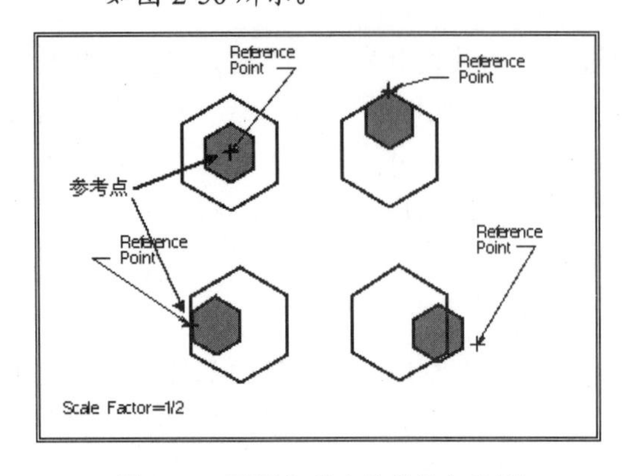

图 2-49　不同参考点处的均匀比例

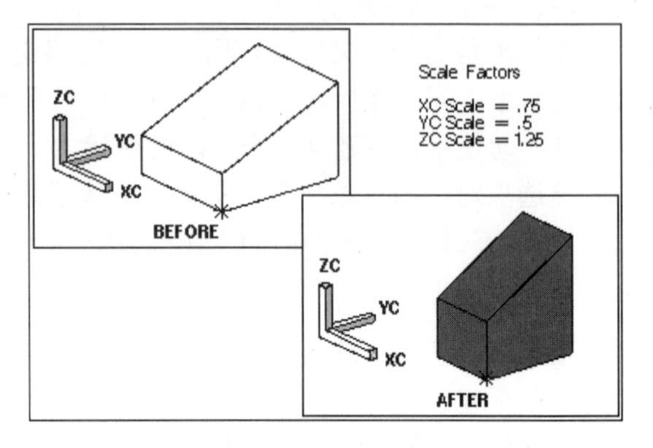

图 2-50　非均匀比例

（2）通过一条直线镜像

该选项用于将选取的对象相对于指定的参考直线做镜像，即在参考线的相反侧建立源对象的一个镜像。选中该选项后，系统会弹出如图 2-51 所示的对话框，提供了 3 种选择。

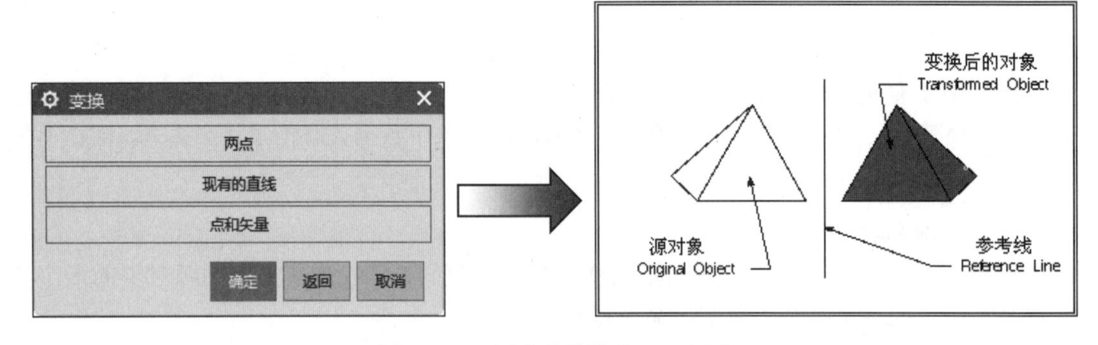

图 2-51　“用直线做镜像”示意图

- 两点：用于指定两点，两点的连线即为参考线。
- 现有的直线：选择一条已有的直线（或实体边缘线）作为参考线。
- 点和矢量：该选项用点构造器指定一点，然后在矢量构造器中指定一个矢量，通过指定点的矢量作为参考直线。

（3）矩形阵列

该选项用于将选取的对象从指定的阵列原点开始，沿坐标系 XC 和 YC 方向（或指定的方位）建立一个等间距的矩形阵列。系统先将源对象从指定的参考点移动或复制到目标点（阵列原点），然后沿 XC、YC 方向建立阵列。选中该选项后，系统会弹出图 2-52 所示的对话框。

- DXC：该选项表示 XC 方向间距。
- DYC：该选项表示 YC 方向间距。

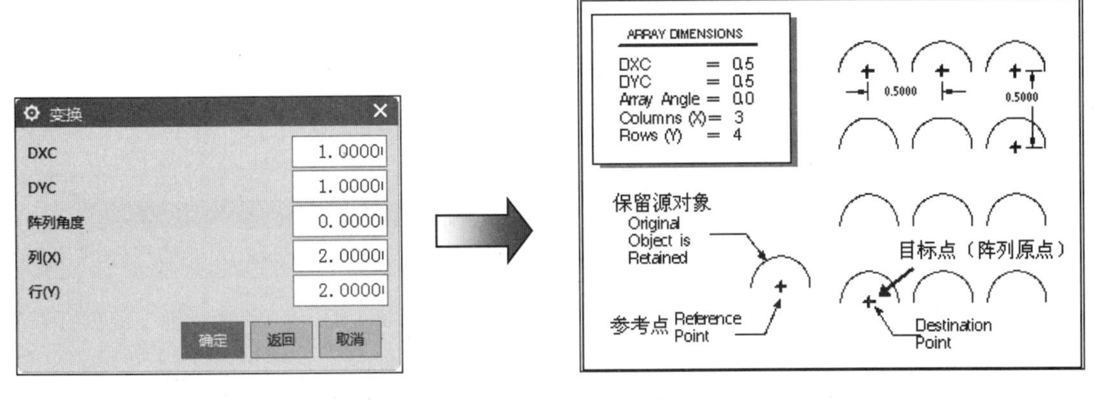

图 2-52　“矩形阵列”示意图

（4）圆形阵列

该选项用于将选取的对象从指定的阵列原点开始，绕目标点（阵列中心）建立一个等角间距的圆形阵列。选中该选项后，系统会弹出如图 2-53 所示的对话框。

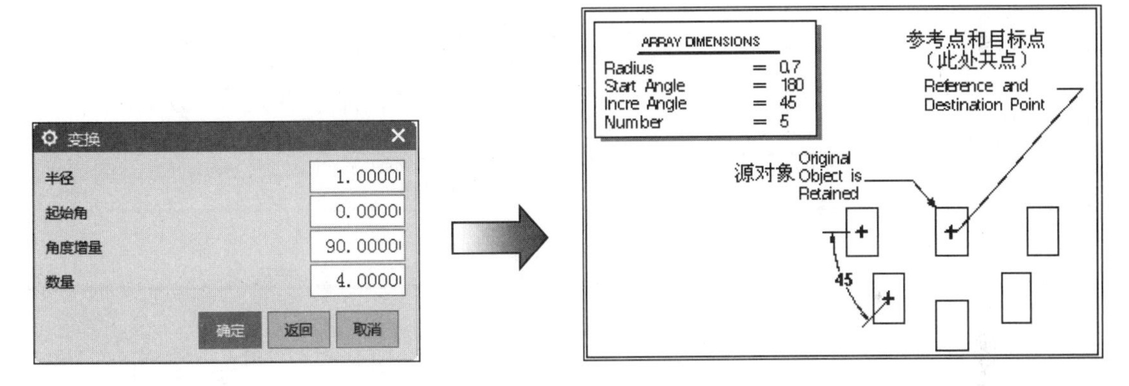

图 2-53　“圆形阵列”示意图

- 半径：用于设置圆形阵列的半径值，等于目标对象上的参考点到目标点之间的距离。
- 起始角：定位圆形阵列的起始角（与 XC 正向平行为零）。

（5）通过一个平面镜像

该选项用于将选取的对象相对于指定参考平面做镜像，即在参考平面的相反侧建立源对象的一个镜像。选中该选项后，系统会弹出如图 2-54 所示的“平面”对话框，用于选择或创建一个参考平面，之后选取源对象完成镜像操作。

（6）点拟合

该选项用于将选取的对象从参考点集缩放、重定位或修剪到目标点集上。选中该选项后，系统会弹出如图 2-55 所示的对话框。其中两个选项的介绍如下：

- 3-点拟合：通过 3 个参考点和 3 个目标点来缩放和重定位对象，如图 2-56 所示。
- 4-点拟合：通过 4 个参考点和 4 个目标点来缩放和重定位对象，如图 2-57 所示。

图 2-54　“平面”对话框

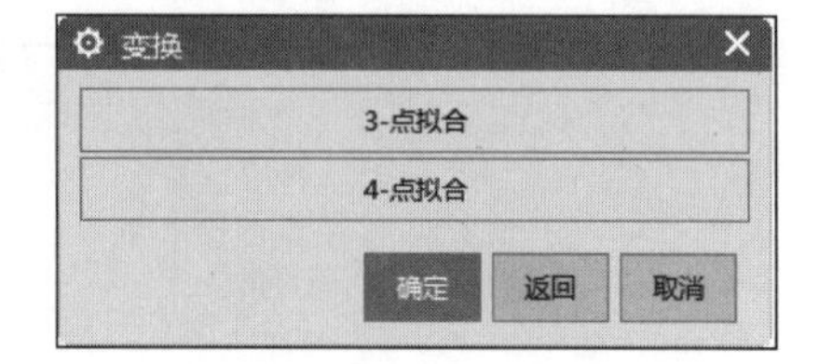

图 2-55　“点拟合”选项

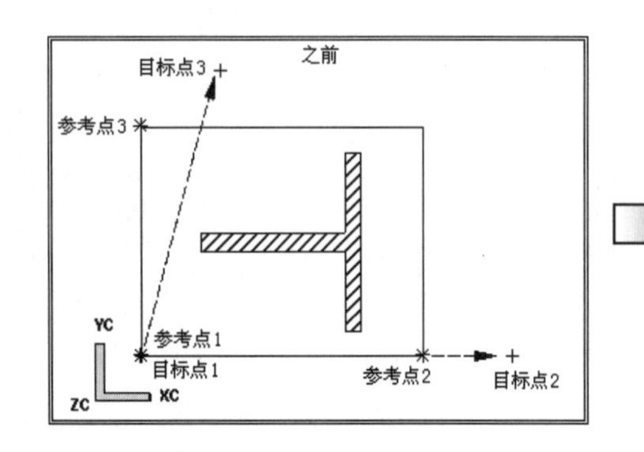

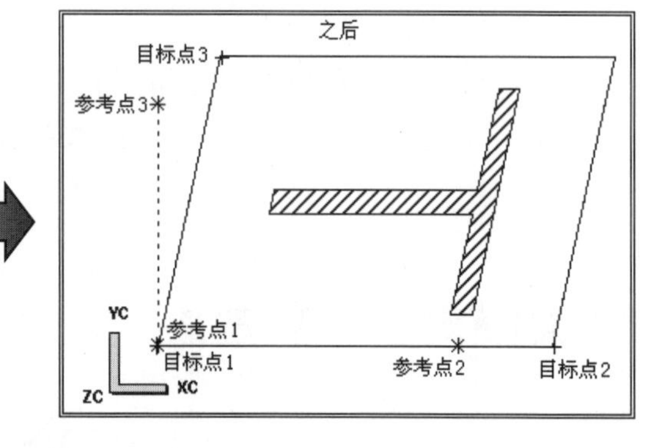

图 2-56　“3 点拟合”示意图

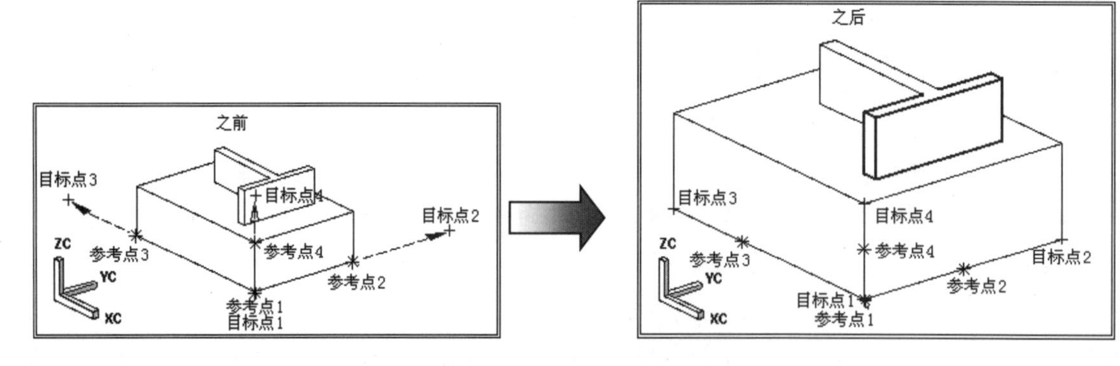

图 2-57　“4 点拟合”示意图

2.4　坐标系操作

UG 系统中共包括 3 种坐标系统，分别是绝对坐标系（Absolute Coordinate System，ACS）、工作坐标系（Work Coordinate System，WCS）和机械坐标系（Machine Coordinate System，MCS），它们都是符合右手定则的。

- ACS：系统默认的坐标系，原点位置永远不变，在用户新建文件时就产生了。

- WCS：UG 系统提供给用户自定义的坐标系。用户可以设置属于自己的 WCS 坐标系，并根据需要任意移动它的位置。
- MCS：一般用于模具设计、加工、配线等向导操作中。

在一个 UG 文件中可以存在多个坐标系，但只可以有一个工作坐标系。利用 WCS 下拉菜单中的“保存”命令可保存坐标系，从而记录下每次操作时的坐标系位置，以后再利用“原点”命令移动到相应的位置。

2.4.1 坐标系的变换

在菜单栏中选择“格式”→WCS，弹出如图 2-58 所示子菜单命令，用于对坐标系进行变换，从而产生新的坐标。

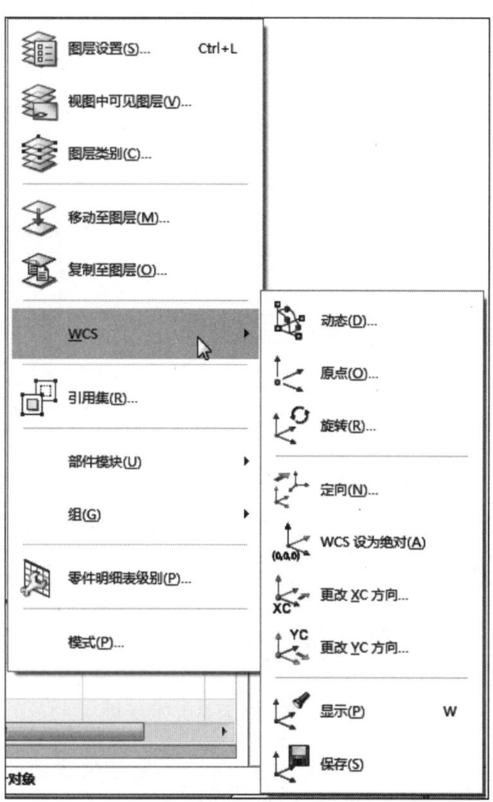

图 2-58　坐标操作子菜单

1. 原点

该命令通过定义当前 WCS 的原点来移动坐标系的位置，仅移动坐标系的位置，不会改变坐标轴的方向。

2. 动态

该命令能通过步进的方式移动或旋转当前的 WCS。用户可以在绘图工作区中移动坐标系到指定位置，也可以设置步进参数使坐标系逐步移动指定的距离。

3. 旋转

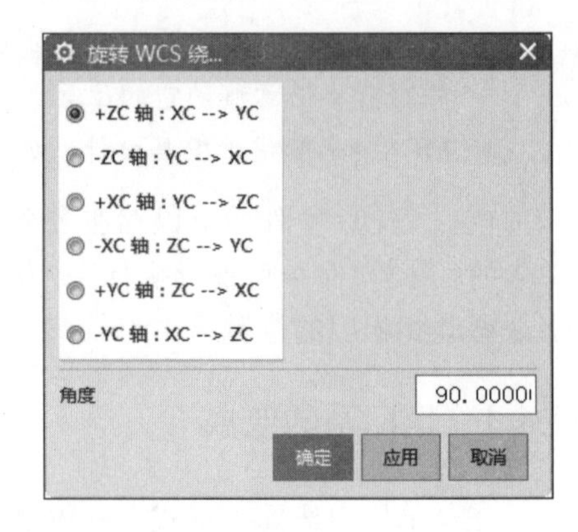

图 2-59 “旋转 WCS 绕”对话框

使用该命令将会弹出如图 2-59 所示的对话框，通过当前的 WCS 绕某一坐标轴旋转一定角度来生成一个新的 WCS。

用户可以选择坐标系绕哪个轴旋转，同时指定从一个轴转向另一个轴。在“角度”文本框中输入需要旋转的角度，可以为负值。

可以直接双击坐标系使坐标系激活，处于动态移动状态，拖动原点处的方块可以沿 X、Y、Z 方向任意移动，也可以绕任意坐标轴旋转。

2.4.2 坐标系的定义

在菜单栏中选择“格式”→WCS→“定向”，弹出如图 2-60 所示的对话框，用于定义一个新的坐标系。

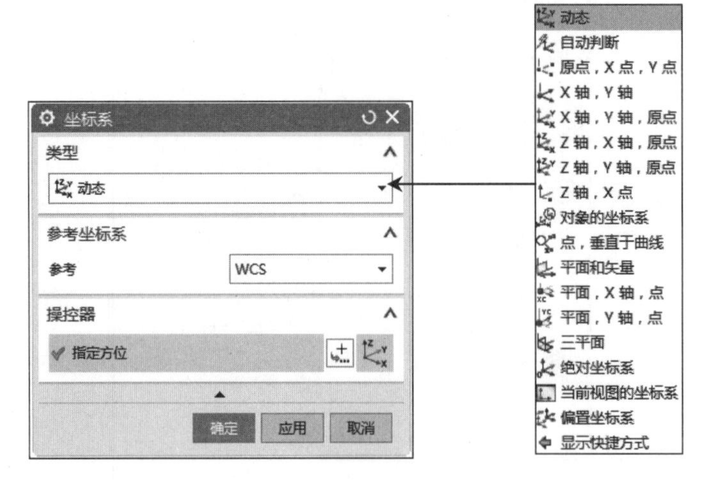

图 2-60 “坐标系”对话框

- 自动判断：该方式通过对象或输入 X、Y、Z 坐标轴方向的偏置值来定义新坐标系。
- 原点，X 点，Y 点：该方式利用点创建功能先后指定 3 个点来定义一个坐标系。这 3 点分别是原点、X 轴上的点和 Y 轴上的点。第一点为原点，第一点到第二点的方向为 X 轴的正向，第一点到第三点的方向为 Y 轴方向，再由 X 到 Y 按右手定则来定 Z 轴正向。
- X 轴，Y 轴：该方式利用矢量创建的功能选择或定义两个矢量来创建坐标系。
- X 轴，Y 轴，原点或 Z 轴，X 轴，原点或 Z 轴，Y 轴，原点：该方式先利用点创建功能指定一个点为原点，再利用矢量创建功能创建两个矢量坐标，从而定义坐标系。
- Z 轴，X 点：该方式先利用矢量创建功能来选择或定义一个矢量，再利用点创建功能指定一个点来定义一个坐标系。其中，X 轴正向为沿点和定义矢量的垂线指向定义点的方向，Y 轴正向则由 Z 到 X 依据右手定则导出。

- 对象的坐标系：该方式由选择的平面曲线、平面或实体的坐标系来定义一个新的坐标系，XOY 平面为选择对象所在的平面。
- 点，垂直于曲线：该方式利用所选曲线的切线和一个指定点的方法创建一个坐标系。曲线切点即为原点，切线方向即为 Z 轴矢量，X 轴正向为沿点到切线的垂线指向点的方向，Y 轴正向由 Z 轴到 X 轴矢量按右手定则来确定。
- 平面和矢量：该方式通过先后选择一个平面和矢量来定义一个坐标系。其中，X 轴为平面的法矢，Y 轴为指定矢量在平面上的投影，原点为指定矢量与平面的交点。
- 三平面：该方式通过先后选择 3 个平面来定义一个坐标系。3 个平面的交点为原点，第一个平面的法向为 X 轴，Y、Z 以此类推。
- 偏置坐标系：该方式通过在 X、Y、Z 输入坐标轴方向输入相对于选择坐标系的偏距来定义一个新的坐标系。
- 显示/隐藏快捷方式：通过该方式切换快捷方式的显示与隐藏。

用户如果不太熟悉上述操作，可以直接选择“自动判断”模式，系统会依据当前情况做出创建坐标系的判断。

2.4.3 坐标系的显示和保存

在菜单栏中选择“格式”→WCS→“显示”后，系统会显示或隐藏当前的工作坐标按钮。

在菜单栏中选择“格式”→WCS→“保存”后，系统会保存当前设置的工作坐标系，以便在以后的工作中调用。

2.5 思　考　题

1．怎样自定义视图布局并有效地利用快捷菜单中的命令快速切换视图？

2．如何有效地利用图层功能并制定相应的图层管理规则，从而有效地组织和管理各种对象？

第 3 章

曲 线 操 作

曲线是生成三维模型的基础。在 UG NX 12.0 中熟练掌握曲线操作功能对高效建立复杂的三维图形是非常有利的。

3.1 曲 线 绘 制

本节主要介绍常用的曲线绘制命令，其中矩形、艺术样条、椭圆等命令在第 4 章中介绍。

3.1.1 直线和圆弧

绘制直线的方式主要有两种：一是在菜单栏中选择“插入”→“曲线”→“直线”；二是在菜单栏中选择“插入”→“曲线”→“直线和圆弧”，选择用户所需的选项。同样，圆弧的绘制也存在着类似的两种方式。这里只介绍第一种方式。

1. 直线

在菜单栏中选择“插入”→“曲线”→“直线”，或单击“曲线”选项卡→“曲线”组→“直线”图标，弹出如图 3-1 所示的“直线”对话框。绘制“直线”的示意图如图 3-2 所示。

（1）开始：用于设置直线的起点形式。

（2）结束：用于设置直线的终点形式。

（3）支持平面：用于设置直线平面的形式，包括“自动平面”“锁定平面”和“选择平面”3 种方式。

（4）限制：用于设置直线的点的起始位置和结束位置，有“值”“在点上”和“直至选定”3 种限制方式。

（5）关联：勾选该复选框，可设置直线之间是否关联。

2. 圆弧

在菜单栏中选择“插入”→“曲线”→“圆弧/圆”，或单击“曲线”选项卡→“曲线”组→“圆弧/圆”图标，弹出如图 3-3 所示的“圆弧/圆”对话框。

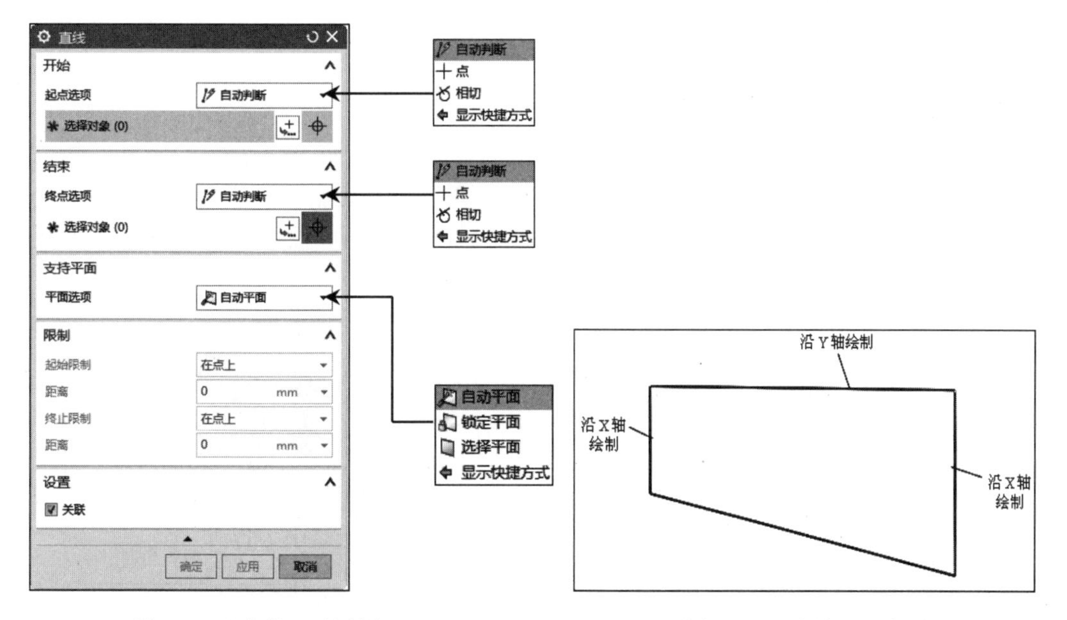

图 3-1 “直线”对话框

图 3-2 “直线”示意图

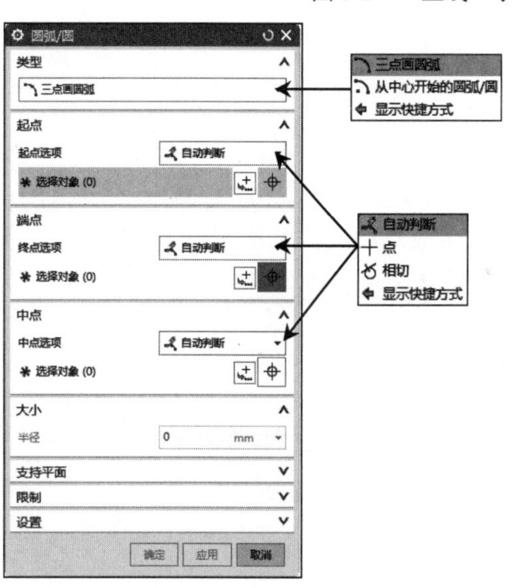

图 3-3 “圆弧/圆”对话框

圆弧/圆的绘制“类型”包括“三点画圆弧”和“从中心开始的圆弧/圆”两种类型，示意图如图 3-4 所示。

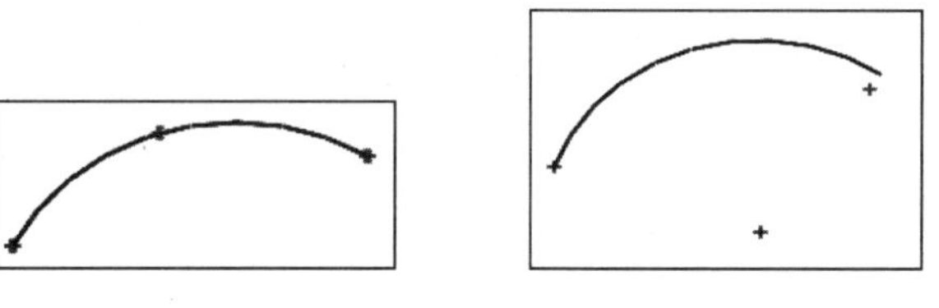

三点画圆弧　　　　从中心开始的圆弧

图 3-4 “圆弧/圆”示意图

其他参数含义和“直线”对话框对应部分含义相同。

3.1.2 抛物线

在菜单栏中选择“插入”→“曲线”→“抛物线”，弹出“点”对话框，在视图区定义抛物线的顶点，弹出如图 3-5 所示的“抛物线”参数对话框，在该对话框中输入用户所需的数值，单击“确定”按钮，生成抛物线，示意图如图 3-6 所示。

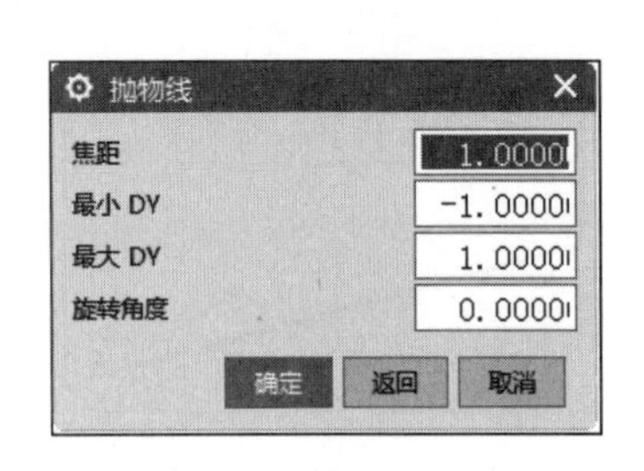

图 3-5 “抛物线”对话框

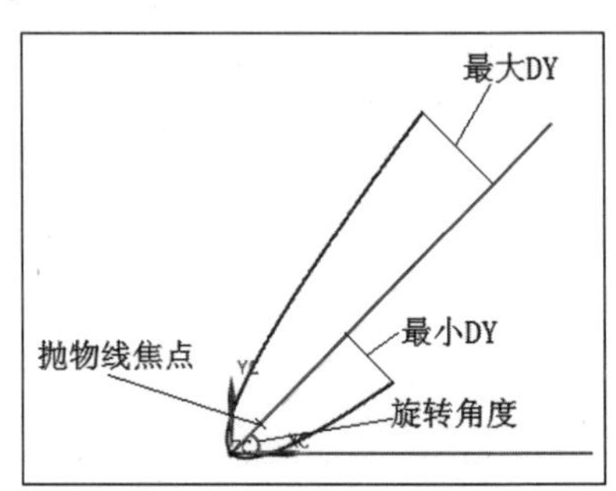

图 3-6 “抛物线”示意图

3.1.3 双曲线

在菜单栏中选择“插入”→“曲线”→“双曲线”，弹出“点”对话框，在视图区定义双曲线中心点，弹出如图 3-7 所示的“双曲线”输入对话框，在该对话框中输入用户所需的数值，单击“确定”按钮，生成双曲线，示意图如图 3-8 所示。

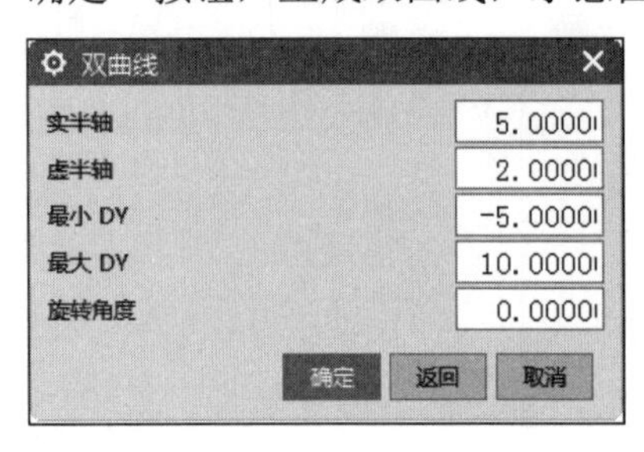

图 3-7 “双曲线”对话框

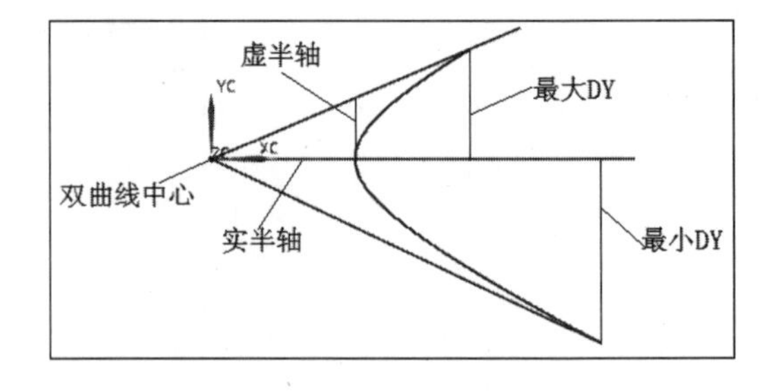

图 3-8 “双曲线”示意图

3.1.4 螺旋线

在菜单栏中选择“插入”→“曲线”→“螺旋”，弹出如图 3-9 所示的“螺旋”对话框。设置参数后单击“确定”按钮，生成螺旋线，示意图如图 3-10 所示。

1. 类型

包括沿矢量和沿脊线两种。

2. 方位

用于设置螺旋线指定方向的偏转角度。

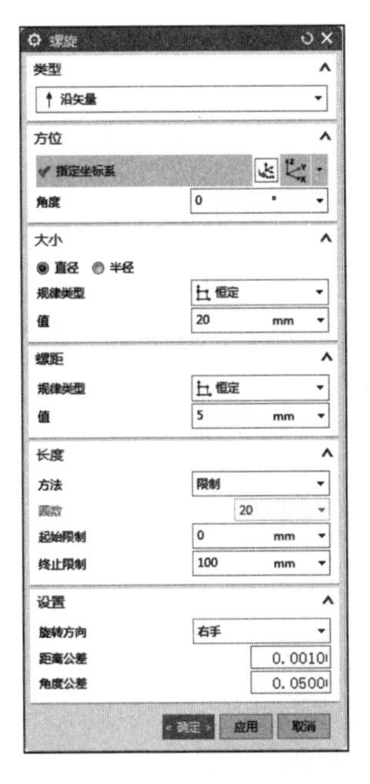

图 3-9 “螺旋”对话框

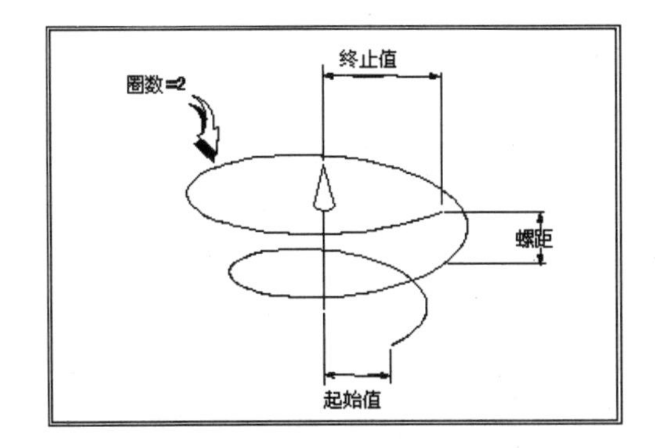

图 3-10 “螺旋线”示意图

3. 大小

能够指定半径或直径的定义方式，可通过“使用规律曲线”来定义值的大小。

4. 规律类型

能够使用规律函数来控制螺旋线的半径变化。

5. 螺距

相邻的圈之间沿螺旋轴方向的距离，能够使用规律函数来控制螺距的变化。螺距必须大于或等于 0。

6. 长度

该项用于控制螺旋线的长度，可用圈数和起始/终止限制两种方法。圈数必须大于 0，可以接受小于 1 的值（比如 0.5 可生成半圈螺旋线）。

7. 设置

该选项用于控制旋转的方向。

（1）右手：螺旋线起始于基点向右卷曲（逆时针方向）。
（2）左手：螺旋线起始于基点向左卷曲（顺时针方向）。

3.1.5 规律曲线

在菜单栏中选择“插入”→“曲线”→“规律曲线”，弹出如图 3-11 所示的“规律曲线”对话框。

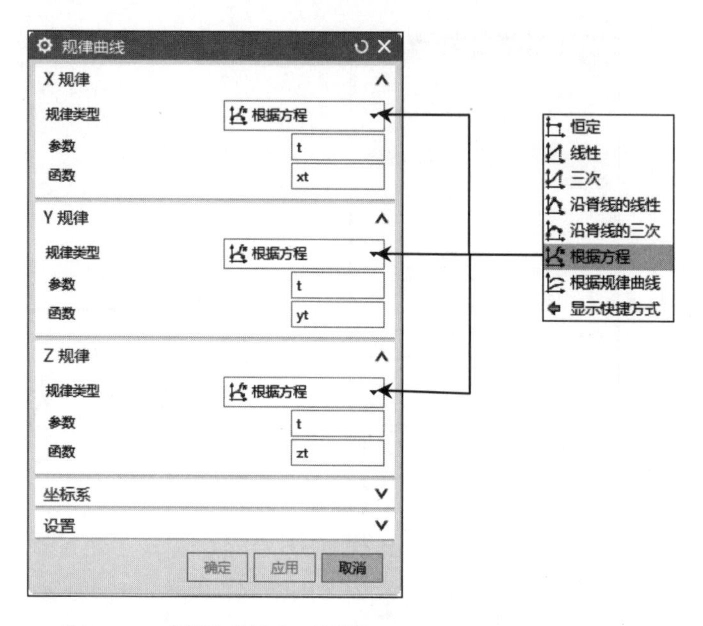

图 3-11 “规律曲线”对话框

- 恒定：定义某分量是常量，曲线在三维坐标系中表示为二维曲线，单击该按钮，弹出如图 3-12 所示的“规律曲线”规律值输入对话框。
- 线性：定义曲线某分量按线性变化，单击该按钮，弹出如图 3-13 所示的“规律曲线”的规律控制对话框，在其中指定起始点和终点，曲线某分量就在起点和终点之间按线性规律变化。

图 3-12 规律值输入对话框

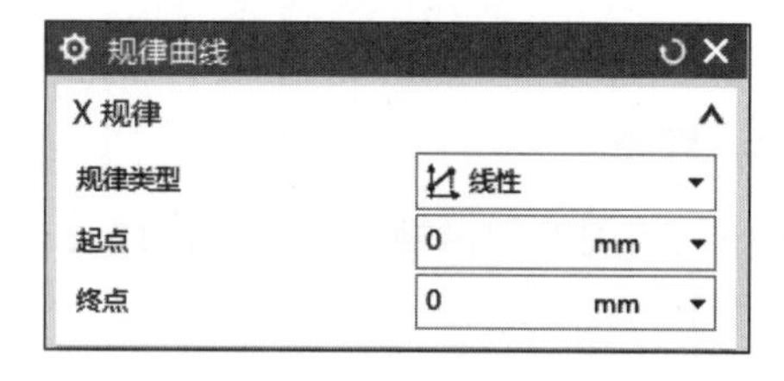

图 3-13 起点终点输入对话框

- 三次：定义曲线某分量按三次多项式变化。
- 沿脊线的线性：利用两个点或多个点沿脊线线性变化，当选择脊线后，指定若干个点，每个点可以对应一个数值。
- 沿脊线的三次：利用两个点或多个点沿脊线三次多项式变化，当选择脊线后，指定若干个点，每个点可以对应一个数值。
- 根据方程：利用表达式或表达式变量定义曲线某分量，在使用该选项前，应先在工具表达式中定义表达式或表达式变量。
- 根据规律曲线：选择一条已存在的光滑曲线来定义规律函数。在选择了这条曲线后，系统还需用户选择一条直线作为基线，为规律函数定义一个矢量方向，如果用户未指定基线，则系统会默认选择绝对坐标系的 X 轴作为规律曲线的矢量方向。

根据抛物线 $Y=2-0.25x^2$ 绘制的规律曲线如图 3-14 所示。

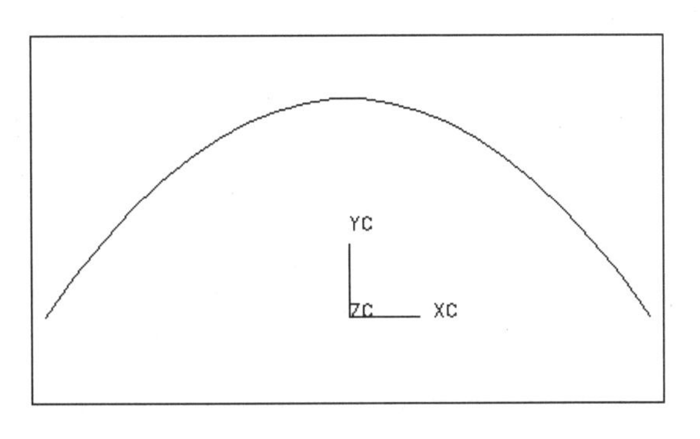

图 3-14 根据公式绘制的规律曲线

3.1.6 点

在菜单栏中选择“插入”→“基准/点”→“点”，或单击“主页”选项卡→“特征”组→“基准/点下拉菜单”→“点”十图标，弹出如图 3-15 所示的“点”对话框。如图 3-16 所示的“上边框条”可以帮助用户使用各种方法精确快速地定位。

图 3-15 “点”对话框

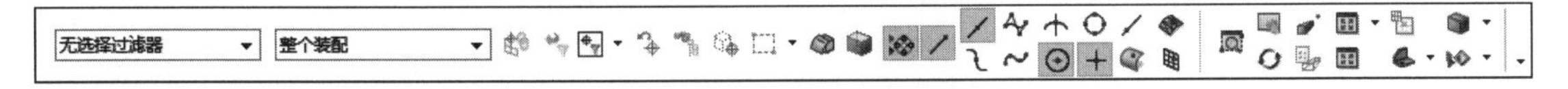

图 3-16 上边框条

1. 类型

在如图 3-15 所示的对话框中，可以利用“类型”下拉列表中点的捕捉方法捕捉一个点，如选择“自动判断的点”类型。

2. 点位置

用鼠标在视图对象中拾取点的位置。

3. 输出坐标

直接输入坐标值来确定点。在如图 3-15 所示的对话框中的 X、Y 和 Z 文本框中输入坐标值来确定点。用户还可以根据“参考”项决定采用“相对坐标系”方式还是“绝对坐标系”方式来指定点的位置。

当用户选中“相对坐标系”选项时，在文本框中输入的坐标值是相对于工作坐标系的，这个坐标系是系统提供的一种坐标功能，可以任意移动和旋转，而点的位置和当前的工作坐标系相关。当用户选中“绝对坐标系”选项时，坐标文本框的标识变为“X、Y、Z”，此时输入的坐标值为绝对坐标值，它是相对于绝对坐标系的，这个坐标系是系统默认的坐标系，其原点与轴的方向永远保持不变。

4. 偏置

可以在“偏置选项”中设置偏置的类型，包括无、直角坐标、圆柱坐标、球坐标、沿矢量和沿曲线。

5. 设置

设置点之间是否关联。

3.1.7 点集

在菜单栏中选择“插入”→“基准/点”→“点集”，或单击“主页”选项卡→“特征”组→“基准/点下拉菜单”→“点集”图标，弹出如图 3-17 所示的“点集”对话框。

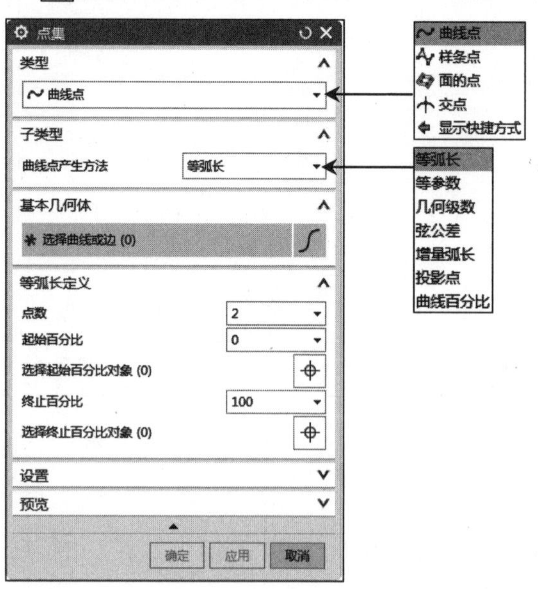

图 3-17 “点集”对话框

1. 曲线点

用于在曲线上创建点集。

（1）曲线点产生方法

该下拉列表用于选择曲线上点的创建方法，包括“等弧长”“等参数”“几何级数”“弦公差”“增量弧长”“投影点”和“曲线百分比”7种方法。

- 等弧长：用于在点集的起始点和结束点之间按点间等弧长来创建指定数目的点集。例如，在视图区选择要创建点集的曲线，在如图3-17所示的对话框中的“点数”“起始百分比”和“终止百分比”文本框中分别输入10、0和100，以等圆弧长方式创建点集。
- 等参数：用于以曲线曲率的大小来确定点集的位置。曲率越大，产生点的距离越大，反之则越小。例如，在“曲线点产生方法”下拉列表中选择“等参数”，在“点数”“起始百分比”和“终止百分比”文本框中分别输入10、0和100，以等参数方式创建点集。
- 几何级数：在“曲线点产生方法”下拉列表中选择“几何级数”，则在该对话框中会多出一个“比率”文本框。在设置完其他参数后，还需要指定一个比率值，用来确定彼此相邻的后两点之间的距离与前两点距离的倍数。例如，在“点数”“起始百分比”“终止百分比”和“比率”文本框中分别输入8、0、100和2，以几何级数方式创建点集。
- 弦公差：用于根据所给出弦公差的大小来确定点集的位置。弦公差值越小，产生的点数越多，反之则越少，如图3-18所示。
- 增量弧长：用于根据弧长的大小确定点集的位置，而点数的多少则取决于曲线总长及两点间的弧长。按照顺时针方向生成各点，如图3-19所示。

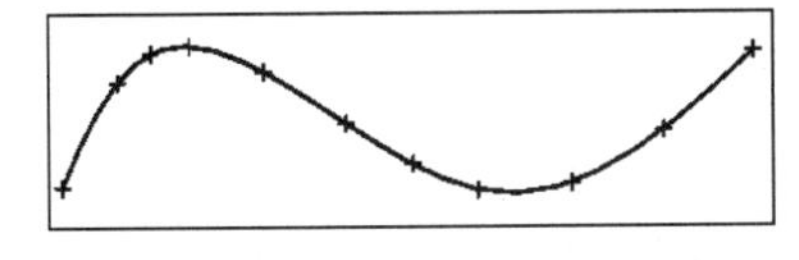

图3-18 “弦公差”间隔方式

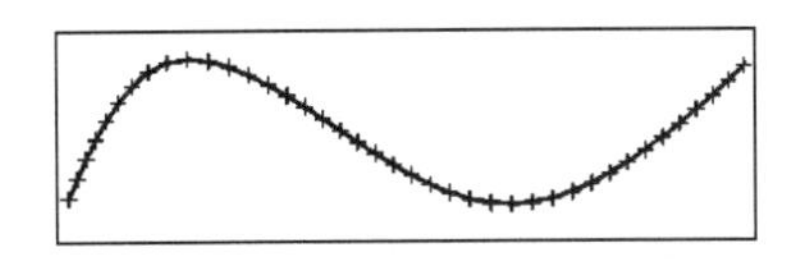

图3-19 “增量弧长”间隔方式

- 投影点：用于通过指定点来确定点集。
- 曲线百分比：用于通过曲线上的百分比位置来确定一个点。

（2）选择曲线或边

单击该按钮，可以选取新的曲线来创建点集。

（3）点数

用于设置要添加的点的数量。

（4）起始百分比

用于设置所要创建点集在曲线上的起始位置。

（5）终止百分比

用于设置所要创建点集在曲线上的终止位置。

2. 样条点

（1）样条点类型

- 定义点：用于利用绘制样条曲线时的定义点来创建点集。

- 结点：用于利用绘制样条曲线时的结点来创建点集。
- 极点：用于利用绘制样条曲线时的极点来创建点集。

（2）选择样条

单击该按钮，可以选取新的样条来创建点集。

3. 面的点

用于产生曲面上的点集。

（1）面点产生方法

- 阵列：用于设置点集的边界。其中，“对角点”用于以对角点方式来限制点集的分布范围，选中该单选按钮时，系统会提示用户在绘图区中选取一点，完成后再选取另一点，这样就以这两点为对角点设置了点集的边界；“百分比”用于以曲面参数百分比的形式来限制点集的分布范围。
- 面百分比：用于通过在选定曲面上的U、V方向的百分比位置来创建该曲面上的一个点。
- B曲面极点：用于以B曲面控制点的方式创建点集。

（2）选择面

单击该按钮，可以选取新的面来创建点集。

3.2 曲线操作

曲线的操作包括相交、截面、偏置、投影、镜像、桥接、简化、缠绕/展开和组合投影。

3.2.1 相交曲线

相交曲线是利用两个曲面相交生成交线。在菜单栏中选择“插入”→“派生曲线”→“相交”，或单击“曲线”选项卡→“派生曲线”组→“相交曲线”图标，弹出如图3-20所示的“相交曲线”对话框。该对话框用于创建两组对象的交线，各组对象可以是一个或者多个曲面（若为多个曲面，则必须属于同一实体）、参考面、片体或实体，示意图如图3-21所示。

1. 第一组

用于确定欲产生交线的第一组对象。

（1）指定平面：用于设定第一组或第二组对象的选择范围为平面、参考面或基准面。

（2）保持选定：用于设置在单击“应用”按钮后是否自动重复选择第一组或第二组对象的操作。

2. 第二组

用于确定欲产生交线的第二组对象。

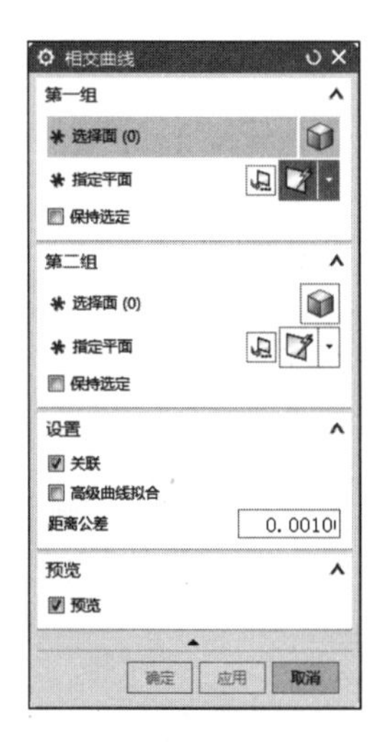

图 3-20 “相交曲线”对话框

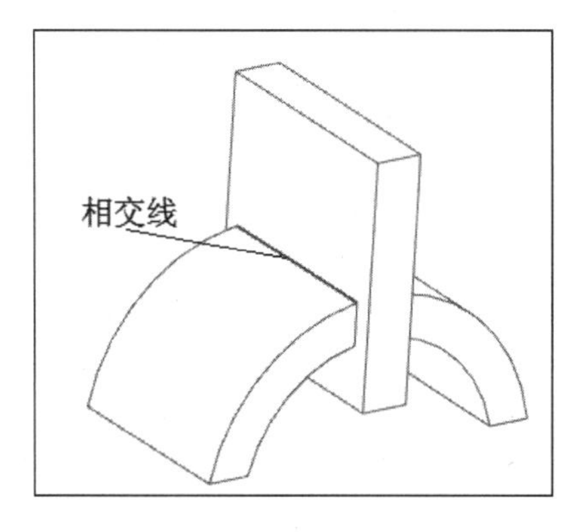

图 3-21 “相交曲线”示意图

3. 设置

（1）高级曲线拟合：用于设置曲线拟合的方式，包括“次数和段数”“次数和公差”和“自动拟合”3 种拟合方式。

（2）距离公差：用于设置距离公差，默认值是在建模预设对话框中设置的。

（3）关联：能够指定相交曲线是否关联。当对源对象进行更改时，关联的相交曲线会自动更新。该选项默认设置为选中状态。

3.2.2 截面曲线

在菜单栏中选择“插入”→“派生曲线”→“截面”，或单击“曲线” 选项卡→“派生曲线”组→“派生曲线”库→“截面曲线”图标，弹出如图 3-22 所示的“截面曲线”对话框。该对话框用于设定截面与选定的表面或平面等对象相交，从而生成相交的几何对象。一个平面与曲线相交会建立一个点；一个平面与表面或平面相交会建立一条截面曲线，示意图如图 3-23 所示。

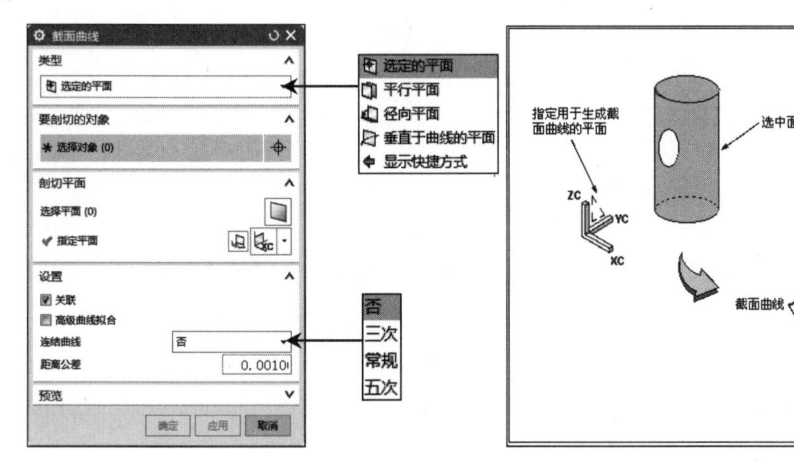

图 3-22 “截面曲线”对话框

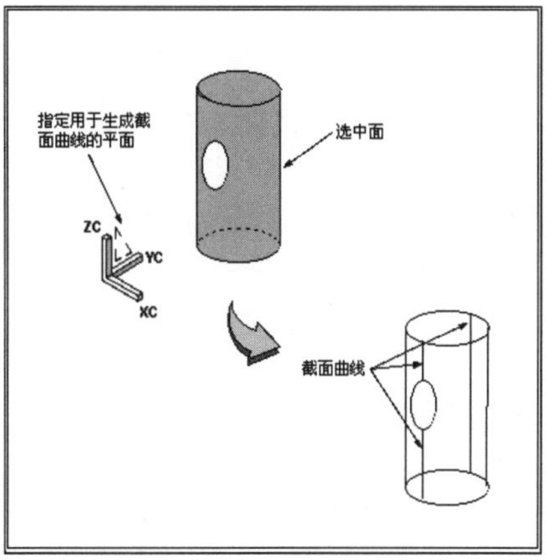

图 3-23 “截面曲线”示意图

1. 选定的平面

在视图区选择已有平面作为截面。

2. 平行平面

用于设置一组等间距的平行平面作为截面。选择该选项，得到如图 3-24 所示的“平面位置”对话框。

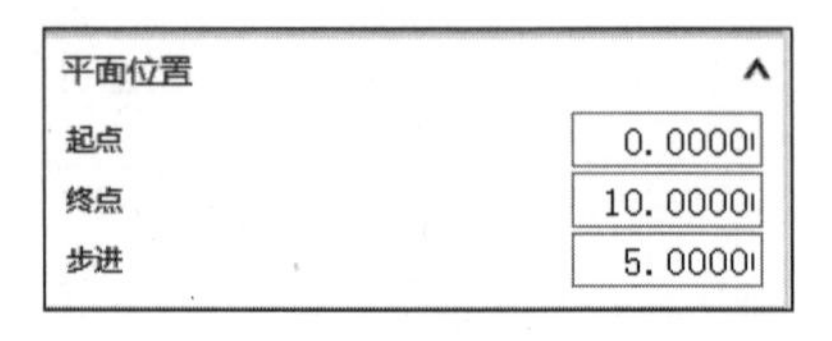

图 3-24 “平行平面”方式时的选项

（1）起点：表示起始平行平面和基准平面的间距。
（2）终点：表示终止平行平面和基准平面的间距。
（3）步进：表示平行平面之间的间距。

3. 径向平面

用于设定一组等角度扇形展开的放射面作为截面。选择该选项后得到如图 3-25 所示的“截面曲线”对话框。

4. 垂直于曲线的平面

用于设定一个或一组与选定曲线垂直的平面作为截面。选择该选项后，“截面曲线”对话框中选项的变化如图 3-26 所示。其中各参数的含义和以“曲线点”方式创建点集时的参数含义相同。

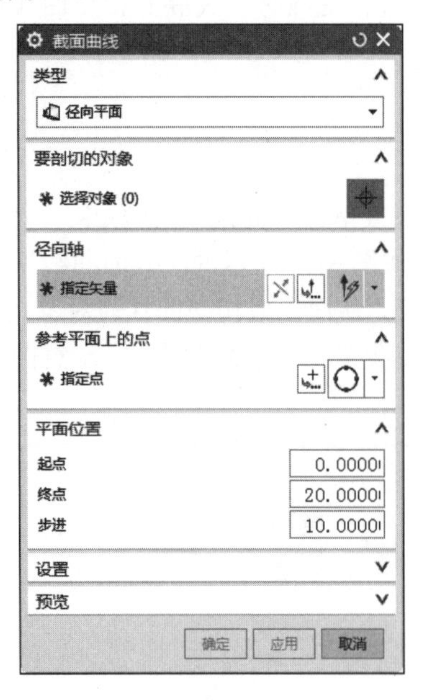

图 3-25 “径向平面”方式

图 3-26 “垂直于曲线的平面”方式

3.2.3 偏置曲线

偏置曲线用于对已存在的曲线以一定的偏置方式得到新的曲线。新得到的曲线与原曲线是相关的，即当原曲线发生改变时，新的曲线也会随之改变。

在菜单栏中选择“插入”→“派生曲线”→“偏置”，或单击“曲线”选项卡→“派生曲线”组→“偏置曲线”图标，弹出如图 3-27 所示的“偏置曲线”对话框，设置参数后单击“确定”按钮，生成偏置曲线，示意图如图 3-28 所示。

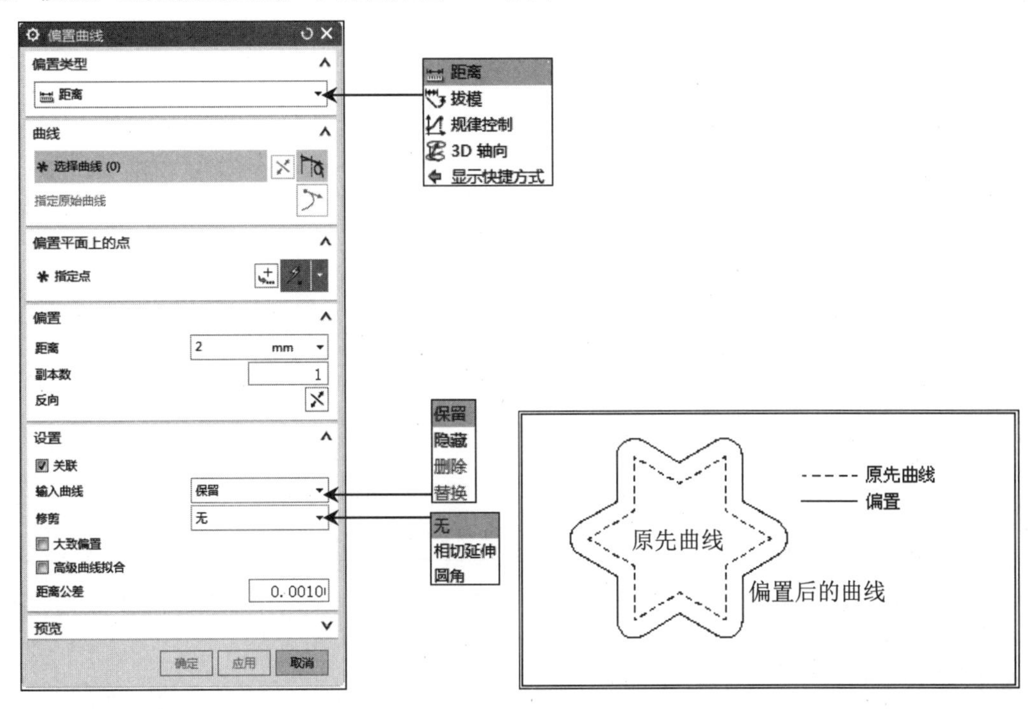

图 3-27　“偏置曲线”对话框　　　　图 3-28　“偏置曲线”示意图

1. 距离类型

依据给定的偏置距离来偏置曲线。选择该类型后，参数选项如图 3-27 所示，在“距离”和“副本数”文本框中输入偏置距离和产生偏置曲线的数量，并设定好其他参数后即可。

2. 拔模类型

选择该方式后，参数选项如图 3-29 所示，“高度”和“角度”文本框被激活，在这两个文本框中分别输入用户所需的数值，再设置其他参数即可。基本思想是将曲线按指定的拔模角度偏置到与曲线所在平面相距拔模高的平面上。拔模高为原曲线所在平面和偏置后所在平面间的距离；拔模角是偏置方向与原曲线所在平面的法向的夹角。

3. 规律控制类型

通过规律曲线控制偏置距离来偏置曲线。选择该方式后，参数选项如图 3-30 所示，从中选择相应的偏置距离的规律控制方式后，逐步响应系统提示即可。

4. 3D 轴向类型

按照三维空间内指定的矢量方向和偏置距离来偏置曲线，如图 3-31 所示。用户按照生成矢量的方法制定矢量方向，然后输入需要偏置的距离即可生成相应的偏置曲线。

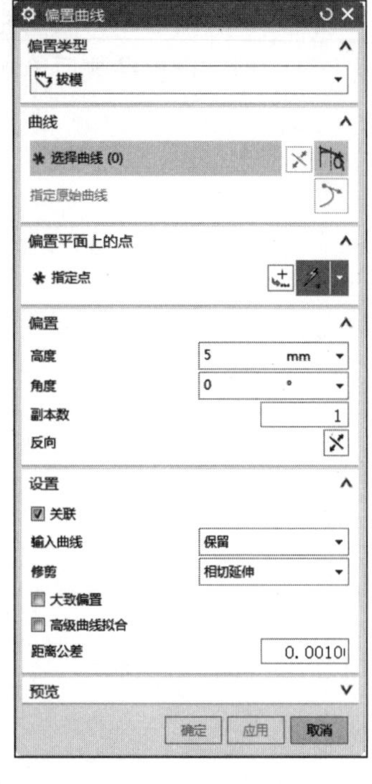

图 3-29　“拔模”类型

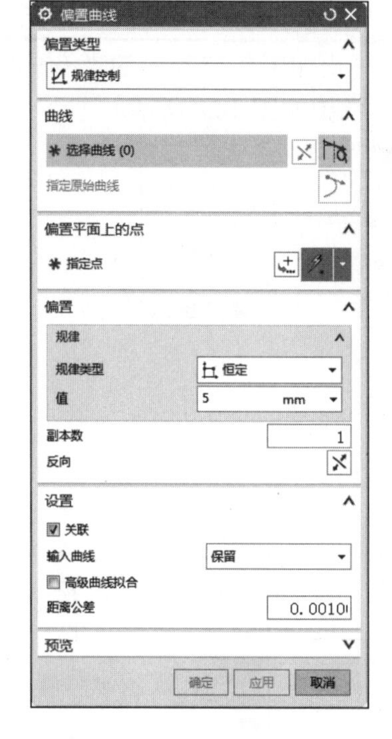

图 3-30　“规律控制”类型

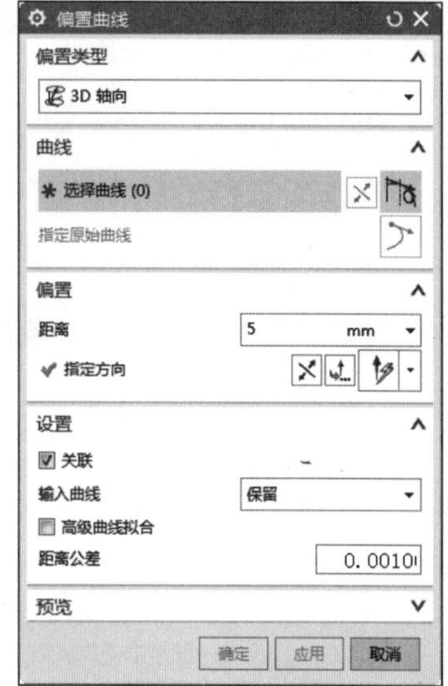

图 3-31　“3D 轴向”类型

3.2.4　投影曲线

在菜单栏中选择“插入”→“派生曲线”→“投影”，或单击“曲线”选项卡→“派生曲线”组→“投影曲线”图标，弹出如图 3-32 所示的“投影曲线”对话框。该对话框用于将曲线或点沿某一方向投影到现有曲面、平面或参考平面上。如果投影曲线与面上的孔或面上的边缘相交，则投影曲线会被面上的孔或边缘所裁剪。

图 3-32　“投影曲线”对话框

1. 选择曲线或点

用于确定要投影的曲线和点。

2. 指定平面

用于确定投影所在的表面或平面。

3. 方向

用于指定将对象投影到片体、面和平面上时所使用的方向，包括“沿面的法向”“朝向点”“朝向直线”“沿矢量”和“与矢量成角度”5种投影方式。

（1）沿面的法向：适用于沿着曲面或平面的法向投影的对象，如图3-33所示。

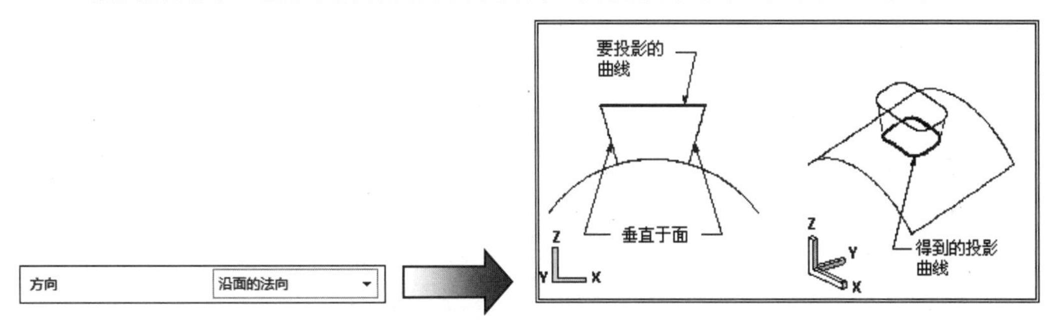

图3-33 “沿面的法向”方向

（2）朝向点：适用于从原定义曲线朝着一个点向选取的投影面投影曲线，如图3-34所示。

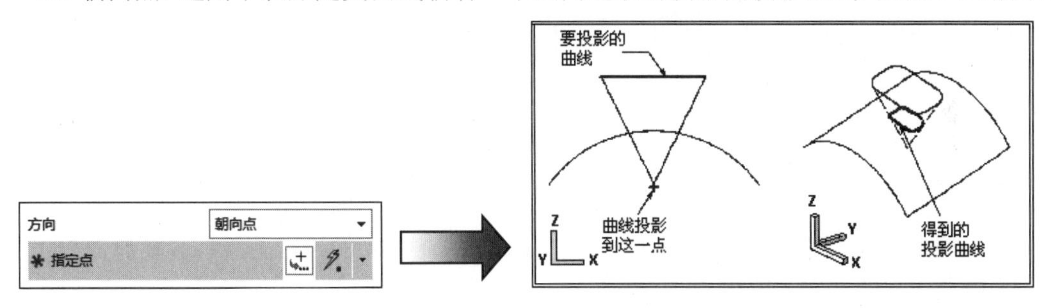

图3-34 “朝向点”方向

（3）朝向直线：适用于从原定义曲线朝着一条直线向选取的投影面投影曲线，如图3-35所示。

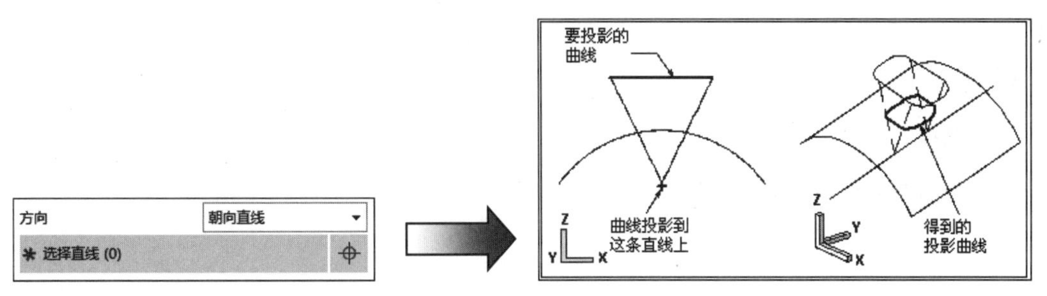

图3-35 “朝向直线”方向

（4）沿矢量：适用于可沿指定矢量方向（该矢量是通过矢量构造器定义的）向选取的投影面投影曲线，可以在该矢量指示的单个方向上投影曲线，也可在两个方向上（指示的方向和它的反方向）投影，如图 3-36 所示。

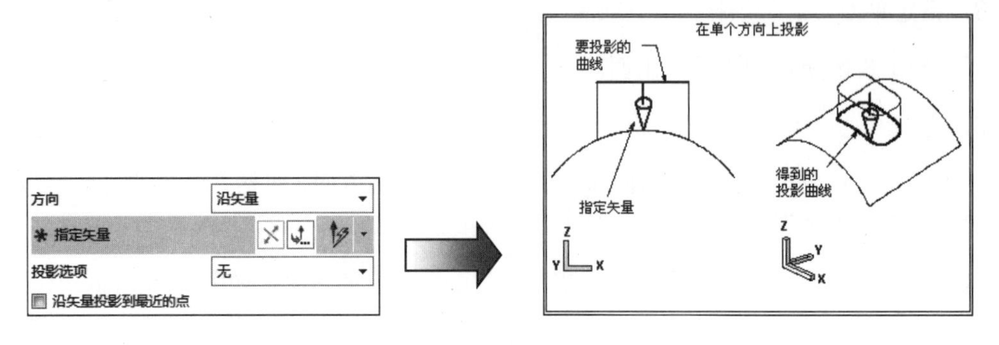

图 3-36　“沿矢量”方向

（5）与矢量成角度：适用于沿与指定矢量方向成一个角度的方向向选取的投影面投影曲线，如图 3-37 所示。

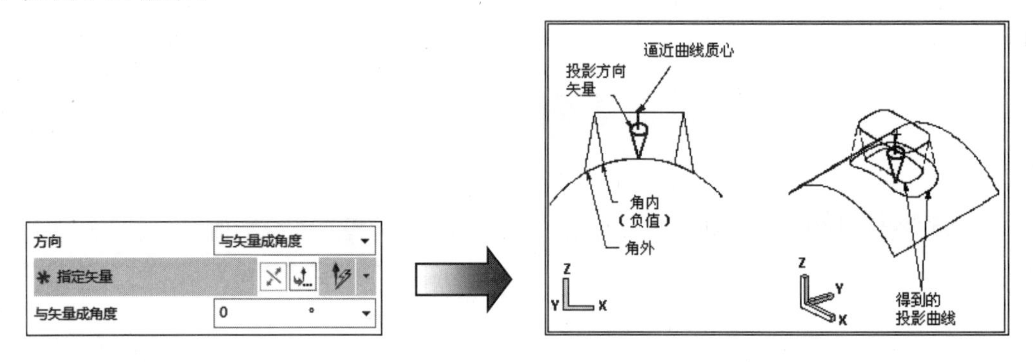

图 3-37　“与矢量成角度”方向

4．关联

表示原曲线保持不变，在投影面上生成与原曲线相关联的投影曲线，只要原曲线发生变化，投影曲线也随之发生变化。

3.2.5　镜像曲线

在菜单栏中选择“插入”→“派生曲线”→“镜像”，或单击“曲线”选项卡→“派生曲线”组→“派生曲线”库→“镜像曲线”图标，弹出如图 3-38 所示的“镜像曲线”对话框，示意图如图 3-39 所示。

1．曲线

用于确定要镜像的曲线。

2．镜像平面

可以直接选择现有平面或创建新的平面。

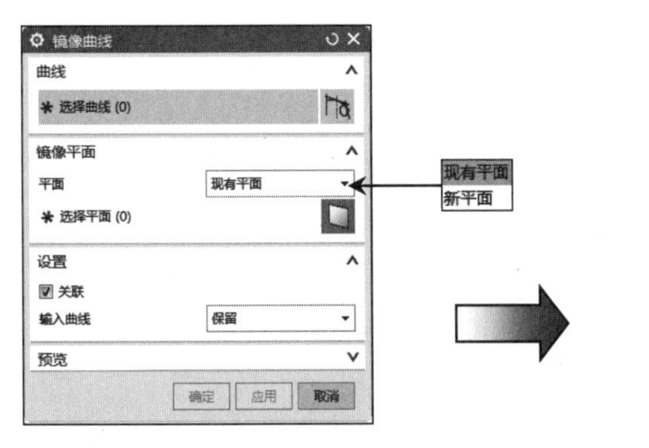

图 3-38 “镜像曲线”对话框

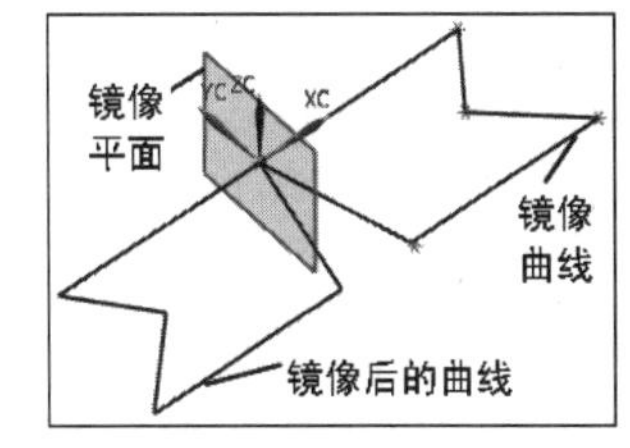

图 3-39 “镜像曲线”示意图

3. 关联

原曲线保持不变，在投影面上生成与原曲线相关联的投影曲线，只要原曲线发生变化，投影曲线就随之发生变化。

3.2.6 桥接曲线

在菜单栏中选择“插入”→“派生曲线”→“桥接”，或单击“曲线”选项卡→“派生曲线”组→“派生曲线”库→“桥接曲线”图标，弹出如图 3-40 所示的“桥接曲线”对话框。该对话框用于将两条不同位置的曲线桥接，示意图如图 3-41 所示。

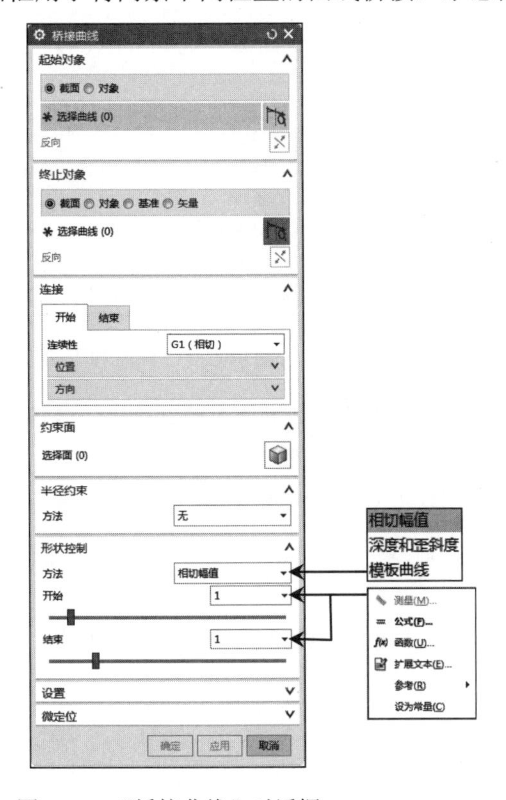

图 3-40 “桥接曲线”对话框

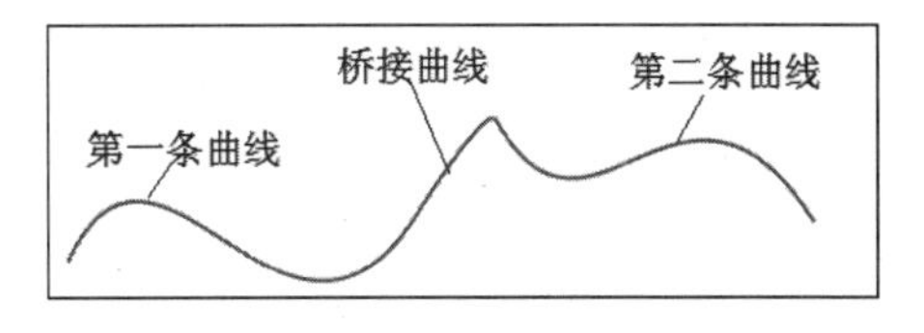

图 3-41 “桥接曲线”示意图

1. 起始对象

用于确定桥接操作的第一个对象。

2. 终止对象

用于确定桥接操作的第二个对象。

3. 连接

包括曲线的连续性、位置和方向。

（1）连续性：包括相切和曲率两种。相切表示桥接曲线与第一条曲线、第二条曲线在连接点处相切连续，且为三阶样条曲线；曲率表示桥接曲线与第一条曲线、第二条曲线在连接点处曲率连续，且为五阶或七阶样条曲线。

（2）位置：移动滑尺上的滑块，确定点在曲线的百分比位置。

（3）方向：基于所选几何体定义曲线方向。

4. 约束面

用于限制桥接曲线所在面。

5. 半径约束

用于限制桥接曲线的半径类型和大小。

6. 形状控制

（1）相切幅值

通过改变桥接曲线与第一条曲线和第二条曲线连接点的切矢量值来控制桥接曲线的形状。切矢量值的改变是通过“开始”和“结束”滑尺，或直接在“第一曲线”和“第二曲线”文本框中输入切矢量来实现的。

（2）深度和歪斜度

当选择该控制方式时，“桥接曲线”对话框的变化如图3-42所示。

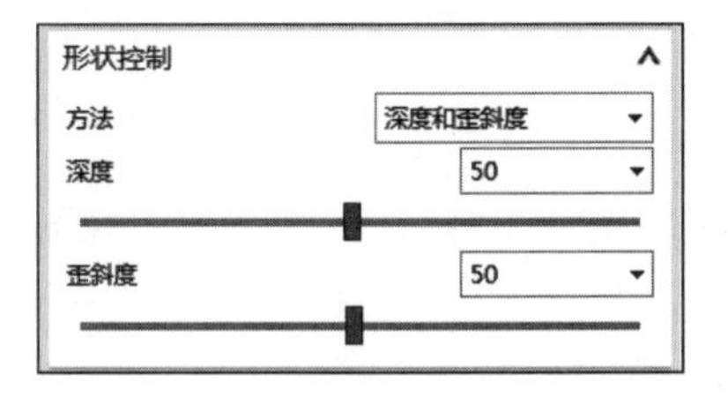

图 3-42 “深度和歪斜度”选项

- 深度：是指桥接曲线峰值点的深度，即影响桥接曲线形状的曲率的百分比，其值可通过拖动下面的滑尺或直接在“深度”文本框中输入百分比来设定。
- 歪斜度：是指桥接曲线峰值点的倾斜度，即设定沿桥接曲线从第一条曲线向第二条曲线度量时峰值点位置的百分比。

（3）模板曲线

用于选择控制桥接曲线形状的参考样条曲线，即桥接曲线继承参考曲线的形状。

3.2.7 简化曲线

在菜单栏中选择“插入”→“派生曲线”→“简化”，或单击“曲线”选项卡→“更多”

库→“派生曲线”库→“简化曲线”图标，弹出如图3-43所示的“简化曲线”对话框。该对话框用于以一条最合适的逼近曲线来简化一组曲线，将这组曲线简化为圆弧或直线的组合，即将高次方曲线降成二次方或一次方曲线，示意图如图3-44所示。

- 保持：在生成新的直线和圆弧之后保留原有曲线。
- 删除：简化之后删除原有曲线。删除选中曲线之后，不能再恢复。
- 隐藏：生成简化曲线之后，将原有曲线从屏幕上移除，但并未被删除。

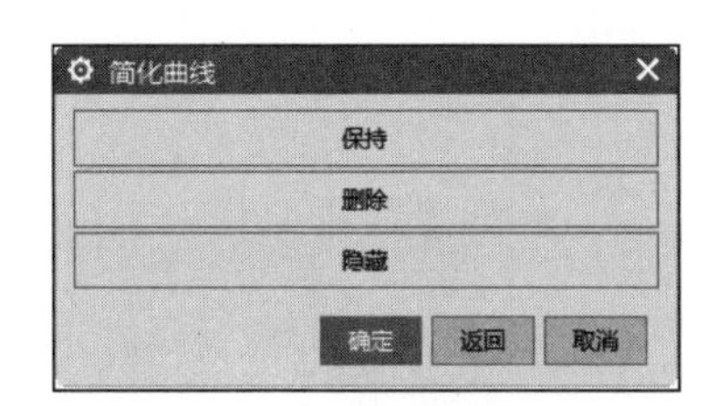

图3-43 “简化曲线”对话框

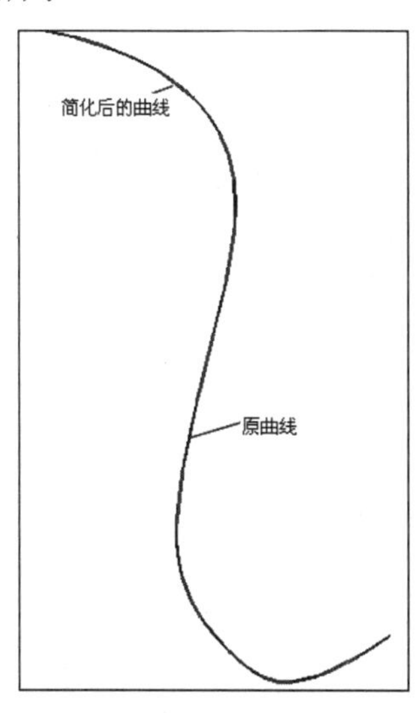

图3-44 “简化曲线”示意图

3.2.8 缠绕/展开曲线

选择菜单栏中的“插入”→“派生曲线”→“缠绕/展开曲线”，或单击“曲线”选项卡→“派生曲线”组→“派生曲线”库→“缠绕/展开曲线”图标，弹出如图3-45所示的“缠绕/展开曲线”对话框。该对话框用于将曲线由一个平面缠绕在锥面或柱面上生成缠绕曲线，或将曲线由锥面或柱面展开至一个平面生成一条展开曲线，示意图如图3-46所示。

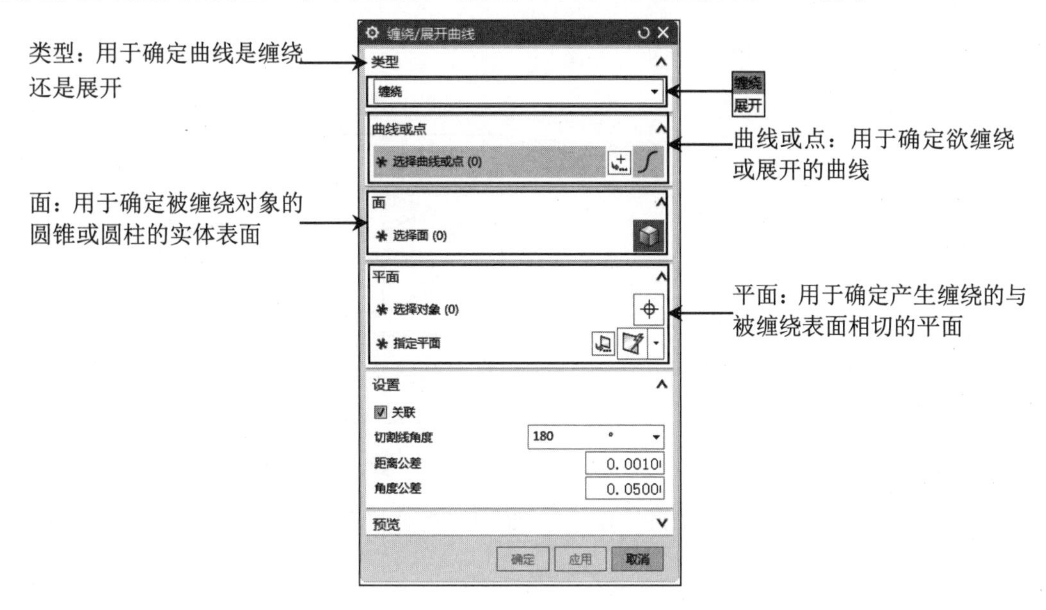

图3-45 “缠绕/展开曲线”对话框

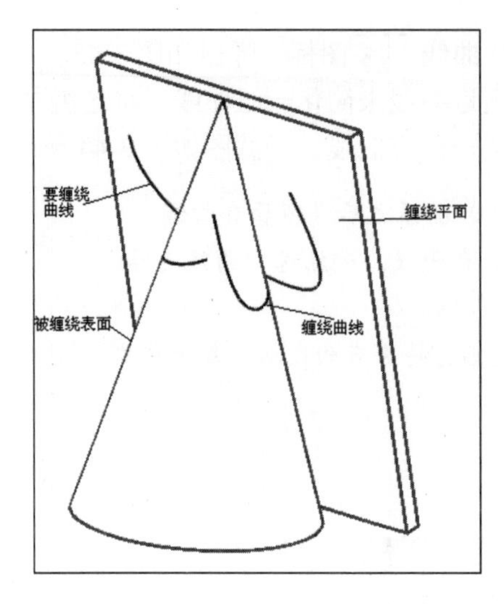

图 3-46 “缠绕/展开曲线”示意图

3.2.9 组合投影曲线

在菜单栏中选择“插入”→“派生曲线”→“组合投影”，或单击“曲线”选项卡→“派生曲线”组→“派生曲线”库→“组合投影”图标，弹出如图 3-47 所示的“组合投影”对话框。该对话框用于将两条曲线沿各自的投影方向投影生成一条新的曲线，示意图如图 3-48 所示。

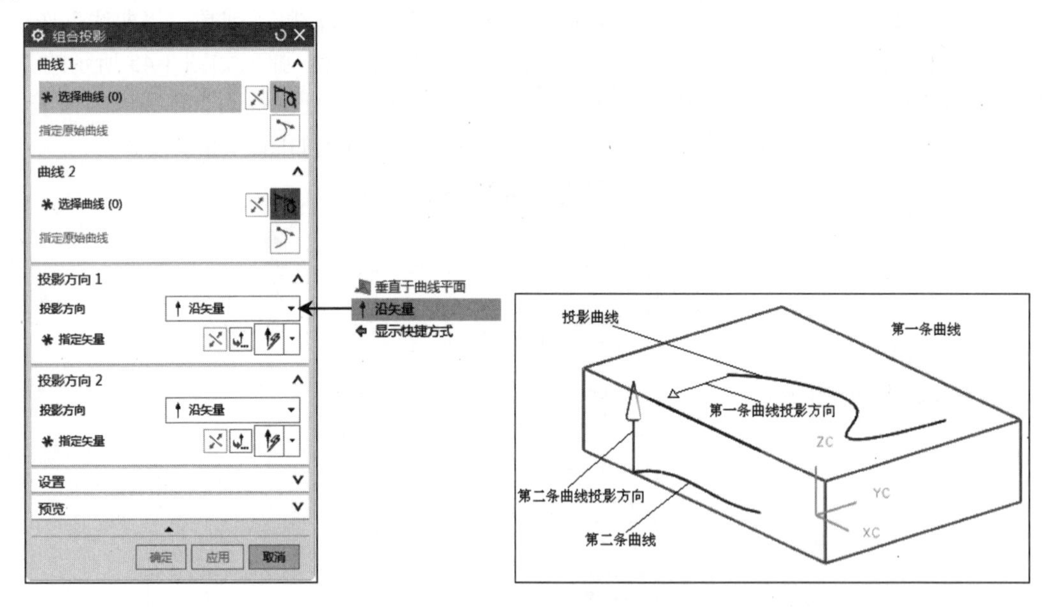

图 3-47 “组合投影”对话框

图 3-48 “组合投影”示意图

所选两条曲线的投影必须是相交的。下面介绍“组合投影”对话框中主要参数的用法。

1. 曲线 1

用于确定欲投影的第一条曲线。

2. 曲线2

用于确定欲投影的第二条曲线。

3. 投影方向1

用于确定第一条曲线投影的矢量方向。

4. 投影方向2

用于确定第二条曲线投影的矢量方向。

3.3 曲线编辑

曲线的编辑操作包括编辑曲线参数、修剪曲线、分割曲线、缩放曲线、曲线长度和光顺样条等。

3.3.1 编辑曲线参数

在菜单栏中选择“编辑”→“曲线”→“参数”，或单击“曲线”选项卡→“更多”库→“编辑曲线”库→“编辑曲线参数”图标，弹出如图3-49所示的“编辑曲线参数”对话框。

在“编辑曲线参数”对话框中设置完相关的选项后，系统提示将会随着编辑的对象类型而变化。

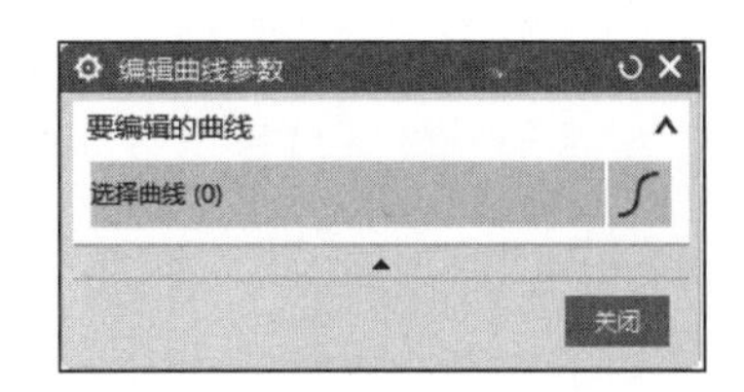

图3-49 “编辑曲线参数”对话框

3.3.2 修剪曲线

在菜单栏中选择“编辑”→“曲线”→“修剪”，或单击“曲线”选项卡→“编辑曲线”组→“修剪曲线”图标，弹出如图3-50所示的“修剪曲线”对话框。

1. 要修剪的曲线

此选项用于选择要修剪的一条或多条曲线（此步骤是必需的）。

2. 边界对象

此选项让用户从工作区窗口中选择一串对象作为边界，沿着它修剪曲线。

3. 曲线延伸

如果正修剪一个要延伸到它的边界对象的样条，则可以选择延伸的形状。这些选项是：

（1）自然：从样条的端点沿它的自然路径延伸。
（2）线性：把样条从它的任一端点延伸到边界对象，样条的延伸部分是直线。

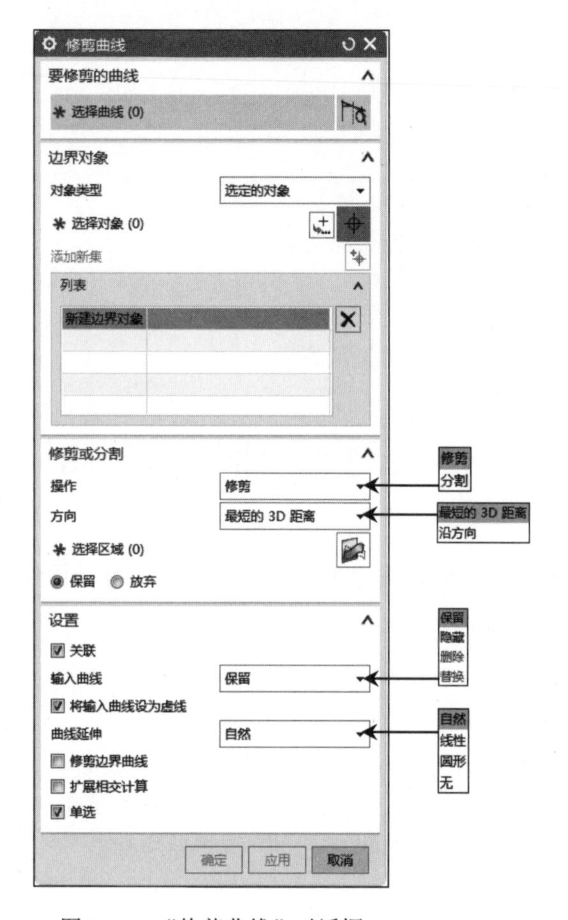

图 3-50 “修剪曲线”对话框

（3）圆形：把样条从它的端点延伸到边界对象，样条的延伸部分是圆弧形。

（4）无：对任何类型的曲线都不执行延伸。

4. 关联

该选项让用户指定输出的已被修剪的曲线是相关联的。关联的修剪导致生成一个TRIM_CURVE 特征，它是原始曲线复制、关联、被修剪的副本。

原始曲线的线型改为虚线，这样它们对照于被修剪、关联的副本更容易看得到。如果输入参数改变，则关联的修剪曲线会自动更新。

5. 输入曲线

该选项用于指定想让输入曲线被修剪部分处于何种状态。

（1）隐藏：输入曲线被渲染成不可见。

（2）保留：输入曲线不受修剪曲线操作的影响，被“保留”在它们的初始状态。

（3）删除：通过修剪曲线操作把输入曲线从模型中删除。

（4）替换：输入曲线被已修剪的曲线替换或“交换”。当使用“替换”时，原始曲线的子特征成为已修剪曲线的子特征。

3.3.3　分割曲线

在菜单栏中选择“编辑”→“曲线”→“分割”，或单击“曲线”选项卡→“更多”库→“编辑曲线”库→“分割曲线”图标，弹出如图 3-51 所示的“分割曲线”对话框。该对话框用于将指定曲线按指定要求分割成多个曲线段，每一段为独立的曲线对象。

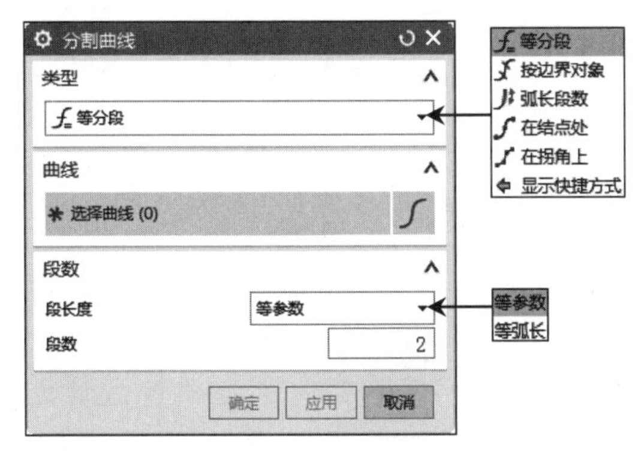

图 3-51　“分割曲线”对话框

1．等分段

用于将曲线按指定的参数等分成指定的段数，如图 3-52 所示。

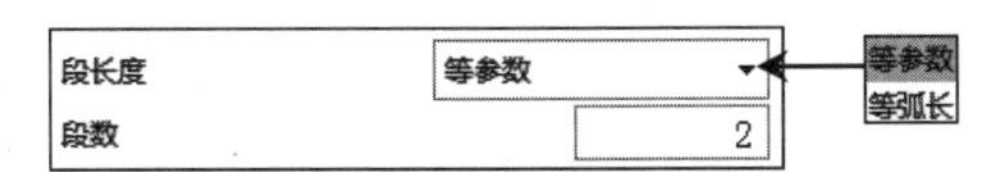

图 3-52　“等分段”类型

2．按边界对象

选择此类型，以指定的边界对象将曲线分割成多段，曲线在指定的边界对象处断口，如图 3-53 所示。边界对象可以是点、曲线、平面或实体表面。

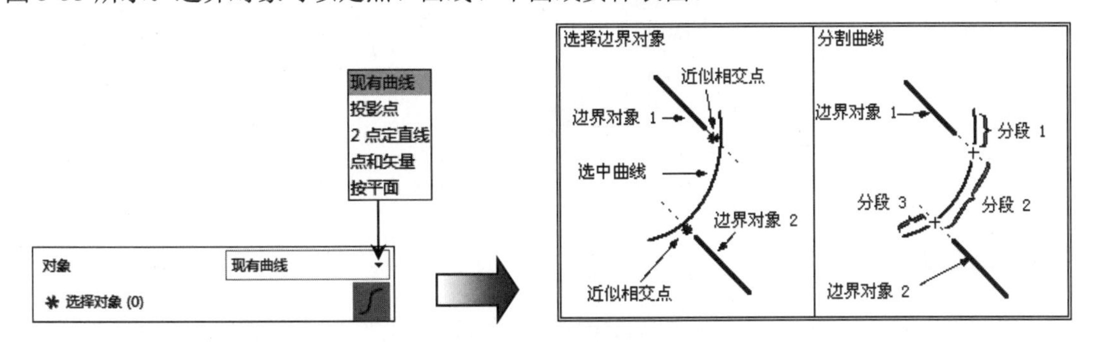

图 3-53　“按边界对象”类型

3．弧长段数

选择此类型，按照指定每段曲线的长度进行分段，如图 3-54 所示。

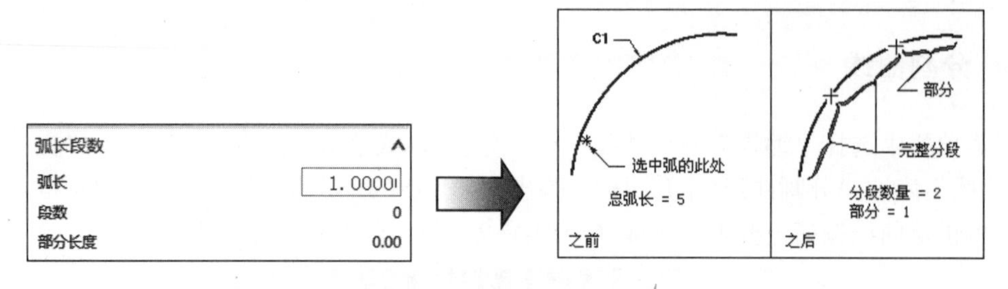

图 3-54 “弧长段数”类型

4．在结点处

选择此类型，在指定结点处对样条进行分割，分割后将删除样条曲线的参数，如图 3-55 所示。

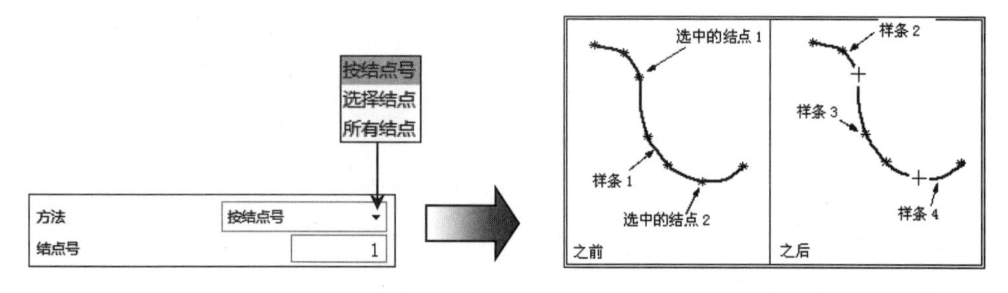

图 3-55 “在结点处”类型

5．在拐角上

该选项用于在样条曲线的拐角处（斜率方向突变处）对样条进行分割（见图 3-56）。设置选项后，选择要分割的样条曲线，系统会在样条曲线的拐角处分割曲线。

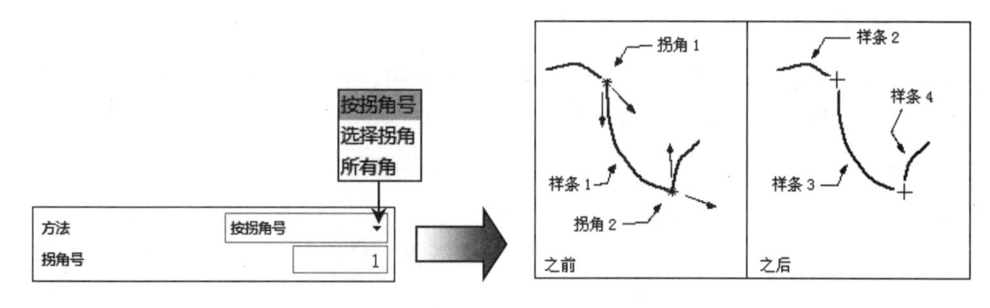

图 3-56 “在拐角上”类型

3.3.4 缩放曲线

在菜单栏中选择“插入”→“派生曲线”→“缩放”，或单击“曲线”选项卡→“派生曲线”组→“缩放曲线”图标，弹出如图 3-57 所示的“缩放曲线”对话框，用于缩放曲线、边或点。示意图如图 3-58 所示。

1．选择曲线或点

用于选择要缩放的曲线、边、点或草图。

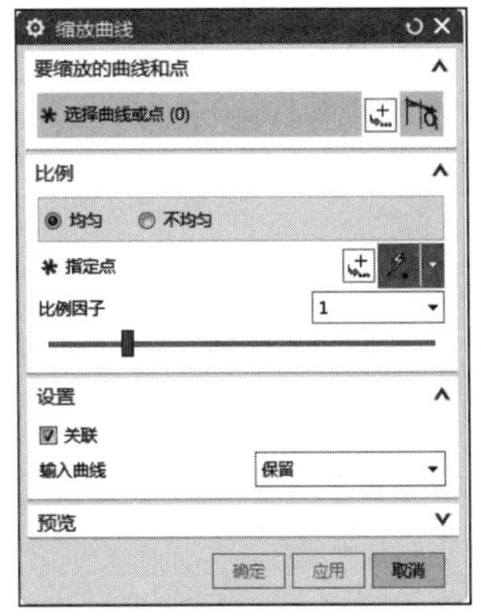

图 3-57 “缩放曲线”对话框

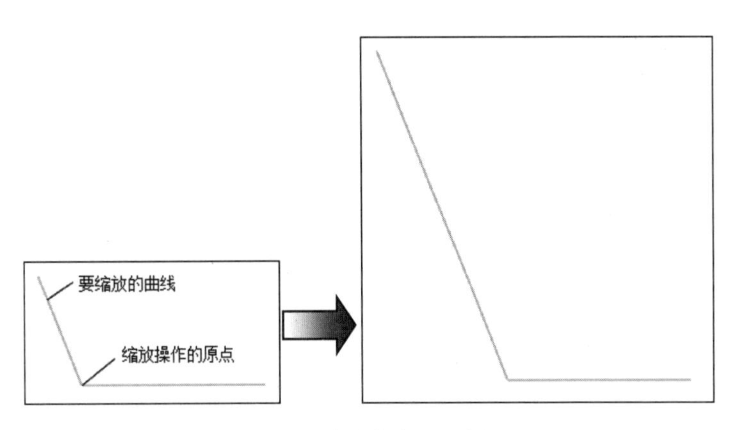

图 3-58 “缩放曲线”示意图

2. 均匀

在所有方向上按比例因子缩放曲线。

3. 不均匀

基于指定的坐标系在 3 个方向上缩放曲线。

4. 指定点

用于选择缩放的原点。

5. 比例因子

用于指定比例大小，初始大小为 1。

3.3.5 曲线长度

在菜单栏中选择“编辑”→“曲线”→“长度”，或单击“曲线”选项卡→“编辑曲线”组→“曲线长度”图标，弹出如图 3-59 所示的“曲线长度”对话框。该对话框用于通过指定弧长增量或总弧长的方式来改变曲线的长度。

1. 长度

该选项包括“增量”和“总数”两个选项。

（1）增量：表示以给定弧长增加量或减少量来编辑曲线的长度。选择该选项时，在“限制”选项组中的“开始”和“结束”文本框被激活，在这两个文本框中可分别输入曲线长度在起点和结束处增加或减少的长度值。

（2）总数：表示以给定总长来编辑曲线的长度。选择该选项，在“限制”选项组中的“全部”文本框被激活，在该文本框中可输入曲线的总长度。

2. 侧

该选项包括“起点和终点”和“对称”两个选项。

（1）起点和终点：选择该选项，表示从曲线的起始点及终点开始延伸。

（2）对称：选择该选项，表示从曲线的起始点及终点延伸一样的长度值。

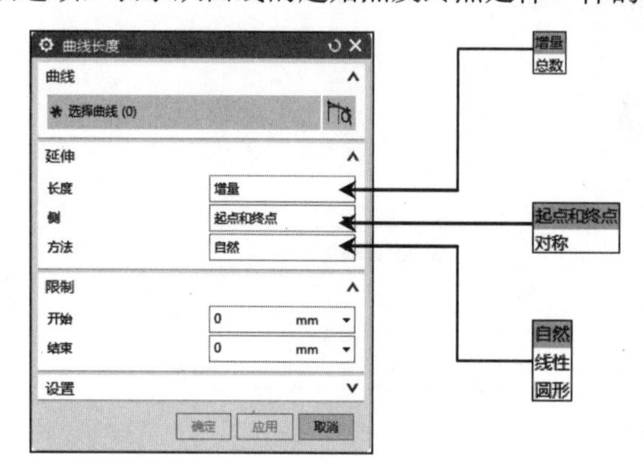

图 3-59　“曲线长度”对话框

3.3.6　光顺样条

在菜单栏中选择“编辑”→“曲线”→“光顺”，或单击“曲线”选项卡→“编辑曲线”组→“编辑曲线”库→“光顺样条”图标，弹出如图 3-60 所示的“光顺样条”对话框。该对话框用于光顺样条曲线的曲率，使得样条曲线更加光顺，示意图如图 3-61 所示。

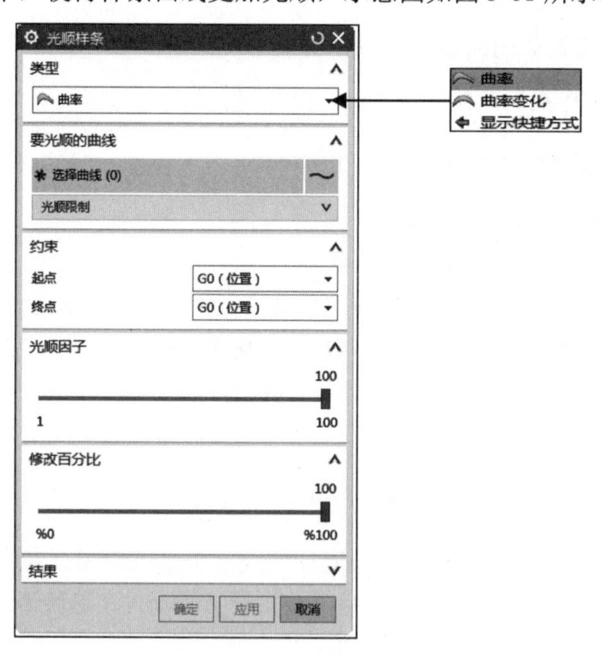

图 3-60　“光顺样条”对话框

1. 类型

（1）曲率：通过最小曲率值的大小来光顺样条曲线。

（2）曲率变化：通过最小整条曲线的曲率变化来光顺样条曲线。

2．要光顺的曲线

选择要光顺的曲线。

3．约束

用于在光顺样条的时候对线条起点和终点的约束。

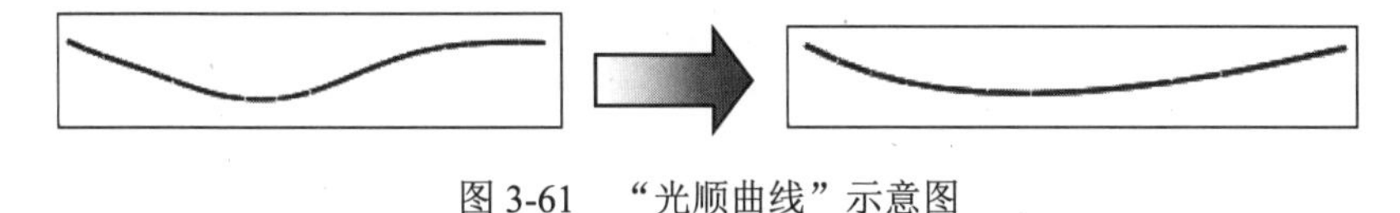

图 3-61　“光顺曲线”示意图

3.4　思　考　题

1．从点文件中生成样条曲线时，UG 中的各种功能对点文件有什么要求？
2．对于具有一定规律的曲线（例如有一定的公式规律），如何创建？
3．如何创建不具有相关性的投影曲线？
4．在编辑样条时，光顺操作对样条曲线有什么要求？

3.5　综合实例：绘制渐开线

通过新建 UG 模型文件，利用表达式确定渐开线曲线的参数，再利用镜像绘制出整条渐开线，具体操作步骤如下：

01 启动 UG NX 12.0。

02 在菜单栏中选择“文件”→“新建”，或单击“主页”选项卡→“标准”组→“新建”图标，弹出如图 3-62 所示的“新建”对话框。设置文件名为“jiankaixian”，在模板里选择“模型”，单击“确定”按钮，进入建模模块。

03 创建表达式。在菜单栏中选择“工具”→“表达式”，如图 3-63 所示设置参数。其中，表达式方程中 a、b 表示渐开线的起始角和终止角；m 表示齿轮的模数；t 是系统内部变量，在 0~1 之间自动变化；r 表示基圆半径。

04 创建渐开线。在菜单栏中选择“插入”→“曲线”→“规律曲线”，弹出如图 3-64 所示的“规律曲线”对话框。X、Y、Z 规律类型均选择“根据方程”❶，按系统默认参数❷，接受系统默认函数❸，单击“确定”按钮，生成渐开线曲线，如图 3-65 所示。

05 创建直线。在菜单栏中选择“插入”→“曲线”→“直线”，或单击“曲线”选项卡→“曲线”组→“直线”图标，弹出如图 3-66 所示的“直线”对话框。捕捉原点为直线的起点，在“终点选项”下拉列表中选择“成一角度”，选择基准坐标系的 X 轴为结束的对象，在“角度”文本框中输入角度值 6，在“终止限制”下拉列表中选择“值”，在“距离”文本框中输入终止距离值 14，单击“确定”按钮，生成直线，如图 3-67 所示。

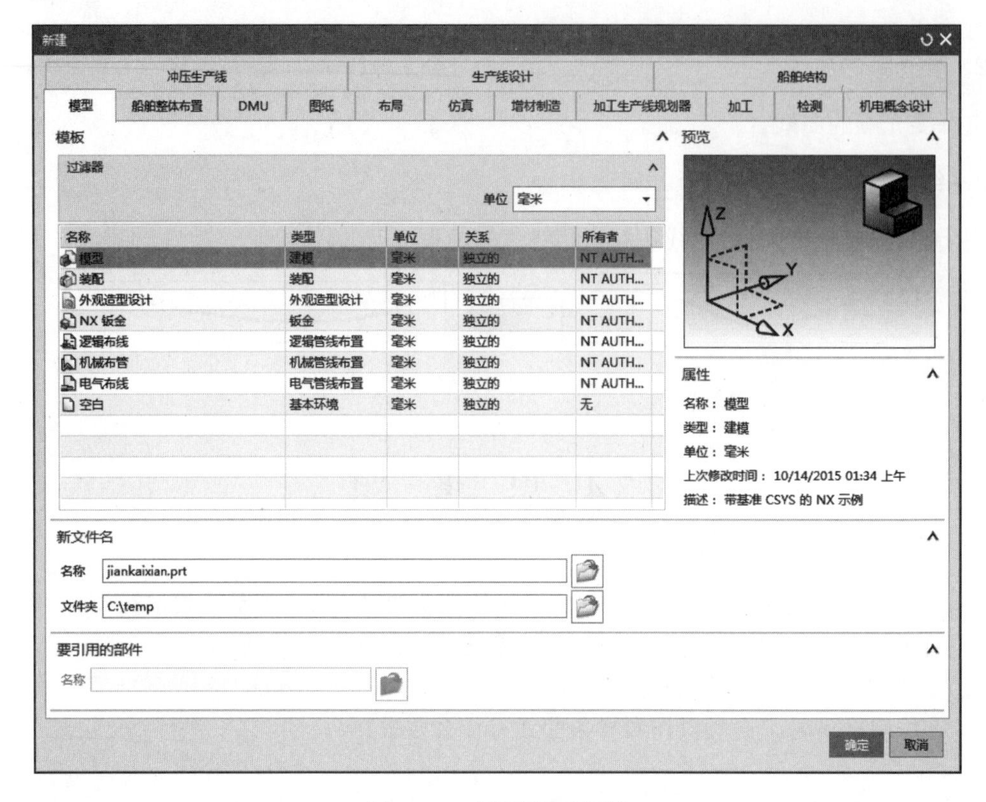

图 3-62 “新建”对话框

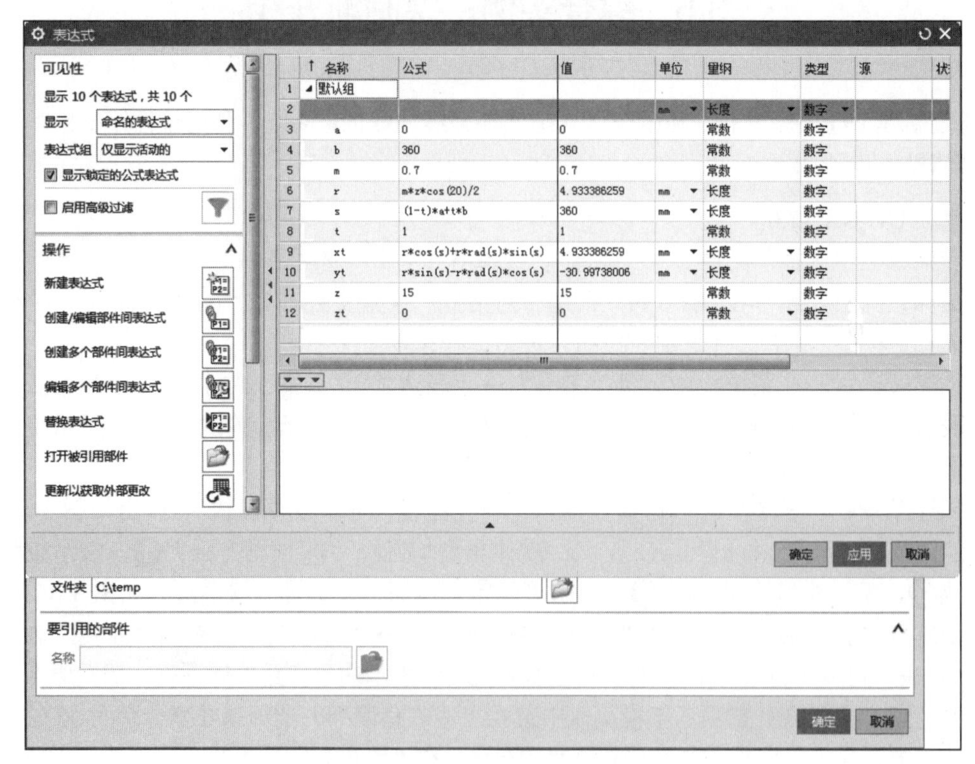

图 3-63 “表达式”对话框

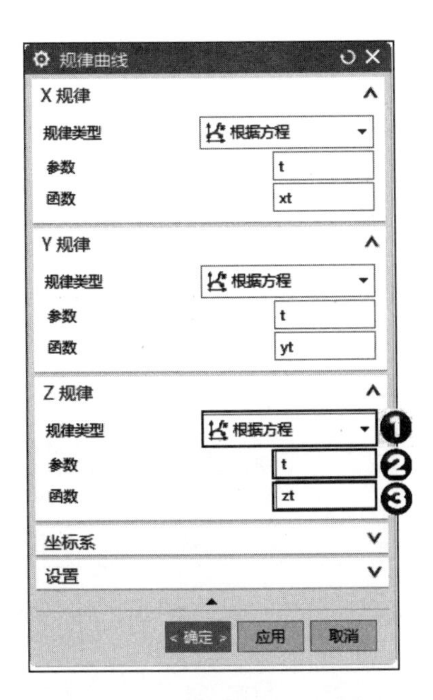

图 3-64　“规律曲线”对话框

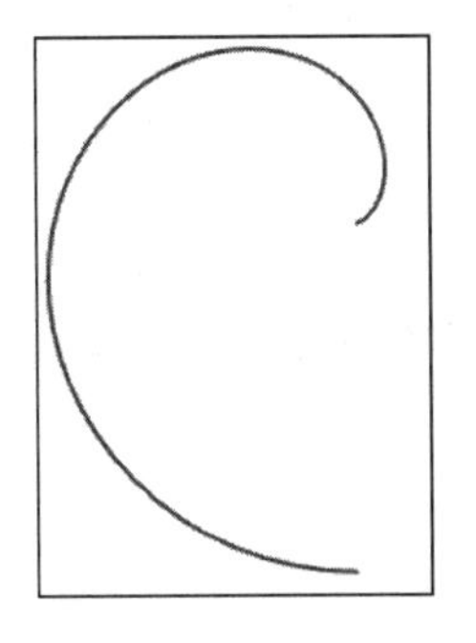

图 3-65　渐开线曲线

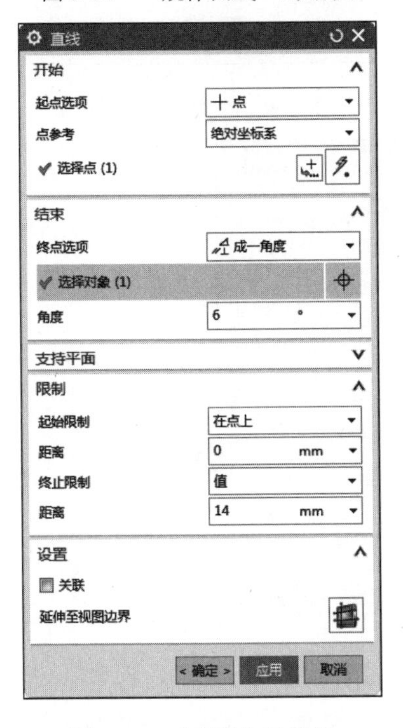

图 3-66　“直线”对话框

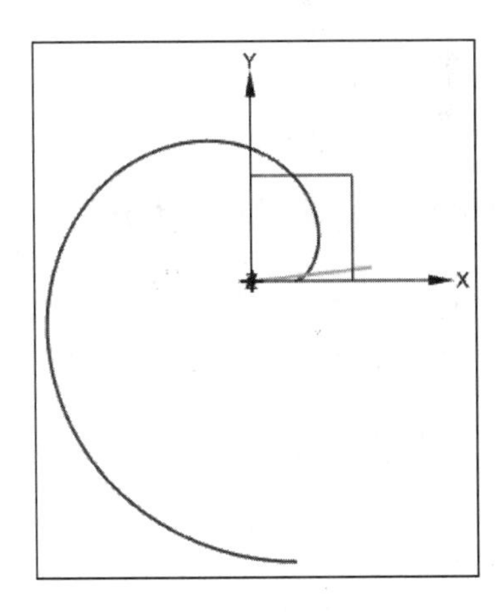

图 3-67　绘制直线

06 镜像渐开线。在菜单栏中选择“编辑”→“变换”，弹出“变换”对话框，如图 3-68 所示。选择屏幕中的渐开线❶，弹出“变换”对话框，如图 3-69 所示。单击“通过一直线镜像”按钮❷，弹出“变换”对话框，如图 3-70 所示。单击“现有的直线”按钮❸，选择屏幕中的直线，并单击“确定”按钮，进入“变换”对话框，如图 3-71 所示。单击“复制”按钮❹，生成一个镜像渐开线，如图 3-72 所示。单击“取消”按钮，关闭对话框。

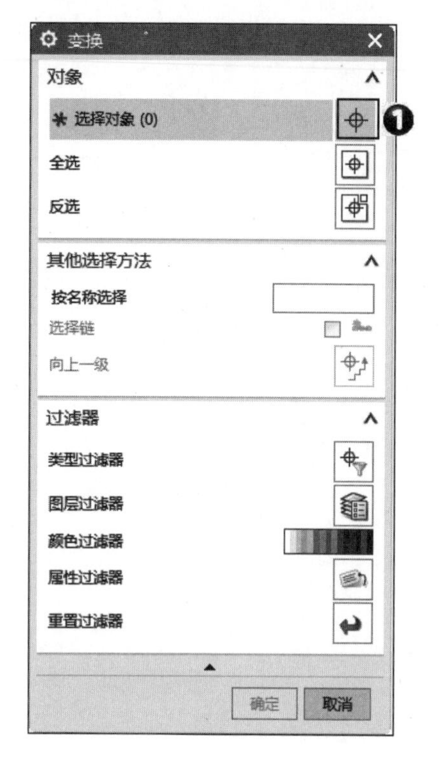

图 3-68 “变换”对话框 1

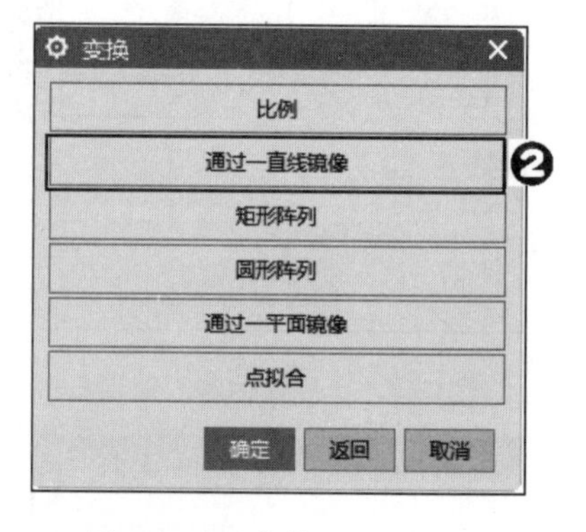

图 3-69 “变换”对话框 2

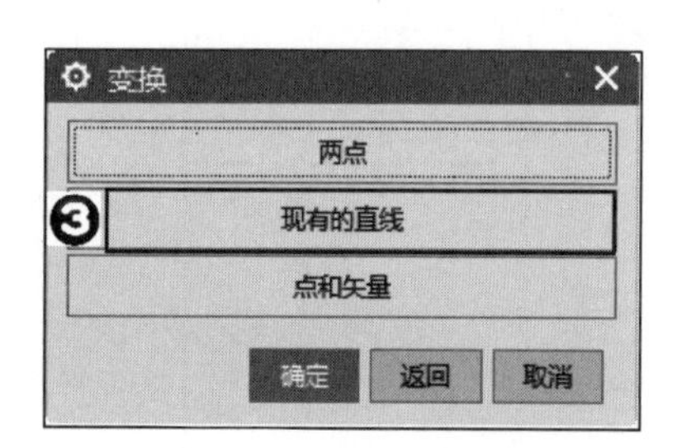

图 3-70 “变换”对话框 3

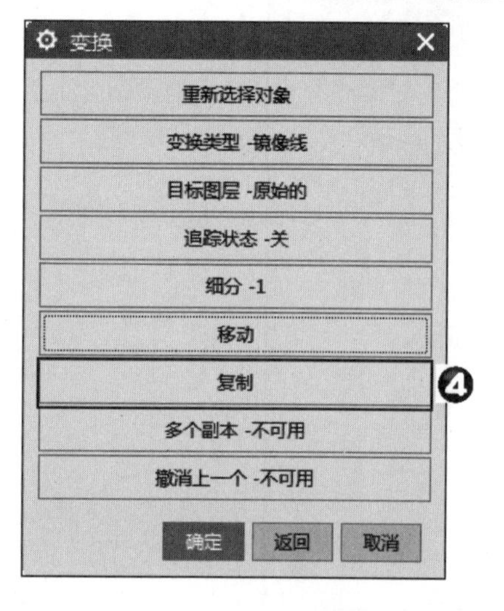

图 3-71 “变换”对话框 4

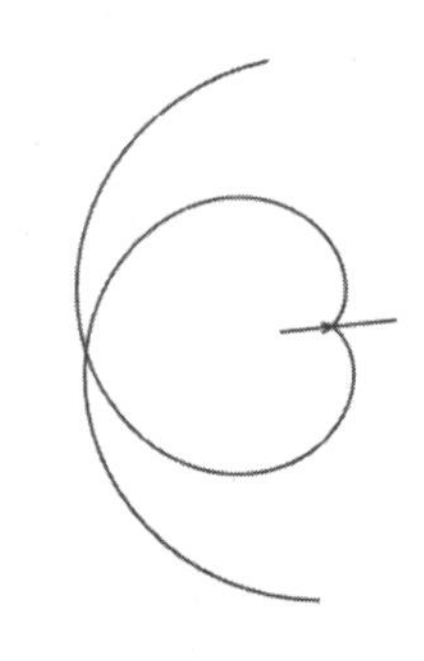

图 3-72 镜像渐开线

07 修剪曲线。在菜单栏中选择“编辑”→“曲线”→“修剪”，弹出“修剪曲线”对话框，选择镜像渐开线为要修剪的对象❶，选择渐开线为边界对象❷，其他设置如图 3-73 所示。同上裁剪另一条渐开线，并删除对称线，生成如图 3-74 所示的渐开线齿外形。用户可以设置合适的齿顶圆完成整个造型。

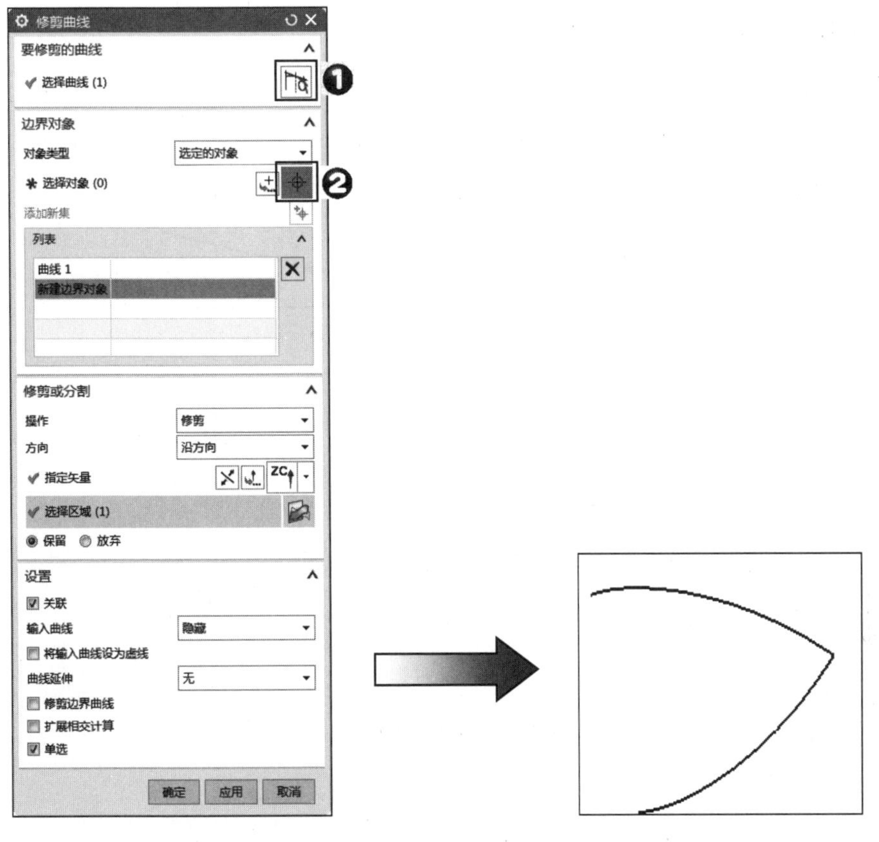

图 3-73 “修剪曲线”对话框　　　图 3-74 渐开线齿外形

3.6 操作训练题

1．打开 yuanwenjian/3/exercise/1.prt，完成图 3-75 所示曲线的桥接操作。

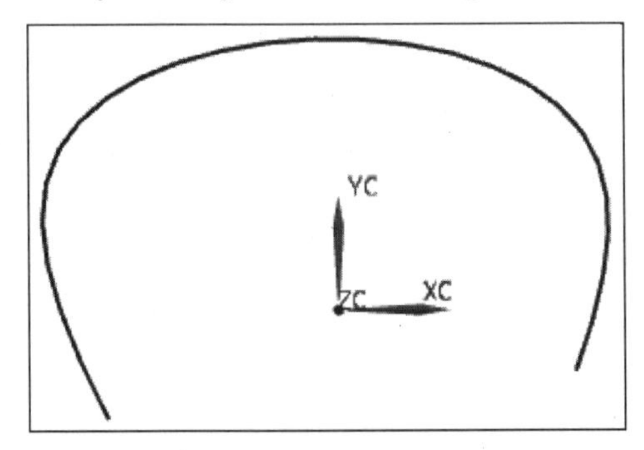

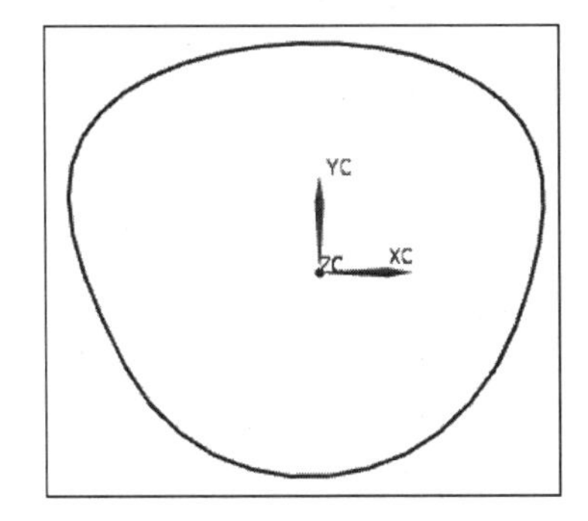

图 3-75 桥接操作

操作提示

在菜单栏中选择“插入”→“派生曲线”→“桥接”命令，并调整“相切幅值”。

2．绘制如图 3-76 所示的曲线。

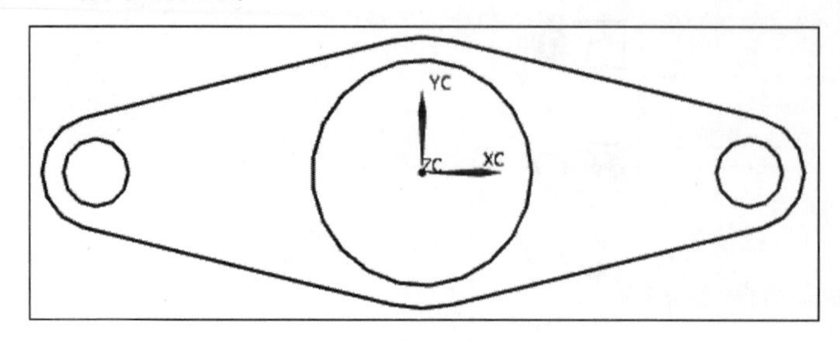

图 3-76　绘制曲线

操作提示

（1）调用基本曲线中的圆命令，绘制圆。

（2）调用基本曲线中的直线命令，绘制直线。

（3）调用裁剪命令，对多余的线段进行修剪。

（4）调用镜像命令。

第4章

草图绘制

当用户需要对三维实体的轮廓图像进行参数化控制时，一般需要用草图。在修改草图时，与草图关联的实体模型也会自动更新。

本章主要介绍草图曲线的绘制、编辑、操作以及标注等知识。

4.1 草图工作平面

在菜单栏中选择“插入”→“在任何环境中绘制草图”，或者单击“曲线”选项卡中的“在任务环境中绘制草图”图标，进入 UG NX 12.0 草图绘制界面，如图 4-1 所示。

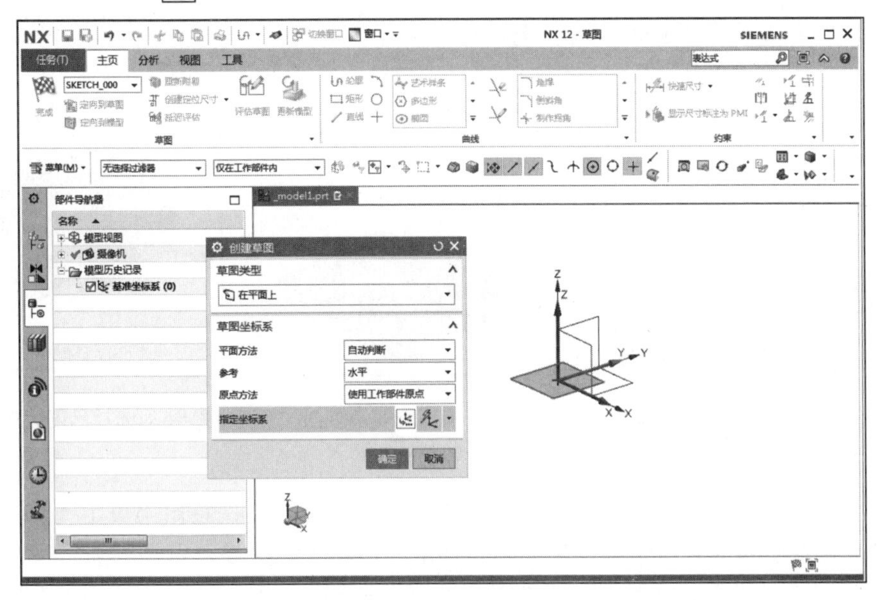

图 4-1 UG NX 12.0 草图绘制界面

进入草图绘制界面后，系统会自动弹出“创建草图”对话框，提示用户选择一个安放草图的平面，如图 4-2 所示。

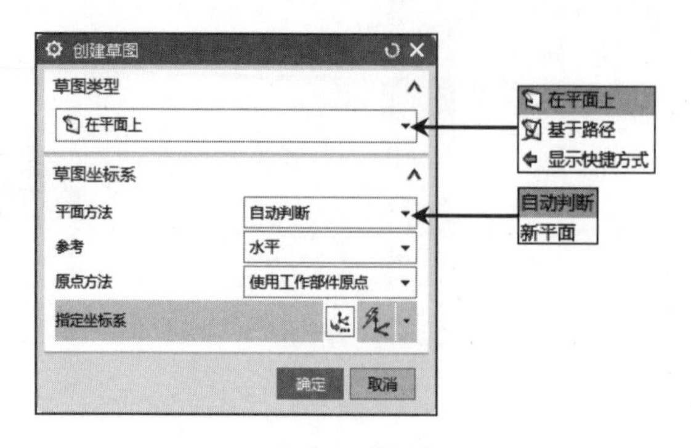

图 4-2　“创建草图”对话框

“创建草图”的“类型”分为“在平面上”和“基于路径”两种。

1. 在平面上

包括自动判断、新平面两种平面方法。

（1）自动判断

在“平面方法”下拉列表中选择“自动判断”，在草图界面中选择草图工作平面（见图 4-3），然后单击对话框中的“确定”按钮。

选择草图工作平面的方法有 3 种。

① 在基准坐标系中选择一个平面（见图 4-4）。

② 在模型中选择一个现有的平面（见图 4-5）。

③ 选择已创建好的基准面（见图 4-6）。

图 4-3　“创建草图”对话框

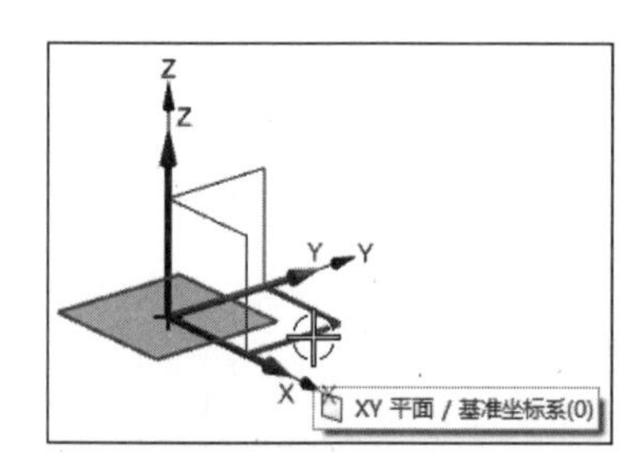

图 4-4　选择基准面

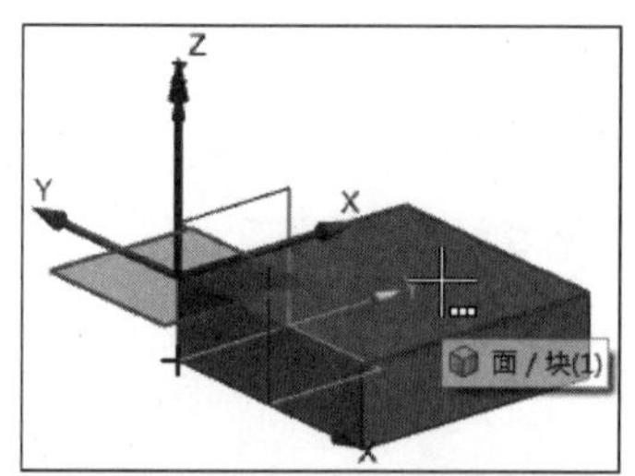

图 4-5　选择现有基准面

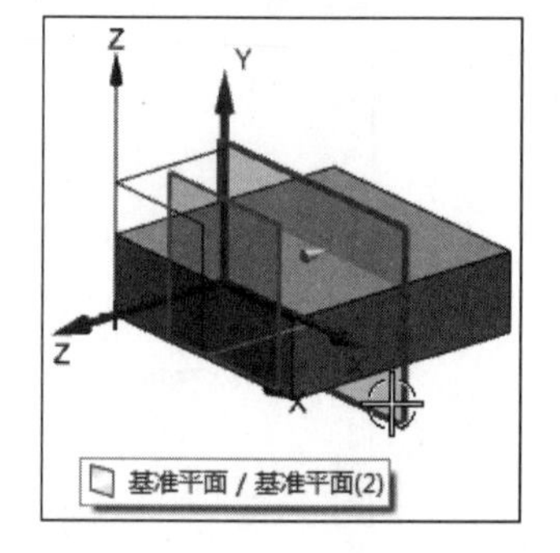

图 4-6　选择已创建的基准面

（2）新平面

在“平面方法”下拉列表中选择“新平面”。在“草图平面”选项组中单击“平面对话框”图标❶，弹出如图 4-7 所示的“平面”对话框。用户可以选择“自动判断”“按某一距离”“成一角度”“点和方向”和“视图平面”等方式创建草图工作平面。在“草图方向”选项组中单击“矢量对话框”图标❷，弹出如图 4-8 所示的“矢量”对话框。用户可以选择“两点”“与 XC 成一角度”“曲线上矢量”“XC 轴”和“视图方向”等方式创建草图方向。然后单击“确定”按钮。

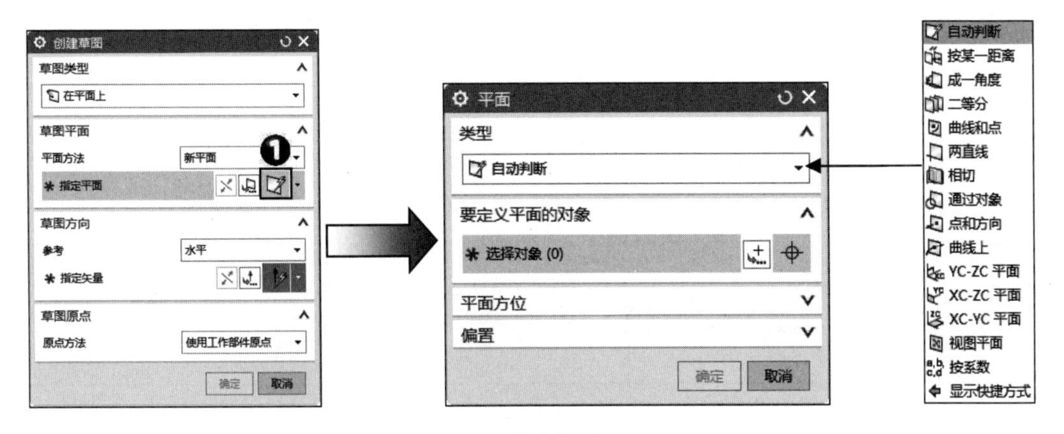

图 4-7　创建草图平面

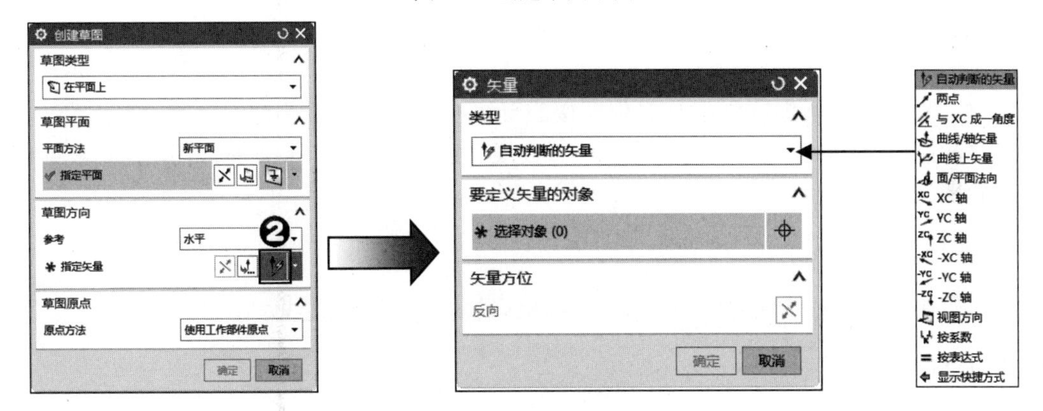

图 4-8　创建草图方向

2．基于路径

在“创建草图”对话框中选择“基于路径”类型，在视图区选择一条连续的曲线作为刀轨，同时系统在曲线的刀轨方向显示草图工作平面及其坐标方向，另外在“弧长百分比”文本框中输入弧长值，可以改变草图工作平面的位置，如图 4-9 所示。

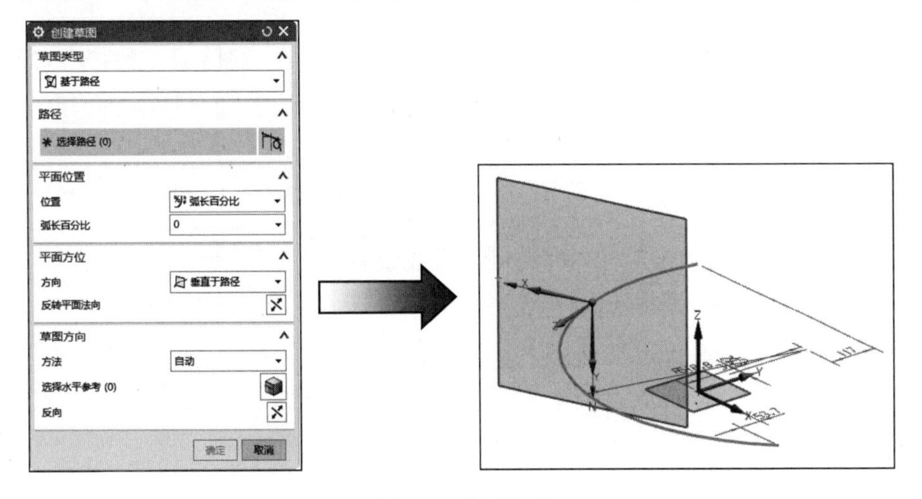

图 4-9　基于路径

4.2 草图曲线绘制

进入草图绘制界面后，系统会自动弹出如图 4-10 所示的“主页”选项卡。

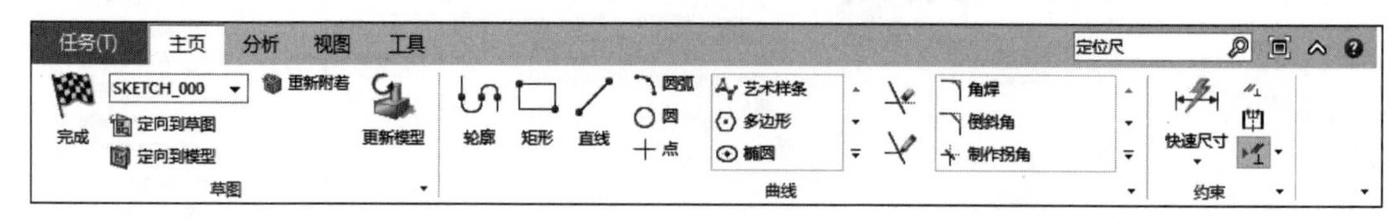

图 4-10　“主页”选项卡

4.2.1 轮廓

轮廓文件是以线串模式创建一系列连接的直线或圆弧。在菜单栏中选择“插入”→“曲线”→“轮廓”，或单击“主页”选项卡→“曲线”组→“轮廓”图标，弹出如图 4-11 所示的“轮廓”对话框。

1. 直线

在“轮廓”对话框中单击图标，在视图区选择两点绘制直线。

2. 圆弧

在“轮廓”对话框中单击图标，在视图区选择一点，输入半径，然后在视图区选择另一点，或者根据相应约束和扫描角度绘制圆弧。

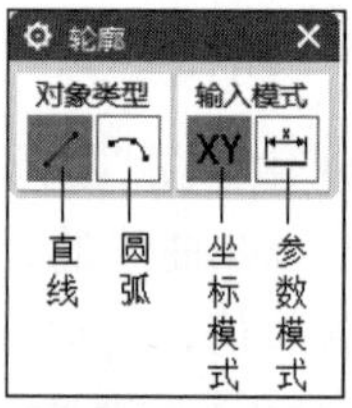

3. 坐标模式

在“轮廓”对话框中单击XY图标，在视图区显示如图 4-12 所示的 XC 和 YC 数值输入文本框，在文本框中输入数值以确定绘制点。

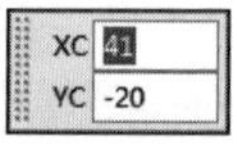

图 4-11　“轮廓”对话框

图 4-12　“坐标模式”数值输入文本框

4. 参数模式

在“轮廓”对话框中单击图标，在视图区显示如图 4-13 所示的“长度”和“角度”或者“半径”和“扫掠角度”数值输入文本框，在文本框中输入数值后拖动鼠标，在所要放置的位置单击鼠标，即绘制出直线或者弧。和坐标模式的区别是，在数值输入文本框中输入数值后，坐标模式是确定的，而参数模式是浮动的。

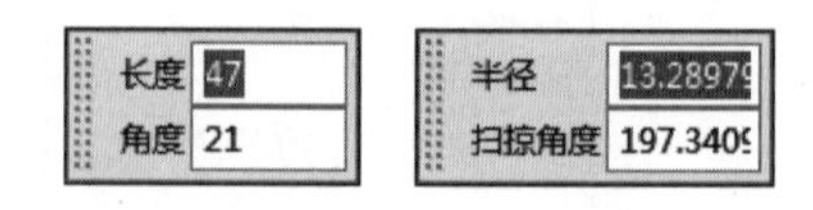

选择直线绘制　　选择弧绘制

图 4-13　“参数模式”数值输入文本框

4.2.2 直线

在菜单栏中选择“插入”→“曲线”→“直线”，或单击“主页”选项卡→“曲线”组→

“直线”图标，弹出如图4-14所示的“直线”对话框，其各个参数含义和“轮廓”对话框中对应的参数含义相同。

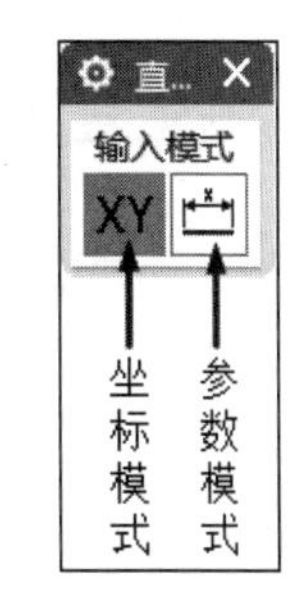

图4-14　“直线”对话框

4.2.3　圆弧

在菜单栏中选择“插入”→“曲线”→“圆弧”，或单击“主页”选项卡→“曲线”组→“圆弧”图标，弹出如图4-15所示的“圆弧”对话框，其中“坐标模式”“参数模式”的参数含义与“轮廓”对话框中对应的参数含义相同。

（1）三点定圆弧：在“圆弧”对话框中单击图标，选择“三点定圆弧”方式绘制圆弧，示意图如图4-16所示。

（2）中心和端点定圆弧：在“圆弧”对话框中单击图标，选择“中心和端点定圆弧”方式绘制圆弧，如图4-17所示。

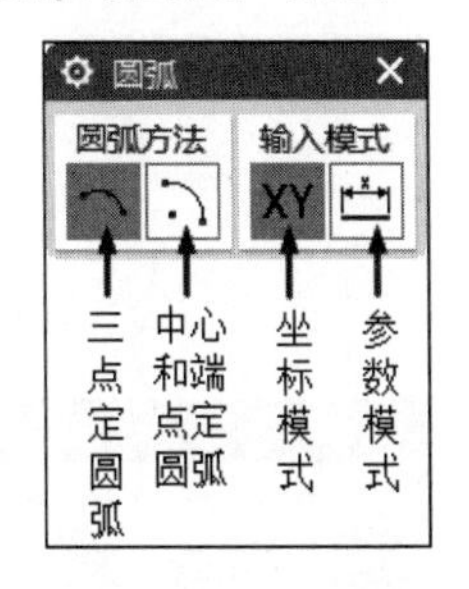

图4-15　“圆弧”对话框

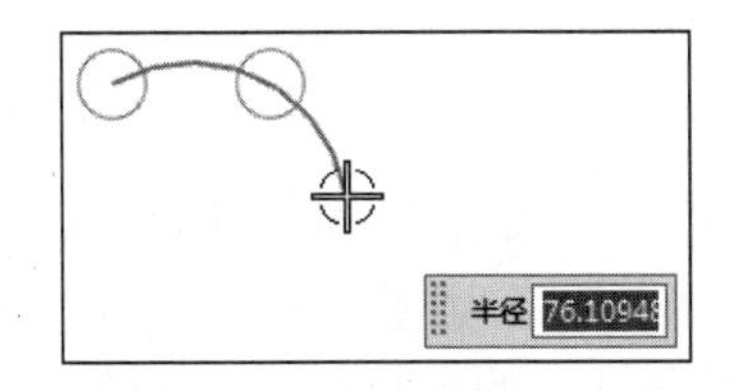

图4-16　“三点定圆弧”示意图

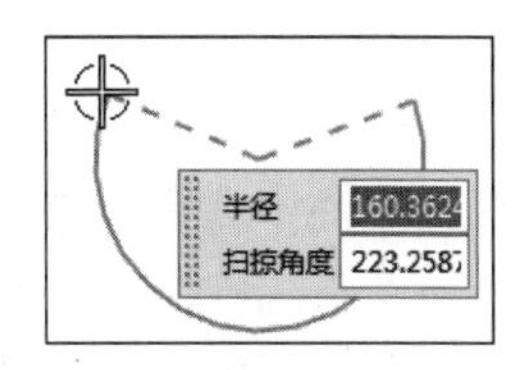

图4-17　“中心和端点定圆弧”示意图

4.2.4　圆

在菜单栏中选择“插入”→“曲线”→“圆”，或单击“主页”选项卡→“曲线”组→“圆”图标，弹出如图4-18所示的“圆”对话框，其中“坐标模式”“参数模式”的参数含义与“轮廓”对话框中对应的参数含义相同。

（1）中心和直径定圆：在“圆”对话框中单击图标，选择“中心和直径定圆”方式绘制圆，示意图如图4-19所示。

（2）三点定圆：在“圆”对话框中单击图标，选择“三点定圆”方式绘制圆，示意图如图4-20所示。

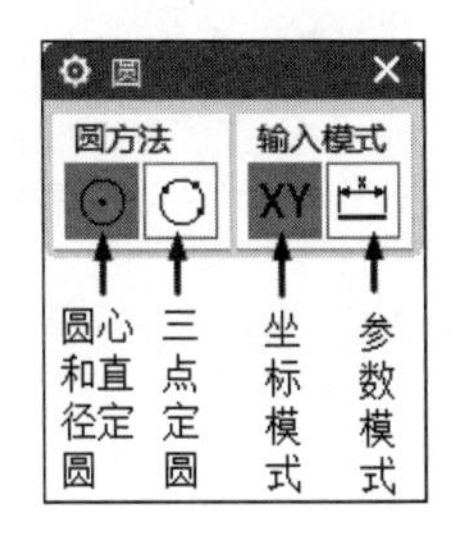

图4-18　“圆”对话框

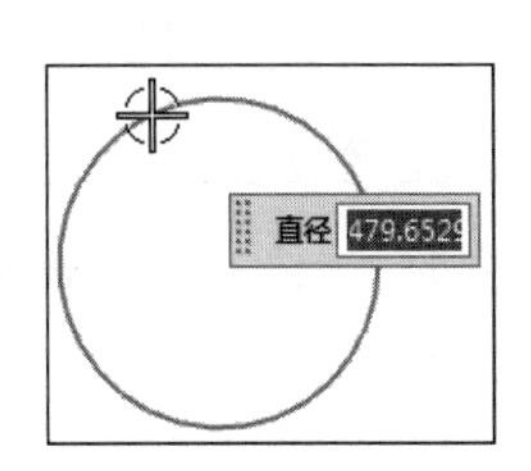

图4-19　“中心和直径定圆”示意图

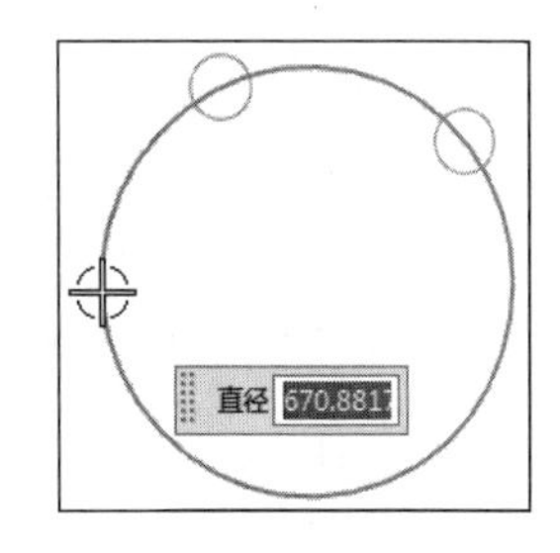

图4-20　“三点定圆”示意图

4.2.5 派生直线

选择一条或几条直线后，系统自动生成其平行线、中线或角平分线。

在菜单栏中选择“插入”→“来自曲线集的曲线”→“派生直线”，或单击“主页”选项卡→“曲线”组→“曲线”库→“派生直线”图标，选择“派生的线条”方式绘制直线。“派生的线条”方式绘制草图示意图如图4-21所示。

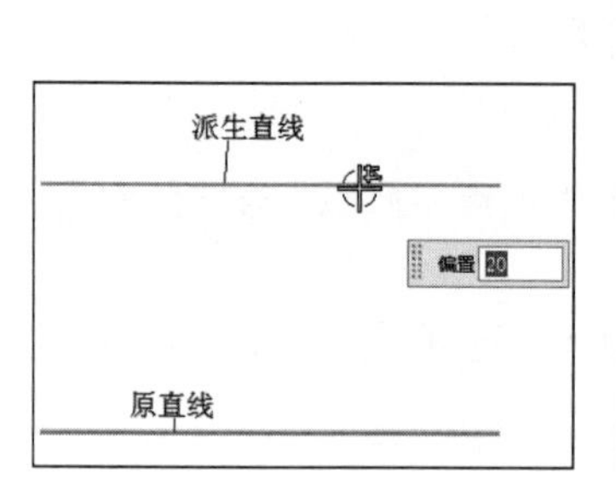

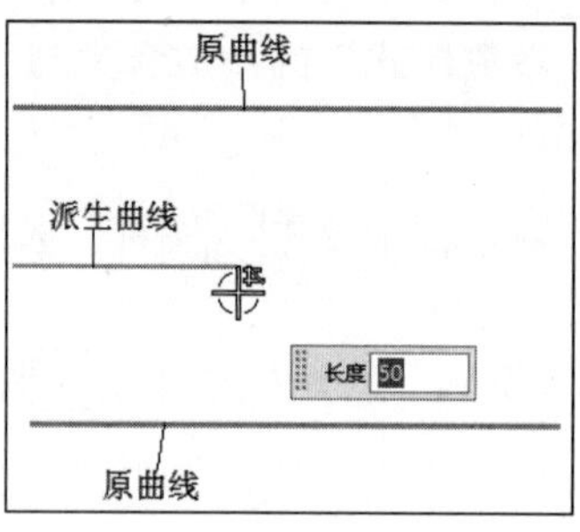

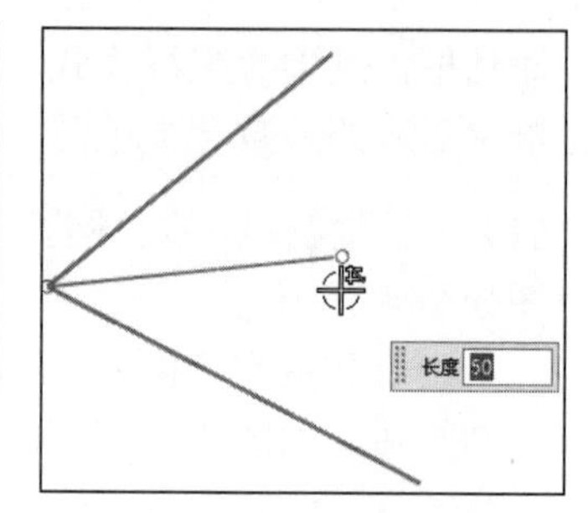

图4-21 “派生直线”方式绘制草图

4.2.6 矩形

在菜单栏中选择“插入”→“曲线”→“矩形”，或单击“主页”选项卡→“曲线”组→“矩形”图标，弹出如图4-22所示的“矩形”对话框，其中“坐标模式”“参数模式”的参数含义与“轮廓”对话框中对应的参数含义相同。

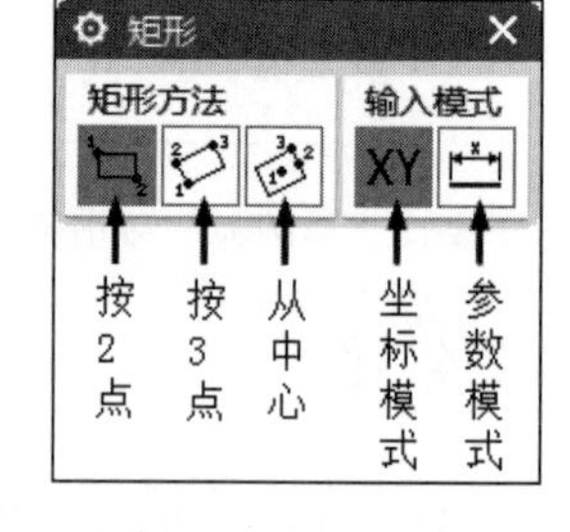

图4-22 “矩形”对话框

（1）按2点：在“矩形”对话框中单击图标，选择“按2点”绘制矩形，示意图如图4-23所示。

（2）按3点：在“矩形”对话框中单击图标，选择“按3点”绘制矩形，示意图如图4-24所示。

（3）从中心：在“矩形”对话框中单击图标，选择“从中心”绘制矩形，示意图如图4-25所示。

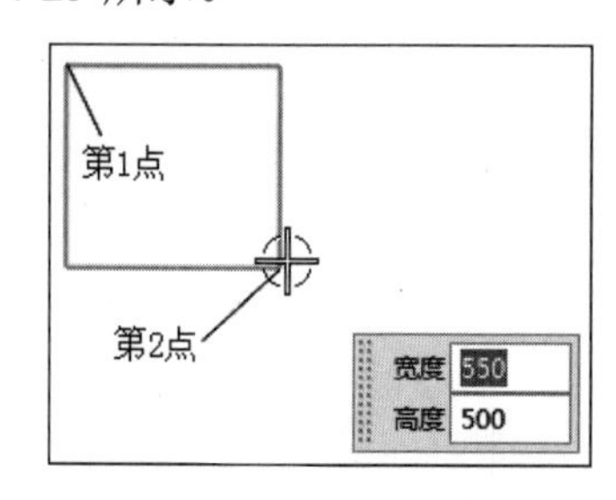

图4-23 “按2点”示意图

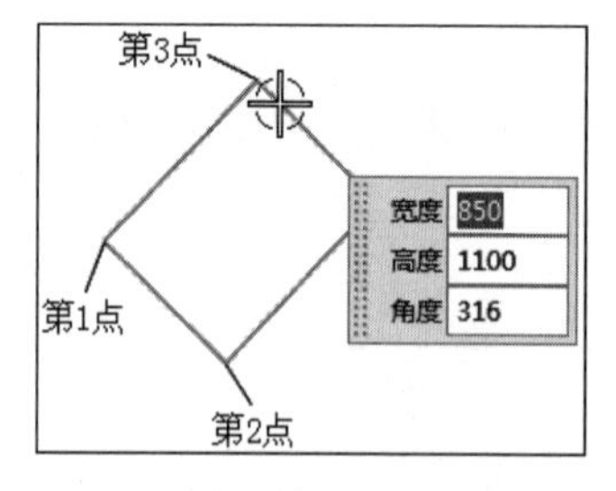

图4-24 “按3点”示意图

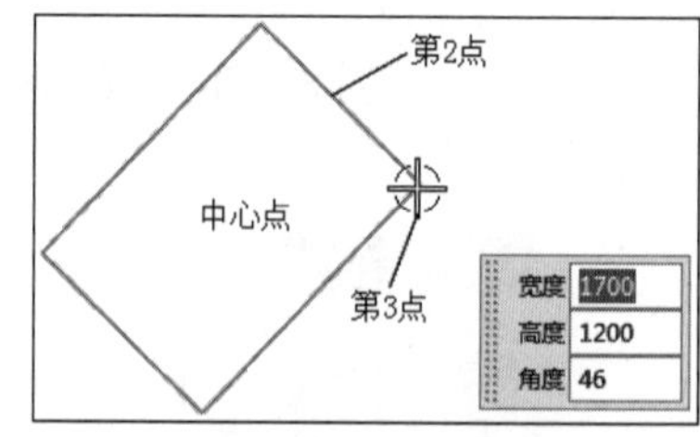

图4-25 “从中心”示意图

4.2.7 多边形

在菜单栏中选择“插入”→“曲线”→“多边形”，或单击“主页”选项卡→“曲线”组

→“曲线”库→“多边形”图标，弹出如图 4-26 所示的“多边形”对话框。在“指定点”下拉列表中选择点类型，如“自动判断的点”“光标位置”“现有点”“端点”“控制点”“交点”“圆弧中心/椭圆中心/球心”“象限点”和“曲线/边上的点”；单击“点对话框”按钮，弹出如图 4-27 所示的“点”对话框，在对话框中设置要选择的点。

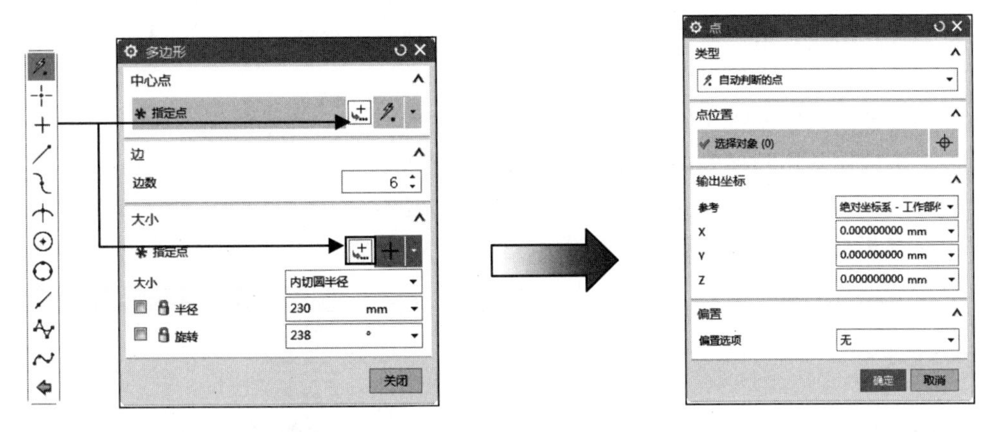

图 4-26 “多边形”对话框

图 4-27 “点”对话框

4.2.8 拟合曲线

在菜单栏中选择“插入”→“曲线”→“拟合曲线”，或单击“主页”选项卡→“曲线”组→“曲线”库→“拟合曲线”图标，弹出如图 4-28 所示的“拟合曲线”对话框。拟合曲线类型分为拟合样条、拟合直线、拟合圆和拟合椭圆 4 种类型。

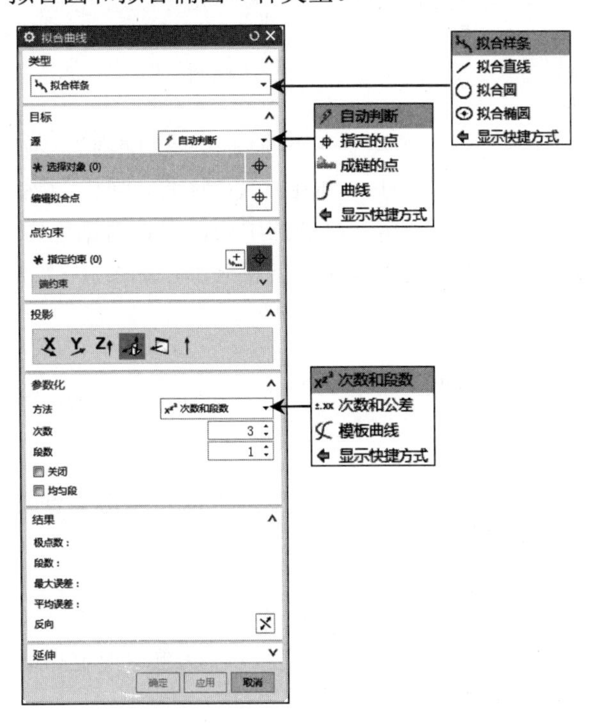

图 4-28 “拟合曲线”对话框

其中，拟合直线、拟合圆和拟合椭圆创建类型下的各个操作选项基本相同，如选择点的方式有自动判断、指定的点和成链的点 3 种，创建出来的曲线也可以通过“结果”来查看误差。与其他 3 种不同的是拟合样条，其可选的操作对象有自动判断、指定的点、成链的点和曲线 4 种。

（1）次数和段数：用于根据拟合样条曲线次数和分段数生成拟合样条曲线。在“次数”“段数”数值输入文本框中输入用户所需的数值，若要均匀分段，则勾选“均匀段”复选框，创建拟合样条曲线。

（2）次数和公差：用于根据拟合样条曲线次数和公差生成拟合样条曲线。在“次数”“公差”数值输入文本框输入用户所需的数值，创建拟合样条曲线。

（3）模板曲线：根据模板样条曲线，生成曲线次数及结点顺序均与模板曲线相同的拟合样条曲线。“保持模板曲线为选定”复选框被激活，勾选该复选框表示保留所选择的模板曲线，否则移除。

4.2.9 艺术样条

在菜单栏中选择“插入”→“曲线”→“艺术样条”，或单击“主页”选项卡→“曲线”组→“艺术样条”图标，弹出如图 4-29 所示的“艺术样条”对话框，在工作区窗口定义样条曲线的各定义点来生成样条曲线。

“类型”下拉列表中包括“通过点”和“根据极点”两种创建艺术样条曲线的方法。“根据极点”方法还可对已创建的样条曲线各个定义点进行编辑。

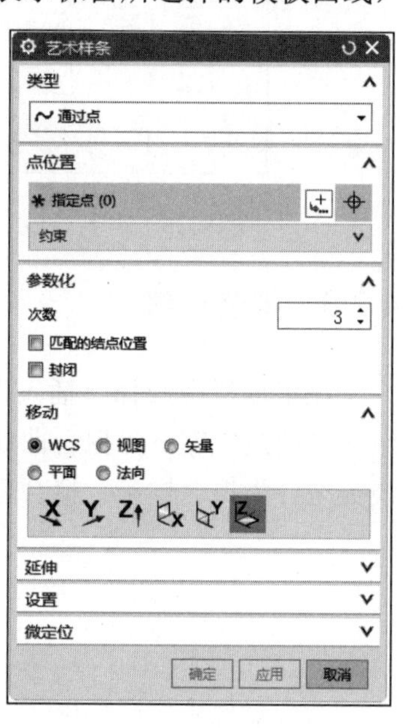

图 4-29 “艺术样条”对话框

4.2.10 椭圆

在菜单栏中选择“插入”→“曲线”→“椭圆”，或单击“主页”选项卡→“曲线”组→“椭圆”图标，弹出如图 4-30 所示的“椭圆”对话框。定义椭圆的中心，在该对话框中输入各项参数值，单击“确定”按钮，创建椭圆，如图 4-31 所示。

1. 中心

指定椭圆的中心点。

2. 大半径

指定轴的大半径（长轴）的长度，可以通过指定点或者直接在“大半径”文本框中输入长度。

3. 小半径

指定轴的小半径（短轴）的长度，可以通过指定点或者直接在“小半径”文本框中输入长度。

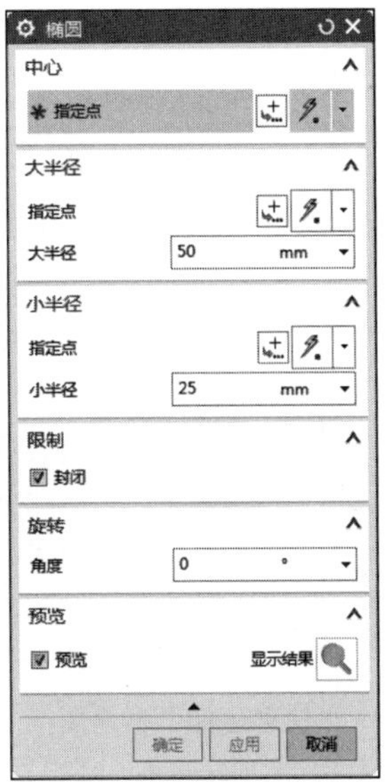

图4-30 “椭圆”对话框

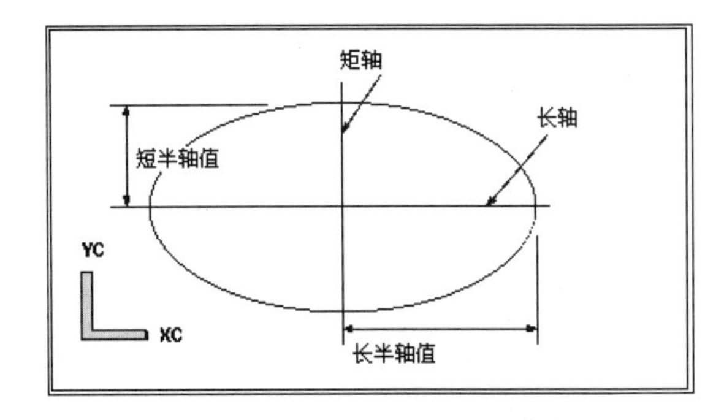

图4-31 “椭圆”示意图

椭圆的最长直径是主轴、最短直径是副轴，它们长度的一半就是长半轴和短半轴的值。

4. 旋转角度

椭圆的旋转角度是主轴相对于XC轴沿逆时针方向倾斜的角度。除非改变了旋转角度，否则主轴一般与XC轴平行。

4.3 草图曲线编辑

草图曲线编辑包括快速修剪、快速延伸、制作拐角、制作圆角等。

4.3.1 快速修剪

在菜单栏中选择“编辑”→“曲线”→“快速修剪”，或单击“主页”选项卡→“曲线”组→“快速修剪”图标，弹出如图4-32所示的“快速修剪”对话框。按照对话框的提示修剪不需要的曲线，示意图如图4-33所示。

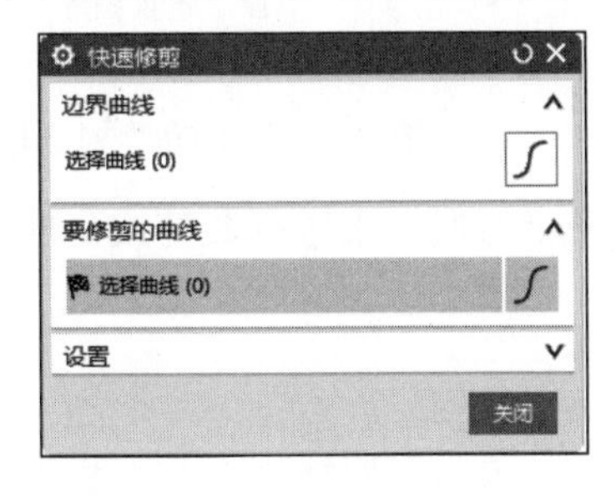

图4-32 “快速修剪”对话框

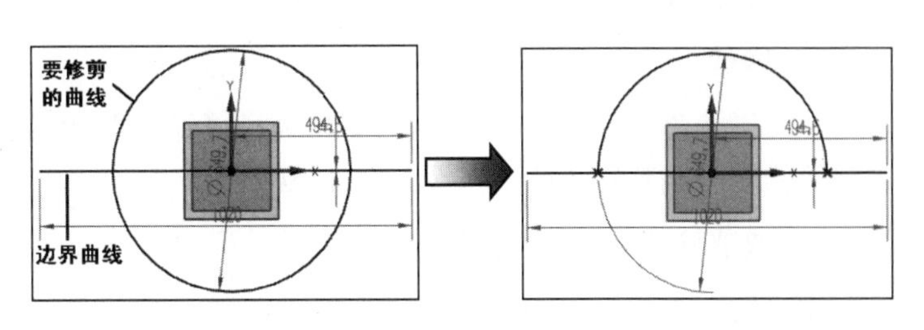

图4-33 “快速修剪”示意图

4.3.2 快速延伸

在菜单栏中选择“编辑”→“曲线”→“快速延伸”，或单击“主页”选项卡→“曲线”组→“快速延伸”图标，弹出如图4-34所示的“快速延伸”对话框。按照对话框的提示延伸指定的线素与边界曲线相交，如图4-35所示。

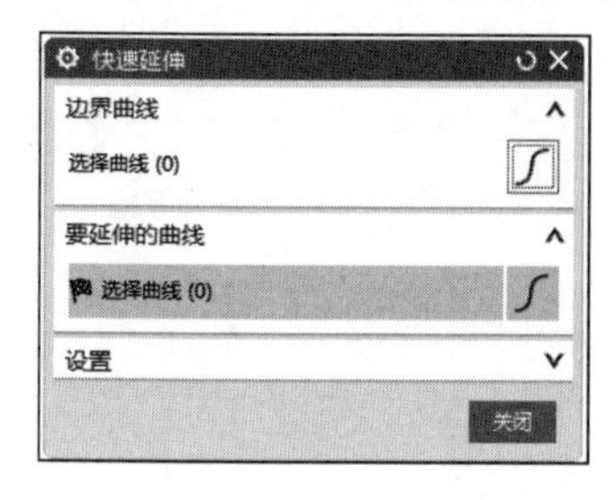

图4-34 “快速延伸”对话框

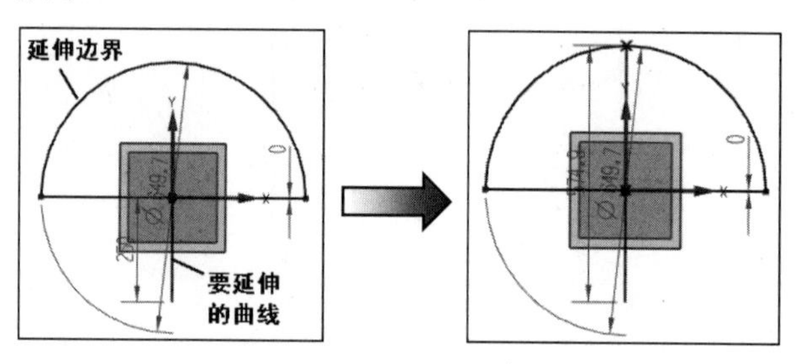

图4-35 “快速延伸”示意图

4.3.3 制作拐角

通过延伸或修剪两条曲线，从而制作拐角。

在菜单栏中选择“编辑”→“曲线”→“制作拐角”，或单击“主页”选项卡→“曲线”组→“编辑曲线”库→“制作拐角”图标，弹出如图4-36所示的“制作拐角”对话框。按照提示选择两条曲线，如图4-37所示。

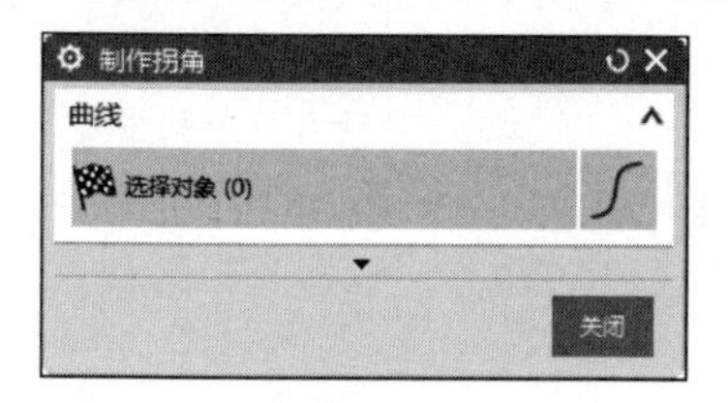

图4-36 “制作拐角”对话框

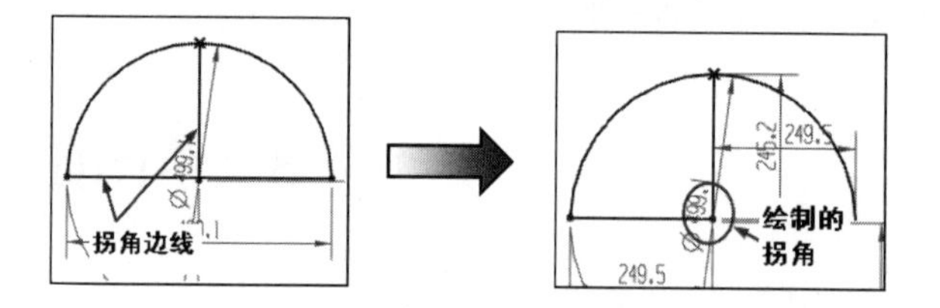

图4-37 “制作拐角”示意图

4.3.4 制作圆角

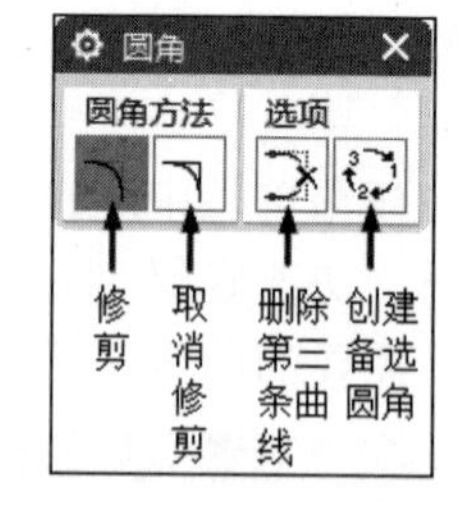

图4-38 “圆角”对话框

在两条曲线之间进行倒角，并且可以动态改变圆角半径。

在菜单栏中选择“插入”→“曲线”→“圆角”，或单击“主页”选项卡→“曲线”组→“角焊”图标，弹出“半径”文本框，同时会弹出如图4-38所示的“圆角”对话框。

1．修剪

在“圆角”对话框中单击图标，选择“修剪”功能，表示对原线素进行裁剪或延伸。选择“修剪”创建圆角的示意图如图4-39所示。

2．取消修剪

在“圆角”对话框中单击图标，选择“取消修剪”功能，表示对原线素不裁剪也不延伸。选择“取消修剪”创建圆角的示意图如图4-40所示。

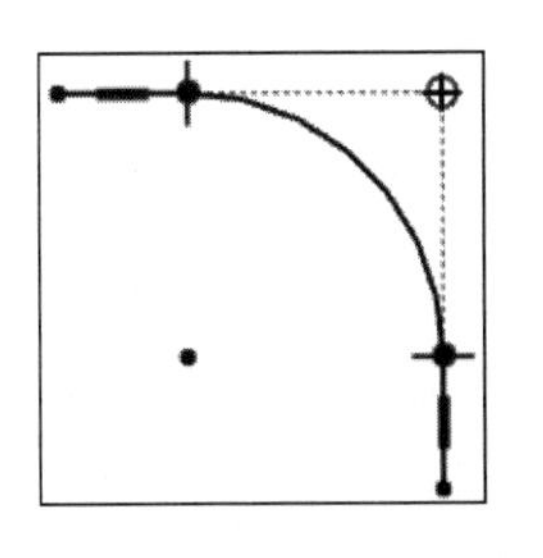

图 4-39 “修剪”方式

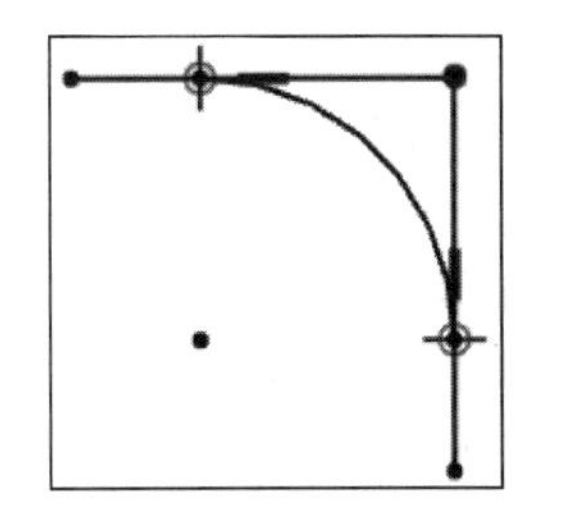

图 4-40 “取消修剪”方式

3．删除第三条曲线

在“圆角”对话框中单击图标，表示在选择两条曲线和圆角半径后，存在第三条曲线和该圆角相切，在创建圆角的同时，系统自动删除和该圆角相切的第三条曲线，如图 4-41 所示。

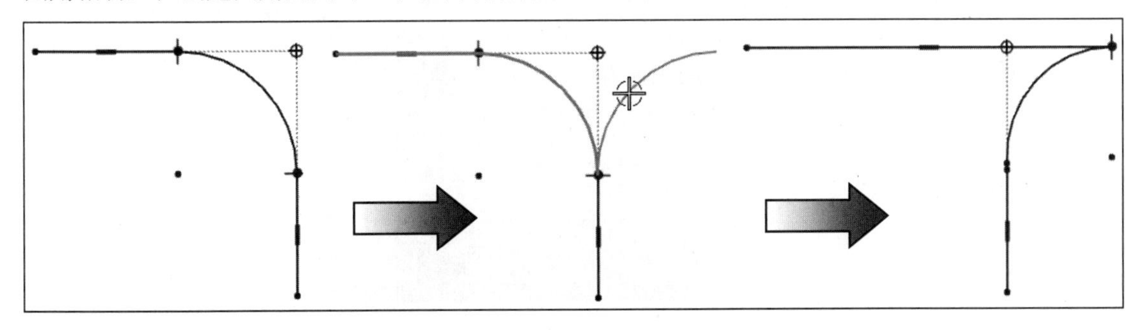

图 4-41 “删除第三条曲线”方式

4．创建备选圆角

在“圆角”对话框中单击图标，表示在选择两条曲线后圆角与两条曲线形成环形，如图 4-42 所示。

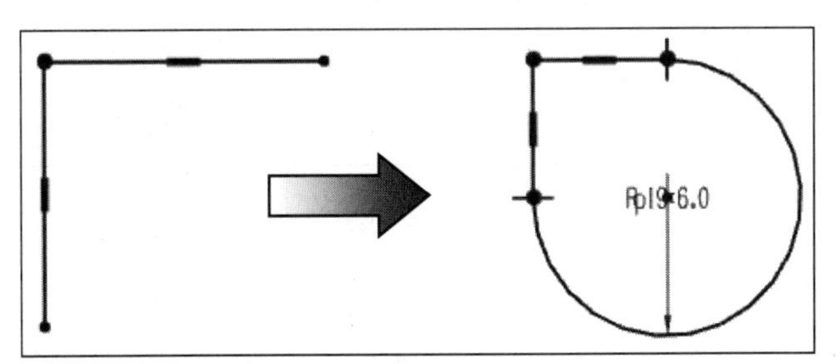

图 4-42 “创建备选圆角”方式

4.4 草图曲线操作

进入草图绘制界面后，继续在“草图工具”对话框中进行草图曲线操作，其中包括“镜像曲线”“偏置曲线”“阵列曲线”“相交曲线”“投影曲线”和“添加现有的曲线”等。本节主要讲解“镜像曲线”“相交曲线”和“投影曲线”的功能。

4.4.1 镜像曲线

草图镜像操作是将草图几何对象以一条直线为对称中心线，将所选取的对象以该直线为轴进行镜像，复制成新的草图对象。镜像复制的对象与原对象形成一个整体，并且保持相关性。

在菜单栏中选择“插入”→“来自曲线集的曲线”→“镜像曲线”，或单击“主页”选项卡→“曲线”组→“曲线”库→“镜像曲线”图标，弹出如图 4-43 所示的“镜像曲线”对话框。镜像曲线示意图如图 4-44 所示。

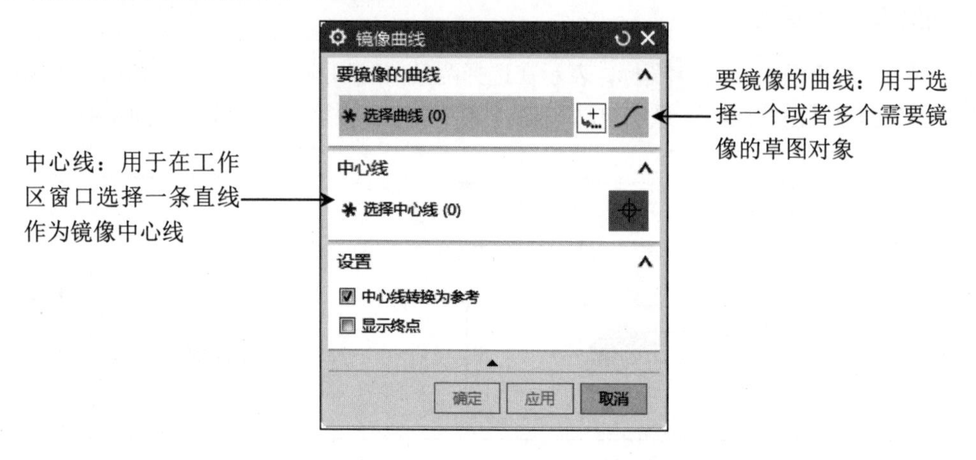

图 4-43 “镜像曲线”对话框

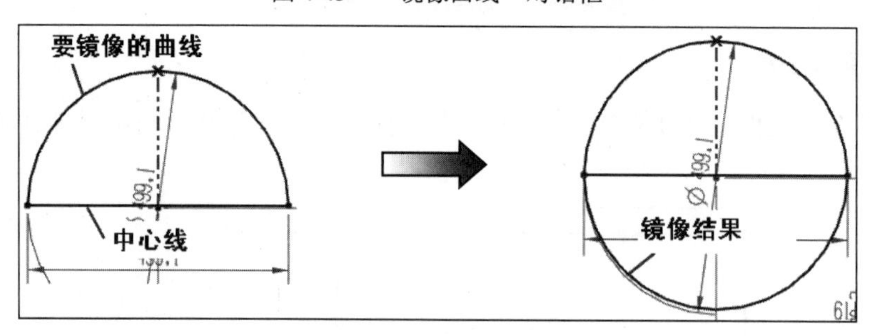

图 4-44 “镜像曲线”示意图

4.4.2 相交曲线

相交曲线用于求已存在的实体边缘和草图工作平面的交点。

在菜单栏中选择“插入”→“配方曲线”→“相交曲线”，或单击“主页”选项卡→“曲线”组→“曲线”库→“相交曲线”图标，弹出如图 4-45 所示的“相交曲线”对话框。系统提示选择已存在的实体边缘，边缘选定后，在边缘与草图平面相交的地方就会出现“*”，表示存在交点，并且被激活，单击该图标，选择所需的交点。相交曲线的示意图如图 4-46 所示。

图 4-45　“相交曲线”对话框

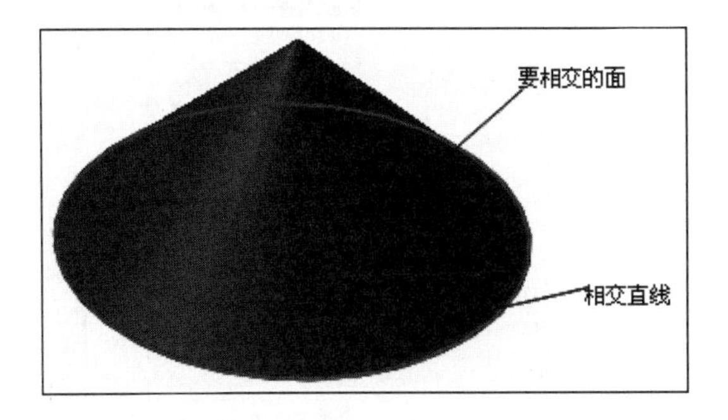

图 4-46　“相交曲线”示意图

4.4.3　投影曲线

投影曲线能够将抽取的对象沿草图工作平面的法向投影到草图中，使之成为草图对象。

在菜单栏中选择“插入”→“配方曲线”→“投影曲线”，或单击“主页”选项卡→“曲线”组→“曲线”库→“投影曲线”图标，弹出如图 4-47 所示的“投影曲线”对话框。选择要投影的曲线或点，将沿草图平面的法向投影到草图上，示意图如图 4-48 所示。

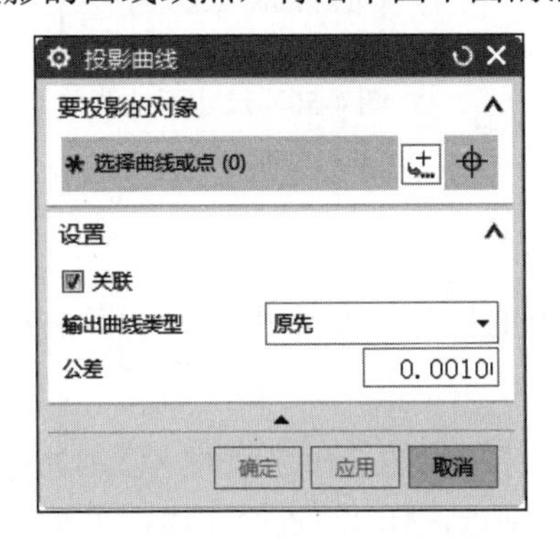

图 4-47　“投影曲线”对话框

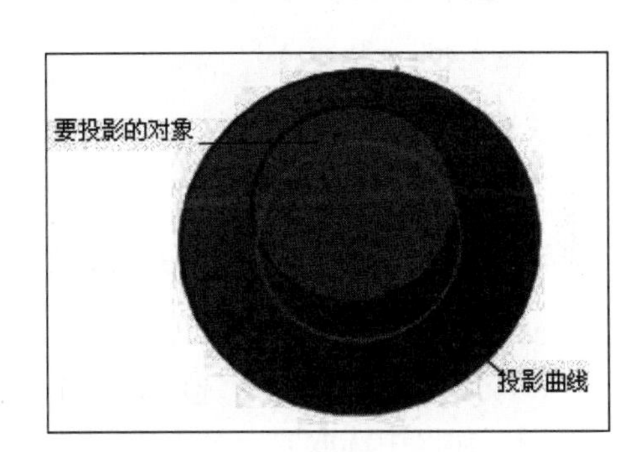

图 4-48　“投影曲线”示意图

4.5　草 图 约 束

草图约束用于限制草图的形状和大小，包括限制大小的尺寸约束和限制形状的几何约束。进入草图绘制界面后，草图约束显示在“约束”组中。

4.5.1　尺寸约束

在菜单栏中选择“插入”→“尺寸”→“快速”，或单击“主页”选项卡→“约束”组→“尺寸”下拉菜单→“快速尺寸”图标，弹出如图 4-49 所示的“快速尺寸”对话框，选择测量方法，也可以单击“主页”选项卡→“约束”组→“尺寸”下拉菜单中的其他尺寸约束，选择不同的测量方法，如图 4-50 所示。

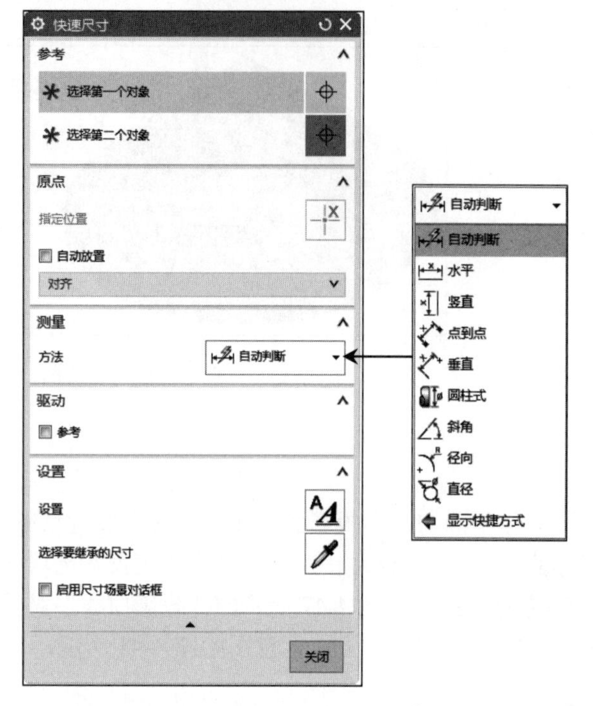

图 4-49 “快速尺寸”对话框

快速尺寸 D
线性尺寸
径向尺寸
角度尺寸
周长尺寸

图 4-50 尺寸下拉菜单

1. 快速尺寸

(1) 自动判断

选择该方式时，系统根据对象的类型、光标与对象的相对位置采用相应的标注方法。

(2) 水平

选择该方式时，系统对所选对象进行水平方向（平行于草图工作平面的 XC 轴）的尺寸约束。在绘图工作区中选取同一对象或不同对象的两个控制点，则用两点的连线在水平方向的投影长度标注尺寸。如果旋转工作坐标，那么尺寸标注的方向也将随之改变，其示意图如图 4-51 所示。

(3) 竖直

选择该方式时，系统对所选对象进行垂直方向（平行于草图工作平面的 YC 轴）的尺寸约束。在绘图工作区中选取同一对象或不同对象的两个控制点，则用两点的连线在垂直方向的投影长度标注尺寸。如果旋转工作坐标，那么尺寸标注的方向也将随之改变，其示意图如图 4-52 所示。

(4) 点到点

选择该方式时，系统进行平行于对象的尺寸约束。在绘图工作区中选取同一对象或不同对象的两个控制点，则用两点连线的长度标注尺寸，尺寸线将平行于其连线方向，其示意图如图 4-53 所示。

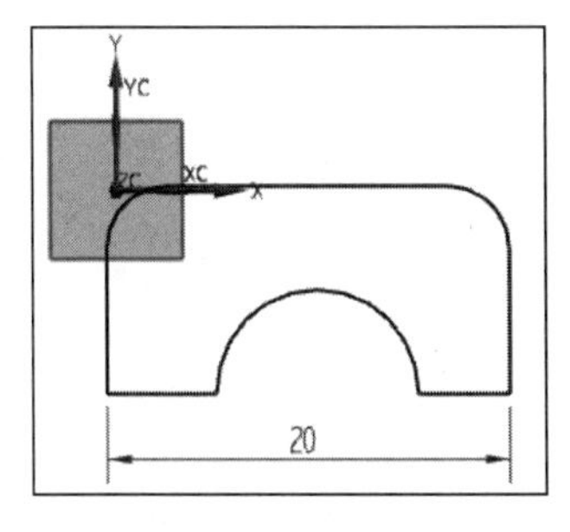

图 4-51 “水平”标注示意图

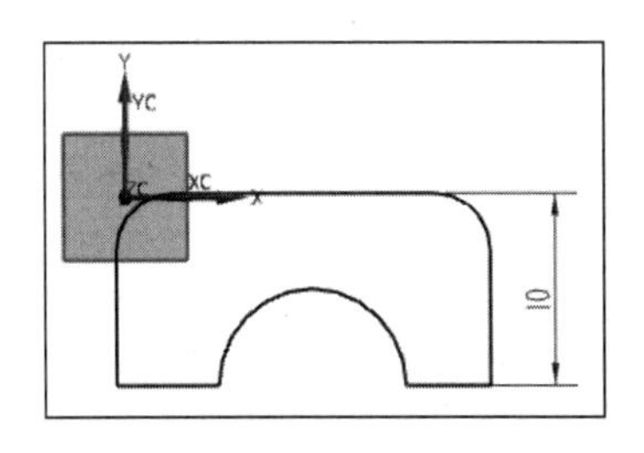

图 4-52 “竖直”标注示意图

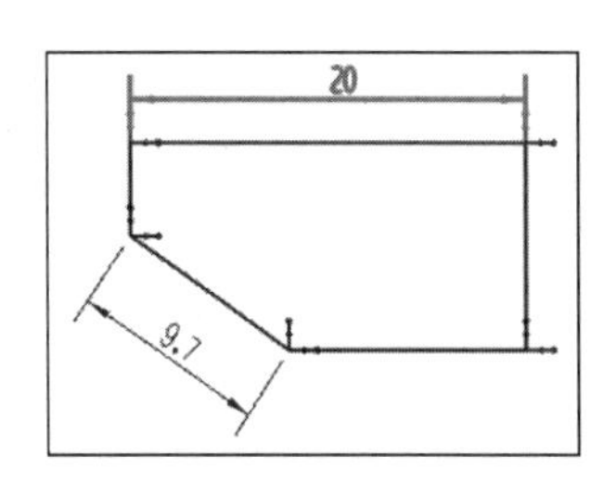

图 4-53 “点到点”标注示意图

(5) 垂直

选择该方式时，系统对点到直线的距离进行尺寸约束。先在绘图工作区中选取一条直线，再选取一点，则系统用点到直线的垂直距离标注尺寸，尺寸线垂直于所选取的直线，其示意图如图 4-54 所示。

(6) 直径

选择该方式时，系统对所选的圆弧对象进行直径尺寸约束。在绘图工作区中选取一条圆弧曲线，系统会直接标注圆的直径尺寸，其示意图如图 4-55 所示。注意，在标注尺寸时所选取的圆弧/圆必须是在草图模式中创建的。

(7) 径向

选择该方式时，系统对圆弧对象进行半径尺寸约束。在绘图工作区中选取一条圆弧曲线，系统会直接标注圆弧的半径尺寸，其示意图如图 4-56 所示。注意，在标注尺寸时所选取的圆弧/圆必须是在草图模式中创建的。

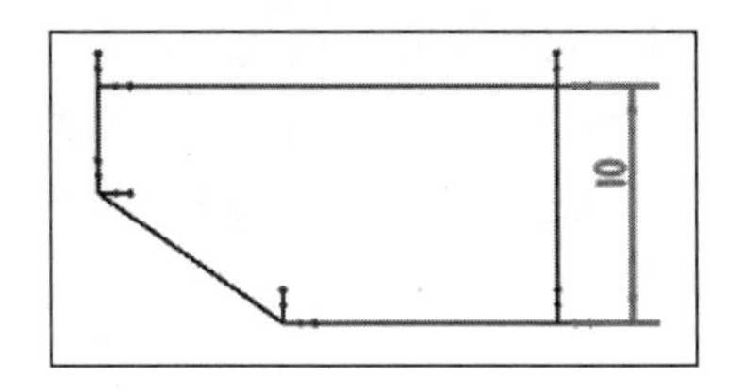

图 4-54 “垂直”标注示意图

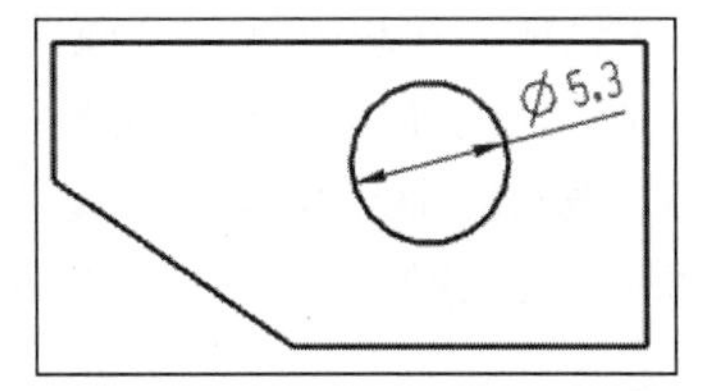

图 4-55 “直径”标注示意图

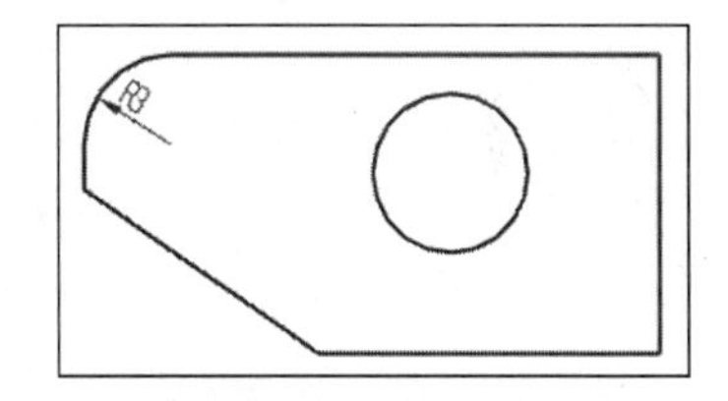

图 4-56 “径向”标注示意图

(8) 斜角

选择该方式时，将对两条直线的角度进行尺寸约束。在绘图工作区中，一般在远离两条直线交点的位置选择，系统会标注这两条直线之间的夹角；如果选取直线时光标比较靠近它们的交点，则标注的角度是对顶角，其示意图如图 4-57 所示，直线必须是在草图模式中创建的。

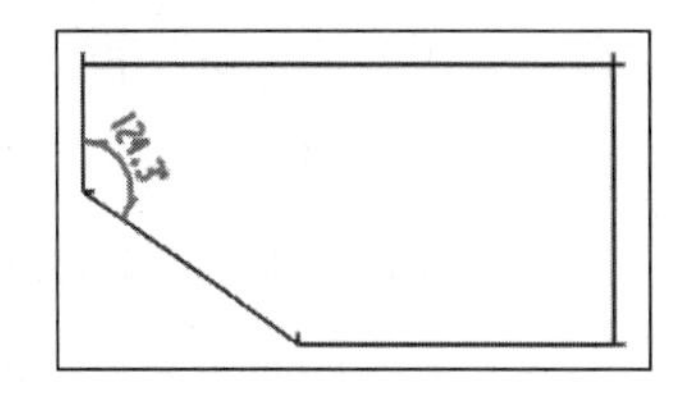

图 4-57 “斜角”标注示意图

2. 周长尺寸

选择该方式时，系统对多个对象进行周长的尺寸约束。在绘图工作区中选取一段或多段曲线，系统会标注这些曲线的周长。这种方式不会在绘图区显示，要在“尺寸”对话框中查看。

4.5.2 几何约束

几何约束用于建立草图对象的几何特征，或者建立两个或多个对象之间的关系。

1. 几何约束

单击“主页”选项卡→“约束”组→“几何约束”图标，弹出如图 4-58 所示的“几何约束”对话框，选择要约束的几何体进行约束。选择“平行”约束，示意图如图 4-59 所示。

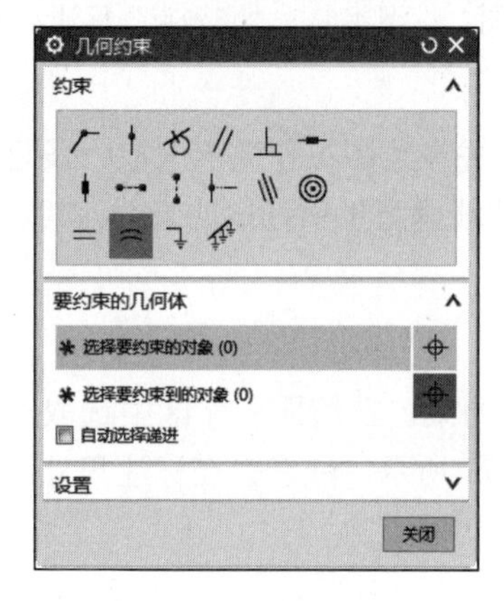

图 4-58 “约束”对话框

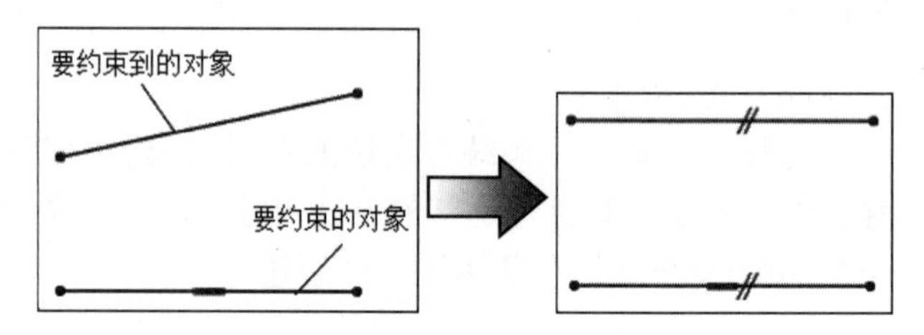

图 4-59 “平行”约束示意图

2. 自动约束

单击“主页”选项卡→“约束”组→“约束”工具下拉菜单→“自动约束”图标，弹出如图 4-60 所示的“自动约束”对话框，可以选取两个或两个以上对象进行几何约束。在该对话框中，可以设置距离和公差来控制显示自动约束的符号范围，单击“全部设置”按钮一次性选择全部约束，单击“全部清除”按钮一次性清除全部设置。若勾选“施加远程约束”复选框，则在绘图区和在其他草图文件中有约束时系统会显示约束符号。

3. 显示草图约束

单击“主页”选项卡→“约束”组→“显示草图约束”图标，此时该图标高亮显示，系统显示所有的约束；再次单击“显示草图约束”图标，此时图标不再高亮显示，系统将不再显示草图约束。

4. 转换至/自参考对象

用于将草图曲线或尺寸转换为参考对象，或将参考对象转换为草图对象。

单击“主页”选项卡→“约束”组→“约束”工具下拉菜单→“转换至/自参考对象”图标，弹出如图 4-61 所示的“转换至/自参考对象”对话框。

（1）参考曲线或尺寸：选中该单选按钮时，系统将所选对象由草图对象或尺寸转换为参考对象。

（2）活动曲线或驱动尺寸：选中该单选按钮时，系统将当前所选的参考对象激活，转换为草图对象或尺寸。

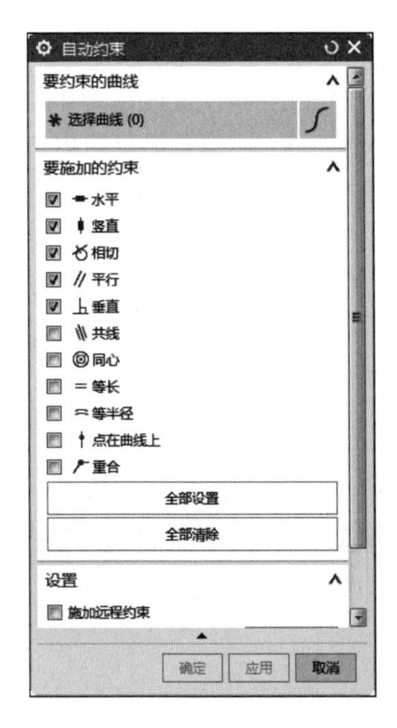

图 4-60 “自动约束”对话框

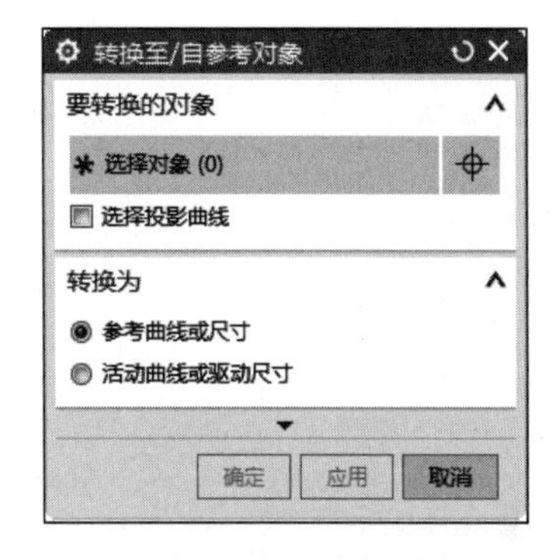

图 4-61 “转换至/自参考对象”对话框

5. 备选解

当对草图进行约束时，同一约束条件可以有多种解决方法，采用“备选解”可从一种解法转为另一种解法。例如，圆弧和直线相切就有两种方式，其“备选解”操作示意图如图 4-62 所示。

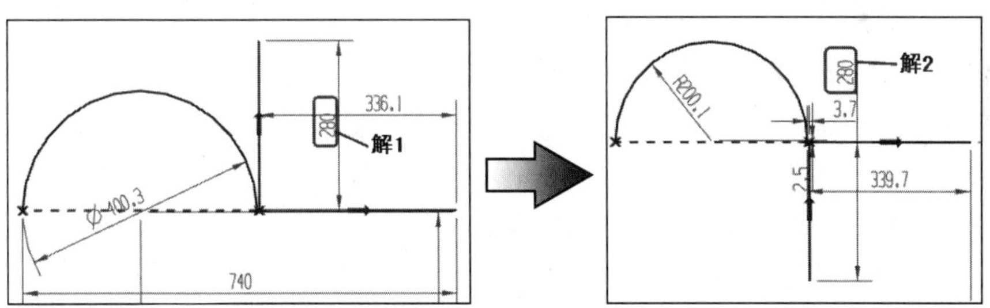

图 4-62 “备选解”操作示意图

6. 自动判断约束和尺寸

用于预先设置约束类型，系统会根据对象间的关系自动添加相应的约束到草图对象上。

单击“主页”→“约束”组→“自动判断约束和尺寸”图标，弹出如图 4-63 所示的“自动判断约束和尺寸”对话框。

7. 动画演示尺寸

用于使草图中的尺寸在规定的范围内变化，同时观察其他相应的几何约束变化的情形，以此来判断草图设计的合理性，并及时发现错误。在进行“动画模拟尺寸”操作之前，必须在草图对象上进行尺寸标注和必要的约束。

单击“主页”选项卡→“约束”组→“约束”工具下拉菜单→“动画演示尺寸”图标，弹出如图 4-64 所示的“动画演示尺寸”对话框。系统提示用户在绘图区或在尺寸表达式列表框中选择一个尺寸，然后在对话框中设置该尺寸的变化范围和每一个循环显示的步长。单击“确定”按钮后，系统会自动在绘图区动画显示与此尺寸约束相关的几何对象。

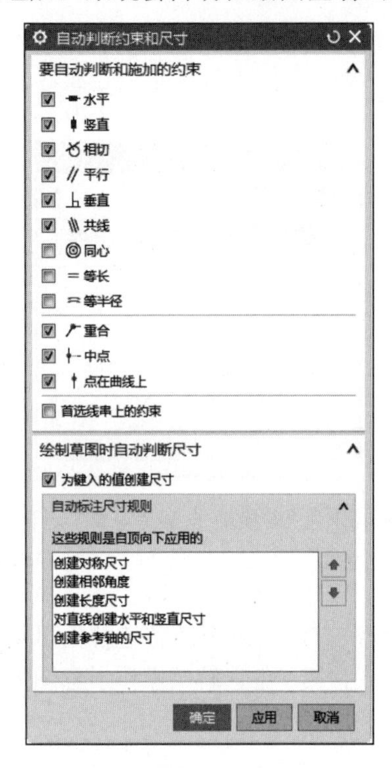

图 4-63 “自动判断约束和尺寸”对话框

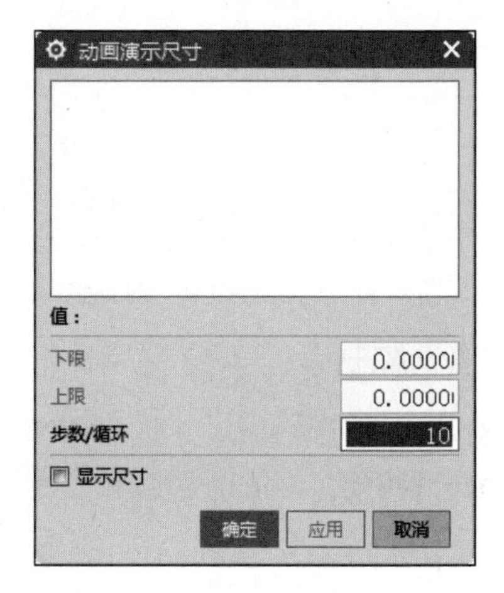

图 4-64 “动画演示尺寸”对话框

（1）尺寸表达式列表框：用于显示在草图中已标注的全部尺寸表达式。

（2）下限：用于设置尺寸在动画显示时变化范围的下限。

（3）上限：用于设置尺寸在动画显示时变化范围的上限。

（4）步数/循环：用于设置每次循环时动态显示的步长值。输入的数值越大，动态显示的速度越慢，但运动较为连贯。

（5）显示尺寸：用于设置在动画显示过程中是否显示已标注的尺寸。如果勾选该复选框，在草图动画显示时所有尺寸都会显示在窗口中。

4.6 思 考 题

1．如何在退出草图设计后保留尺寸的显示？

2．什么时候需要将尺寸约束在“参考”和“活动”之间切换？

3．UG 草图设计在产品设计过程中起到了什么作用？为什么要尽可能利用草图进行零件的设计？

4.7　综合实例：绘制端盖草图

创建 UG 建模文件，在草图工作平面绘制端盖的草图，具体操作步骤如下：

图 4-65　“创建草图”对话框

01 新建 duangai 文件。在模板里选择“模型”，单击“确定”按钮，进入建模模块。

02 在菜单栏中选择“插入”→“在任务环境中绘制草图”，进入到绘制草图界面，并弹出“创建草图”对话框，如图 4-65 所示。选择 XC-YC 平面为草图绘制面。

03 在菜单栏中选择“插入”→“曲线”→“轮廓”，或单击“主页”选项卡→“曲线”组→“轮廓”图标，弹出如图 4-66 所示的“轮廓”对话框。绘制草图轮廓，如图 4-67 所示。

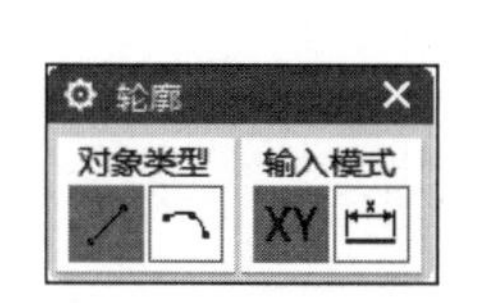

图 4-66　“配置文件”对话框

图 4-67　草图轮廓

04 在菜单栏中选择“插入”→“几何约束”，或单击“主页”选项卡→“约束”组→“几何约束”图标，对草图添加几何约束。选择图 4-67 中水平线 3，然后选择 XC 轴。在系统弹出的“约束”对话框中，单击“共线”图标，使它们具有共线约束。同样选择图 4-67 中的垂直线 2，然后选择 YC 轴。在系统弹出的“约束”对话框中，单击“共线”图标，使它们具有共线约束。然后选择直线 6 和直线 10 进行同样的操作。

05 单击“主页”选项卡→“约束”组→“显示草图约束”图标，显示草图约束。

06 单击“主页”选项卡→“约束”组→“线性尺寸”图标，选择直线 2 和 8，系统自动标注尺寸，单击左键确定尺寸的位置后，在文本框中输入 40 按回车键，如图 4-68 所示。

07 用同样的方法设定直线 2 和直线 10 之间的距离为 38，直线 2 和直线 4 之间的距离为 60，其他标注结果如图 4-69 所示。

08 单击“主页”选项卡→“草图”组→“完成”图标，退出绘制草图界面。

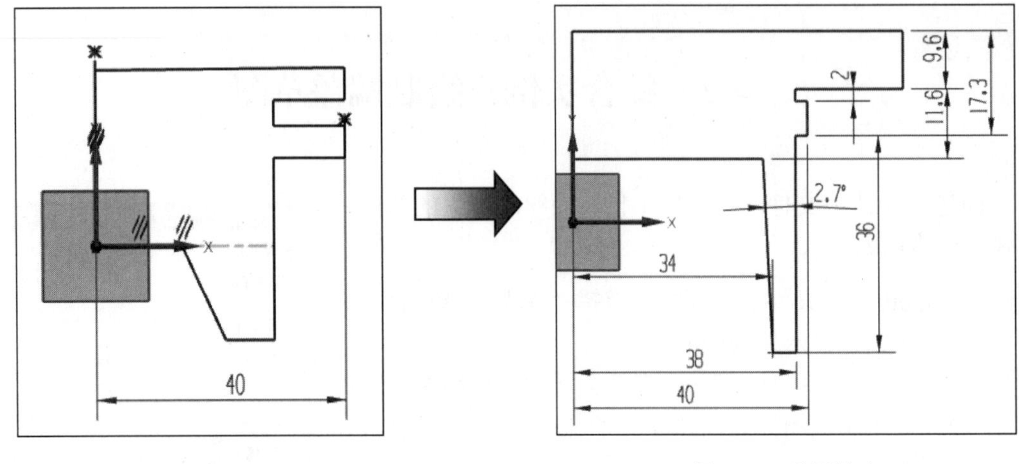

图 4-68　草图轮廓　　　　　　　　　　图 4-69　草图轮廓

4.8　操作训练题

1．在草图中完成如图 4-70 所示的草图绘制。

操作提示

（1）绘制出轮廓外形。

（2）进行尺寸约束和几何约束。

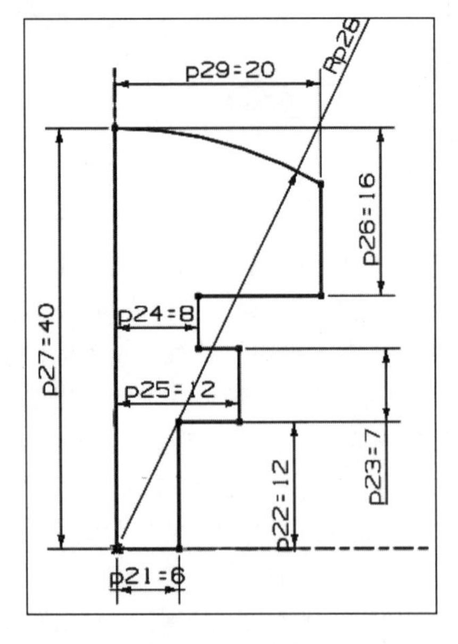

图 4-70　草图 1

2．在草图中完成如图 4-71 所示的草图绘制。

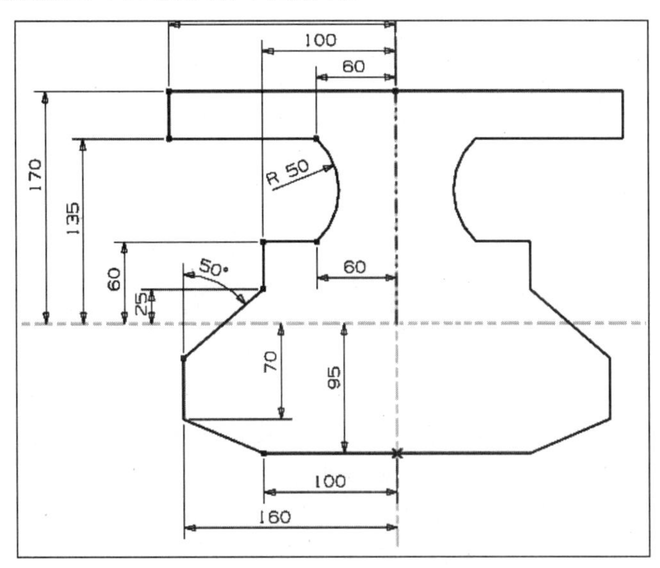

图 4-71　草图 2

操作提示

（1）绘制左侧轮廓外形。

（2）进行尺寸约束和几何约束。

（3）镜像曲线。

第 5 章

基 础 建 模

为了加快建模的速度，在建模的过程中经常需要建立基准或布尔运算。对一些特殊的尺寸还可以通过建立表达式改变其中参数的数值来改变特征的大小。本章主要介绍建模基础，包括基准建模、信息、分析、布尔运算和表达式对话框等知识。

5.1 基 准 建 模

在 UG NX 12.0 的建模中，经常需要建立基准平面、基准轴和基准坐标系。这些操作可通过在菜单栏中选择“插入”→“基准/点”来实现。

5.1.1 基准平面

在菜单栏中选择“插入”→“基准/点”→“基准平面”，或单击“主页”→“特征”组→“基准/点”下拉菜单→“基准平面”图标，弹出如图 5-1 所示的“基准平面”对话框。

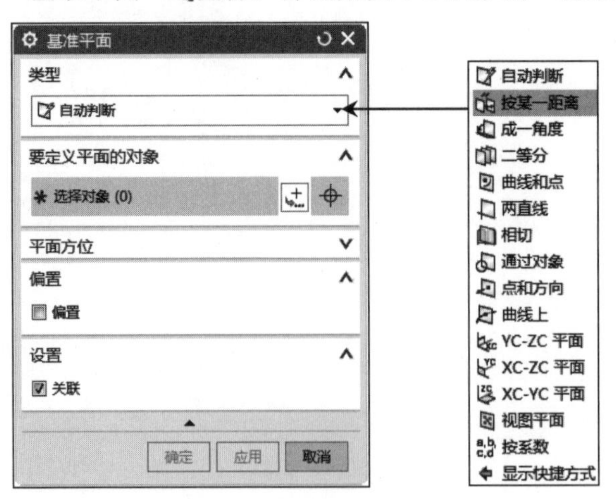

图 5-1 “基准平面”对话框

下面介绍创建基准平面的方法。

1. 自动判断

系统根据所选对象创建基准平面。

2. 点和方向

通过选择一个参考点和一个参考矢量来创建基准平面，如图 5-2 所示。

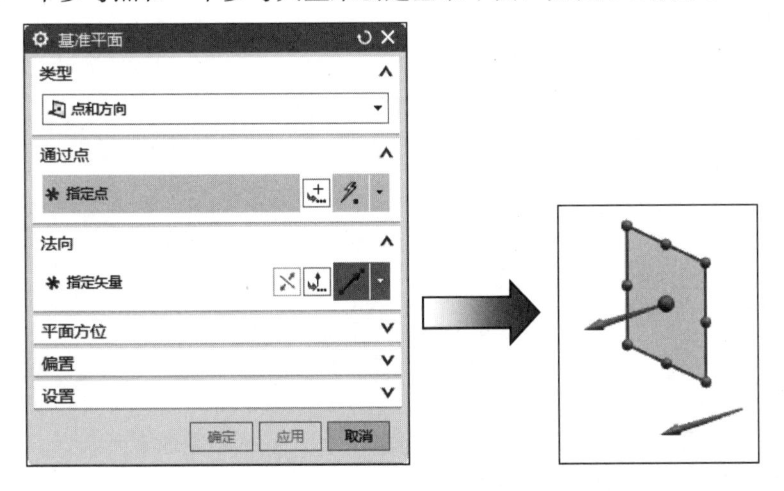

图 5-2 “点和方向”方法

3. 曲线上

通过已存在的曲线，在该曲线某点处创建与该曲线垂直的基准平面，如图 5-3 所示。

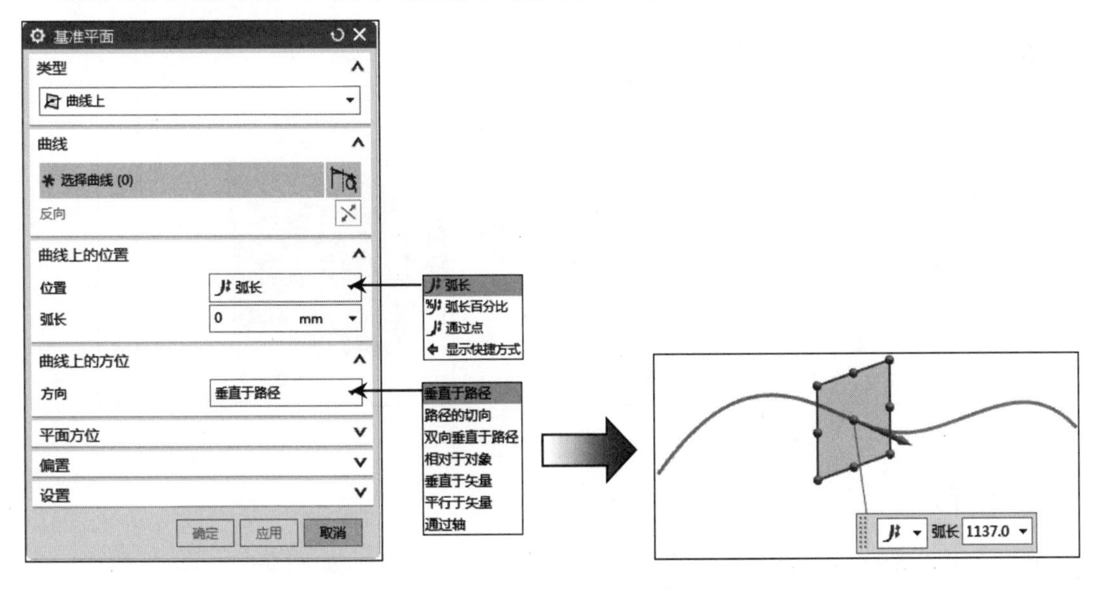

图 5-3 “曲线上”方法

4. 按某一距离

通过偏置已存在的参考平面或基准面得到新的基准平面，如图 5-4 所示。

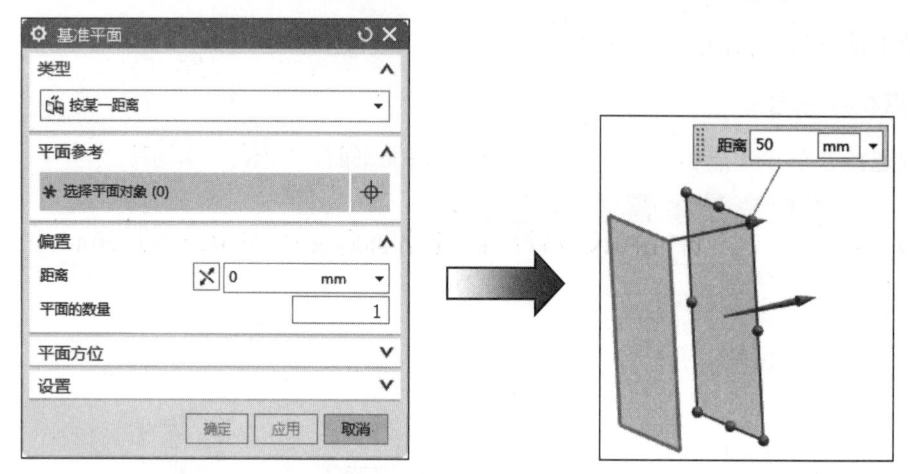

图 5-4 “按某一距离”方法

5. 成一角度

通过指定与一个平面或基准面的角度来创建基本平面，如图 5-5 所示。

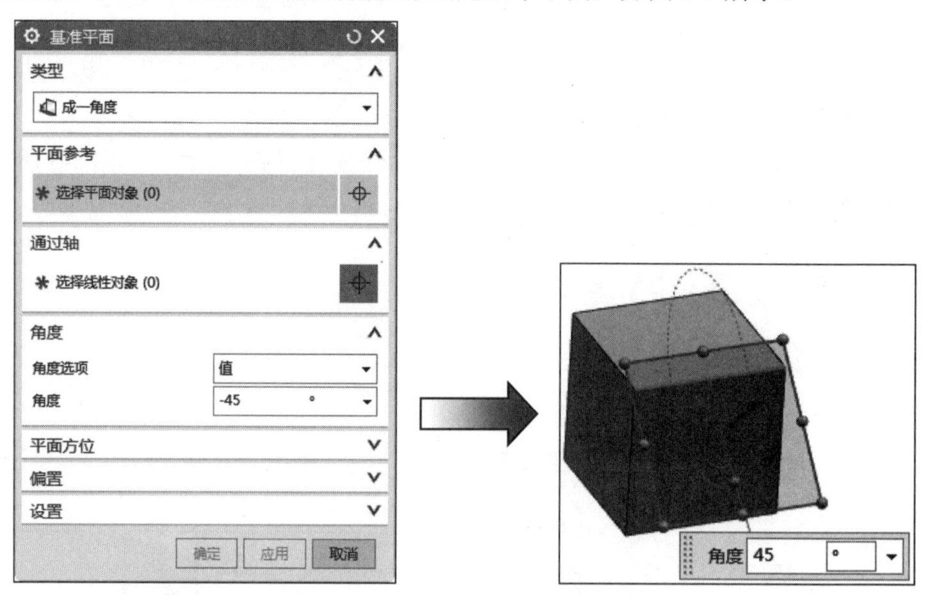

图 5-5 “成一角度”方法

6. 二等分

在两个相互平行的平面或基准平面的中心处创建基准平面，如图 5-6 所示。

7. 曲线和点

通过选择曲线和点来创建基准平面，如图 5-7 所示。

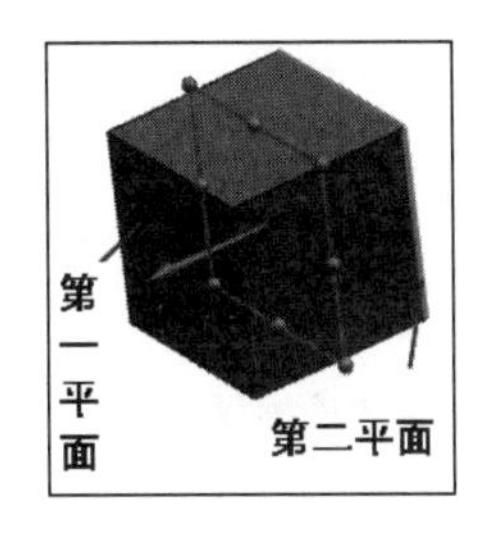

图 5-6 “二等分”方法

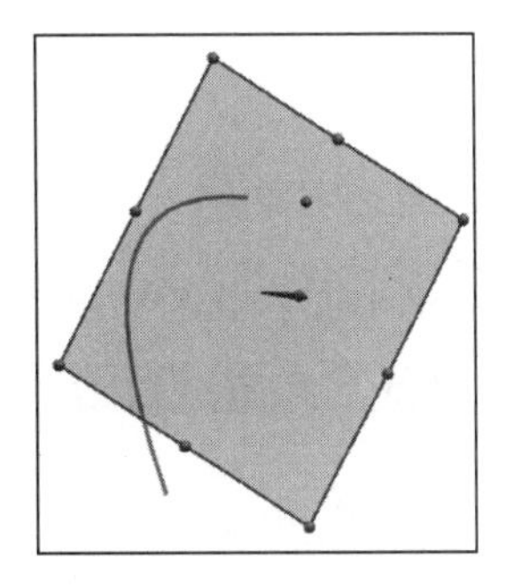

图 5-7 “曲线和点”方法

8. 两直线

通过选择两条直线来创建基准平面，若它们在同一平面内，则以此平面为基准平面；若它们不在同一平面内，则基准平面包含一条直线且与另一条直线平行，如图 5-8 所示。

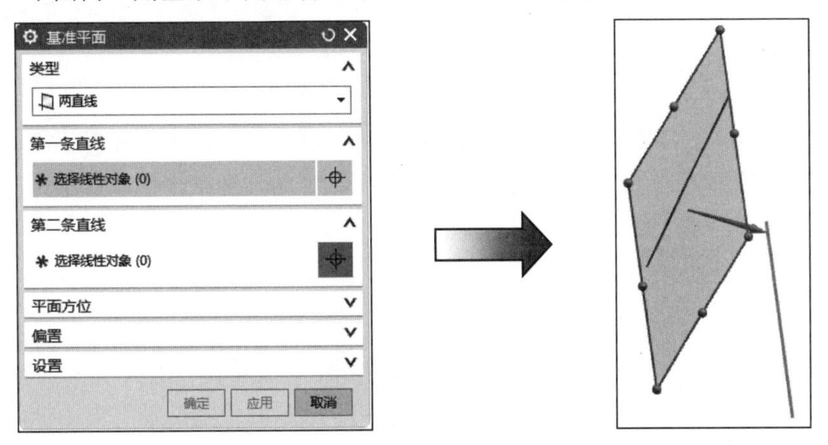

图 5-8 “两直线”方法

9．相切

与一个曲面相切，且通过该曲面上的点、线或平面来创建基准平面，如图 5-9 所示。

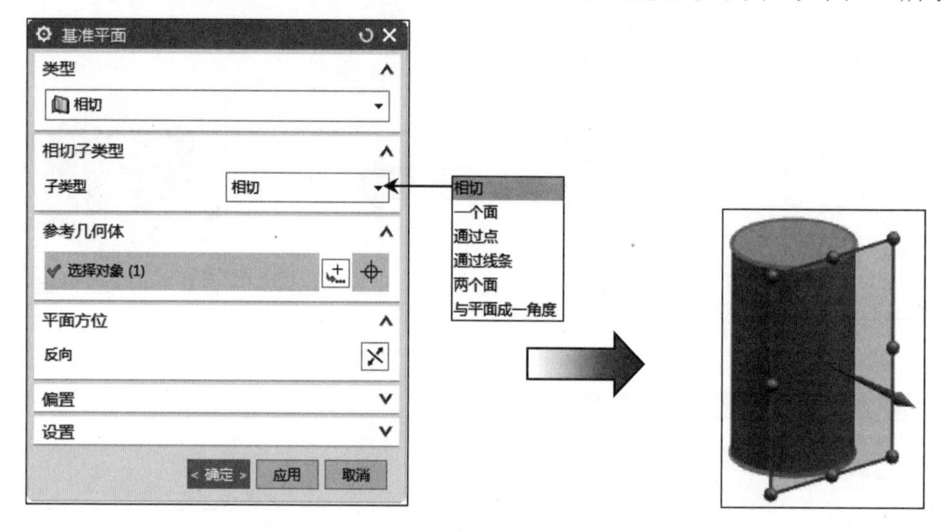

图 5-9 “相切”方法

10．通过对象

以对象平面为基准平面，如图 5-10 所示。

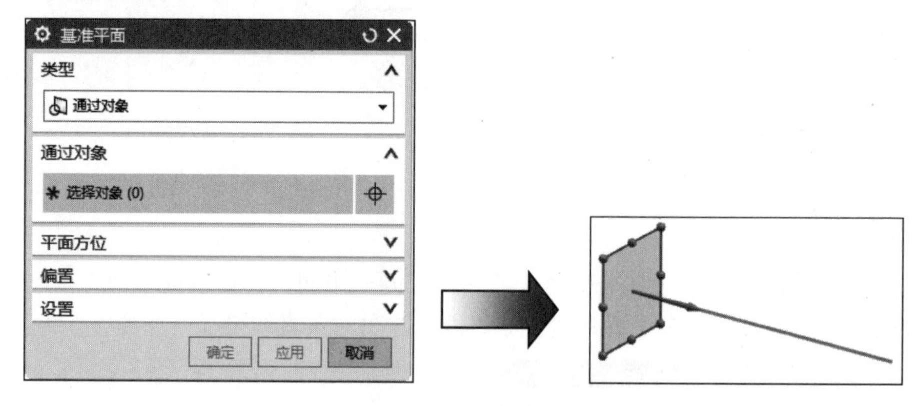

图 5-10 “通过对象”方法

系统还提供了 YC-ZC 平面、 XC-ZC 平面、 XC-YC 平面和系数 4 种方法，也就是说可以选择 YC-ZC 平面、XC-ZC 平面、XC-YC 平面为基准平面或者单击图标自定义基准平面。

5.1.2 基准轴

在菜单栏中选择“插入”→“基准/点”→“基准轴”，或单击“主页”→“特征”组→“基准/点”下拉菜单→“基准轴”图标，弹出如图 5-11 所示的“基准轴”对话框。

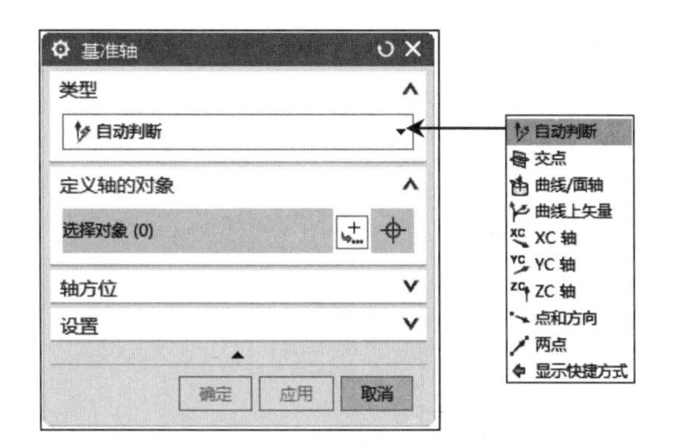

图 5-11　“基准轴”对话框

1．点和方向

通过选择一个点和方向矢量来创建基准轴，如图 5-12 所示。

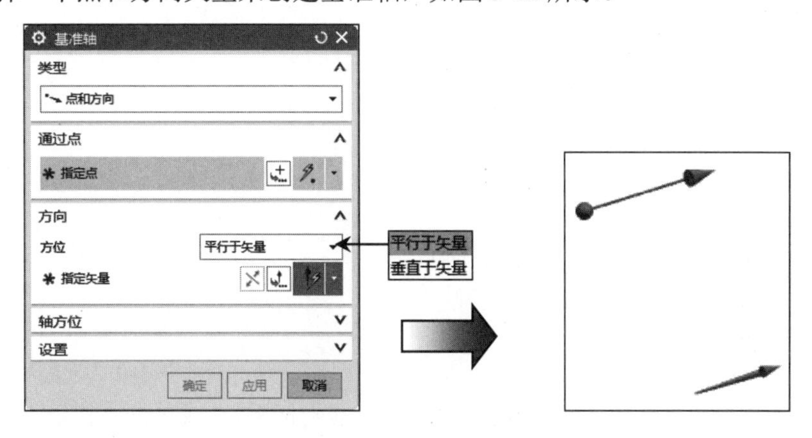

图 5-12　“点和方向”方法

2．两点

通过选择两个点来创建基准轴，如图 5-13 所示。

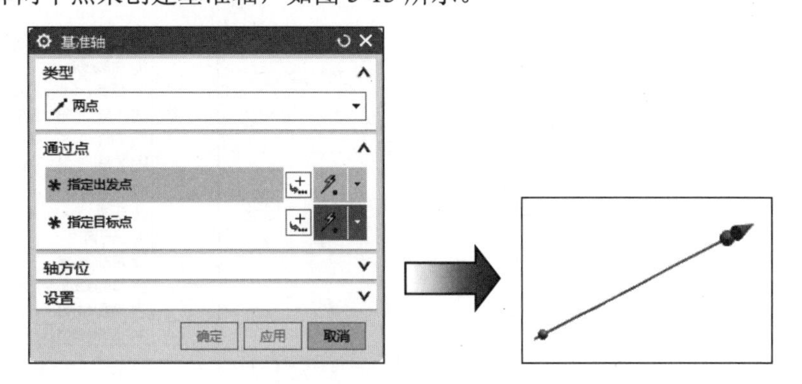

图 5-13　“两点”方法

3．曲线上矢量

通过选择曲线和该曲线上的点来创建基准轴，如图 5-14 所示。

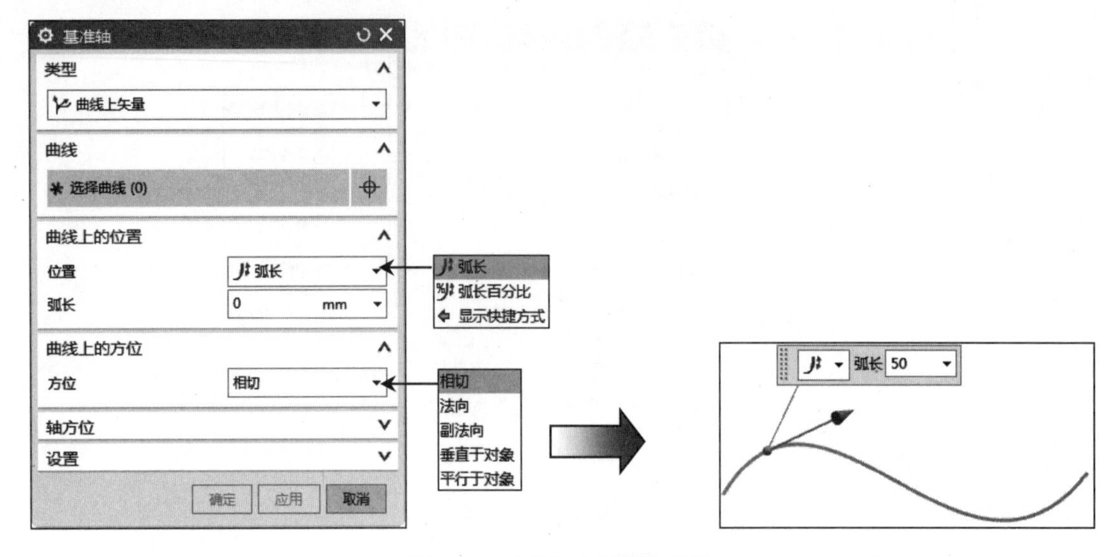

图 5-14　“曲线上矢量”方法

4．曲线/面轴

通过选择曲线和曲面上的轴创建基准轴。

5．交点

通过选择两相交对象的交点来创建基准轴。

5.1.3　基准坐标系

在菜单栏中选择“插入”→“基准/点”→“基准坐标系”，或单击“特征”对话框中的图标，弹出如图 5-15 所示的“基准坐标系”对话框。该对话框用于创建基准坐标系，与坐标系不同，基准坐标系一次建立 3 个基准面（XY、YZ 和 ZX 面）和 3 个基准轴（X、Y 和 Z 轴）。

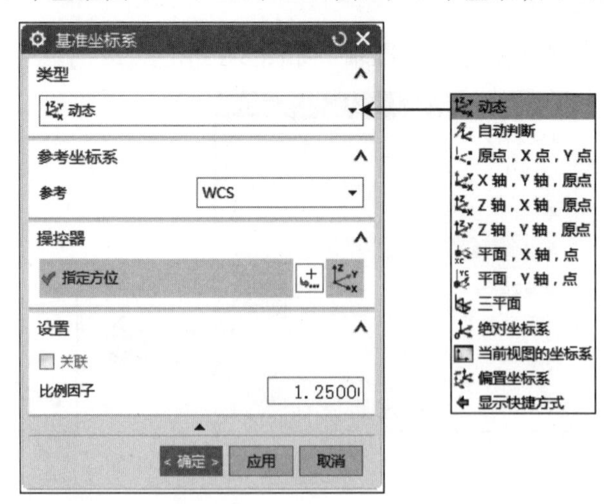

图 5-15　“基准坐标系”对话框

1. 自动判断

通过选择对象或输入沿 X、Y 和 Z 坐标轴方向的偏置值来定义一个坐标系。

2. 原点，X 点，Y 点

该方法利用点创建功能先后指定 3 个点来定义一个坐标系，这 3 个点应该分别是原点、X 轴上的点和 Y 轴上的点。定义的第一点为原点，第一点指向第二点的方向为 X 轴的正向，第二点指向第三点的方向为 Y 轴正向，按右手定则来确定 Z 轴正向，如图 5-16 所示。

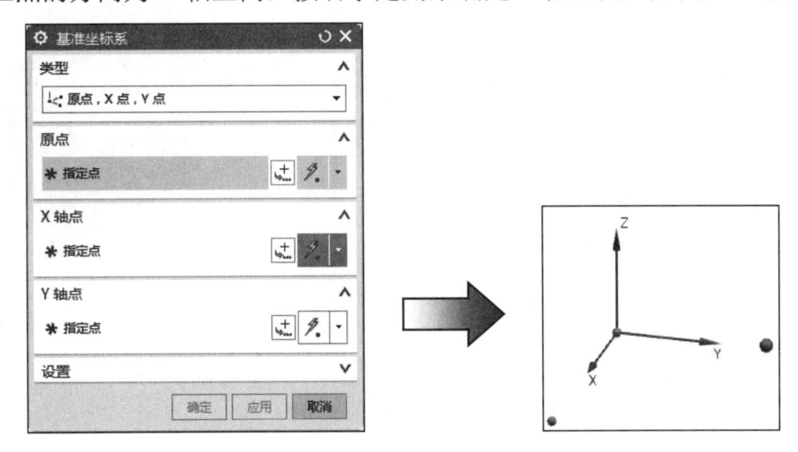

图 5-16 “原点，X 点，Y 点”方法

3. 三平面

该方法通过先后选择 3 个平面来定义一个坐标系，这 3 个平面的交点为坐标系的原点，第一个面的法向为 X 轴，第二个面的法向为 Y 轴，第一个面与第二个面的交线方向为 Z 轴，如图 5-17 所示。

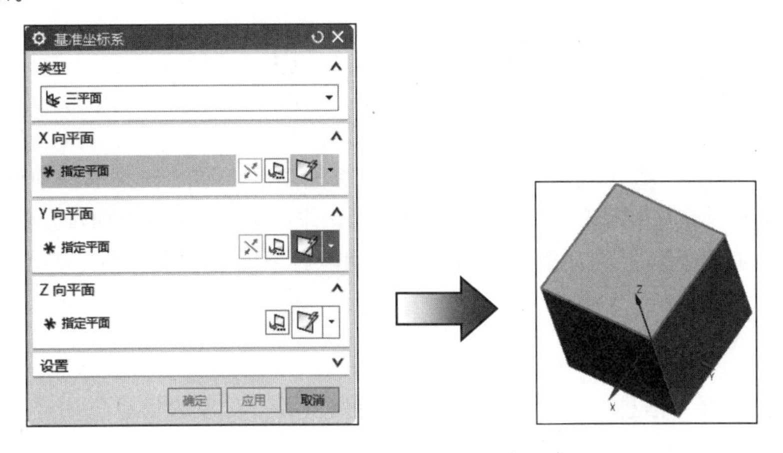

图 5-17 “三平面”方法

4. X 轴，Y 轴，原点

该方法先利用点创建功能指定一个点作为坐标系原点，再利用矢量创建功能先后选择或定义两个矢量来创建基准坐标系，如图 5-18 所示。其中，坐标系 X 轴的正向平行于第一矢量

的方向；XOY 平面平行于第一矢量及第二矢量所在的平面；Z 轴正向由从第一矢量在 XOY 平面上的投影矢量至第二矢量在 XOY 平面上的投影矢量按右手定则确定。

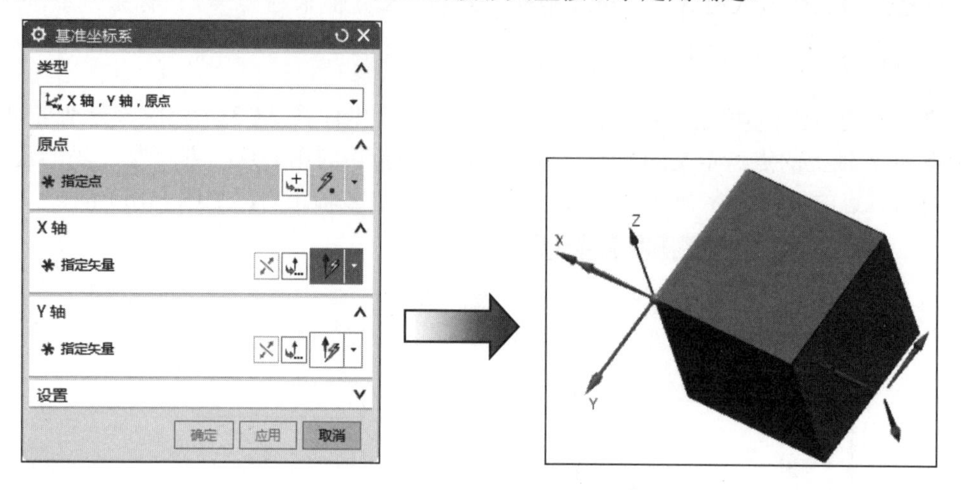

图 5-18 “X 轴，Y 轴，原点”方法

5. 绝对坐标系

该方法在绝对坐标系的原点处定义一个新的坐标系。

6. 当前视图的坐标系

该方法通过当前视图定义一个新的坐标系。XOY 平面为当前视图的所在平面。

7. 偏置坐标系

该方法通过输入沿 X、Y 和 Z 坐标轴方向与选择坐标系间的偏距来定义一个新的坐标系。

5.2 信　　息

UG NX 12.0 提供了查找几何、物理和数学信息的功能，通过在菜单栏中选择“信息”菜单来实现。该菜单列出了指定的项目或零件的信息，并以信息对话框的形式展示给用户。其中的所有命令仅具有显示信息的功能，不具备编辑功能。下面介绍主要命令的用法。

5.2.1 对象信息

在菜单栏中选择“信息”→“对象”，系统会列出所有对象的信息供用户查询，如点、直线、样条等。

1. 点

当获取点时，系统除了列出一些共同信息之外还会列出点的坐标值。

2. 直线

当获取直线时，系统除了列出一些共同信息之外，还会列出直线的长度、角度、起点坐标、终点坐标等信息。

3. 样条曲线

当获取样条曲线时，系统除了列出一些共同信息之外还会列出样条曲线的闭合状态、阶数、控制点数目、段数、有理状态、定义数据、近似 rho 等信息，如图 5-19 所示。获取信息完后，对工作区的图像可按 F5 键或使用“刷新”命令来刷新屏幕。

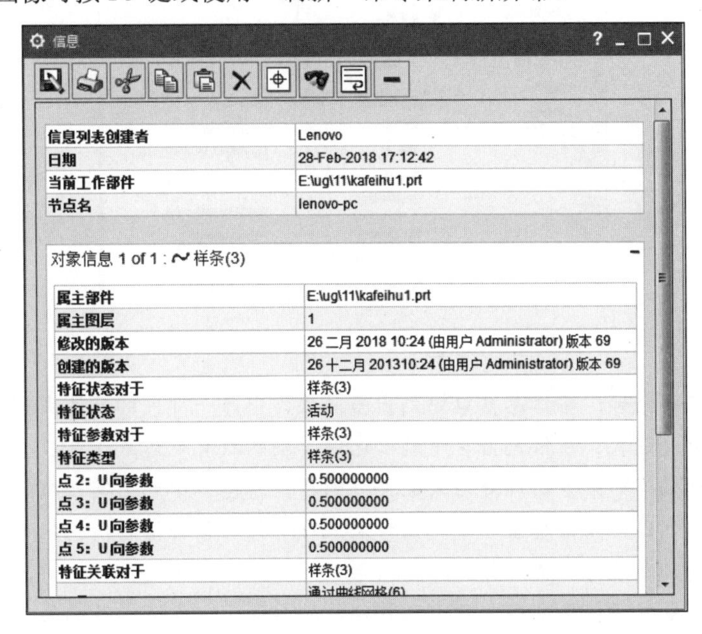

图 5-19 “信息”菜单

5.2.2 点信息

在菜单栏中选择“信息”→“点”，弹出如图 5-20 所示的“点”对话框，用于列出指定点的信息。

图 5-20 “点”对话框

5.2.3 表达式信息

在菜单栏中选择“信息”→“表达式”，弹出如图 5-21 所示的“表达式”子菜单，其相关功能如下：

- 全部列出：在信息窗口中列出当前工作部件中的所有表达式信息。
- 列出所有表达式组：列出部件中的所有表达式组。
- 列出装配中的所有表达式：在信息窗口中列出当前显示装配部件每一组件中的表达式信息。

图 5-21 “表达式”子菜单

- 列出会话中的全部：在信息窗口中列出当前操作中每一部件的表达式信息。
- 按草图列出表达式：在信息窗口中列出选定草图的所有表达式信息。
- 列出装配约束：如果当前部件为装配件，则在信息窗口中列出其匹配的约束条件信息。
- 按引用全部列出：在信息窗口中列出当前工作部件的各种信息，包括特征、草图、匹配约束条件、用户定义的表达式等。
- 列出所有测量：在信息窗口中列出工作部件的所有几何表达式及相关信息，如特征名和表达式引用情况等。

5.2.4 其他信息查询

除了以上几种可供查询的信息之外，还有“部件”“装配”以及“其他”等信息查询。“其他”信息查询子菜单，如图 5-22 所示。

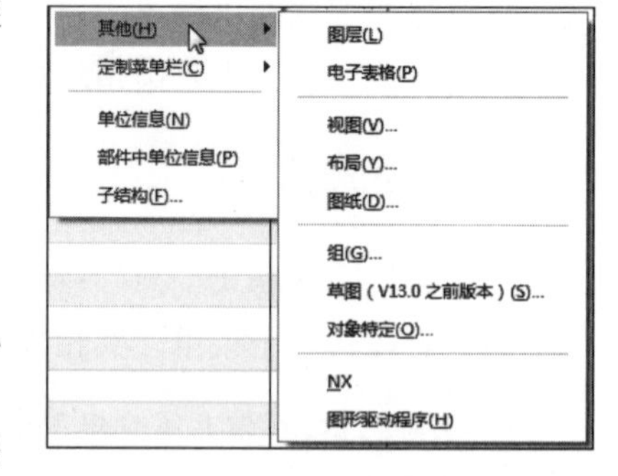

图 5-22 “其他”信息查询子菜单

- 图层：在信息窗口中列出当前每一个图层的状态。
- 电子表格：在信息窗口中列出相关电子表格信息。
- 视图：在信息窗口中列出一个或多个工程图或模型视图的信息。
- 布局：在信息窗口中列出当前文件中视图布局的数据信息。
- 图纸：在信息窗口中列出当前文件中工程图的相关信息。
- 组：在信息窗口中列出当前文件中群组的相关信息。

- 草图（V13.0 版本之前）：在信息窗口中列出 V13.0 版本之前所做的草图几何约束和相关约束是否通过检测的信息。
- 对象特定：在信息窗口中列出当前文件中特定对象的信息。
- NX：在信息窗口中列出用户当前所用的 Parasolid 版本、计划文件目录、其他文件目录和日志信息。
- 图形驱动卡：在信息窗口中列出与图形驱动相关的特定信息。

5.3　分　　析

UG NX 12.0 提供了大量的分析工具，可对角度、弧长、曲线、面等特性进行精确地数学分析，还可以输出成各种数据格式。“分析”菜单如图 5-23 所示。

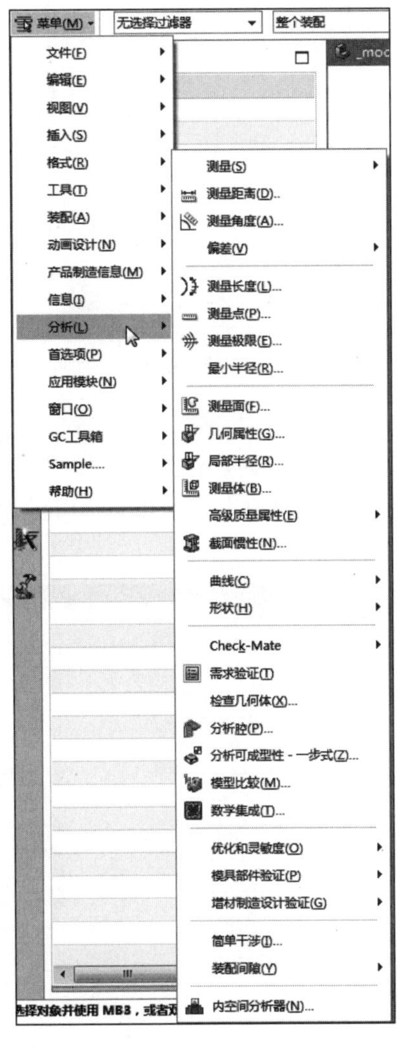

图 5-23　“分析”菜单

5.3.1 几何分析

“几何分析”的方式有测量距离、测量角度、偏差检查、相邻边、最小半径和几何属性共6种。

1. 测量距离

在菜单栏中选择“分析”→“测量距离”，或单击“分析”选项卡→“测量”组→“测量距离”图标，弹出如图5-24所示的“测量距离”对话框。

图5-24 “测量距离”对话框

几何对象可以直接选择，其中点也可以通过“选择条”进行选择。

选择几何对象需要测量的起点和终点后，在弹出的如图5-25所示的窗口中，将会显示的信息包括两个对象间的三维距离、两个对象上相近点的绝对坐标和相对坐标、在绝对坐标和相对坐标中两点之间的轴向坐标的增量。

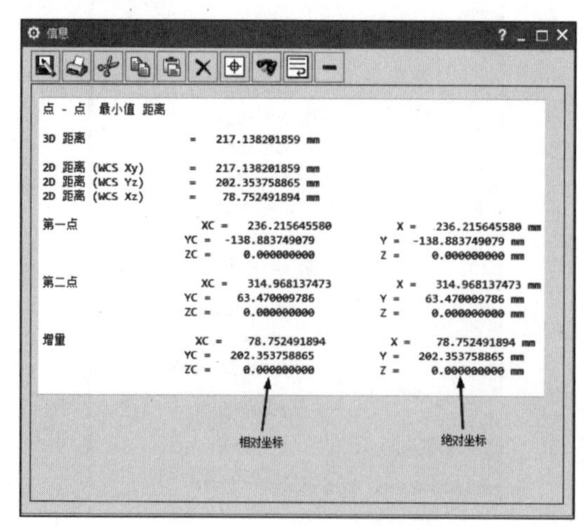

图5-25 “信息”窗口

2. 测量角度

在菜单栏中选择“分析”→“测量角度”，或单击“分析”选项卡→“测量”组→“测量角度”图标，弹出如图5-26所示的“测量角度”对话框。

（1）类型：用于选择测量方法，包括按对象、按3点和按屏幕点。

（2）参考类型：用于设置选择对象的方法，包括对象、特征和矢量。

（3）评估平面：用于选择测量角度，包括3D角、WCS X-Y平面中的角度和真实角度。

（4）方向：用于选择测量类型，有内角和外角两种类型。

当选择对象为两条相交曲线时，系统会确定两者的交点，并计算两条曲线交点的切向矢量的夹角；当为不相交的两条曲线时，系统会确定两者相距最近的点，并计算这两点在各自所处曲线上的切向矢量间的夹角。切向矢量的方向取决于在第一条曲线上的选择点与两曲线相距最近点的相对方位，其方向为由曲线相距最近点指向选择点的一方。

当选择对象均为平面时，计算结果是两个平面的法向矢量间的最小夹角。

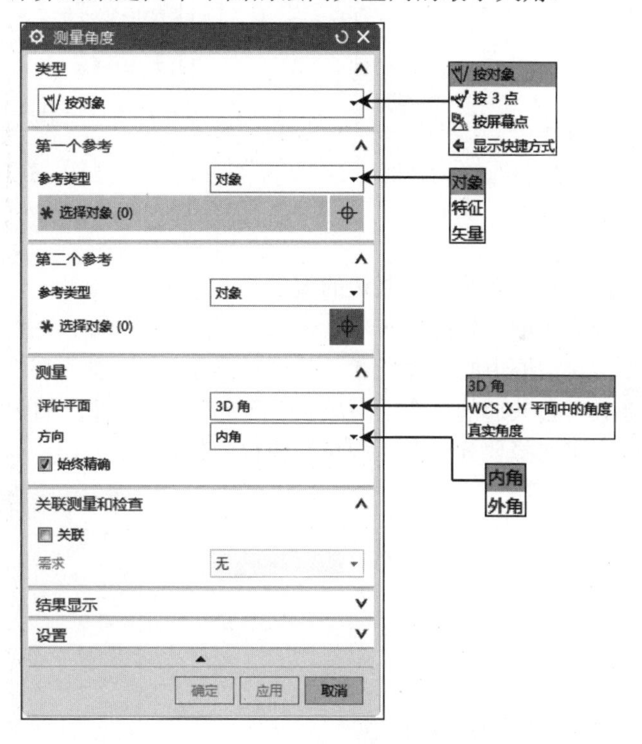

图5-26 “测量角度”对话框

3. 偏差检查

该功能能够根据过某点斜率连续的原则（比较第一条曲线、边缘或表面上的检查点与其他曲线、边缘或表面上的对应点）检查选择的对象是否相接、相切或边界是否对齐。

选择菜单栏中的“分析”→“偏差”→“检查”命令，或者单击“分析”选项卡→“更多”库→“关系”库→“偏差检查”图标，弹出如图5-27所示的“偏差检查”对话框。该对话框用于检查曲线与曲线、曲线与面、边与面、面与面和边与边的连续性，并得到它们的距离偏差和角度偏差。选择要检查偏差的两个对象，然后单击“检查”按钮，弹出如图 5-28 所示的“信息”窗口，在该窗口中列出了两个对象的偏差信息。

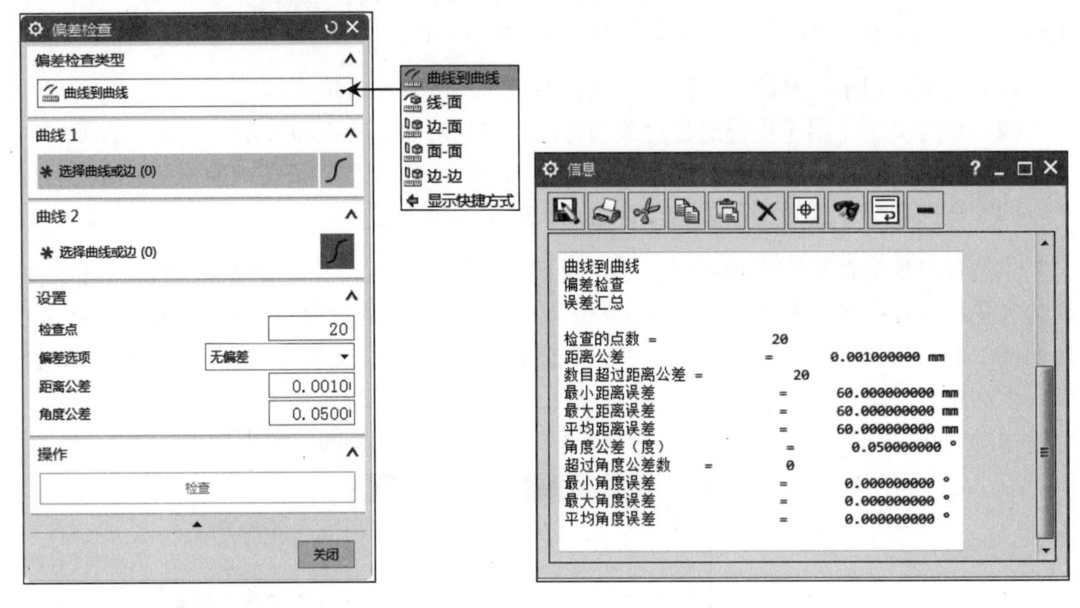

图 5-27 “偏差检查”对话框　　　　图 5-28 “信息”窗口

4．相邻边

该功能用于检查多个面公共边的偏差。

选择菜单栏中的“分析”→“偏差”→“相邻边”命令，弹出如图 5-29 所示的“相邻边”对话框。在该对话框中的“检查点”下拉列表有“等参数”和“弦差”两种检查方式。在绘图工作区选择具有公共边的多个面后单击“确定”按钮，弹出如图 5-30 所示的“报告”对话框，在该对话框中可选择要列出在“信息”窗口中的信息。

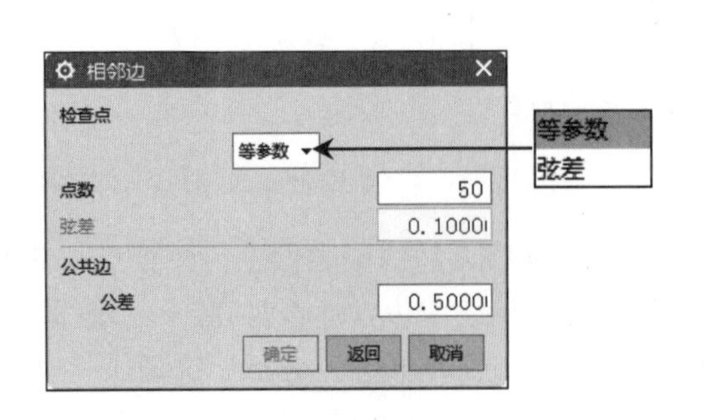

图 5-29 “相邻边”对话框

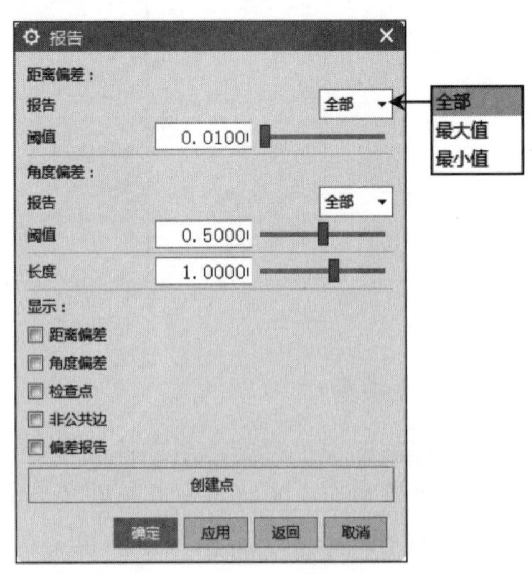

图 5-30 “报告”对话框

5. 最小半径

在菜单栏中选择“分析”→“最小半径”，弹出如图 5-31 所示的“最小半径”对话框。根据系统提示在绘图工作区选择一个或者多个表面或曲面作为几何对象，在弹出的“信息”窗口中会列出选择几何对象的最小曲率半径。若勾选“在最小半径处创建点”复选框，则在选择几何对象的最小曲率半径处将产生一个点标记。

图 5-31 “最小半径”对话框

6. 几何属性

在菜单栏中选择“分析”→“几何属性”，弹出如图 5-32 所示的“几何属性”对话框。系统提示用户在绘图工作区选择曲线或曲面上的点（点和曲面同时选定），然后会在弹出的“信息”对话框中列出曲线或曲面上点的一些几何特性。

在“几何属性”对话框中的“分析类型”下拉列表中选择“静态”，如图 5-33 所示，系统会提示用户先选择曲面再选择点。

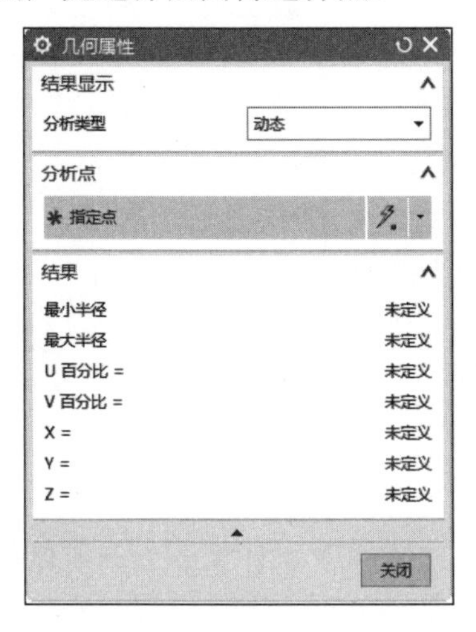

图 5-32 “几何属性”对话框

图 5-33 分析类型为“静态”

5.3.2 几何体检查

在菜单栏中选择“分析”→“检查几何体”，弹出如图 5-34 所示的“检查几何体”对话框。该对话框用于分析各种类型的几何对象，找出无效的几何对象和错误的数据结构。

1. 对象检查/检查后状态

- 微小：勾选该复选框，用于在几何对象中查找所有微小的实体、面、曲线和边。
- 未对齐：勾选该复选框，用于检查几何对象与坐标轴的对齐情况。

2. 体检查/检查后状态

- 数据结构：勾选该复选框，用于检查实体的数据结构有无问题。
- 一致性：勾选该复选框，用于检查实体的内部是否有冲突。

- 面相交：勾选该复选框，用于检查实体的表面是否相互交叉。
- 片体边界：勾选该复选框，用于查找片体的所有边界。

3. 面检查/检查后状态

- 光顺性：勾选该复选框，用于检查 B 表面的平滑过渡情况。
- 自相交：勾选该复选框，用于检查表面是否自交。
- 锐刺/切口：勾选该复选框，用于检查表面是否被分割。

4. 边检查/检查后状态

- 光顺性：勾选该复选框，用于检查所有与表面连接但不光滑的边。
- 公差：勾选该复选框，用于查找超出距离误差的边。

5. 检查准则

- 距离：用于设置距离的最大公差值。
- 角度：用于设置角度的最大公差值。

在检查几何对象时，只能找出存在的问题，而不能自动纠正这些问题，不过通过加亮对象的方式为几何对象的修改提供了方便。在模型中找到存在问题的实体，若不修改，则会影响后续操作。

图 5-34 “检查几何体”对话框

5.3.3 曲线分析

曲线分析可通过在“菜单”→“分析”→“曲线”子菜单（见图 5-35）中选择相应的命令来实现。

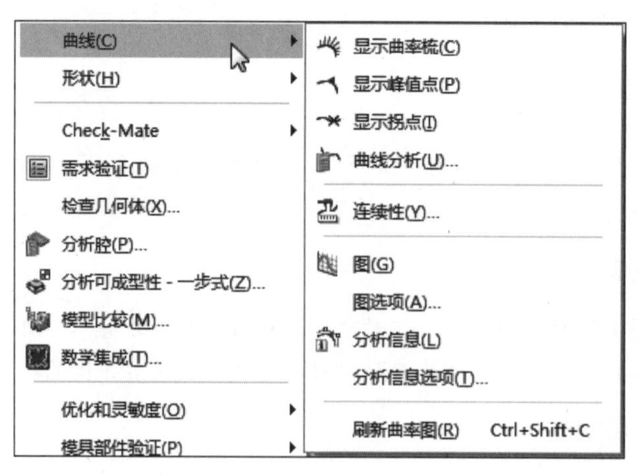

图 5-35 “曲线”子菜单

1. 曲线分析

单击“菜单”→“分析”→“曲线”→“曲线分析”命令，打开如图5-36所示的“曲线分析”对话框，对话框中各选项的含义如下。

(1) 选择曲线或边

选择要进行曲线分析的曲线或边。

(2)“投影”选项组

指定用于定义投影平面以在其上投影分析曲线的方法。

① 无：不使用投影平面。

② 曲线平面：指定沿曲线平面的投影平面。曲线平面基于选定曲线的形状。

③ 矢量：指定投影与矢量正交。

④ 视图：指定投影与视图矢量正交。勾选“动态投影”复选框，在视图旋转过程中更新投影。

⑤ WCS：指定投影与WCS上的轴正交。

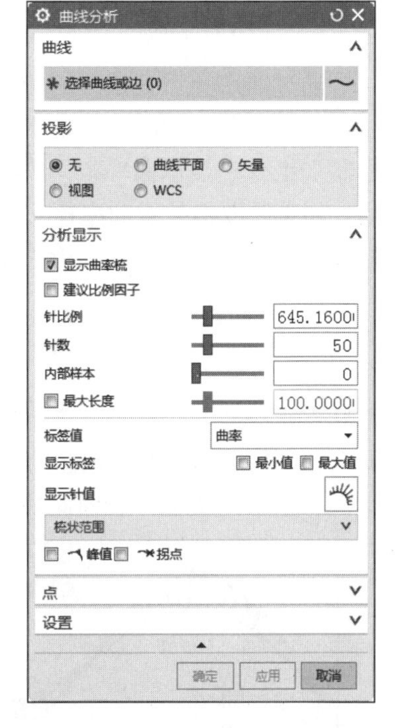

图5-36 “曲线分析”对话框

(3) 分析显示

① 显示曲率梳：显示选定曲线、样条或边的曲率梳。显示选定曲线或样条的曲率梳后，更容易检测曲率的不连续性、突变和拐点。

② 建议比例因子：自动将比例因子设置为最佳大小。

③ 针比例：控制曲率梳的长度和比例。拖到针比例滑块或者在文本框中输入值。

④ 针数：控制曲率梳中出现的总针数。

⑤ 内部样本：指定两条连续针形线之间要计算的其他曲率值。

⑥ 最大长度：勾选此复选框，通过滑块或在文本框中输入数值来指定曲率梳元素的最大许用长度。如果曲率梳线长度大于指定的最大值，则将此线截顶至最大许用长度。

⑦ 标签值：包括曲率和曲率半径。

- 曲率：显示的标签在曲线的最大曲率和最小曲率点处显示曲率值。
- 曲率半径：显示的标签在曲线的最大曲率半径和最小曲率半径点处显示曲率半径值。

⑧ 显示标签：在曲率梳分析的最小和最大值处显示标签。

⑨ 梳状范围：

- 开始/结束：指定显示曲率梳的曲线的开始/结束百分比。

⑩ 峰值：显示选定曲线、样条或边的峰值点。

⑪ 拐点：显示选定曲线、样条或边上的拐点，即曲率矢量从曲线一侧更改方向到另一侧的位置，明确表示曲率符号发生变化的任何点。

2．显示曲率梳

通过曲率梳反映曲线的曲率变化规律，来判定曲线的连续关系。

选择菜单栏中的“分析”→“曲线”→“显示曲率梳”，或单击“分析”选项卡→“曲线形状”组→“显示曲率梳”图标，此时“显示曲率梳”图标高亮显示，表明功能已经开启，如果要取消显示曲率梳，选取要取消的曲线，再次单击“显示曲率梳”图标，此时该图标显示为灰色，表明此功能关闭。在图 5-37 中显示“曲线分析-曲率梳”示意图。

3．显示峰值点

选择菜单栏中的“分析”→“曲线”→“显示峰值点”，或单击“分析”选项卡→“曲线形状”组→“显示峰值点”图标，此时“显示峰值点”图标高亮显示，表明功能已经开启，如果要取消显示峰值点，选取要取消的曲线，再次单击“显示峰值点”图标，此时该图标显示为灰色，表明此功能关闭。示意图如图 5-38 所示。

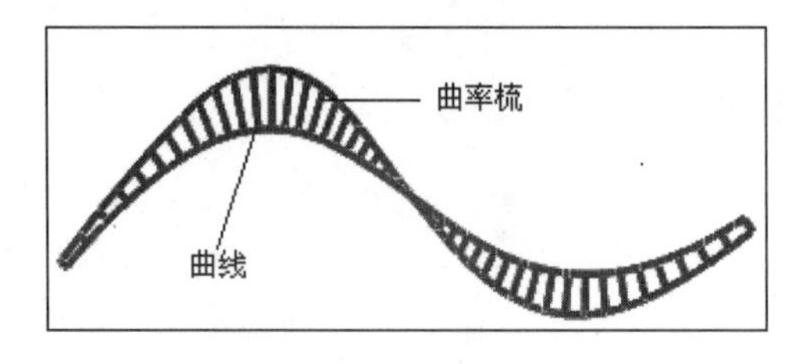

图 5-37 “曲线分析-曲率梳”示意图

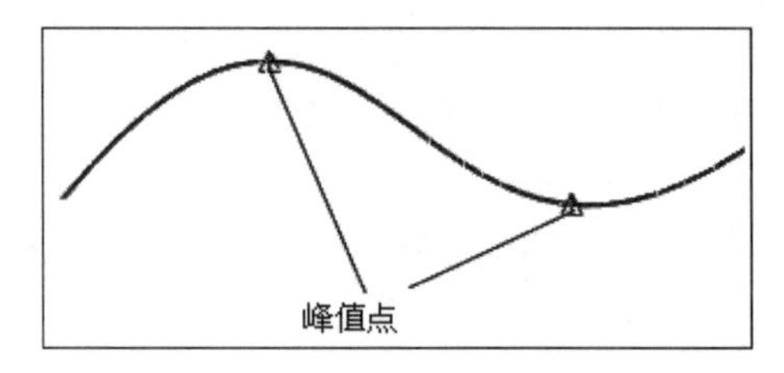

图 5-38 “曲线分析-峰值点”示意图

4．显示拐点

选择菜单栏中的“分析”→“曲线”→“显示拐点”选项，或单击“分析”选项卡→“曲线形状”组→“显示拐点”图标，此时“显示拐点”图标高亮显示，表明功能已经开启，如果要取消显示拐点，选取要取消的曲线，再次单击“显示拐点”图标，此时该图标显示为灰色，表明此功能关闭。示意图如图 5-39 所示。

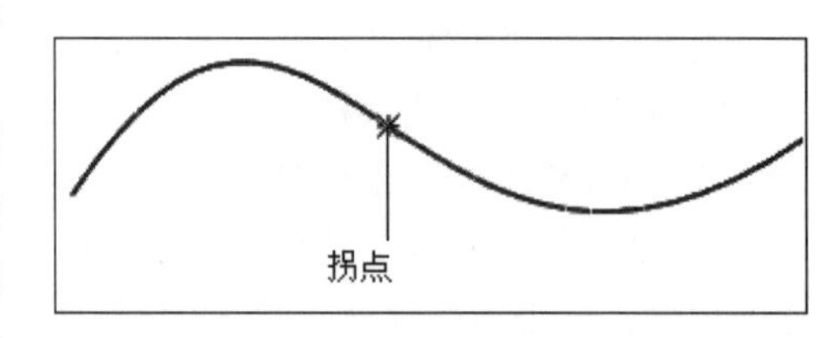

图 5-39 “曲线分析-拐点”示意图

5．图

通过图表，用坐标图显示曲线的曲率变化规律。选择菜单栏中的“分析”→“曲线”→“图”，或单击“分析”选项卡→“曲线形状”组→“曲率图”图标，弹出如图 5-40 所示的 Excel 图标。

6．分析信息

选择菜单栏中的“分析”→“曲线”→“分析信息”，或单击“分析”选项卡→“曲线形状”库→“曲线分析信息”图标，弹出如图 5-41 所示的“信息”对话框。该对话框为选定的曲线分析对象列出分析数据，包括为分析所指定的投影平面、投影矢量等。

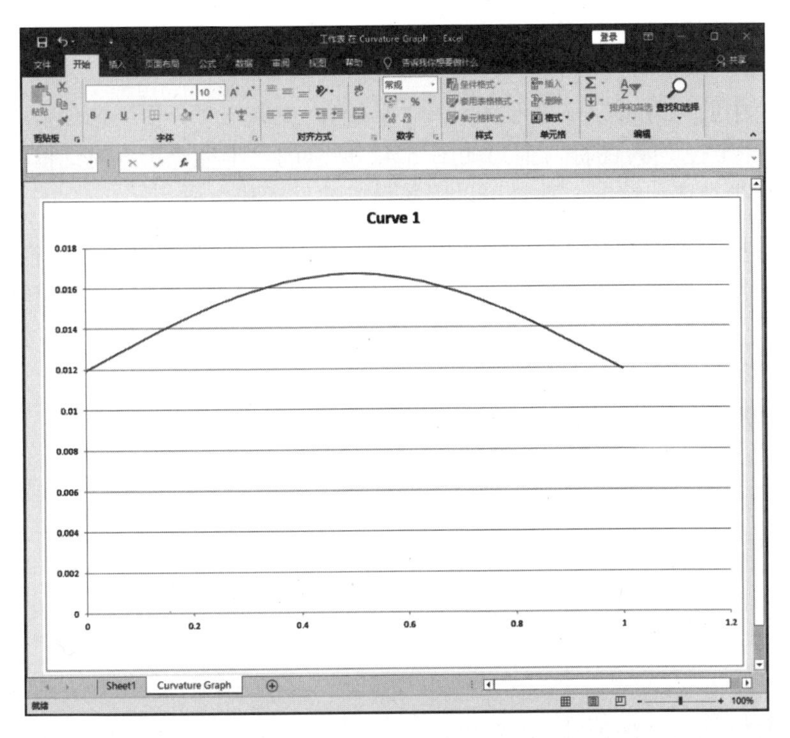

图 5-40　“曲线分析-图表”表格

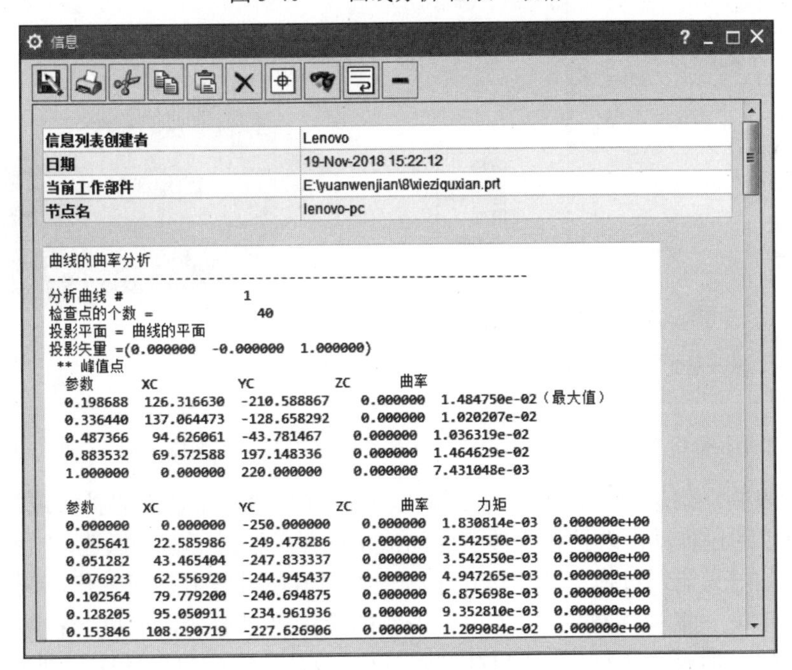

图 5-41　“信息”窗口

5.3.4　曲面分析

“曲面分析”的方式共 4 种：半径、反射、斜率和距离。

1. 半径

选择菜单栏中的“分析”→“形状”→“半径”，或单击“分析”选项卡→“更多”库→“面形状”组→“半径”图标，弹出如图 5-42 所示的“半径分析”对话框，该对话框用于分析曲面的曲率半径变化情况，并且可以用各种方法显示和生成。

（1）类型：用于指定欲分析的曲率半径类型，其下拉列表中包括 8 种半径类型。

（2）模态：用于指定分析结果的显示类型，其下拉列表中包括 3 种显示类型。图形区的右边将显示一个“色谱表”，分析结果与“色谱表”比较就可以由“色谱表”上的半径数值了解表面的曲率半径，如图 5-43 所示。

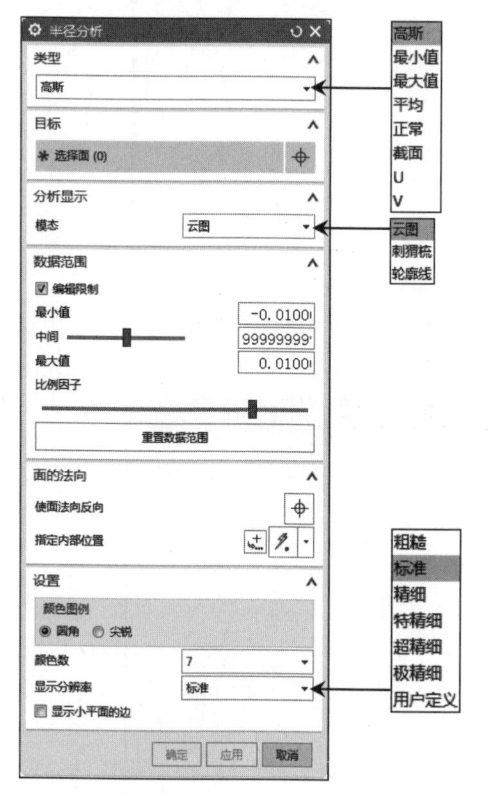

图 5-42 “半径分析”对话框

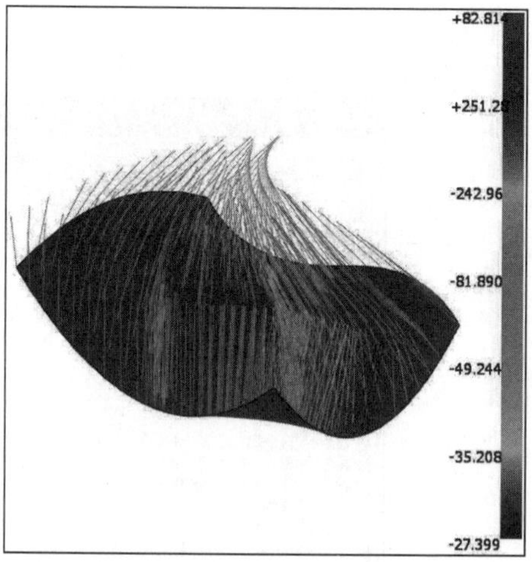

图 5-43 刺猬梳显示的分析结果及色谱表

（3）编辑限制：勾选该复选框，可以输入“最大值”“最小值”来扩大或缩小“色谱表”的量程；也可以通过拖动滑块按钮来改变中间值使量程上移或下移。撤选，“色谱表”的量程恢复默认值，此时只能通过拖动滑块按钮来改变中间值使量程上移或下移，最大值、最小值不能通过输入改变。需要注意的是，“色谱表”的量程可以改变，所以一种颜色并不固定地表达一种半径值，但是“色谱表”的数值始终反映的是对应颜色区的实际曲率半径值。

（4）比例因子：拖动滑块按钮改变曲率半径某个范围值的显示面积比例。

（5）重置数据范围：恢复“色谱表”的默认量程。

（6）面的法向：通过下面的两种方法之一来改变被分析表面的法线方向。其中，“指定内部位置”通过在表面的一侧指定一个点来指示表面的内侧，从而决定法线方向；“使面法向反向”通过选取表面使被分析表面的法线方向反转。

（7）刺猬梳的锐刺长度：用于设置刺猬式针的长度。

（8）显示分辨率：用于指定分析公差。其公差越小，分析精度越高、速度越慢。下拉列表中包括 7 种公差类型。

（9）显示小平面的边：勾选此复选框，显示由曲面分辨率决定的小平面的边。显示曲面分辨率越高，小平面越小。撤选，小平面的边消失。

（10）颜色图例：“圆角”表示表面色谱逐渐过渡，“尖锐”表示表面色谱无过渡色。

2. 反射

选择菜单栏中的“分析”→“形状”→“反射”，或单击“分析”选项卡→“面形状”组→“反射”图标，弹出如图 5-44 所示的“反射分析”对话框。该对话框用于通过条纹或图像在表面上的反射映像来可视化地检查表面的光顺性。

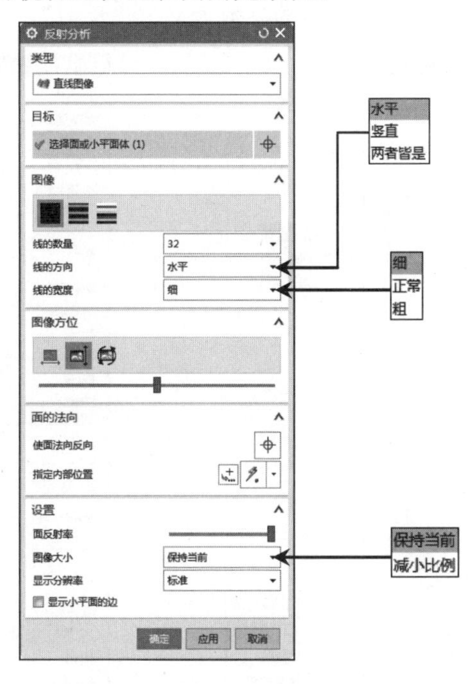

图 5-44 “反射分析”对话框

（1）类型：用于选择使用哪种方式的图像来表现曲面的质量。导入图片贴合在目标表面上，对曲面进行分析。

（2）图像：对应每种类型，可以选择不同的图片。

（3）线的数量：通过下拉列表框指定黑色条纹或彩色条纹的数量。

（4）线的方向：通过下拉列表框指定条纹的方向。

（5）线的宽度：通过下拉列表框指定黑色条纹的粗细。

（6）面反射率：通过滑块按钮改变被分析表面的反射率，如果反射率很小，将看不到反射图像。反射率越高，图像越清晰。

（7）图像方位：通过滑块按钮，可以移动图片在曲面上反光的位置。

（8）图像大小：用于指定反射图像的大小。

（9）显示分辨率：和“半径分析”对话框对应部分含义相同。

（10）面的法向：和“半径分析”对话框对应部分含义相同。

3．斜率

选择菜单栏中的“分析”→“形状”→“斜率”，或单击“分析”选项卡→“更多”库→“面形状”库→“斜率”图标，弹出如图 5-45 所示的“斜率分析”对话框，可用于分析表面各点的切线与参考矢量的垂直平面的夹角。对话框中的参数含义与“反射”方法一致。

4．距离

选择菜单栏中的“分析”→“形状”→“距离”，或单击“分析”选项卡→“更多”库→“面形状”库→“距离”图标，弹出如图 5-46 所示的“距离分析”对话框，用于分析表面上的点到参考平面的垂直距离。对话框中的参数含义与“反射”方法一致。

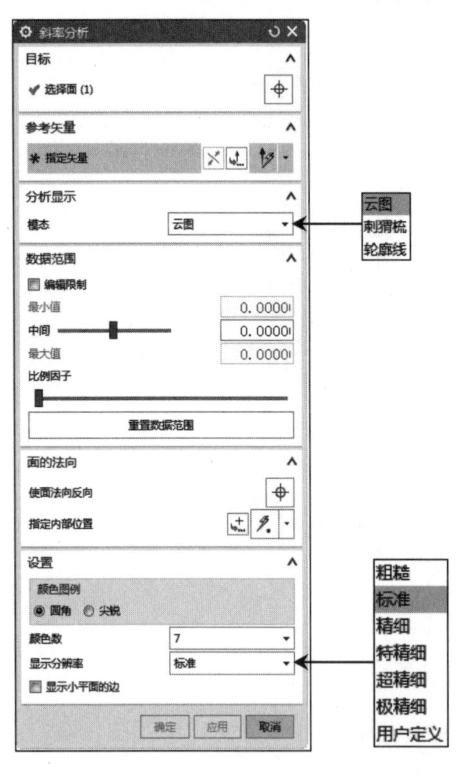

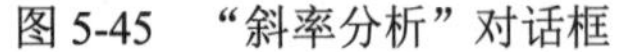
图 5-45 “斜率分析”对话框

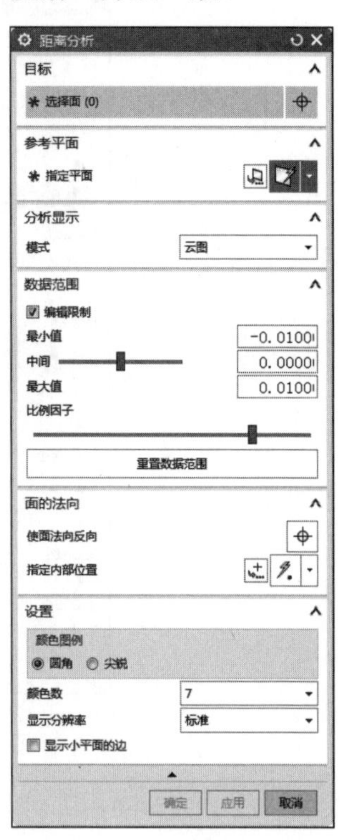

图 5-46 “距离分析”对话框

5.3.5 模型比较

选择菜单栏中的“分析”→“模型比较”，弹出如图 5-47 所示的“模型比较”对话框，用于两个关联或非关联部件实体的比较。下面介绍该对话框中主要选项的用法。

1．显示

用于设置在运行分析后比较窗口部件的“面”“边”及其颜色如何显示。

2. 面分类规则

在如图 5-47 所示的对话框中单击图标，弹出如图 5-48 所示的“模型比较规则”对话框。

模型比较的步骤是：加载一个部件→更新已加载的部件，并以不同的文件名保存→加载这两个部件，并弹出“模型比较”对话框→在“显示类型”列表框中选择一种几何检查类型→运行模型比较分析。

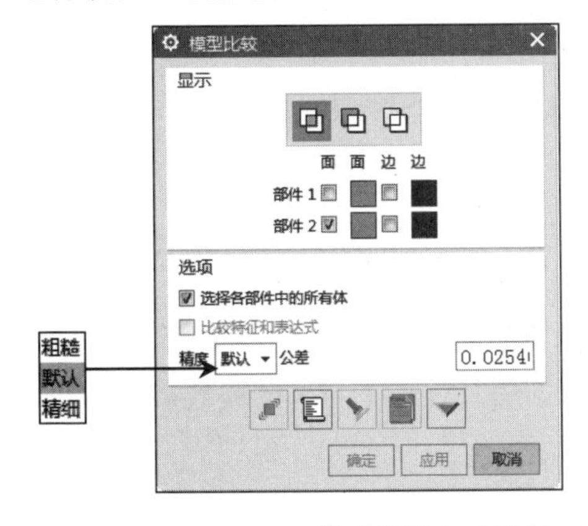

图 5-47 “模型比较”对话框

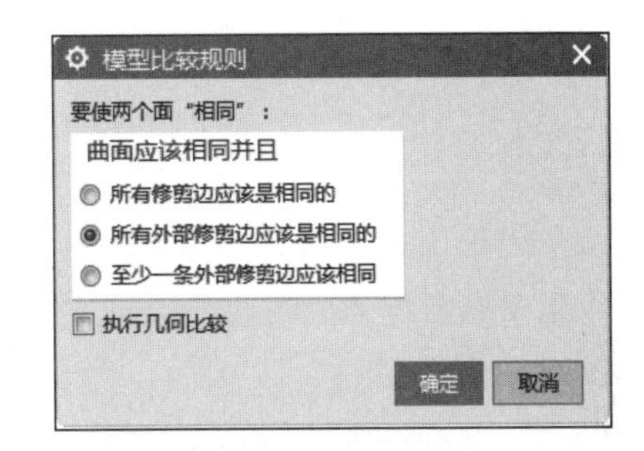

图 5-48 “模型比较规则”对话框

5.4 布尔运算

零件模型通常由单个实体组成，但在 UG NX 12.0 建模过程中，实体通常是由多个零件模型或特征组合而成的。把它们组合成一个实体的操作称为布尔运算（或布尔操作）。

布尔运算在实际建模过程中用得比较多，但一般情况下是系统自动完成或自动提示用户选择合适的布尔运算。布尔运算也可独立操作。

5.4.1 合并

在菜单栏中选择“插入”→“组合”→“合并”，弹出如图 5-49 所示的“合并”对话框。该对话框用于将两个或多个实体的体积组合在一起构成单个实体，其公共部分完全合并到一起，如图 5-50 所示。

图 5-49 “合并”对话框

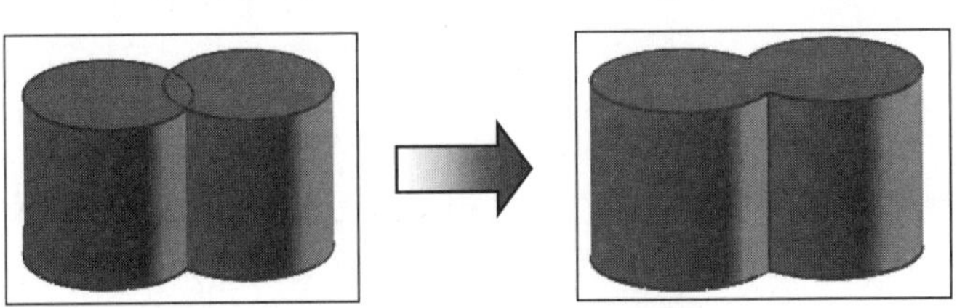

图 5-50 “合并”示意图

1. 目标

进行布尔“求和”时第一个选择的体对象，运算的结果将加在目标体上，并修改目标体。同一次布尔运算中，目标体只能有一个。布尔运算的结果体类型与目标体的类型一致。

2. 工具

进行布尔运算时第二个以后选择的体对象，这些对象将加在目标体上，并构成目标体的一部分。同一次布尔运算中，刀具体可有多个。

需要注意的是：可以将实体与实体进行求和运算，也可以将片体与片体进行求和运算（具有近似公共边缘线），但不能将片体与实体、实体和片体进行求和运算。

5.4.2 减去

在菜单栏中选择“插入”→“组合”→“减去”，弹出如图 5-51 所示的“求差”对话框。该对话框用于从目标体中减去一个或多个工具体的体积，即将目标体中与工具体公共的部分去掉，如图 5-52 所示。

图 5-51 “求差”对话框

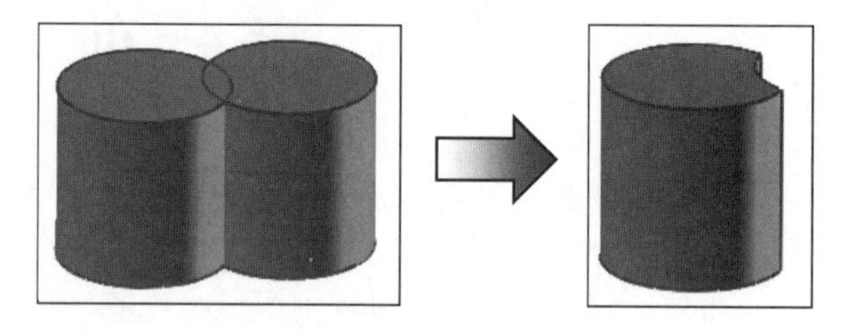

图 5-52 “求差”示意图

“减去”过程中需要注意的问题如下：

- 若目标体和刀具体不相交或相接，则运算结果保持为目标体不变。
- 实体与实体、片体与实体、实体与片体之间都可进行求差运算，但片体与片体之间不能进行求差运算。实体与片体的差为非参数化实体。
- 进行布尔“减去”运算时，若目标体进行差运算后的结果为两个或多个实体，则目标体将丢失数据；也不能将一个片体变成两个或多个片体。
- 差运算的结果不允许产生 0 厚度，即不允许目标实体和工具体的表面刚好相切。

5.4.3 相交

在菜单栏中选择“插入”→“组合”→“相交”，弹出如图 5-53 所示的“相交”对话框。该对话框用于将两个或多个实体合并成单个实体，运算结果取其公共部分体积构成单个实体，如图 5-54 所示。

图 5-53 “相交”对话框

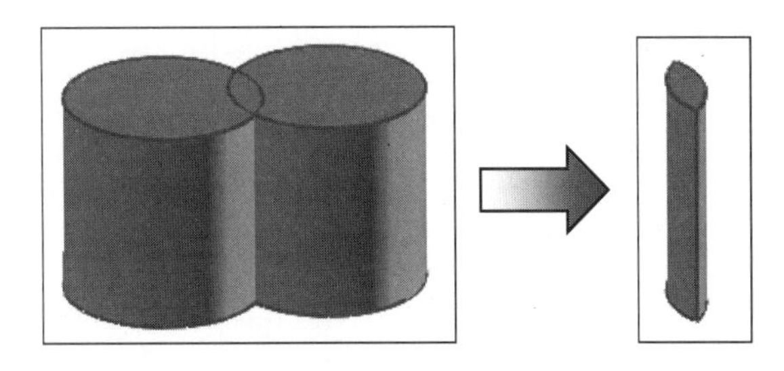

图 5-54 “相交”示意图

5.5 表 达 式

要在部件文件中编辑表达式，可在菜单栏中选择“工具”→“表达式”，系统会弹出如图 5-55 所示的对话框。该对话框提供一个当前部件中表达式的列表、编辑表达式的各种选项和控制与其他部件中表达式链接的选项。

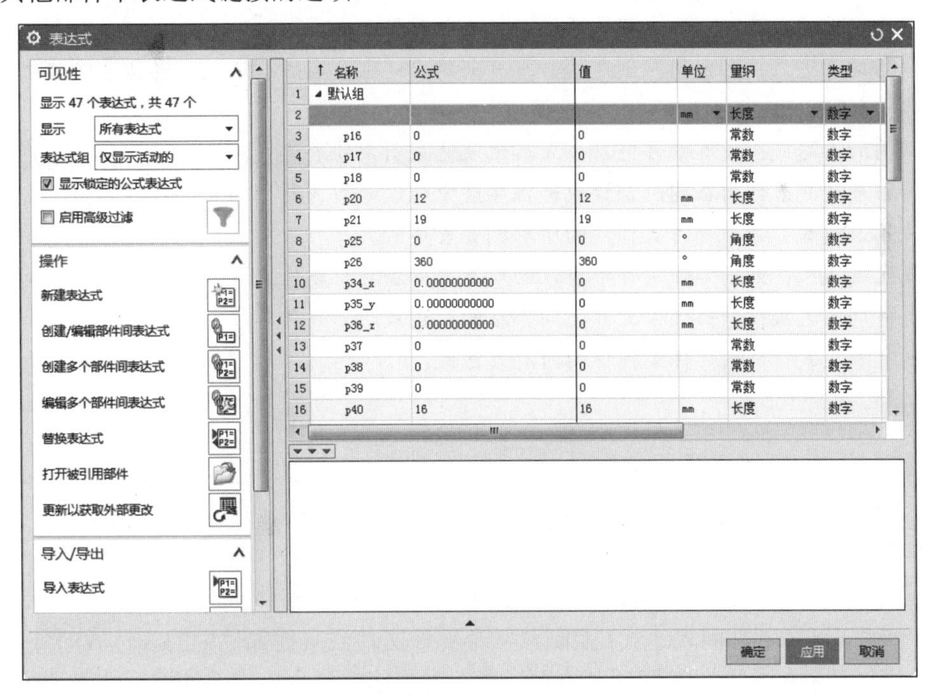

图 5-55 “表达式”对话框

1．列出表达式的方式

在“表达式”对话框中，“显示”选项用于定义在“表达式”对话框中的表达式。用户可以从下拉列表中选择一种方式列出表达式，如图 5-56 所示。

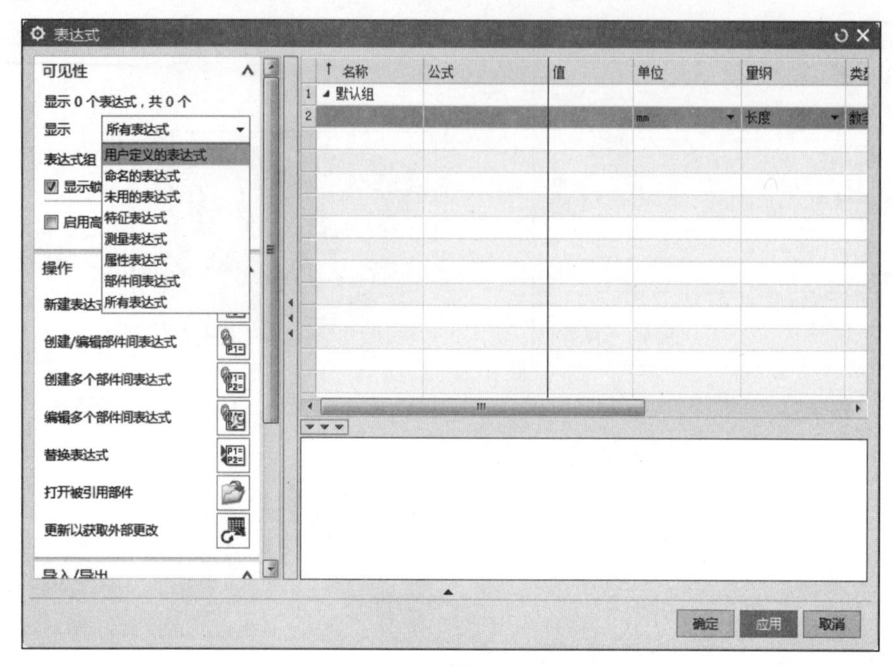

图 5-56 “显示”选项

- 用户定义的表达式：列出用户通过对话框创建的表达式。
- 命名的表达式：列出用户创建的、没有创建只是重命名的表达式，包括系统自动生成的名字，如 p0、p5。
- 未用的表达式：没有被任何特征或其他表达式引用的表达式。
- 特征表达式：列出在图形窗口或部件导航中选定的某一特征的表达式。
- 测量表达式：列出部件文件中的所有测量表达式。
- 属性表达式：列出部件文件中存在的所有部件和对象属性表达式。
- 部件间表达式：列出部件文件之间存在的表达式。
- 所有表达式：列出部件文件中的所有表达式。

2. 操作

（1）新建表达式：新建一个表达式。

（2）创建/编辑部件间表达式：列出作业中可用的单个部件。一旦选择了部件，就会列出该部件中的所有表达式。

（3）创建多个部件间表达式：列出作业中可用的多个部件。

（4）编辑多个部件间表达式：控制从一个部件文件到其他部件中的表达式的外部参考。选择该选项将显示包含所有部件列表的对话框，这些部件包含工作部件涉及的表达式。

（5）替换表达式：允许使用另一个字符串替换当前工作部件中某个表达式的公式字符串的所有实例。

（6）打开被引用部件：可以打开任何作业中部分载入的部件，常用于进行大规模加工操作。

（7）更新以获取外部更改：更新可能在外部电子表格中的表达式值。

3. 表达式列表框

根据设置的表达式列出方式，显示部件文件中的表达式。

（1）名称：可以给一个新的表达式命名，也可以重新命名一个已经存在的表达式。表达式命名要符合一定的规则。

（2）公式：可以编辑一个在表达式列表框中选中的表达式，也可给新的表达式输入公式，还可给部件间的表达式创建引用。

（3）值：显示从公式或测量数据派生的值。

（4）量纲：通过该下拉列表框，可以指定一个新表达式的量纲，但不可以改变已经存在的表达式的量纲，如图 5-57 所示。

（5）单位：对于选定的量纲，指定相应的单位，如图 5-58 所示。

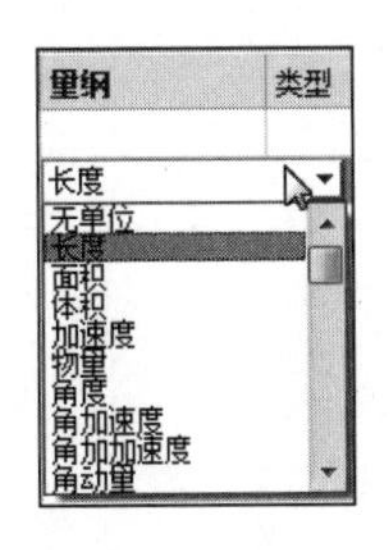

图 5-57　量纲

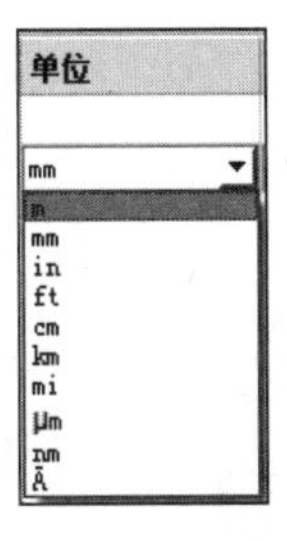

图 5-58　单位

（6）类型：指定表达式数据类型，包括数字、字符串、布尔运算、整数、点、矢量和列表等类型。

（7）源：对于软件表达式，附加参数文本显示在源列中，该列描述关联的特征和参数选项。

（8）附注：添加了表达式附注，则会显示该附注。

（9）检查：显示任意检查需求。

（10）组：选择或编辑特定表达式所属的组。

5.6 思 考 题

1. 建立基准平面有几种方式，各有什么特点？
2. 布尔运算有几种方式，有什么异同点？
3. 什么情况下需要用到部件间的表达式，需要提前进行哪些设置，又如何创建？

5.7 综合实例：法兰盘查询分析

通过运用前面讲解的各种分析方式来查询已绘制好的模型的各项信息。

01 在菜单栏中选择“文件”→“打开”，或单击对话框中的图标，打开“打开”对话框，选择 falanpan 零件，模型如图 5-59 所示。

图 5-59　模型

02 查询点信息。在菜单栏中选择“信息”→“点”，弹出“点”对话框。拾取法兰盘的顶端圆的中心点（见图 5-60），弹出如图 5-61 所示的“信息”对话框并显示点的所有信息。此时“点”对话框中的坐标为拾取点的坐标。

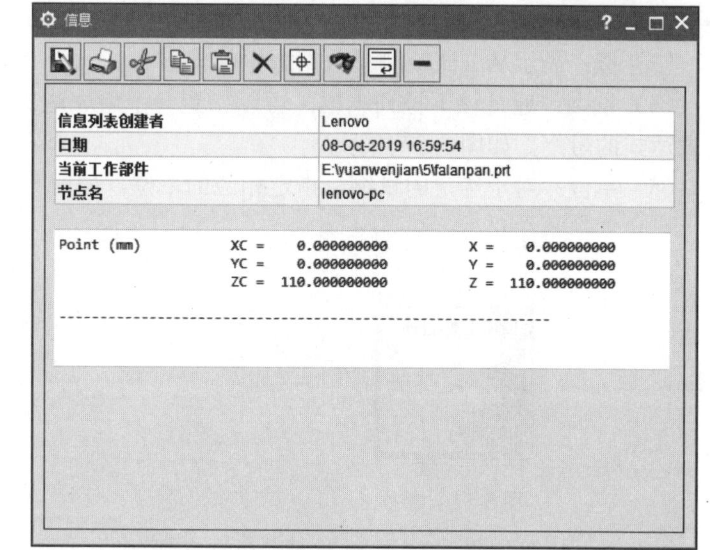

图 5-60　拾取点

图 5-61　点信息

03 查询孔特征。在菜单栏中选择“信息”→“对象”，弹出“类选择”对话框，单击法兰盘上的小孔，弹出如图 5-62 所示的“信息”对话框并显示孔的所有信息。

图 5-62　孔信息

04 测量两点距离。在菜单栏中选择“分析”→“测量距离”，弹出如图 5-63 所示的“测量距离”对话框。选择“距离”类型❶，拾取小孔的中心❷和顶端孔的中心❸，测量结果如图 5-64 所示。

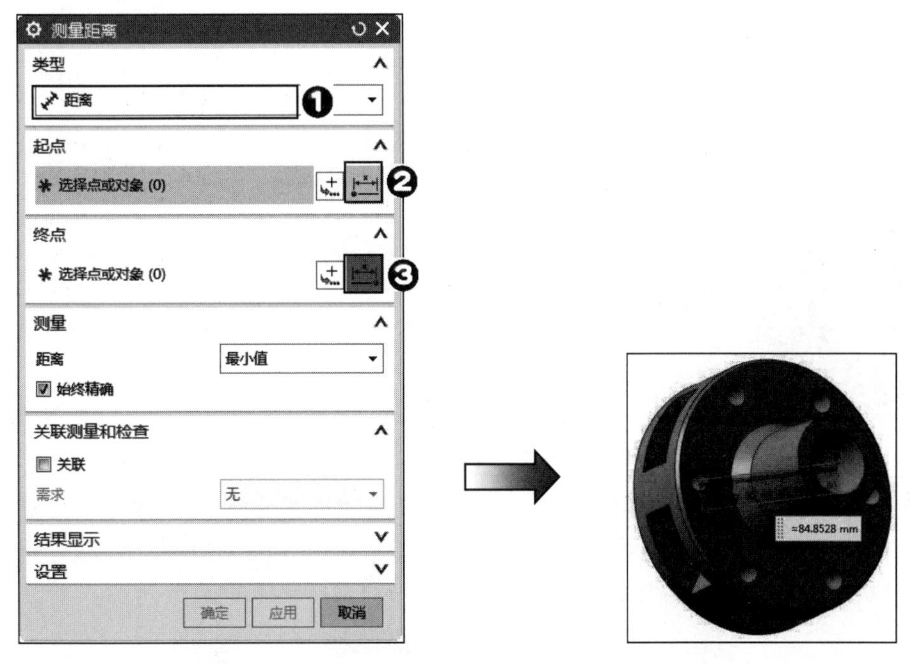

图 5-63　“测量距离”对话框　　　　图 5-64　测量距离

05 分析几何属性。在菜单栏中选择“分析”→“几何属性”，弹出“几何属性”对话框（见图 5-65）。拾取曲面上一点（见图 5-66），弹出如图 5-67 所示的“信息”对话框并显示曲面的几何属性。

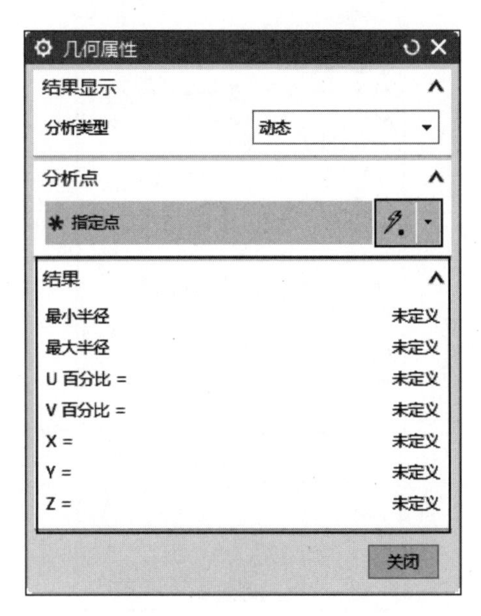

图 5-65　“几何属性”对话框

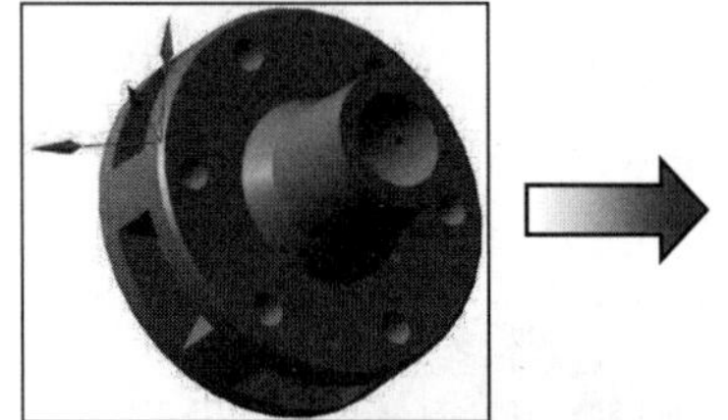

图 5-66　拾取曲面

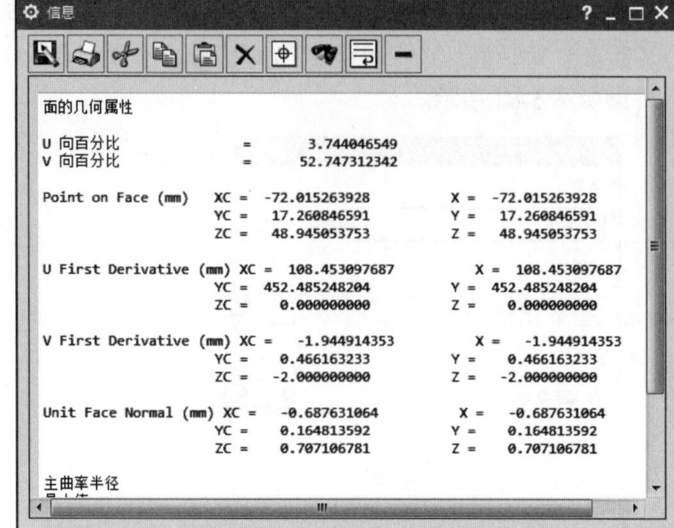

图 5-67　面的几何属性

06 分析曲线。选择菜单栏中的“分析”→“曲线”→“曲线分析”，或单击“分析”选项卡→“曲线形状”组→“曲线分析”图标，弹出如图 5-68 所示的“曲线分析”对话框。拾取如图 5-69 所示的曲线，单击“确定”按钮，结果如图 5-70 所示。

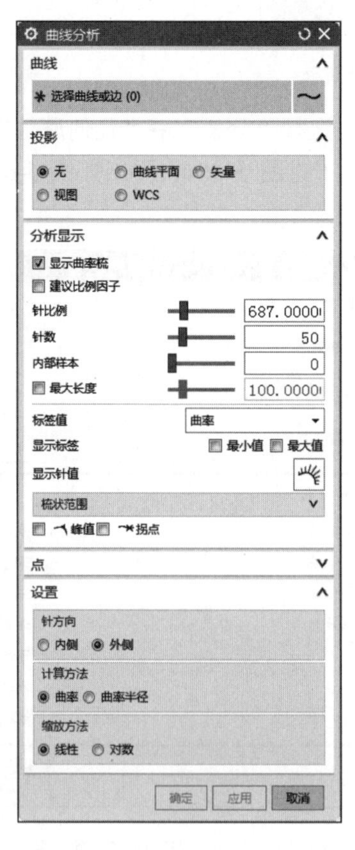

图 5-68　“曲线分析”对话框

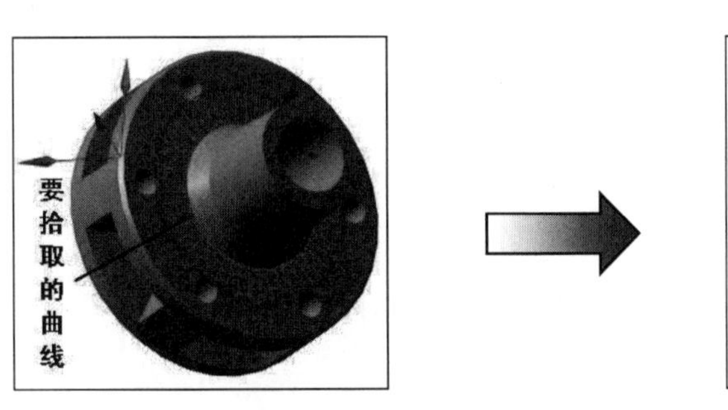

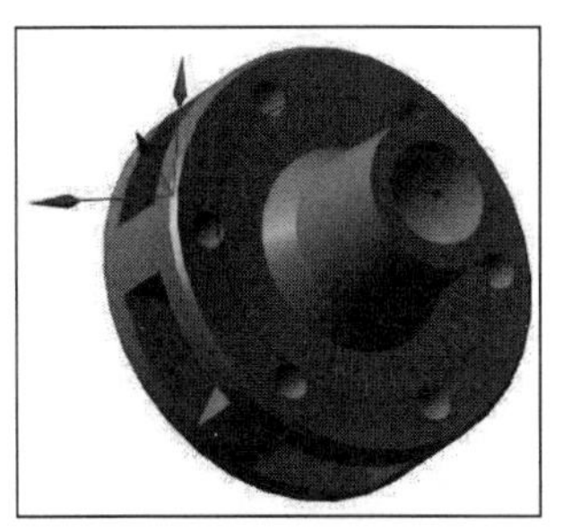

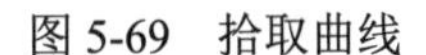

图 5-69 拾取曲线　　　　图 5-70 曲线分析图

07 分析曲面。选择菜单栏中的“分析”→“形状”→“半径”，或单击“分析”选项卡→“更多”库→“面形状”组→“半径”图标，弹出如图 5-71 所示的“半径分析”对话框。单击法兰盘的大圆柱曲面，此时曲面分析云图如图 5-72 所示。

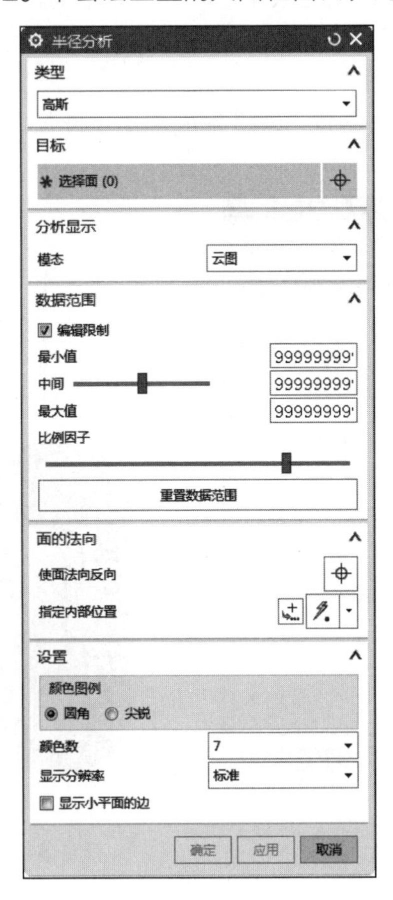

图 5-71 “半径分析”对话框

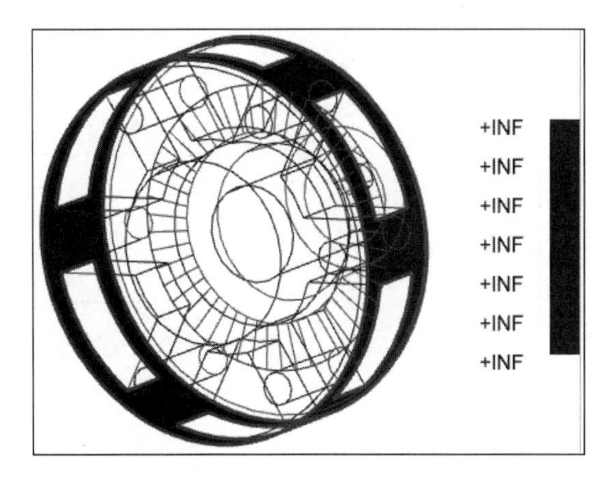

图 5-72 曲面分析云图

5.8 操作训练题

1. 打开 yuanwenjian/5/exercise/1.prt，如图 5-73 所示。分析该曲面的斜率分布。

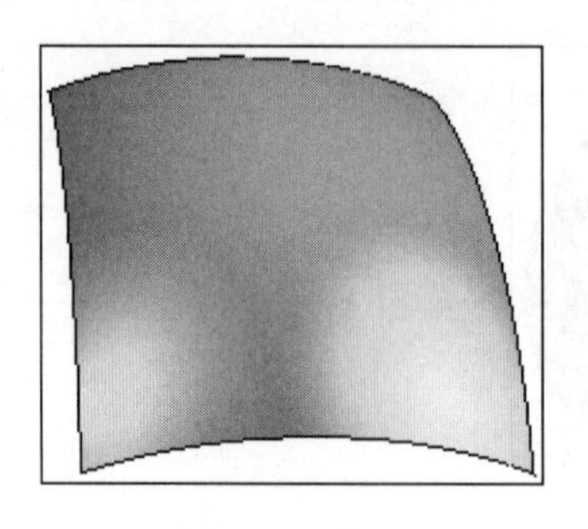

图 5-73　曲面

操作提示

通过 UG 中的“分析”菜单，可以对几何对象进行距离分析、角度分析、偏差分析、质量属性分析、强度分析、模型比较等；也可以对曲线和曲面做光顺性分析，对几何对象做误差和拓扑分析、几何特性分析、计算装配的质量、计算质量特性、对装配作干涉分析等；还可以将结果输出成各种数据格式。

2．打开 yuanwenjian/5/exercise/2.prt，完成表达式的编辑。如图 5-74 所示，将 YUANZHU 全部改换成 Rectang。

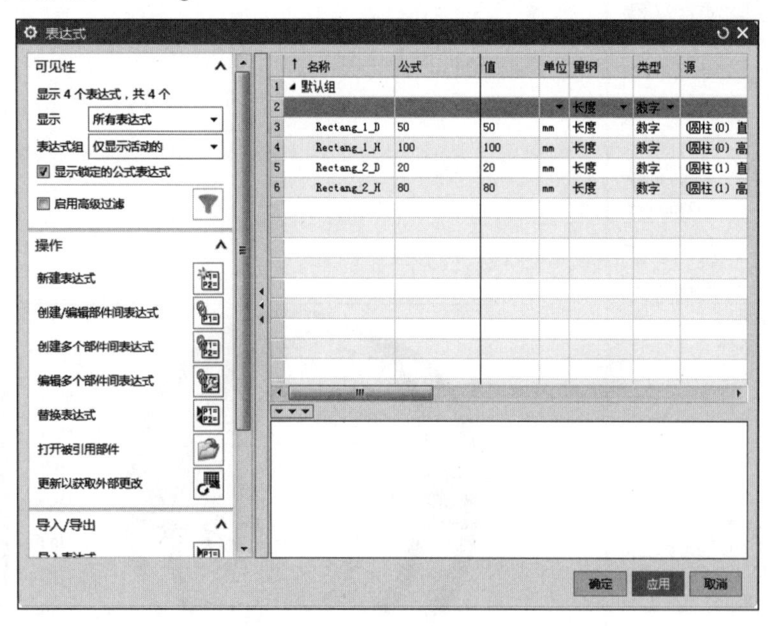

图 5-74　表达式

操作提示

（1）重命名表达式。

（2）调整表达式值，从而编辑模型。

第 6 章

实 体 建 模

实体建模是 CAD 模块的基础和核心建模工具，UG 的基于特征和约束的建模技术具有功能强大、操作简便的特点，并且具有交互建立复杂实体模型的能力。

本章主要介绍特征建模和特征操作的创建方法。通过本章的学习，读者可掌握 UG 实体建模的方法和技巧，有助于进行概念设计和结构细节设计。

6.1 特 征 建 模

特征建模是实体建模的基础，通过相关操作可以建立各种特征。本节将介绍特征建模，包括拉伸、旋转、沿导线扫掠、管道、圆柱、长方体、圆锥、球、孔、凸台、腔体、垫块、键槽、槽和三角形加强筋特征。

6.1.1 拉伸特征

拉伸特征是将截面轮廓草图通过拉伸生成实体或片体的一种建模方法，创建过程如图 6-1 所示。

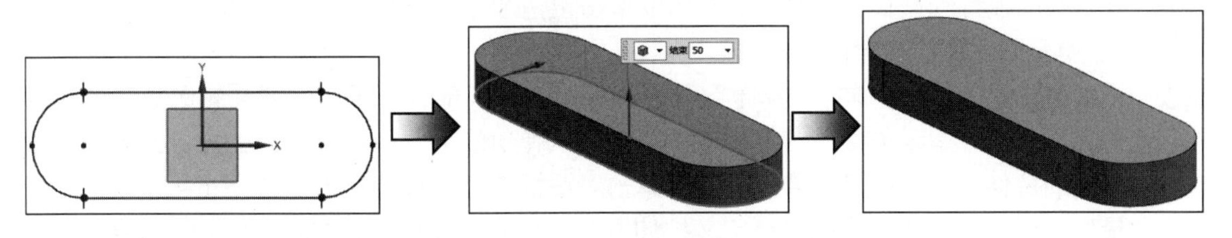

图 6-1 拉伸示意图

界面轮廓草图可以是封闭或开口的，也可以由一个或者多个封闭环组成。封闭环之间不能自交，可以嵌套。如果存在嵌套的封闭环，在生成添加材料的拉伸特征时，系统自动认为里面的封闭环类似于孔特征。

下面介绍拉伸特征建模的主要步骤。

01 打开文件/yuanwenjian/6/6-1.prt。

02 打开“拉伸”对话框。在菜单栏中选择“插入”→“设计特征”→“拉伸”，或单击“主页”选项卡→“特征”组→“设计特征”下拉菜单→“拉伸”图标，弹出如图 6-2 所示的“拉伸”对话框。

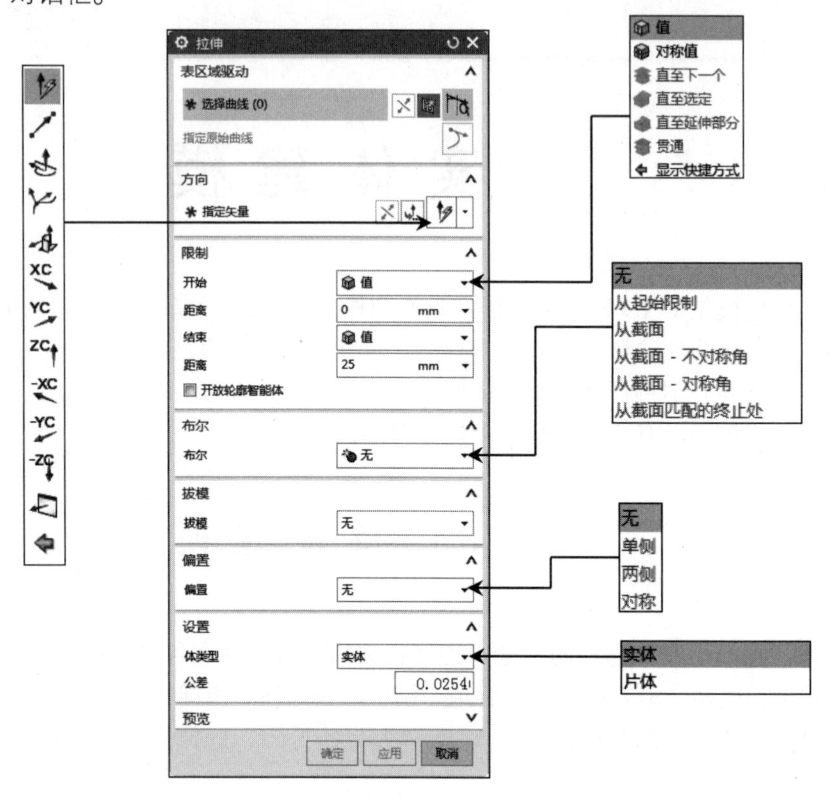

图 6-2　“拉伸”对话框

03 定义截面轮廓草图。“拉伸”对话框的“表区域驱动”部分用于定义截面轮廓草图。如果有绘制好的截面拉伸草图，单击“选择曲线”右侧的按钮，选择截面拉伸草图；如果没有绘制好的截面拉伸草图，则需要单击按钮，绘制截面拉伸草图。此处选择如图 6-3 所示的截面拉伸草图。

04 设置截面草图拉伸方向。“拉伸”对话框的“方向”部分用于定义截面轮廓草图的拉伸方向。单击“指定矢量”右侧的下拉箭头，从弹出的列表中选择所需的拉伸方向。如果给出的拉伸方向不能满足要求，可以单击对话框中的图标，打开如图 6-4 所示的“矢量”对话框，在该对话框中自定义拉伸方向。此处选择的是如图 6-5 所示的拉伸方向。如果选择的拉伸方向与实际需要的拉伸方向相反，可以单击“拉伸”对话框中的图标，使拉伸方向反向。

05 设置截面草图拉伸距离。“拉伸”对话框中的“限制”部分用于定义截面轮廓草图的拉伸距离。“开始”“距离”用于限制拉伸的起始位置，“结束”“距离”用于限制拉伸的终止位置，拉伸示意图如图 6-6 所示。

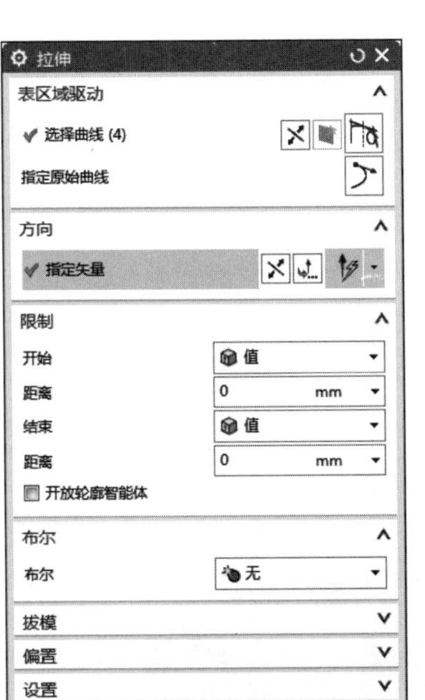

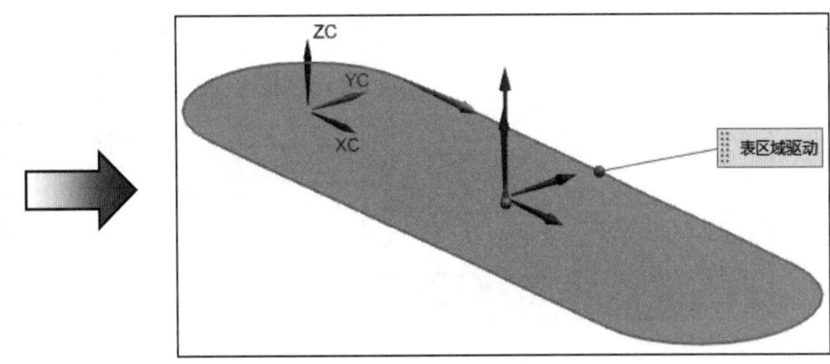

图 6-3 截面拉伸草图

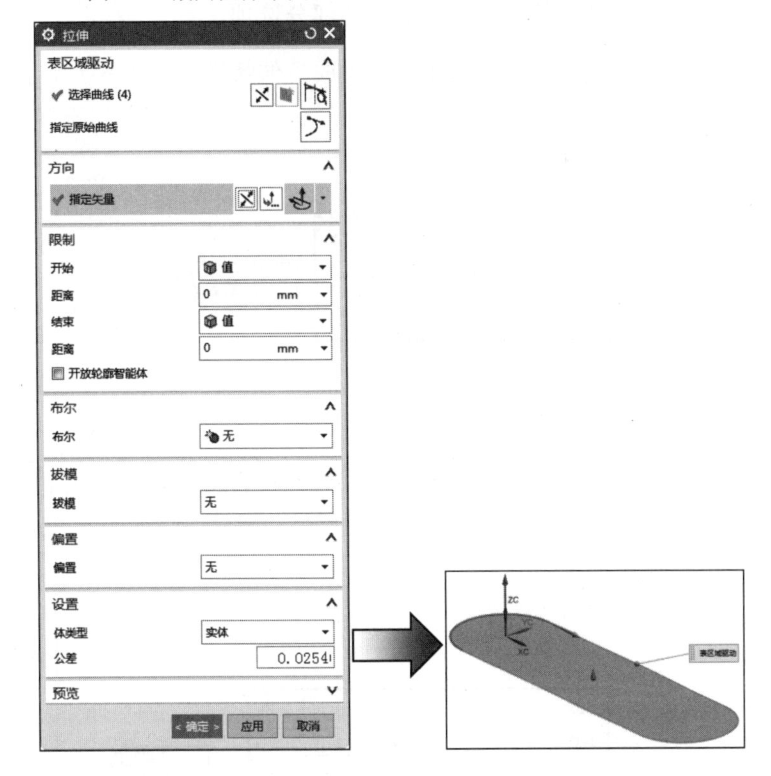

图 6-4 “矢量”对话框

图 6-5 拉伸方向

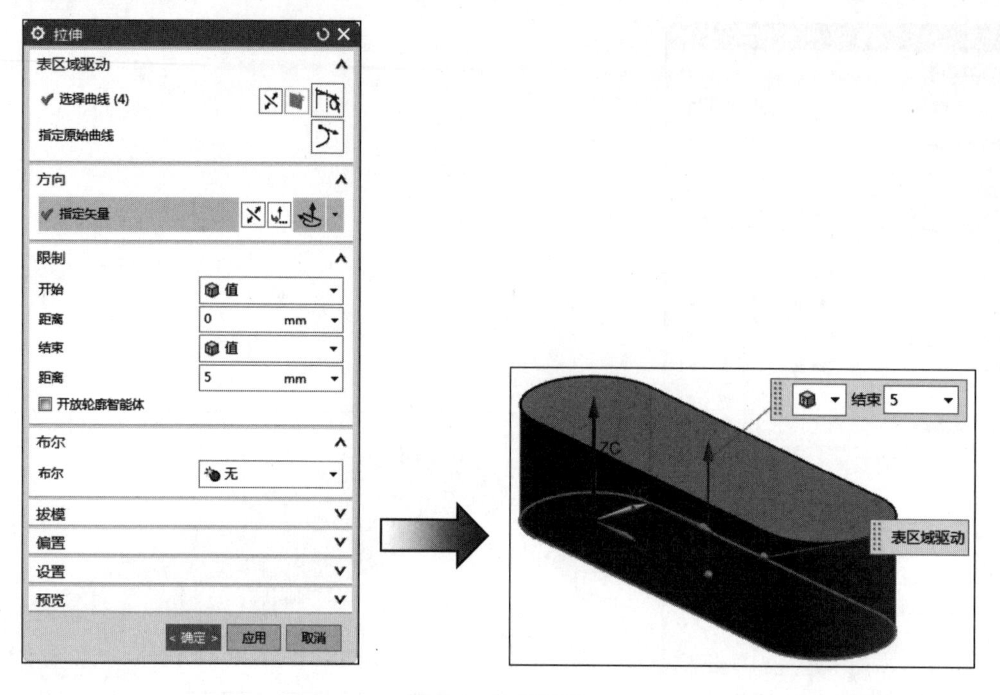

图 6-6　拉伸距离

下面介绍“拉伸”对话框中的部分选项。

（1）单侧：在截面曲线一侧生成拉伸特征，如图 6-7 所示。

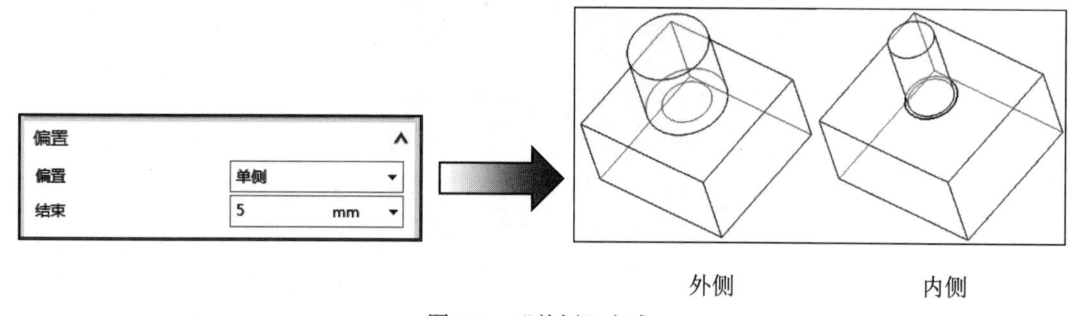

图 6-7　“单侧”方式

（2）两侧：在截面曲线两侧生成拉伸特征，以结束值和起始值之差为实体的厚度，如图 6-8 所示。

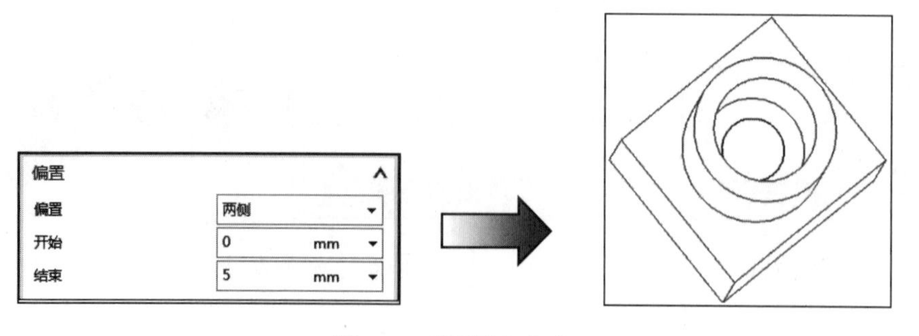

图 6-8　“两侧”方式

（3）对称：在截面曲线两侧生成拉伸特征，其中每一侧的拉伸长度均为总长度的一半，如图 6-9 所示。

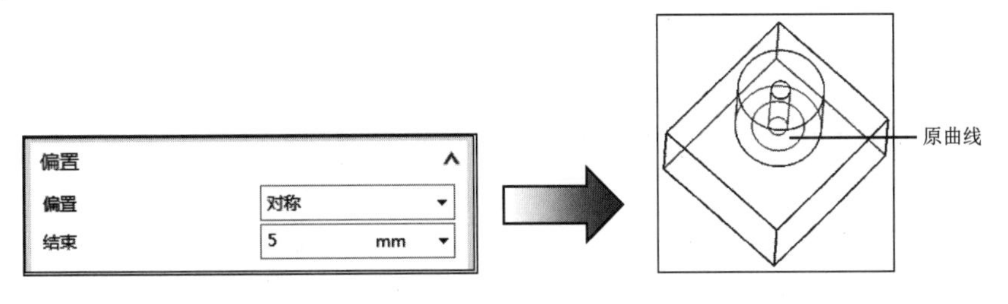

图 6-9 “对称”方式

（4）启用预览：勾选该复选框后，用于预览绘图工作区的临时实体的生成状态，以便于及时修改和调整。

6.1.2 旋转特征

旋转特征是由特征截面曲线绕中心线旋转而成的一种建模方法，适合于构造旋转体零件特征，创建过程如图 6-10 所示。

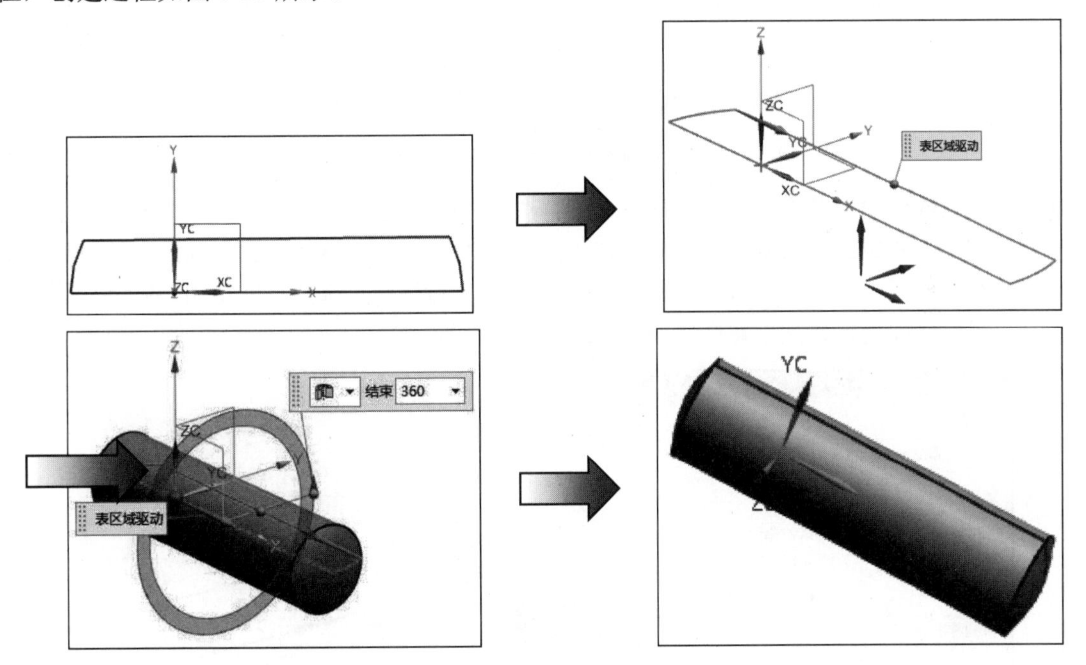

图 6-10 实体创建过程示意图

下面介绍旋转特征建模的主要步骤。

01 打开文件/yuanwenjian/6/6-2.prt。

02 打开“旋转”对话框。在菜单栏中选择“插入”→“设计特征”→“旋转”，或单击“主页”选项卡→“特征”组→“设计特征”下拉菜单→“旋转”图标，弹出如图 6-11 所示的“旋转”对话框。

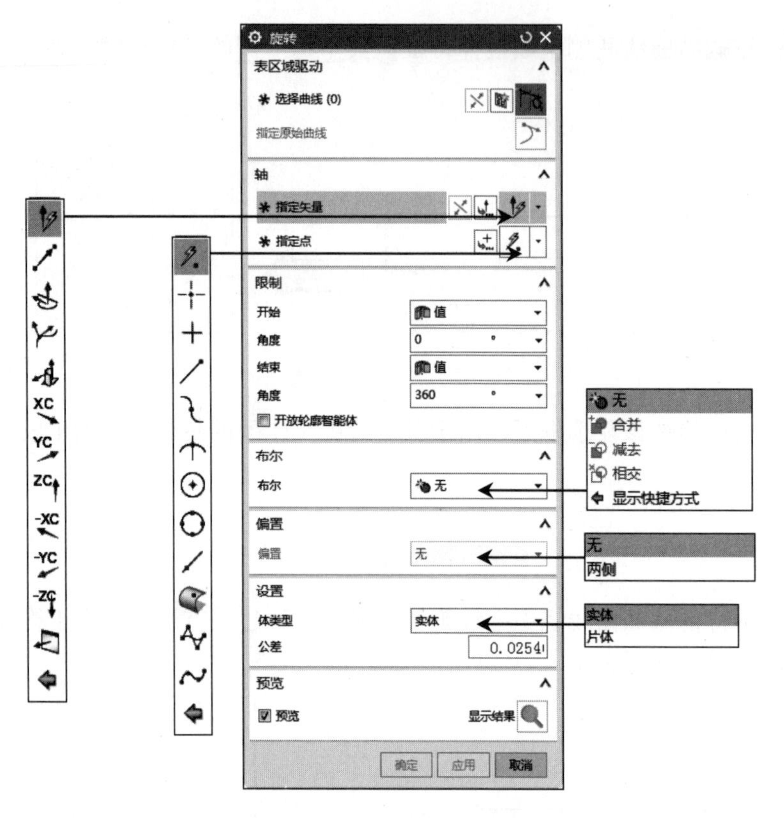

图 6-11 “旋转”对话框

03 定义截面轮廓草图。“旋转”对话框的“表区域驱动”部分用于定义截面轮廓草图。如果有绘制好的截面旋转草图，单击“选择曲线”右侧的按钮；如果没有绘制好的截面旋转草图，则单击按钮，弹出“创建草图”对话框，选择基准平面，绘制截面旋转草图。截面旋转草图示意图如图 6-12 所示。

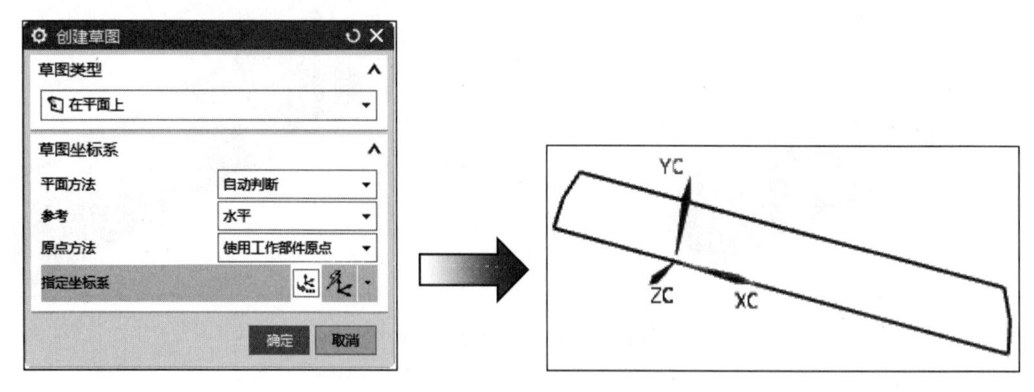

图 6-12 截面旋转草图

04 设置截面草图旋转方向。“旋转”对话框的“指定矢量”部分用于定义截面轮廓草图的旋转方向。单击“指定矢量”右侧的下拉箭头，从下拉列表中选择所需的旋转方向。如果给出的旋转方向不能满足要求，可以单击对话框中的图标，弹出“矢量”对话框，在其中选择旋转方向，如图 6-13 所示。

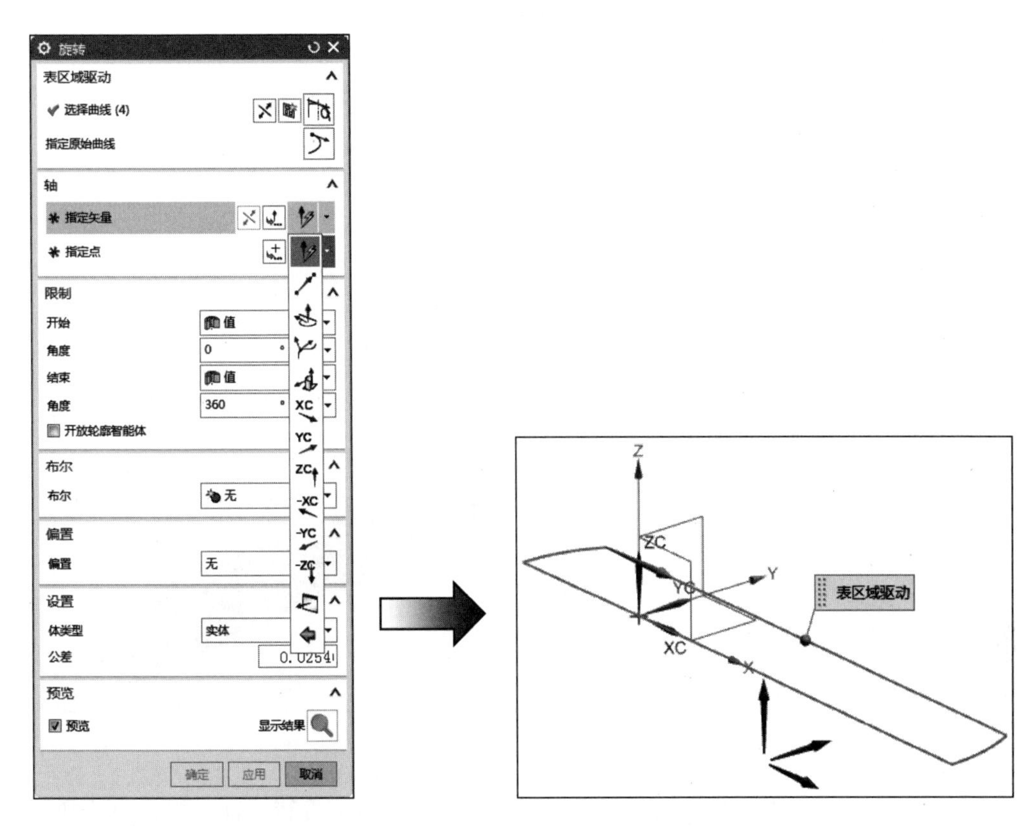

图 6-13 旋转方向

如果选择的旋转方向与实际需要的旋转方向相反，可以单击“旋转”对话框中的图标，使旋转方向反向。

05 设置截面草图旋转基点。“旋转”对话框的“指定点”部分用于定义截面轮廓草图的旋转基准点。单击“指定点”右侧的下拉箭头，从下拉列表中选择拾取点的方式，在视图区拾取。如果拾取的点不能满足要求，可以单击对话框中的图标，打开“点”对话框，在该对话框中自定义旋转基准点。此处选择的是如图 6-14 所示的基准点。

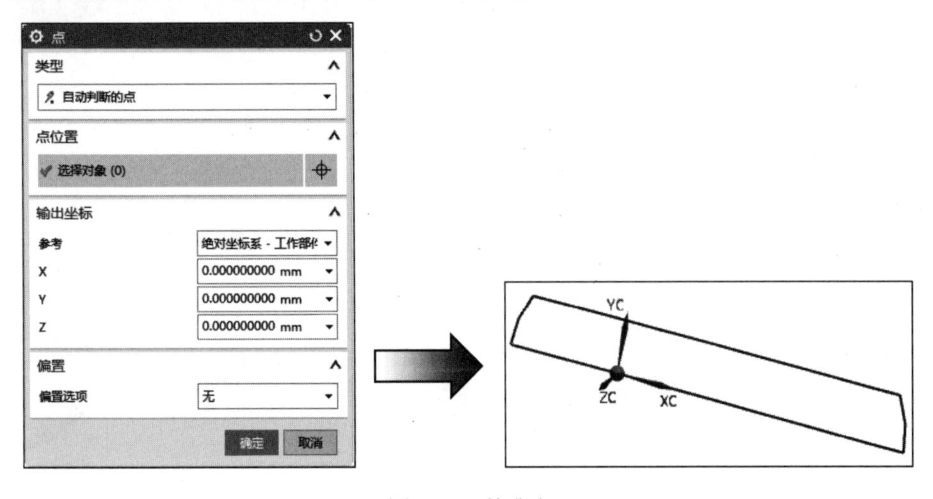

图 6-14 基准点

06 设置截面草图旋转角度。“旋转”对话框的“限制”部分定义截面轮廓草图的旋转角度。“开始”“角度”限制旋转的起始角度，“结束”“角度”限制旋转的终止角度。此处设置如图 6-15 所示的旋转角度。

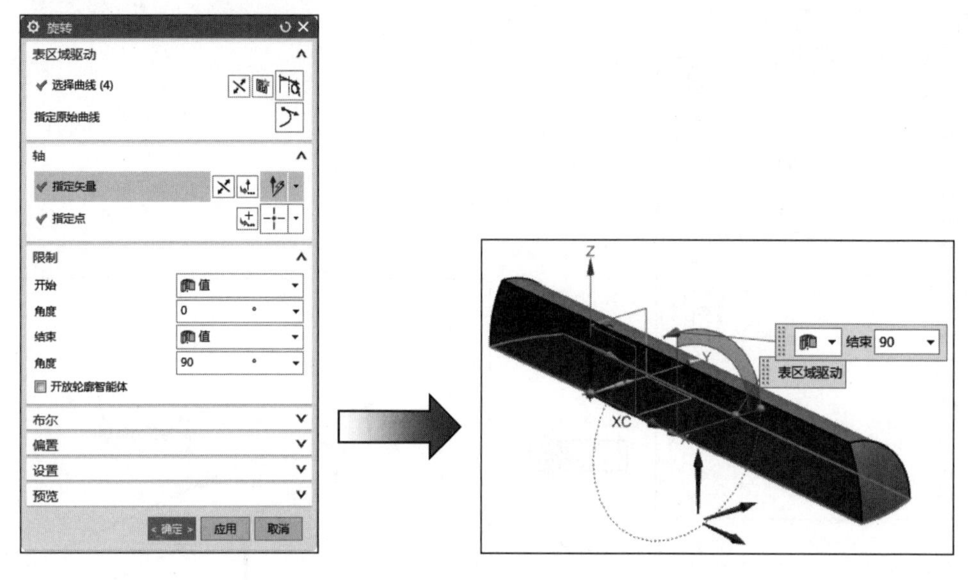

图 6-15　旋转角度

“旋转”对话框中的“两侧”选项用于在截面曲线两侧生成旋转特征，以结束值和起始值之差为实体的厚度，如图 6-16 所示。

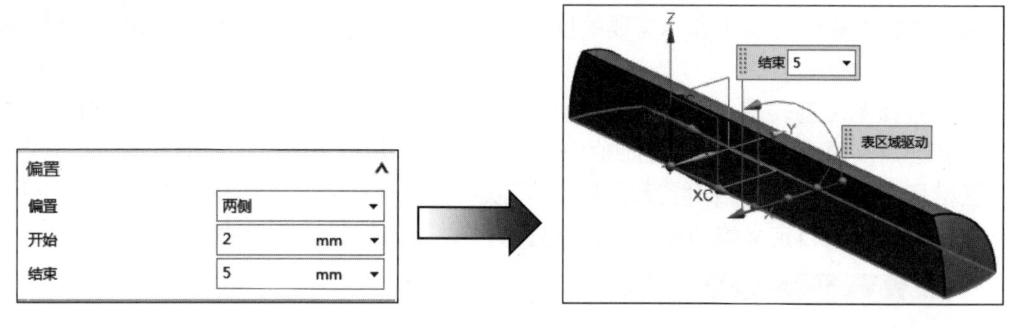

图 6-16　实体的厚度

6.1.3　沿引导线扫掠特征

沿引导线扫掠特征是指由截面曲线沿引导线扫描，从而生成实体的一种建模方法，创建过程如图 6-17 所示。

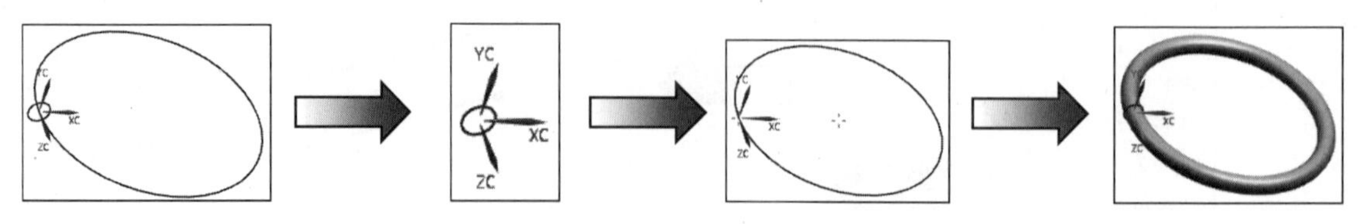

图 6-17　实体创建过程示意图

下面介绍沿引导线扫掠特征建模的主要步骤。

01 打开文件/yuanwenjian/6/6-3.prt。

02 打开“沿引导线扫掠”对话框。在菜单栏中选择“插入”→“扫掠”→“沿引导线扫掠”，或单击“主页”选项卡→“特征”组→“更多”库→“扫掠”库→“沿引导线扫掠”图标，弹出如图6-18所示的“沿引导线扫掠”对话框。

03 选择扫掠截面。“沿引导线扫掠”对话框的“截面”部分用于定义扫掠截面。单击“选择曲线”右侧的按钮，在视图中选择截面曲线。此处选择如图6-19所示的扫掠截面。

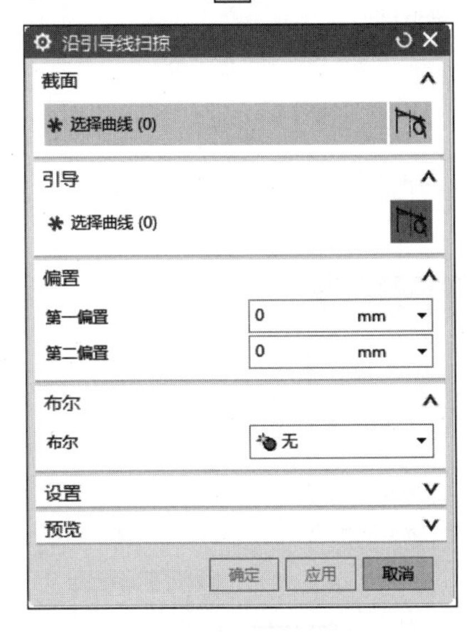

图6-18 “沿引导线扫掠”对话框

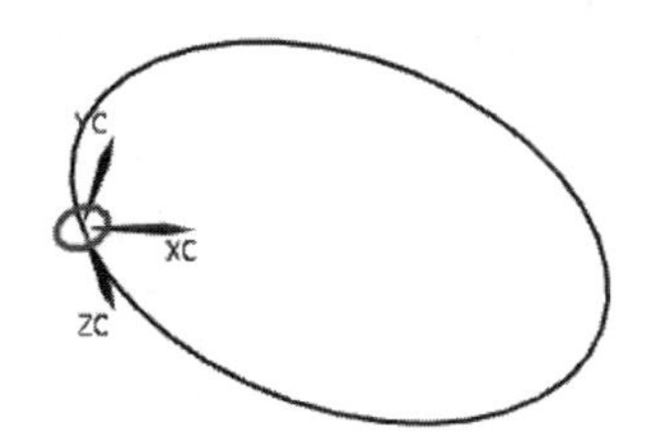

图6-19 扫掠截面

04 选择引导线。“沿引导线扫掠”对话框的“引导”部分用于定义引导线。单击“选择曲线”右侧的按钮，在视图中选择引导线，此处选择如图6-20所示的引导线。

05 设置扫掠参数。“沿引导线扫掠”对话框的“偏置”部分用于设置扫掠的偏置参数。单击“确定”按钮，完成引导线扫掠，如图6-21所示。

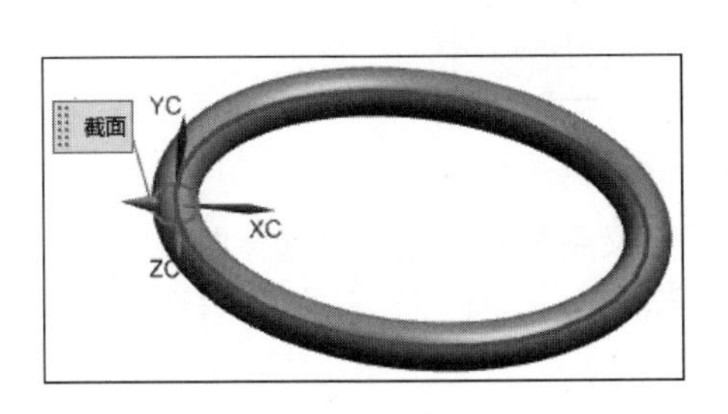

图6-20 选择引导线

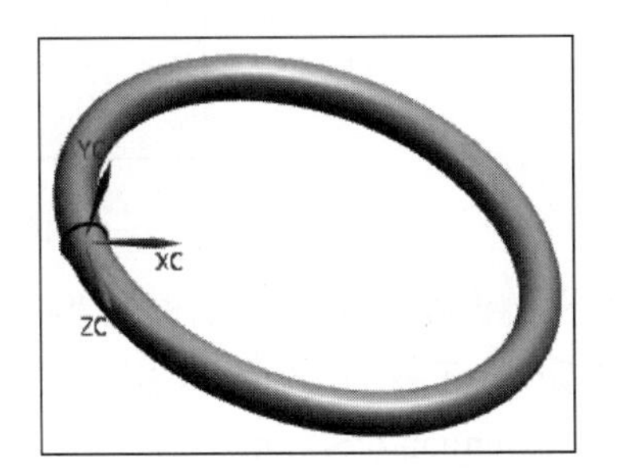

图6-21 沿引导线扫掠

6.1.4 管特征

管特征是指圆形横截面沿曲线（引导线）扫掠，从而创建实体的一种建模方法。其中的引导线串必须光滑、相切和连续，实体创建过程如图6-22所示。

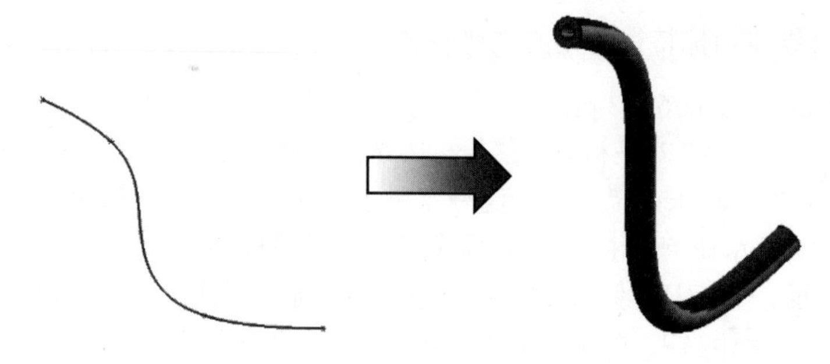

图 6-22　实体创建过程示意图

下面介绍管特征建模的主要方法步骤。

01 打开文件/yuanwenjian/6/6-4.prt。

02 打开“管”对话框。在菜单栏中选择“插入”→“扫掠”→“管”，弹出如图 6-23 所示的“管”对话框。

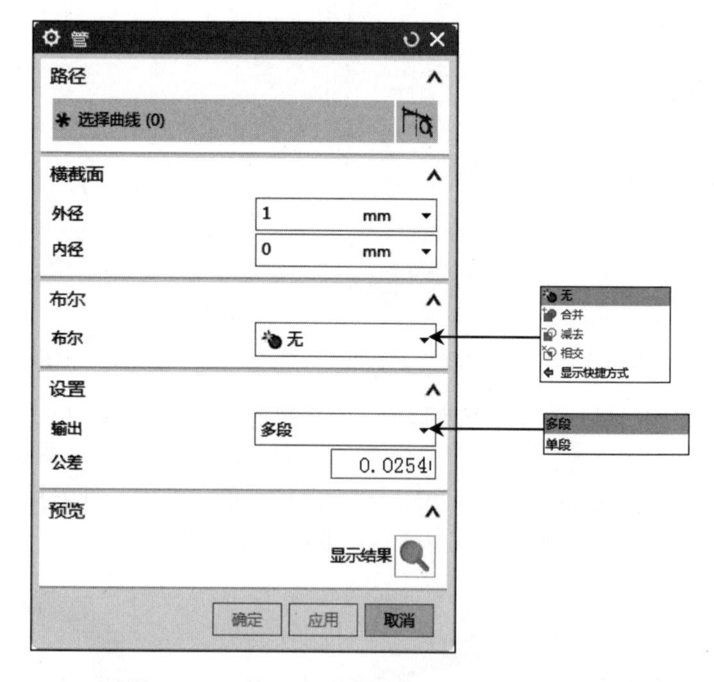

图 6-23　“管”对话框

03 选择引导线。“管”对话框的“路径”部分用于定义引导线。单击“选择曲线”右侧的按钮，在视图区选择引导线。此处选择如图 6-24 所示的引导线，见文件/yuanwenjian/6/6-4.prt。

04 设置横截面直径。“管”对话框的“横截面”部分用于设置管道的外径和内径。外径的值必须大于 0，内径值必须大于或等于 0 且小于外直径，此处设置如图 6-25 所示。

05 “管”对话框中的“输出”用于设置管道面的类型，选定的类型不能在编辑中被修改。“单段”设置管道表面有一段或两段表面，如图 6-26 所示；“多段”设置管道表面为多段面的复合面，如图 6-27 所示。

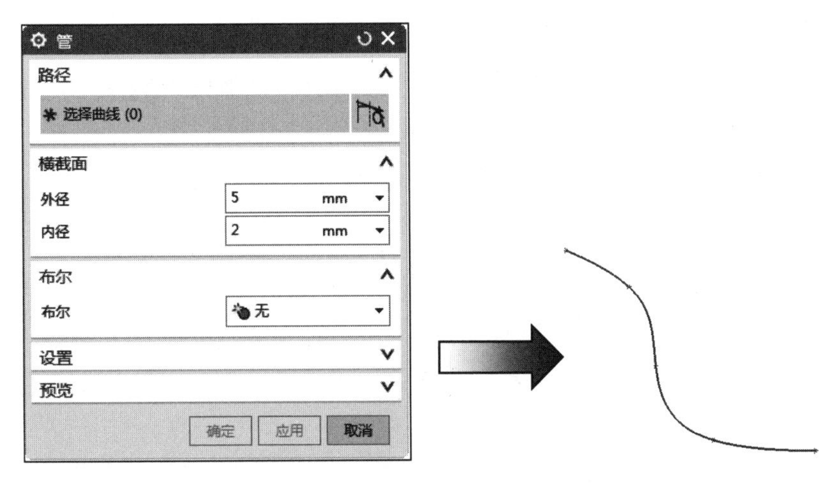

图 6-24 选择引导线

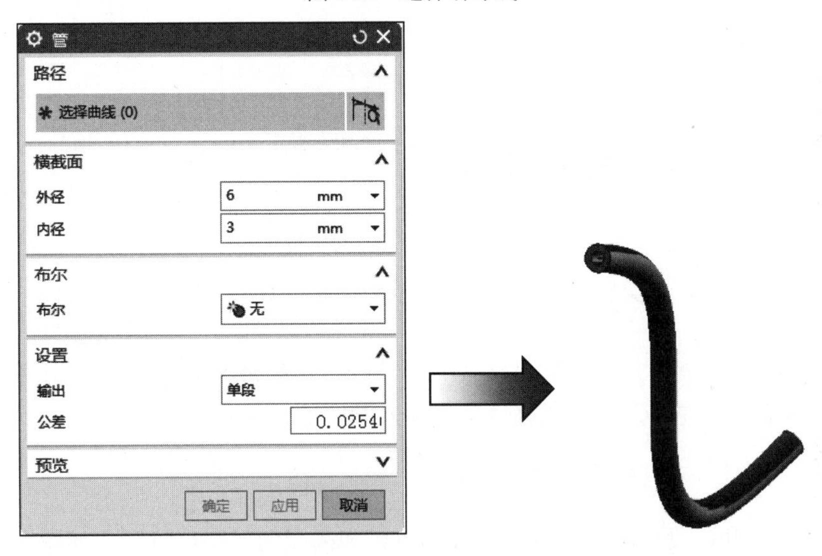

图 6-25 设置横截面直径

图 6-26 “单段”示意图

图 6-27 “多段”示意图

6.1.5 圆柱特征

圆柱特征是通过定义轴的位置和尺寸来创建实体的一种建模方法。下面以“轴、直径和高度”类型圆柱为例介绍圆柱特征建模的主要步骤。

01 打开“圆柱”对话框。在菜单栏中选择“插入”→“设计特征”→“圆柱”，或单击“主页”选项卡→“特征”组→“设计特征”下拉菜单→“圆柱”图标，弹出如图 6-28 所示的“圆柱”对话框。

图 6-28 “圆柱”对话框

02 选择创建类型。在“类型”下拉列表中选择所需的类型，此处选择“轴、直径和高度”类型。

03 指定矢量方向和原点。圆柱的矢量方向和原点的设置同“旋转”，在此就不再详述了。

04 设置圆柱参数。在对话框中的属性部分输入圆柱的直径和高度。

下面介绍“圆柱”对话框中的部分选项。

（1）轴、直径和高度：用于指定圆柱体的直径和高度创建圆柱特征，如图 6-29 所示。

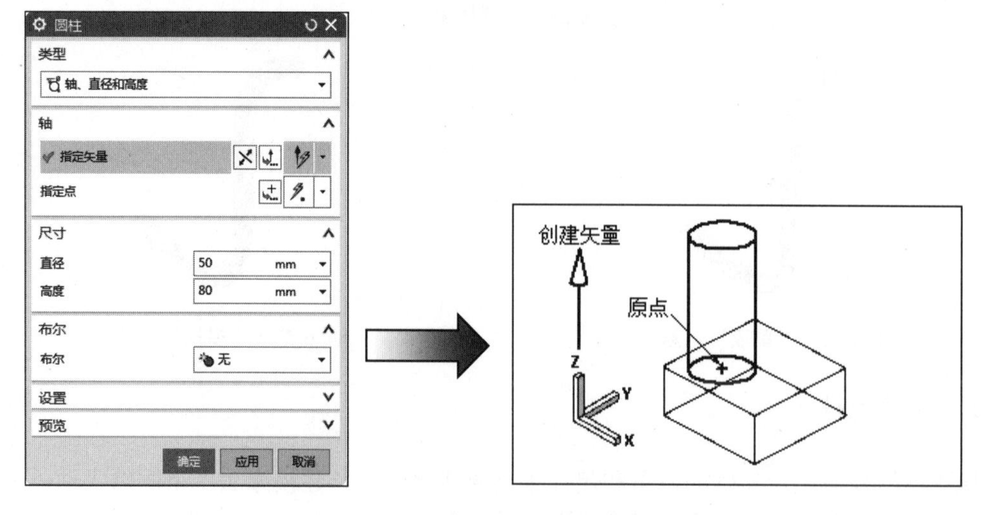

图 6-29 “轴、直径和高度”类型

（2）圆弧和高度：用于指定一条圆弧作为底面圆，再指定高度创建圆柱特征，如图 6-30 所示。

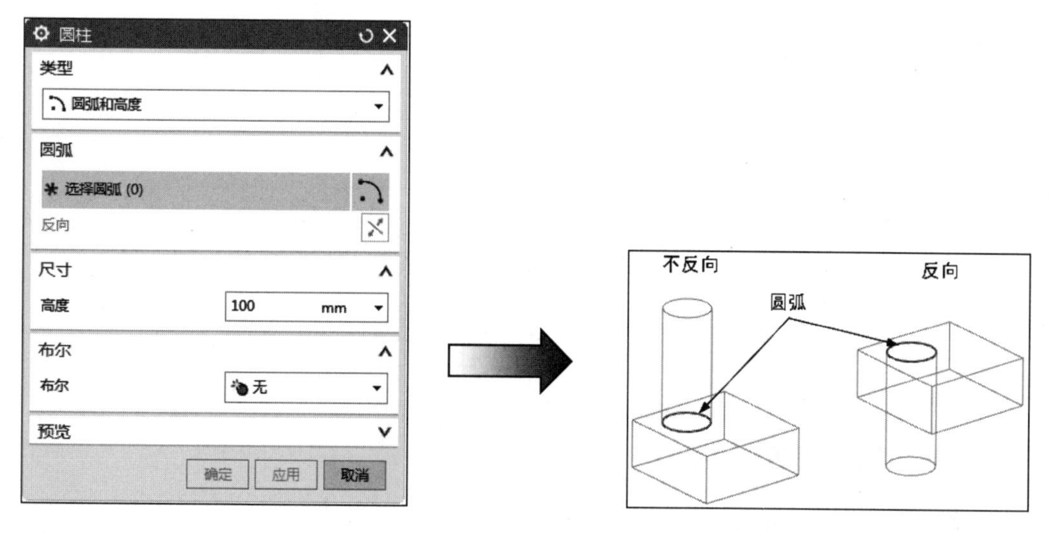

图 6-30 “圆弧和高度”类型

6.1.6 长方体特征

长方体特征是通过定义拐角位置和尺寸来创建实体的一种建模方法。

下面以“原点和边长”类型长方体为例介绍长方体特征建模的主要步骤。

01 打开“长方体”对话框。在菜单栏中选择“插入”→“设计特征”→“块”命令，或单击“主页”选项卡→“特征”组→“设计特征”下拉菜单→“长方体”图标，弹出如图 6-31 所示的“长方体”对话框。

02 选择创建长方体的类型。在“类型”选项组中选择“长方体”的类型，此处选择“原点和边长”类型。

03 设置长方体的参数。在“尺寸”选项组中输入长方体的长度、宽度和高度，系统默认坐标原点为长方体的原点，也可以通过“选择杆”对话框中的捕捉点工具来设置原点。

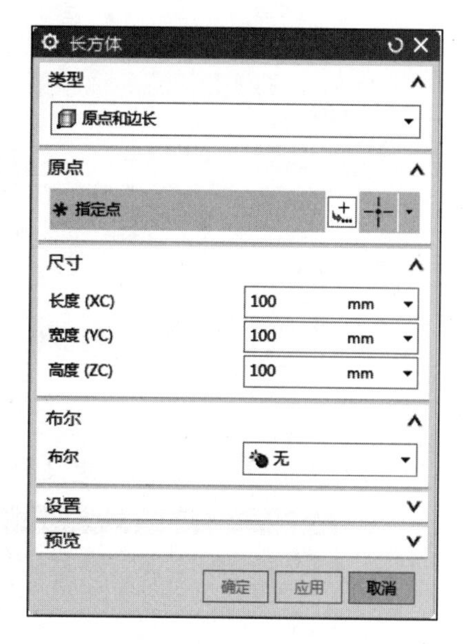

图 6-31 “长方体”对话框

长方体的类型有以下几种。

（1）原点和边长：通过设定长方体的原点和长方体的长、宽、高来建立长方体，如图 6-32 所示。

（2）两点和高度：通过定义两个点作为长方体底面对角线的顶点并设定长方体的高度来建立长方体，如图 6-33 所示。

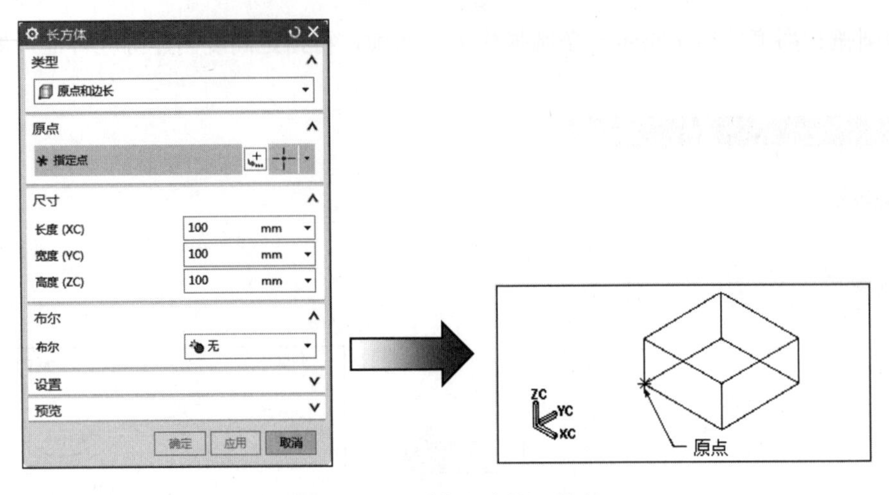

图 6-32　“原点和边长”类型

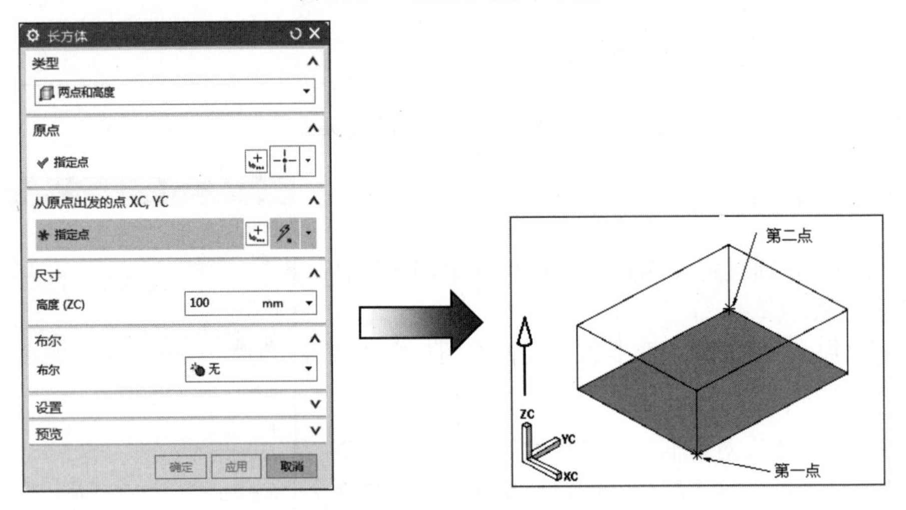

图 6-33　“两点和高度”类型

（3）两个对角点：通过定义两个点作为长方体对角线顶点建立长方体，如图 6-34 所示。

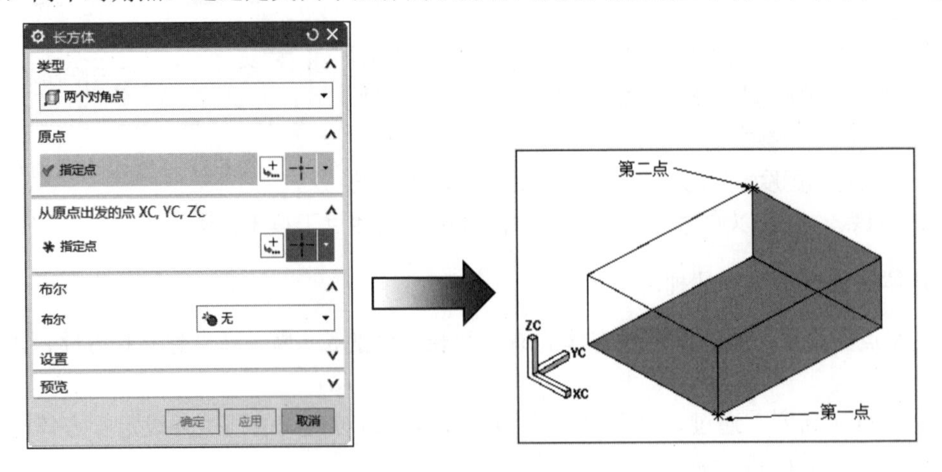

图 6-34　“两个对角点”类型

6.1.7 圆锥特征

图 6-35 “圆锥”对话框

圆锥特征是通过定义轴位置和尺寸来创建实体的一种建模方法。

下面以“直径和高度”类型为例介绍圆锥特征建模的主要步骤。

01 打开“圆锥”对话框。在菜单栏中选择“插入”→“设计特征”→“圆锥”，或单击“主页”选项卡→“特征”组→“设计特征”下拉菜单→“圆锥”图标，弹出如图 6-35 所示的“圆锥”对话框。

02 选择创建圆锥的类型，此处选择“直径和高度”类型。

03 在“指定矢量”下拉列表中选择适当的矢量。

04 单击“指定点”右侧的“点对话框”按钮，弹出“点”对话框，在对话框中设置圆锥原点的位置。

05 在“尺寸”部分输入圆锥的底部直径、顶部直径和高度参数。

下面介绍“圆锥”类型。

（1）直径和高度：用于指定圆锥的顶部直径、底部直径和高度，从而创建圆锥，尺寸部分如图 6-36 所示。

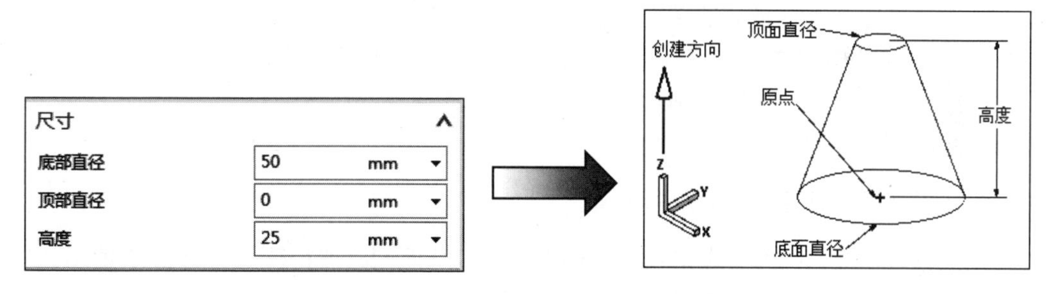

图 6-36 “直径和高度”类型

（2）直径和半角：用于指定圆锥的顶部直径、底部直径和半角，从而创建圆锥，如图 6-37 所示。

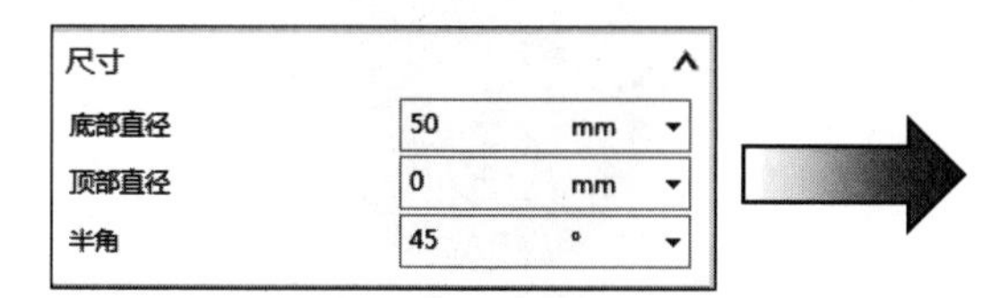

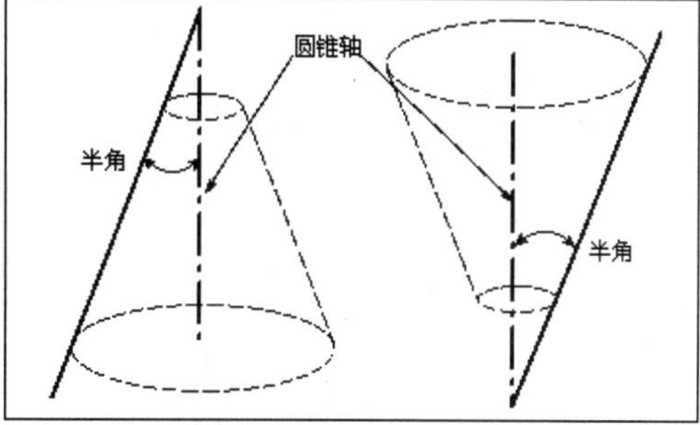

图 6-37 “直径和半角”类型

（3）底部直径、高度和半角：用于指定圆锥的底部直径、高度和半角，从而创建圆锥，如图 6-38 所示。

（4）顶部直径、高度和半角：用于指定圆锥的顶部直径、高度和半角，从而创建圆锥。

（5）两个共轴的圆弧：用于指定两个共轴的圆弧分别作为圆锥的顶圆和底圆，从而创建圆锥，如图 6-39 所示。

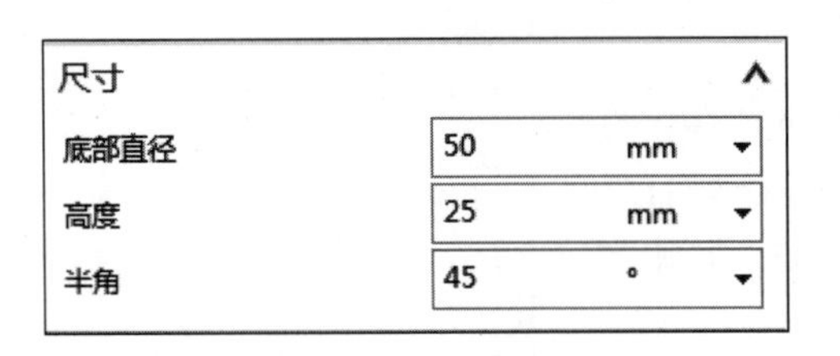

图 6-38 “底部直径、高度和半角”类型

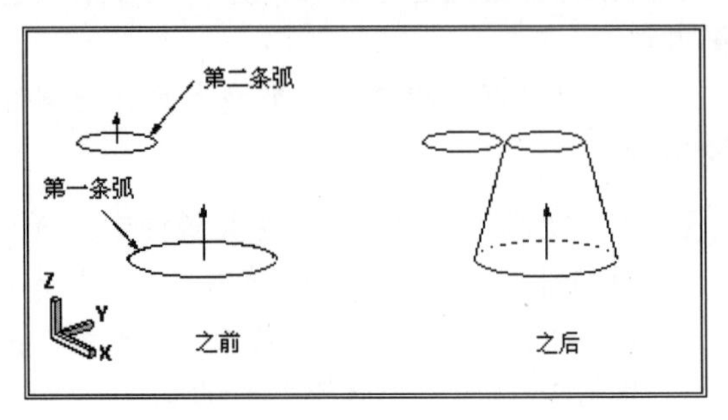

图 6-39 “两个共轴的圆弧”示意图

6.1.8 球特征

球特征是通过定义中心位置和尺寸来创建实体的一种建模方法。

下面以“中心点和直径”类型为例介绍创建球特征的主要步骤。

01 打开“球”对话框。在菜单栏中选择“插入”→“设计特征”→“球”，或单击“主页”选项卡→“特征”组→“设计特征”下拉菜单→“球”图标，弹出如图 6-40 所示的“球”对话框。

02 选择球的创建类型，此处选择“中心点和直径”类型。

03 在“中心点”部分单击“点对话框”按钮，弹出“点”对话框，输入球的原点。也可以通过“指定点”下拉列表的捕捉方式在视图中捕捉点。

04 在“尺寸”部分输入球的直径。

下面介绍“球”对话框中的两种类型。

（1）中心点和直径：用于指定直径和球心位置，从而创建球特征，如图 6-41 所示。

图 6-40 “球”对话框

图 6-41 “中心点和直径”类型

（2）圆弧：用于指定一条圆弧，该圆弧的半径和圆心分别作为所创建球体的半径和球心，从而创建球特征，如图 6-42 所示。

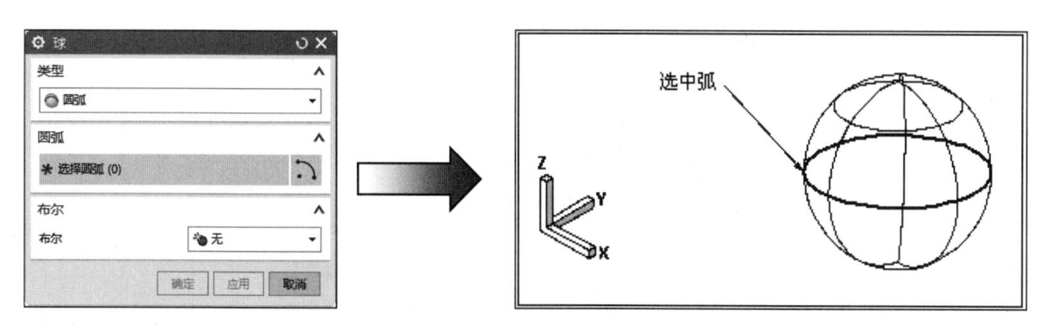

图 6-42　“圆弧”类型

6.1.9　孔特征

孔特征用于为一个或多个零件或组件添加钻孔、沉头孔或螺纹孔特征，其创建过程如图 6-43 所示。

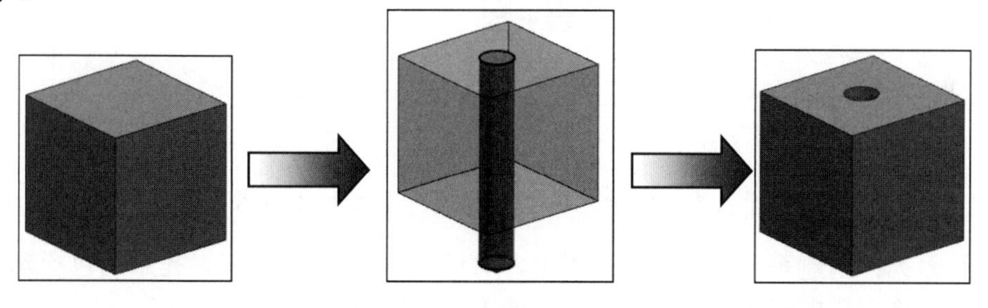

图 6-43　实体创建过程示意图

在菜单栏中选择“插入”→“设计特征”→“孔”，或单击“主页”选项卡→“特征”组→“设计特征”下拉菜单→“孔”图标，弹出如图 6-44 所示的“孔”对话框。

（1）常规孔：创建常规孔。

- 位置：指定孔的位置，可以直接选取已存在的点，或通过单击“草图”按钮在草图中创建点。
- 方向：指定孔的方向，包括“垂直于面”和“沿矢量”两种。
- 形状和尺寸：确定孔的外形和尺寸。在“成形”下拉列表中选择孔的外形，包括简单孔、沉头、埋头和锥孔 4 种类型。根据选择的外形，在尺寸中输入孔的尺寸。

（2）钻形孔：创建钻形孔。选择此类型，对话框如图 6-45 所示。

- 形状和尺寸：确定孔的外形和尺寸。在“大小”下拉列表中选择孔大小，系统仅提供了多种孔尺寸大小；在“等尺寸配对”下拉列表中选择 Exact 或 Custom 类型。根据选择的外形，在尺寸中输入孔的尺寸。

（3）螺纹孔：创建螺纹孔。选择该类型，对话框如图 6-46 所示。

- 形状和尺寸：确定螺纹尺寸。在“大小”下拉列表中选择尺寸型号，系统提供了多种型号；在“径向进刀”下拉列表中选择啮合半径，系统提供了 0.75、Custom 和 0.5 三种；在“深度类型”下拉列表中选择螺纹的类型；在“螺纹深度”选项中输入深度值。

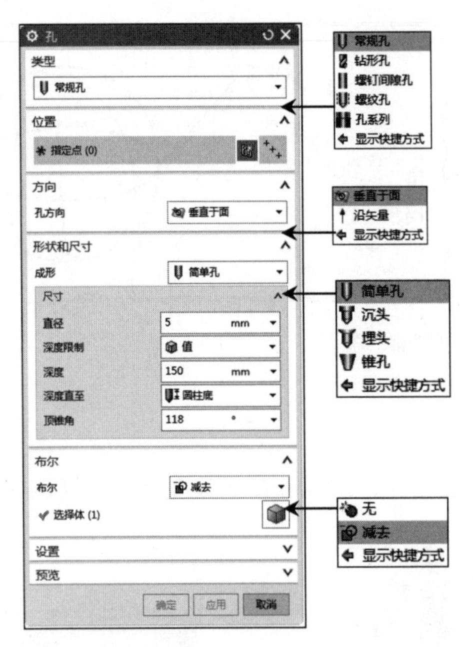

图 6-44 “孔”对话框

图 6-45 钻形孔类型对话框

- 尺寸：根据螺纹尺寸，在“深度”和“顶锥角”文本框中输入尺寸。

（4）孔系列：创建系列孔。选择该类型，对话框如图 6-47 所示。孔系列包括起始、中间和端点 3 种规格，选项和前 3 种类型相同，就不一一叙述了。

图 6-46 螺纹孔类型对话框

图 6-47 孔系列类型对话框

6.1.10 凸起特征

通过沿矢量投影截面形成的面来修改体，创建过程如图 6-48 所示。

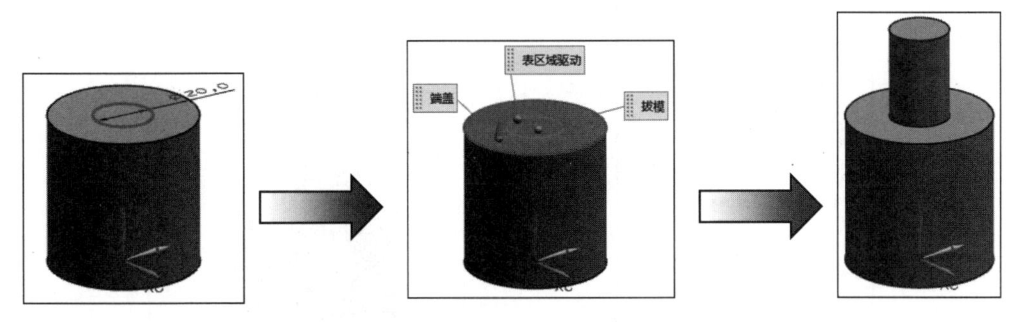

图 6-48 实体创建过程示意图

下面介绍创建凸起特征的主要步骤。

01 打开文件/yuanwenjian/6/6-6.prt。

02 打开“凸起”对话框。在菜单栏中选择“插入”→“设计特征”→“凸起”，或单击“主页”选项卡→“特征”组→“设计特征”下拉菜单→“凸起”图标，弹出如图 6-49 所示的“凸起”对话框。

03 定义截面轮廓草图。“凸起”对话框的“表区域驱动”部分用于定义截面轮廓草图。如果有绘制好的截面凸起草图，单击“选择曲线”右侧的按钮，选择截面凸起草图；如果没有绘制好的截面凸起草图，则需要单击按钮，以圆柱体的顶面为草图基准面，绘制如图 6-50 所示的截面凸起草图。

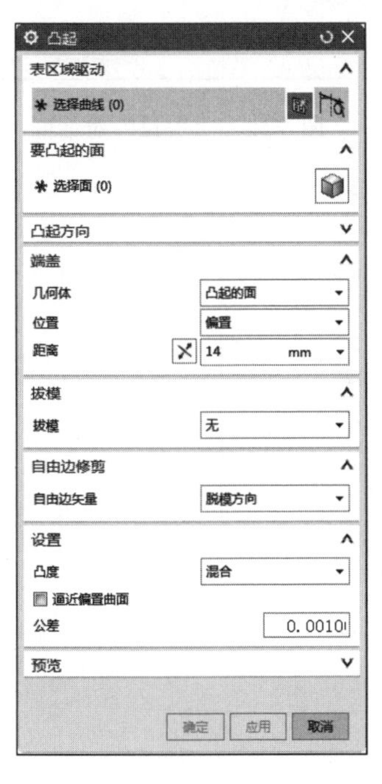

图 6-49 “凸起”对话框

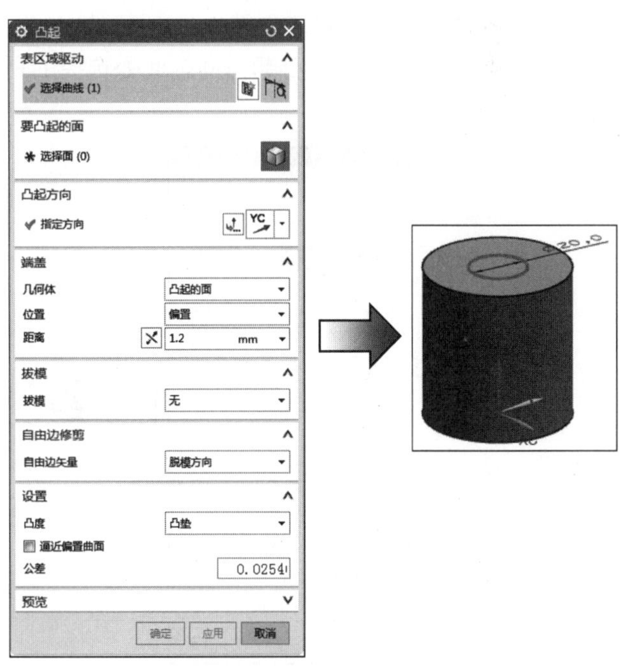

图 6-50 截面凸起草图

04 选择要凸起的面。“凸起”对话框中“要凸起的面”部分用于选择一个或多个面以在其上创建凸起，如图 6-51 所示。

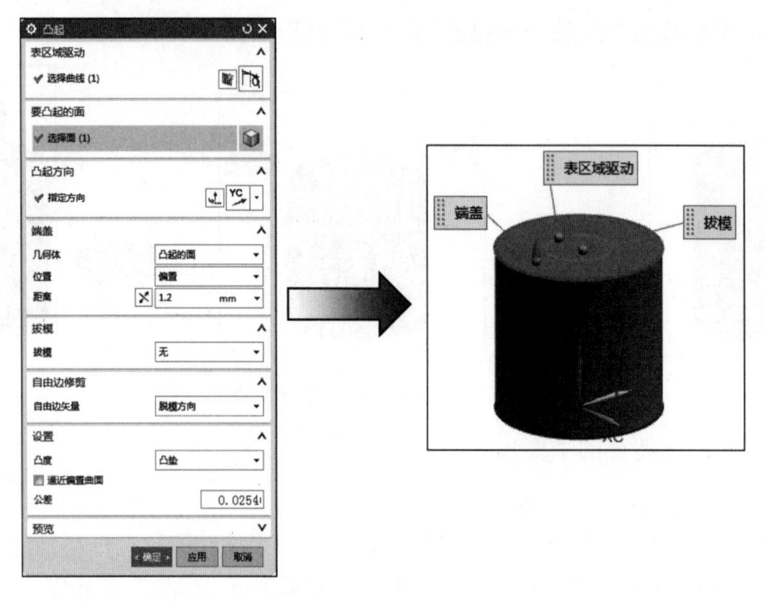

图 6-51　选择要凸起的面

05 设置截面草图凸起的方向。“凸起”对话框的“凸起方向”部分用于定义截面轮廓草图的凸起方向。单击“指定矢量”右侧的下拉箭头，从弹出的列表中选择所需的凸起方向。如果给出的凸起方向不能满足要求，可以单击对话框中的图标，打开如图 6-52 所示的“矢量”对话框，在该对话框中自定义凸起方向，此处选择的是如图 6-53 所示的凸起方向。

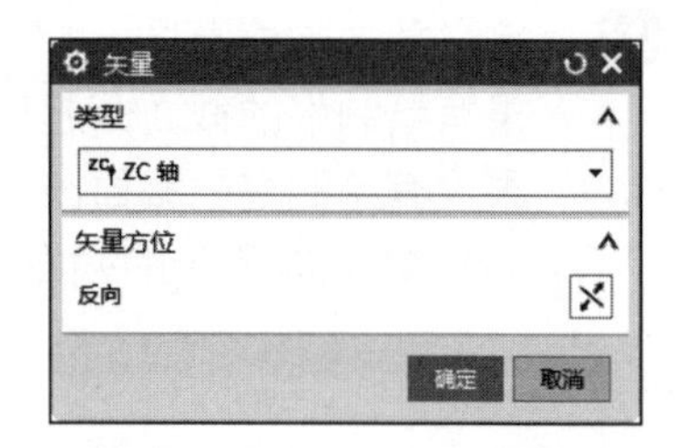

图 6-52　“矢量”对话框

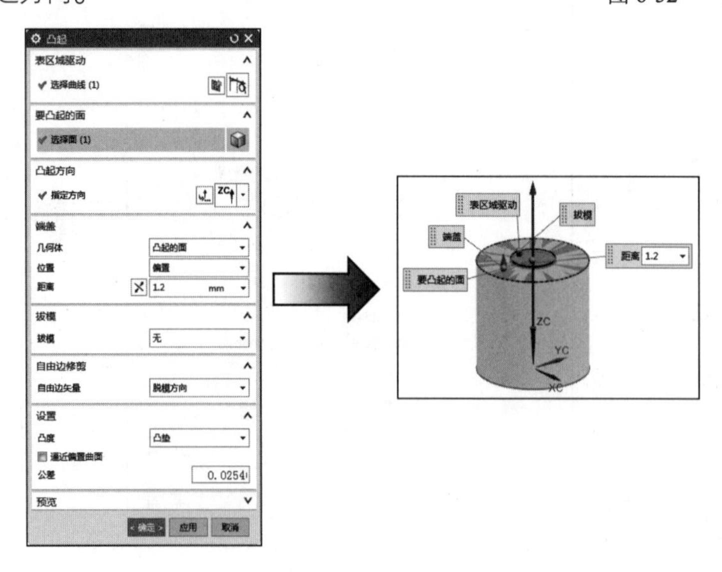

图 6-53　凸起方向

06 设置截面草图凸起距离。“端盖”部分中的“距离”选项用于定义截面轮廓草图的凸起距离。凸起示意图如图6-54所示。

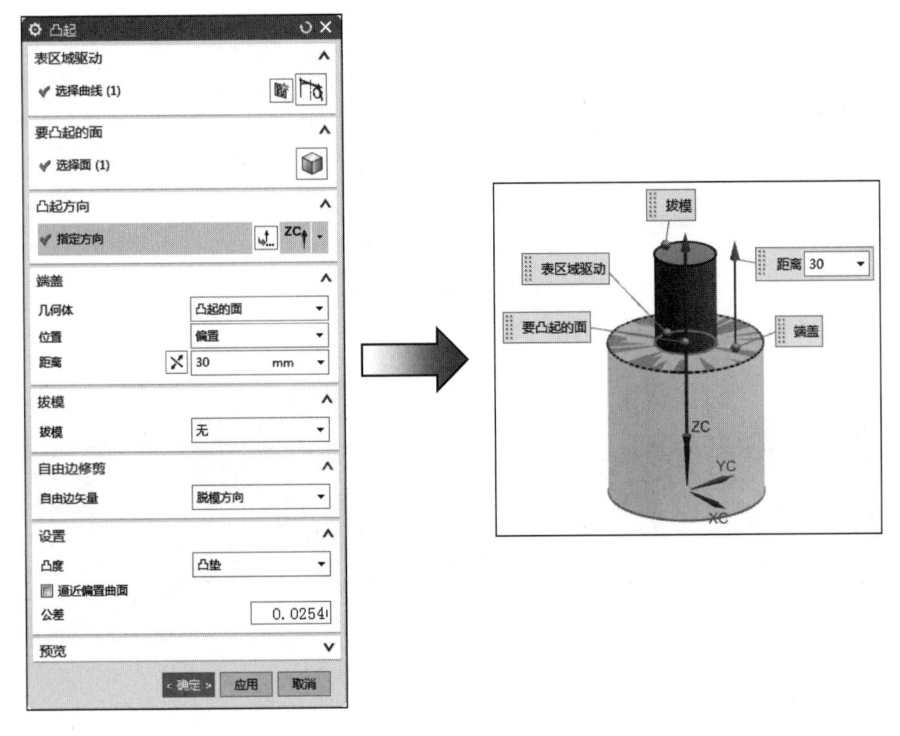

图6-54　凸起距离

下面介绍“凸起”对话框中的部分选项。

（1）选择面：用于选择一个或多个面以在其上创建凸起。

（2）端盖：定义凸起特征的限制底面或顶面，使用以下方法之一为端盖选择源几何体。

- 凸起的面：从选定用于凸起的面创建端盖，示意图如图6-55所示。

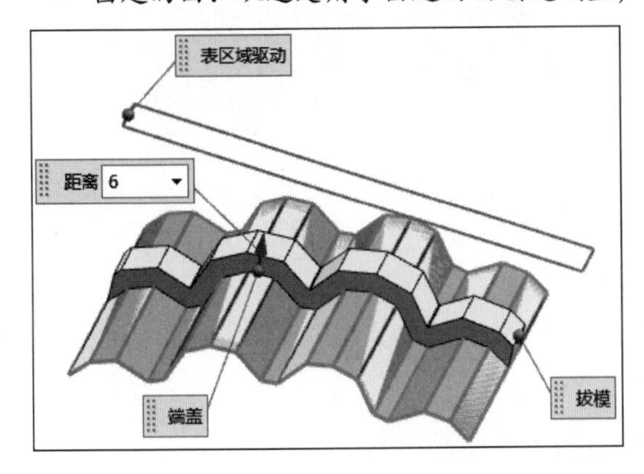

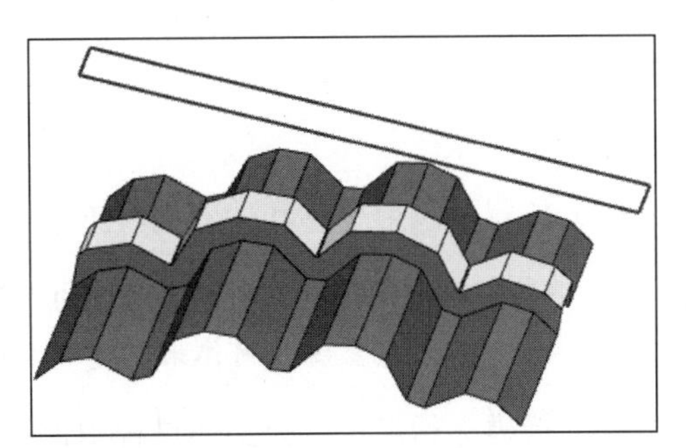

图6-55　“凸起的面”选项

- 基准平面：从选择的基准平面创建端盖，如图6-56所示。
- 截面平面：在选定的截面处创建端盖，如图6-57所示。

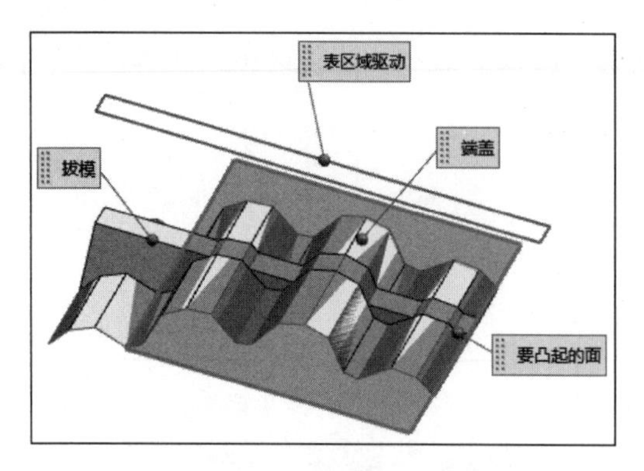

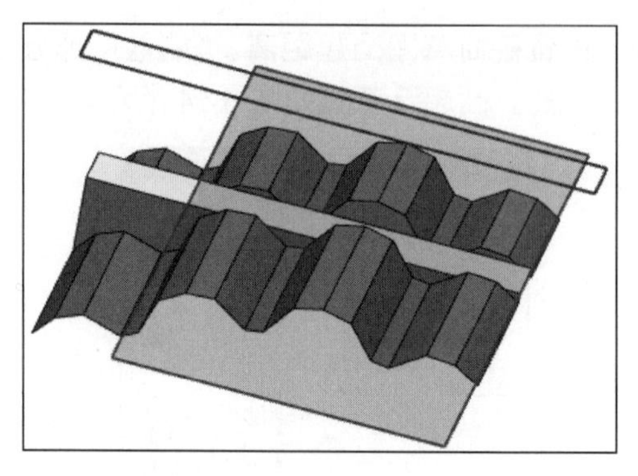

图 6-56 “基准平面”选项

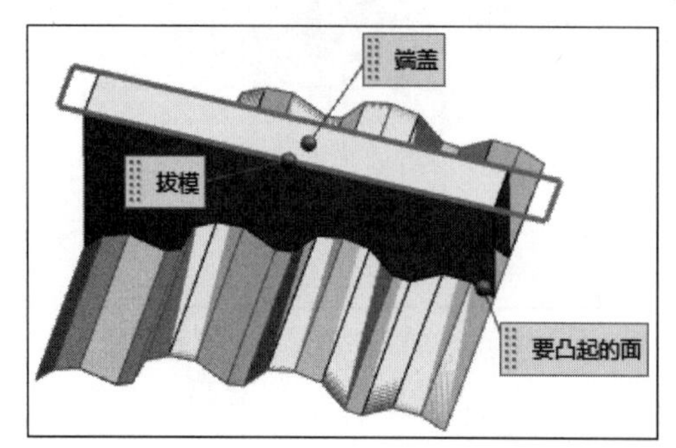

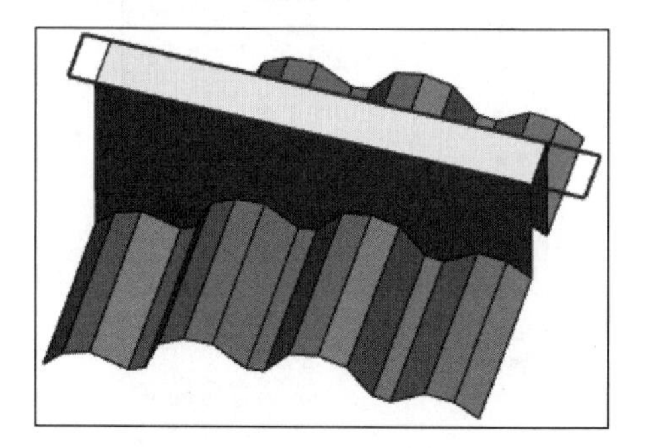

图 6-57 “截面平面”选项

- 选定的面：从选择的面创建端盖，如图 6-58 所示。

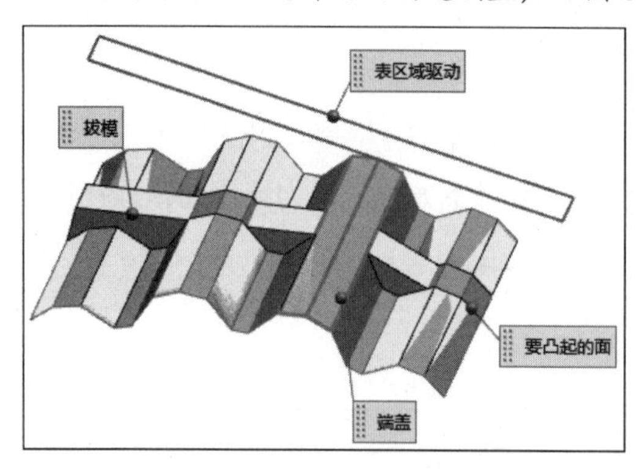

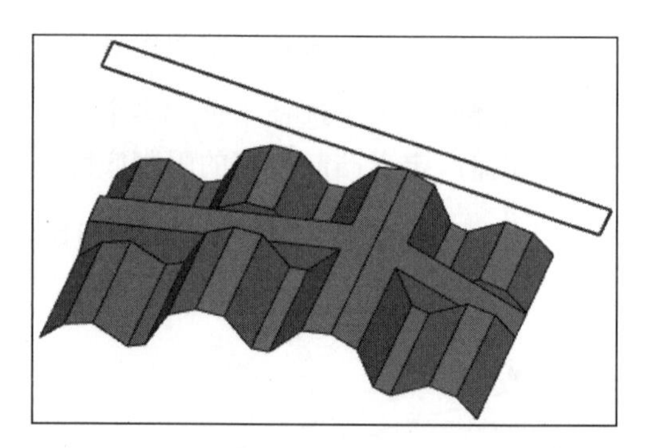

图 6-58 “选定的面”选项

（3）位置：包括平移和偏置两种方法。

- 平移：通过按凸起方向指定的方向平移源几何体来创建端盖几何体。
- 偏置：通过偏置源几何体来创建端盖几何体。

（4）拔模：指定在拔模操作过程中保持固定的侧壁位置。

- 从端盖：使用端盖作为固定边的边界。
- 从凸起的面：使用投影截面和凸起面的交线作为固定曲线。
- 从选定的面：使用投影截面和所选面的交线作为固定曲线。

- 从选定的基准：使用投影截面和所选的基准平面的交线作为固定曲线。
- 从截面：使用截面作为固定曲线。
- 无：指定不为侧壁添加拔模。

（5）自由边修剪：用于定义当凸起的投影截面跨过一条自由边（要凸起的面中不包括的边）时修剪凸起的矢量。

- 脱模方向：　使用脱模方向矢量来修剪自由边。
- 垂直于曲面：使用与自由边相接的凸起面的曲面法向执行修剪。
- 用户定义：用于定义一个矢量来修剪与自由边相接的凸起。

（6）凸度：当端盖与要凸起的面相交时，可以创建带有凸垫、凹腔和混合类型凸度的凸起。

- 凸垫：如果矢量先碰到目标曲面，后碰到端盖曲面，则认为它是垫块，如图6-59所示。

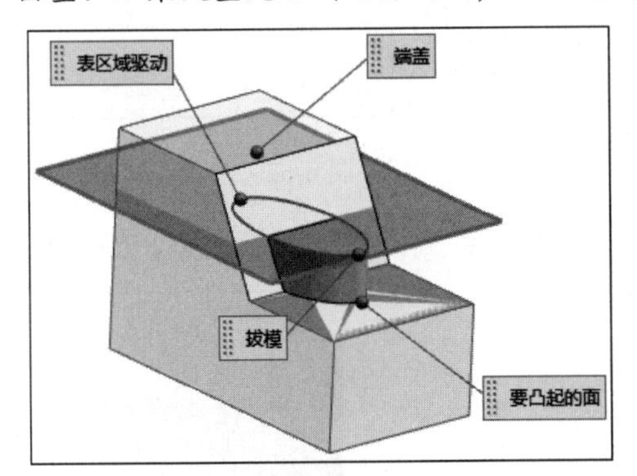

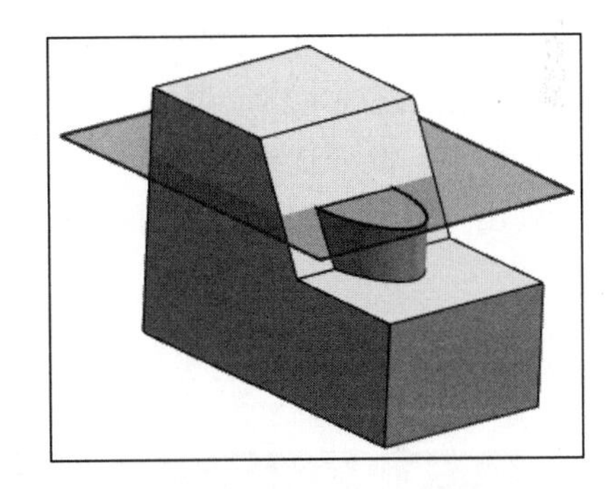

图6-59　“凸垫”选项

- 凹腔：如果矢量先碰到端盖曲面，后碰到目标，则认为它是腔，如图6-60所示。

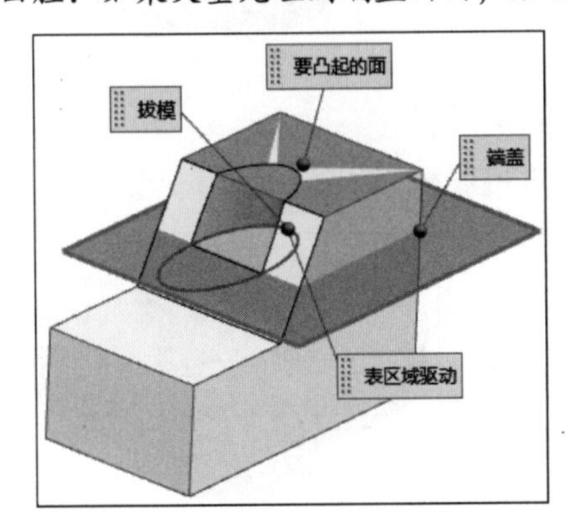

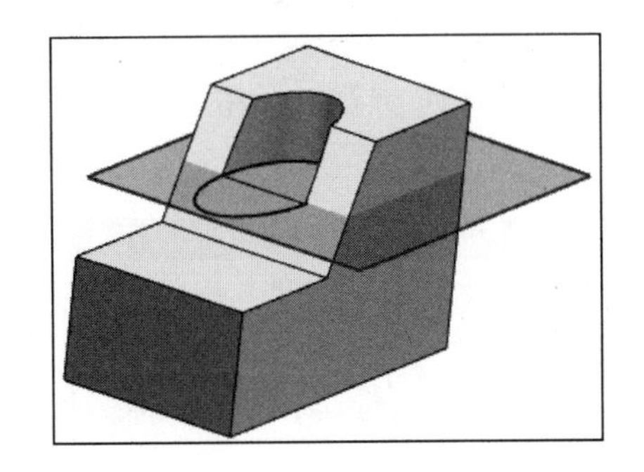

图6-60　“凹腔”选项

6.1.11　槽特征

槽特征是将一个外部或内部槽添加到实体的圆柱形面或锥形面的一种建模方法，创建过程如图6-61所示。

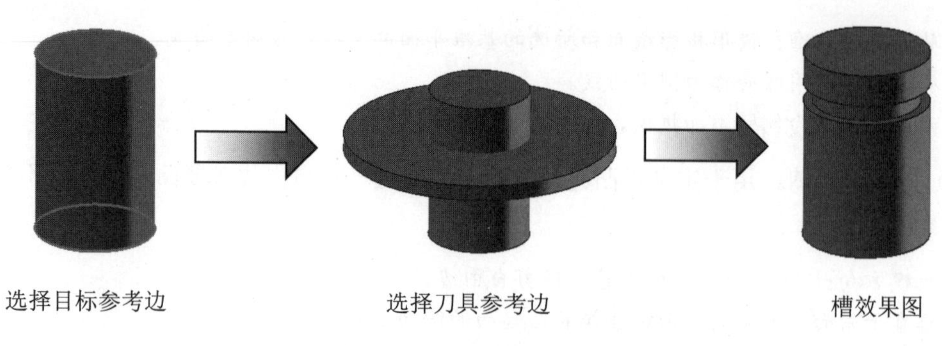

图 6-61　实体创建过程示意图

下面以矩形槽为例介绍创建槽特征的主要方法步骤。

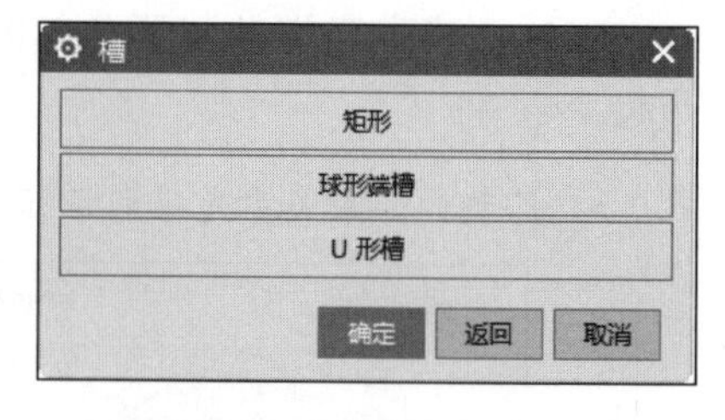

图 6-62　“槽”类型选择对话框

01　打开文件/yuanwenjian/6/6-6.prt。

02　打开“槽”类型选择对话框。在菜单栏中选择“插入”→“设计特征”→“槽”，或单击“主页”选项卡→“特征”组→“设计特征”下拉菜单→“槽”图标，弹出如图 6-62 所示的“槽”对话框。

03　选择槽类型，此处选择“矩形”。

04　系统弹出“矩形槽”放置面对话框，选择圆柱面或圆锥面为槽放置面，如图 6-63 所示。

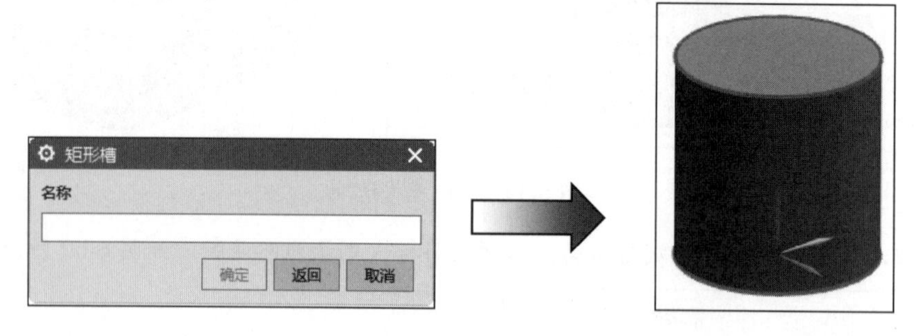

图 6-63　槽放置面

05　弹出“矩形槽”参数对话框，在对话框中设置槽参数，如图 6-64 所示。

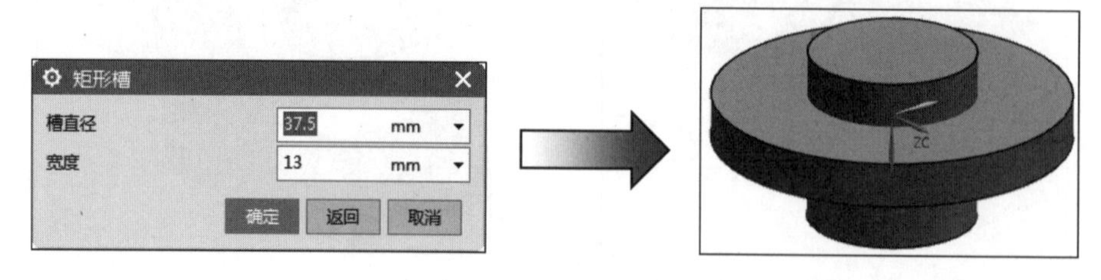

图 6-64　设置槽参数

06　弹出“定位槽”对话框，在放置面上选择一条边作为目标参考边，再在槽上选择一条边作为刀具参考边，弹出“创建表达式”对话框，输入两个参考边的定位距离，如图 6-65 所示。

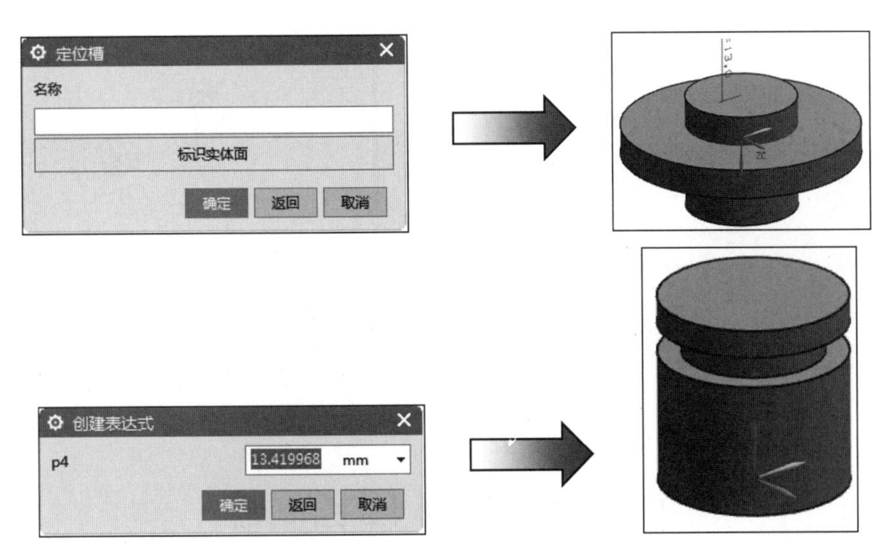

图 6-65　定位距离

下面介绍“槽”对话框中的部分选项。

（1）矩形：截面形状为矩形，如图 6-66 所示。

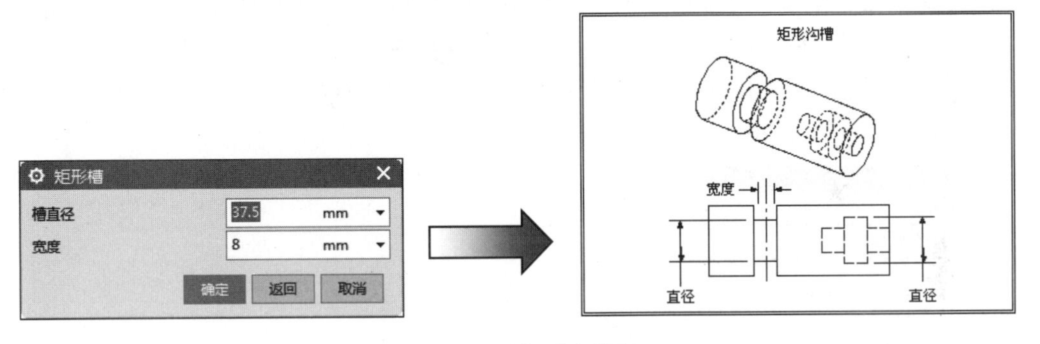

图 6-66　“矩形”类型

（2）球形端槽：截面形状为半圆形，如图 6-67 所示。

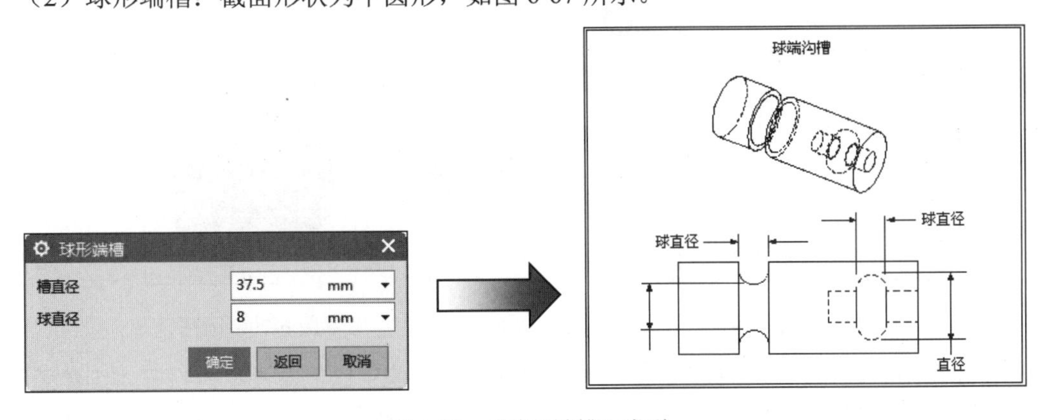

图 6-67　“球形端槽”类型

（3）U 形槽：截面形状为 U 型，如图 6-68 所示。

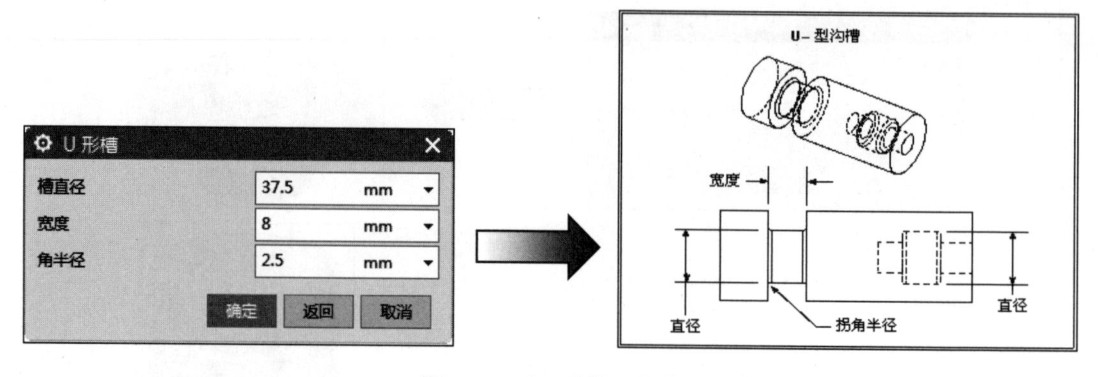

图 6-68 “U 形槽”类型

6.2 综合实例 1：绘制轴

通过创建圆柱体，再结合基准来组合成轴，具体操作步骤如下：

01 新建 zhou 文件，在模板里选择“模型”，单击“确定”按钮，进入建模模块。

02 创建圆柱体。在菜单栏中选择“插入”→“设计特征”→“圆柱”，弹出如图 6-69 所示的“圆柱”对话框。选择“轴、直径和高度”❶，在“指定矢量”下拉列表中单击 XC 图标❷，在“直径”和“高度”选项中分别输入 33、34❸，单击“确定”按钮，生成圆柱体，如图 6-70 所示。

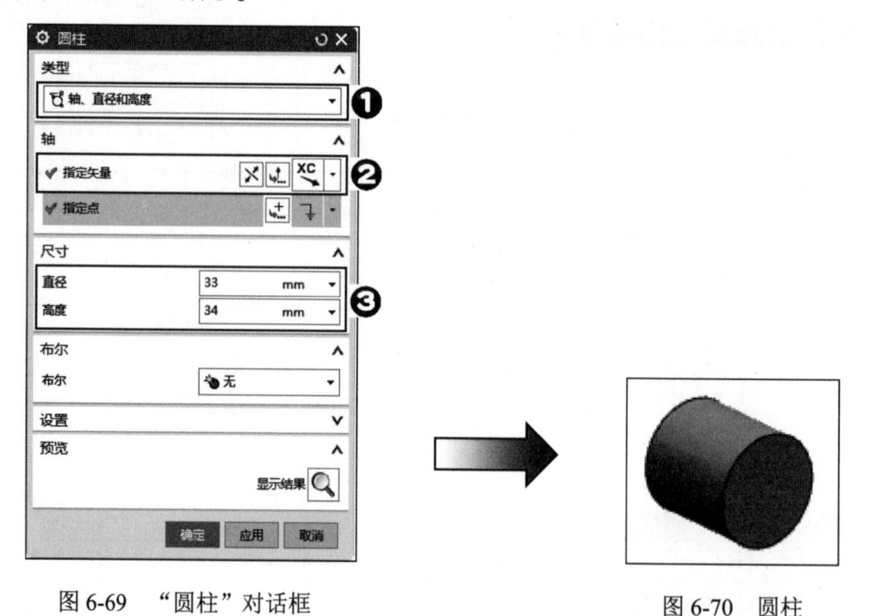

图 6-69 “圆柱”对话框　　图 6-70 圆柱

03 创建草图。选择菜单栏中的“插入”→“在任务环境中绘制草图”，打开“创建草图”对话框，选择圆柱体的顶面为草图绘制面，单击“确定”按钮，进入到草图绘制环境，绘制如图 6-71 所示的草图。单击“主页”选项卡→“草图”组→“完成”图标，完成草图的创建。

04 创建拉伸。在菜单栏中选择“插入”→“设计特征”→“拉伸”，或单击“主页”选项卡→“特征”组→“设计特征”下拉菜单→“拉伸”图标，弹出如图6-72所示的“拉伸”对话框。单击“选择曲线”选项，选择上一步创建的草图为要拉伸的曲线❶，在“指定矢量”下拉列表中选择“XC轴”❷，在结束距离文本框中输入结束距离值8❸，在“布尔”下拉列表中选择“合并”选项❹，单击“确定”按钮，完成拉伸特征的创建，如图6-73所示。

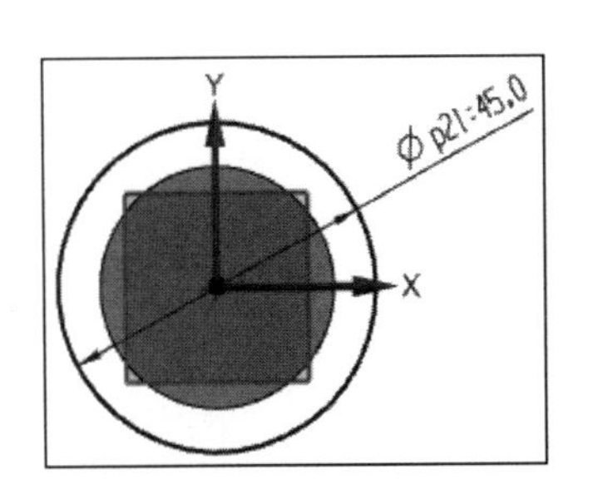

图6-71　绘制草图

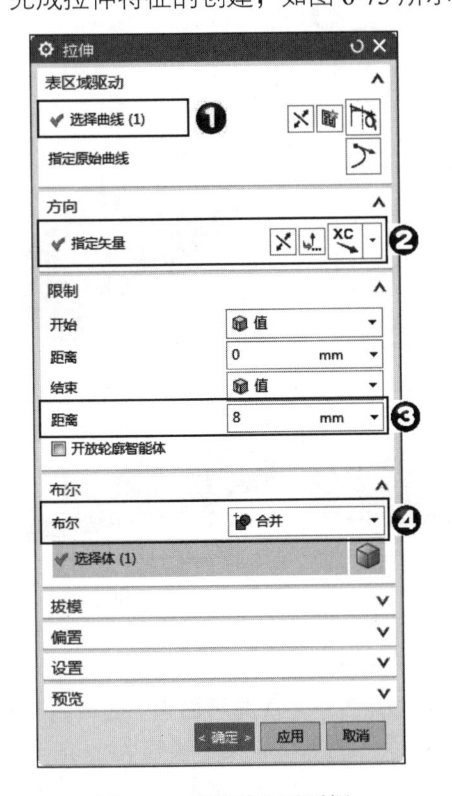

图6-72　“拉伸”对话框

图6-73　拉伸特征

05 创建底面凸起1。在菜单栏中选择“插入”→“设计特征”→“凸起”，或单击“主页”选项卡→“特征”组→“设计特征”下拉菜单→“凸起”图标，弹出“凸起”对话框。单击“绘制截面”图标，打开“创建草图”对话框，选择拉伸体的顶面为草图绘制面，单击“确定”按钮，进入到草图绘制环境，绘制如图6-74所示的草图，单击“主页”选项卡→“草图”组→“完成”图标，返回到“凸起”对话框，单击“选择曲线”选项，选择刚刚绘制的草图❶，单击“选择面”选项，选择拉伸体的顶面为要凸起的面❷，在“指定方向”下拉列表中选择“XC轴”❸，在“距离”文本框中输入距离值“32”❹，如图6-75所示。单击“确定”按钮，完成凸起1的创建，如图6-76所示。

06 创建凸起2、3、4。操作步骤与创建凸起1相同，只是参数不同。分别在前一个凸起的顶端创建凸起，凸起2的直径为28、高度为45，凸起3的直径为22、高度为32，凸起4的直径为16、高度为32，如图6-77所示。

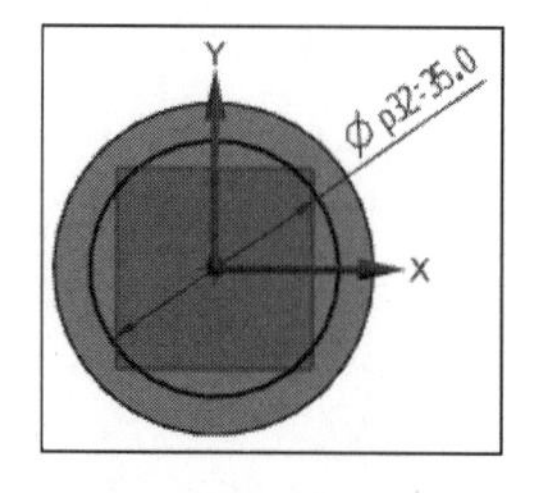

图 6-74　绘制草图

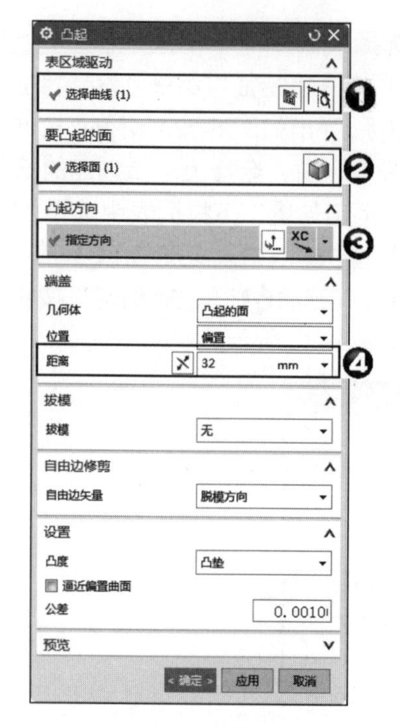

图 6-75　设置参数

图 6-76　创建凸起 1

凸起 2

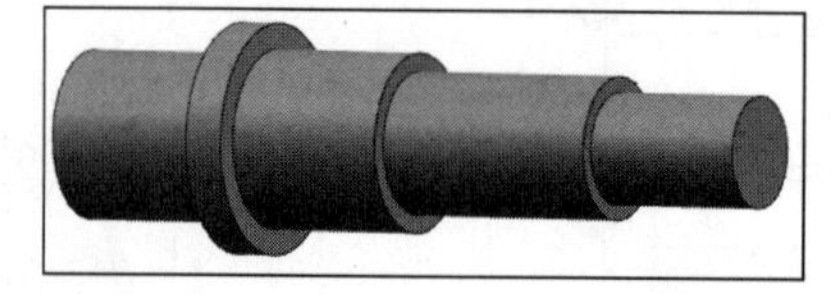

凸起 3

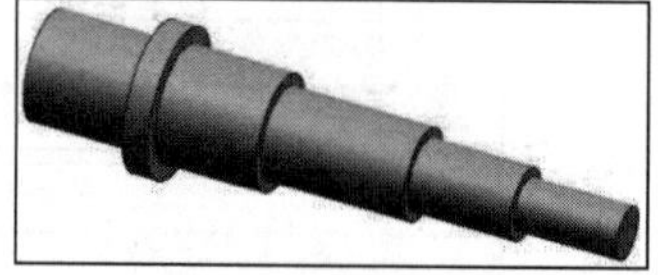

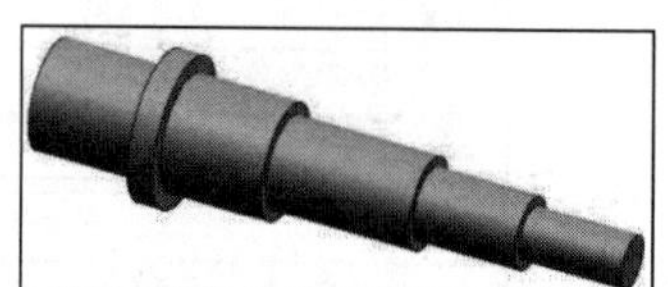

凸起 4

图 6-77　创建凸起 2、3、4

07 创建基准平面。在菜单栏中选择“插入”→“基准/点”→“基准平面”，或单击“主页”→“特征”组→“基准/点”下拉菜单→“基准平面”图标，弹出如图 6-78 所示的“基准平面”对话框。在“类型”下拉列表中选择“点和方向”类型❶，选择凸起 1 上端面的象限点❷，设置“指定矢量”方向为 ZC 轴❸，生成的基准平面如图 6-79 所示。

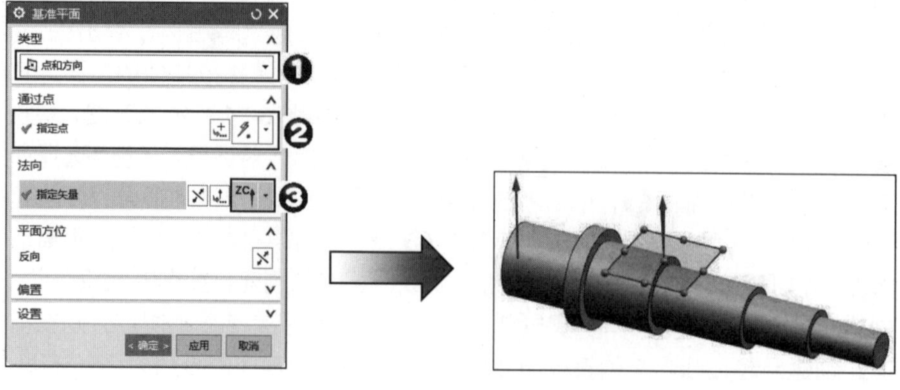

图 6-78　“基准平面”对话框

图 6-79　创建基准平面

08 创建草图。选择菜单栏中的“插入”→“在任务环境中绘制草图”，打开“创建草图”对话框，选择创建的基准面为草图绘制面，单击“确定”按钮，进入到草图绘制环境，绘制如图 6-80 所示的草图。单击“主页”选项卡→“草图”组→“完成”图标，完成草图的创建。

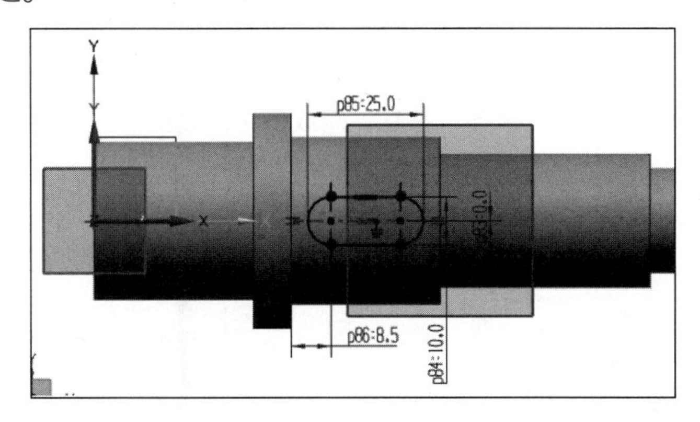

图 6-80 绘制草图

09 创建键槽。在菜单栏中选择“插入”→“设计特征”→“拉伸”，或单击“主页”选项卡→“特征”组→“设计特征”下拉菜单→“拉伸”图标，弹出如图 6-81 所示的“拉伸”对话框，单击“选择曲线”选项，选择上一步创建的草图为要拉伸的曲线❶，在“指定矢量”下拉列表中选择“-ZC 轴”❷，在结束距离文本框中输入结束距离值 5❸，在“布尔”下拉列表中选择“减去”❹，单击“确定”按钮，完成键槽的创建，如图 6-82 所示。

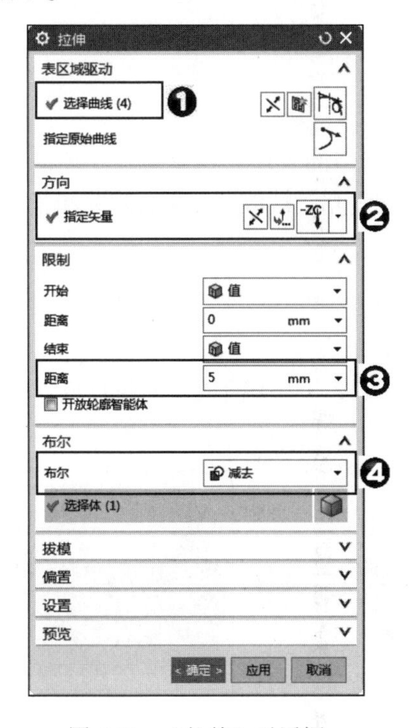

图 6-81 “拉伸”对话框

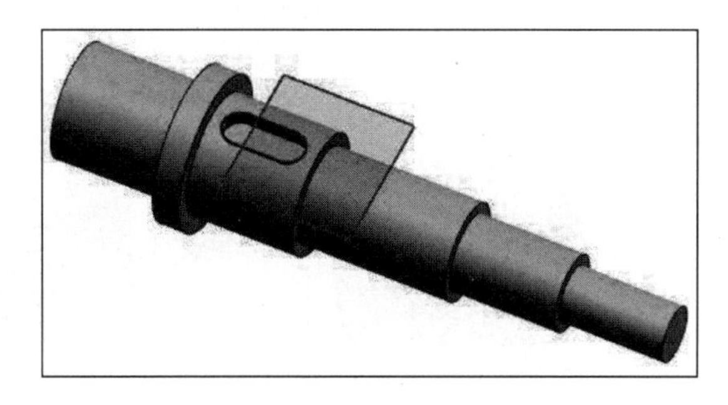

图 6-82 创建键槽

10 创建槽。在菜单栏中选择“插入”→“设计特征”→“槽”，或单击“主页”选项卡→“特征”组→“设计特征”下拉菜单→“槽”图标，弹出“槽”对话框，如图 6-83 所示。单击“矩形”按钮❶，弹出“矩形槽”放置面对话框，如图 6-84 所示。选择圆柱体的侧面为槽放置面❷，弹出“矩形槽”参数对话框，如图 6-85 所示。在“槽直径”和“宽度”中分别输入 30、3 ❸，单击“确定”按钮，弹出“定位槽”对话框。选择拉伸体的下端面边缘为基准，选择槽上端面边缘为刀具边，弹出“创建表达式”对话框。在对话框中输入 0，单击“确定”按钮，完成槽 1 的创建。接着创建参数相同、定位距离为 3 的槽 2。生成的模型如图 6-86 所示。

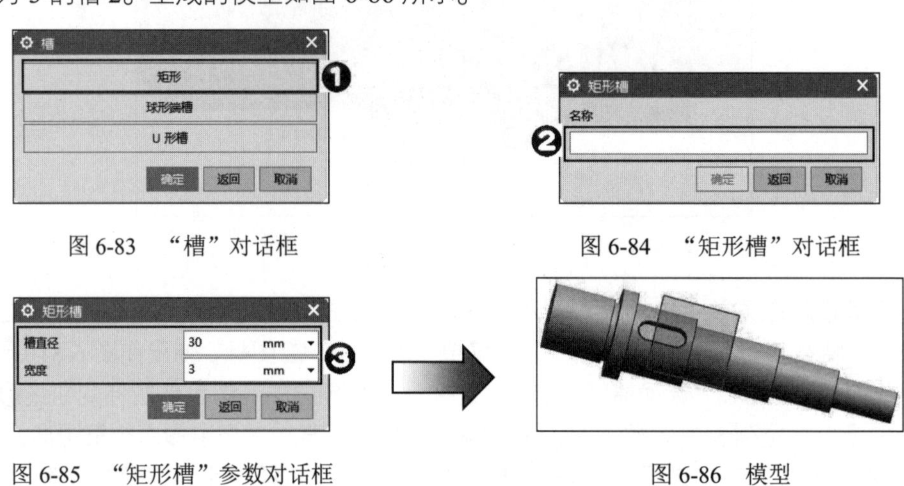

图 6-83　“槽”对话框

图 6-84　“矩形槽”对话框

图 6-85　“矩形槽”参数对话框

图 6-86　模型

6.3　特征操作

在建立特征建模后，通过特征操作可以增加一些细节的表现，也就是在毛坯的基础上进行详细设计的操作。本节将主要介绍拔模、边倒圆、倒斜角、螺纹、抽壳、阵列和镜像特征操作。

6.3.1　拔模特征

拔模特征是通过更改指定矢量和可选的参考点将拔模应用于面或边的特征操作，创建过程如图 6-87 所示。

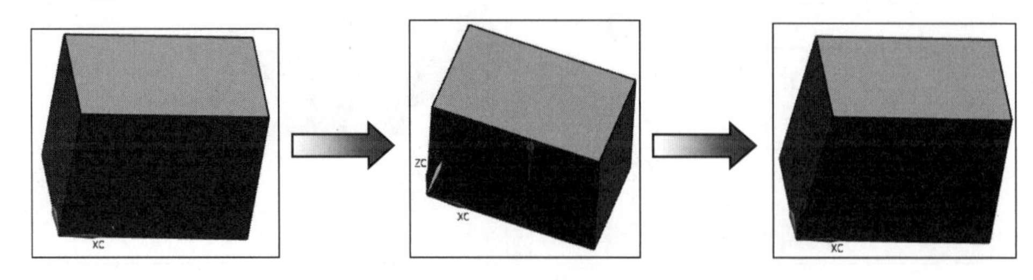

图 6-87　实体创建过程示意图

下面以面为例介绍创建拔模角特征的步骤。

01 打开文件/yuanwenjian/6/6-5.prt。

02 打开“拔模”对话框。在菜单栏中选择“插入”→“细节特征”→“拔模”，或单击“主页”选项卡→“特征”组→“拔模”图标，弹出如图 6-88 所示的“拔模”对话框。

03 在“类型”下拉列表中选择“面”类型。

04 选择脱模方向。“拔模”对话框的“脱模方向”部分用于定义拔模的方向。单击“指定矢量”右侧的下拉箭头，从下拉列表中选择所需的拔模方向。如果给出的拔模方向不能满足要求，可以单击对话框中的图标，打开“矢量”对话框，在该对话框中自定义所需拉伸方向。此处选择的是如图 6-89 所示的拔模方向。

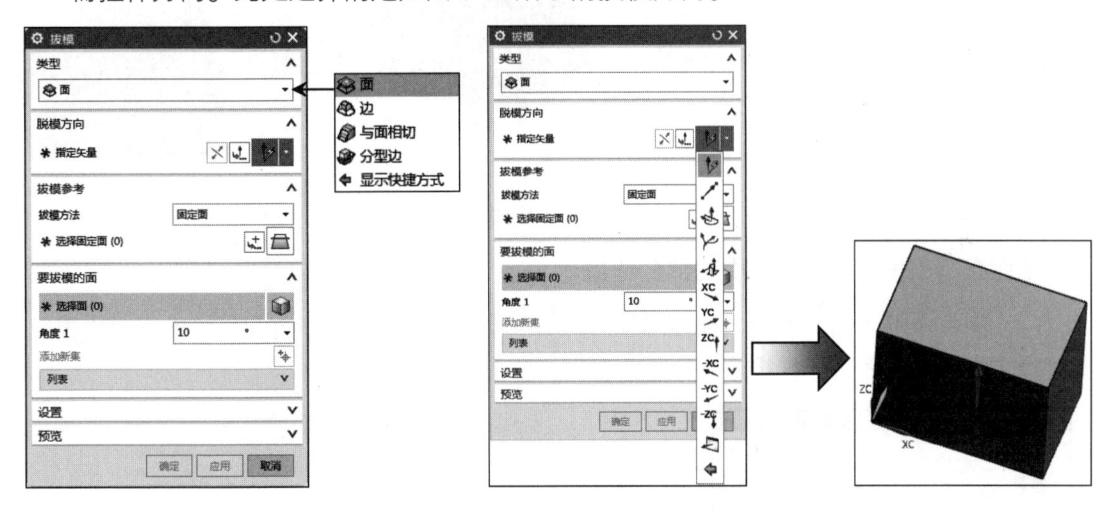

图 6-88　“拔模”对话框　　　图 6-89　拔模方向

05 选择固定面。“拔模”对话框中的“选择固定面”部分用于定义拔模时不改变的平面。单击“选择固定面”选项，在视图区选择平面；或者单击“点对话框”按钮，通过点来创建固定平面，如图 6-90 所示。

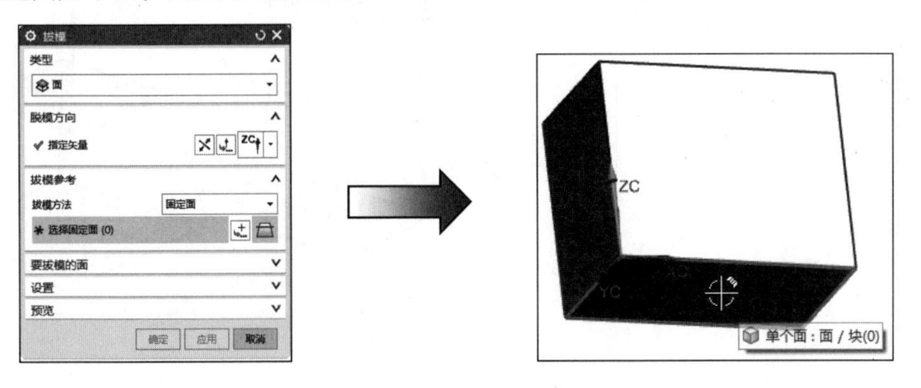

图 6-90　创建固定平面

06 选择要拔模的面。“拔模”对话框中的“要拔模的面”部分用于定义要拔模的面和拔模角度。单击“选择面”按钮，在视图区选择要拔模的面，并在“角度 1”文本框中输入角度，如图 6-91 所示。

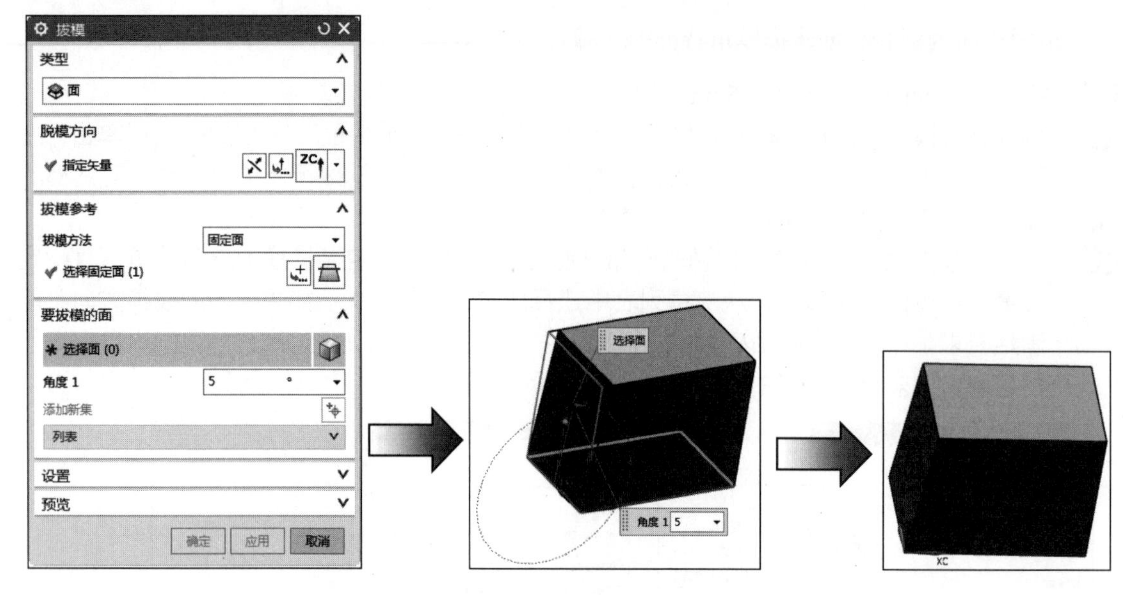

图 6-91　选择拔模面

下面介绍“拔模”对话框中的部分选项。

（1）面：选择“面”类型，如图 6-92 所示，用于从参考平面开始、与拔模方向成拔模角度对指定的实体表面进行拔模。

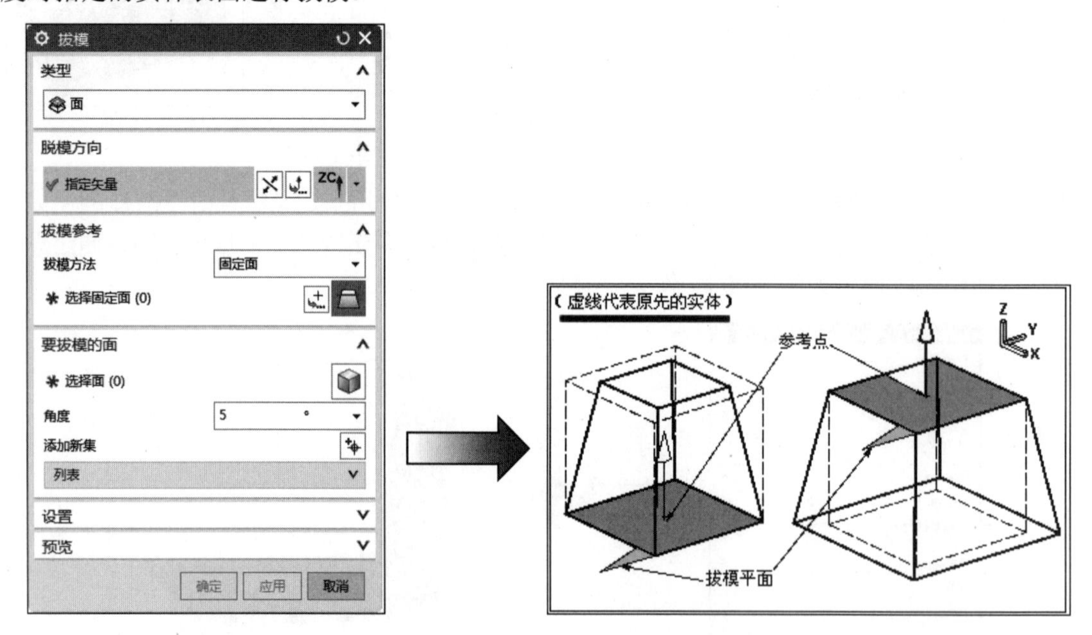

图 6-92　“面”类型

- 脱模方向：用于指定实体拔模的方向。用户可在“指定矢量”下拉列表中指定拔模的方向。所选的拔模方向不能与任何拔模表面的法向平行。
- 固定面：用于指定实体拔模的参考面。在拔模过程中，实体在该参考面上的截面曲线不发生变化。

- 要拔模的面：用于选择一个或多个要进行拔模的表面。
- 角度：当进行实体外表面的拔模时，若拔模角度大于 0，则沿拔模方向向内拔模；否则沿拔模方向向外拔模。当进行实体内表面的拔模时，情况与拔模外表面刚好相反。

（2）边：选择“边”类型，如图 6-93 所示，用于从实体边开始、与拔模方向成拔模角度对指定的实体表面进行拔模。

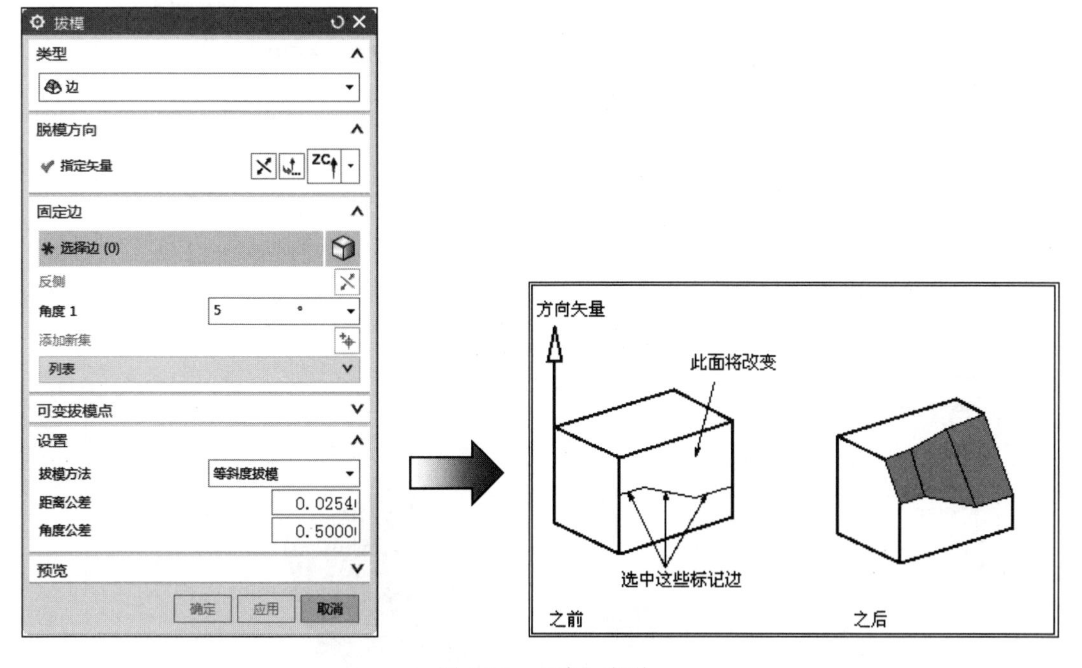

图 6-93 “边”类型

- 脱模方向：与上面介绍的面拔模中的含义相同。
- 固定边：用于指定实体拔模的一条或多条实体边来作为拔模的参考边。
- 可变拔模点：用于在参考边上设置实体拔模的一个或多个控制点，再为各控制点设置相应的角度和位置，从而实现沿参考边对实体进行变角度的拔模。其可变角定义点的定义可通过“捕捉点”对话框来实现。所选择的参考边在任意点处的切线与拔模方向的夹角必须大于拔模角度；指定变角控制点步骤不是必需的，用户可以不指定变角度控制点。此时系统沿参考边用“Pt1 A”文本框中设置的拔模角度对实体进行固定角度拔模。在拔模时，选择同一个表面上的多段边作为参考边时，在拔模后该表面会变成多个表面。

（3）与面相切：选择“与面相切”类型，如图 6-94 所示，用于对实体进行与拔模方向成一定角度的拔模，并使拔模面相切于指定的实体表面。

下面介绍“与面相切”类型中主要参数的用法。

- 脱模方向：与上面介绍的面拔模中的含义相同。
- 相切面：用于将一个或多个相切表面作为拔模表面。

（4）分型边：选择“分型边”类型，如图 6-95 所示，用于从参考面开始、与拔模方向成拔模角度、沿指定的分割边对实体进行拔模。

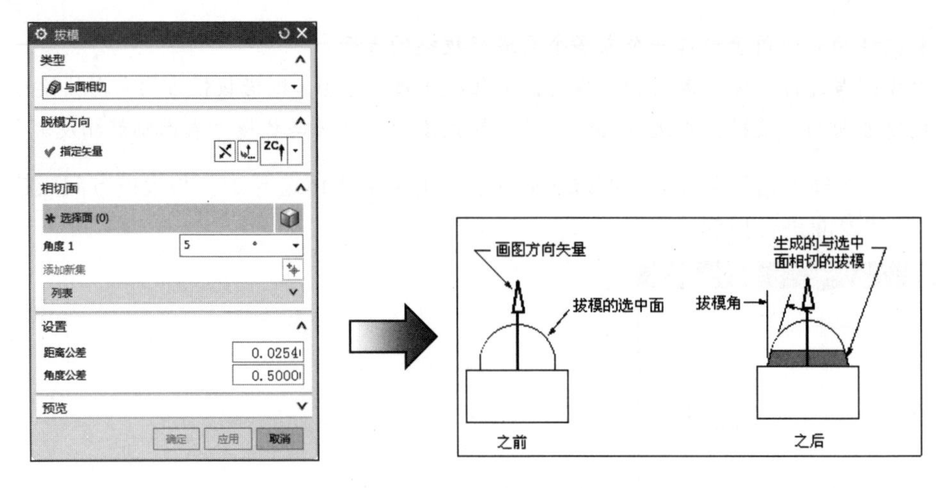

图 6-94 “与面相切”类型

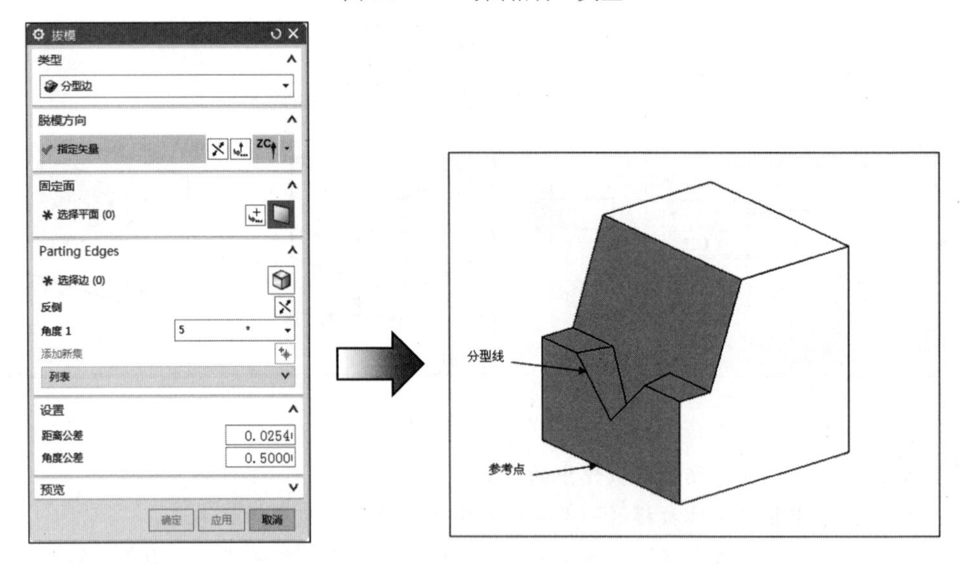

图 6-95 “分型边”类型

下面介绍“分型边”类型中主要参数的用法。

- 脱模方向：与上面介绍的面拔模中的含义相同。
- 固定面：用于指定实体拔模的参考面。在拔模过程中，实体在该参考面上的截面曲线不发生变化。
- Parting Edges：用于选择一条或多条分割边作为拔模的参考边。其使用方法和通过边拔模实体的方法相同。

6.3.2 边倒圆特征

边倒圆是指沿边缘去除材料或添加材料，使实体上的尖锐边缘变成圆滑表面（圆角面）的一种特征操作。可以沿一条边或多条边同时进行倒圆操作。沿边的长度方向，倒圆半径可以不变，也可以变化。其实体创建过程如图 6-96 所示。

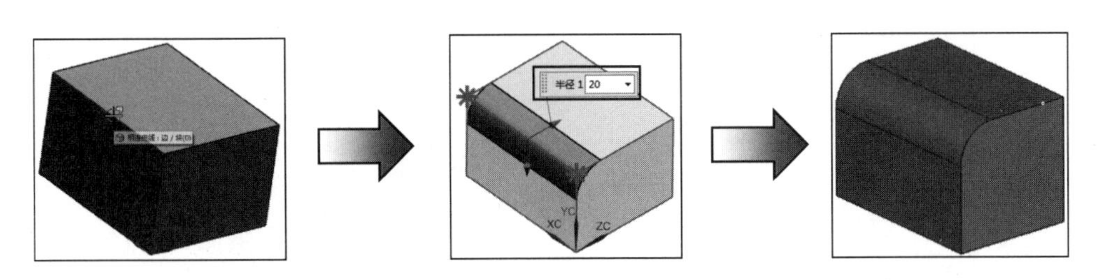

图 6-96 实体创建过程示意图

下面介绍创建倒圆角特征的方法。

01 打开文件/yuanwenjian/6/6-5.prt。

02 打开“边倒圆”对话框。在菜单栏中选择“插入”→“细节特征”→“边倒圆”，或单击“主页”选项卡→“特征”组→“边倒圆”图标，弹出如图 6-97 所示的“边倒圆”对话框。

03 选择要倒圆的边。“边倒圆”对话框的“边”部分用于定义要倒圆的边和圆角半径。单击“选择边”按钮，在视图区选择要倒圆的边，并在“半径 1”文本框中设置圆角半径。

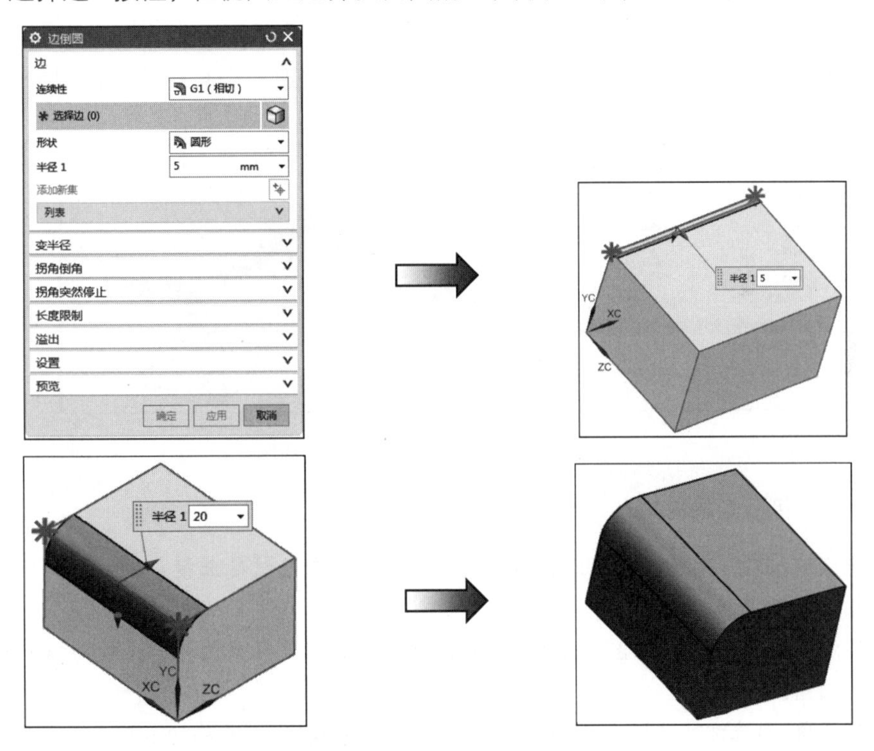

图 6-97 “边倒圆”对话框

下面介绍“边倒圆”对话框中的部分选项。

（1）变半径：用于在一条边上定义不同的点，然后设置不同的倒角半径，示意图如图 6-98 所示。

（2）拐角倒角：用于在规定的边缘上从一个规定的点回退的距离，产生一个回退的倒角效果，示意图如图 6-99 所示。

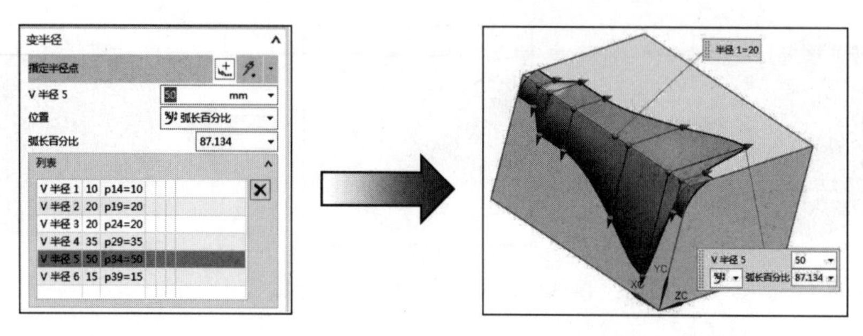

图 6-98 “变半径”示意图

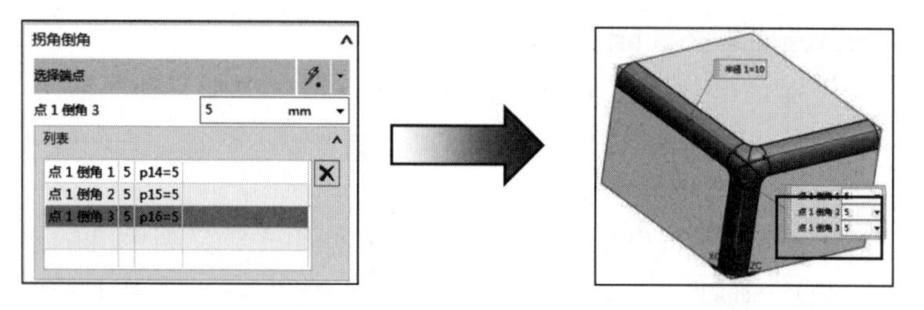

图 6-99 “拐角倒角”示意图

（3）拐角突然停止：指定一个点，然后倒角从该点回退一个百分比，回退的区域将保持原状，示意图如图 6-100 所示。

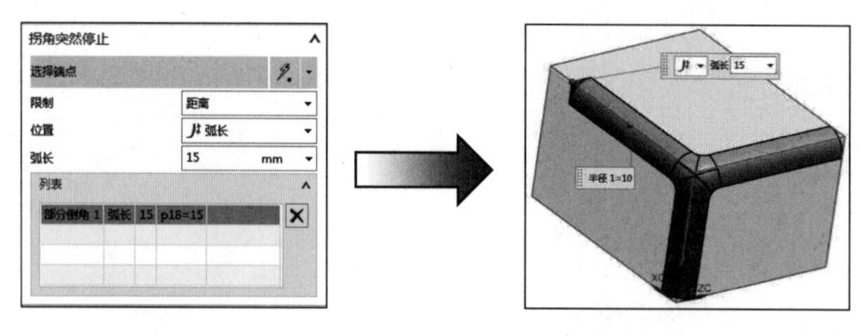

图 6-100 “拐角突然停止”示意图

（4）溢出：包括 3 种方式。

- 跨光顺边滚动：用于设置在溢出区域是否光滑。若勾选该复选框，系统将产生与其他邻接面相切的倒角面。
- 沿边滚动：用于设置在溢出区域是否存在陡边。若勾选该复选框，系统将以邻接面的边创建倒圆角。
- 修剪圆角：勾选该复选框，允许倒角在相交的特殊区域生成，并移动不符合几何要求的陡边。

在边倒圆操作时，将 3 种溢出方式全部勾选。当溢出发生时，系统可自动选择溢出方式，使结果最好。

6.3.3 倒斜角特征

倒斜角特征是指在面之间的陡峭边进行倒角的一种特征操作。其实体创建过程示意如图 6-101 所示。

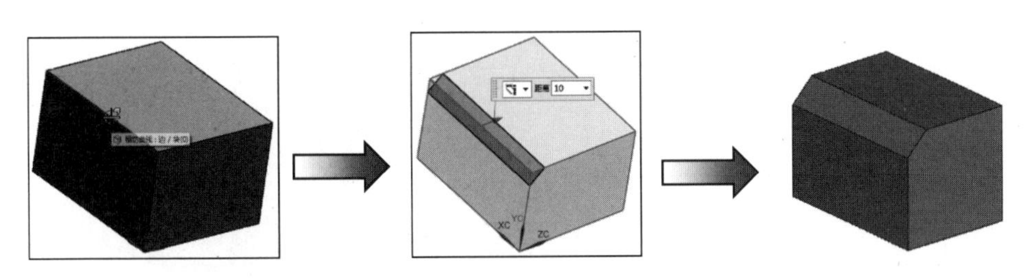

图 6-101 实体创建过程示意如图

下面介绍创建倒斜角特征的方法。

01 打开文件/yuanwenjian/6/6-5.prt。

02 打开“倒斜角”对话框。在菜单栏中选择“插入”→“细节特征”→“倒斜角”，或单击“主页”选项卡→“特征”组→“倒斜角”图标，弹出如图 6-102 所示的“倒斜角”对话框。

03 单击“选择边”按钮，选择要倒斜角的边，如图 6-103 所示。

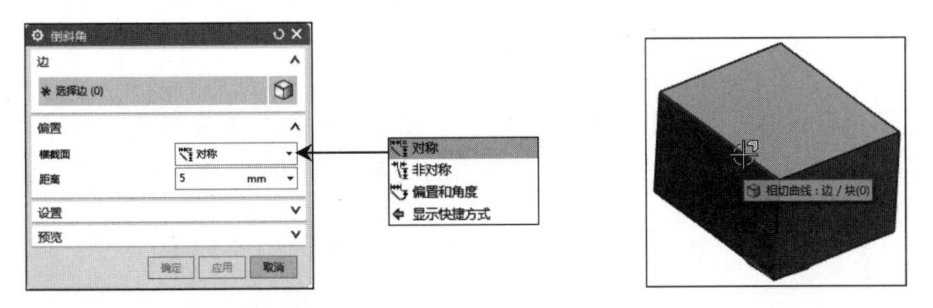

图 6-102 “倒斜角”对话框　　　　图 6-103 选择倒斜角的边

04 “倒斜角”对话框中的“偏置”部分用于定义倒斜角横截面的类型。此处选择“对称”方式，如图 6-104 所示。

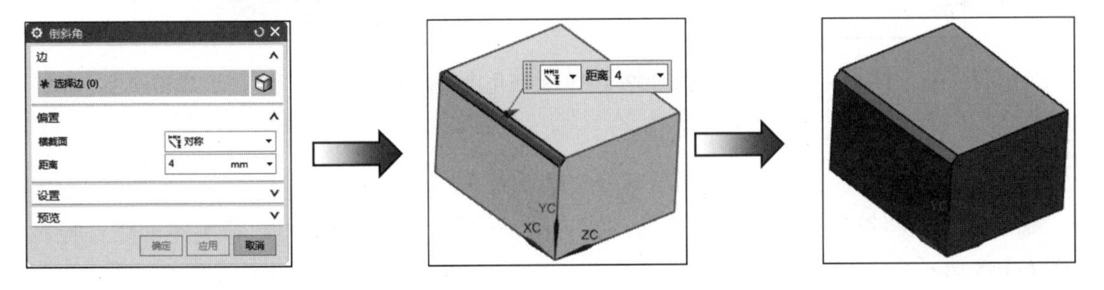

图 6-104 选择“对称”方式

下面介绍“横截面”的偏置方式。

（1）对称：与倒角边邻接的两个面采用同一个偏置方式来创建简单的倒角。选择该方式，“距离”文本框被激活，在其中输入倒角边要偏置的值，单击“确定”按钮，即可创建倒角，如图 6-105 所示。

（2）非对称：与倒角边邻接的两个面分别采用不同偏置值来创建倒角。选择该方式，“距离 1”和“距离 2”文本框被激活，在这两个文本框中输入用户所需的距离值，单击“确定”按钮，即可创建“非对称”倒角，如图 6-106 所示。

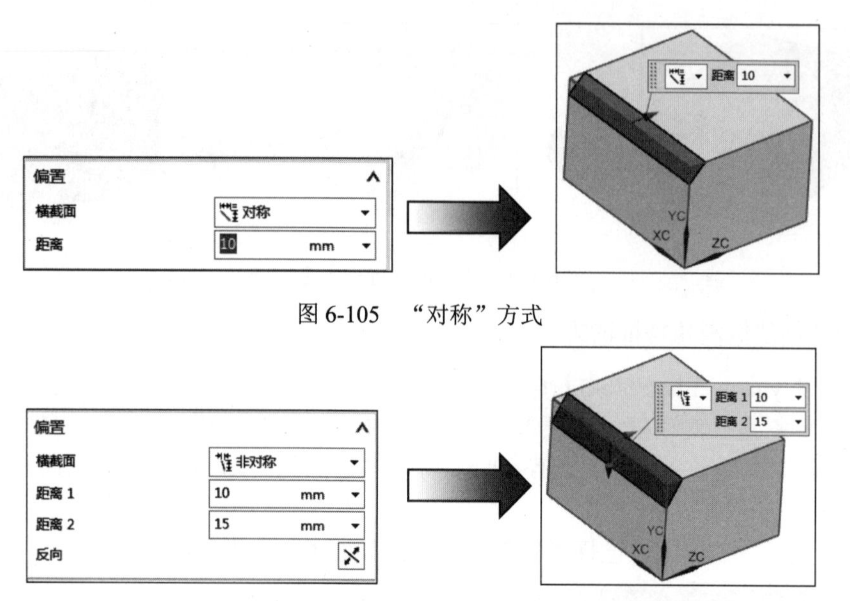

图 6-105 “对称”方式

图 6-106 “非对称”方式

（3）偏置和角度：用一个偏置值和一个角度来创建倒角。选择该方式，“距离”和“角度”文本框被激活，在这两个文本框中输入用户所需的距离值和角度，单击“确定”按钮，创建倒角，如图 6-107 所示。

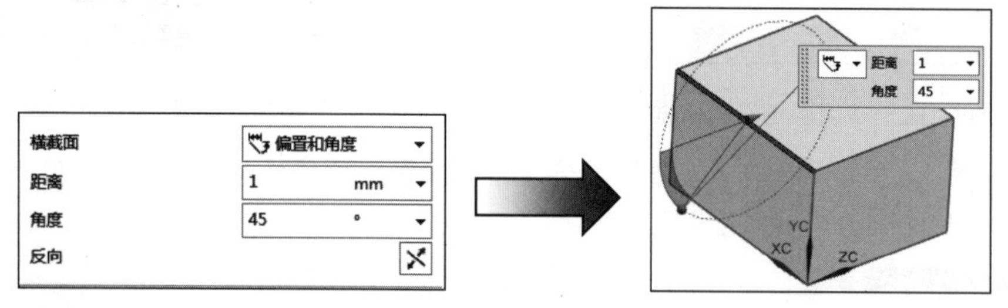

图 6-107 “偏置和角度”方式

6.3.4 螺纹特征

螺纹特征是将符号和详细螺纹添加到实体圆柱面的一种特征操作。其实体创建过程示意如图 6-108 所示。

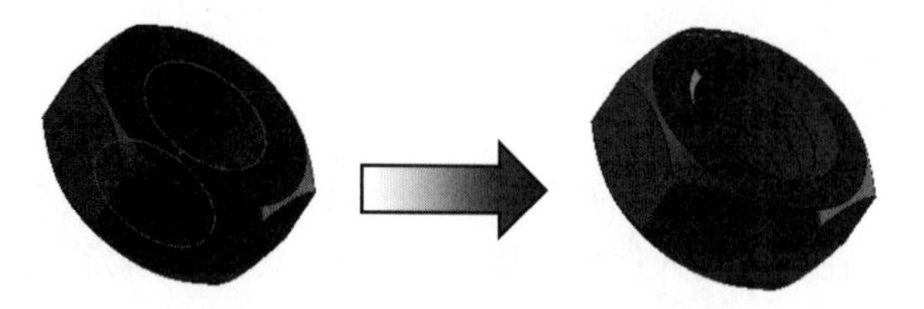

图 6-108 实体创建过程示意图

下面以创建详细螺纹为例介绍螺纹特征的创建步骤。

01 打开文件/yuanwenjian/6/6-8.prt。

02 打开“螺纹切削”对话框。在菜单栏中选择“插入”→“设计特征”→“螺纹”，或单击“主页”选项卡→“特征”组→“设计特征”下拉菜单→“螺纹刀”图标，弹出如图 6-109 所示的“螺纹切削”对话框。

03 选择螺纹类型，此处选择“详细”，如图 6-110 所示。

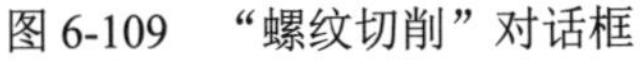

图 6-109　“螺纹切削”对话框

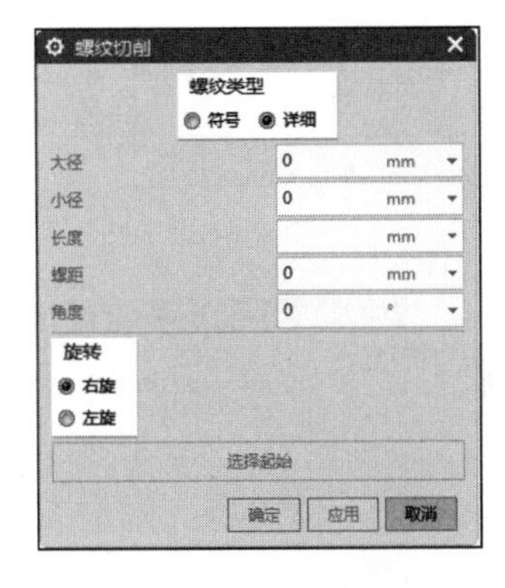

图 6-110　选择“螺纹类型”

04 选择螺纹放置面（放置面必须是圆柱面），如图 6-111 所示。

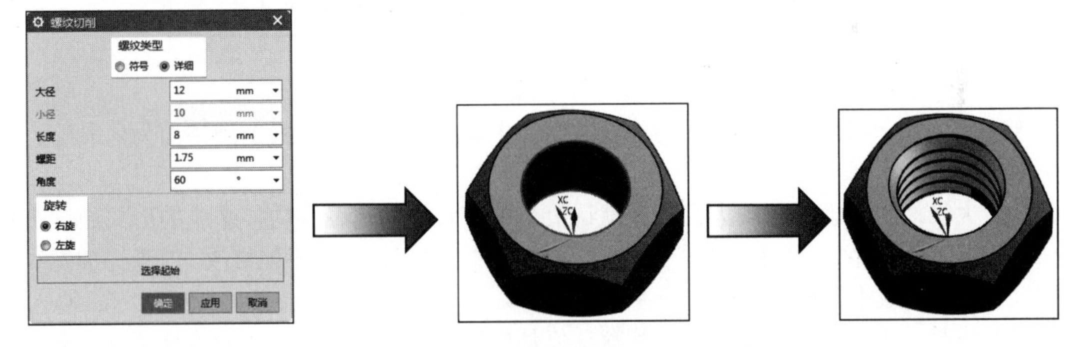

图 6-111　选择螺纹放置面

下面介绍“螺纹切削”对话框中的部分选项。

（1）螺纹类型：分为“符号”和“详细”两种类型。

- 符号：用于创建符号螺纹，如图 6-112 所示。符号螺纹用虚线表示，并不显示螺纹实体。这样做的好处是在工程图阶段可以生成中国国标的符号螺纹，同时节省内存、加快运算速度。推荐用户采用符号螺纹的方法。
- 详细：用于创建详细螺纹，以便把所有螺纹的细节特征都表现出来。该操作很消耗硬件内存和速度，所以一般情况下不建议使用。选中该单选按钮，“螺纹切削”对话框中的选项如图 6-113 所示。

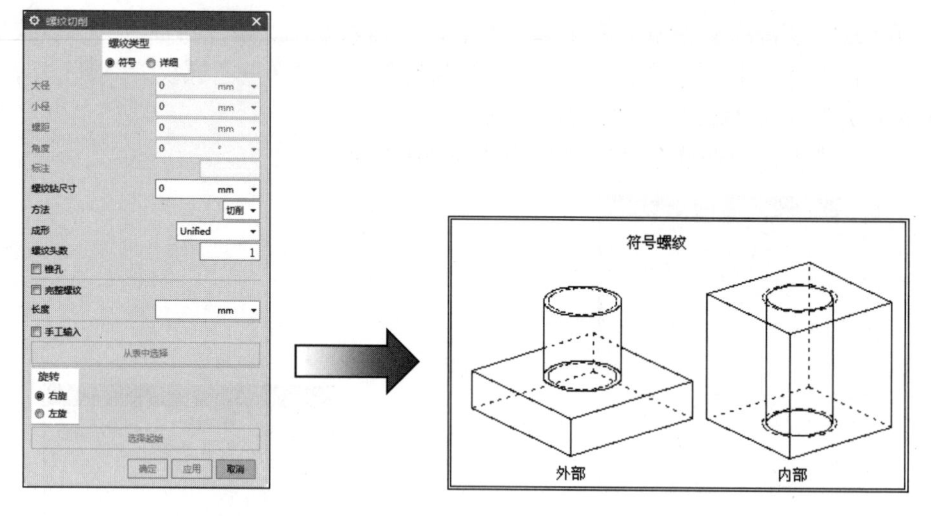

图 6-112 “符号”类型

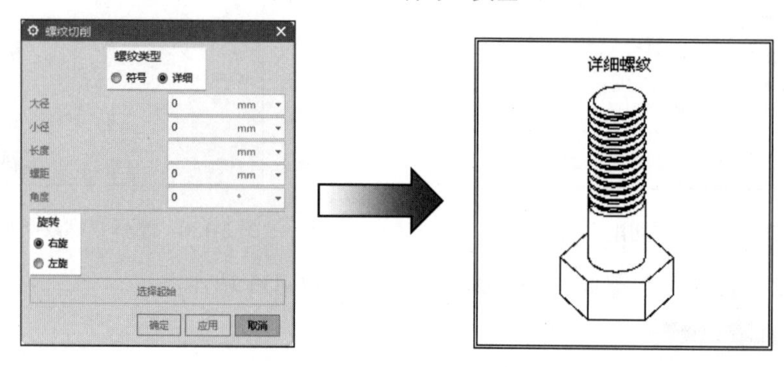

图 6-113 “详细”类型

产生螺纹时，如选择的圆柱面为外表面则产生外螺纹；如果选择的圆柱面为内表面，则产生内螺纹。

（2）大径：用于设置螺纹大径，其默认值是根据圆柱面直径和内外螺纹的形式通过查找表获得。对于符号螺纹，当撤选“手工输入”复选框时，主直径的值不能修改。对于详细螺纹，外螺纹主直径的值不能修改。

（3）小径：用于设置螺纹小径，其默认值是根据选择的圆柱面直径和内外螺纹的形式通过查螺纹参数表取得。

（4）螺距：用于设置螺距，其默认值根据选择的圆柱面通过查螺纹参数表获得。对于符号螺纹，当撤选“手工输入”复选框时，螺距的值不能修改。

（5）角度：用于设置螺纹牙型角，默认值为螺纹的标准角度为 60 度。对于符号螺纹，当撤选“手工输入”复选框时，角度的值不能修改。

（6）标注：用于标记螺纹，其默认值根据选择的圆柱面通过查螺纹参数表获得。

（7）螺纹钻尺寸：用于设置外螺纹轴的尺寸或内螺纹的钻孔尺寸，也就是螺纹的名义尺寸，其默认值根据选择的圆柱面通过查螺纹参数表获得。

（8）方法：用于指定螺纹的加工方法，其中包含切削、轧制、研磨和铣削 4 个选项。

（9）成形：用于指定螺纹的标准。该下拉列表框提供了多种标准。

（10）锥孔：用于设置螺纹是否为拔模螺纹。

（11）完整螺纹：用于指定是否在整个圆柱上创建螺纹。撤选该复选框，按“长度”中的数值创建螺纹，当圆柱长度改变时，螺纹会自动更新。

（12）长度：用于设置螺纹的长度，其默认值根据选择的圆柱面通过查螺纹参数表获得。螺纹长度是沿平行轴线方向，从起始面测量。

（13）手工输入：用于设置是从手工输入螺纹的基本参数还是从“螺纹”列表中选取螺纹。

（14）从表中选择：用于从“螺纹”列表中选取螺纹参数。单击该按钮，弹出“螺纹”参数列表框，从中选择需要的螺纹类型。

（15）旋转：用于设置螺纹的旋转方向，包括“右旋”和“左旋”两种方式。

（16）选择起始：用于指定一个实体平面或基准平面作为创建螺纹的起始位置。默认情况下系统把圆柱面的端面作为螺纹起始位置。单击该按钮，弹出“对象选择”对话框，系统提示用户选择起始面。选择实体表面或基准平面作为螺纹的起始位置，之后会弹出一个对话框，用于设置起始面是否需要延伸，并可反转螺纹的生成方向。该对话框中的“螺纹轴反向”选项用于使当前的螺纹轴向矢量反向。“起始条件”选项用于设置是否进行螺纹的延伸，包含两个选项：“延伸通过起点”使起始面延伸；“不延伸”使起始面不延伸。

6.3.5 抽壳特征

抽壳特征是通过应用壁厚并打开选定的面修改实体的一种特征操作。其实体创建过程示意如图 6-114 所示。

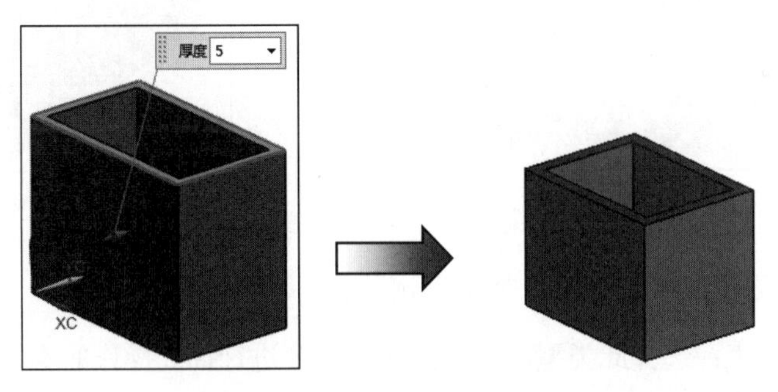

图 6-114 实体创建过程示意图

下面以创建移除面并抽壳为例介绍抽壳特征的创建步骤。

01 打开文件/yuanwenjian/6/6-5.prt。

02 打开“抽壳”对话框。在菜单栏中选择“插入”→“偏置/缩放”→“抽壳”，或单击“主页”选项卡→“特征”组→“抽壳”图标，弹出如图 6-115 所示的“抽壳”对话框。

03 选择抽壳类型，此处选择“移除面，然后抽壳”。

04 单击对话框“要穿透的面”部分中的“选择面”按钮，选择要抽壳的面，如图 6-116 所示。

图 6-115 “抽壳”对话框

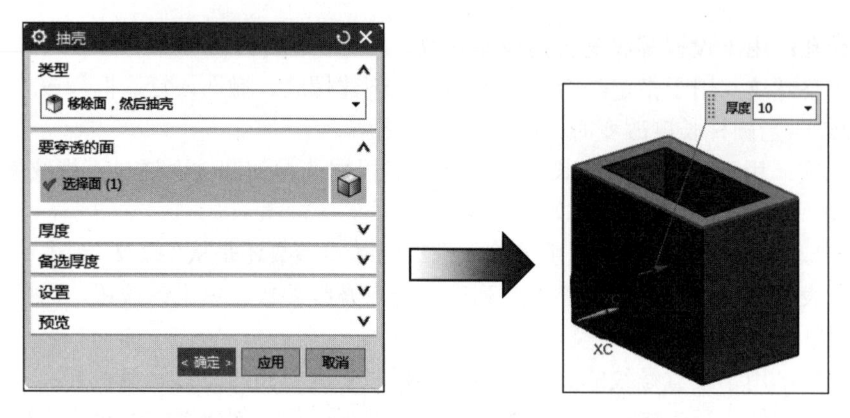

图 6-116　抽壳的面

05 在“厚度”文本框中输入抽壳的厚度，若显示的抽壳方向不满足要求，则可通过单击“反向”按钮来更改抽壳方向，如图 6-117 所示。

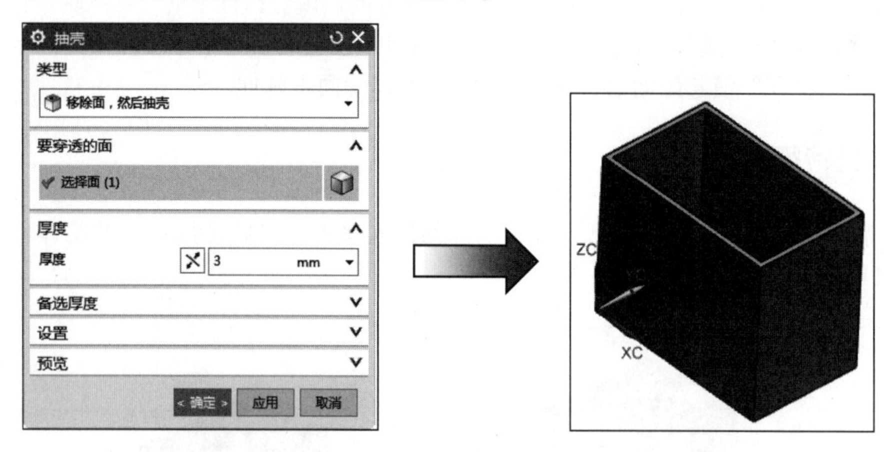

图 6-117　更改抽壳方向

下面介绍“抽壳”对话框中的“类型”选项。

（1）对所有面抽壳：选择此类型，在视图区选择要进行抽壳操作的实体，如图 6-118 所示。

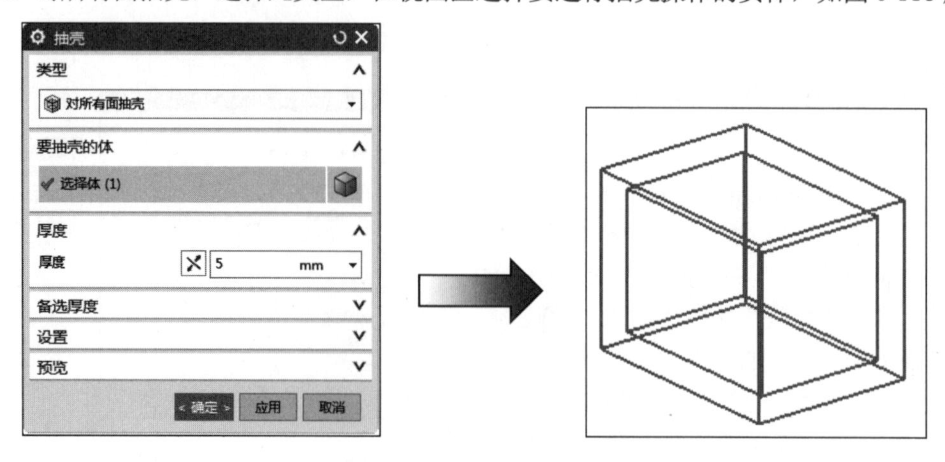

图 6-118　“对所有面抽壳”类型

（2）移除面，然后抽壳：选择此类型，用于选择要抽壳的实体表面。所选的表面在抽壳后会形成一个缺口，如图 6-119 所示。

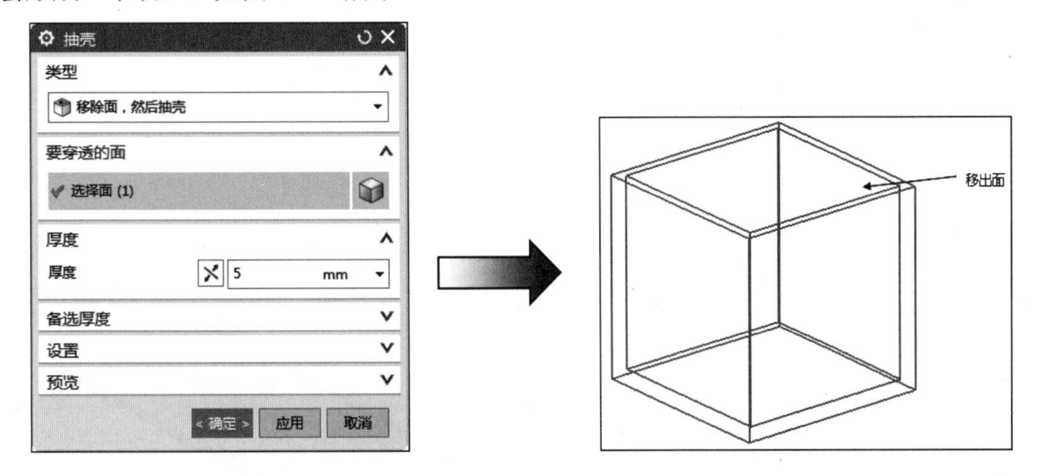

图 6-119 “移除面，然后抽壳”类型

6.3.6 阵列特征

阵列特征是将特征复制到矩形或圆形图样中的一种特征操作。其实体创建过程示意如图 6-120 所示。

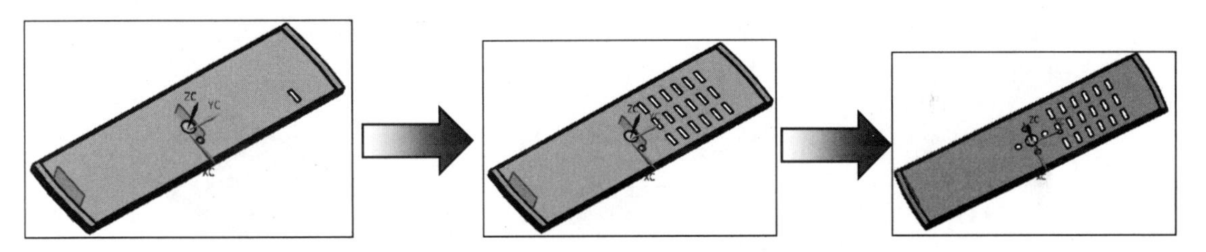

图 6-120 实体创建过程示意图

1．矩形阵列

下面以创建矩形阵列特征为例介绍实例特征的创建步骤。

01 打开文件/yuanwenjian/6/6-9.prt。

02 打开“阵列特征”对话框。选择菜单栏中的“插入”→“关联复制”→“阵列特征”命令，或单击“主页”选项卡→“特征”组→“特征”图标，弹出如图 6-121 所示的“阵列特征”对话框。

03 选择类型。在“布局”下拉列表中选择“线性”。

04 选择特征。选择要阵列的图形，此处选择图中的矩形腔体，如图 6-122 所示。

05 设置参数。在方向 1 的“指定矢量”下拉列表中选择“-XC 轴”为阵列方向，在“间距”下拉列表中选择“数量和间隔”，设置“数量”和“节距”为 3 和 13；同理，勾选“使用方向 2”复选框，设置“数量”和“节距”为 6 和 9，如图 6-123 所示。单击“应用”按钮，完成线性阵列。

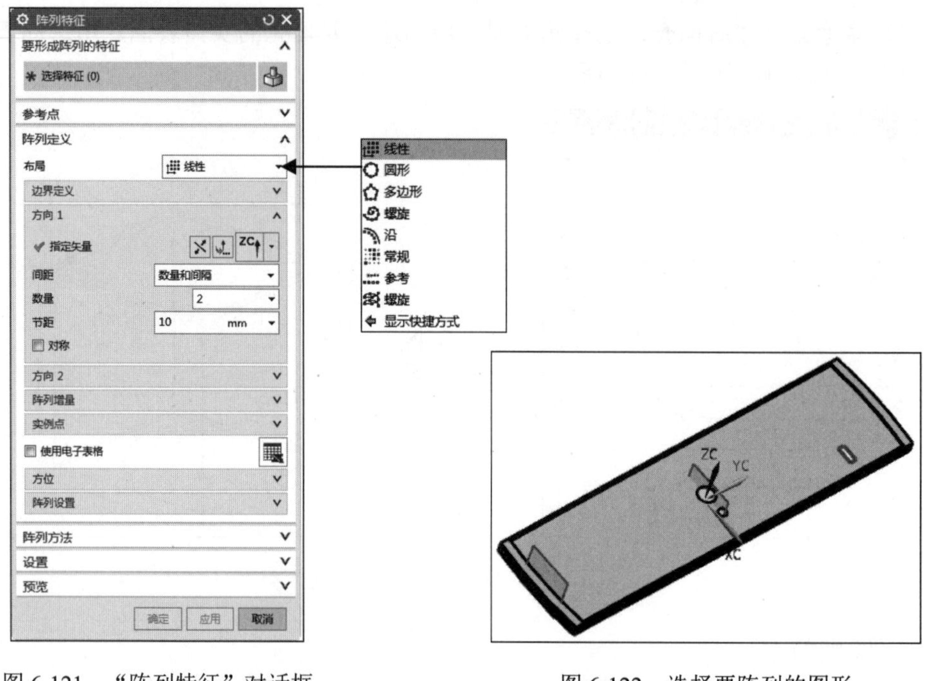

图 6-121　“阵列特征”对话框　　图 6-122　选择要阵列的图形

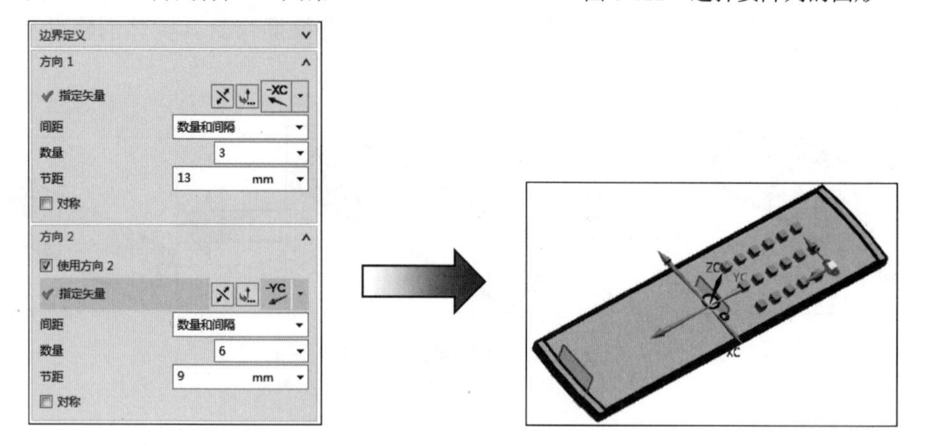

图 6-123　输入阵列参数

2. 圆形阵列

以圆形阵列的形式来复制所选的实体特征，使阵列后的成员成圆周排列。选择菜单栏中的“插入”→“关联复制→“阵列特征”命令，或单击“主页”选项卡→“特征”组→“特征”图标，弹出“阵列特征”对话框。

01 选择类型。在“布局”下拉列表中选择“圆形”。

02 选择特征。选择要阵列的图形，此处选择圆形腔体。

03 设置参数。在“旋转轴”选项组下的“指定矢量”下拉列表中选择“-XC 轴”为阵列方向；在“间距”下拉列表中选择“数量和间隔”，设置“数量”和“节距角”为 4 和 90，如图 6-124 所示，单击“应用”按钮，完成绘制。

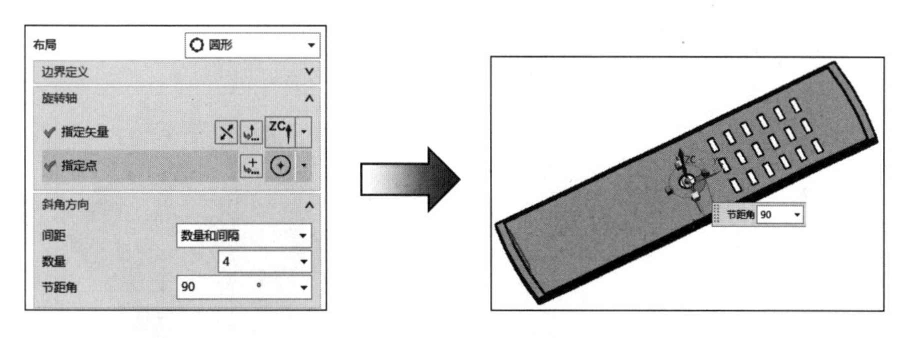

图 6-124 输入阵列参数

6.3.7 镜像特征

镜像特征是复制特征，根据平面进行镜像的一种特征操作。其实体创建过程示意如图 6-125 所示。

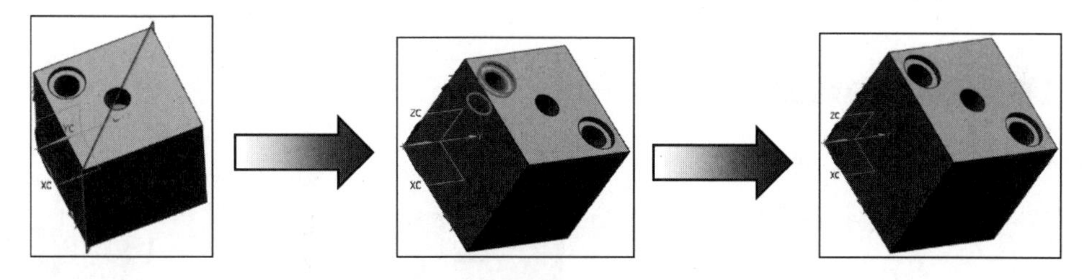

图 6-125 实体创建过程示意如图

下面介绍镜像特征的创建方法。

01 打开文件/yuanwenjian/6/6-10.prt。

02 打开“镜像特征”对话框。在菜单栏中选择“插入”→“关联复制”→“镜像特征”，或单击“主页”选项卡→“特征”组→“更多”库→“最近使用的”库→“镜像特征”图标，弹出如图 6-126 所示的“镜像特征”对话框。

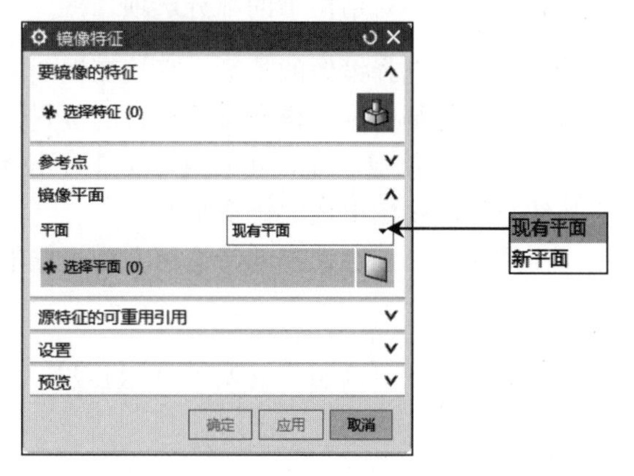

图 6-126 “镜像特征”对话框

03 选择要镜像的特征。可以直接在视图区拾取，也可以在部件导航器中选择“沉头孔”，如图 6-127 所示。

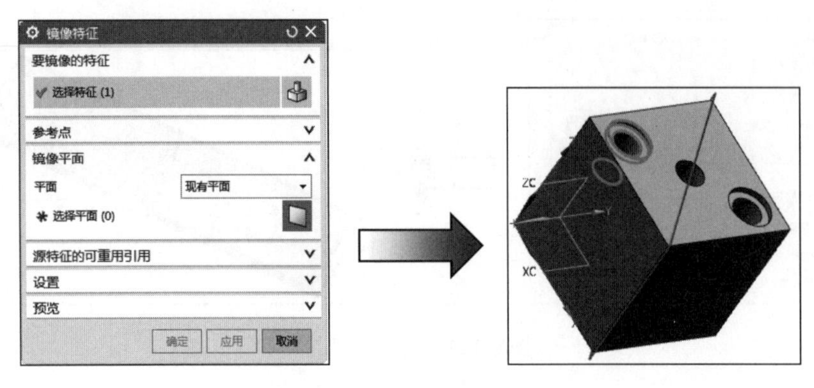

图 6-127　选择要镜像的特征

04 选择镜像平面。如果有现有的镜像平面，就在“平面”下拉列表中选择“现有平面”，单击“选择平面”按钮，在视图区中选择镜像平面；若没有镜像平面，则在“平面”下拉列表中选择“新平面”，创建镜像平面。此处选择基准平面作为镜像平面，如图 6-128 所示。

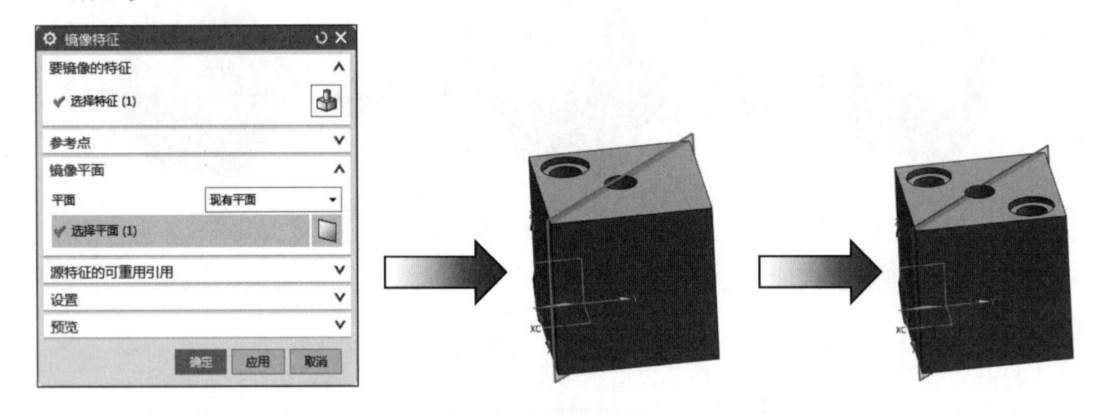

图 6-128　镜像平面

下面介绍“镜像特征”操作对话框中的部分选项。

（1）要镜像的特征：用于选择镜像的特征，直接在视图区选择。

（2）参考点：指定输入特征中用于定义镜像位置的位置。

（3）镜像平面：用于选择镜像平面，可在【平面】下拉列表框中选择镜像平面，也可以通过“选择平面”按钮直接在视图中选取镜像平面。

（4）源特征的可重用引用：已经选择的特征可在列表框中选择，以重复使用。

6.4　GC 工具箱

GC 工具箱为用户提供了一系列的工具，用于帮助用户提升模型质量、提高设计效率。内容覆盖了 GC 数据规范、齿轮建模、（制图）工具、视图工具、注释工具、尺寸工具和弹簧工具。本节主要介绍常用的齿轮建模和弹簧设计工具。

6.4.1 齿轮建模

齿轮建模工具为用户提供了生成以下类型的齿轮：柱齿轮，锥齿轮，格林森锥齿轮，奥林康锥齿轮，格林森准双曲线齿轮，奥林康准双曲线齿轮。

下面以圆柱直齿轮为例介绍齿轮建模的步骤。

01 在菜单栏中选择“GC 工具箱”→“齿轮建模”→“柱齿轮”，或单击“主页”选项卡→“齿轮建模-GC 工具箱”组→“柱齿轮建模”图标，弹出如图 6-129 所示的“渐开线圆柱齿轮建模”对话框。

02 选中“创建齿轮”单选按钮，单击“确定”按钮，弹出如图 6-130 所示的“渐开线圆柱齿轮类型”对话框。选中“直齿轮”“外啮合齿轮”和“滚齿”单选按钮，单击“确定”按钮。

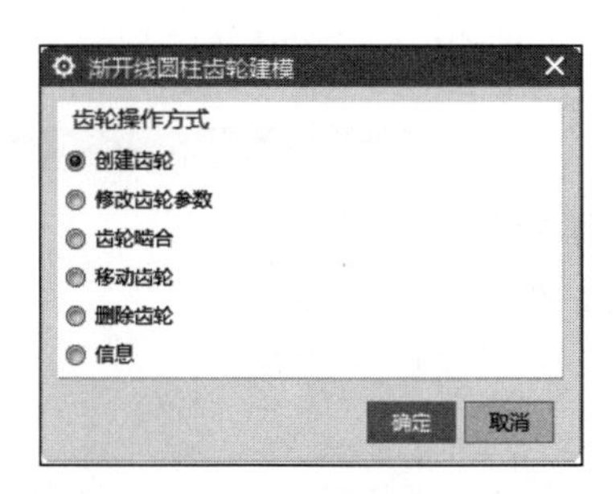

图 6-129 “渐开线圆柱齿轮建模”对话框

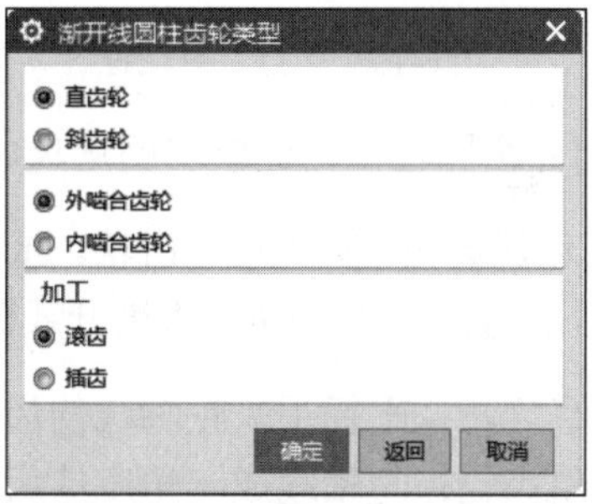

图 6-130 “渐开线圆柱齿轮类型”对话框

03 弹出如图 6-131 所示的“渐开线圆柱齿轮参数”对话框。在“标准齿轮”选项卡中设置名称、模数、牙数、齿宽和压力角为 zhuchilun、3、19、24 和 20，单击“确定”按钮。

04 弹出如图 6-132 所示的“矢量”对话框。在矢量类型下拉列表中选择“ZC 轴”，单击“确定”按钮，弹出如图 6-133 所示的“点”对话框。输入坐标点为（0,0,0），单击“确定”按钮，生成圆柱齿轮，如图 6-134 所示。

图 6-131 “渐开线圆柱齿轮参数”对话框

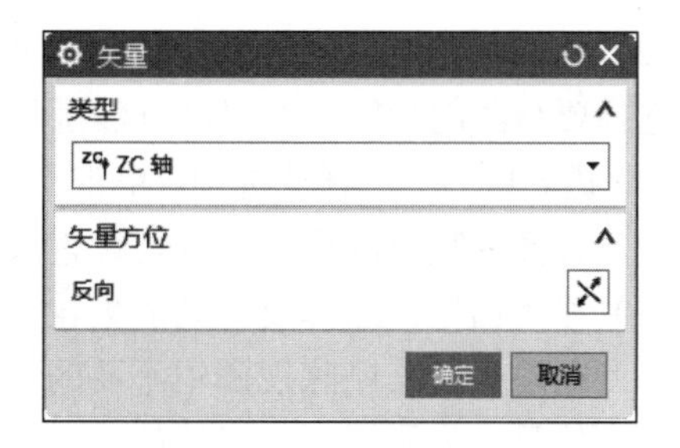

图 6-132 “矢量”对话框

图 6-133 “点”对话框

图 6-134 创建圆柱直齿轮

下面介绍圆柱齿轮建模中的选项。

（1）创建齿轮：创建新的齿轮。选中该选项，单击“确定”按钮，弹出如图 6-135 所示的“渐开线圆柱齿轮类型”对话框。

渐开线圆柱齿轮类型
直齿轮
斜齿轮
外啮合齿轮
内啮合齿轮
加工
滚齿
插齿
确定 返回 取消

图 6-135 “渐开线圆柱齿轮类型”对话框

① 直齿轮：平行于齿轮轴线的齿轮。
② 斜齿轮：与轴线成一角度的齿轮。
③ 外啮合齿轮：齿顶圆直径大于齿根圆直径的齿轮。
④ 内啮合齿轮：齿顶圆直径小于齿根圆直径的齿轮。
⑤ 加工：包括“滚齿”和“插齿”两种方式。

- *滚齿：用齿轮滚刀按展成法加工齿轮的齿面。*
- *插齿：用插齿刀按展成法或成形法加工内、外齿轮或齿条等的齿面。*

选择适当参数后，单击“确定”按钮，弹出如图 6-136 所示的“渐开线圆柱齿轮参数”对话框。

① 标准齿轮：根据标准的模数、齿宽以及压力角创建的齿轮。
② 变位齿轮：选择此选项卡，如图 6-137 所示。改变刀具和轮坯的相对位置来切制的齿轮为变位齿轮。

（2）修改齿轮参数：选择此选项，单击“确定”按钮，弹出“选择齿轮进行操作”对话框，选择要修改的齿轮，在“渐开线圆柱齿轮参数”对话框中修改齿轮参数。

（3）齿轮啮合：选择此选项，单击“确定”按钮，弹出如图 6-138 所示的“选择齿轮啮合”对话框，选择要啮合的齿轮，分别设置为主动齿轮和从动齿轮。

（4）移动齿轮：选择要移动的齿轮，将其移动到适当位置。

（5）删除齿轮：删除视图中不要的齿轮。

（6）信息：显示选择的齿轮的信息。

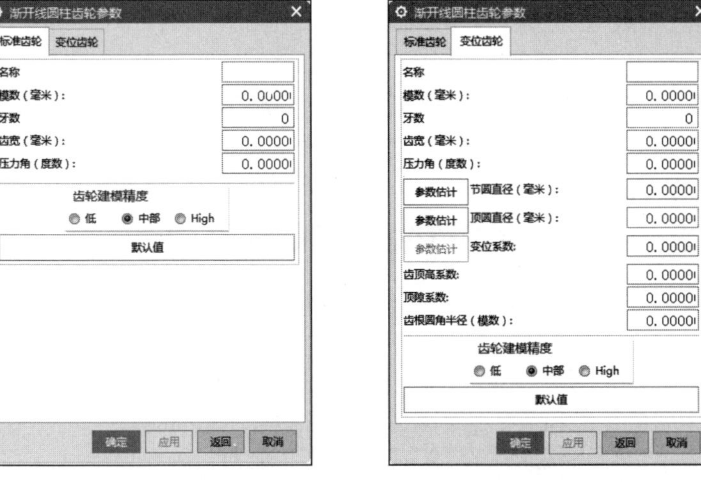

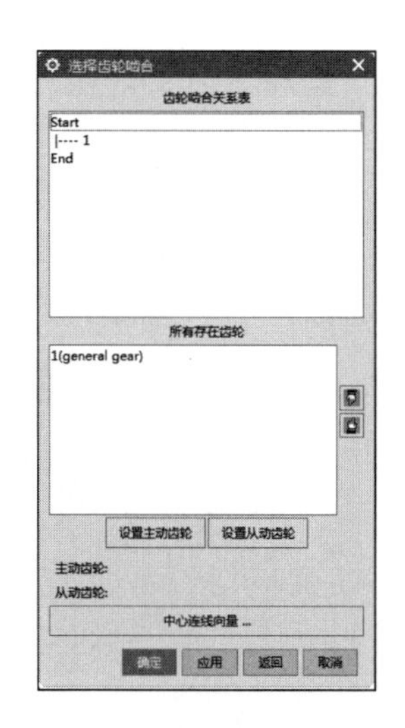

图 6-136　“渐开线圆柱齿轮参数”对话框

图 6-137　“变位齿轮”选项卡

图 6-138　“选择齿轮啮合”对话框

6.4.2　弹簧设计

在产品设计过程中经常需要使用到弹簧零件，该功能提供生成圆柱压缩和圆柱拉伸类型的弹簧以及弹簧的删除。用户可以按照弹簧的参数或设计条件进行相应的选择，自动生成弹簧模型。

下面以圆柱压缩弹簧为例介绍弹簧设计方法。

01 在菜单栏中选择“GC 工具箱”→“弹簧设计”→“圆柱压缩弹簧”命令，或单击“主页”选项卡→“齿轮建模-GC 工具箱”组→“圆柱压缩弹簧”图标，弹出如图 6-139 所示的“圆柱压缩弹簧”对话框。

图 6-139　“圆柱压缩弹簧”对话框

02 选择“选择类型”为“输入参数”，选择创建方式为“在工作部件中”，单击“下一步”按钮。

03 打开“输入参数”选项卡，如图 6-140 所示，选择旋向为“右旋”，选择端部结构为“并紧磨平”，设置中间直径为 30、钢丝直径为 4、自由高度为 80、有效圈数为 8、支撑圈数为 11，单击“下一步”按钮。

图 6-140 “输入参数”选项卡

04 打开“显示结果”选项卡，如图 6-141 所示，显示弹簧的各个参数。单击“完成”按钮，完成弹簧的创建，如图 6-142 所示。

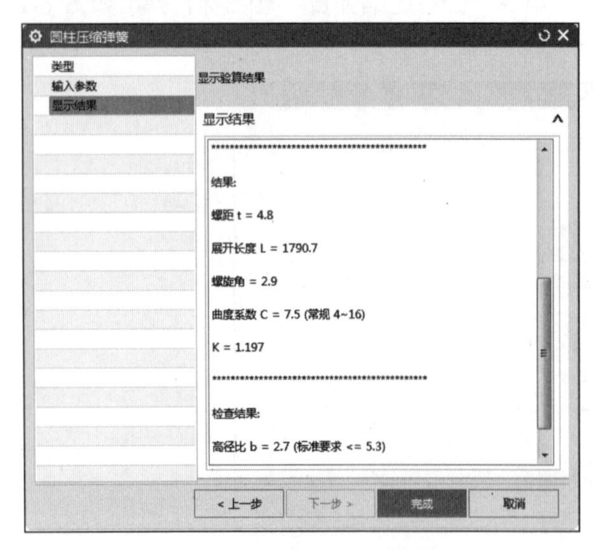

图 6-141 “显示结果”选项卡

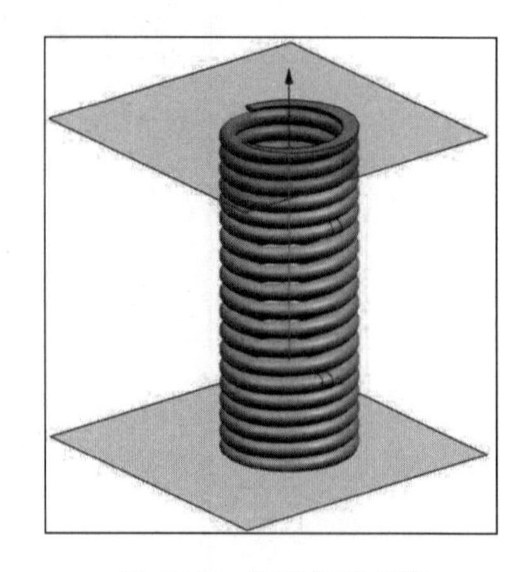

图 6-142 圆柱压缩弹簧

下面介绍对话框中的部分选项说明。

（1）类型：在对话框中选择类型和创建方式。

（2）输入参数：输入弹簧的各个参数。

（3）显示结果：显示设计好的弹簧的各个参数。

6.4.3　实例：斜齿轮

利用 GC 工具箱中的圆柱齿轮命令创建圆柱齿轮的主体，然后创建轴孔，再创建减重孔，最后创建键槽。

01 创建新文件。新建 xiechilun 文件，在模板里选择“模型”，单击“确定”按钮，进入建模模块。

02 创建齿轮基体。在菜单栏中选择“GC 工具箱”→“齿轮建模”→“圆柱齿轮”，或单击“主页”选项卡→“齿轮建模-GC 工具箱”组→“柱齿轮建模”图标，弹出“渐开线圆柱齿轮建模”对话框。选中“创建齿轮”单选按钮，单击“确定”按钮，弹出如图 6-143 所示的“渐开线圆柱齿轮类型”对话框。选中“斜齿轮”“外啮合齿轮”和“滚齿”单选按钮，单击“确定”按钮。弹出如图 6-144 所示的“渐开线圆柱齿轮参数”对话框。在“标准齿轮”选项卡中设置法向模数、牙数、齿宽、法向压力角和 Helix Angle（degree）为 2.5、165、85、20 和 13.9，单击“确定”按钮。

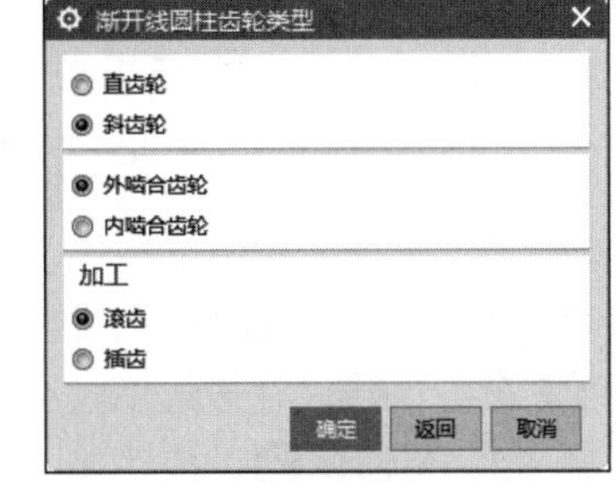

图 6-143　“渐开线圆柱齿轮类型”对话框

03 弹出如图 6-145 所示的“矢量”对话框。在矢量类型下拉列表中选择“ZC 轴”，单击“确定”按钮，弹出如图 6-146 所示的“点”对话框。输入坐标点为（0,0,0），单击“确定”按钮，生成圆柱齿轮，如图 6-147 所示。

图 6-144　“渐开线圆柱齿轮参数”对话框

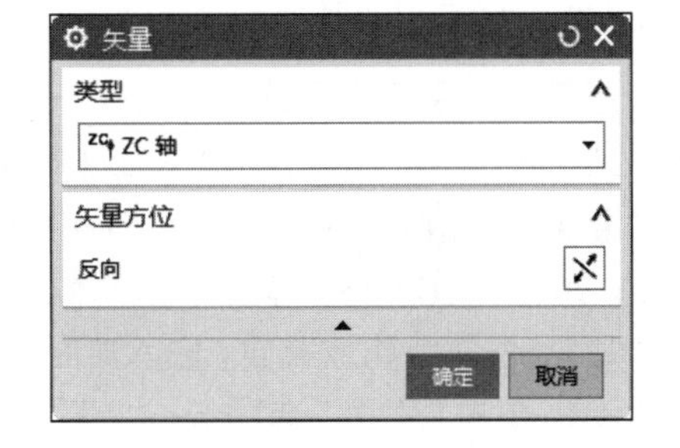

图 6-145　“矢量”对话框

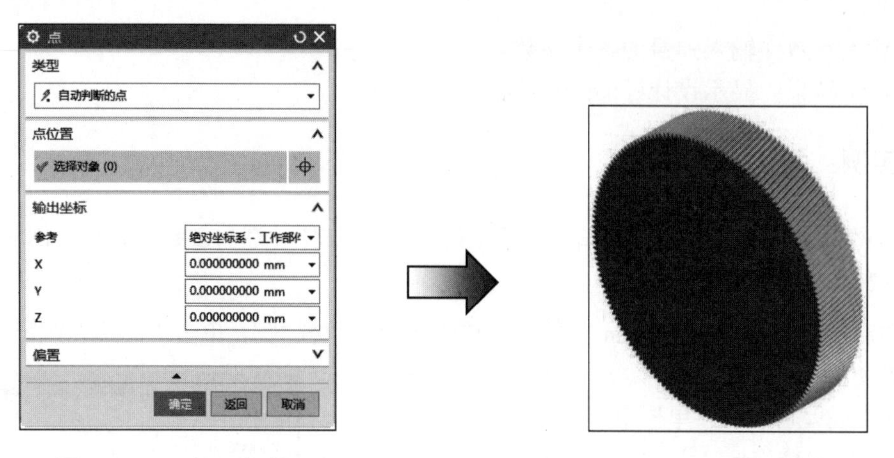

图 6-146　“点”对话框　　　　图 6-147　创建圆柱斜齿轮

04 创建孔。在菜单栏中选择“插入”→“设计特征”→“孔”，或单击“主页”选项卡→“特征”组→“孔”图标，弹出如图 6-148 所示的“孔”对话框。在“类型”选项中选择“常规孔”❶，在成形下拉列表中选择“简单孔”❷，在直径、深度限制选项中分别输入 75、贯通体❸，捕捉如图 6-149 所示的圆心为孔位置❹，单击“确定”按钮，完成孔的创建，如图 6-150 所示。

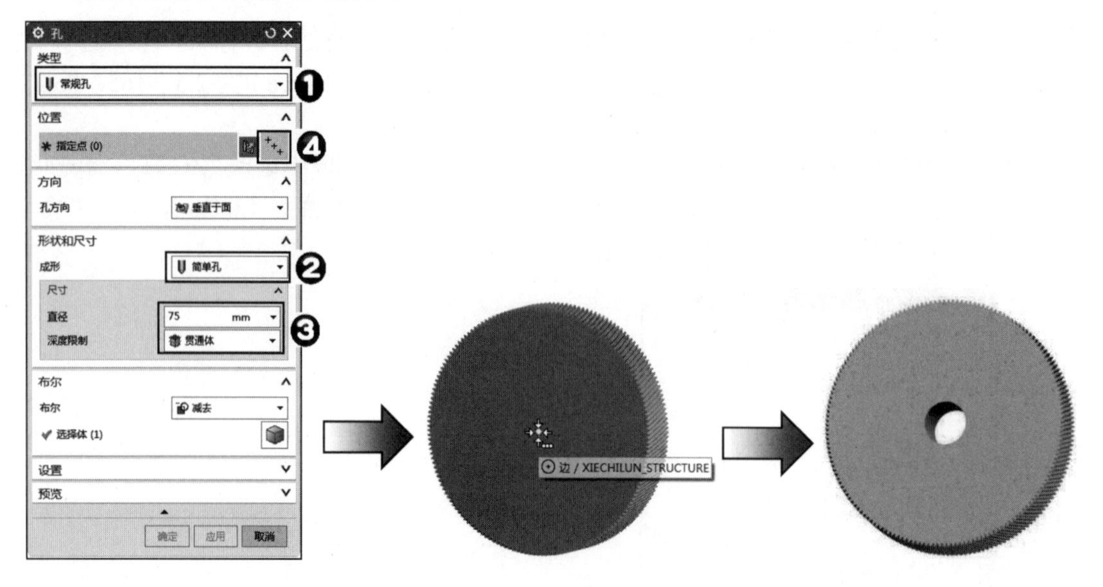

图 6-148　“孔”对话框　　　　图 6-149　捕捉圆心　　　　图 6-150　创建孔

05 创建孔。在菜单栏中选择“插入”→“设计特征”→“孔”，或单击“主页”选项卡→“特征”组→“孔”图标，弹出如图 6-151 所示的“孔”对话框。在“类型”选项中选择“常规孔”❶，在成形下拉列表中选择“简单孔”❷，在直径、深度限制选项中分别输入 70、贯通体❸。单击“绘制截面”按钮❹，弹出“创建草图”对话框，选择圆柱体的上表面为孔放置面，进入草图绘制环境。弹出“草图点”对话框，创建点，如图 6-152 所示。单击“主页”选项卡→“草图”组→“完成”图标，草图绘制完毕。返回到“孔”对话框，单击“确定”按钮，完成孔的创建，如图 6-153 所示。

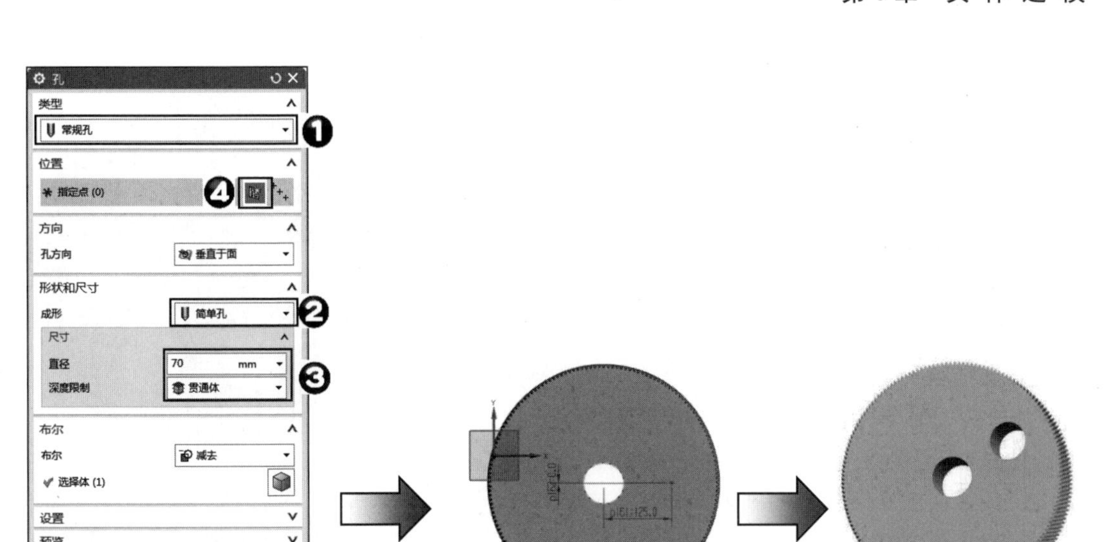

图 6-151　“孔”对话框　　图 6-152　绘制草图　　图 6-153　创建孔

06 阵列孔特征。在菜单栏中选择“插入”→“关联复制”→“阵列特征”，或单击“主页”选项卡→“特征”组→“阵列特征”图标，弹出如图 6-154 所示的“阵列特征”对话框。选择上一步创建的简单孔为要阵列的特征❶。在布局下拉列表中选择“圆形”❷，在指定矢量下拉列表中选择“ZC 轴”为旋转轴❸，指定坐标原点为旋转点❹。在间距下拉列表中选择“数量和间隔”选项，输入数量和节距角为 6 和 60❺，单击“确定”按钮，如图 6-155 所示。

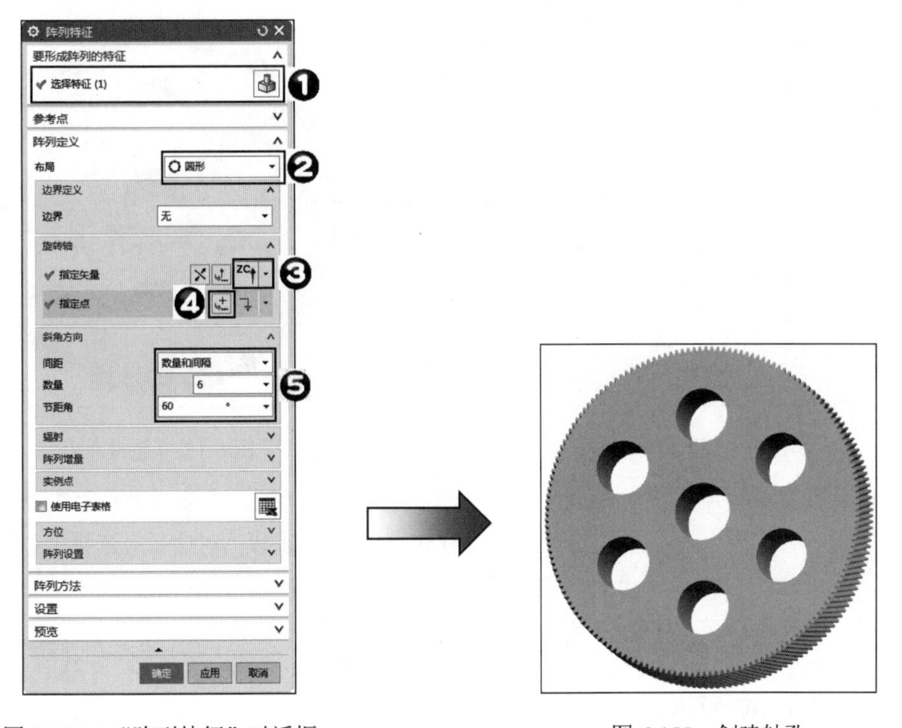

图 6-154　“阵列特征”对话框　　图 6-155　创建轴孔

07 绘制草图。在菜单栏中选择“插入”→“在任务环境中绘制草图”命令，或单击“曲线”选项卡→“在任务环境中绘制草图”图标，进入草图绘制界面，选择圆柱齿轮的外表面为工作平面绘制草图。绘制后的草图如图 6-156 所示。单击“主页”选项卡→“草图”组→“完成”图标，草图绘制完毕。

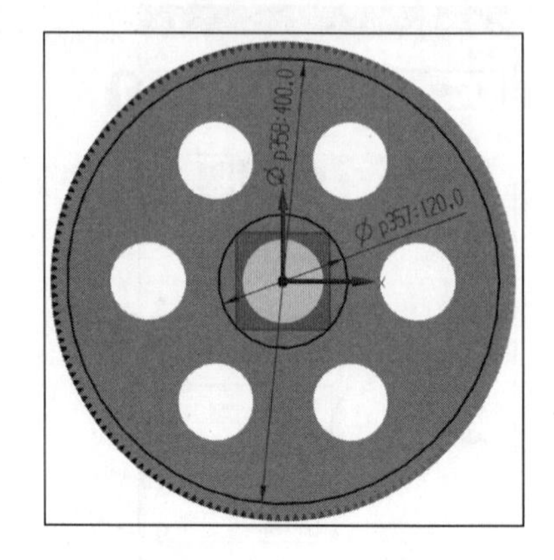

图 6-156　绘制草图

08 创建减重槽。在菜单栏中选择“插入”→“设计特征→“拉伸”，或单击“主页”选项卡→“特征”组→“拉伸”图标，弹出如图 6-157 所示的“拉伸”对话框。选择上一步绘制的草图为拉伸曲线❶，在指定矢量下拉列表中选择“ZC 轴”为拉伸方向❷，在开始距离和结束距离中输入 0 和 25❸，在布尔下拉列表中选择“减去”选项❹，单击“确定”按钮，生成如图 6-158 所示的圆柱齿轮。

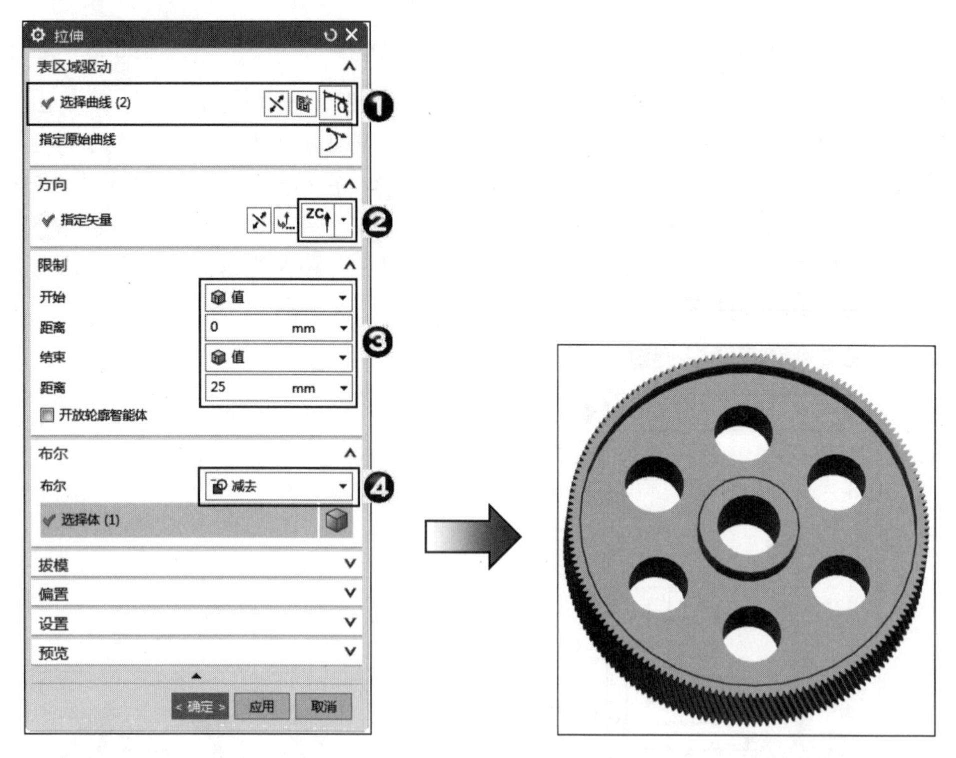

图 6-157　“拉伸”对话框

图 6-158　创建轴孔

09 拔模。在菜单栏中选择“插入”→“细节特征→“拔模”，或单击“主页”选项卡→“特征”组→“拔模”图标，弹出如图 6-159 所示的“拔模”对话框。选择“边”类型❶，在指定矢量下拉列表中选择“ZC 轴”为脱模方向❷，选择如图 6-160 所示的边为固定边缘，输入角度为 20 ❸，单击“应用”按钮。

10 重复上述步骤，选择如图 6-161 所示的边为固定边缘，单击“确定”按钮，完成拔模操作，如图 6-162 所示。

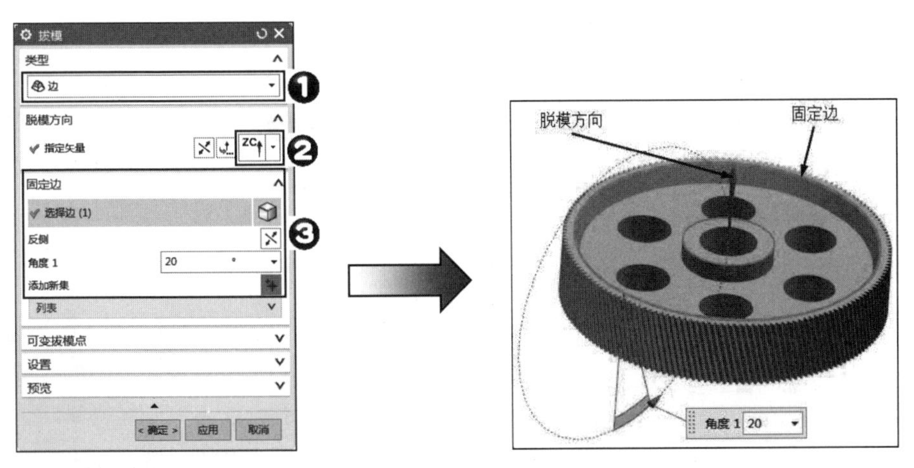

图 6-159 “拔模”对话框

图 6-160 选择拔模边

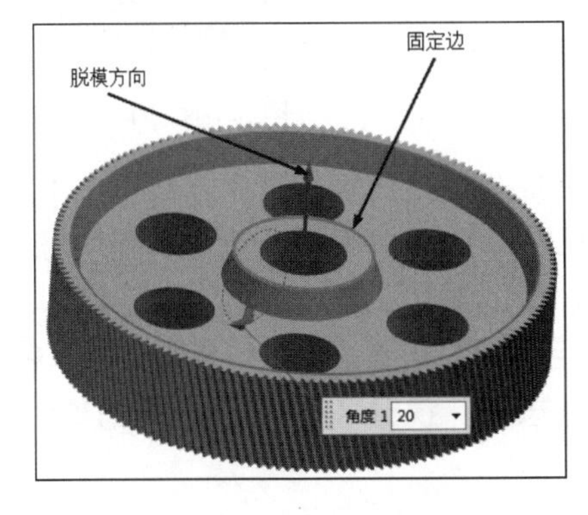

图 6-161 拔模示意图

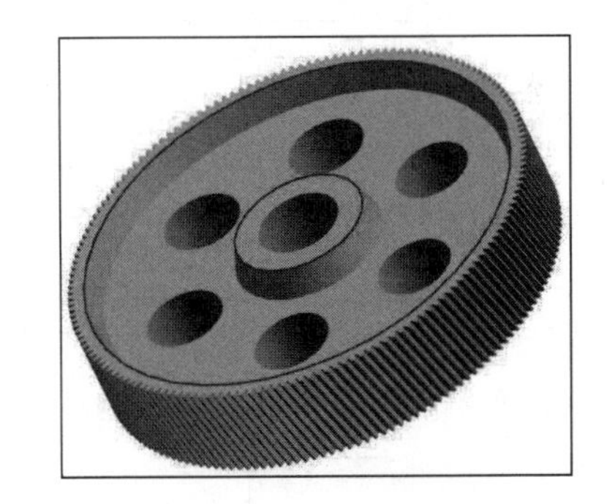

图 6-162 模型

11 边倒圆。在菜单栏中选择“插入”→“细节特征”→“边倒圆”命令，或单击“主页”选项卡→“特征”组→“边倒圆”图标，弹出如图 6-163 所示的“边倒圆”对话框。选择如图 6-164 所示的边线❶，输入圆角半径为 8❷，单击“确定”按钮，结果如图 6-165 所示。

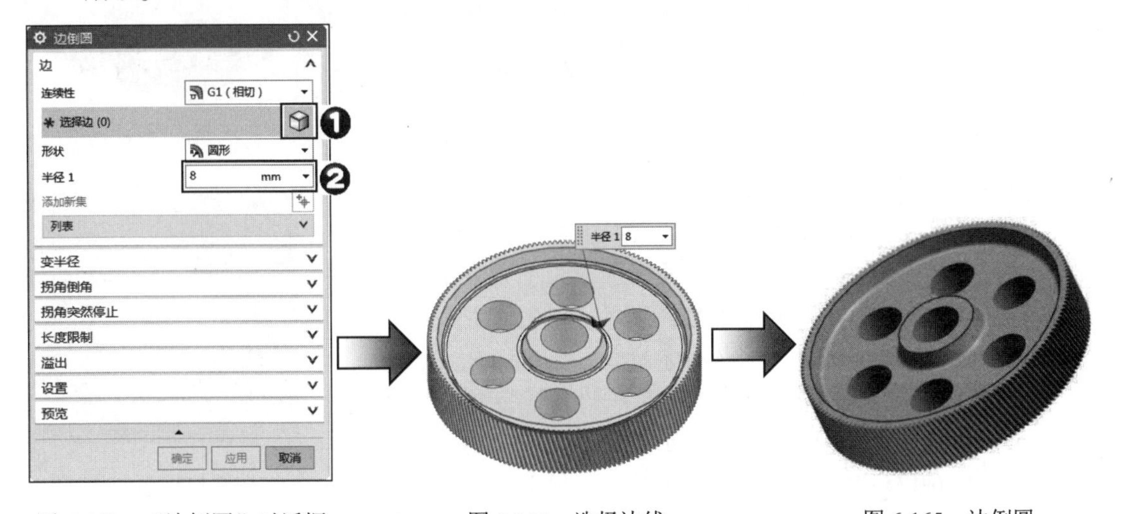

图 6-163 “边倒圆”对话框

图 6-164 选择边线

图 6-165 边倒圆

12 创建倒角。在菜单栏中选择“插入”→“细节特征”→“倒斜角”，或单击“主页”选项卡→“特征”组→“倒斜角”图标，弹出如图 6-166 所示的“倒斜角”对话框。选择如图 6-167 所示的倒角边❶，选择“对称”横截面❷，将倒角距离设为 3❸。单击“确定”按钮，生成倒角特征，如图 6-168 所示。

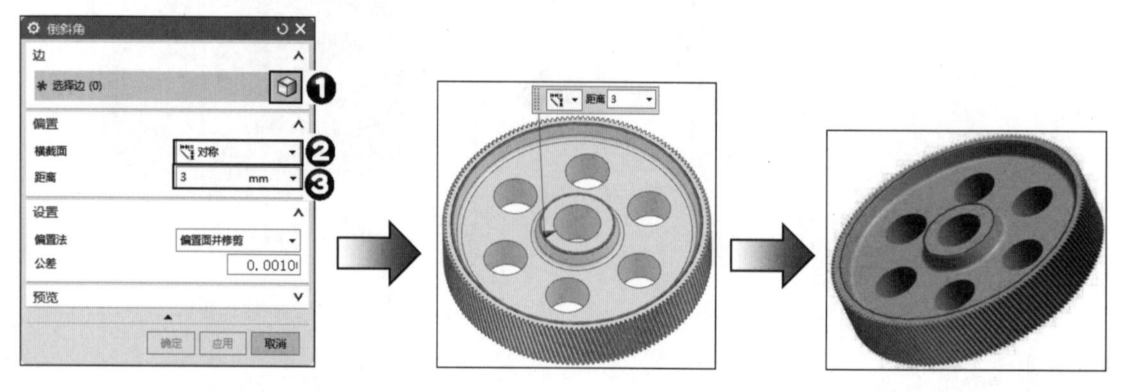

图 6-166 “倒斜角”对话框　　图 6-167 选择倒角边　　图 6-168 生成倒角特征

13 镜像特征。在菜单栏中选择“插入”→“关联复制”→“镜像特征”，或单击“主页”选项卡→“特征”组→“镜像特征”图标，弹出如图 6-169 所示“镜像特征”对话框。在“部件导航器”中选择拉伸特征、拔模特征、边倒圆和倒斜角为镜像特征❶。在“平面”下拉列表中选择“新平面”选项，在“指定平面”中选择“XC-YC 平面”❷。输入距离为 42.5，如图 6-170 所示。单击“确定”按钮，镜像特征，如图 6-171 所示。

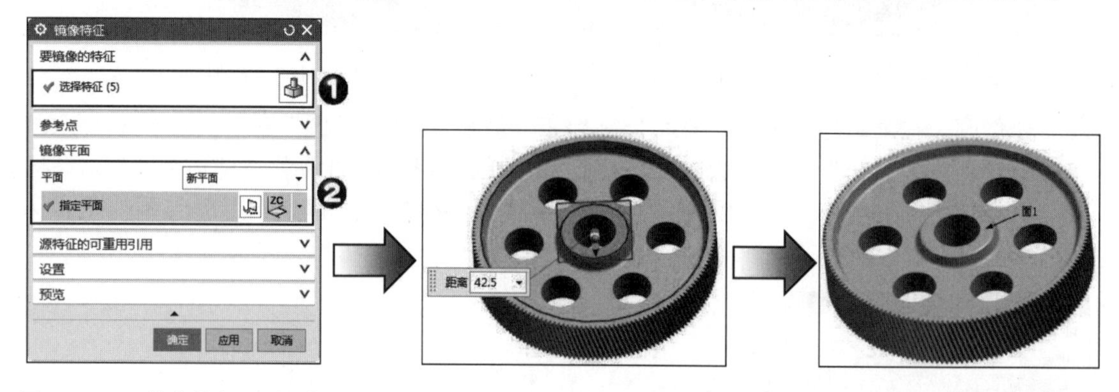

图 6-169 “镜像特征”对话框　　图 6-170 选择平面　　图 6-171 镜像特征

14 绘制草图。在菜单栏中选择“插入”→“在任务环境中绘制草图”命令，或单击“曲线”选项卡→“在任务环境中绘制草图”图标，进入草图绘制界面，选择面 1 为工作平面绘制草图。绘制后的草图如图 6-172 所示。单击“主页”选项卡→“草图”组→“完成”图标，草图绘制完毕。

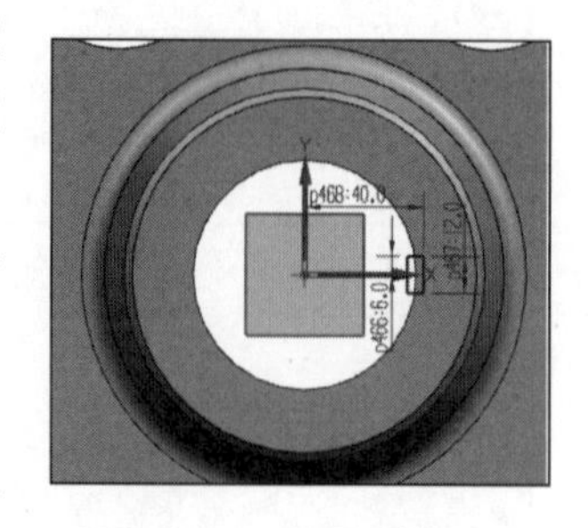

图 6-172 绘制草图

15 创建减重槽。在菜单栏中选择“插入”→“设计特征→“拉伸”，或单击“主页”选项卡→“特征”组→“拉伸”图标，弹出如图 6-173 所示“拉伸”对话框。选择上一步绘制的草图为拉伸曲线❶，在“指定矢量”下拉列表中选择“-ZC 轴”为拉伸方向❷，在开始距离中输入 0，在“结束”下拉列表中选择“贯通”❸，在“布尔”下拉列表中选择“减去”选项❹，单击“确定”按钮，生成如图 6-174 所示的键槽。

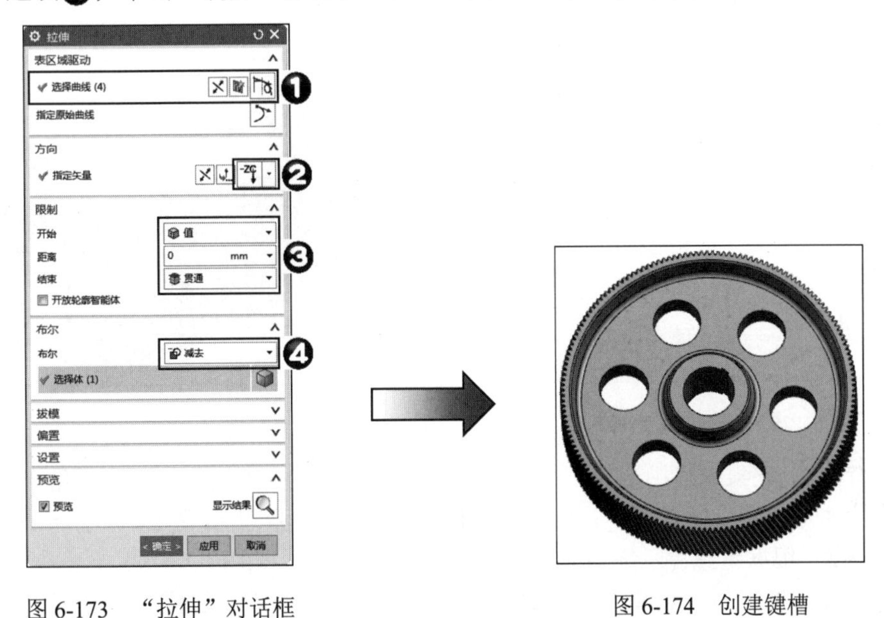

图 6-173 “拉伸”对话框

图 6-174 创建键槽

6.5 思 考 题

1．当使用自由成型命令时，如何控制对象生成的是片体还是实体？什么情况下只会生成片体？

2．什么情况下需要自定义特征，如何创建和引用自定义特征？

3．当封闭线圈满足什么条件时，才能使用“有界平面”命令来创建片体？

4．对于圆角操作，UG 中提供了哪些圆角命令？在使用它们时，对选取的对象又有哪些要求？具体操作时，操作顺序上需要注意哪些问题？

6.6 综合实例 2：绘制电动剃须刀

先创建剃须刀的基本结构长方体，再结合孔、凸起来创建电动剃刀。具体操作步骤如下：

01 新建 diandongtixudao 文件。

02 创建长方体。在菜单栏中选择“插入”→“设计特征”→“长方体”，弹出“长方体”对话框，如图 6-175 所示。选择“原点和边长”❶，在“长度”“宽度”和“高度”文本框中分别输入 50、28 和 21❷，确定坐标原点为长方体原点❸，单击”应用”按钮，生成一个长方体，如图 6-176 所示。

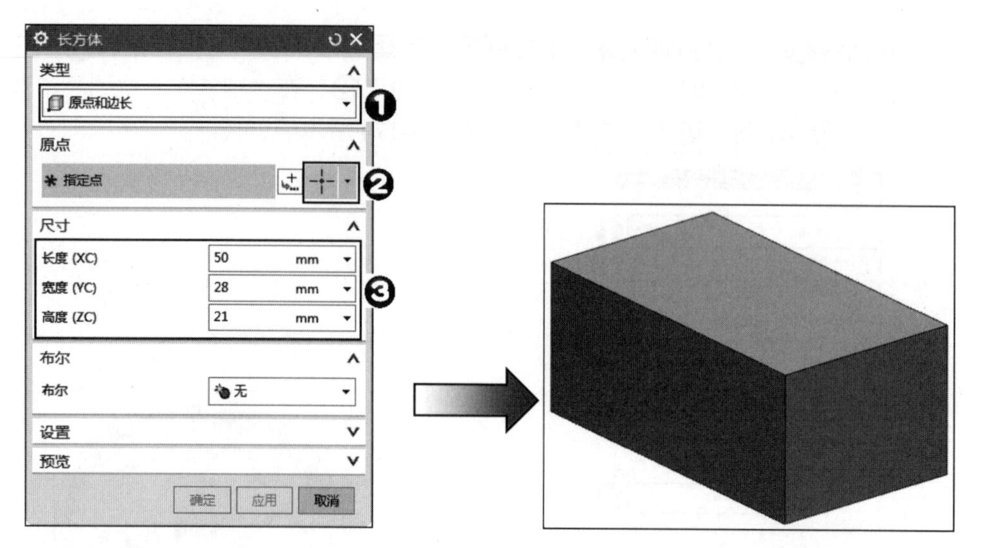

图 6-175 “长方体”对话框

图 6-176 长方体

03 创建锥角。在菜单栏中选择“插入”→“细节特征”→“拔模”，或单击“主页”选项卡→“特征”组→“拔模”图标，弹出“拔模”对话框，如图 6-177 所示。选择“面”类型❶，根据系统提示在对话框中“指定矢量”。

04 选择“ZC 轴”作为脱模方向❷，选择长方体下端面为固定面❸，选择长方体四侧面作为要拔模的面❹，并在“角度”选项中输入 3❺，单击“确定”按钮，完成拔模操作，如图 6-178 所示。

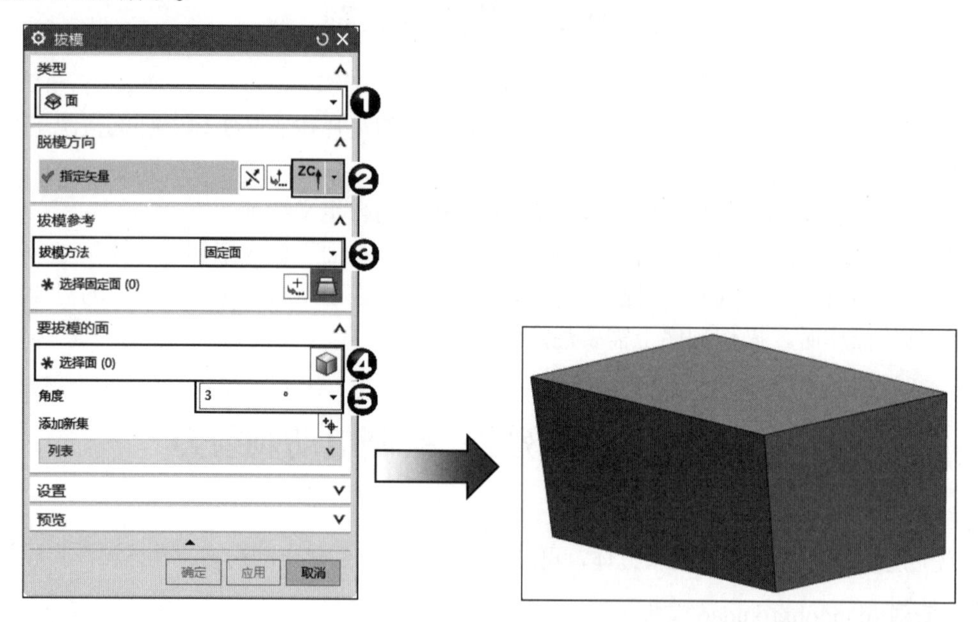

图 6-177 “拔模”对话框

图 6-178 模型

05 边倒圆。在菜单栏中选择“插入”→“细节特征”→“边倒圆”，或单击“主页”选项卡→“特征”组→“边倒圆”图标，弹出“边倒圆”对话框，如图 6-179 所示，为四面体四侧边倒圆❶，设置倒圆半径为 14❷，模型效果如图 6-180 所示。

图 6-179 “边倒圆”对话框

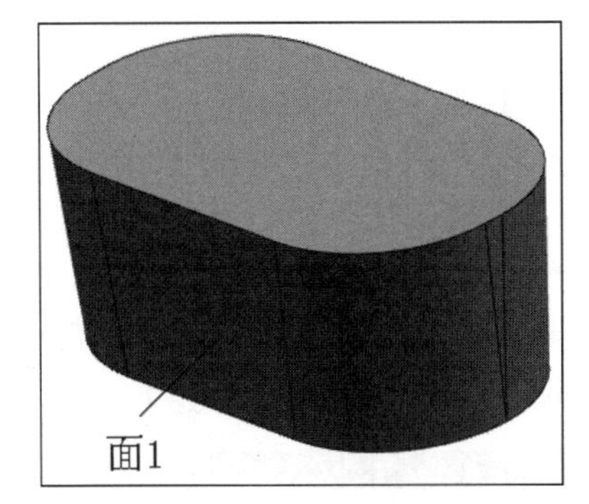

图 6-180 “边倒圆”模型

06 创建简单孔。

（1）在菜单栏中选择“插入”→“设计特征”→“孔”，或单击“主页”选项卡→“特征”组→“设计特征”下拉菜单→“孔”图标，打开如图 6-181 所示的“孔”对话框。

（2）在“类型”选项中选择“常规孔”，在“成形”下拉列表中选择“简单孔”，在“直径”“深度”和“顶锥角”选项中分别输入 16、0.5、160。

（3）单击“绘制截面”按钮，打开“创建草图”对话框，选择如图 6-180 所示的面 1 为孔放置面，进入草图绘制环境。打开“草图点”对话框，创建点，如图 6-182 所示。单击“主页”选项卡→“草图”组→“完成”图标，草图绘制完毕。

（4）返回到“孔”对话框，单击“确定”按钮，完成孔的创建，如图 6-183 所示。

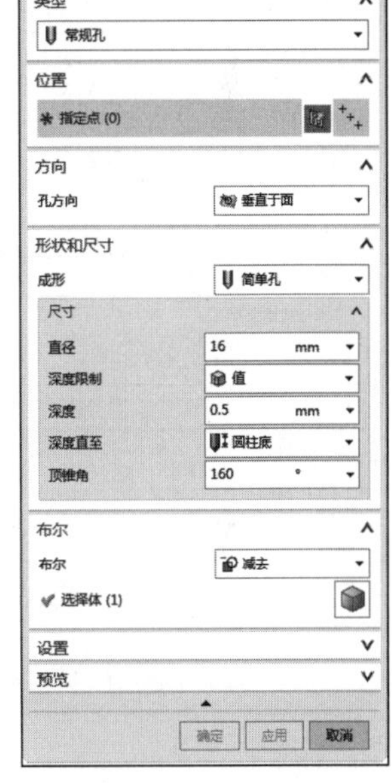

图 6-181 “孔”对话框

07 创建草图。选择菜单栏中的“插入”→“在任务环境中绘制草图”，打开“创建草图”对话框，选择面 2 为草图绘制面，单击“确定”按钮，进入到草图绘制环境，绘制如图 6-184 所示的草图，单击“主页”选项卡→“草图”组→“完成”图标，完成草图的创建。

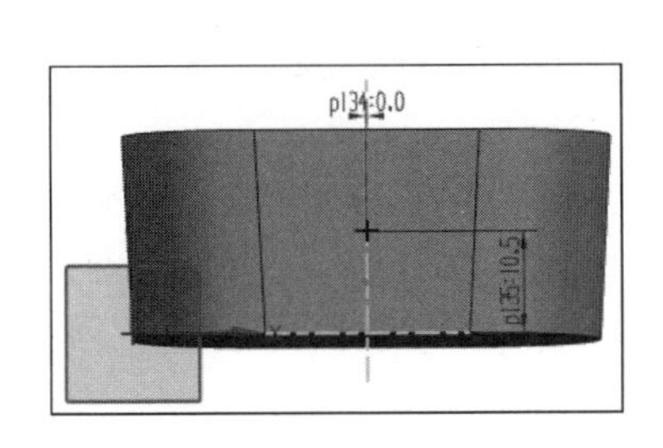

图 6-182 绘制草图

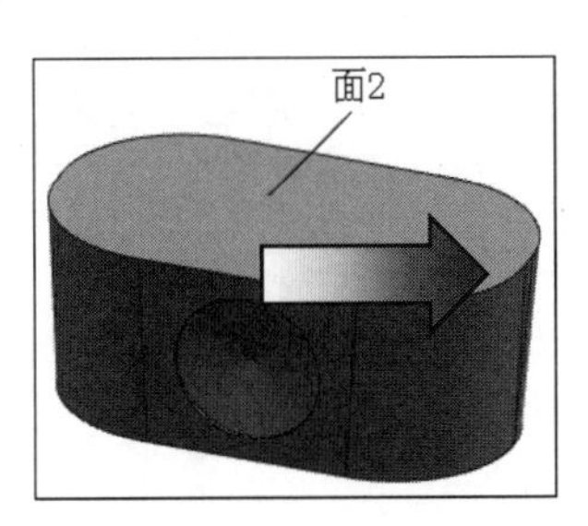

图 6-183 创建简单孔

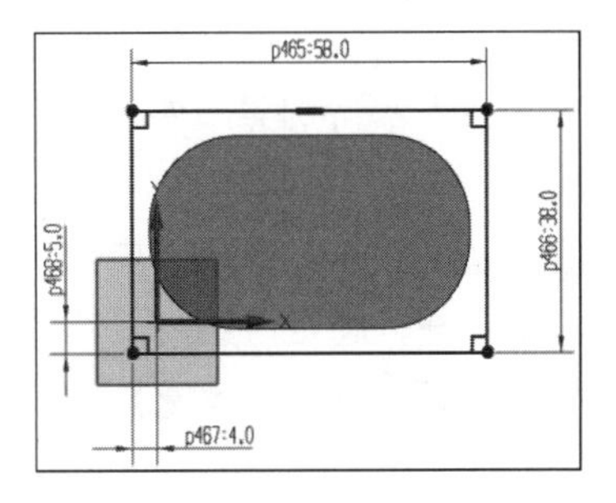

图 6-184 绘制草图

08 创建拉伸1。在菜单栏中选择“插入”→“设计特征”→“拉伸”，或单击“主页”选项卡→“特征”组→“设计特征”下拉菜单→“拉伸”图标，弹出如图6-185所示的“拉伸”对话框，单击“选择曲线”选项，选择上一步创建的草图为要拉伸的曲线❶，在“指定矢量”下拉列表中选择“ZC轴”❷，在结束距离文本框中输入47❸，在“布尔”下拉列表中选择“合并”❹，单击“确定”按钮，完成拉伸特征的创建，如图6-186所示。

09 创建草图。选择菜单栏中的“插入”→“在任务环境中绘制草图”，打开“创建草图”对话框，选择上一步创建的拉伸体的顶面为草图绘制面，单击“确定”按钮，进入到草图绘制环境，绘制如图6-187所示的草图，单击“主页”选项卡→“草图”组→“完成”图标，完成草图的创建。

图6-185 “拉伸”对话框

图6-186 拉伸特征

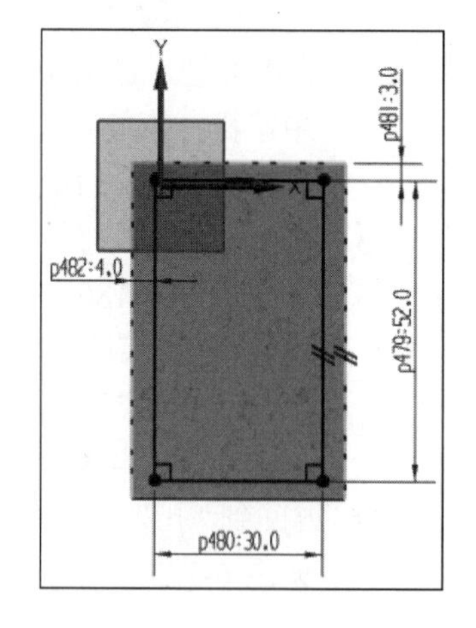

图6-187 绘制草图

10 创建拉伸2。在菜单栏中选择“插入”→“设计特征”→“拉伸”，或单击“主页”选项卡→“特征”组→“设计特征”下拉菜单→“拉伸”图标，弹出如图6-188所示的“拉伸”对话框，单击“选择曲线”选项，选择上一步创建的草图为要拉伸的曲线❶，在“指定矢量”下拉列表中选择“ZC轴”❷，在结束距离文本框中输入17❸，在“布尔”下拉列表中选择“合并”❹，单击“确定”按钮，完成拉伸特征的创建，如图6-189所示。

11 边倒圆。在菜单栏中选择“插入”→“细节特征”→“边倒圆”，或单击“主页”选项卡→“特征”组→“边倒圆”图标，弹出“边倒圆”对话框，如图6-190所示。倒圆边❶和倒圆半径❷，如图6-191所示。

图 6-188 “拉伸”对话框

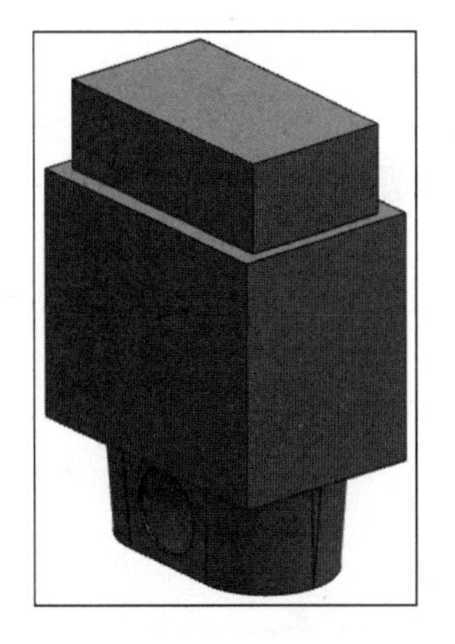

图 6-189 拉伸特征

图 6-190 模型

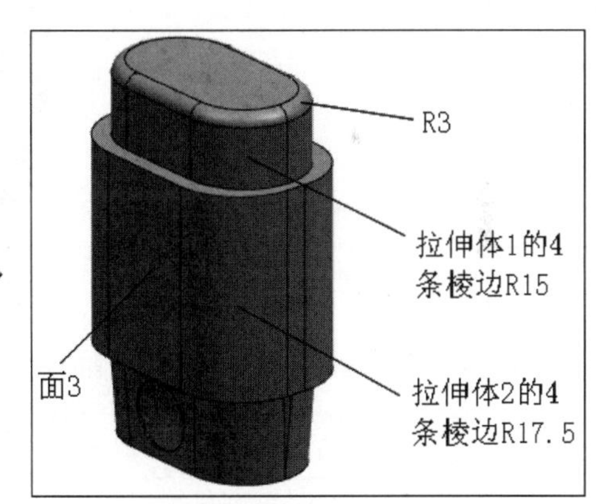

图 6-191 倒圆示意图

12 创建草图。选择菜单栏中的“插入”→“在任务环境中绘制草图”，打开“创建草图”对话框，选择面 3 为草图绘制面，单击“确定”按钮，进入到草图绘制环境，绘制如图 6-192 所示的草图，单击“主页”选项卡→“草图”组→“完成”图标，完成草图的创建。

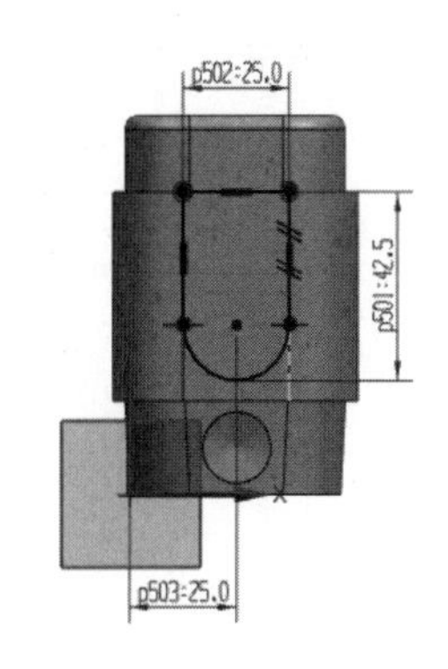

图 6-192 绘制草图

13 创建键槽 1。在菜单栏中选择“插入”→“设计特征”→“拉伸”，或单击“主页”选项卡→“特征”组→“设计特征”下拉菜单→“拉伸”图标，弹出如图 6-193 所示的“拉伸”对话框，单击“选择曲线”选项，选择上一步创建的草图为要拉伸的曲线❶，在“指定矢量”下拉列表中选择“YC 轴”❷，在结束距离文本框中输入结束距离值 2❸，在“布尔”下拉列表中选择“减去”❹，单击“确定”按钮，完成键槽 1 的创建，如图 6-194 所示。

14 创建草图。选择菜单栏中的“插入”→“在任务环境中绘制草图”，打开“创建草图”对话框，选择面 4 为草图绘制面，单击“确定”按钮，进入到草图绘制环境，绘制如图 6-195 所示的草图。单击“主页”选项卡→“草图”组→“完成”图标，完成草图的创建。

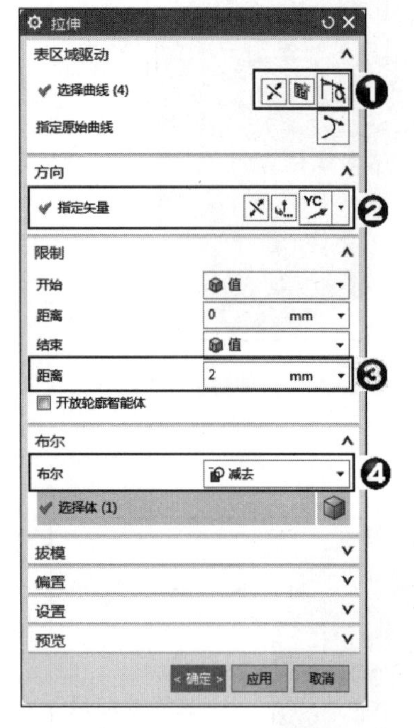

图 6-193 “拉伸”对话框

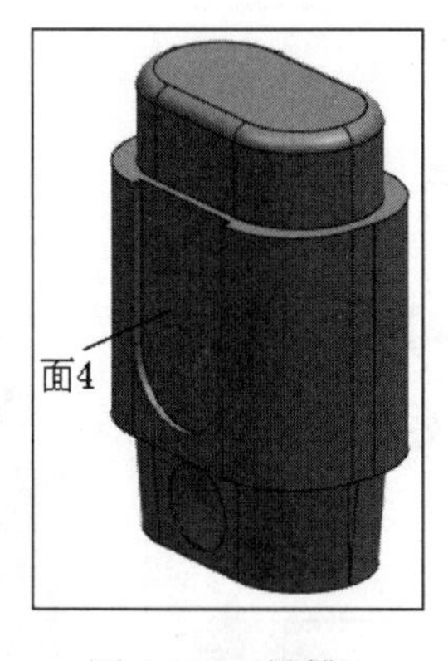

图 6-194 键槽 1

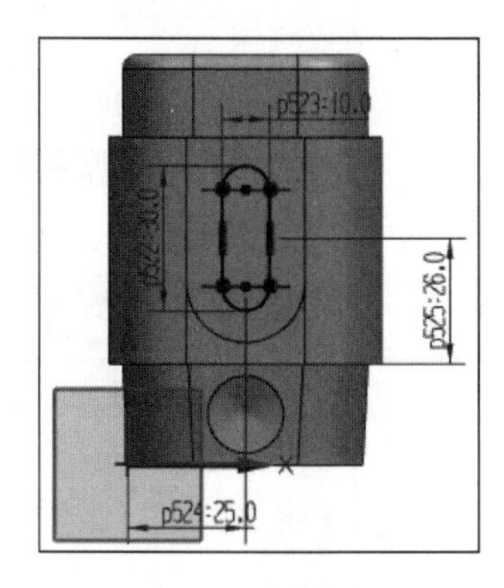

图 6-195 绘制草图

15 创建键槽 2。在菜单栏中选择“插入”→“设计特征”→“拉伸”，或单击“主页”选项卡→“特征”组→“设计特征”下拉菜单→“拉伸”图标，弹出如图 6-196 所示的“拉伸”对话框，单击“选择曲线”选项，选择上一步创建的草图为要拉伸的曲线❶，在“指定矢量”下拉列表中选择“YC 轴”❷，在结束距离文本框中输入结束距离值 2❸，在“布尔”下拉列表中选择“减去”❹，单击“确定”按钮，完成键槽 1 的创建，如图 6-197 所示。

16 边倒圆。在菜单栏中选择“插入”→“细节特征”→“边倒圆”，或单击“主页”选项卡→“特征”组→“边倒圆”图标，弹出如图 6-198 所示的“边倒圆”对话框。倒圆边❶和倒圆半径❷，如图 6-199 所示。

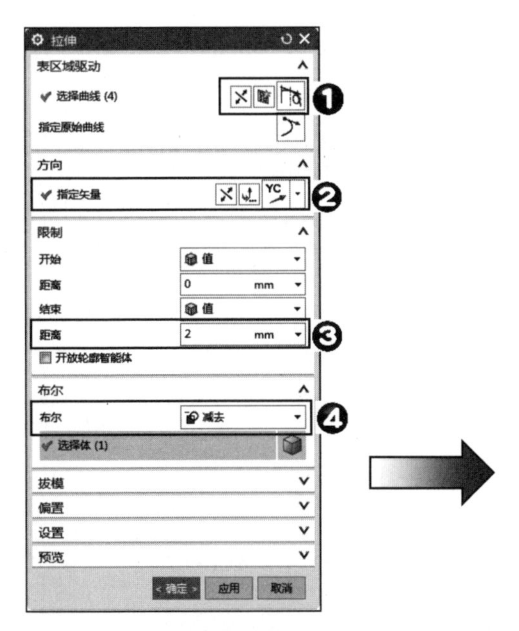

图 6-196 “拉伸”对话框

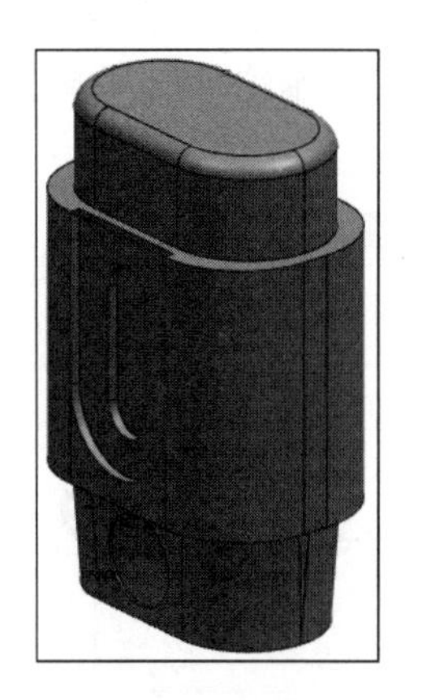

图 6-197 键槽 2

图 6-198 “边倒圆”对话框

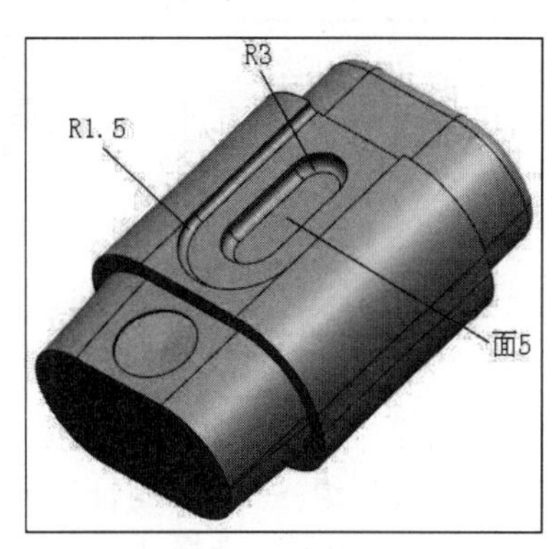

图 6-199 边倒圆示意图

17 创建草图。选择菜单栏中的“插入”→“在任务环境中绘制草图”，打开“创建草图”对话框，选择面 5 为草图绘制面，单击“确定”按钮，进入到草图绘制环境，绘制如图 6-200 所示的草图，单击“主页”选项卡→“草图”组→“完成”图标，完成草图的创建。

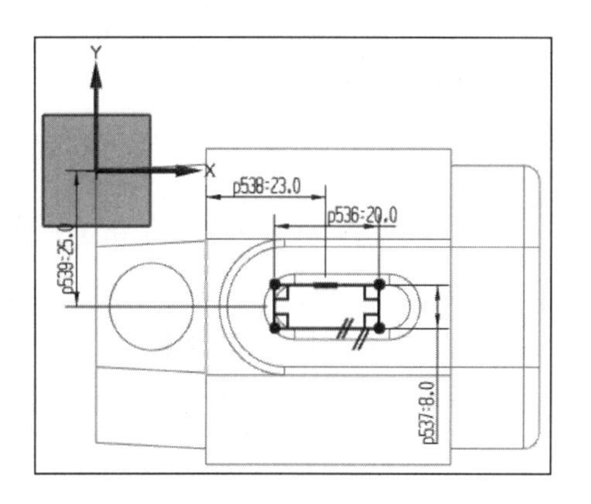

图 6-200 绘制草图

18 创建拉伸。在菜单栏中选择“插入”→“设计特征”→“拉伸”，或单击“主页”选项卡→“特征”组→“设计特征”下拉菜单→“拉伸”图标，弹出如图 6-201 所示的“拉伸”对话框，单击“选择曲线”选项，选择上一步创建的草图为要拉伸的曲线❶，在“指定矢量”下拉列表中选择“-YC 轴”❷，在结束距离文本框中输入结束距离值 4❸，在“布尔”下拉列表中选择“合并”❹，单击“确定”按钮，完成拉伸特征的创建，如图 6-202 所示。

19 创建草图。选择菜单栏中的“插入”→“在任务环境中绘制草图”，打开“创建草图”对话框，选择面 6 为草图绘制面，单击“确定”按钮，进入到草图绘制环境，绘制如图 6-203 所示的草图，单击“主页”选项卡→“草图”组→“完成”图标，完成草图的创建。

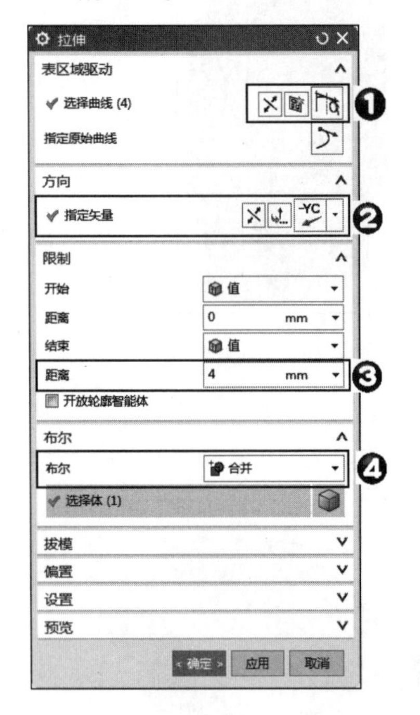

图 6-201 “拉伸”对话框

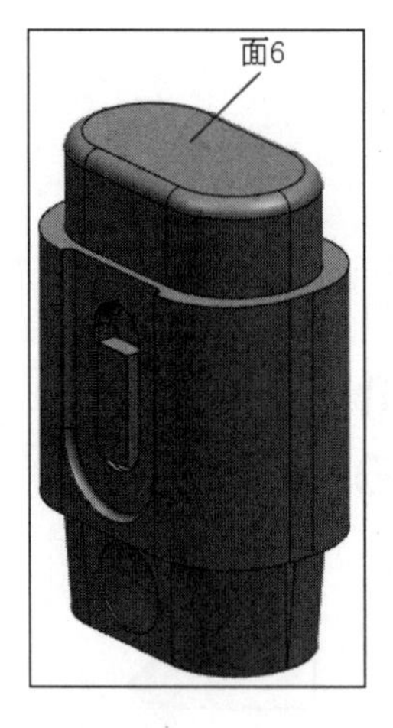

图 6-202 拉伸特征

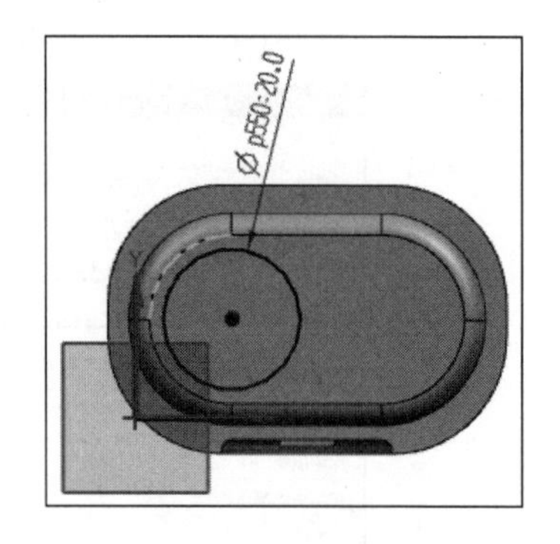

图 6-203 绘制草图

20 创建拉伸。在菜单栏中选择“插入”→“设计特征”→“拉伸”，或单击“主页”选项卡→“特征”组→“设计特征”下拉菜单→“拉伸”图标，弹出如图 6-204 所示的“拉伸”对话框，单击“选择曲线”选项，选择上一步创建的草图为要拉伸的曲线❶，在“指定矢量”下拉列表中选择“ZC 轴”❷，在结束距离文本框中输入结束距离值 2❸，在“布尔”下拉列表中选择“合并”❹，单击“确定”按钮，完成拉伸特征的创建，如图 6-205 所示。

21 创建简单孔。操作同步骤 6，只是按图 6-206 设置参数。最后创建的孔如图 6-207 所示。

22 创建镜像特征。在菜单栏中选择“插入”→“关联复制”→“镜像特征”，或单击“主页”选项卡→“特征”组→“更多”库→“最近使用的”库→“镜像特征”图标，弹出“镜像特征”对话框（见图 6-208），单击“选择特征”选项，选择前两步创建的拉伸特征和孔特征为要镜像的特征❶，在“平面”下拉列表中选择“新平面”❷，在“指定平面”下拉列表中选择“YC-ZC 平面”❸，在绘图区弹出的距离文本框中输入距离值 25，单击“确定”按钮，完成镜像特征的创建。生成的模型如图 6-209 所示。

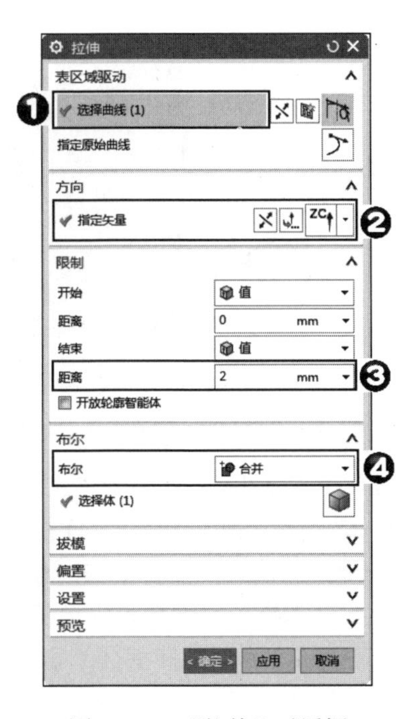

图 6-204　“拉伸”对话框

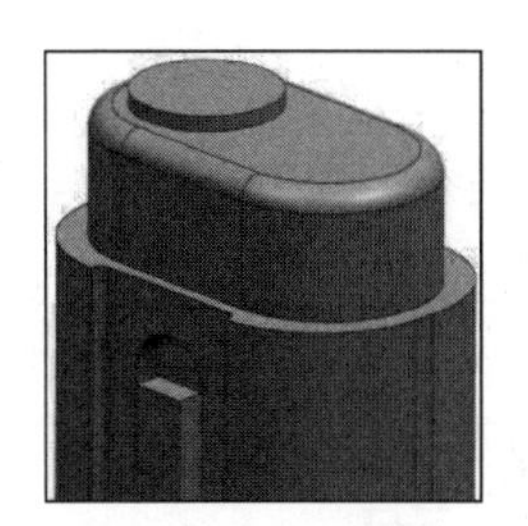

图 6-205　拉伸特征

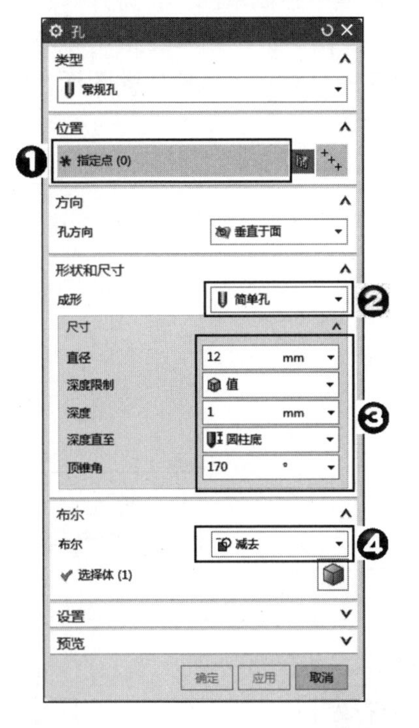

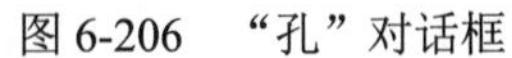

图 6-206　“孔”对话框

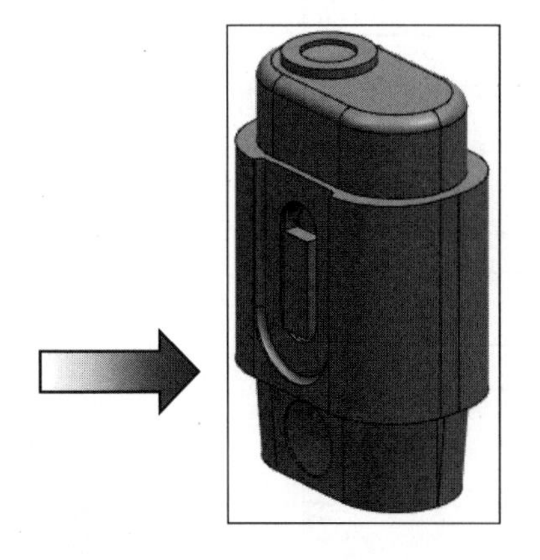

图 6-207　模型

23 创建草图。选择菜单栏中的“插入”→“在任务环境中绘制草图”，打开“创建草图”对话框，选择面 7 为草图绘制面，单击“确定”按钮，进入到草图绘制环境，绘制如图 6-210 所示的草图，单击“主页”选项卡→“草图”组→“完成”图标，完成草图的创建。

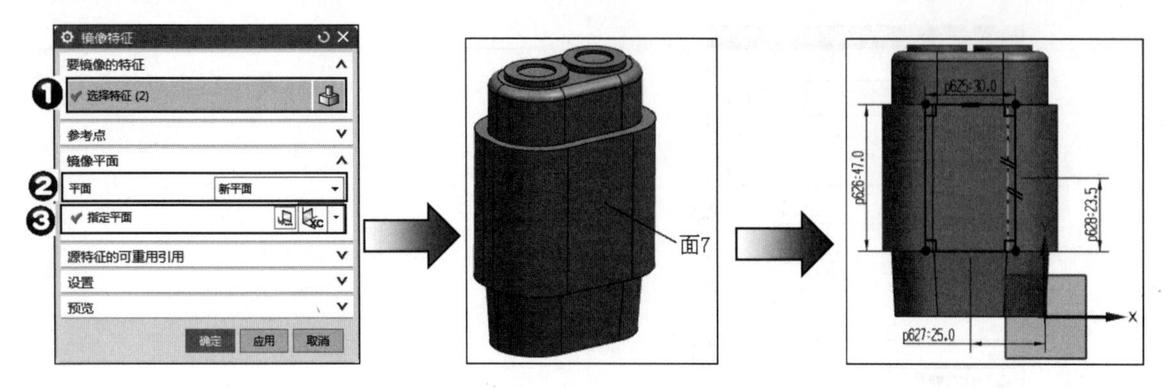

图 6-208 “镜像特征”对话框　　图 6-209 模型　　图 6-210 绘制草图

24 创建拉伸。在菜单栏中选择“插入”→“设计特征”→“拉伸”，或单击“主页”选项卡→“特征”组→“设计特征”下拉菜单→“拉伸”图标，弹出如图 6-211 所示的“拉伸”对话框，单击“选择曲线”选项，选择上一步创建的草图为要拉伸的曲线❶，在“指定矢量”下拉列表中选择“-YC 轴”❷，在结束距离文本框中输入结束距离值 2❸，在“布尔”下拉列表中选择“减去”❹，单击“确定”按钮，完成拉伸特征的创建，如图 6-212 所示。

25 创建草图。选择菜单栏中的“插入”→“在任务环境中绘制草图”，打开“创建草图”对话框，选择面 7 为草图绘制面，单击“确定”按钮，进入到草图绘制环境，绘制如图 6-213 所示的草图，单击“主页”选项卡→“草图”组→“完成”图标，完成草图的创建。

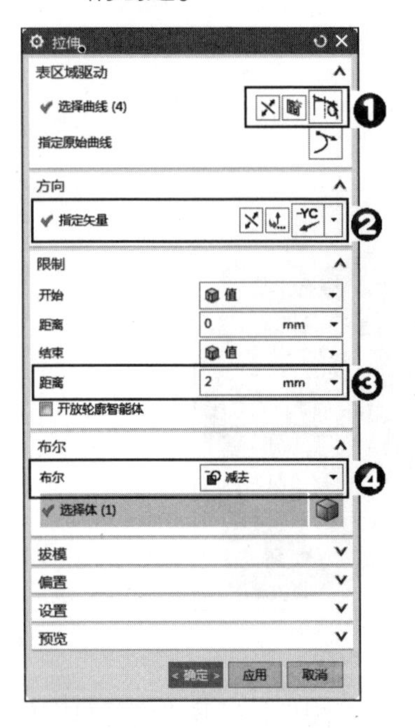

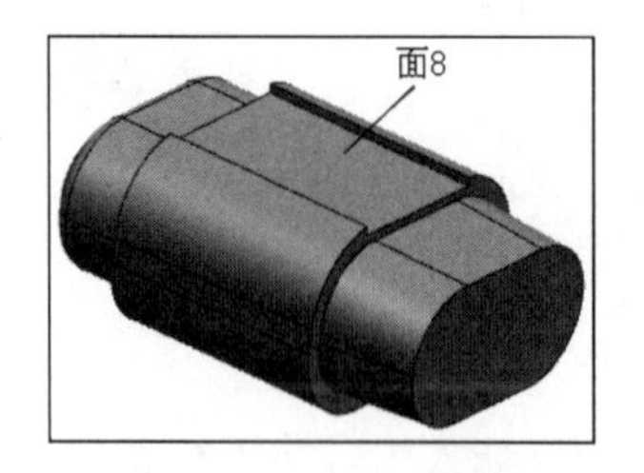

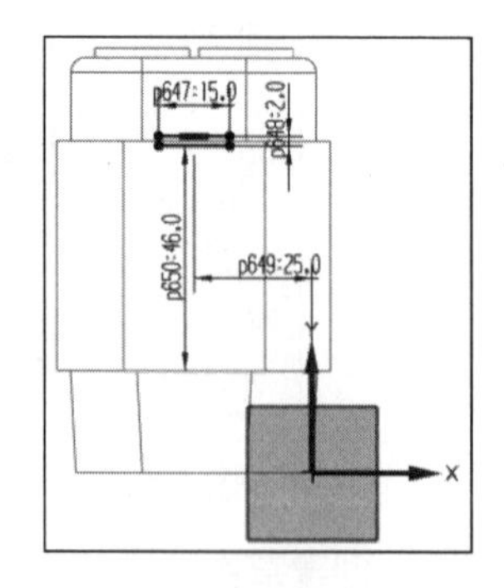

图 6-211 “拉伸”对话框　　图 6-212 拉伸特征　　图 6-213 绘制草图

26 创建拉伸。在菜单栏中选择“插入”→“设计特征”→“拉伸”，或单击“主页”选项卡→“特征”组→“设计特征”下拉菜单→“拉伸”图标，弹出如图 6-214 所示的“拉伸”对话框，单击“选择曲线”选项，选择上一步创建的草图为要拉伸的曲线❶，在“指定矢量”下拉列表中选择“YC 轴”❷，在结束距离文本框中输入结束距离值 2.5❸，在“布尔”下拉列表中选择“合并”❹，单击“确定”按钮，完成拉伸特征的创建，如图 6-215 所示。

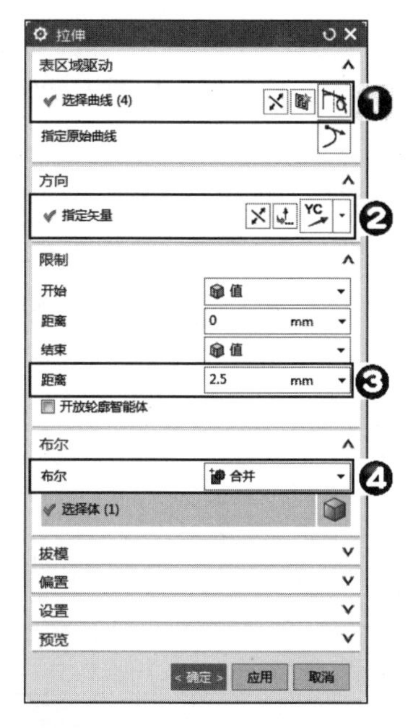

图 6-214 “拉伸”对话框

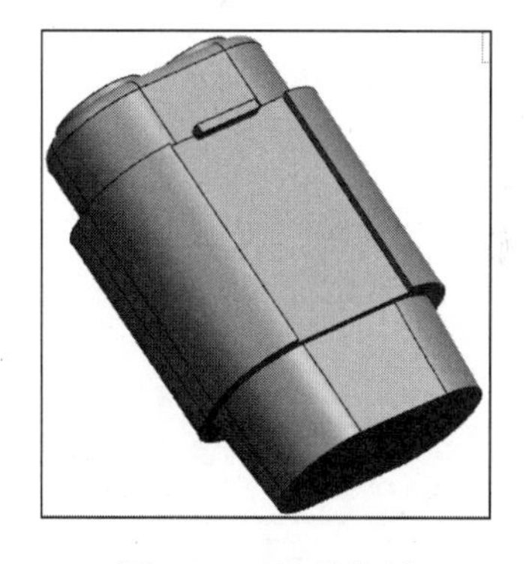

图 6-215 拉伸特征

27 创建软管。在菜单栏中选择“插入”→“扫掠”→“管”，或单击“主页”选项卡→“特征”组→“更多”库→“扫掠”库→“管”图标，弹出“管”对话框，选择如图 6-216 所示的边为管路径，按图 6-217 所示设置参数，最后单击“确定”按钮。生成的模型如图 6-218 所示。

图 6-216 选择路径

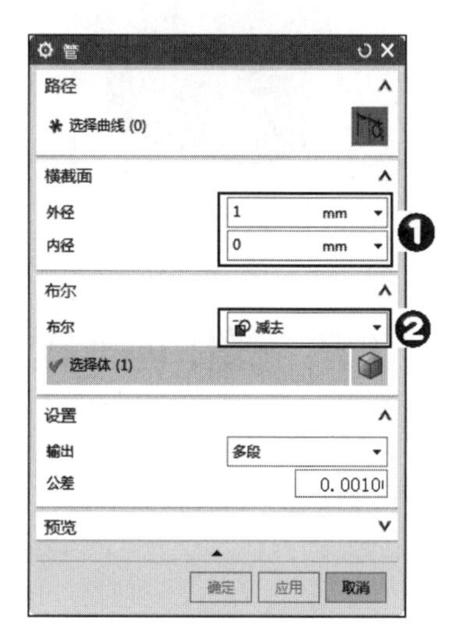

图 6-217 “管”对话框

图 6-218 管道创建示意图

28 创建引用特征。

（1）选择菜单栏中的“插入”→“关联复制→“阵列特征”命令，或单击“主页”选项卡→“特征”组→“特征”图标，打开如图 6-219 所示的“阵列特征”对话框。

（2）选择上一步创建的管为要阵列的特征。

（3）选择“线性”布局，在“指定矢量”下拉列表中选择“ZC 轴”为阵列方向，输入“数量”为 4、“节距”为 4，单击“确定”按钮。生成的模型如图 6-220 所示。

29 边倒圆。在菜单栏中选择“插入”→“细节特征”→“边倒圆”，或单击“主页”选项卡→“特征”组→“边倒圆”图标，打开“边倒圆”对话框。

30 输入圆角半径，选择边线，单击“应用”按钮，倒圆边和倒圆半径，如图 6-221 所示。

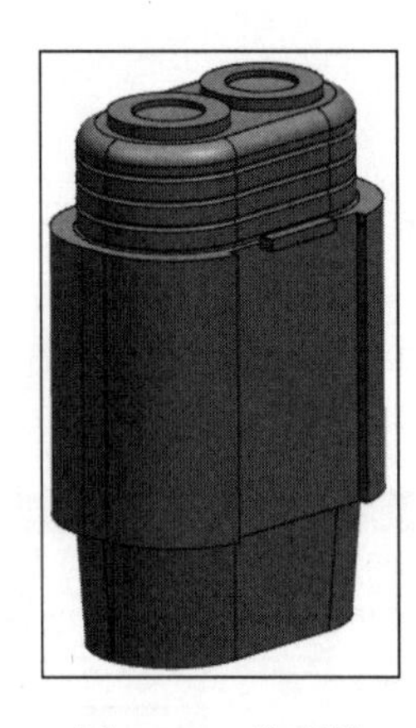

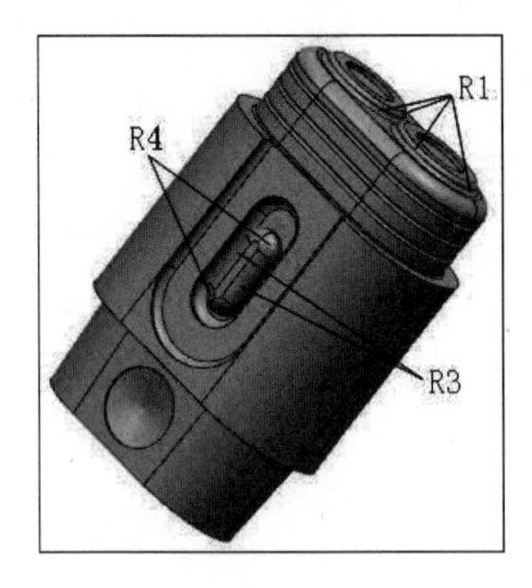

图 6-219 “对特征形成图样”对话框　　图 6-220 阵列管　　图 6-221 边倒圆示意图

6.7 操作训练题

1．完成图 6-222 所示零件的绘制。

操作提示

（1）创建长方体。

（2）创建矩形凸台。

（3）拔锥、倒角。

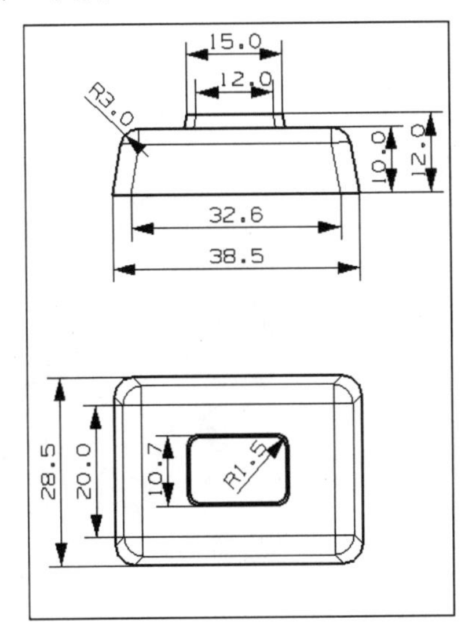

图 6-222　零件

2．完成图 6-223 所示零件的绘制。

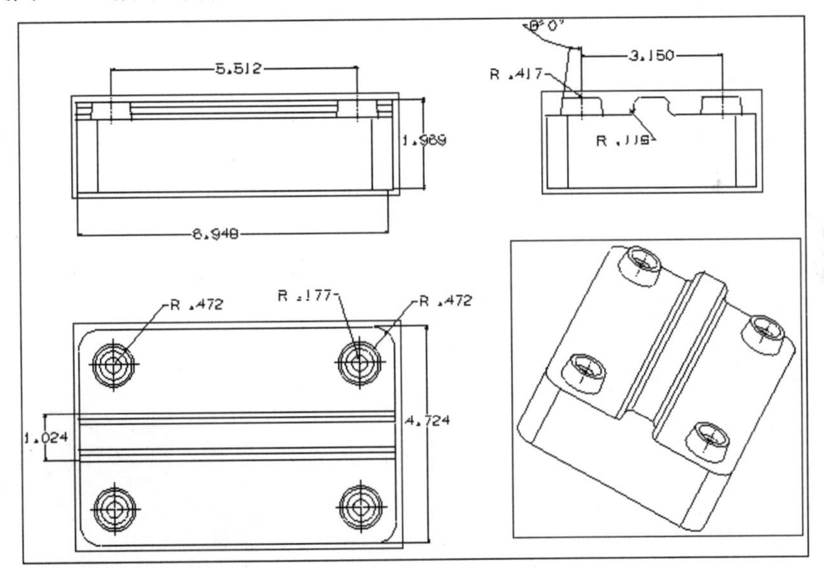

图 6-223　零件草图

操作提示

（1）创建长方体、创建矩形凸台。

（2）创建腔体。

（3）打孔、倒圆角、倒斜角。

3．完成图 6-224 所示零件的绘制。

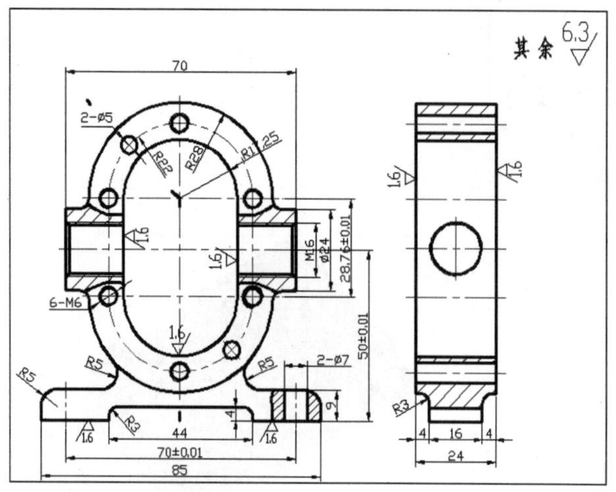

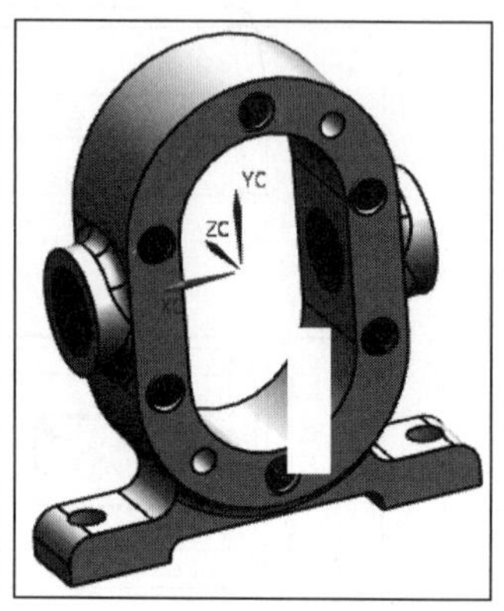

图 6-224　零件

操作提示

（1）创建长方体、边倒圆。

（2）创建凸台、孔。

（3）创建孔、螺纹。

4．完成图 6-225 所示零件的绘制。

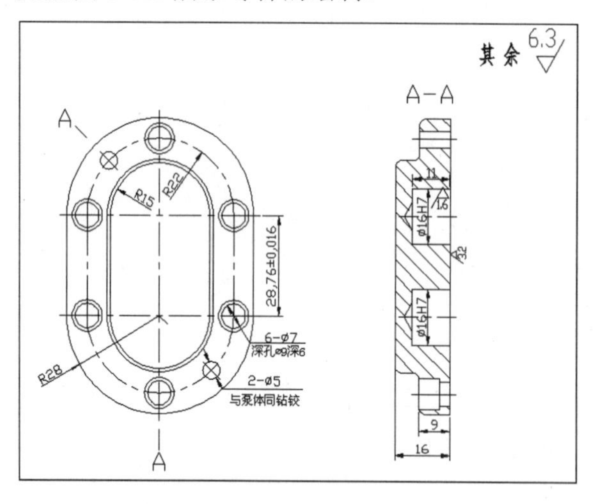

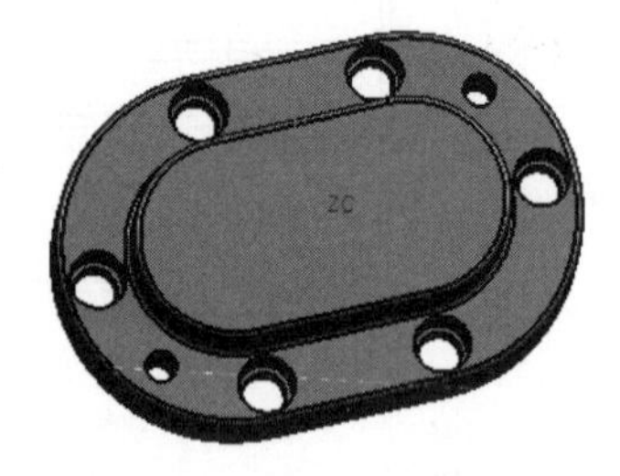

图 6-225　零件

操作提示

（1）创建长方体、边倒圆。

（2）创建垫块、边倒圆。

（3）创建孔、螺纹。

第 7 章

编 辑 特 征

编辑特征就是完成特征创建以后对特征不满意的地方进行编辑的过程。用户可以重新调整尺寸、位置及先后顺序，以满足新的设计要求。

7.1 特 征 编 辑

UG NX 12.0 的编辑特征功能主要是通过执行“特征”菜单命令（见图 7-1）或单击“编辑特征”组来实现的。

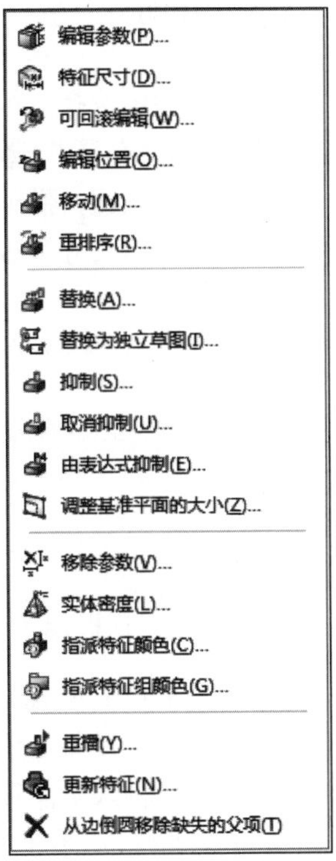

编辑参数(P)...
特征尺寸(D)...
可回滚编辑(W)...
编辑位置(O)...
移动(M)...
重排序(R)...
替换(A)...
替换为独立草图(I)...
抑制(S)...
取消抑制(U)...
由表达式抑制(E)...
调整基准平面的大小(Z)...
移除参数(V)...
实体密度(L)...
指派特征颜色(C)...
指派特征组颜色(G)...
重播(Y)...
更新特征(N)...
从边倒圆移除缺失的父项(T)

图 7-1 “特征”菜单

7.1.1 编辑参数

在菜单栏中选择“编辑”→“特征”→“编辑参数”，或单击“主页”选项卡→“编辑特征”组→“编辑特征参数”图标，弹出如图 7-2 所示的“编辑参数”对话框。该对话框用于选择要编辑的特征。

编辑特征参数有 3 种方式：在视图区双击要编辑参数的特征；在该对话框的特征列表框中选择要编辑参数的特征名称；在部件导航器上右击相应的特征后选择“编辑参数”。对于某些特征，其“编辑参数”对话框可能只有其中的一个、两个或三个选项，如图 7-3 所示。

（1）特征对话框：用于编辑特征的存在参数。单击该按钮，打开创建所选特征时对应的参数对话框，修改需要改变的参数值即可。

（2）重新附着：用于重新指定所选特征附着平面。可以把建立在一个平面上的特征重新附着到新的特征上去。已经具有定位尺寸的特征，需要重新指定新平面上的参考方向和参考边。

（3）更改类型：用于改变所选特征的类型。单击该按钮，打开创建所选特征时对应的特征类型对话框，选择需要的类型，则所选特征的类型就会改变为新的类型。此选项只有在所选特征为孔或槽等成形特征时才出现。

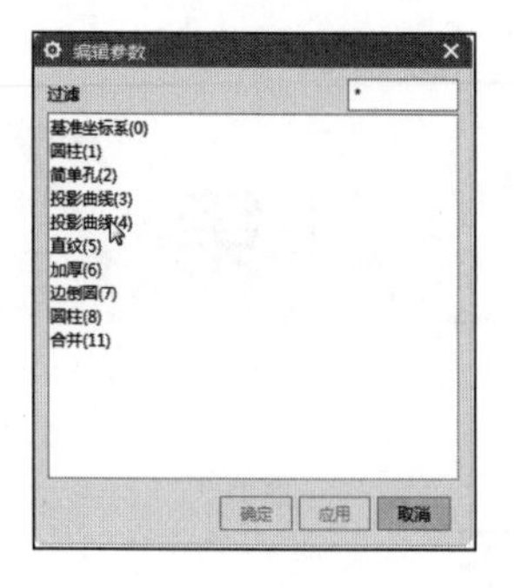

图 7-2 “编辑参数”对话框

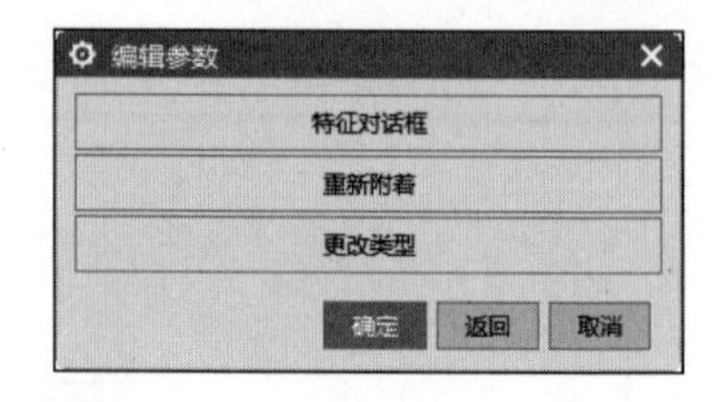

图 7-3 “编辑参数”对话框

7.1.2 可回滚编辑

在菜单栏中选择“编辑”→“特征”→“可回滚编辑”，或单击“主页”选项卡→“编辑特征”组→“可回滚编辑”图标，弹出“可回滚编辑”特征选择列表框，选择要编辑定位的特征，单击“确定”按钮。回滚到特征之前的模型状态，并弹出创建所选特征时对应的参数对话框，修改需要改变的参数值即可。

7.1.3 编辑位置

在菜单栏中选择“编辑”→“特征”→“编辑位置”，或单击“主页”选项卡→“编辑特征”组→“编辑位置”图标，弹出“编辑位置”特征选择列表框，选择要编辑定位的特征，单击“确定”按钮，弹出如图 7-4 所示的“编辑位置”对话框（用于添加定位尺寸、编辑或删除已存在的定位尺寸）或如图 7-5 所示的“定位”对话框。

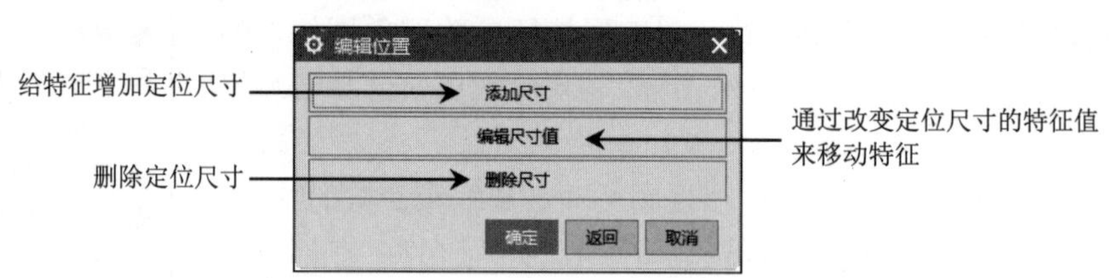

图 7-4 “编辑位置”对话框

“定位”对话框用于添加尺寸，选项说明如下：

（1）水平：系统自动以当前草图平面的 X 方向作为水平方向。选择一个已经存在的目标实体，然后选择要定位的草图曲线，完成以后弹出如图 7-6 所示的“创建表达式”对话框。在数值输入栏输入所需数值即可。

（2）竖直：系统自动以当前草图平面的 Y 方向作为竖直方向。整个设置过程和水平定位一样。

（3）平行：系统自动提示用户先选择目标实体上的点，然后选择草图曲线上的点，以两点之间的距离进行定位。

（4）垂直：系统提示用户选择目标边缘，然后选择草图曲线，系统自动以与选择的目标边缘正交的位置进行定位。

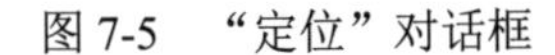
图 7-5 “定位”对话框

图 7-6 “创建表达式”对话框

（5）按一定距离平行：选择顺序和以上定位方法一样，但是目标边和草图边缘必须平行。系统自动按照两平行线之间的距离定位。

（6）斜角：选择顺序和以上定位方法一样，适用于目标边和草图曲线成一定角度的情形。系统自动按照两平行线之间的距离定位。在选择时要注意端点，靠近线条的不同端点表示的角度是不一致的。

（7）点落在点上：在目标边和草图曲线上分别指定一点，使两点重合（两点之间距离为 0）进行定位。选择顺序和以上定位方法一样，但不弹出“创建表达式”对话框。

（8）点落在线上：在草图曲线上指定一点，使该点位于目标边上，也就是点到目标边的距离为 0 来定位。选择顺序和以上定位方法一样，但不弹出“创建表达式”对话框。

（9）线落在线上：在目标体和草图曲线上分别指定一条直边，使其两边重合进行定位。选择顺序和以上定位方法一样，但不弹出“创建表达式”对话框。

7.1.4 移动特征

在菜单栏中选择“编辑”→“特征”→“移动”，或单击“主页”选项卡→“编辑特征”组→“移动特征”图标，弹出“移动特征”对话框，选中要移动的特征后，单击“确定”按钮，弹出如图 7-7 所示的“移动特征”对话框。

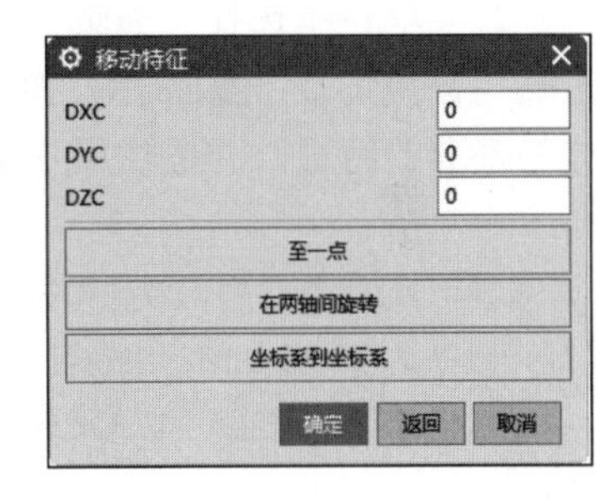

图 7-7 “移动特征”对话框

（1）DXC、DYC 和 DZC 文本框：用于在文本框中输入分别在 X、Y 和 Z 方向上需要增加的数值。

（2）至一点：用户可以把对象移动到一点。单击该按钮，弹出“点”对话框，系统提示用户先后指定两点来确定一个矢量，对象沿着这个矢量移动一个距离。

（3）在两轴间旋转：单击该按钮，弹出“点”对话框，系统提示用户选择一个参考点，接着弹出“矢量构成”对话框，系统提示用户指定两个参考轴。

（4）坐标系到坐标系：用户可以把对象从一个坐标系移动到另一个坐标系。

7.1.5 重排序

在菜单栏中选择“编辑”→“特征”→“重排序”，或单击“主页”选项卡→“编辑特征”组→“特征重排序”图标，弹出如图 7-8 所示的“特征重排序”对话框。

在列表框中选择要重新排序的特征，或者在视图区直接选取特征，选取后相关特征会出现在“重定位特征”列表框中。选择“在前面”或“在后面”排序方法，然后在“重定位特征”

列表框中选择定位特征，单击“确定”或“应用”按钮，完成重排序。

在部件导航器中，右击要重排序的特征，弹出如图 7-9 所示的快捷菜单，选择“重排在前”或“重排在后”命令，然后在弹出的对话框中选择定位特征进行重排序。

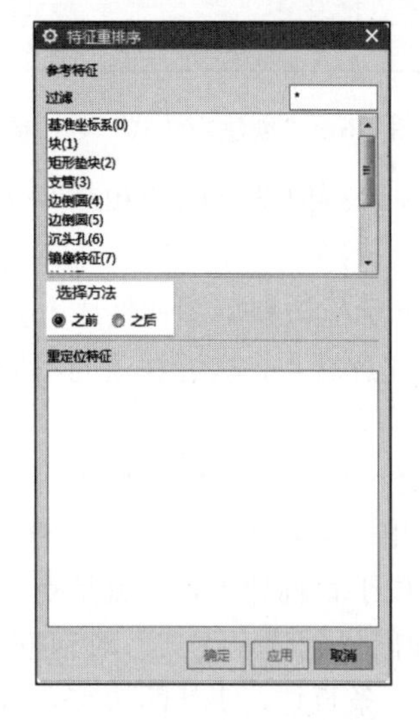

图 7-8 “特征重排序”对话框

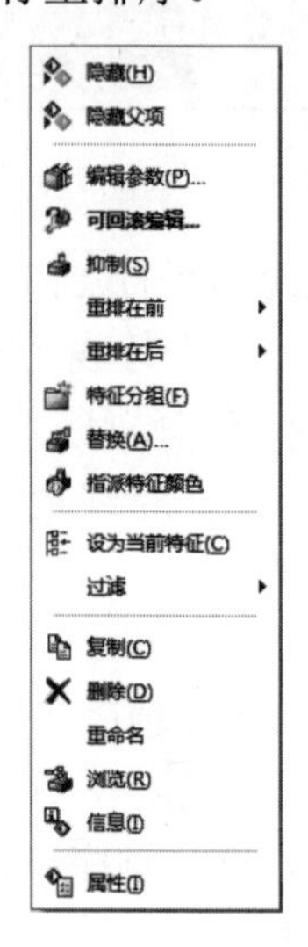

图 7-9 快捷菜单

7.1.6 替换特征

在菜单栏中选择“编辑”→“特征”→“替换”，或单击“主页”选项卡→“编辑特征”组→“替换特征”图标，弹出如图 7-10 所示的“替换特征”对话框。该对话框用于更改实体与基准的特征，并提供用户快速找到要编辑的步骤来提高模型创建的效率。

要替换的特征：选择要被替换的特征，可以是相同体上的一组特征、一个基准平面特征或一个基准轴特征

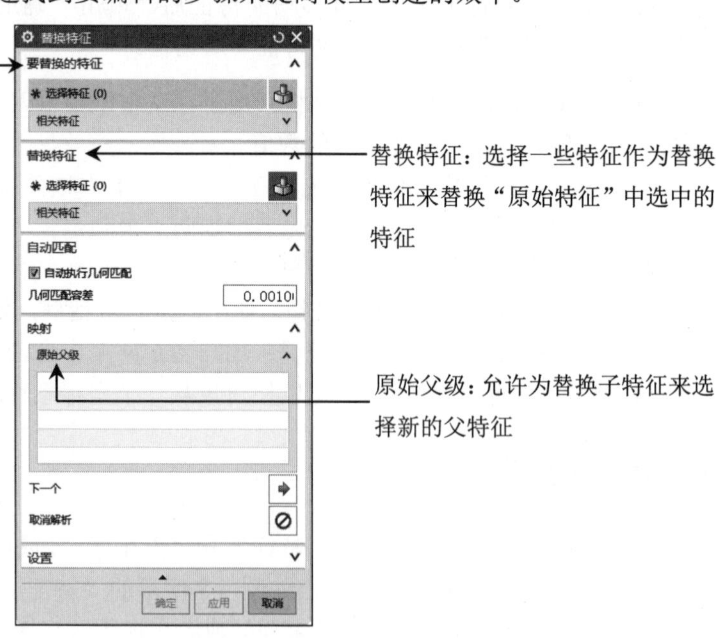

图 7-10 “替换特征”对话框

7.1.7 由表达式抑制

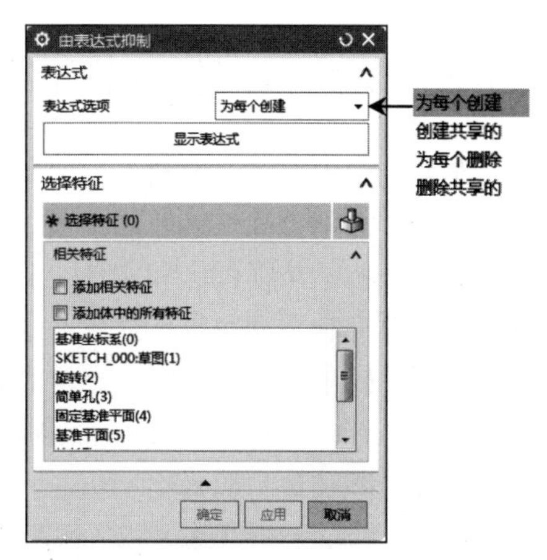

图 7-11 “由表达式抑制”对话框

在菜单栏中选择“编辑”→“特征”→“由表达式抑制”命令，或单击“主页”选项卡→“编辑特征”组→“由表达式抑制”图标，弹出如图 7-11 所示的对话框。其中的表达式编辑器提供一个可用于编辑的抑制表达式列表来抑制特征。

1．为每个创建

允许为每一个特征生成单个的抑制表达式。对话框显示所有特征，可以是被抑制的、被释放的以及无抑制表达式的特征。如果选中的特征被抑制，则新的抑制表达式的值为 0，否则为 1。按升序自动生成抑制表达式 p22、p23、p24……

2．创建共享的

允许生成被所有选中特征共用的单个抑制表达式。对话框显示所有特征，可以是被抑制的、被释放的以及无抑制表达式的特征。所有选中的特征必须具有相同的状态，或者是被抑制的，或者是被释放的。如果它们是被抑制的，其抑制表达式的值为 0，否则为 1。当编辑表达式时，如果任何特征被抑制或被释放，则其他有相同表达式的特征也被抑制或被释放。

3．为每个删除

允许删除选中特征的抑制表达式。对话框中显示具有抑制表达式的所有特征。

4．删除共享的

允许删除选中特征的共有的抑制表达式。对话框中显示包含共有的抑制表达式的所有特征。如果选择特征，则对话框高亮显示共有该表达式的其他特征。

7.1.8 特征重播

图 7-12 “特征重播”对话框

在菜单栏中选择“编辑”→“特征”→“重播”命令，或单击“主页”选项卡→“编辑特征”组→“特征重播”图标，弹出如图 7-12 所示的对话框，可以逐个特征地查看模型是如何生成的。

1．时间戳记数

指定要开始重播特征的时间戳编号。可以在框中输入一个数字，或者移动滑块。

2．步骤之间的秒数

指定特征重播每个步骤之间暂停的秒数。

7.1.9 抑制/取消抑制特征

在菜单栏中选择“编辑”→“特征”→“抑制”命令，或单击“主页”选项卡→“编辑特征”组→“抑制特征”图标，弹出如图 7-13 所示的“抑制特征”对话框。该对话框用于将一个或多个特征从视图区和实体中临时删除。被抑制的特征并没有从特征数据库中删除，可以通过“取消抑制”命令重新显示。

在菜单栏中选择“编辑”→“特征”→“取消抑制”命令，或单击“主页”选项卡→“编辑特征”组→“取消抑制特征”图标，弹出如图 7-14 所示的“取消抑制特征”对话框，用于使已抑制的特征重新显示。

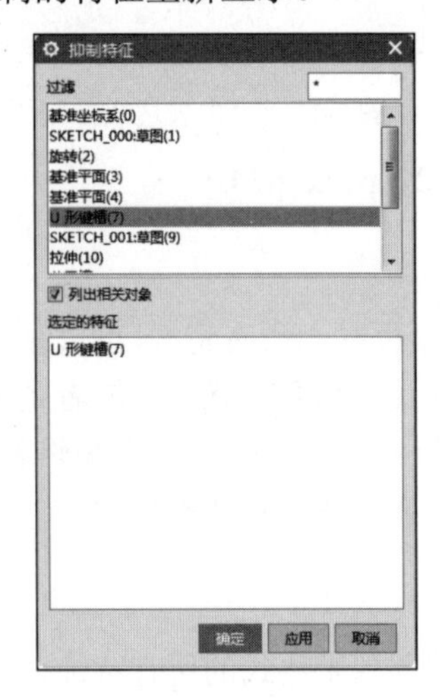

图 7-13 “抑制特征”对话框

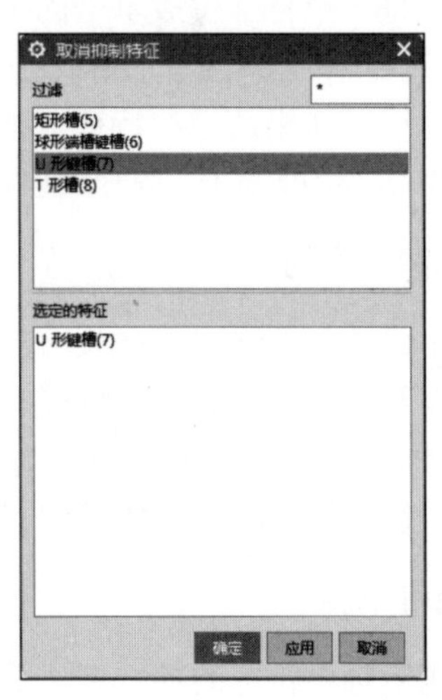

图 7-14 “取消抑制特征”对话框

7.1.10 移除参数

在菜单栏中选择“编辑”→“特征”→“移除参数”命令，或单击“主页”选项卡→“编辑特征”组→“移除”图标，弹出如图 7-15 所示的“移除参数”对话框。该对话框用于选择要移除参数的几何对象。单击“确定”按钮，将参数化几何对象的所有参数全部删除。一般只用于不再修改也不希望修改最后定型了的模型。

图 7-15 “移除参数”对话框

7.1.11 指派实体密度

在菜单栏中选择“编辑”→“特征”→“实体密度”命令，或单击“主页”选项卡→“编辑特征”组→“编辑实体密度”图标，弹出如图 7-16 所示的对话框。该选项可以改变一个或多个已有实体的密度或密度单位。改变密度单位，让系统重新计算新单位的当前密度值，或改变密度值。

图 7-16 “指派实体密度”对话框

7.2 综合实例1：绘制螺栓M10-35

为M10-35零件添加凸起、螺纹特征，从而绘制出螺栓，具体操作步骤如下：

01 进入UG NX 12.0软件，查找零件名为M6-20的部件，打开此零件。将零件另存为文件名为M10-35的零件，进入建模模式。

02 修改圆柱体设计特征。右击圆柱特征，弹出快捷菜单，如图7-17所示，选择其中的“编辑参数”命令，弹出“圆柱”对话框。在“直径”文本框中输入14，在“高度”文本框下输入6.4 ❶，如图7-18所示。

03 修改拉伸设计特征。右击拉伸特征，在弹出的快捷菜单中选择其中的“编辑参数”命令，弹出“拉伸”对话框。在“距离”文本框下输入6.4❷，如图7-19所示。

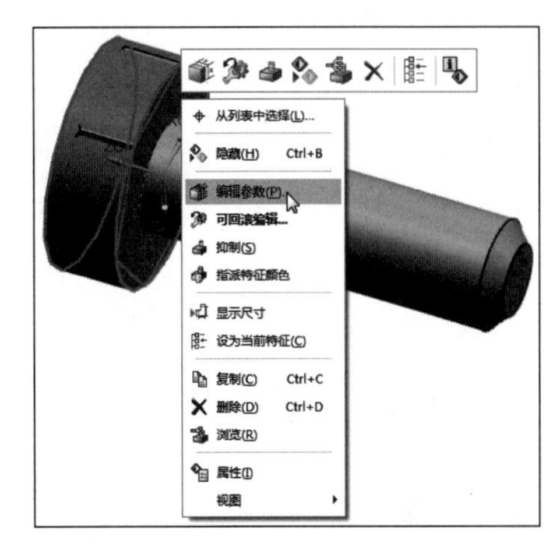

图7-17 弹出快捷菜单

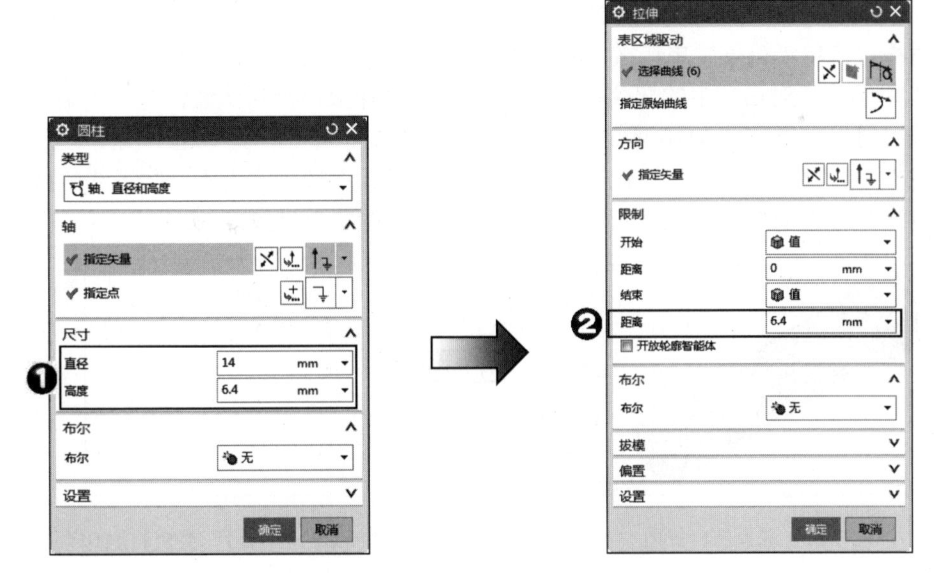

图7-18 “圆柱”对话框

图7-19 “拉伸”对话框

04 删除螺纹。右击符号螺纹特征，弹出快捷菜单，选择其中的“删除”命令，将螺纹特征删除。

05 修改凸起。右击凸起特征，弹出快捷菜单，选择其中的“编辑参数”命令，弹出如图7-20所示的“凸起”对话框。在绘图区直接双击凸起曲线圆标注的尺寸，将直径修改为10，在“凸起”对话框中将距离修改为35。

图 7-20　“编辑参数”对话框

06 修改倒斜角。右击凸起与螺栓头连接处倒斜角特征，弹出快捷菜单，选择其中的“编辑参数”命令，弹出“倒斜角”对话框，重新设置倒角偏置值为 1.585。

07 添加螺纹特征。在菜单栏中选择“插入”→“设计特征”→“螺纹”，或单击“主页”选项卡→“特征”组→“设计特征”下拉菜单→“螺纹刀”图标，弹出“螺纹切削”对话框，选中“符号”单选按钮和“手工输入”复选框，选择凸起柱面和起始面，如图 7-21 所示。将对话框中的螺纹长度改为 26，其他参数保持默认值，单击“确定”按钮，生成“符号”类型的 M10 螺纹，并生成最终的螺栓。单击上边条框“视图”组→“渲染样式”下拉菜单→“带有淡化边的线框”图标，将模型改为不带隐藏线的线框模型，可以清楚地看到如图 7-22 所示的“符号”类型的螺栓外螺纹。

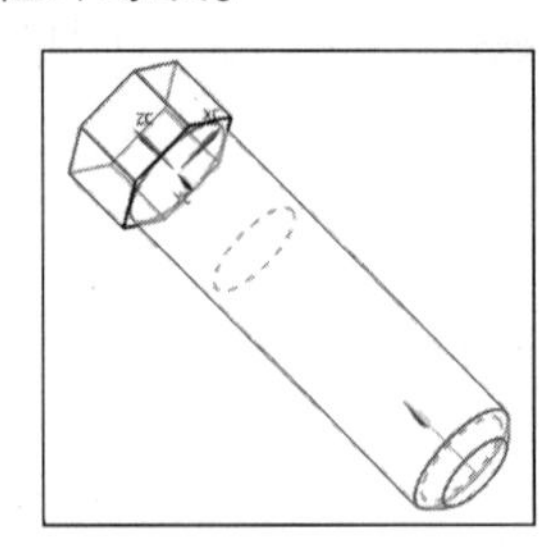

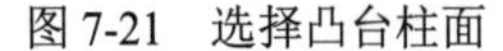

图 7-21　选择凸台柱面

图 7-22　“符号”类型的 M10 螺栓

7.3　同步建模

“同步建模”技术扩展了 Unigraphics 的某些基本功能，其中包括面向面的操作、基于约束的方法、圆角的重新生成和特征历史的独立。对于来自其他 CAD 系统的模型或是非参数化的模型，可使用“同步建模”功能。

7.3.1　相关面

在菜单栏中选择“插入”→“同步建模”→“相关”，子菜单如图 7-23 所示。选择任意类型，弹出类似如图 7-24 所示的对话框。该选项可以在几何模型的面组上施加 3D 相关。如果可能，在移动面满足相关的同时可以保持原先的拓扑。用此选项可以编辑有特征历史或没有特征历史的模型，如通过数据转换器生成的模型。

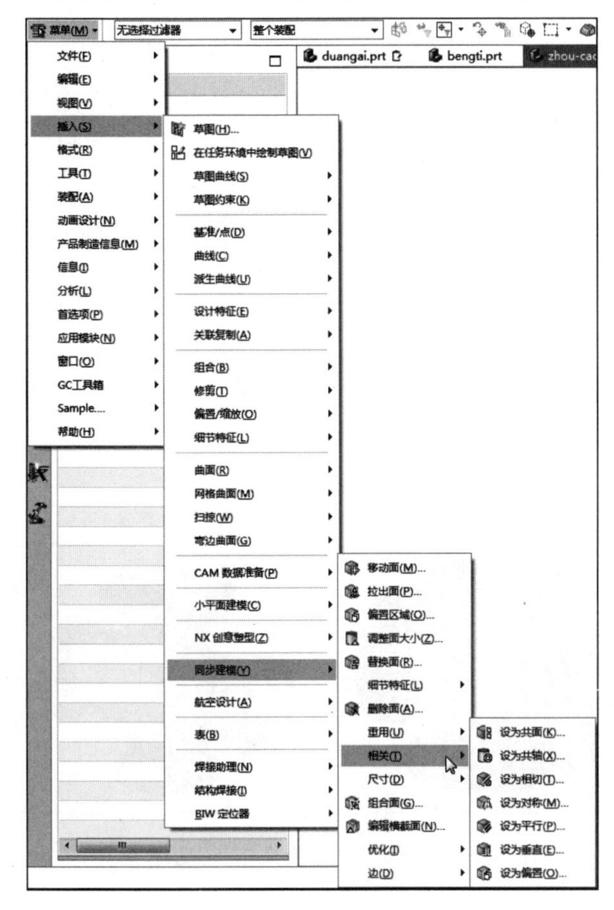

图 7-23　相关面类型

图 7-24　“设为共面”对话框

1. 相关类型

每次操作可以选择一种相关类型，一个特征只能有一个相关。

（1）设为共面：相关一个面，使它与参考对象重合。

（2）设为共轴：相关面和参考对象之间的同轴。

（3）设为对称：相关目标面和参考对象间的对称。

（4）设为平行：通过移动一个面使其与参考对象平行，并通过一个关联点来相关该面。

（5）设为垂直：通过移动一个面使其与参考对象垂直，并通过一个关联点来相关该面。

（6）设为相切：使一个平面或锥面与另一个面相切来相关面。

2. 对话框选项说明

（1）运动面：指定要相关的面。“目标面”用来确定从哪一个面开始相对“相关参考”进行测量。只有当有多个面需要移动时才指定“目标面”。“目标面”必须是平面或圆柱面。

（2）固定面：将固定的对象指定成相关参考。这些对象可以是平面或圆柱形面、基准面、平面、边、曲线和直线。

7.3.2 调整面大小

在菜单栏中选择“插入”→“同步建模”→“调整面大小”命令，或单击“主页”选项卡→“同步建模”组→“调整面大小”图标，弹出如图 7-25 所示的对话框。该选项可以改变圆柱面或球面的直径、锥面的半角，还能重新生成相邻圆角面。

“调整面大小”忽略模型的特征历史，可快速、直接地修改模型。它的另一个好处是能重新生成圆角面，其操作后的示意图如图 7-26 所示。

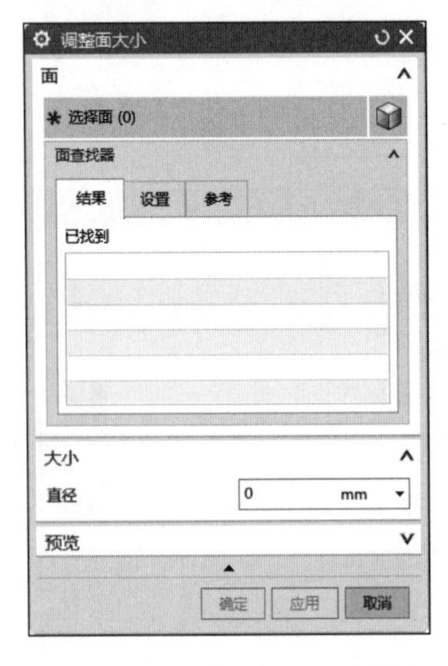

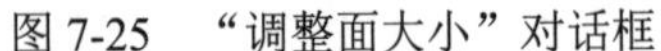

图 7-25 “调整面大小”对话框

图 7-26 “调整面大小”操作前后示意图

1. 选择面

选择需要重设大小的圆柱面、球面或锥面。当选择了第一个面后，直径或半角的值显示在直径或半角字段的下面。

2. 大小

为所有选中的圆柱或球的直径指定新值。

7.3.3 偏置区域

在菜单栏中选择“插入”→“同步建模”→“偏置区域”，或单击“主页”选项卡→“同步建模”组→“偏置区域”图标，弹出如图 7-27 所示的对话框。

该选项可以在单个步骤中偏置一组面或一个整体。相邻的圆角面可以有选择地重新生成。可以使用与“抽取几何体”选项下的“抽取区域”相同的种子和边界方法抽取区域来指定面，或是把面指定为目标面。“偏置区域”忽略模型的特征历史，是一种修改模型的快速而直接的方法。它的另一个好处是能重新生成圆角。

模具和铸模设计有可能使用到此选项，如使用面来进行非参数化部件的铸造。

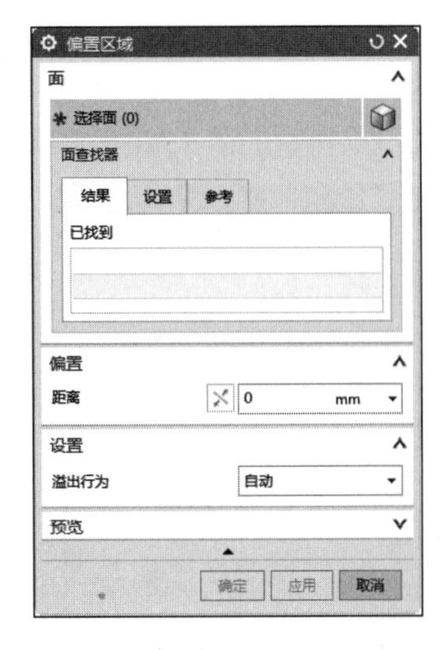

图 7-27 “偏置区域”对话框

7.3.4 替换面

在菜单栏中选择“插入”→“同步建模”→“替换面”，或单击“主页”选项卡→“同步建模”组→“替换面”图标，弹出如图 7-28 所示的“替换面”对话框。

1. 原始面

选择一个或多个要替换的面，允许选择任意面类型。

2. 替换面

选择一个面来替换目标面。只可以选择一个面，在某些情况下对于一个替换面操作会出现多种可能的结果，可以用“反向”切换按钮在这些可能的结果之间切换。

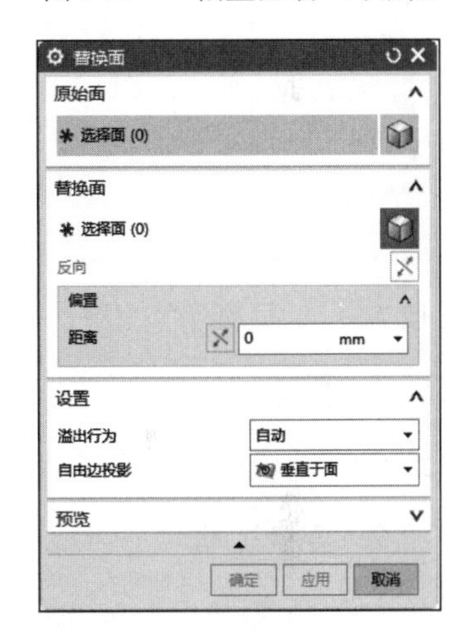

图 7-28 “替换面”对话框

替换面能够用另一个面替换一组面，同时还能重新生成相邻的圆角面。当需要改变面的几何体时，比如需要简化它或用一个复杂的曲面替换它时，就可以使用该选项。甚至可以在非参数化的模型上使用“替换面”命令，其操作前后如图 7-29 所示。

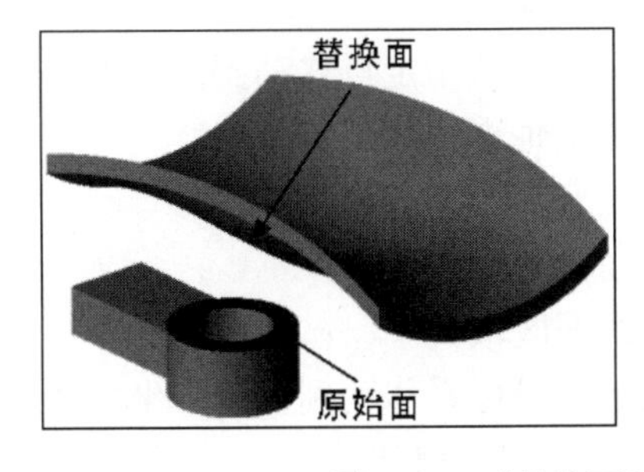

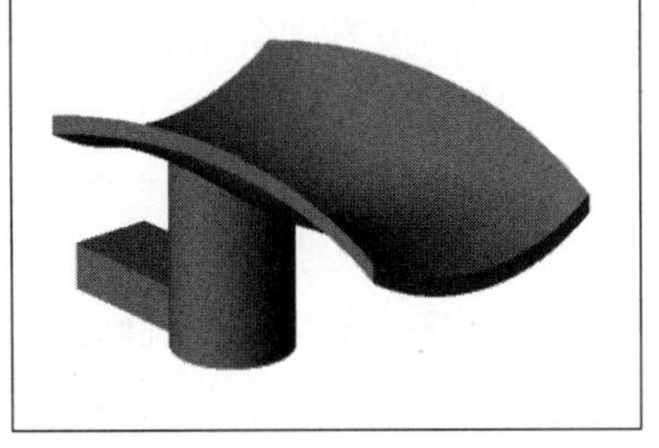

图 7-29 “替换面”操作前后示意图

7.3.5 移动面

在菜单栏中选择“插入”→“同步建模”→“移动面”，或单击“主页”选项卡→“同步建模”组→“移动面”图标，弹出如图 7-30 所示的对话框。

该选项提供了在体上局部移动面的简单方式。对于一个需要调整的模型来说，此选项很有用。该工具提供圆角的识别和重新生成，而且不依附建模历史，甚至可以用来移动体上所有的面，操作后的效果如图 7-31 所示。

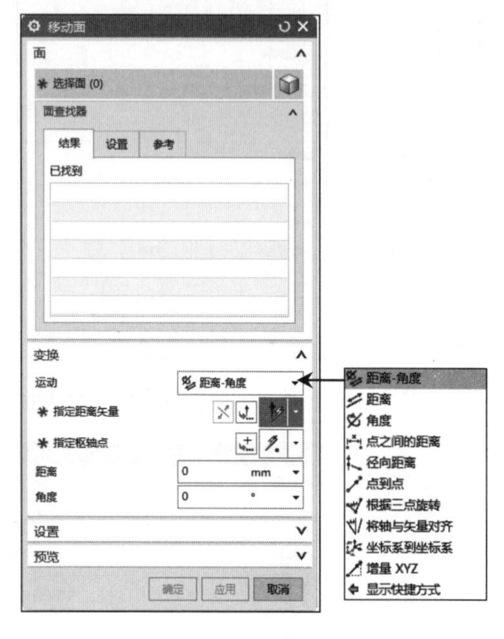

图 7-30 “移动面”对话框

图 7-31 “移动区域”示意图

1. 面

指定一个或多个要移动的面。

2. 变换运动

（1）距离-角度：按方向矢量将选中的面区域移动一定的距离和角度。
（2）距离：按方向矢量和位移距离移动选中的面区域。
（3）角度：按方向矢量和角度值移动选中的面区域。
（4）点之间的距离：按方向矢量把选中的面区域从指定点移动到测量点。
（5）径向距离：按方向矢量把选中的面区域从轴点移动到测量点。
（6）点到点：把选中的面区域从一个点移动到另一个点。
（7）根据三点旋转：在三点中旋转选中的面区域。
（8）将轴与矢量对齐：在两轴间旋转选中的面区域。
（9）坐标系到坐标系：把选中的面区域从一个坐标系移动到另一个坐标系。
（10）增量 XYZ：把选中的面区域根据输入的 XYZ 值移动。

7.3.6 调整圆角大小

在菜单栏中选择“插入”→“同步建模”→“细节特征”，子菜单如图 7-32 所示。

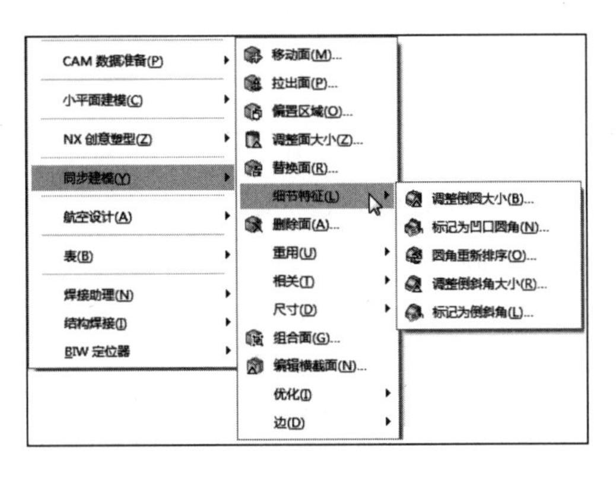

图 7-32 “细节特征”对话框

（1）调整圆角大小

该选项允许用户编辑圆角半径，并不用考虑特征的创建历史。可用于数据转换文件及非参数化的实体，在保留相切属性的同时创建参数化特征、更为直接和高效地运用参数化设计，效果如图 7-33 所示。

调整前

调整后

图 7-33 “调整圆角大小”示意图

（2）圆角重新排序

该命令可更改凸度相反的两个相交圆角的顺序。

（3）调整倒斜角大小

该命令可更改倒斜角的大小、类型、对称、非对称以及偏置和角度。

（4）标记为倒斜角

该命令将成角度的面标记为倒斜角。

7.3.7 重用

在菜单栏中选择“插入”→“同步建模”→“重用”，子菜单如图 7-34 所示。选择任意类型，弹出类似图 7-35 所示的对话框。各对话框中的选项与“移除面”对话框中的选项类似，在此就不一一介绍了。

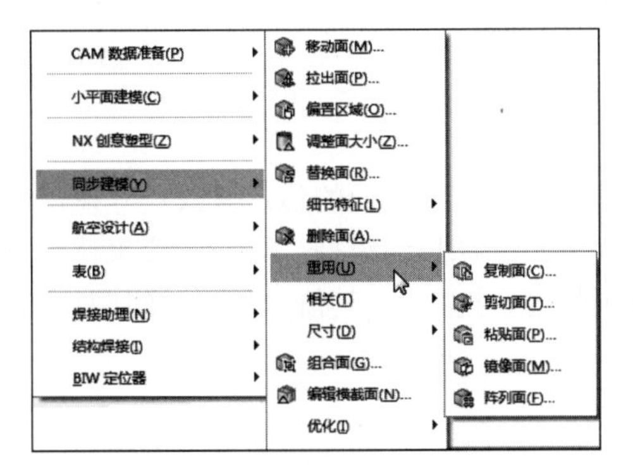

图 7-34 “重用”子菜单

（1）复制面：该命令可从实体中复制一组面。

（2）剪切面：该命令可从体中复制一组面，然后从体中删除这些面。

（3）粘贴面：该命令可将片体粘贴到实体中。

（4）镜像面：该命令可复制面集，对平面进行镜像，并粘贴到同一个实体或片体中。

（5）阵列面：该命令可复制矩形阵列、圆形阵列中的一组面，或镜像这一组面，并将其添加到体。

图 7-35 “复制面”对话框

7.3.8 尺寸

在菜单栏中选择“插入”→“同步建模”→“尺寸”，子菜单如图 7-36 所示。选择任意类型，弹出类似图 7-37 所示的对话框。

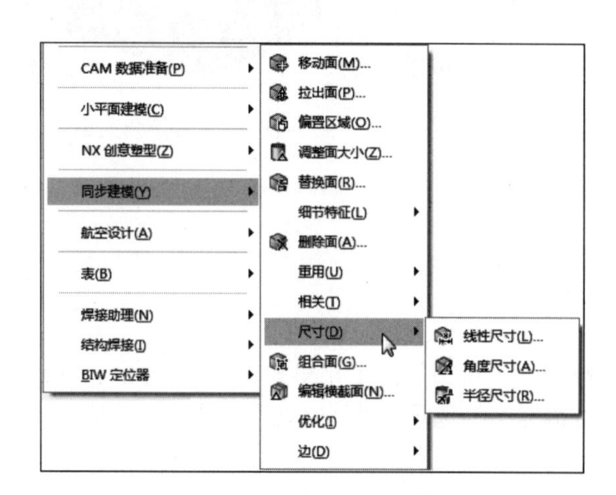

图 7-36 “尺寸”子菜单

图 7-37 “线性尺寸”对话框

1. 相关类型

（1）线性尺寸：将线性尺寸添加到面的边，修改尺寸值后更改面之间的距离。

（2）角度尺寸：将角度尺寸添加到模型，更改其值来移动一组面。

（3）半径尺寸：添加半径尺寸并修改其值来移动一组圆柱面、球面或具有圆周边的面。

2. 对话框选项说明

（1）选择原始对象：用于指定尺寸的原点或基准平面。

（2）选择测量对象：用于指定尺寸的测量点。

（3）方向：用于指定尺寸的轴和平面，包括 OrientXpress 和矢量两个选项。
（4）指定位置：用于指定相对于选定对象尺寸的位置。
（5）距离：输入新的尺寸值。
（6）溢出行为：用于控制标注尺寸的面溢出特性，以及交互方式。

- 延伸更改面：将移动面延伸到它所遇到的其他面中，或将它移动到其他面之后。
- 延伸固定面：延伸移动面直至遇到固定面。
- 延伸端盖面：给产生延展边的移动面加上端盖。

7.4 思考题

1．实现编辑特征参数有几种方式？
2．使用“同步建模”命令时，需要注意什么？

7.5 综合实例2：齿轮轴

齿轮泵主要由齿轮、齿轮泵后端盖、防尘套、齿轮轴、键、齿轮泵机座、齿轮轴和齿轮泵前端盖这 8 部分组成。本实例主要介绍齿轮轴的绘制。其余部件的源文件在/ruanwenjian/7/7-5 文件夹中。

本实例采用参数表达式形式建立渐开线曲线，然后通过曲线操作生成齿形轮廓，通过拉伸等建模工具创建齿形实体。

01 新建 chilunzhou 文件，选择“毫米”，单击“确定”按钮，进入 UG 界面。

02 建立参数表达式。在菜单栏中选择“工具”→“表达式”，弹出“表达式”对话框，按照图 7-38 所示依次输入“名称”和“表达式”。其中，m 表示齿轮的模数；z 表示齿轮齿数；t 是系统内部变量，在 0 和 1 之间自动变化；da 是齿轮齿顶圆直径；db 是齿轮基圆直径；df 是齿轮齿根圆直径；alpha 是齿轮压力角。

03 创建渐开线曲线。在菜单栏中选择“插入”→“曲线”→“规律曲线”，弹出如图 7-39 所示的“规律曲线”对话框，分别在“X 规律”“Y 规律”“Z 规律”选项组下“规律类型”下拉列表中选择“根据方程”❶，采用系统默认参数，单击“确定”按钮，生成渐开线曲线，如图 7-40 所示。

04 创建齿顶圆、齿根圆、分度圆和基圆曲线。在菜单栏中选择“插入”→“曲线”→“圆弧/圆”，或单击“曲线”选项卡→“曲线”组→“圆弧/圆”图标，弹出“圆弧/圆”对话框，建立圆心在原点，半径分别为 16.5、9.75、13.5 和 12.7 的 4 个圆弧曲线，结果如图 7-41 所示。

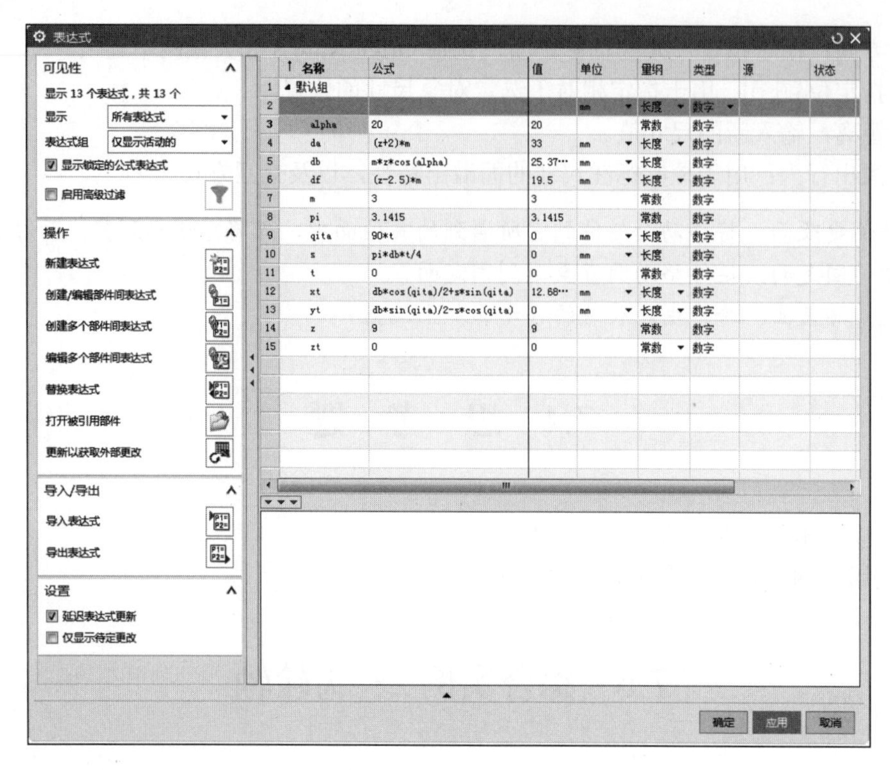

图 7-38　“表达式”对话框

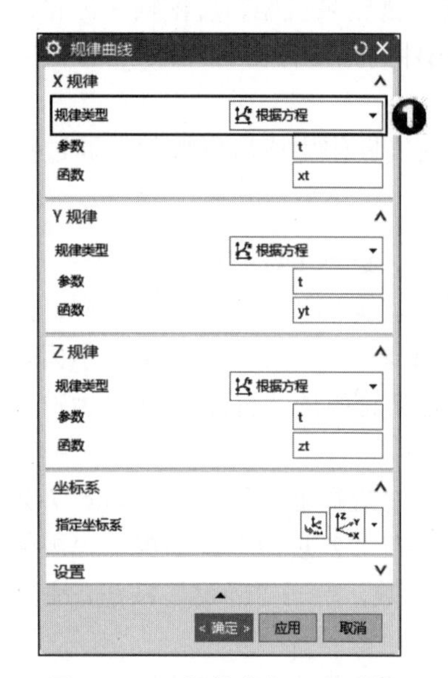

图 7-39　“规律曲线”对话框

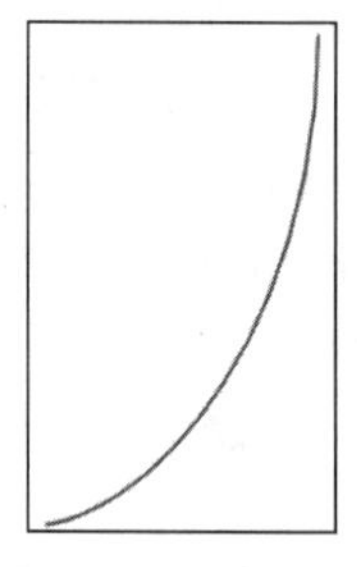

图 7-40　渐开线

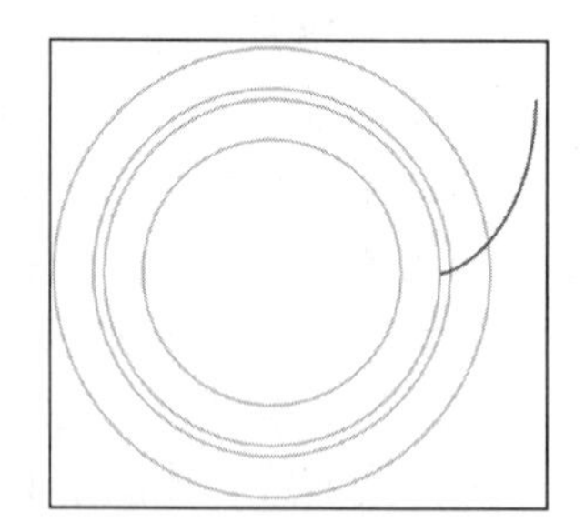

图 7-41　创建基本曲线

05 修剪曲线。在菜单栏中选择“编辑”→“曲线”→“修剪”，或单击“曲线”选项卡→“编辑曲线”组→“修剪曲线”图标，弹出“修剪曲线”对话框，按图 7-42 所示设置各选项。选择渐开线为要修剪的曲线❶，选择齿根圆为边界对象❷，生成曲线，如图 7-43 所示。

06 保留渐开线在齿顶圆和齿根圆的部分，如图 7-44 所示。

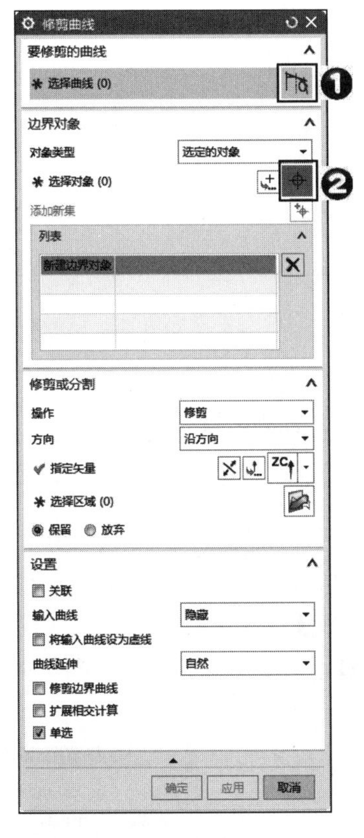

图 7-42　“修剪曲线”对话框

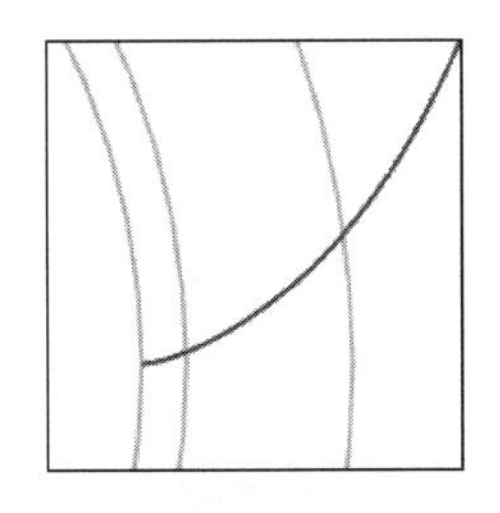

图 7-43　曲线

07 创建直线。在菜单栏中选择“插入”→“曲线”→“直线”，或单击“曲线”选项卡→“曲线”组→“直线”图标，弹出“直线”对话框，依次选择图 7-45 所示交点和象限点为直线的起点和终点，完成直线 1 的创建，并将两交点间的渐开线、延长线修剪，生成曲线模型。

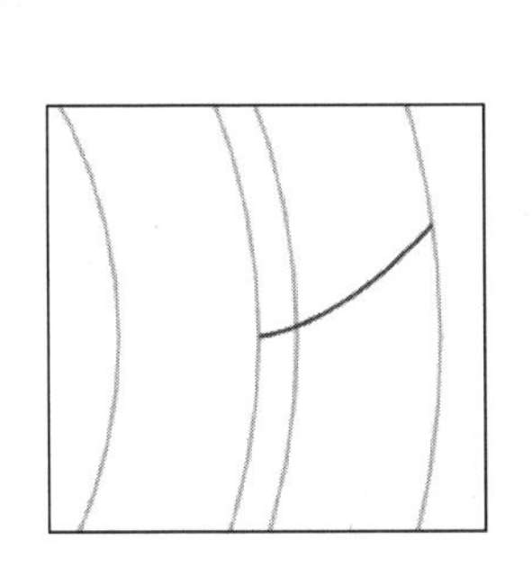

图 7-44　曲线

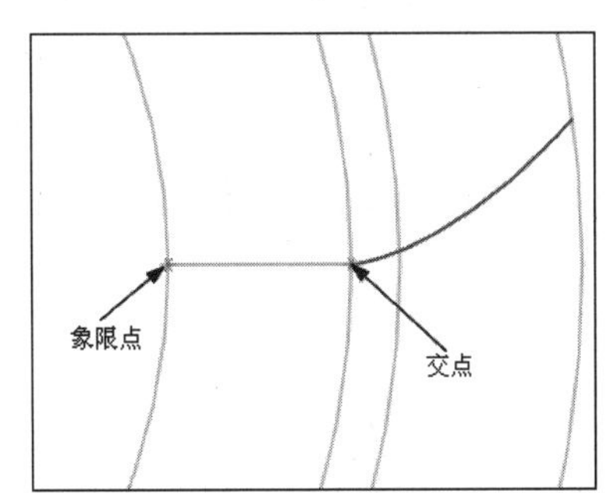

图 7-45　曲线

08 创建直线。同上一步，分别以渐开线与分度圆交点、坐标原点为起点和终点创建直线 2。

09 变换操作。在菜单栏中选择“编辑”→“移动对象”，弹出如图 7-46 所示的“移动对象”对话框。在屏幕中选择直线 2，选择变换运动为“角度”，指定“ZC 轴”为旋转轴，指定坐标原点为旋转点，选中“复制原先的”单选按钮，输入非关联副本数为 1，单击“确定”按钮，生成如图 7-47 所示的曲线。

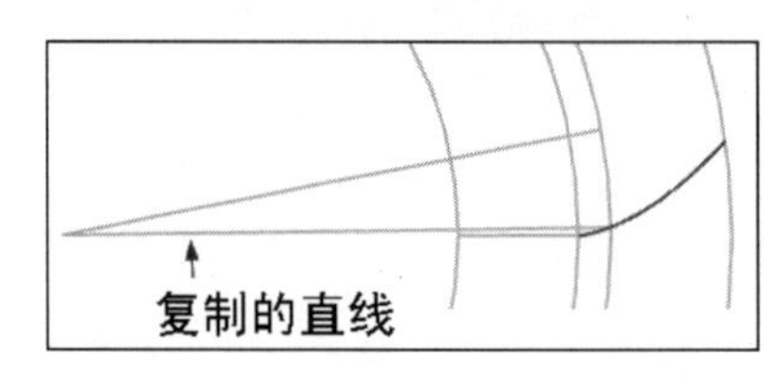

图 7-46 “移动对象”对话框　　　　图 7-47 曲线

10 在菜单栏中选择“编辑”→“变换”，弹出“变换”对话框。在屏幕中选择直线 1 和渐开线，单击“确定”按钮。进入“变换”对话框 1，单击“通过一直线镜像”按钮❶，弹出“变换”对话框 2，单击“现有的直线”按钮❷，根据系统提示选择复制的直线，弹出“变换”类型对话框 3，单击“复制”按钮❸，完成镜像操作，如图 7-48 所示。生成的曲线如图 7-49 所示。

图 7-48 变换直线

11 删除并修剪曲线，生成如图 7-50 所示的齿形轮廓曲线。

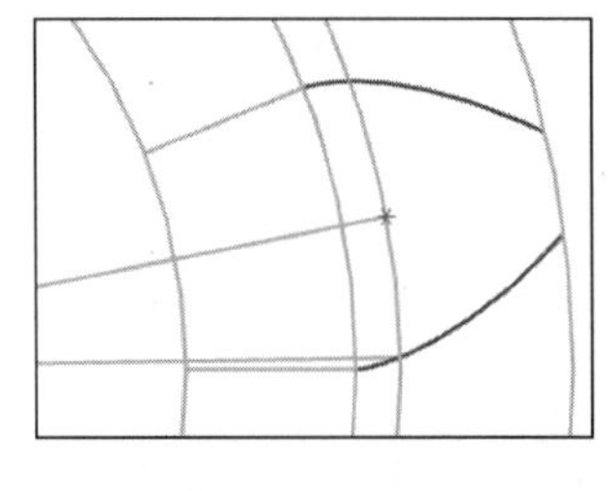

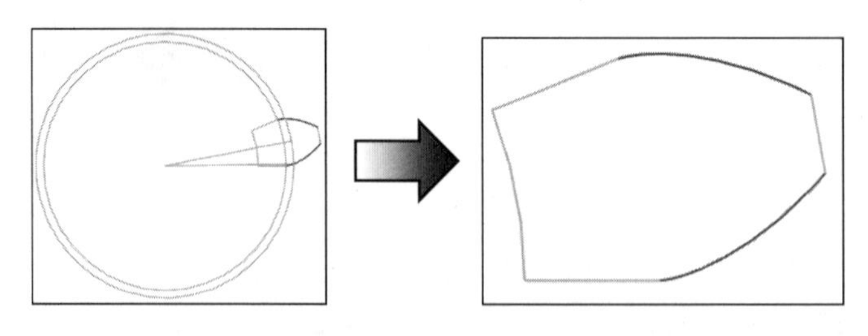

图 7-49 曲线　　　　图 7-50 曲线

12 创建拉伸。在菜单栏中选择“插入”→“设计特征”→“拉伸”，或单击“主页”选项卡→“特征”组→“设计特征”下拉菜单→“拉伸”图标，弹出“拉伸”对话框，如图 7-51 所示。选择屏幕中的齿形曲线为拉伸曲线❶，在“指定矢量”下拉列表中选择

ZC 轴为拉伸方向❷，在限制选项中“起始”距离和“结束”距离中输入 0、24❸，单击“确定”按钮，完成拉伸操作，创建齿形实体 1，如图 7-52 所示。

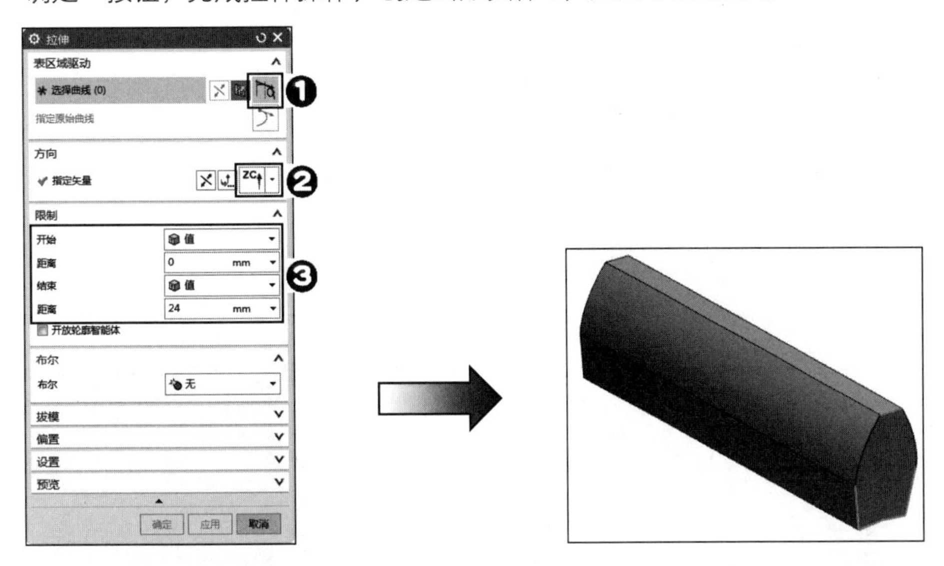

图 7-51 “拉伸”对话框

图 7-52 齿形

13 创建圆柱。在菜单栏中选择“插入”→“设计特征”→“圆柱”，或单击“主页”选项卡→“特征”组→“设计特征”下拉菜单→“圆柱”图标，弹出“圆柱”对话框，如图 7-53 所示。选择“轴、直径和高度”类型❶，在“指定矢量”下拉列表中选择 ZC 轴❷，在“直径”和“高度”选项中分别输入 19.5、24❸，单击“确定”按钮，以原点为中心生成圆柱体，如图 7-54 所示。

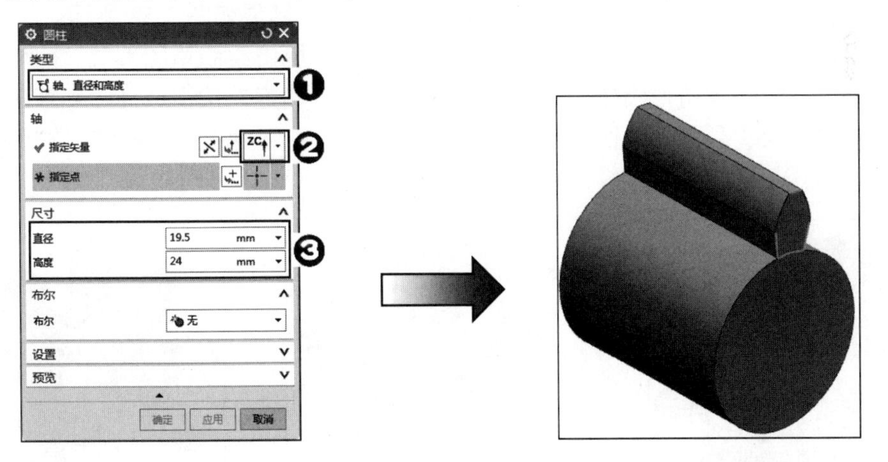

图 7-53 “圆柱”对话框

图 7-54 圆柱体

14 阵列齿形。选择菜单栏中的“插入”→“关联复制→“阵列特征”命令，或单击“主页”选项卡→“特征”组→“特征”图标，打开如图 7-55 所示的“阵列特征”对话框。选择齿形实体为阵列特征，在“布局”下拉列表中选择“圆形”，选择“ZC 轴”为旋转轴、坐标原点为旋转点，输入数量为 9、节距角为 40，单击“确定”按钮，生成如图 7-56 所示的模型。

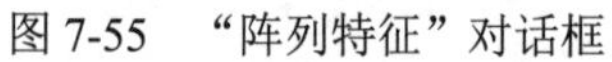

图 7-55 “阵列特征”对话框

图 7-56 齿轮

15 合并。在菜单栏中选择“插入”→ “组合”→“合并”命令，或单击“主页”选项卡→“特征”组→“组合”下拉菜单→“合并”图标，打开“合并”对话框。将圆柱体和所有的轮齿进行合并操作，如图 7-57 所示。

16 边倒圆。为齿根圆和齿接触线倒圆，倒圆半径为 2，结果如图 7-58 所示。

17 创建草图。选择菜单栏中的“插入”→“在任务环境中绘制草图”，打开“创建草图”对话框，选择齿轮的上端面为草图绘制面，单击“确定”按钮，进入到草图绘制环境，绘制如图 7-59 所示的草图，单击“主页”选项卡→“草图”组→“完成”图标，完成草图的创建。

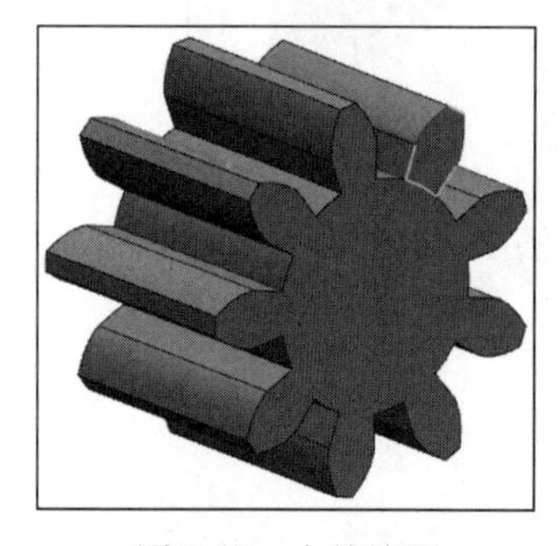

图 7-57 合并结果

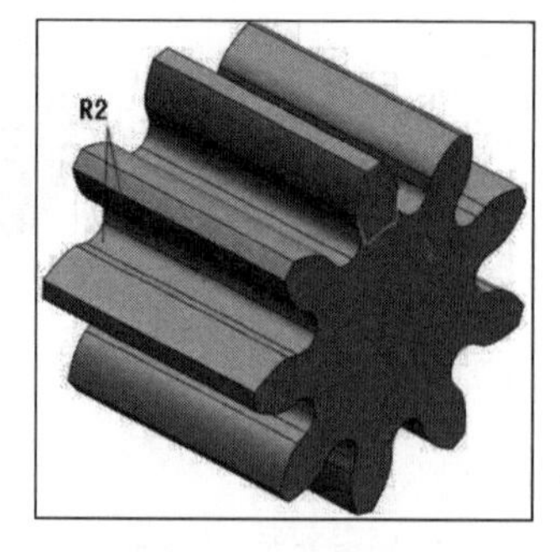

图 7-58 边倒圆结果

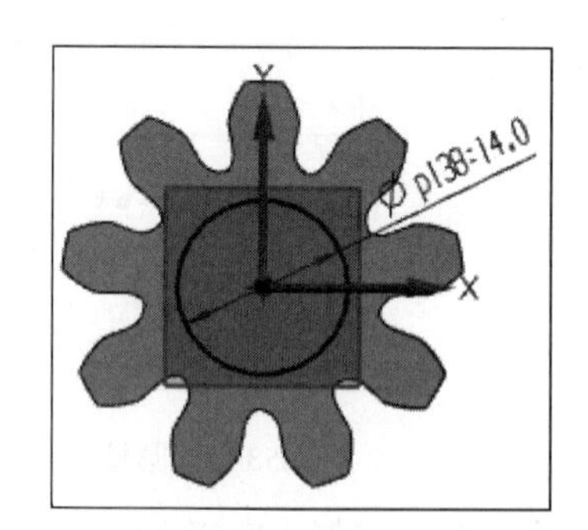

图 7-59 绘制草图

18 创建拉伸 1。在菜单栏中选择“插入”→“设计特征”→“拉伸”，或单击“主页”选项卡→“特征”组→“设计特征”下拉菜单→“拉伸”图标，弹出如图 7-60 所示的“拉伸”对话框，单击“选择曲线”选项，选择上一步创建的草图为要拉伸的曲线❶，在“指定矢量”下拉列表中选择“ZC 轴”❷，在结束距离文本框中输入结束距离值 2❸，在“布尔”下拉列表中选择“合并”❹，单击“确定”按钮，完成拉伸 1 特征的创建，如图 7-61 所示。

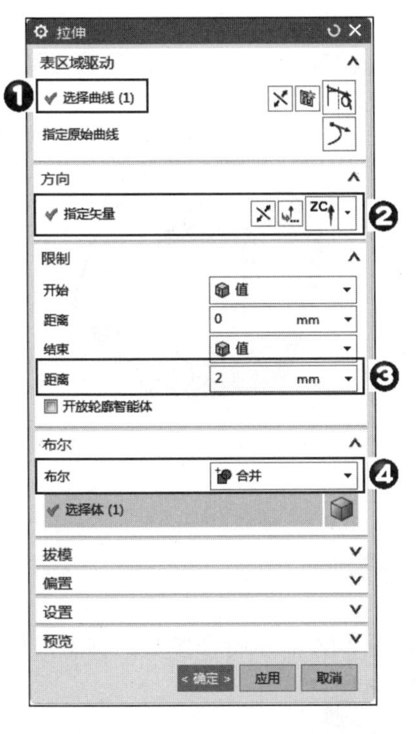

图 7-60 “拉伸”对话框

图 7-61 拉伸 1 特征

19 创建拉伸 2、3 和 4。按照上一步创建拉伸 1 的步骤，在拉伸体 1 上端面上创建拉伸体 2；在另一侧创建拉伸体 3 和拉伸体 4，拉伸体 3 的参数和拉伸体 1 的参数相同，拉伸体 4 和拉伸体 2 的参数相同，生成的模型如图 7-62 所示。

20 边倒角。在菜单栏中选择“插入”→“细节特征”→“倒斜角”，或单击“主页”选项卡→“特征”组→“倒斜角”图标，弹出“倒斜角”对话框。在偏置距离中输入 1，在屏幕中选择大圆台边缘，单击“确定”按钮，完成边倒角。

21 边倒圆。对小圆台圆弧边进行倒圆，倒圆半径为 0.5，生成的模型如图 7-63 所示。

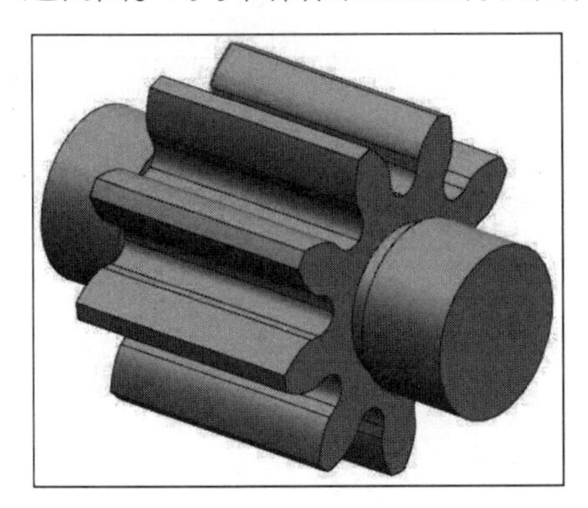

图 7-62 模型

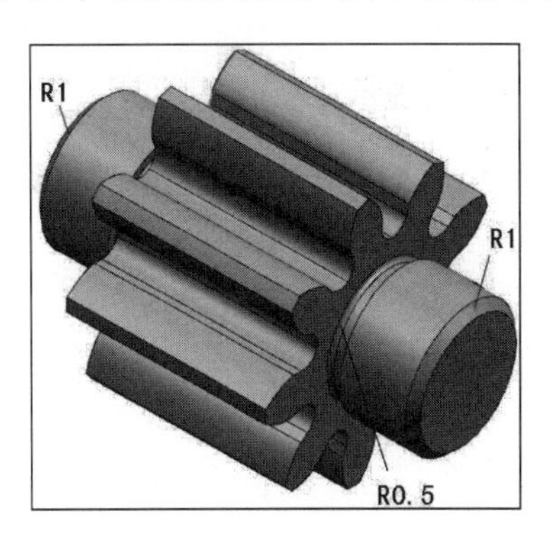

图 7-63 模型

7.6 操作训练题

1．打开文件 yuanwenjian/7/exercise/1.prt，将 M12 的螺母通过编辑特征参数得到 M10 的螺母，如图 7-64 和图 7-65 所示。

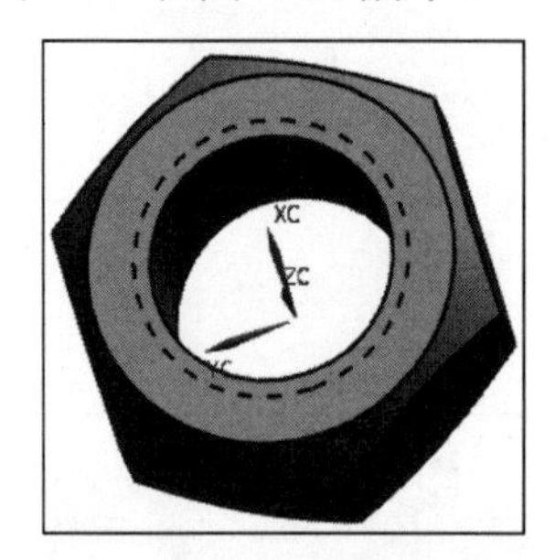

图 7-64 特征编辑前示意图

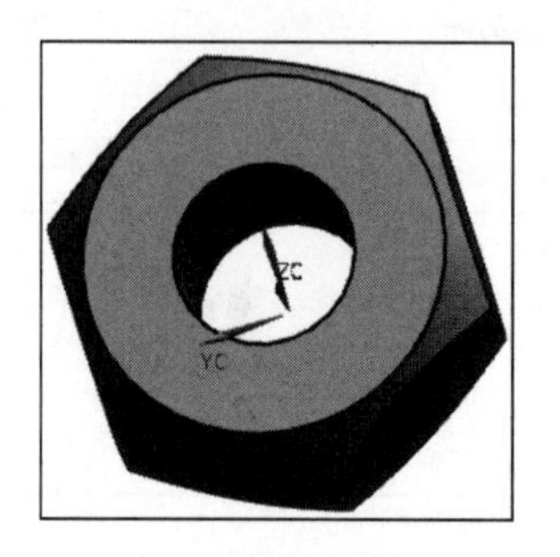

图 7-65 特征编辑后示意图

 操作提示

执行“编辑”→“特征”命令，或在导航器中编辑特征。

2．打开文件 yuanwenjian/7/exercise/2.prt，完成如图 7-66 所示特征参数的移除操作。

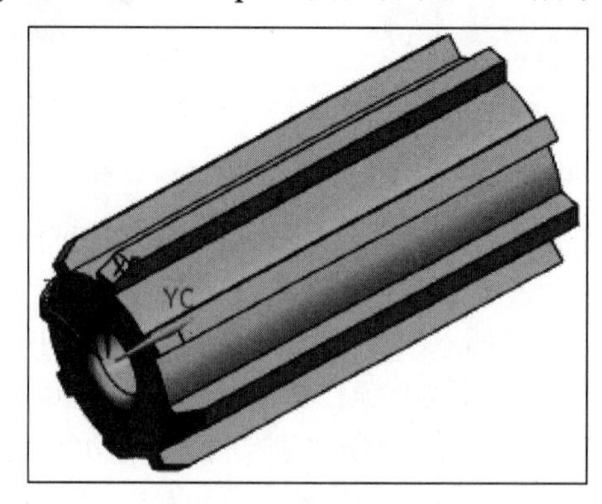

图 7-66 零件示意图

 操作提示

执行“编辑”→“特征”→“移除参数”命令。

第8章

曲面操作

曲面是一种泛称，片体和实体的自由表面都可以称为曲面，平面是曲面的一种特例。其中，片体是由一个或多个表面组成、厚度为0的几何体。本章将主要介绍曲面造型和曲面编辑。

8.1 曲面造型

曲面造型包括通过点构造曲面、从极点构造曲面、拟合曲面、构造直纹面、通过曲线组构造面、通过曲线网格构造面、通过扫掠构造曲面、通过片体加厚构造实体、片体的缝合、桥接曲面、延伸曲面、规律延伸曲面、偏置曲面和修剪片体等多种操作。

8.1.1 通过点构造曲面

在菜单栏中选择“插入”→“曲面”→“通过点”命令，或单击“曲面”选项卡→“曲面”组→“更多”库→“曲面”库→“通过点”图标，弹出如图8-1所示的“通过点”对话框。该对话框用于创建通过所有选定点的曲面。

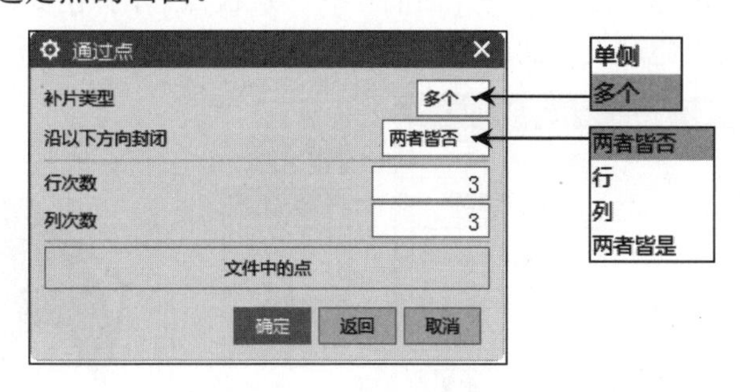

图8-1 “通过点”对话框

1. 补片类型

包括“单侧”和“多个”两种类型，示意图如图8-2所示。

（1）单侧：表示曲面将由一个补片构成，由系统根据行列的点数取可能最高次数。

（2）多个：表示曲面由多个补片构成。此时用户可由行次和列次输入曲面的行和列两方向的次数（U 和 V 次数应比相应行和列的定义点数少 1，且最大不超过 24）。次数越低，补片越多，将来修改曲面时控制其局部曲率的自由度越大；反之，减少补片的数量，修改曲面时容易保持其光顺性。

2. 沿以下方向封闭

当“补片类型”为“多个”时被激活，用于设置沿一个或两个方向封闭或不封闭的曲面，如图 8-3 所示。

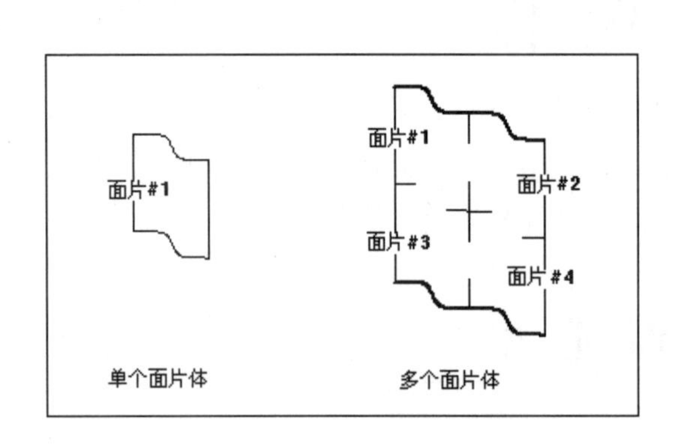

图 8-2　“补片类型”示意图

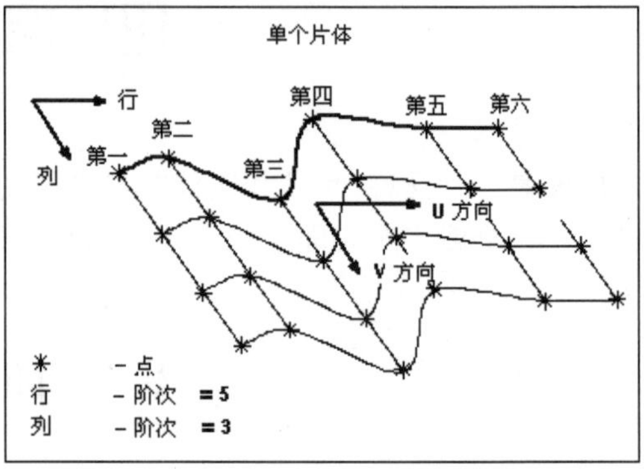

图 8-3　“沿以下方向封闭”示意图

（1）两者皆否：曲面沿行和列方向都不封闭。
（2）行：曲面沿行方向封闭。
（3）列：曲面沿列方向封闭。
（4）两者皆是：曲面沿行和列方向都封闭。

8.1.2　从极点构造曲面

在菜单栏中选择“插入”→“曲面”→“从极点”，弹出如图 8-4 所示的“从极点”对话框。该对话框用于通过设定曲面的极点来创建曲面，如图 8-5 所示。

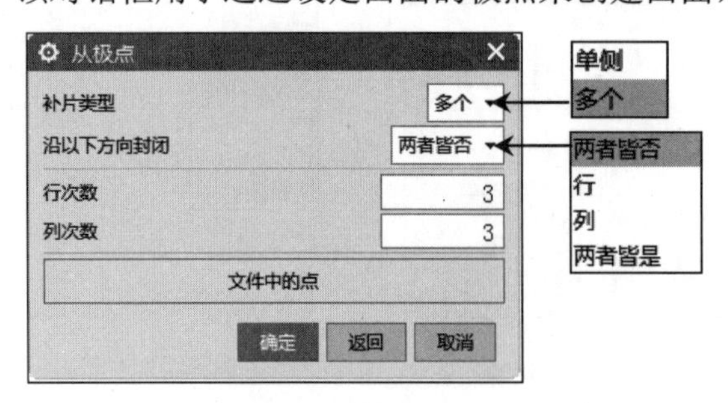

图 8-4　“从极点”对话框

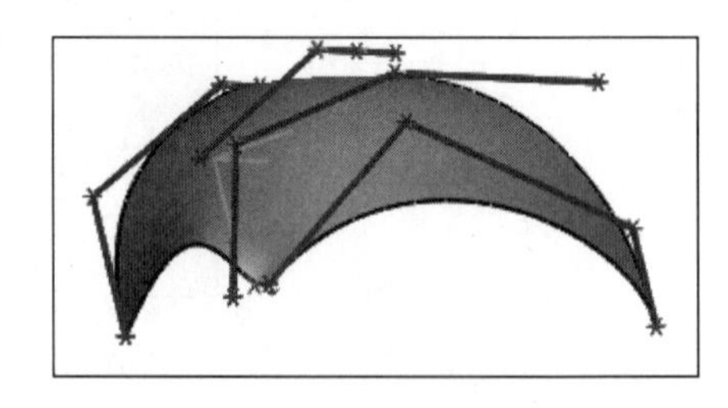

图 8-5　“从极点”示意图

（1）行次数：即 U 向，可以为多面片指定行次数（1～24），其默认值为 3。对于单面片来说，行次数从点数最高的行开始。

（2）列次数：即 V 向，可以为多面片指定列次数（最多为指定行的次数减 1），其默认值为 3。对于单面片来说，列次数为指定行的次数减 1。

该对话框中其他选项的用法和“通过点”对话框相同，不再介绍。

8.1.3　拟合曲面

在菜单栏中选择“插入”→“曲面”→“拟合曲面”命令，或单击“曲面”选项卡→“曲面”组→“更多”库→“曲面”库→“拟合曲面”图标，弹出如图8-6所示的“拟合曲面”对话框。首先需要创建一些数据点，接着选取点再按鼠标右键将这些数据点组成一个组才能进行对象的选取（注意组的名称只支持英文），如图8-7所示，然后调节各个参数，最后生成所需要的曲面或平面。

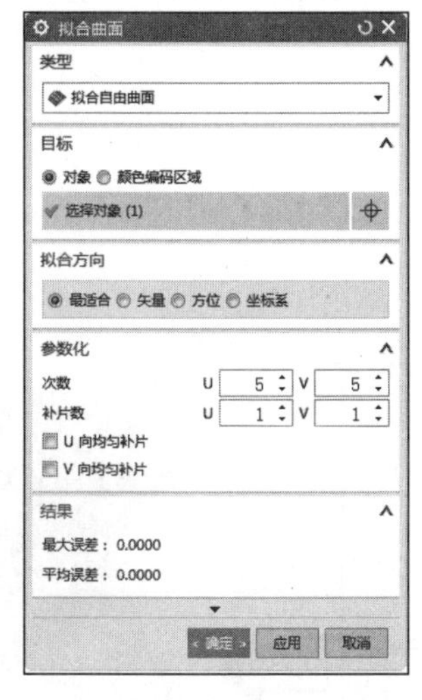

图8-6　“拟合曲面”对话框

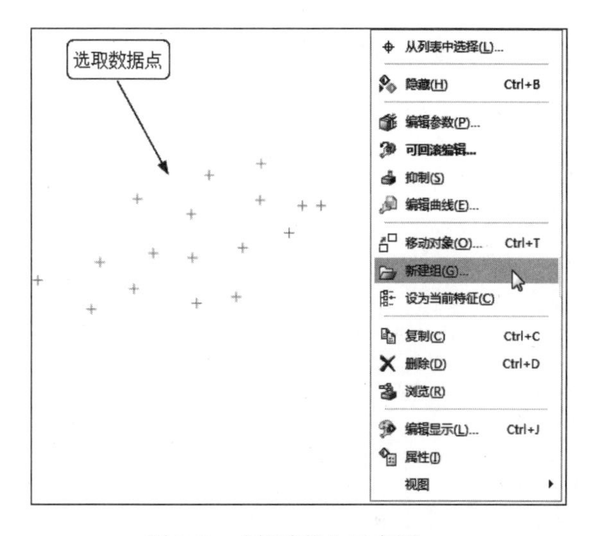

图8-7　“新建组”示意图

“拟合曲面”对话框中的相关选项功能如下：

（1）类型：有拟合自由曲面、拟合平面、拟合球、拟合圆柱和拟合圆锥5种类型。

（2）目标：当此图标激活时，让用户选择对象。

（3）拟合方向：指定投影方向与方位，有4种方法。

- 最适合：如果目标基本上是矩形，具有可识别的长度和宽度方向以及或多或少的平面性，就选择此项。拟合方向和U/Y方位会自动确定。
- 矢量：如果目标基本上是矩形，具有可识别的长度和宽度方向，但曲率很大，就选择此项。
- 方位：如果目标具有复杂的形状或为旋转对称，就选择此选项。使用方位操控器和矢量对话框指定拟合方向和大致的U/V方位。
- 坐标系：如果目标具有复杂的形状或为旋转对称，并且需要使方位与现有几何体关联，就选择此选项。使用坐标系选项和坐标系对话框指定拟合方向和大致的U/V方位。

（4）边界：通过指定4个新边界点来延长或限制拟合曲面的边界。

（5）参数化：改变U/V向的次数和补片数，从而调节曲面。

- 次数：指定拟合曲面在U向和V向的次数。

- 补片数：指定 U 及 V 向的曲面补片数。

（6）光顺因子：拖动滑块可直接影响曲面的平滑度。曲面越平滑，与目标的偏差越大。

（7）结果：UG 根据用户所生成的曲面计算的最大误差和平均误差。

8.1.4 构造直纹面

在菜单栏中选择“插入”→“曲面”→“直纹”，或者单击“曲面”选项卡→“更多”库→“曲面网格”库→“直纹”图标，弹出如图 8-8 所示的“直纹”对话框。该对话框用于通过两条曲线构造直纹面特征，即截面线上对应点以直线连接，示意图如图 8-9 所示。

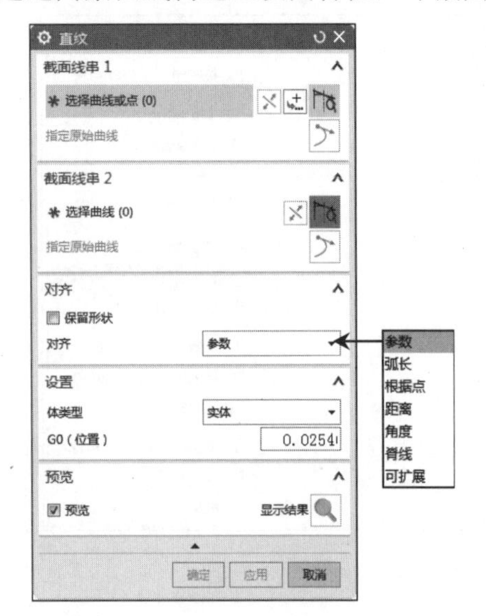

图 8-8　“直纹”对话框

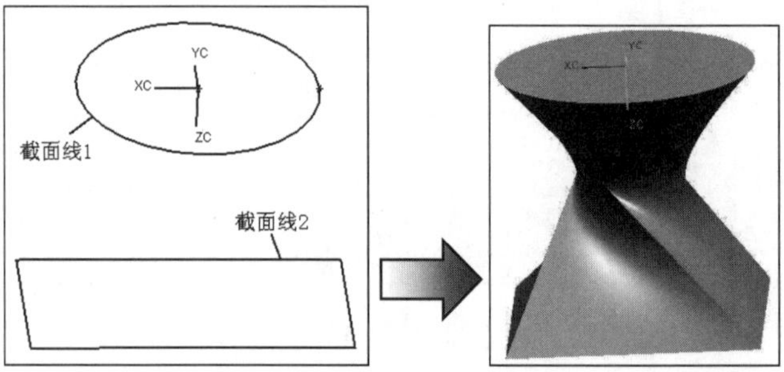

图 8-9　“直纹”示意图

1．截面线串 1

用于选择第一条截面线。

2．截面线串 2

用于选择第二条截面线。

3．对齐

（1）参数：在创建曲面时，等参数和截面线所形成的间隔点，是根据相等的参数间隔建立的。整个截面线上若包含直线，则用等弧长的方式间隔点；若包含曲线，则用等角度的方式间隔点。

（2）根据点：用于不同形状截面的对齐，特别适用于带有尖角的截面。

8.1.5 通过曲线组构造面

在菜单栏中选择“插入”→“网格曲面”→“通过曲线组”，或单击“曲面”选项卡→“曲面”组→“通过曲线组”图标，弹出如图 8-10 所示的“通过曲线组”对话框。该对话框用于通过一组存在的定义线串（曲线、边）来创建曲面，如图 8-11 所示。

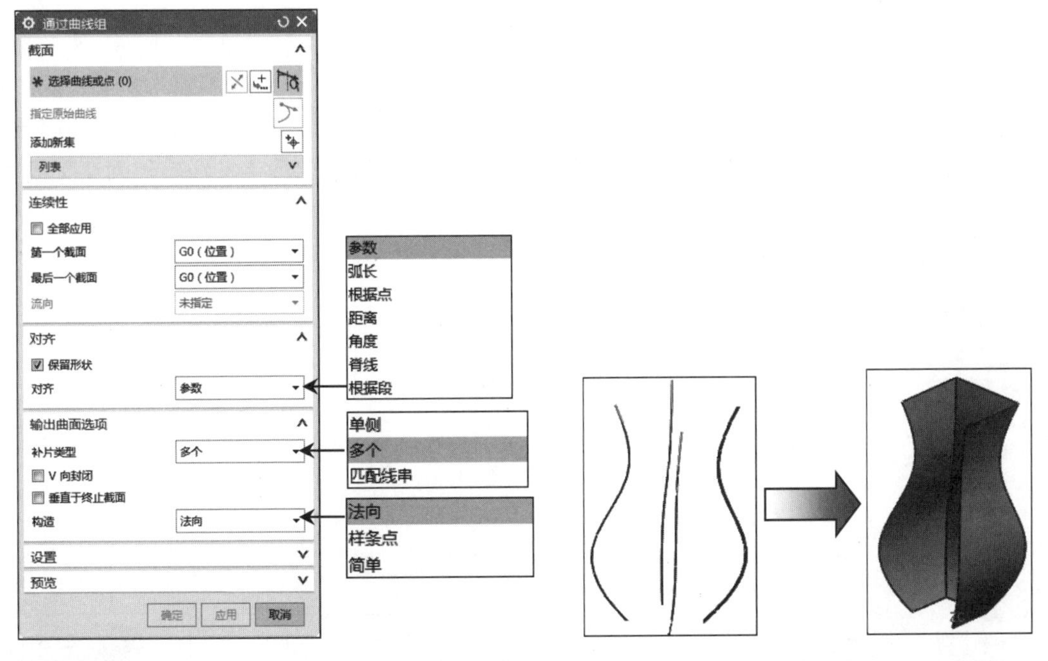

图 8-10　“通过曲线组”对话框

图 8-11　“通过曲线组”示意图

1．截面

在用“选取曲线或点”选取截面线串时，一定要注意选取次序，而且每选取一条截面线，都要单击鼠标中键一次，直到所选取线串出现在“截面线串列表”中为止，也可对该列表中的所选截面线串进行删除、上移、下移等操作，以改变选取次序。

2．连续性

（1）第一个截面：用于设置第一截面线串的边界约束条件，以让它在第一条截面线串处与一个或多个被选择的体表面相切或等曲率过渡。

（2）最后一个截面：在最后一个截面线上施加约束，和“起始”方法一样。

3．对齐

该选项和“直纹面”基本一致。

4．补片类型

采用“单侧”类型，系统会自动计算 V 方向次数，其数值等于截面线数量减一，因为次数最高是 24，所以单个方式最多只能选择 25 条截面线。采用“多个”类型，用户可以自定义 V 方向的次数，但是所选择的截面线数量至少比 V 方向的次数多一组。

8.1.6 通过曲线网格构造面

在菜单栏中选择“插入”→“网格曲面”→“通过曲线网格”，或单击“曲面”选项卡→“曲面”组→“网格曲面”下拉菜单→“通过曲线网格”图标，弹出如图 8-12 所示的“通过曲线网格”对话框。该对话框用于通过两簇相互交叉的定义线串（曲线、边）创建曲面或实体，以定义线串。先选取的一簇定义线串称为主线串，后选取的一簇定义线串称为交叉线串，如图 8-13 所示。

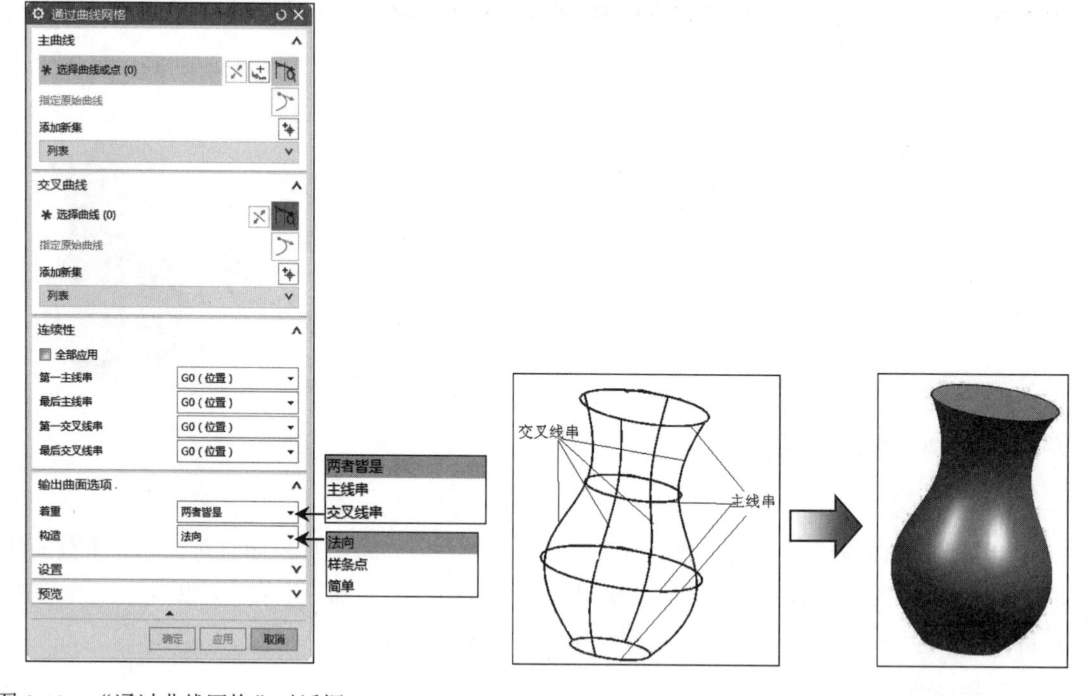

图 8-12　“通过曲线网格”对话框

图 8-13　“通过曲线网格”示意图

1. 着重

用于控制系统在生成曲面的时候更靠近主线串还是交叉（横向）线串，或者在两者中间（因为有可能主线串和交叉线串不相交）。

2. 构造

（1）法向：使用标准方法构造曲面，比其他方法建立的曲面有更多的补片数。

（2）样条点：利用输入曲线的定义点和该点的斜率值来构造曲面。要求每条线串都要使用单根 B 样条曲线并且有相同的定义点，该方法可以减少补片数以简化曲面。

（3）简单：用最少的补片数构造尽可能简单的曲面。

8.1.7 通过扫掠构造曲面

在菜单栏中选择“插入”→“扫掠”→“扫掠”，或单击“曲面”选项卡→“曲面”组→

“扫掠”图标，弹出如图 8-14 所示的“扫掠”对话框。该对话框用于通过截面线沿引导线扫掠来创建曲面或实体。需注意的是先选择引导线，后选择截面线，且引导线端点的位置，将决定引导线的方向，如图 8-15 所示。

截面线最少 1 条，最多 400 条。如果引导线是封闭曲线，那么第一条截面线可以作为最后一条截面线再一次选择。

引导线必须是圆滑曲线，最少为 1 条，最多为 3 条。

所选取的截面线、引导线数量的不同，弹出的各级对话框也不同。

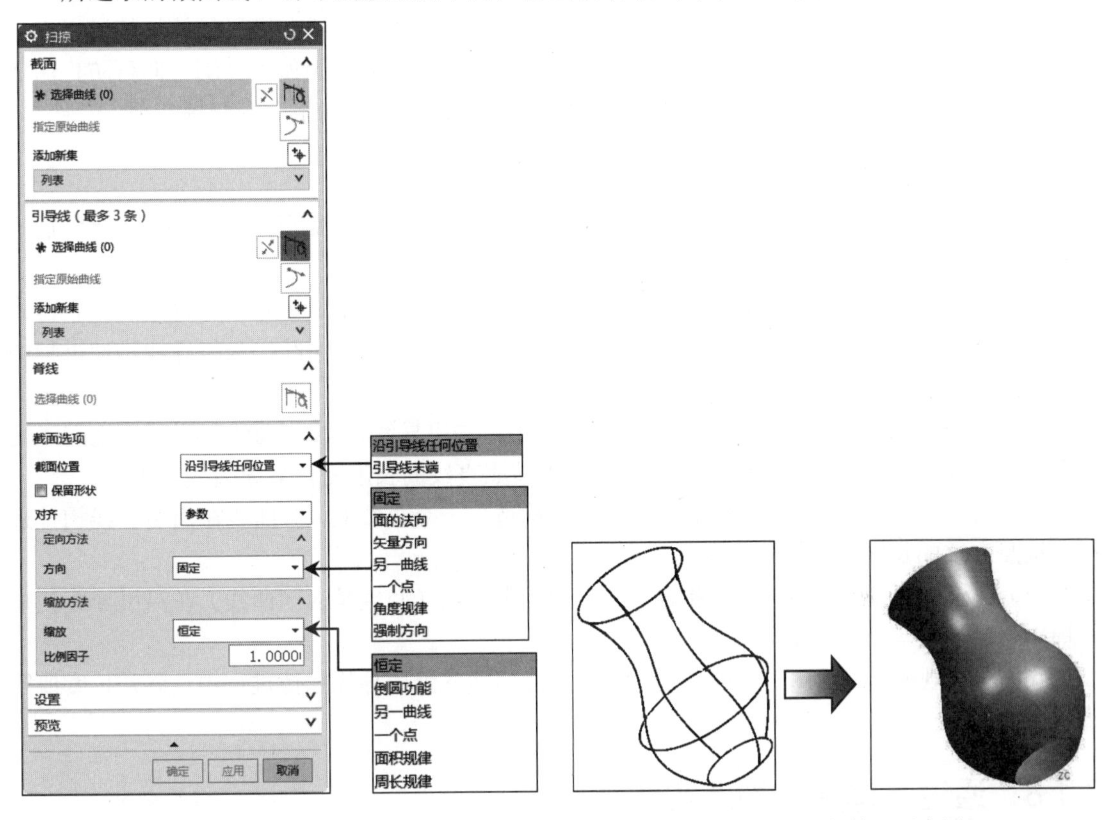

图 8-14 “扫掠”对话框　　　　图 8-15 “扫掠”示意图

1. 截面位置

（1）引导线末端：表示截面线必须在引导线的端部，才能正常生成曲面。如果截面线位于引导线的中间，则可能产生意外的结果。

（2）沿引导线任何位置：表示截面线位于引导线中间的任何位置都能正常生成曲面。

2. 定向方法

（1）固定：截面线在沿引导线扫掠过程中，保持固定方位。

（2）面的法向：截面线在沿引导线扫掠过程中，局部坐标系的第二轴在引导线的每一点上对齐已有表面的法线。

（3）矢量方向：截面线在沿引导线扫掠过程中，局部坐标系的第二轴始终与指定的矢量对齐。若使用基准轴作为矢量，则将来可以通过编辑基准轴方向来改变扫掠特征的方位。并且矢量不能在与引导线串相切的方向。

（4）另一曲线：选择一条已有曲线（曲线不可与引导线相交），此曲线与引导线之间仿佛“构造”了一个直纹面，截面线在沿引导线扫掠过程中，直纹面的“直纹”成为局部坐标系的第二轴方向。

（5）一个点：选择一个已存在点，此点与引导线之间仿佛“构造”一个直纹面，截面线在沿引导线扫掠过程中，直纹面的“直纹”成为局部坐标系的第二轴方向。

（6）强制方向：用一个指定的矢量固定截面线平面的方位，截面线在沿引导线扫掠过程中，截面线平面方向不变，实现平移运动。若引导线存在小曲率半径，则使用强制方向可防止曲面自相交。若用基准轴作为矢量，则将来可以通过编辑基准轴的方向来改变扫掠特征。

3. 缩放方法

（1）恒定：可以输入一个比例值，使截面线被“放大或缩小”后再进行扫掠，“比例后的截面线”在沿引导线扫掠过程中大小不变。

（2）倒圆功能：相应于引导线的起始端和末端，设置一个起始比例值和末端比例值，再指定从起始比例值到末端之间比例值按线性变化或三次函数变化。截面线在沿引导线扫掠过程中按比例改变大小。

（3）另一曲线：选择一条已存在的曲线（曲线不可与引导线相交），曲线与引导线之间“构造”一个直纹面，截面线在沿引导线扫掠过程中按照直纹的长度变化规律改变其大小。

（4）一个点：选择一点，点与引导线之间“构造”一个直纹面，截面线在沿引导线扫掠过程中按照直纹的长度变化规律改变其大小。

（5）面积规律：用规律子功能指定一个函数，截面线（必须是封闭曲线）在沿引导线扫掠过程中，面积值等于函数值。

（6）周长规律：用规律子功能指定一函数，截面线在沿引导线扫掠过程中，展开长度值等于函数值。

8.1.8 通过片体加厚构造实体

在菜单栏中选择“插入”→“偏置/缩放”→“加厚”，或单击“主页”选项卡→“特征”组→“更多”库→“偏置/缩放”库→“加厚”图标，弹出如图 8-16 所示的“加厚”对话框，该对话框用于通过为一组面增加厚度来创建实体。

1. 选择面

用于选择要加厚的片体或曲面。

2. 厚度

（1）偏置 1：用于设置片体的结束位置。

（2）偏置 2：用于设置片体的开始位置。

参数设置完毕后，单击“确定”按钮，在第一偏置和第二偏置中间增厚的片体如图 8-17 所示。

图 8-16　“加厚”对话框

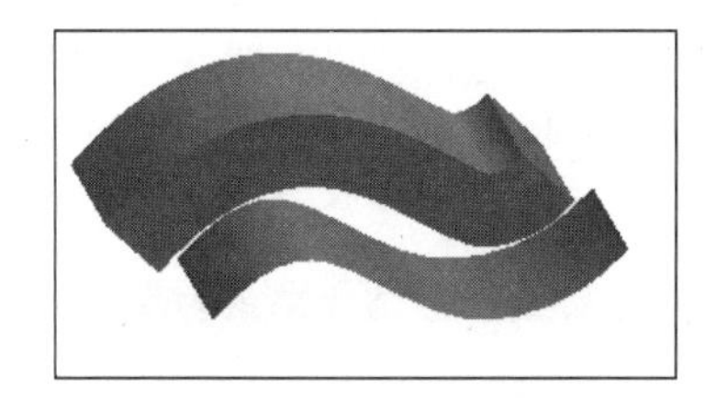

图 8-17　“加厚”示意图

8.1.9　片体缝合

在菜单栏中选择“插入”→“组合”→“缝合”，或单击“主页”选项卡→“特征”组→“更多”库→“组合”库→“缝合”图标，弹出如图 8-18 所示的“缝合”对话框。该对话框用于将多个片体缝合成一个复合片体。在缝合片体上，原来片体所对应的区域成为缝合后形成的复合片体的一个表面。曲面缝合功能也可以将实体缝合在一起，如图 8-19 所示。

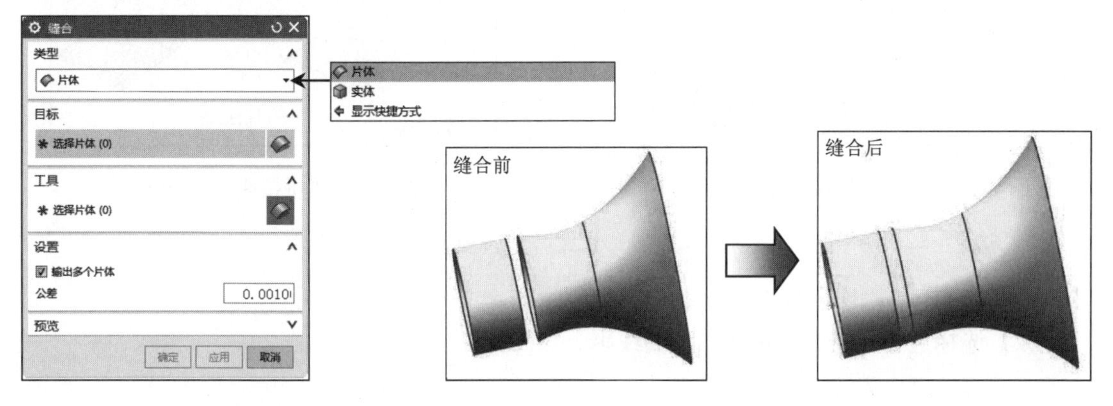

图 8-18　“缝合”对话框

图 8-19　“缝合”示意图

（1）目标片体：用于在视图区选取一个目标片体。

（2）工具片体：用于在视图区选取一个或多个工具片体。工具片体必须与目标片体相邻或与已选取的工具片体相邻（允许有小于缝合公差的间隙）。

（3）公差：缝合公差值必须稍大于两个被缝合曲面的相邻边之间的距离。事实上，即使两个被缝合曲面的相邻边之间的距离很大，只要符合下列条件，就可以缝合：首先，缝合公差值必须大于两个被缝合曲面的相邻边之间的距离；其次，两个曲面延伸后能够交汇在一起，边缘形状能够匹配。

（4）输出多个片体：勾选该复选框，则允许同时选取两组或两组以上分离的曲面，并一次创建多个缝合特征。

8.1.10　桥接曲面

在菜单栏中选择“插入”→“细节特征”→“桥接”命令，或单击“曲面”选项卡→“曲面”组→“圆角”库→“桥接”图标，弹出如图 8-20 所示的“桥接曲面”对话框。该对话框用于在两个主表面之间创建一个过渡片体，过渡片体与已有表面光顺连接，同时还可以根据需要决定过渡曲面的一侧或两侧与另外的侧表面光顺连接，或与已有的侧曲线重合，如图 8-21 所示。

图 8-20　“桥接曲面”对话框

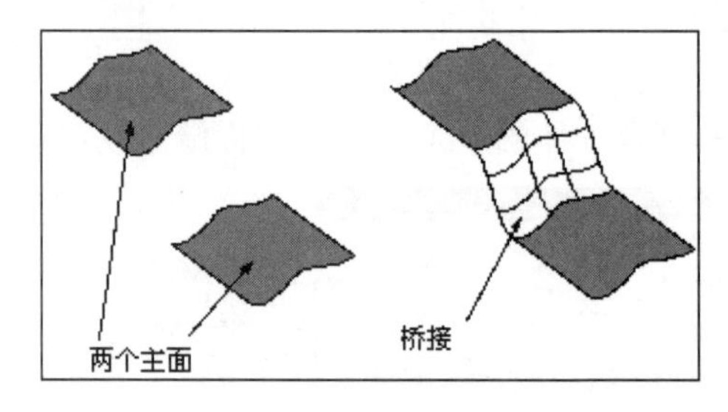

图 8-21　“桥接曲面”示意图

1. 边

（1）选择边 1：用于选取第一条侧线串。
（2）选择边 2：用于选取第二条侧线串。

2. 连续性

（1）位置：过渡表面与主表面以及侧面在连接处不相切。
（2）相切：过渡表面与主表面以及侧面在连接处相切过渡。
（3）曲率：过渡曲面与主表面以及侧面在连接处以相同曲率相切过渡。

3. 边限制

如果没有勾选端点到端点复选框，则可单击按钮，往复拖动改变过渡曲面的形状或者在刚生成的过渡曲面两端按住鼠标左键反复拖动，动态地改变其形状。

8.1.11　延伸曲面

在菜单栏中选择“插入”→“弯边曲面”→“延伸”命令，或单击“曲面”选项卡→“曲面”组→“更多”库→“弯边曲面”库→“延伸曲面”图标，弹出如图 8-22 所示的“延伸曲面”对话框。该对话框用于在已有的基础片体或表面上的曲线或基础片体的边产生延伸片体特征。

1. 相切

在“方法”下拉列表中选择“相切”，相切延伸功能只能选取片体的原始边或两条原始边的交线进行延伸，生成的是直纹面，如图 8-23 所示。

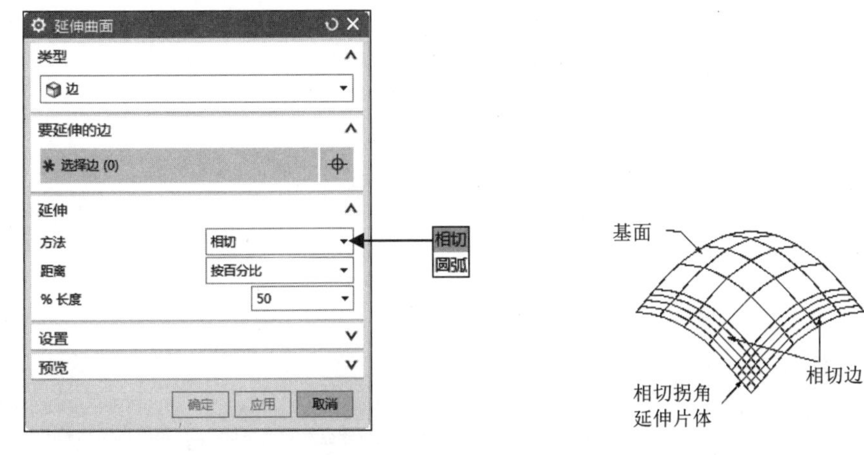

图 8-22 “延伸曲面”对话框　　图 8-23 “相切”延伸方式

（1）按长度：直接输入延伸片体的长度值。该方式不能选取原始片体的角做延伸。

（2）按百分比：输入百分数，延伸曲面的长度等于原始片体长度乘以百分比。该方式可以由边缘延伸指定延伸原始片体的边，也可以由拐角延伸指定原始片体的角进行延伸，角部延伸需要输入两个方向的百分比数。

2. 圆弧

在“方法”下拉列表中选择“圆弧”，用于执行圆弧延伸。圆弧延伸功能只能选取片体的原始边进行延伸。以原始边上的曲率半径生成圆弧形延伸面。延伸长度的决定方法与相切延伸相同，只是不能做角部的延伸，如图 8-24 所示。

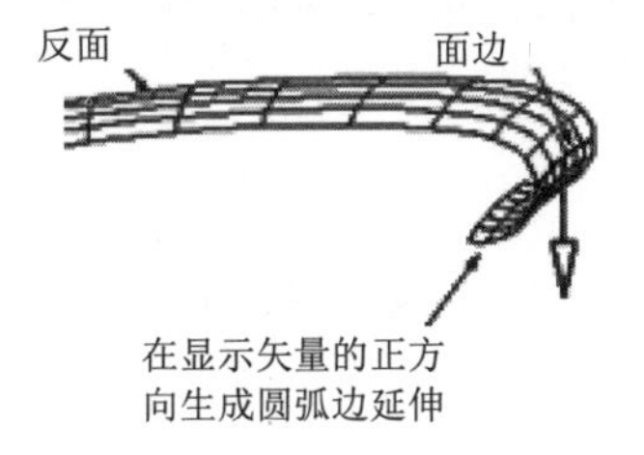

图 8-24 “圆弧”延伸方式

8.1.12 规律延伸曲面

在菜单中选择“插入”→“弯边曲面”→“规律延伸”，或单击“曲面”选项卡→“曲面”

组→“规律延伸” 图标，弹出如图 8-25 所示的“规律延伸”对话框。该对话框用于在已有的片体或表面上曲线或原始曲面的边，产生的角度和长度都可按指定函数规律变化的规律延伸片体特征，如图 8-26 所示。

图 8-25 “规律延伸”对话框

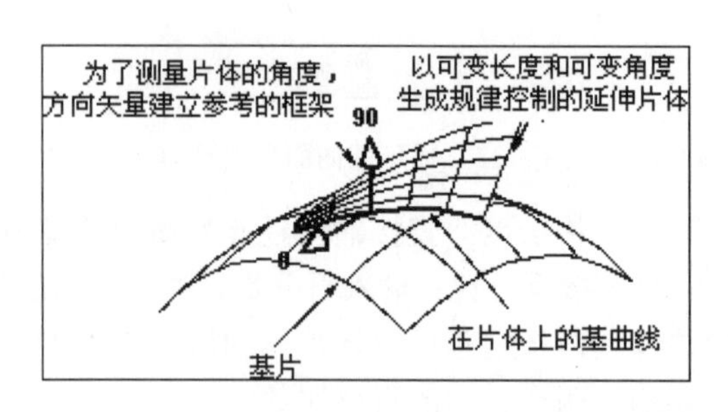

图 8-26 “规律延伸”示意图

1. 类型

（1）面 ：指定使用一个或多个面来为延伸曲面组成一个参考坐标系。参考坐标系建立在“基本曲线串”的中点上。

（2）矢量 ：选取矢量参考方法，系统会要求指定一个矢量，以 0 度轴平行于矢量方向的方式来定位线串中间点的角度参考坐标系。

2. 曲线

选取用于延伸的线串（曲线、边、草图、表面的边）。

3. 面

选取线串所在的表面，只有在参考方法为“面”时才有效。

4. 长度和角度规律

（1）长度规律：在“规律类型”下拉列表中选择长度规律类型，用于采用规律子功能的方式定义延伸面的长度函数。

（2）角度规律：在“规律类型”下拉列表中选择角度规律类型，用于采用规律子功能的方式定义延伸面的角度函数。

5．脊线

单击脊线串按钮，选取脊柱线。脊柱曲线决定角度测量平面的方位。角度测量平面垂直于脊柱线。

6．尽可能合并面

勾选该复选框，如果选取的线串是光顺连接的，则由此决定生成的延伸面是多表面的还是单一表面的。去掉勾选或线串非光顺连接，延伸曲面将有多个表面。

8.1.13　偏置曲面

在菜单栏中选择“插入”→“偏置/缩放”→“偏置曲面”，或单击“主页”选项卡→“特征”组→“更多”库→“偏置/缩放”库→“偏置曲面”图标，弹出如图8-27所示的“偏置曲面”对话框。该对话框用于将一些已存在的曲面沿法线方向偏移生成新的曲面，并且原曲面位置不变，即实现了曲面的偏移和复制，示意图如图8-28所示。

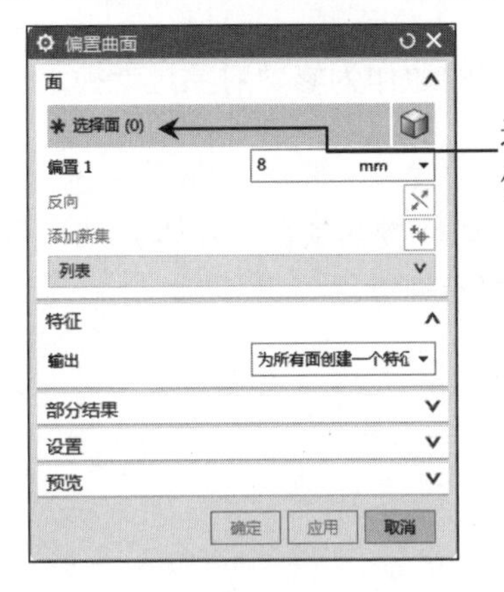

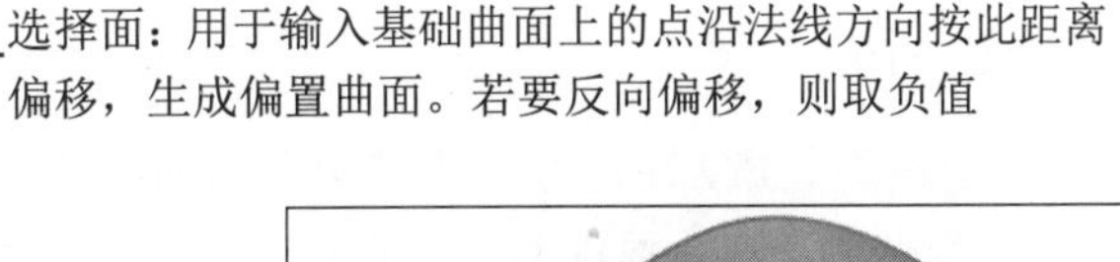

图8-27　“偏置曲面”对话框

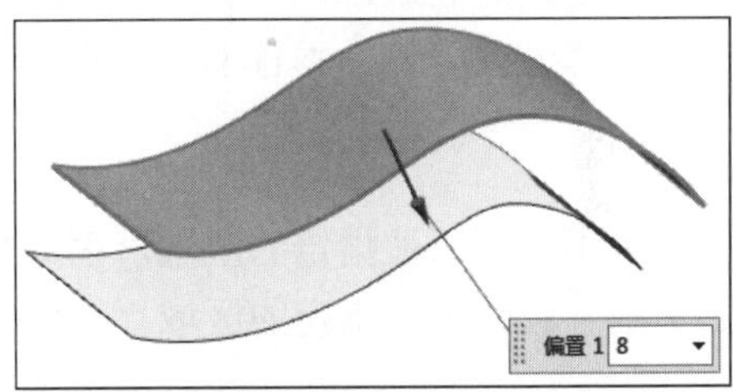

图8-28　“偏置曲面”示意图

8.1.14　修剪片体

在菜单栏中选择“插入”→“修剪”→“修剪片体”，或单击“主页”选项卡→“特征”组→“更多”库→“修剪”库→“修剪片体”图标，弹出如图8-29所示的“修剪片体”对话框。该对话框用于将曲线、边、表面、基准平面作为边界，实现对片体的修剪，如图8-30所示。

1．目标

用于选取被修剪的目标面。

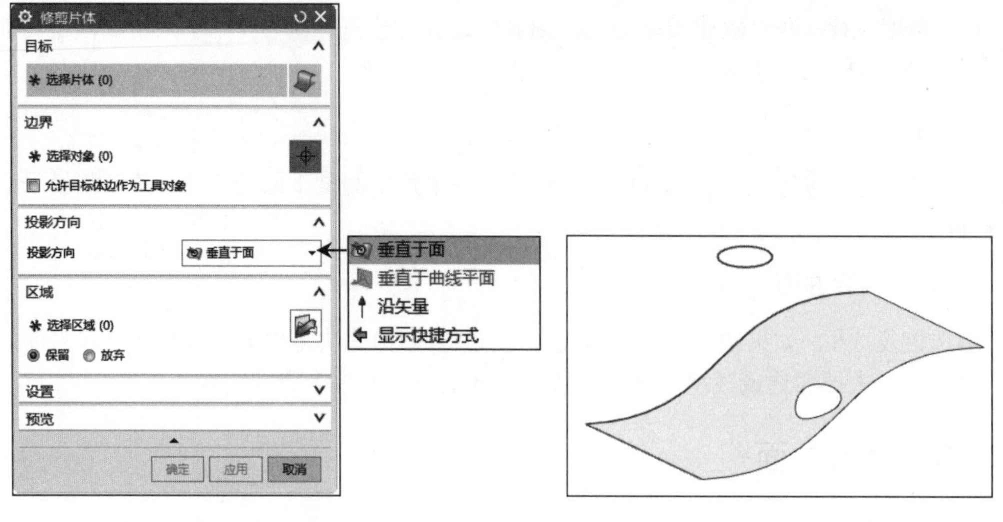

图 8-29 “修剪片体”对话框

图 8-30 “修剪片体”示意图

2．边界

（1）选择对象：用于选取作为修剪边界的对象。边、曲线、表面、基准平面都可以作为修剪边界。

（2）允许目标体边作为工具对象：帮助将目标片体的边作为修剪对象过滤掉。

3．投影方向

用于指定投影矢量，决定作为修剪边界的曲线或边如何投影到目标片体上。其下拉列表提供了 3 种选择方式，包括垂直于面、垂直于曲线平面和沿矢量。

4．区域

（1）保留：保留被指定的区域，去掉其余区域。

（2）放弃：去掉被指定的区域。

5．设置

（1）保存目标：指被修剪的目标片体是否保留。

（2）输出精确的几何体：尽可能输出相交曲线。如果不可能，则会产生容错曲线。

8.2 曲面编辑

曲面编辑的操作包括扩大曲面、替换边、更改边、更改次数、更改刚度、反向法向等。

8.2.1 扩大曲面

“扩大”命令用于在被修剪的或原始的表面基础上生成一个扩大或缩小的曲面。

在菜单栏中选择“编辑”→“曲面”→“扩大”，或单击“曲面”选项卡→“编辑曲面”组→“扩大”图标，弹出如图8-31所示的“扩大”对话框。

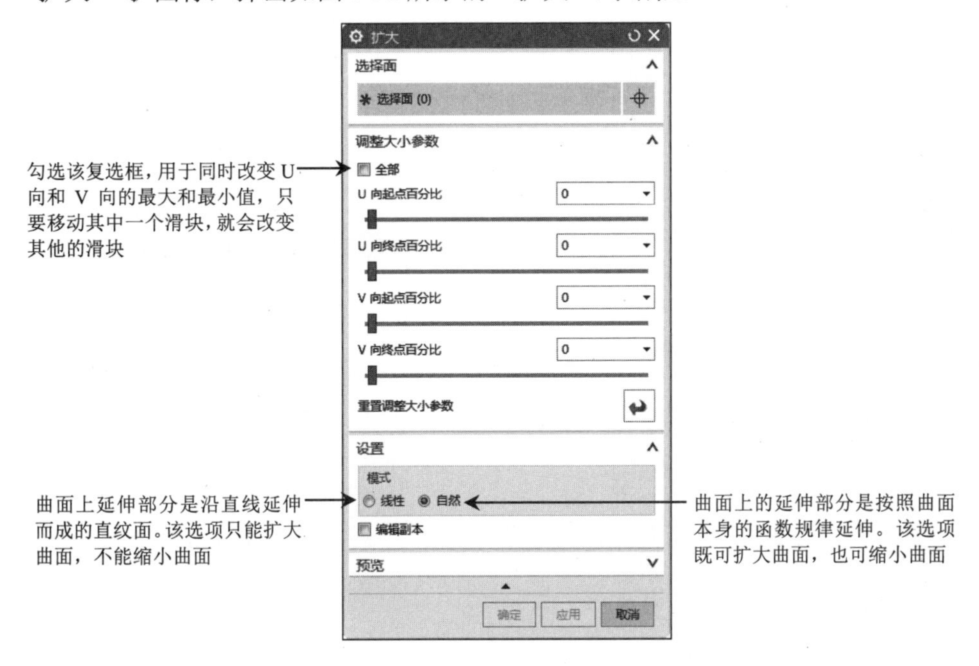

图8-31 “扩大”对话框

8.2.2 替换边

“替换边”命令用来修改或替换曲面边界。

在菜单栏中选择“编辑”→“曲面”→“替换边”，或单击“曲面”选项卡→“编辑曲面”组→“替换边”图标，弹出如图8-32所示的“替换边”对话框。

如果在“替换边”对话框选择的是 编辑原片体 单选按钮，系统会弹出如图8-33所示的警告信息框，单击“是”按钮，弹出如图8-34所示的“类选择”对话框。如果选择的是 编辑副本 单选按钮，系统就会弹出如图8-34所示的“类选择”对话框。选择要被替换的边后单击“确定”按钮，弹出如图8-35所示的“替换边”对话框。

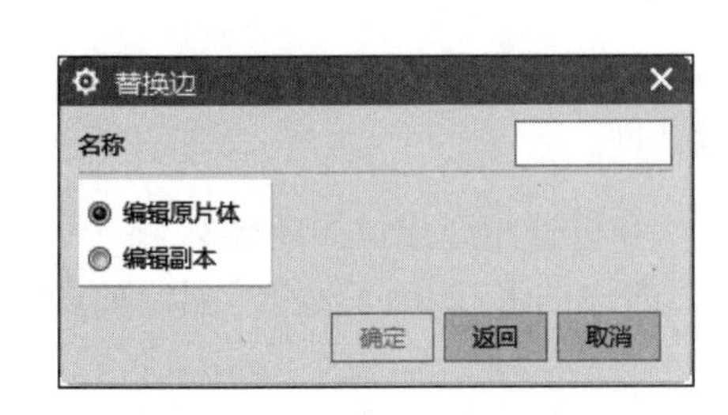

图8-32 “替换边”对话框

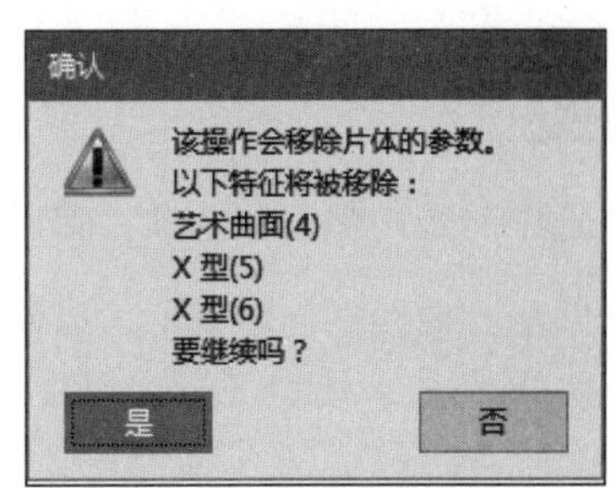

图8-33 “确认”对话框

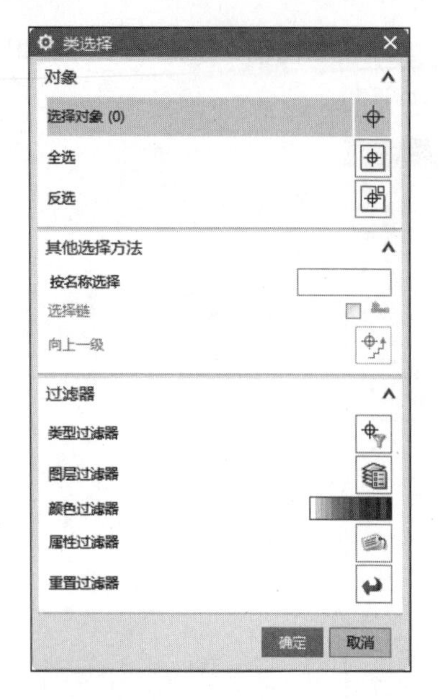

图 8-34 “类选择”对话框

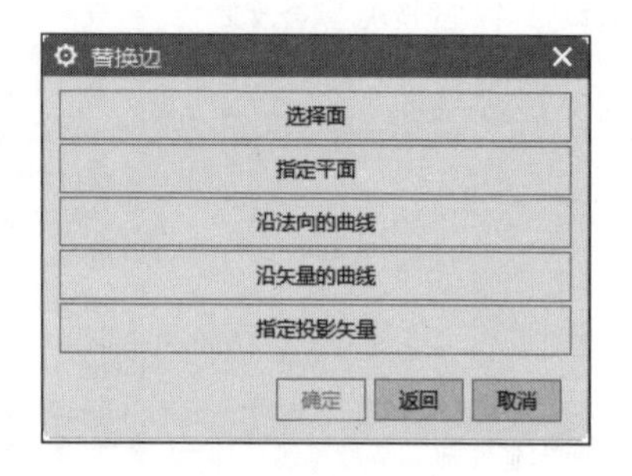

图 8-35 “替换边”对话框

8.2.3 更改边

在菜单栏中选择“编辑”→“曲面”→“更改边”，或单击“曲面”选项卡→“编辑曲面”组→“更改边”图标，系统会弹出如图 8-36 所示的对话框。选择要更改边的曲面，弹出如图 8-37 所示的“更改边”选择对话框。选择要更改的边，弹出如图 8-38 所示的“更改边”选项对话框。

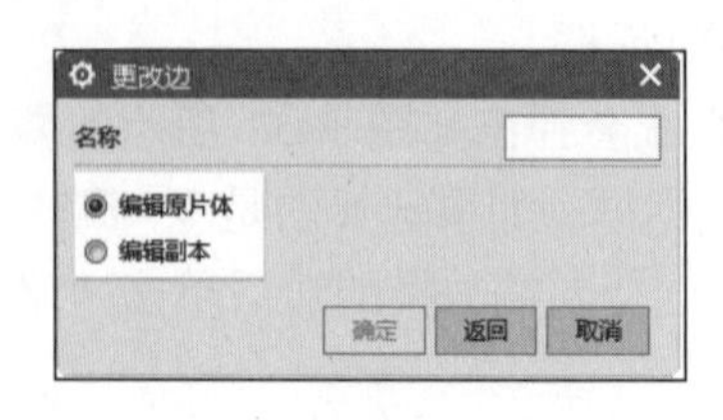

图 8-36 “更改边”对话框

图 8-37 “更改边”选择对话框

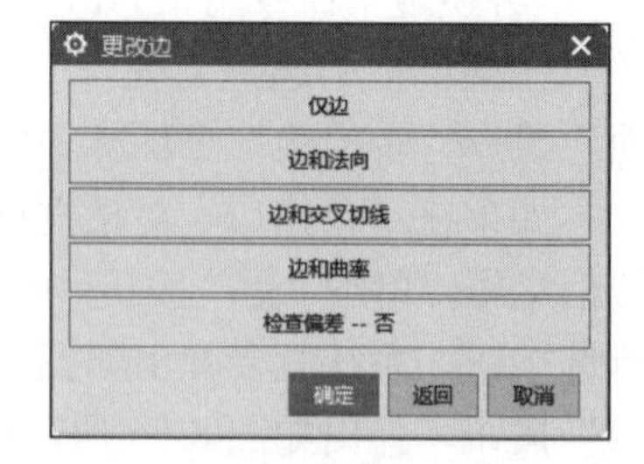

图 8-38 “更改边”选项对话框

1. 仅边

修改选中的边，单击此选项，弹出“更改边”对话框。

（1）匹配到曲线：使边变形，以便与源曲线的形状和位置相匹配，如图 8-39 所示。

（2）匹配到边：使边变形，以便与另一体上选中的边的形状和位置相匹配，如图 8-40 所示。

（3）匹配到体：使体变形，以便与另一体（主体）相匹配，但不是在适当位置。

（4）匹配到平面：使平面变形，以便位于指定的平面内，如图 8-41 所示。

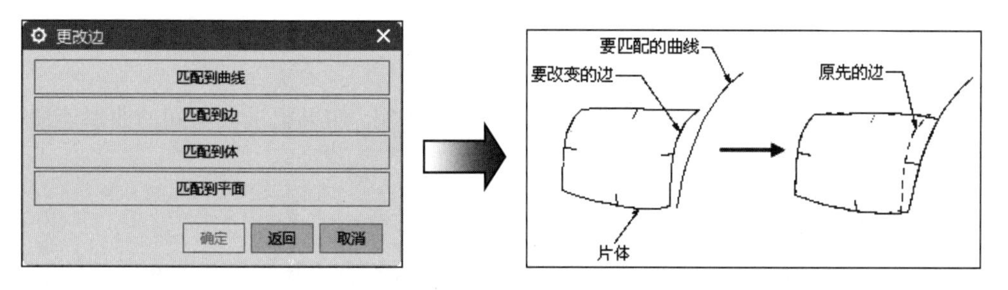

图 8-39 “匹配到曲线”方式

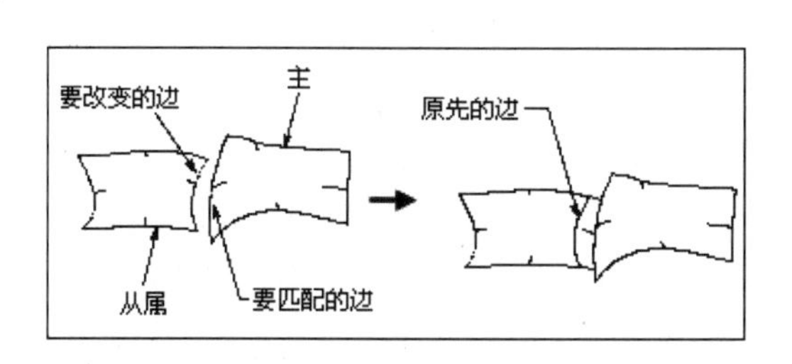

图 8-40 “匹配到边”示意图

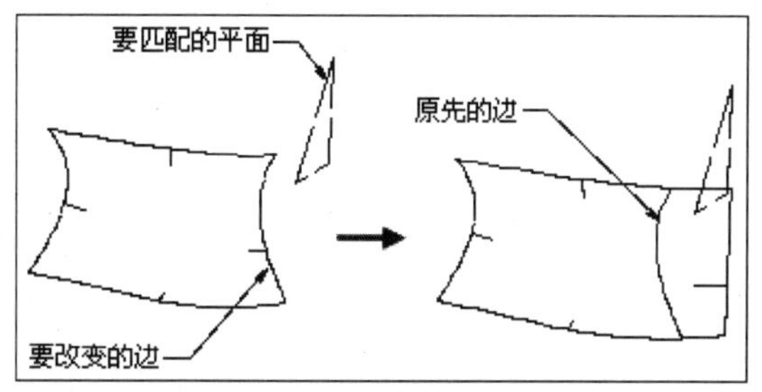

图 8-41 “匹配到平面”示意图

2. 边和法向

将选中的边或法向与不同的对象相匹配，包含匹配到边、匹配到体和匹配到平面 3 个子选项。

3. 边和交叉切线

该选项可使选中的边或它的横向切矢与不同的对象相匹配。边的横向切矢是等参数曲线在端点处的切矢，等参数曲线与边在端点处相遇。

(1) 瞄准一个点：使体变形，以便使选中的边上的每一点处的横向切矢通过指定点，如图 8-42 所示。

(2)匹配到矢量:使体变形,以便使选中的边上的每一点处的横向切矢与指定的矢量平行,如图 8-43 所示。

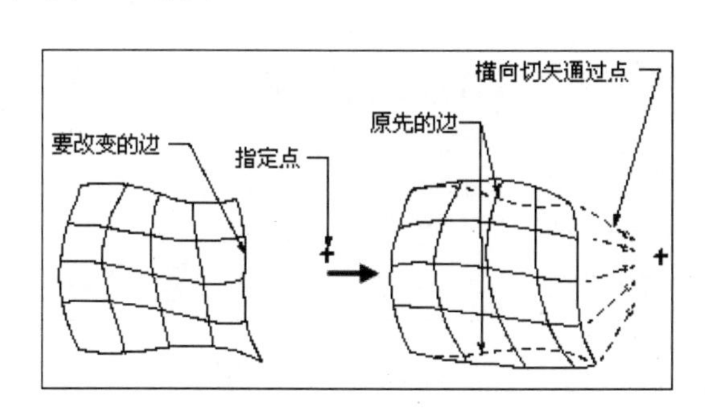

图 8-42 “瞄准一个点”示意图

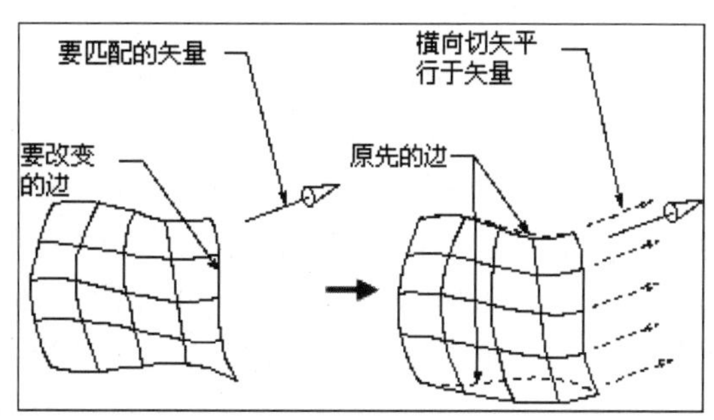

图 8-43 “匹配到矢量”示意图

(3) 匹配到边：使体变形，以便选中的边与另一体（主体）上选中的边在适当的位置与横向切矢处相匹配。

4．边和曲率

为曲面提供比“边和交叉切线”选项次数更高的匹配。如果要求曲面间的曲率连续，就使用该选项。这个过程与“边和交叉切线”过程一样。

5．检查偏差——否

对“信息”窗口进行“打开”或“关闭”切换，当匹配两个用于定位和相切的自由形式体时，可提供曲面变形程度的反馈信息。

8.2.4 更改次数

“更改次数”命令用于修改曲面 U 和 V 方向的次数，曲面形状维持不变。

在菜单栏中选择“编辑”→“曲面”→“次数”，或单击“曲面”选项卡→“编辑曲面”组→“更多”库→“曲面”库→“更改次数”图标，弹出如图 8-44 所示的“更改次数”对话框。该对话框中选项的含义和前面的一样，不再介绍。

在视图区选择要进行操作的曲面后，弹出“确认”对话框，提示用户该操作将会移除特征参数，是否继续执行，单击“确定”按钮，弹出如图 8-45 所示的“更改次数”参数输入对话框。

图 8-44 “更改次数”对话框

图 8-45 “更改次数”参数输入对话框

使用更改次数功能增加曲面次数，将增加曲面的极点，使曲面形状的自由度增加。多补片曲面和封闭曲面的次数只能增加不能减少。

8.2.5 更改刚度

“更改刚度”命令是改变曲面 U 和 V 方向参数线的次数，曲面的形状有所变化。

在菜单栏中选择“编辑”→“曲面”→“刚度”，或单击“曲面”选项卡→“编辑曲面”组→“更多”库→“曲面”库→“更改刚度”图标，弹出如图 8-46 所示的“更改刚度”对话框。该对话框中选项的含义和前面的一样，不再介绍。

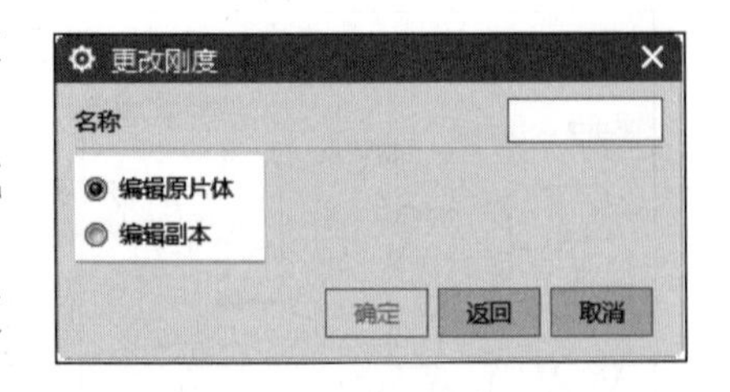

图 8-46 “更改刚度”对话框

在视图区选择要进行操作的曲面后，弹出“确认”对话框，提示用户该操作将会移除特征参数，是否继续执行，单击“确定”按钮，弹出“更改刚度”参数输入对话框。

使用更改刚度功能增加曲面次数，曲面的极点不变，补片减少，曲面更接近它的控制多边形，反之则相反。封闭曲面不能改变硬度。

8.2.6 法向反向

“法向反向”命令用于创建曲面的反法向特征。

在菜单栏中选择“编辑”→“曲面”→“法向反向”，或单击“曲面”选项卡→“编辑曲面”组→“更多”库→“曲面”库→“法向反向”图标，弹出如图 8-47 所示的“法向反向”对话框。

图 8-47 “法向反向”对话框

使用法向反向功能创建曲面的反法向特征。改变曲面的法线方向，可以解决因表面法线方向不一致造成的表面着色问题和使用曲面修剪操作时因表面法线方向不一致而引起的更新故障。

8.3 思 考 题

1. 使用“直纹面”命令创建曲面时，对曲线的数量、选取方式有何要求？
2. 使用文件中的点创建曲面时，对点的格式有何要求？
3. 使用“通过曲线”创建曲面时，对曲线的开闭有何要求、光顺性有何要求？
4. 对于曲面的偏置，UG NX 12.0 中提供了哪几种命令实现，分别是针对什么情况而言的？

8.4 综合实例：绘制茶壶

茶壶由壶盖、壶身、壶嘴及壶把组成。其中，壶身、壶嘴和壶把的外形都是自由曲面，壶身属于旋转曲面，壶把属于均匀曲面，壶嘴属于复杂的自由型曲面。

8.4.1 绘制壶盖

分别采用拉伸、圆锥、管、圆柱等成形特征操作逐步创建特征，每创建完一个特征都要与基体进行“合并”布尔操作，使最终的壶盖成为一个整体。

01 在菜单栏中选择“文件”→“新建”，或单击“主页”选项卡→“标准”组→“新建”图标，弹出“文件新建”对话框，选择文件存盘的位置，输入文件名 pot，单击“确定”按钮。

02 创建圆。在菜单栏中选择“插入”→“曲线”→“圆弧/圆”，或单击“曲线”选项卡→“曲线”组→“圆弧/圆”图标，弹出如图 8-48 所示的“圆弧/圆”对话框。在“类型”下拉列表中选择“从中心开始的圆弧/圆”❶，勾选“整圆”复选框❷，在“平面选项”下拉列表中选择“选择平面”，在“指定平面”下拉列表中选择“XC-YC 平面”❸，在在“中心点”选项单击“点对话框”图标，打开“点”对话框，输入中心点坐标（0,0,0），单击“确定”按钮，返回到“圆弧/圆”对话框，在“通过点”选项单击“点对话框”图标，打开“点”对话框，输入中心点坐标（240,0,0），单击“确定”按钮，返回到“圆弧/圆”对话框，单击“确定”按钮，完成圆的创建，如图 8-49 所示。

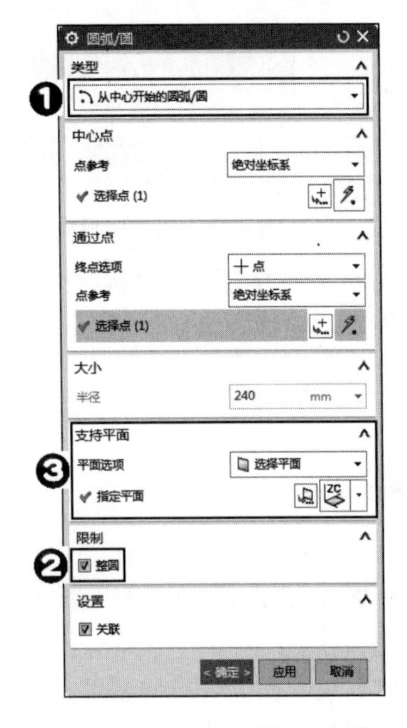

图 8-48　“圆弧/圆”对话框

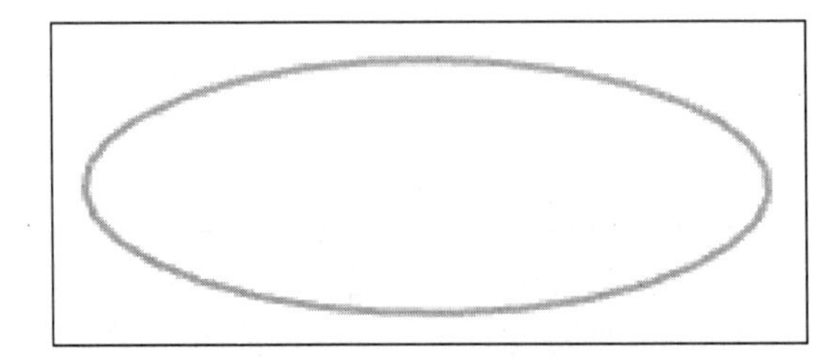

图 8-49　创建圆

03 创建拉伸。在菜单栏中选择“插入”→“设计特征”→“拉伸”，或单击“主页”选项卡→“特征”组→“设计特征”下拉菜单→“拉伸”图标，弹出如图 8-50 所示的“拉伸”对话框。选择上一步绘制的圆作为拉伸曲线❶，在“指定矢量”下拉列表中选择 ZC 轴❷，“开始”距离和“结束”距离参数项分别输入 0、13.5❸，单击“确定”按钮，完成拉伸操作。生成的模型如图 8-51 所示。

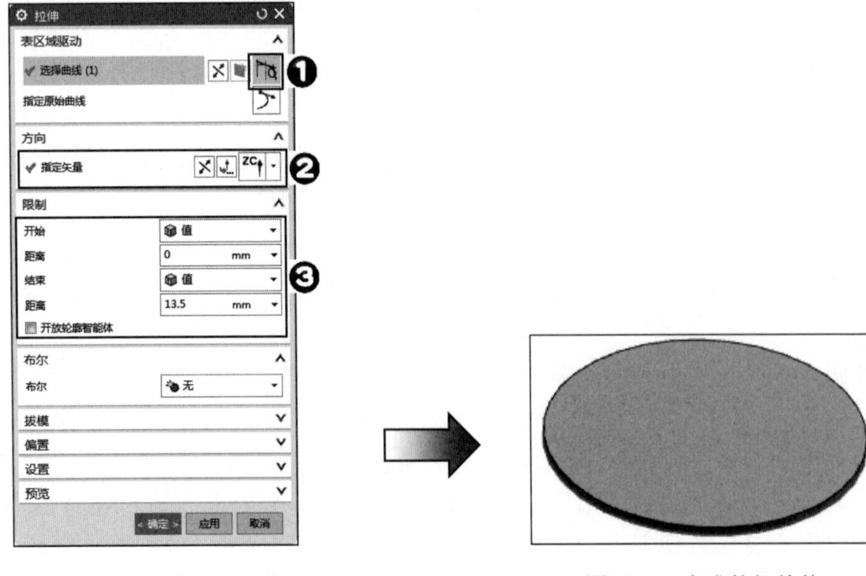

图 8-50　“拉伸”对话框

图 8-51　生成的拉伸体

04 创建圆锥。在菜单栏中选择“插入”→“设计特征”→“圆锥”，或单击“主页”选项卡→“特征”组→“设计特征”下拉菜单→“圆锥”图标，弹出“圆锥”对话框，如图 8-52 所示。在“类型”下拉列表中选择“底部直径，高度和半角”类型❶；在“指定矢量”下拉列表中选择 ZC 轴图标❷；单击“点对话框”图标，弹出“点”对话框，输入坐标值（0,0,13.5）作为圆锥基点坐标❸；在“尺寸”中依次输入“底部直径”“高度”和“半角”值 390、60、60 ❹。单击“确定”按钮，生成模型，如图 8-53 所示。

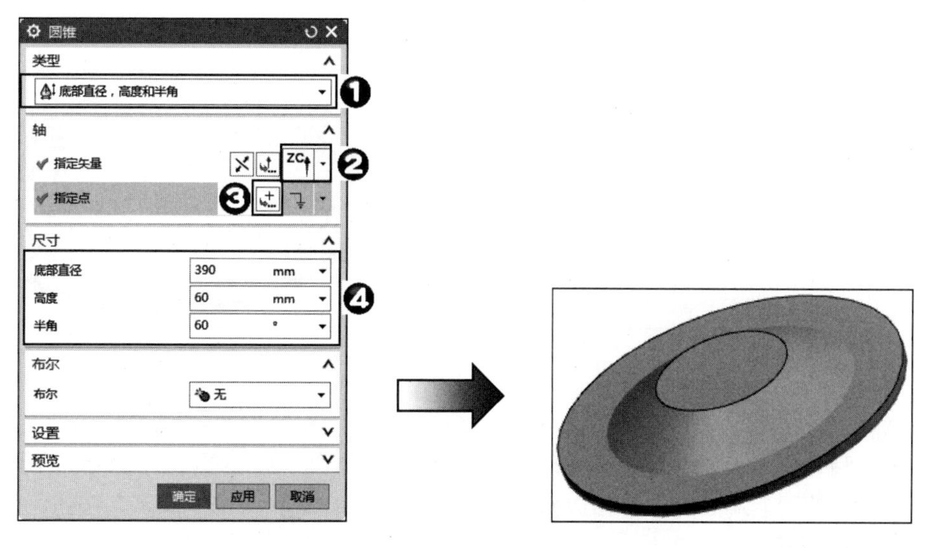

图 8-52　“圆锥”对话框　　　　图 8-53　创建圆锥

05 创建直线。在菜单栏中选择“插入”→“曲线”→“直线”，或单击“曲线”选项卡→“曲线”组→“直线”图标，弹出如图 8-54 所示的“直线”对话框。在“开始”选项组中单击“点对话框”图标❶，打开“点”对话框，输入起点坐标（0,0,11），在“结束”选项单击“点对话框”图标❷，打开“点”对话框，输入终点坐标（0,0,17）。单击“确定”按钮，生成一条直线（箭头所指的一个黑点就是绘制的小直线段），如图 8-55 所示。

图 8-54　“直线”对话框

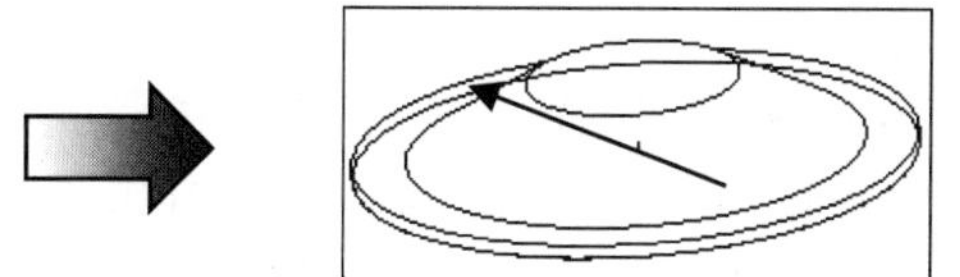

图 8-55　生成直线段

06 创建管。在菜单栏中选择“插入”→“扫掠”→“管”，或单击“主页”选项卡→“特征”组→“更多”库→“扫掠”库→“管”图标，弹出“管”对话框，如图 8-56 所示。选择上一步绘制的直线作为管的路径❶。输入“外径”和“内径”为 480、400❷。在“布尔”下拉列表中选择“合并”❸，单击“确定”按钮，生成圆管，并与基体合并为一体，如图 8-57 所示。

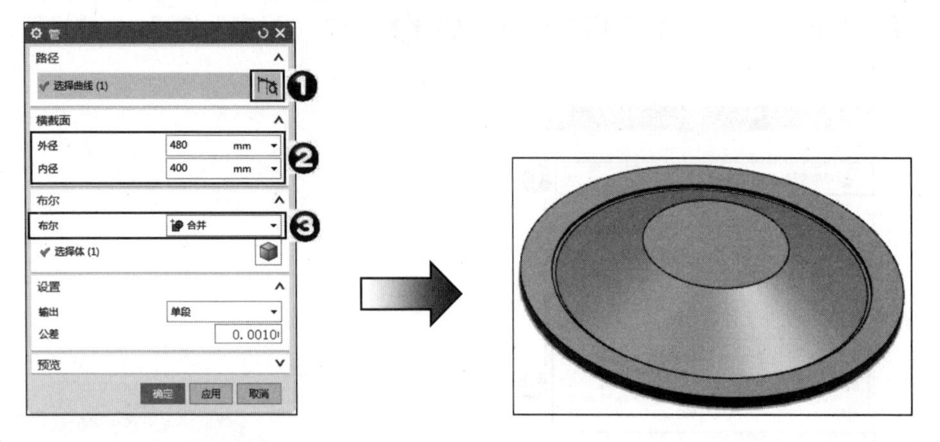

图 8-56 “管”对话框　　图 8-57 创建管

07 边倒圆。在菜单栏中选择“插入”→“细节特征”→“边倒圆”，或单击“主页”选项卡→“特征”组→“边倒圆”图标，弹出“边倒圆”对话框，如图 8-58 所示。选择上一步创建的管上端面的两条圆边❶，输入圆角半径值 5❷，单击“确定”按钮，生成圆角，如图 8-59 所示。

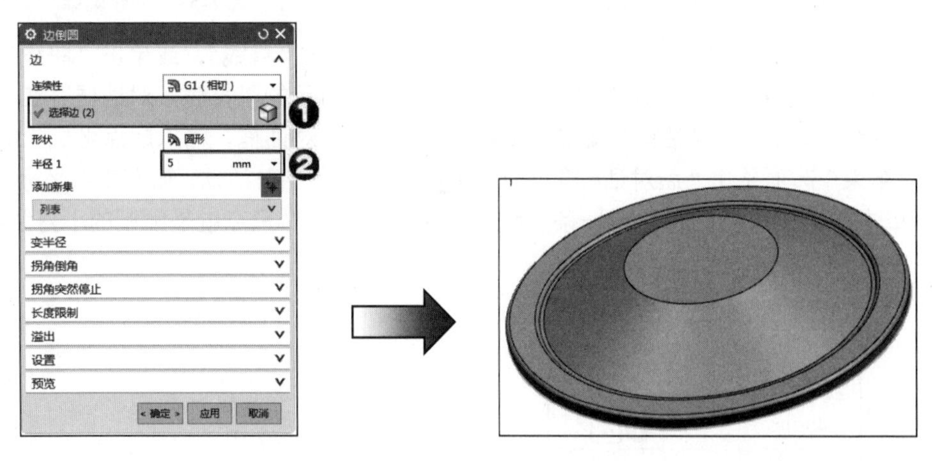

图 8-58 “边倒圆”对话框　　图 8-59 生成圆角

08 创建圆柱。在菜单栏中选择“插入”→“设计特征”→“圆柱”，或单击“主页”选项卡→“特征”组→“设计特征”下拉菜单→“圆柱”图标，弹出“圆柱”对话框，如图 8-60 所示。选择“轴、直径和高度”类型❶，在“指定矢量”下拉列表中选择 ZC 轴❷，设置“直径”和“高度”为 160、10❸。单击“点对话框”按钮❹，弹出“点”对话框，输入点坐标（0,0,71）作为圆柱的基点坐标。单击“确定”按钮，生成模型，如图 8-61 所示。

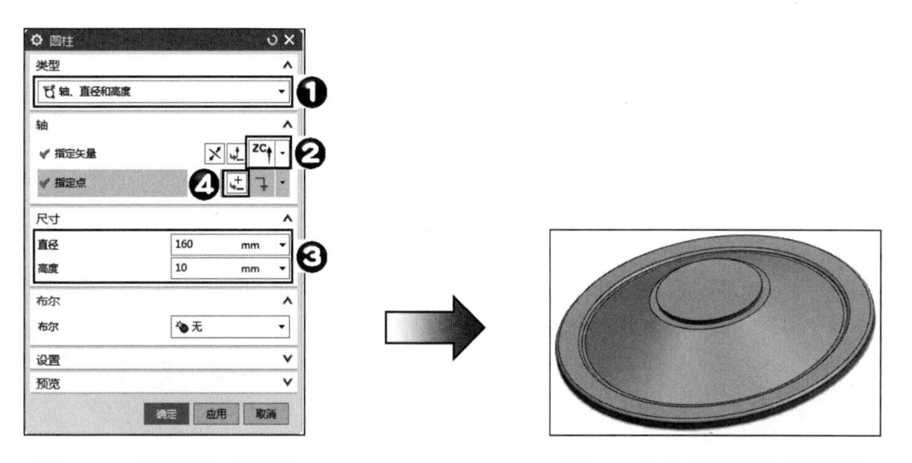

图 8-60 “圆柱”对话框　　　　图 8-61 生成圆柱体后的效果

09 创建拉伸。在菜单栏中选择“插入”→“设计特征”→“拉伸”，或单击“主页”选项卡→“特征”组→“设计特征”下拉菜单→“拉伸”图标，弹出“拉伸”对话框，如图 8-62 所示。选择上一步创建的圆柱的上端面圆弧为拉伸曲线❶，在“指定矢量”下拉列表中选择“曲线/轴矢量”为拉伸方向，在开始距离和结束距离文本框中输入 0、8❷，在“拔模”选项中选择“从起始限制”，在“角度”文本框中输入 80❸，单击“确定”按钮，生成模型，如图 8-63 所示。

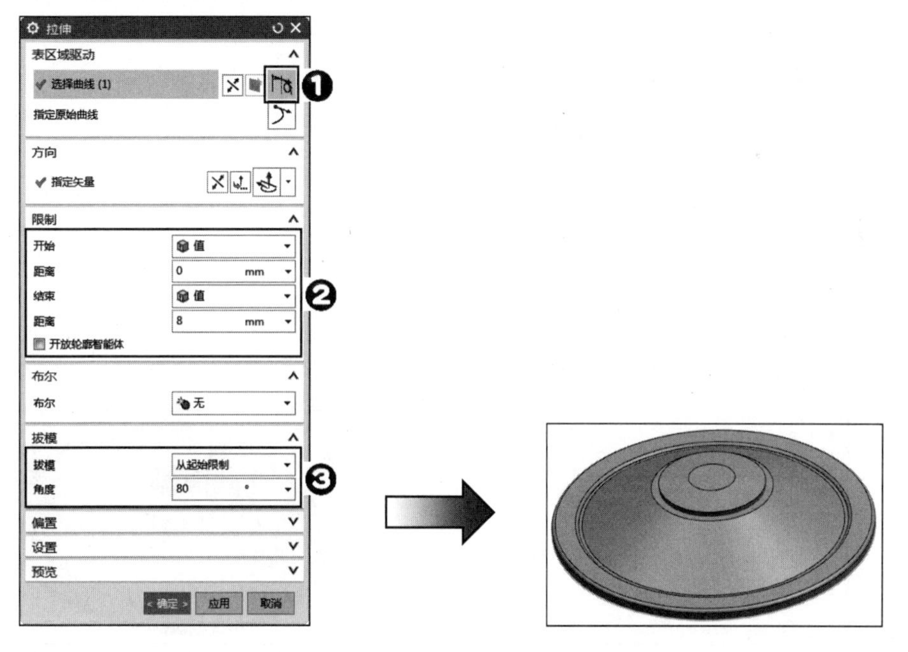

图 8-62 “拉伸”对话框　　　　图 8-63 生成拉伸体

10 创建拉伸。在菜单栏中选择“插入”→“设计特征”→“拉伸”，或单击“主页”选项卡→“特征”组→“设计特征”下拉菜单→“拉伸”图标，弹出“拉伸”对话框。选择上一步创建的拉伸体的上边缘，在对话框中输入“开始”距离和“结束”距离为 0、35，单击“确定”按钮，生成模型，如图 8-64 所示。

11 创建草图。选择菜单栏中的“插入”→“在任务环境中绘制草图”，打开“创建草图”对话框，选择上一步创建的拉伸体的顶端面为草图绘制面，单击“确定”按钮，进入到草图绘制环境，绘制如图 8-65 所示的草图，单击“主页”选项卡→“草图”组→“完成”图标，完成草图的创建。

图 8-64　生成拉伸体后的效果

图 8-65　绘制草图

12 创建拉伸。在菜单栏中选择“插入”→“设计特征”→“拉伸”，或单击“主页”选项卡→“特征”组→“设计特征”下拉菜单→“拉伸”图标，弹出如图 8-66 所示的“拉伸”对话框。单击“选择曲线”选项，选择上一步创建的草图为要拉伸的曲线❶，在“指定矢量”下拉列表中选择“面/平面法向”，选择上一步创建的拉伸体的顶面法向为拉伸方向❷，在结束距离文本框中输入结束距离值 26❸，在“布尔”下拉列表中选择“无”，在“拔模”下拉列表中选择“从起始限制”，在“角度”文本框中输入角度值 15❹，单击“确定”按钮，完成拉伸特征的创建，如图 8-67 所示。

图 8-66　“拉伸”对话框

图 8-67　拉伸特征

13 创建边倒圆。在菜单栏中选择“插入”→“细节特征”→“边倒圆”，或单击“主页”选项卡→“特征”组→“边倒圆”图标，弹出如图 8-68 所示的“边倒圆”对话框。选择上一步创建的凸台的底部边缘线❶，输入圆角半径值 10❷，单击“应用”按钮，边倒圆如图 8-69 所示。

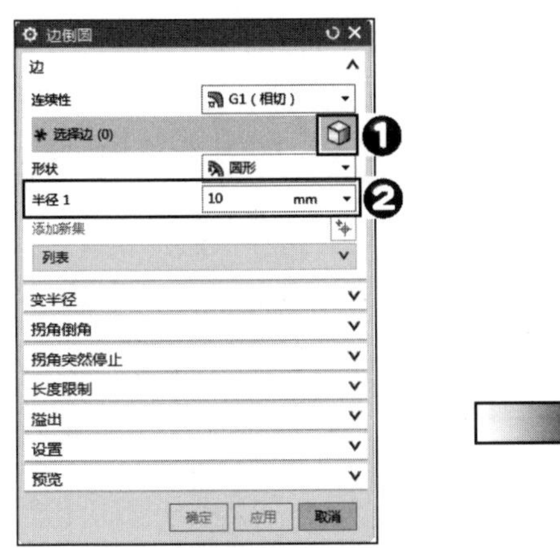

图 8-68 “边倒圆”对话框

图 8-69 创建边倒圆

14 在“边倒圆”对话框中输入圆角半径值 5，单击如图 8-70 所示的 4 条圆角边，单击“确定”按钮，生成 4 个圆角，并完成最终的壶盖设计，如图 8-71 所示。

图 8-70 选择圆角边

图 8-71 最终壶盖的效果图

8.4.2 绘制壶身

先利用样条曲线和基本曲线工具绘制闭合曲线，再以此闭合曲线作为旋转截面线串，创建旋转体成形特征，生成最终的壶身实体。

01 创建坐标。在菜单栏中选择“格式”→WCS→“原点”，弹出如图 8-72 所示的“点”对话框。输入点坐标（0,0,-520）作为新工作坐标系的原点坐标，单击“确定”按钮，将工作坐标系平移到新位置，如图 8-73 所示。

图 8-72 “点”对话框

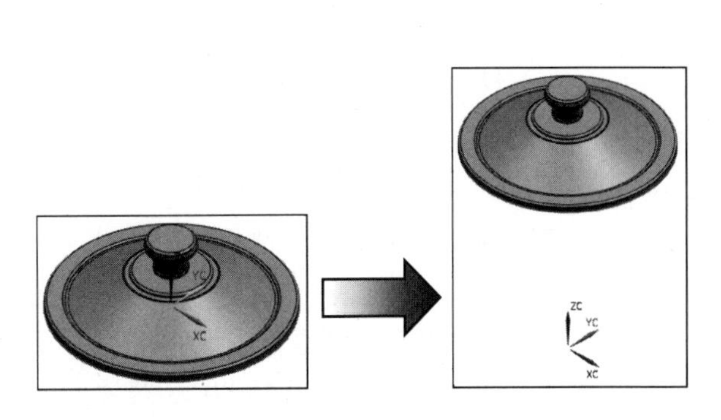

图 8-73 新坐标系

02 旋转坐标。在菜单栏中选择“格式”→WCS→“旋转”选项，弹出如图 8-74 所示的“旋转 WCS 绕”对话框。选择“+XC 轴：YC-->ZC”选项❶，在“角度”文本框中输入 90❷。单击“确定”按钮，坐标系将绕 X 轴旋转 90 度，如图 8-75 所示。

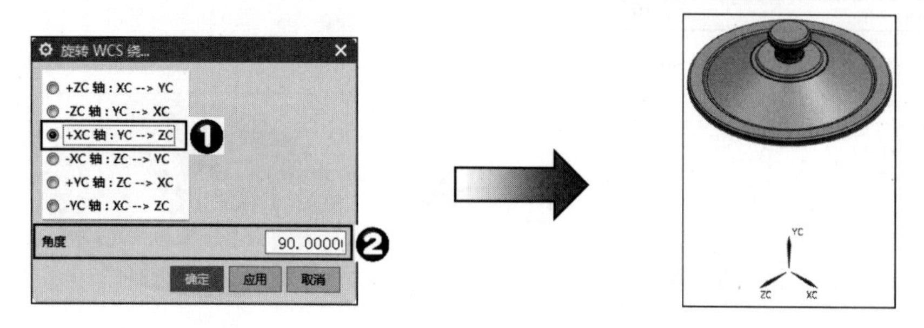

图 8-74 “旋转 WCS 绕”对话框　　　　图 8-75 旋转坐标系

03 旋转视图。单击“视图”选项卡→“操作”组→“定向视图”组→“前视图”图标，将视图旋转到前视图界面，方便曲线位置显示。

04 创建样条。在菜单栏中选择“插入”→“曲线”→“艺术样条”，或单击“曲线”选项卡→“曲线”组→“艺术样条”图标，弹出“艺术样条”对话框，如图 8-76 所示。在“类型”下拉列表中选择“根据极点”❶，在“次数”文本框中输入 2❷，单击“点构造器”图标，弹出“点”对话框，在“参数”下拉列表中选择“WCS”，输入极点坐标（-320,0,0）。单击“确定”按钮，继续打开“点”对话框输入坐标（-520,160,0）和（-280,480,0）。单击“确定”按钮，生成样条曲线，如图 8-77 所示。

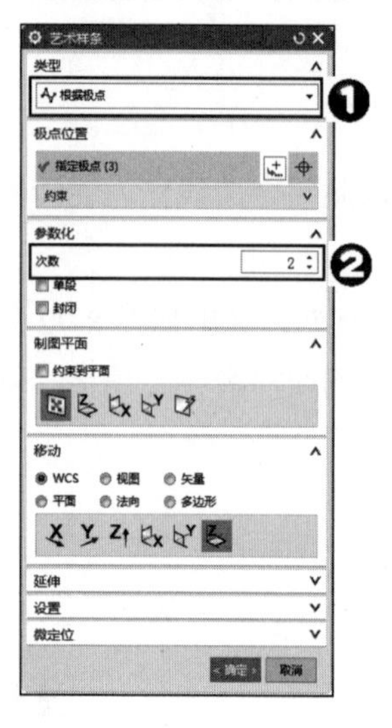

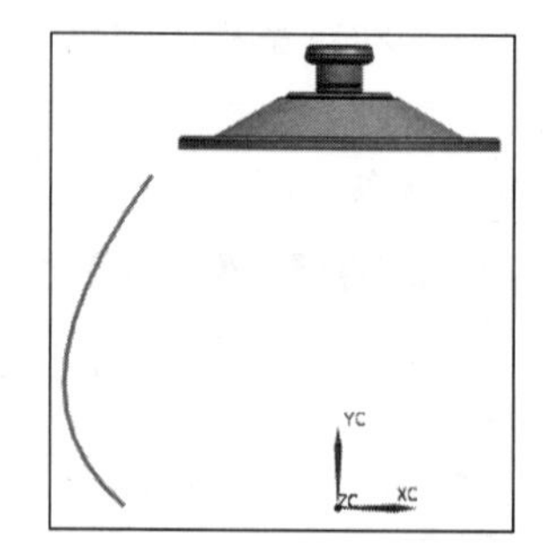

图 8-76 “艺术样条”对话框　　　　图 8-77 生成的样条曲线

05 创建曲线。在菜单栏中选择“插入”→“曲线”→“直线”，或单击“曲线”选项卡→“曲线”组→“直线”图标，弹出如图 8-78 所示的“直线”对话框。单击开始和结束选项中的“点对话框”按钮，打开“点”对话框，在“参考”下拉列表中选择“WCS”，设置起点坐标为（-280,480,0）、终点坐标为（-240,480,0），单击“确定”按钮，完成直线的创建。

按照同样的方法绘制坐标点为{(-240,480,0)、(-240,520,0)}，{(-240,520,0)、(0,520，0)}，{(0,520，0)、(0,0,0)}，{(0,0,0)、(-320,0,0)}的 5 条直线，生成如图 8-79 所示的封闭曲线。

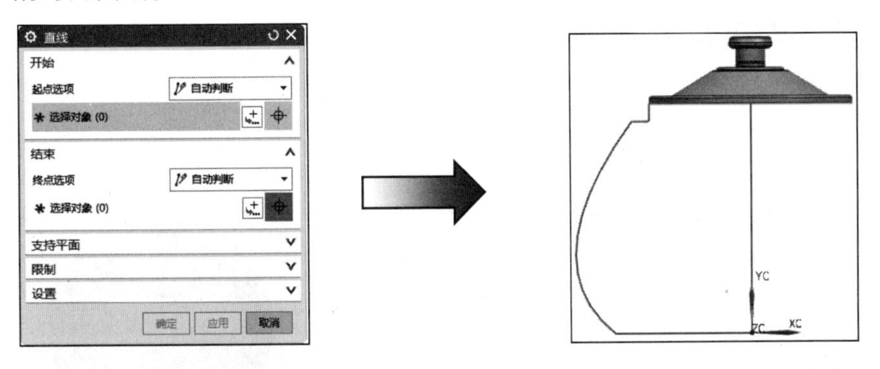

图 8-78 “直线”对话框　　　　图 8-79 生成的封闭曲线

06 创建旋转体。在菜单栏中选择“插入”→“设计特征”→“旋转”，或单击“主页”选项卡→“特征”组→“设计特征”下拉菜单→“旋转”图标，弹出“旋转”对话框，如图 8-80 所示。选择刚刚生成的封闭曲线作为旋转体截面串❶。在“指定矢量”下拉列表中选择“YC 轴”为旋转轴❷，设置坐标原点为旋转原点❸，限制旋转起始角度值和结束角度值为 0、360❹，单击“确定”按钮，生成模型，如图 8-81 所示。

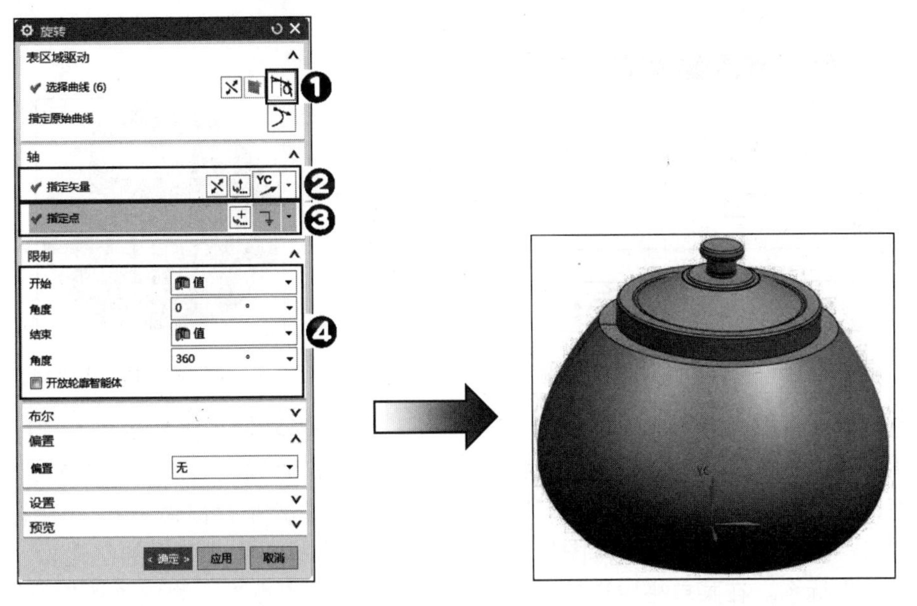

图 8-80 “旋转”对话框　　　　图 8-81 生成的壶身实体

8.4.3 绘制壶嘴

首先绘制两个椭圆和两条样条线，然后利用扫描曲面工具分别以两个椭圆和两条样条曲线作为截面线串和引导线串生成壶嘴，并与壶身合并为一体，最后利用修改曲线工具调整壶嘴的外形。

01 创建坐标。在菜单栏中选择“格式”→WCS→“原点”，弹出“点”对话框，如图 8-82 所示。输入点坐标（330,180,0），单击“确定”按钮，工作坐标系将平移到新位置，如图 8-83 所示。

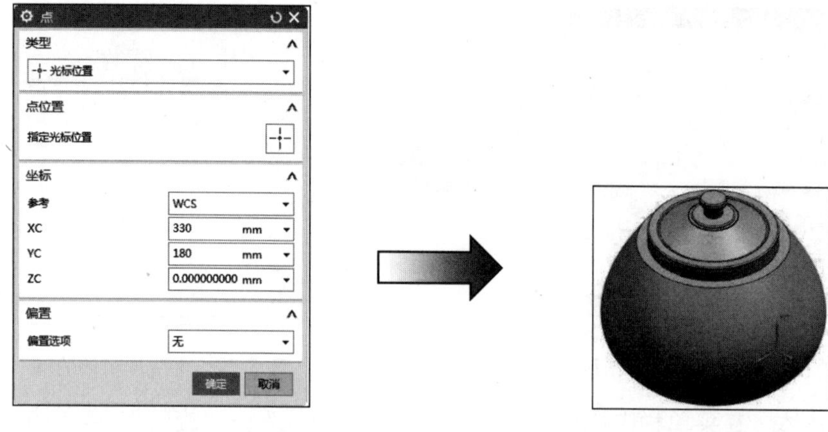

图 8-82　“点”对话框　　　　图 8-83　平移后的工作坐标系

02 旋转坐标。在菜单栏中选择“格式”→WCS→“旋转”，弹出“旋转 WCS 绕”对话框，如图 8-84 所示。选择“+YC 轴：ZC-->XC”选项❶，在“角度”文本框中输入 90❷，单击“确定”按钮。坐标系将绕 Y 轴旋转 90°，然后再绕 Z 轴旋转 90°，变换后的工作坐标系如图 8-85 所示。

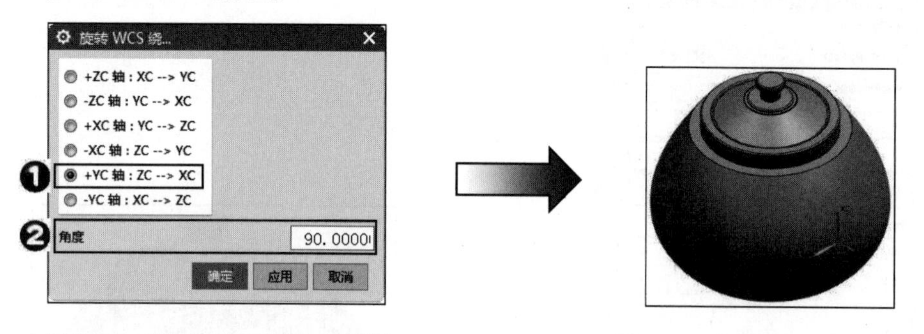

图 8-84　“旋转 WCS 绕”对话框　　　　图 8-85　旋转后的工作坐标系

03 创建椭圆草图。选择菜单栏中的“插入”→“在任务环境中绘制草图”，打开“创建草图”对话框，选择 XC-YC 平面为草图绘制面，单击“确定”按钮，进入到草图绘制环境，绘制如图 8-86 所示的椭圆，椭圆中心点在原点，大半径值为 140，小半径值为 60，单击“主页”选项卡→“草图”组→“完成”图标，完成草图的创建。

04 创建坐标系。在菜单栏中选择“格式”→WCS→“原点”，弹出“点”对话框，输入点坐标（254,0,211）。单击“确定”按钮，工作坐标系将平移到新位置。

05 旋转视图。单击“视图”选项卡→“操作”组→“定向视图”组→“前视图”图标，将视图旋转到前视图界面，如图 8-87 所示。

06 旋转坐标系。在菜单栏中选择“格式”→WCS→“旋转”选项，弹出“旋转 WCS 绕”对话框，如图 8-88 所示。选择“+YC 轴：ZC-->XC”❶，在“角度”文本框中输入 80❷。坐标系将绕 Y 轴旋转 80°，单击“确定”按钮，如图 8-89 所示。

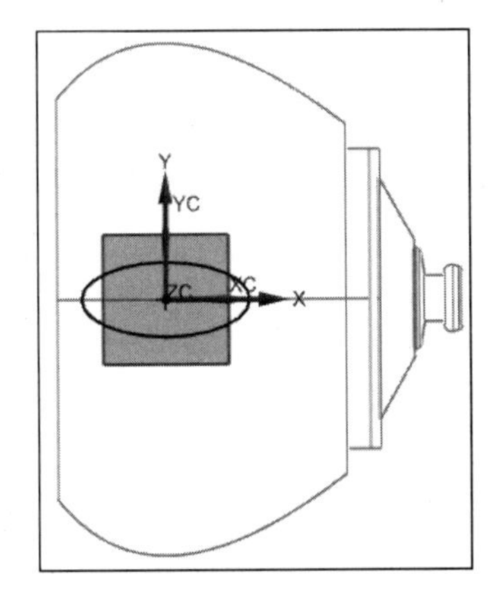

图 8-86 绘制草图

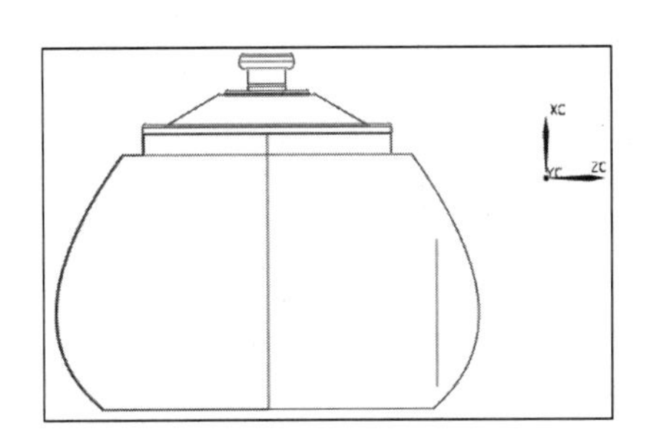

图 8-87 平移后的工作坐标系

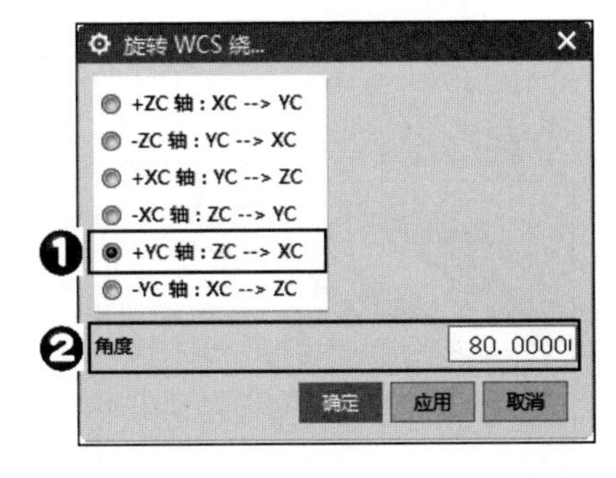

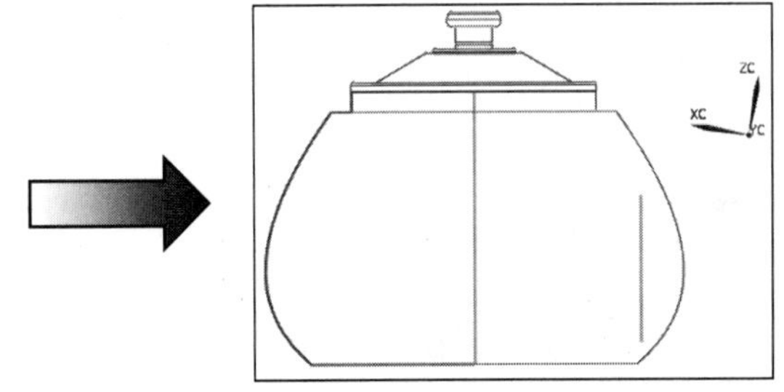

图 8-88 “旋转 WCS 绕”对话框

图 8-89 旋转后的工作坐标系

07 创建椭圆草图。选择菜单栏中的“插入”→“在任务环境中绘制草图”，打开“创建草图”对话框，选择 XC-YC 平面为草图绘制面，单击“确定”按钮，进入到草图绘制环境，绘制如图 8-90 所示的椭圆，椭圆中心点在原点，大半径值为 50，小半径值为 30，单击“主页”选项卡→“草图”组→“完成”图标，完成草图的创建。

08 旋转坐标系。在菜单栏中选择“格式”→WCS→“旋转”，弹出“旋转 WCS 绕”对话框。将坐标系绕 X 轴旋转 90°，单击“确定”按钮，如图 8-91 所示。

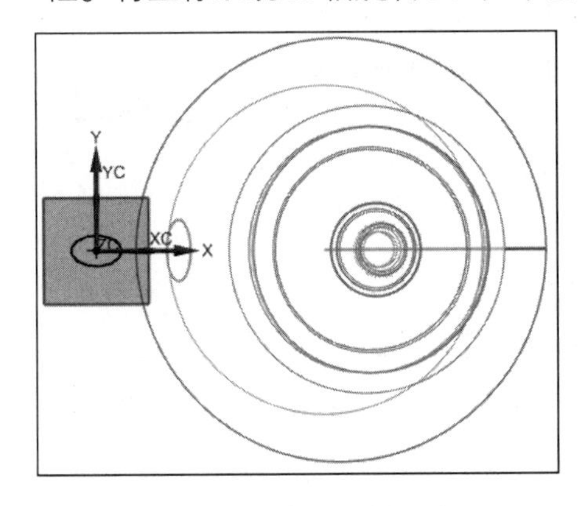

图 8-90 绘制草图

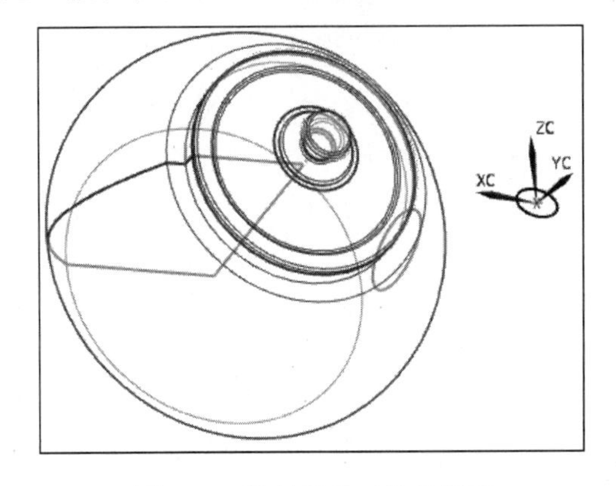

图 8-91 旋转后的工作坐标系

09 创建样条。在菜单栏中选择“插入”→“曲线”→“艺术样条”，或单击“曲线”选项卡→“曲线”组→“艺术样条”图标，弹出“艺术样条”对话框，如图 8-92 所示。

在“类型”下拉列表中选择“根据极点”❶，在“次数”文本框中输入 3❷，将当前视图方向切换到前视图方向，圆的象限点标示如图 8-93 所示，捕捉点 1 为第一个极点，在点 1 和点 2 之间适当位置指定第二个和第三个极点，捕捉点 2 为第四个极点，单击“确定”按钮，生成一条样条引导线，如图 8-94 所示。

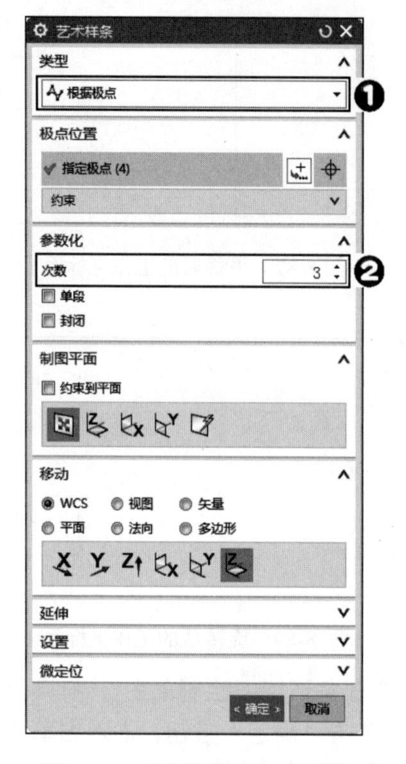

图 8-92 “艺术样条”对话框

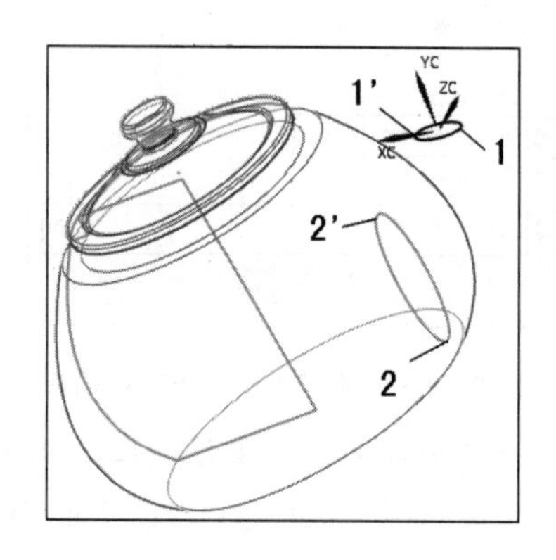

图 8-93 圆象限点的标号

10 绘制另外一条样条引导线。曲线的第一个极点是如图 8-93 所示的“1'”点，最后一个极点是如图 8-93 所示的“2'”点。完成后的效果如图 8-95 所示。

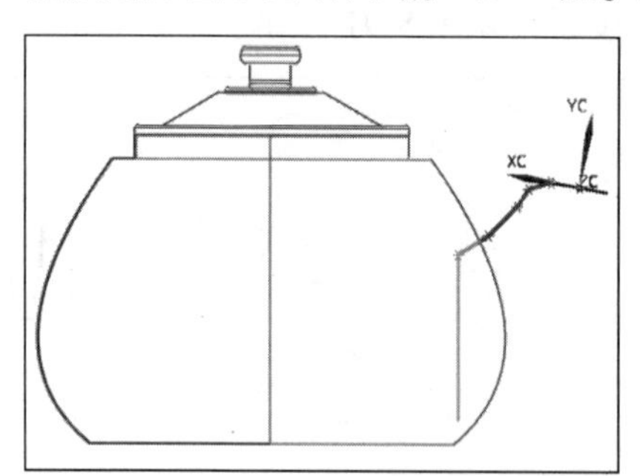

图 8-94 生成的样条引导线

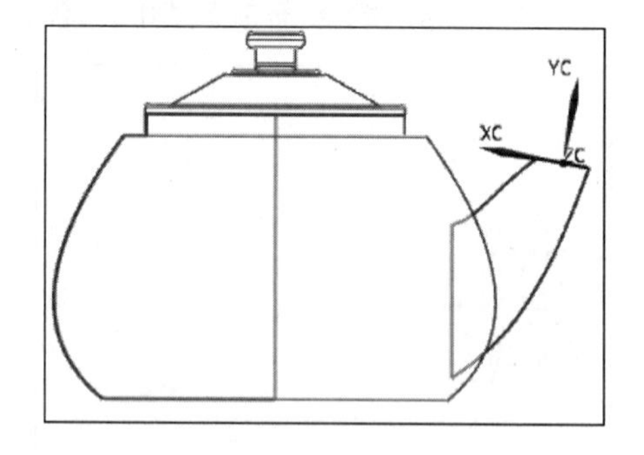

图 8-95 生成的另外一条样条引导线

11 创建扫描。在菜单栏中选择“插入”→“扫掠”→“扫掠”，或单击“主页”选项卡→“特征”组→“更多”库→“扫掠”库→“扫掠”图标，弹出如图 8-96 所示的“扫掠”对话框。选择两条椭圆线为截面线❶，然后选择两条样条曲线为引导线❷，单击“确定”按钮，生成模型，如图 8-97 所示。

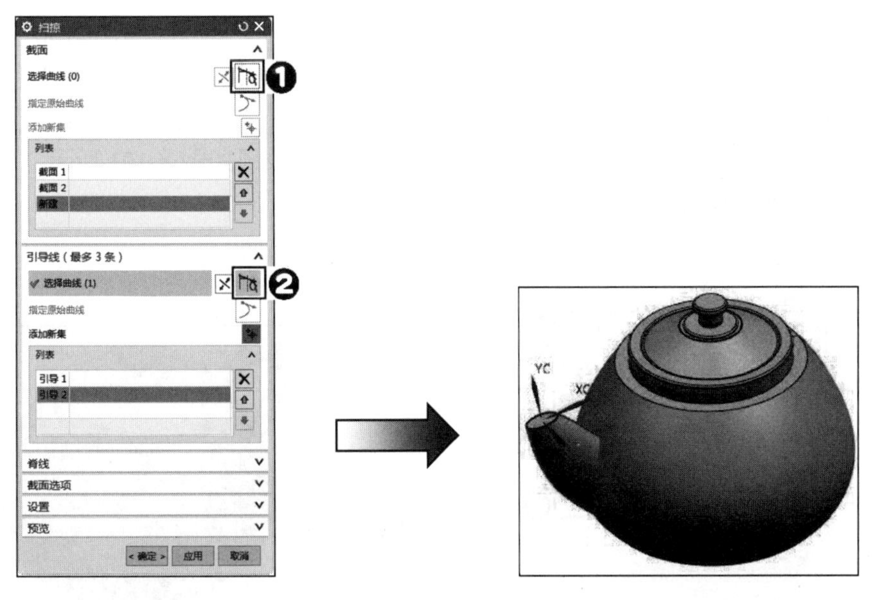

图 8-96 “扫掠”对话框　　　　图 8-97 生成壶嘴后的效果

8.4.4 绘制壶把

首先利用样条曲线工具绘制管引导线，然后利用管道工具生成壶把，最后将壶把和壶身合并为一体。

01 创建样条曲线。在菜单栏中选择“插入”→“曲线”→“艺术样条”，或单击“曲线”选项卡→“曲线”组→“艺术样条”图标，弹出“艺术样条”对话框，如图 8-98 所示。在“类型”下拉列表中选择“根据极点”❶，在“次数”文本框中输入 2❷，将当前视图方向切换到前视图方向，在适当位置捕捉 8 个极点，单击“确定”按钮，生成壶把样条曲线，如图 8-99 所示。

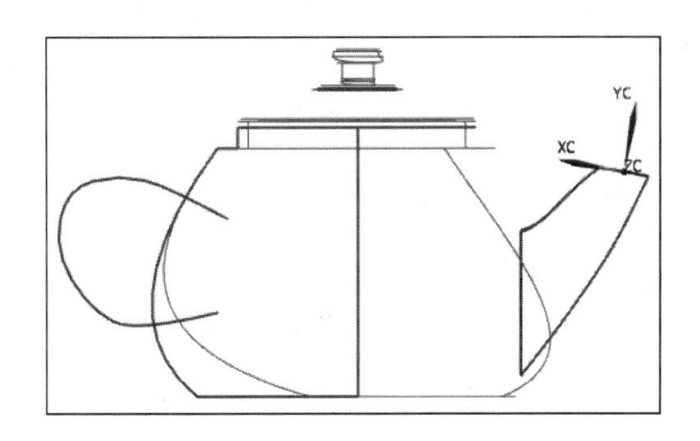

图 8-98 “艺术样条”对话框　　　　图 8-99 壶把样条曲线

02 创建管。在菜单栏中选择“插入”→“扫掠”→“管”，弹出如图 8-100 所示的“管”对话框。选择上一步绘制的样条曲线作为软管引导线❶，输入“外径”和“内径”为 60、50❷，“输出”选择“单段”❸，在“布尔”选项中选择“合并”❹。单击“确定”按钮，生成最终的壶把并与壶身合并为一体，效果如图 8-101 所示。

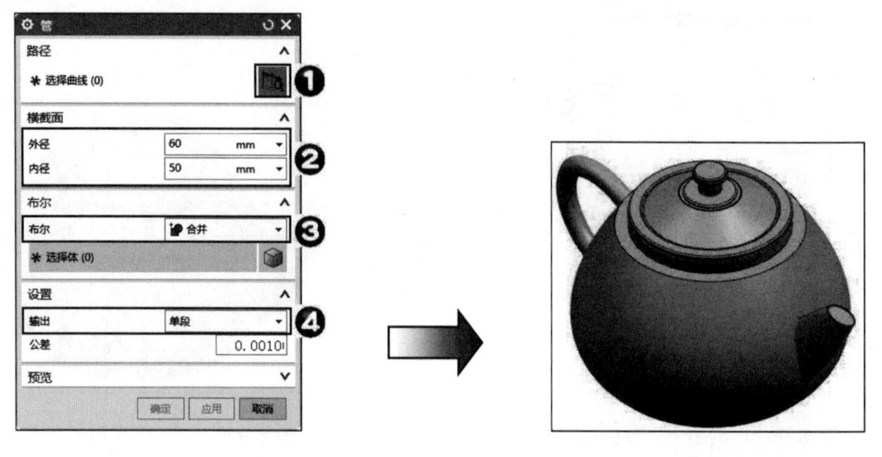

图 8-100　“管”对话框　　　　图 8-101　绘制的茶壶效果

8.5　操作训练题

1．打开文件 yuanwenjian/8/exercise/1.prt，完成如图 8-102 所示零件的绘制。

操作提示

选择“插入”→“网格曲面”→“通过曲线组”命令即可。

2．打开 yuanwenjian/8/exercise/02.prt，完成如图 8-103 所示零件的绘制。

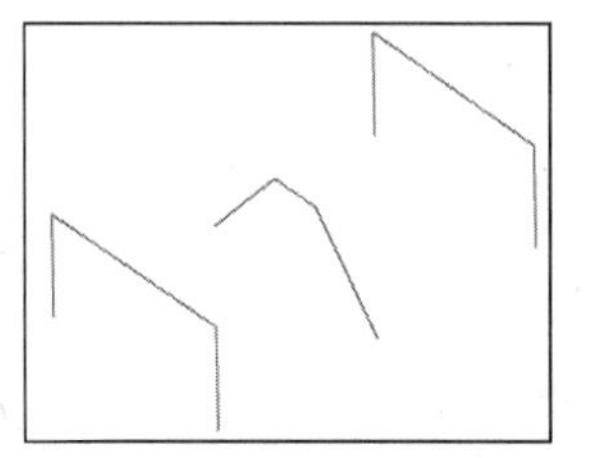
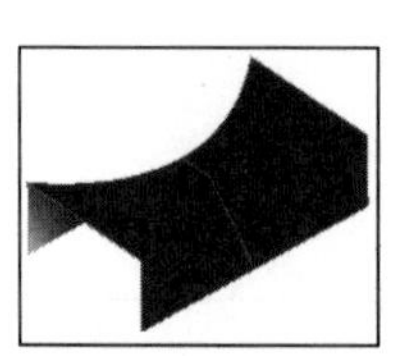
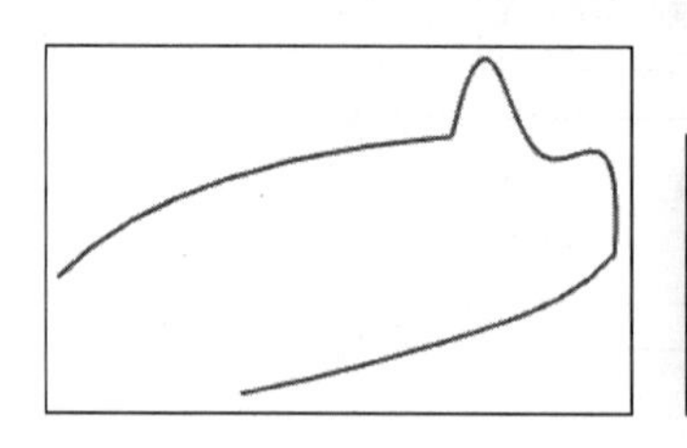
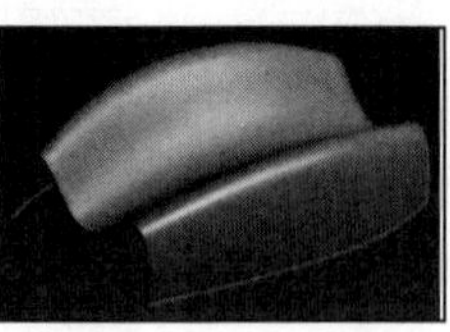

图 8-102　零件 01　　　　图 8-103　零件 02

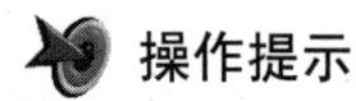
操作提示

选择“插入”→“扫掠”→“扫掠”命令即可。

第 9 章

钣 金 设 计

UG NX 12.0 中文版设置了钣金设计模块，专用于钣金的设计工作，可使钣金零件的设计非常快捷，制造装配效率得以显著提高。

9.1 NX 钣金特征

NX 钣金应用提供了一个直接操作钣金零件设计的集中环境。NX 钣金建立于工业领先的 Solid Edge 方法，目的是设计 machinery、enclosures、brake-press manufactured prts 和其他具有线性折弯线的零件。

9.1.1 钣金首选项

在 NX 钣金设计环境中，在菜单栏中选择“首选项”→“钣金”命令，弹出如图 9-1 所示的“钣金首选项”对话框，可以改变的钣金默认设置项包括“部件属性”“展平图样处理”“展平图样显示”“钣金验证”“标注配置”“榫接”和“突出块曲线”7 项。

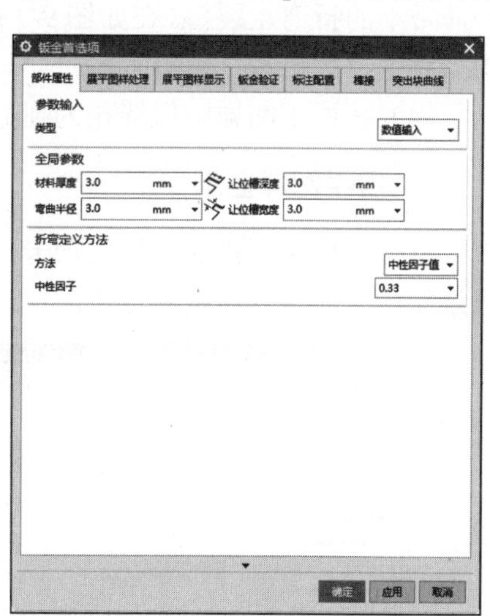

图 9-1 “钣金首选项”对话框

1. 部件属性

（1）材料厚度：钣金零件默认厚度。

（2）弯曲半径：折弯默认半径（基于折弯时发生断裂的最小极限来定义），可以根据所选材料的类型来更改折弯半径设置。

（3）让位槽深度和宽度：从折弯边开始计算折弯让位槽延伸的距离称为折弯深度（D），跨度称为宽度（W）。可以在“钣金首选项”对话框中设置让位槽宽度和深度，其含义如图 9-2 所示。

（4）折弯定义方法：中性轴是指折弯外侧拉伸应力等于内侧挤压应力处，用来表示平面展开处理的折弯需要公式。由折弯材料的机械特性决定，用材料厚度的百分比来表示，从内侧折弯半径来测量，默认为 0.33，有效范围从 0 到 1。

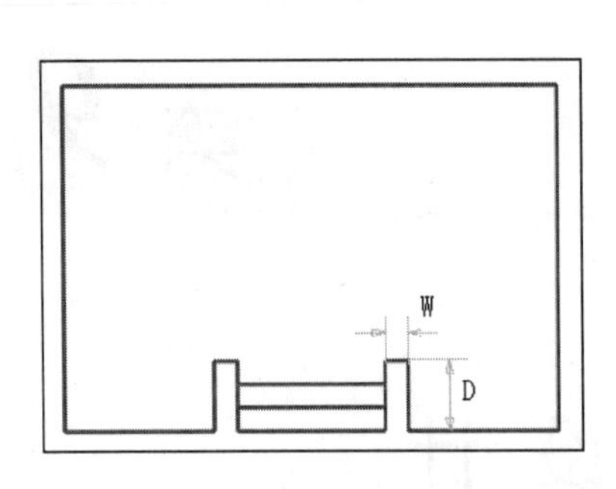

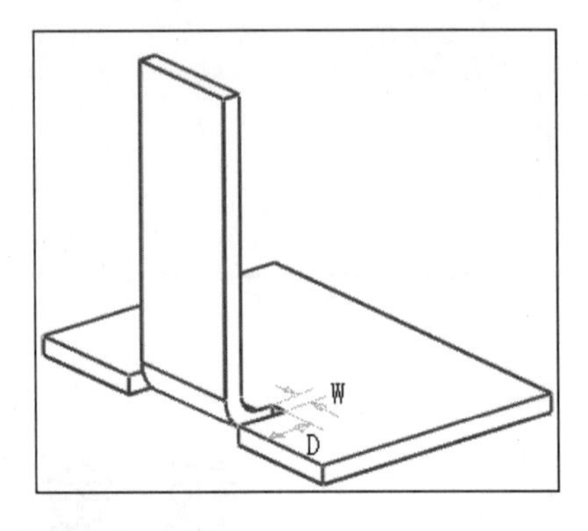

图 9-2　让位槽参数含义示意图

2．展平图样处理

打开“展平图样处理”选项卡，设置平面展开图处理参数，如图 9-3 所示。

（1）处理选项：对于平面展开图处理的对内拐角和外拐角进行倒角和倒圆。在后面的文本框中输入倒角的边长或倒圆半径。

（2）展平图样简化：对圆柱表面或折弯线上具有裁剪特征的钣金零件进行平面展开时，生成 B 样条曲线，该选项可以将 B 样条曲线转化为简单直线和圆弧，包括“最小圆弧”和“偏差的公差”。

（3）移除系统生成的折弯止裂口：当创建没有止裂口的封闭拐角时，系统在模型上生成一个非常小的折弯止裂口。在如图 9-3 所示的对话框中设置在定义“平面展开图显示”时是否移除系统生成的折弯止裂口。

（4）在展平图样中保持孔为圆形：勾选此复选框，孔在展开实体中的显示为圆形。

3．展平图样显示

打开“展平图样显示”选项卡，设置平面展开图显示参数（见图 9-4），包括各种曲线的显示颜色、线性、线宽和标注。

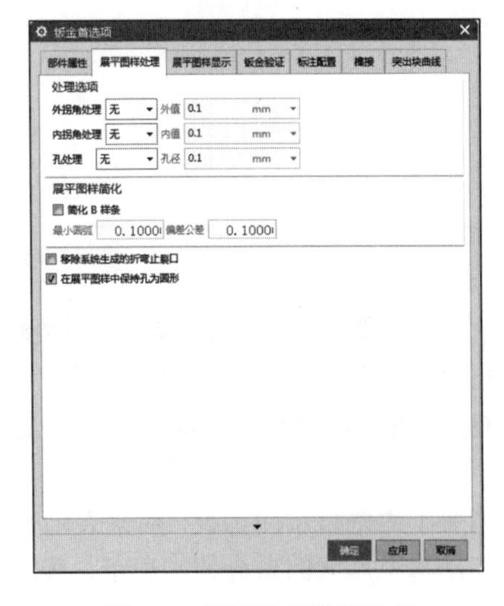

图 9-3　设置展平图样处理

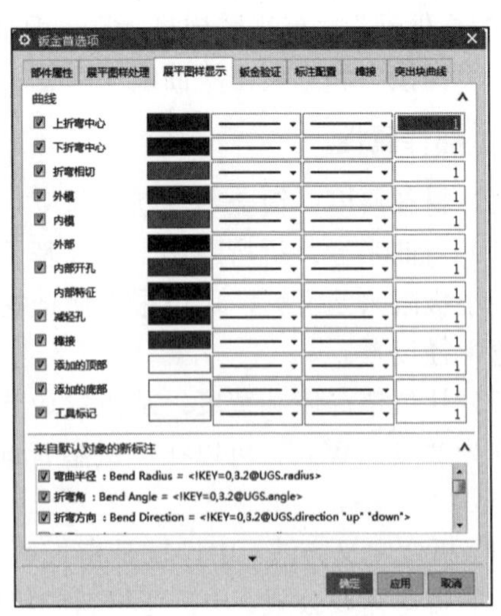

图 9-4　设置平面展开图显示

9.1.2 钣金突出块特征

在菜单栏中选择“插入”→“突出块”，或单击“主页”选项卡→“基本”组→“突出块”图标，弹出如图 9-5 所示的“突出块”对话框。

图 9-5 “突出块”对话框

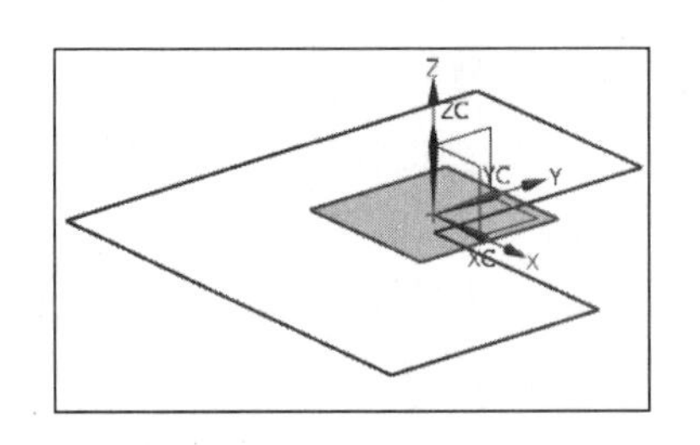

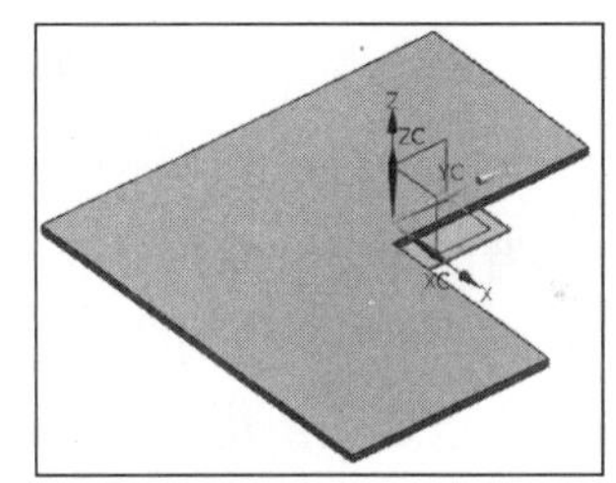

图 9-6 创建突出块特征示意图

9.1.3 钣金弯边特征

在菜单栏中选择“插入”→“折弯”→“弯边”，或单击“主页”选项卡→“折弯”组→“弯边”图标，弹出如图 9-7 所示的“弯边”对话框。

1．宽度选项

设置定义弯边宽度的测量方式。宽度选项包括“完整”“在中心”“在端点”“从两端”和“从端点”共 5 种方式。

（1）完整：沿着所选择折弯边的边长来创建弯边特征，当选择该选项创建弯边特征时，弯边的主要参数有长度、偏置和角度。

（2）在中心：在所选择的折弯边中部创建弯边特征，可以编辑弯边宽度值和使弯边居中，默认宽度是所选择折弯边长的三分之一，当选择该选项创建弯边特征时，弯边的主要参数有长度、偏置、角度和宽度（两宽度相等）。含义如图 9-8（a）所示。

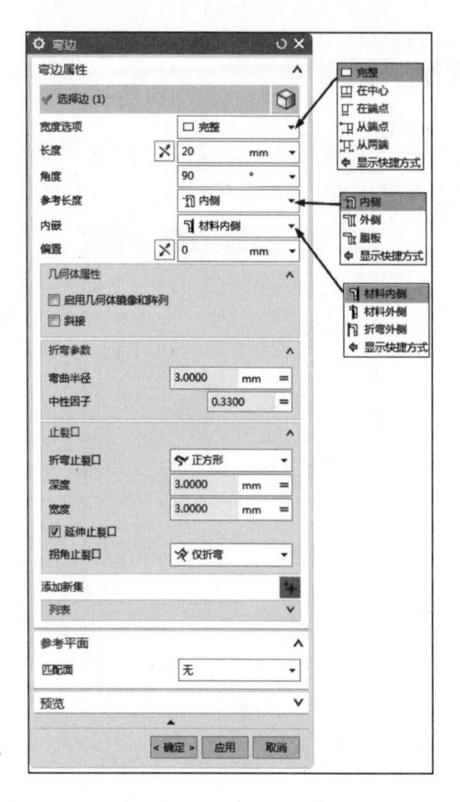

图 9-7 “弯边”对话框

（3）在端点：从所选择的端点开始创建弯边特征，当选择该选项创建弯边特征时，弯边的主要参数有长度、偏置、角度和宽度。含义如图 9-8（b）所示。

（4）从两端：从所选择折弯边的两端定义距离来创建弯边特征。默认宽度是所选择折弯边长的三分之一，当选择该选项创建弯边特征时，弯边的主要参数有长度、偏置、角度、距离 1 和距离 2。含义如图 9-8（c）所示。

（5）从端点：从所选折弯边的端点定义距离来创建弯边特征。当选择该选项创建弯边特征时，弯边的主要参数有长度、偏置、角度、从端点（从端点到弯边的距离）和宽度。含义如图 9-8（d）所示。

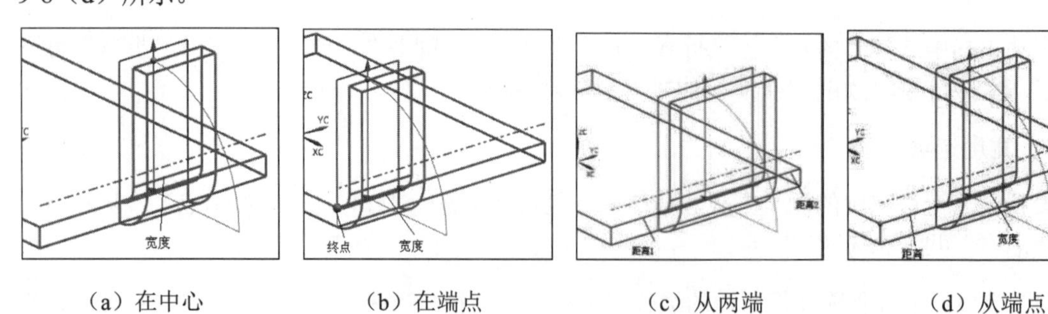

（a）在中心　　（b）在端点　　（c）从两端　　（d）从端点

图 9-8 弯边“宽度”示意图

2. 角度

创建弯边特征的折弯角度，在视图区动态更改角度值，示意图如图 9-9 所示。

3. 参考长度

设置定义弯边长度的度量方式，包括内侧和外侧两种方式。

（1）内侧：从已有材料的内侧测量弯边长度，示意图如图 9-10（a）所示。

（2）外侧：从已有材料的外侧测量弯边长度，示意图如图 9-10（b）所示。

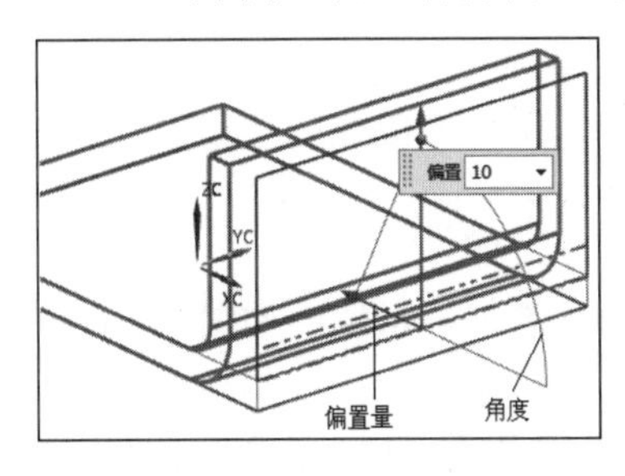

图 9-9 弯边“角度”示意图

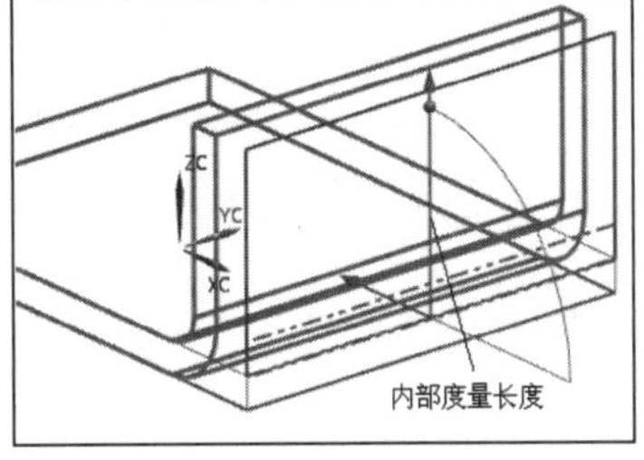

（a）内侧

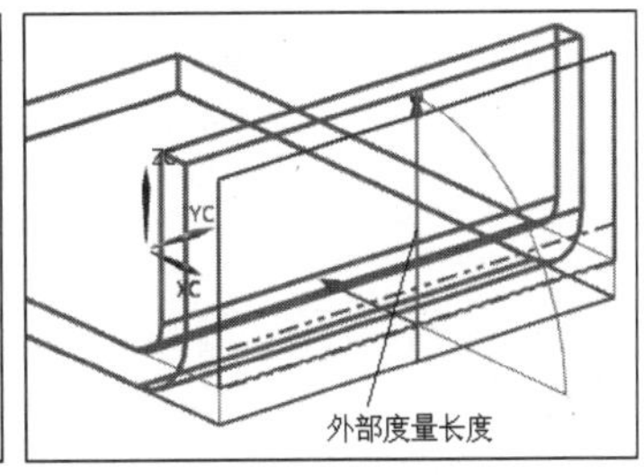

（b）外侧

图 9-10 “参考长度”示意图

4. 内嵌

表示弯边嵌入基础零件的距离。嵌入类型包括“材料内侧”“材料外侧”和“折弯外侧”3 种。

（1）材料内侧：弯边嵌入到基本材料的里面，这样 Web 区域的外侧表面与所选的折弯边平齐，如图 9-11（a）所示。

（2）材料外侧：弯边嵌入到基本材料的里面，这样 Web 区域的内侧表面与所选的折弯边平齐，如图 9-11（b）所示。

（3）折弯外侧：材料添加到所选中的折弯边上形成弯边，如图 9-11（c）所示。

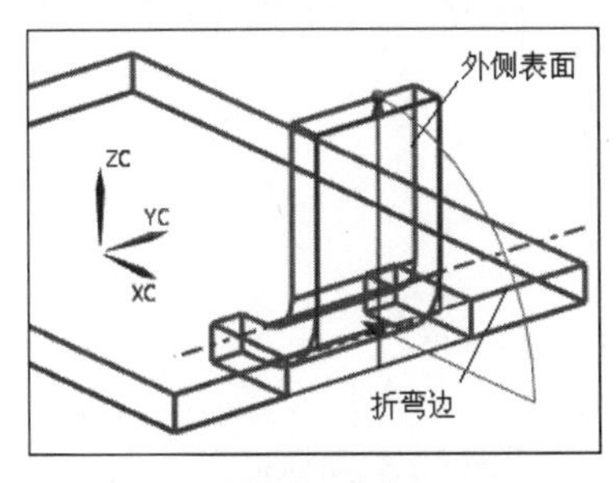

（a）材料内侧

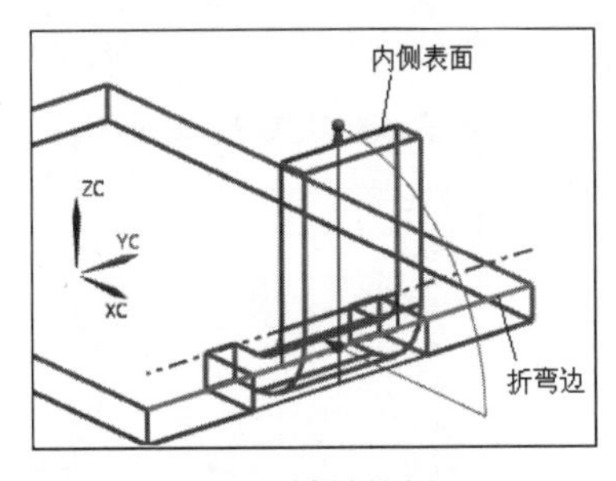

（b）材料外侧

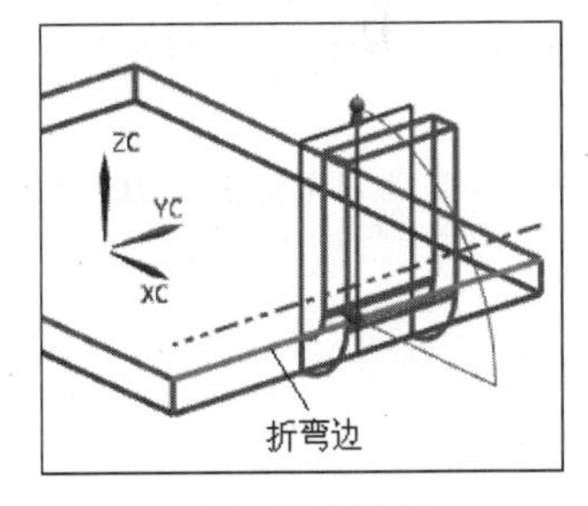

（c）折弯外侧

图 9-11 “内嵌”示意图

5. 折弯止裂口

定义是否延伸折弯缺口到零件的边，包括正方形和图形两种止裂口，如图 9-12 所示。

6. 拐角止裂口

定义是否要创建的弯边特征所邻接的特征采用拐角缺口。

（1）仅折弯：仅对邻接特征的折弯部分应用拐角缺口，示意图如图 9-13（a）所示。

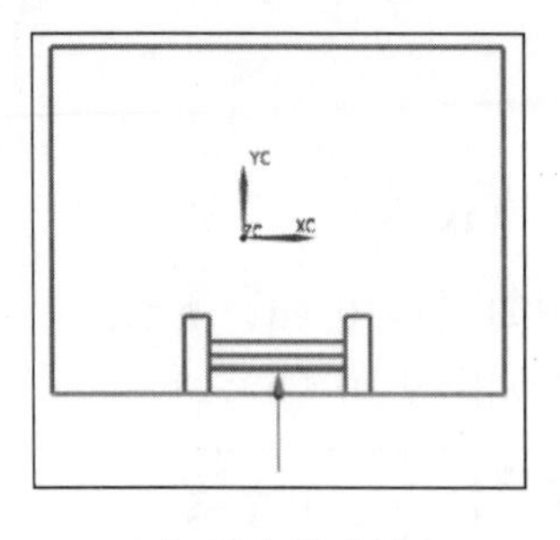

（a）正方形止裂口

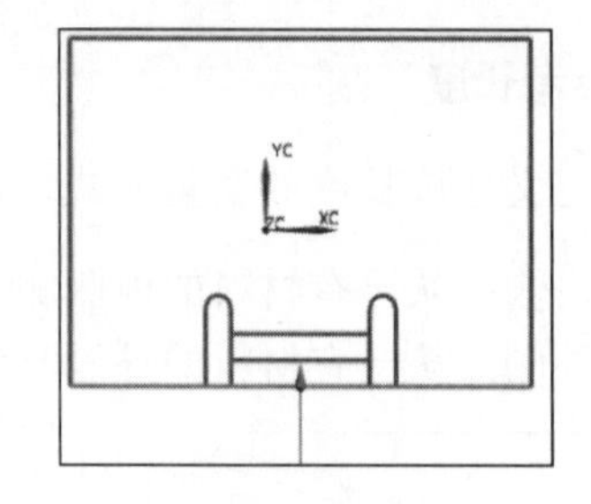

（b）圆形止裂口

图 9-12　折弯止裂口示意图

（2）折弯/面：对邻接特征的折弯部分和平板部分应用拐角止裂口，示意图如图 9-13（b）所示。

（3）折弯/面链：对邻接特征的所有折弯部分和平板部分应用拐角止裂口，示意图如图 9-13（c）所示。

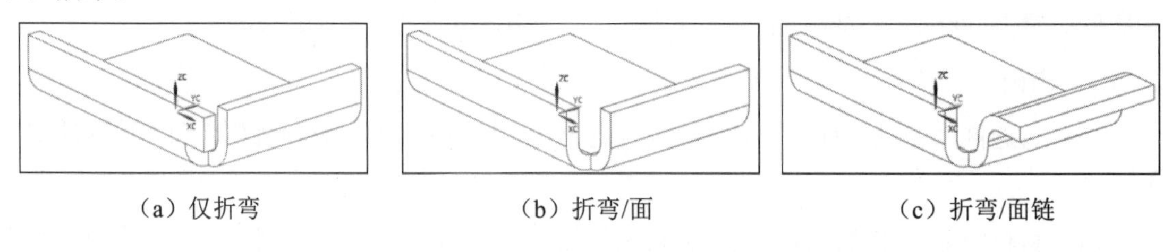

（a）仅折弯　（b）折弯/面　（c）折弯/面链

图 9-13　拐角止裂口示意图

9.1.4　钣金轮廓弯边特征

在菜单栏中选择“插入”→“折弯”→“轮廓弯边”，或单击“主页”选项卡→“折弯”组→“轮廓弯边”图标，弹出如图 9-14 所示“轮廓弯边”对话框。

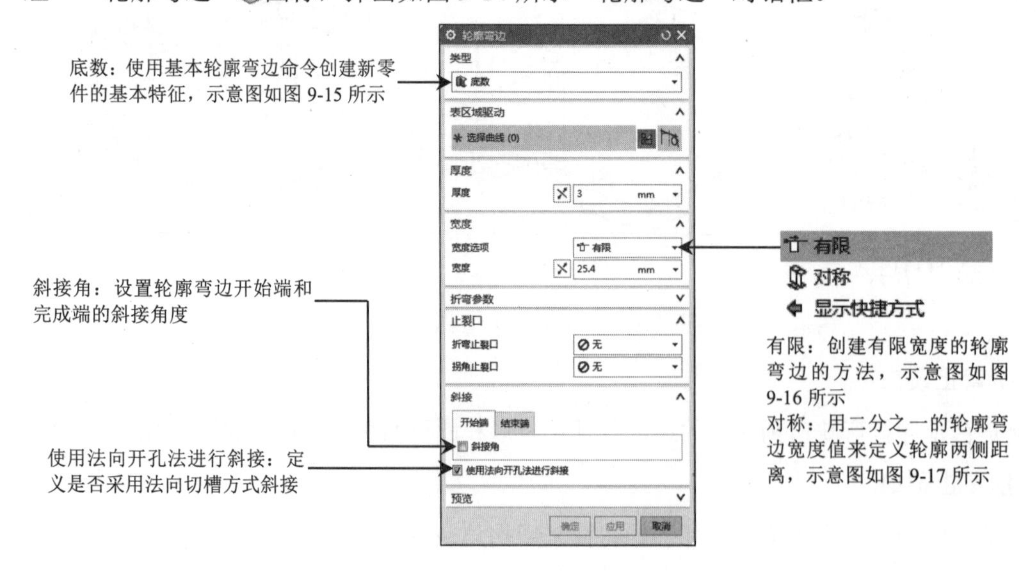

图 9-14　“轮廓弯边”对话框

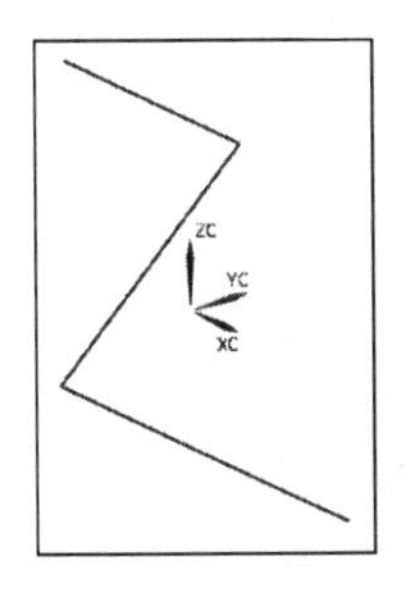

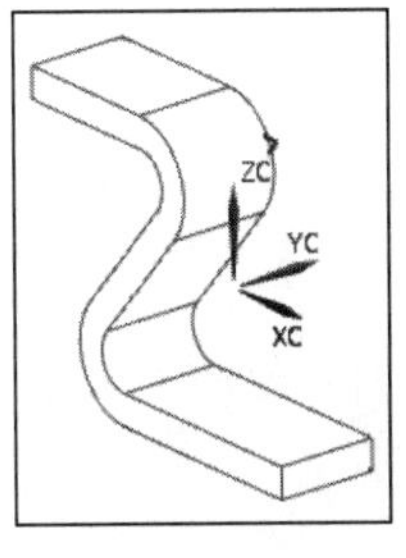

图 9-15 基本轮廓弯边示意图

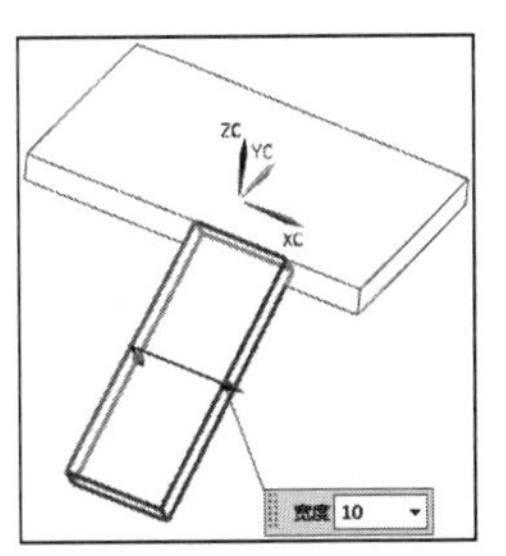

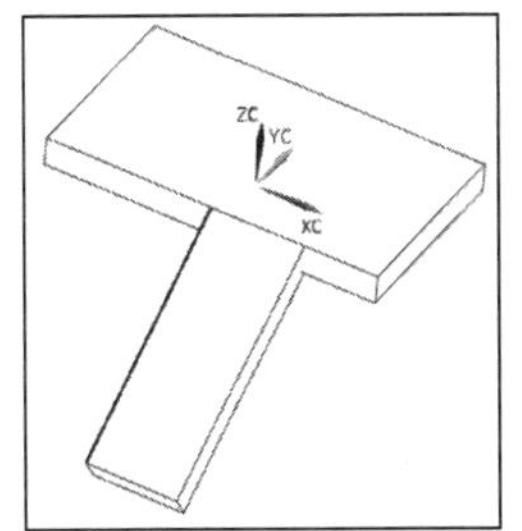

图 9-16 “有限”创建轮廓弯边示意图

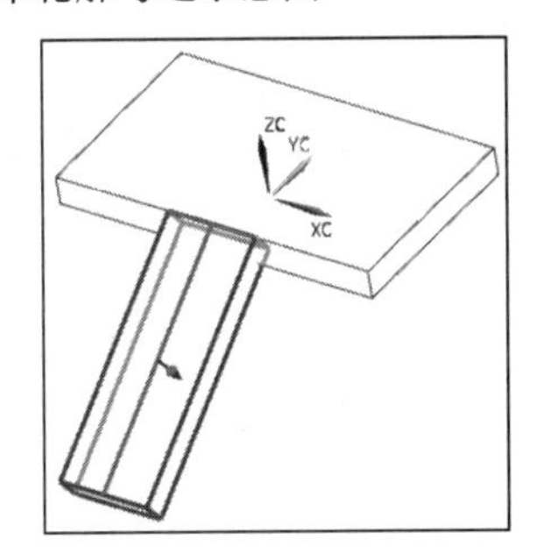

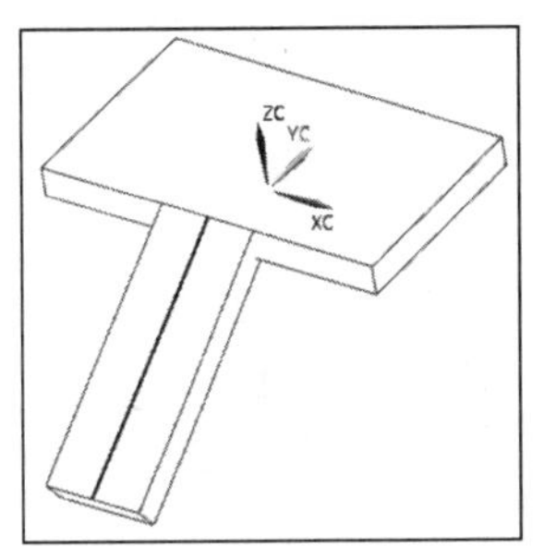

图 9-17 “对称”创建轮廓弯边示意图

9.1.5 钣金放样弯边特征

在菜单栏中选择“插入”→“折弯”→“放样弯边”，或单击“主页”选项卡→“折弯”组→“更多”库→“折弯”库→“放样弯边”图标，弹出如图 9-18 所示的“放样弯边”对话框。

图 9-18 “放样弯边”对话框

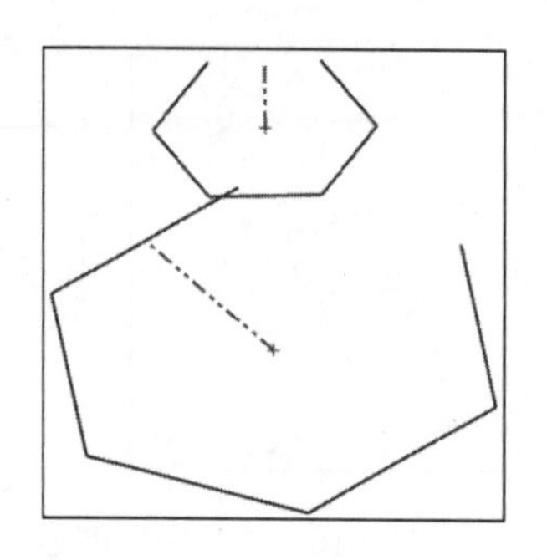
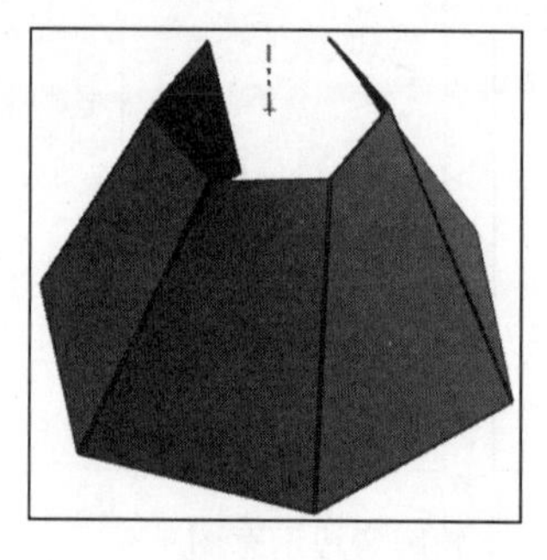

图 9-19　基本放样弯边示意图

9.1.6　钣金二次折弯特征

在菜单栏中选择“插入”→“折弯”→“二次折弯”，或单击“主页”选项卡→“折弯”组→“更多”库→“折弯”库→“二次折弯”图标，弹出如图 9-20 所示的“二次折弯”对话框。

图 9-20　“二次折弯”对话框

1. 高度

创建二次折弯特征时，可以在视图区中更改高度值。

2. 参考高度

包括内侧和外侧两种选项。

（1）内侧：定义选择面（放置面）到二次折弯特征最近表面的高度，示意图如图 9-21（a）所示。

（2）外侧：定义选择面（放置面）到二次折弯特征最远表面的高度，示意图如图 9-21（b）所示。

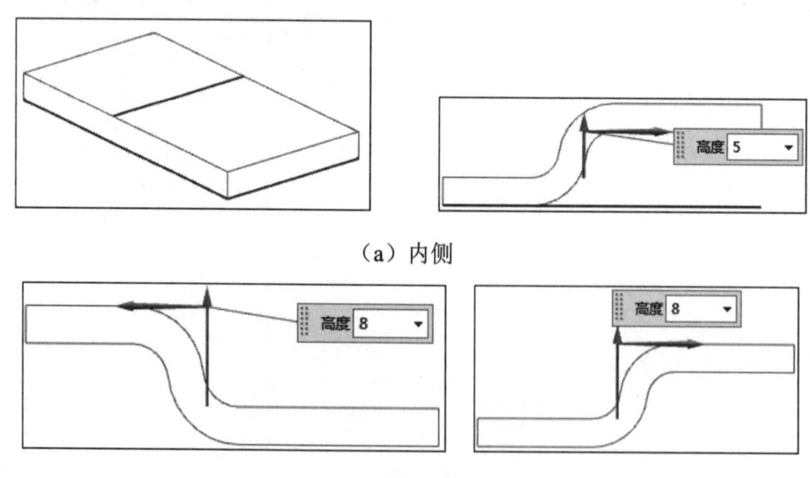

（a）内侧

（b）外侧

图 9-21　不同尺寸选项二次折弯特征示意图

3. 内嵌

包括材料内侧、材料外侧和折弯外侧 3 种选项。

（1）材料内侧：凸凹特征垂直于放置面的部分在轮廓面内侧，示意图如图 9-22（a）所示，放置面和轮廓平面含义如图 9-22（b）所示。

（2）材料外侧：凸凹特征垂直于放置面的部分在轮廓面外侧，示意图如图 9-22（c）所示。

（3）折弯外侧：凸凹特征垂直于放置面的部分和折弯部分都在轮廓面外侧，示意图如图 9-22（d）所示。

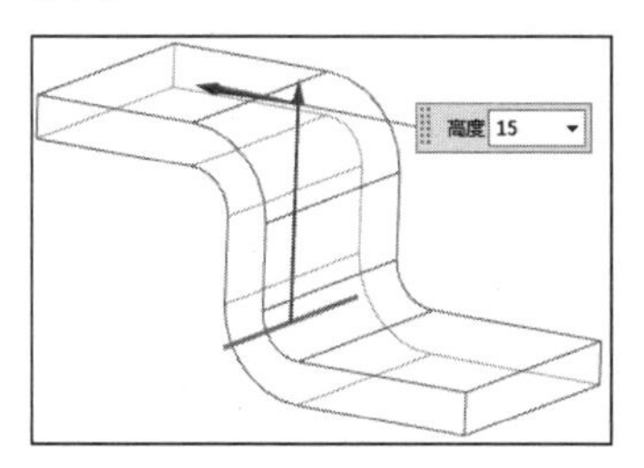

（a）材料内侧

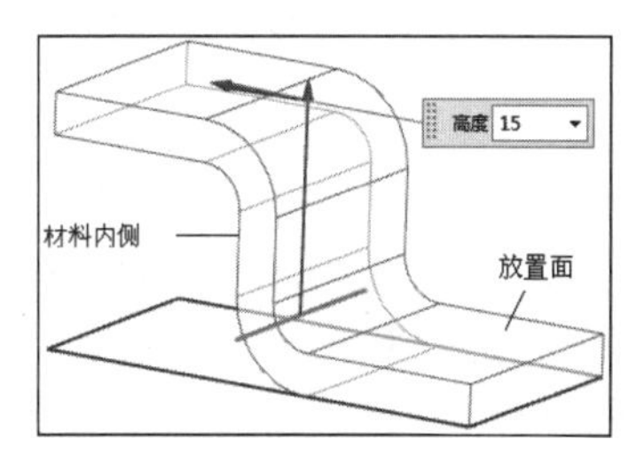

（b）放置面和轮廓平面

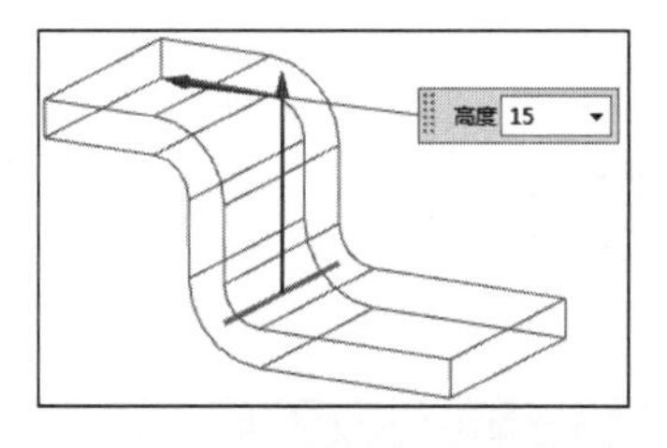

（c）材料外侧

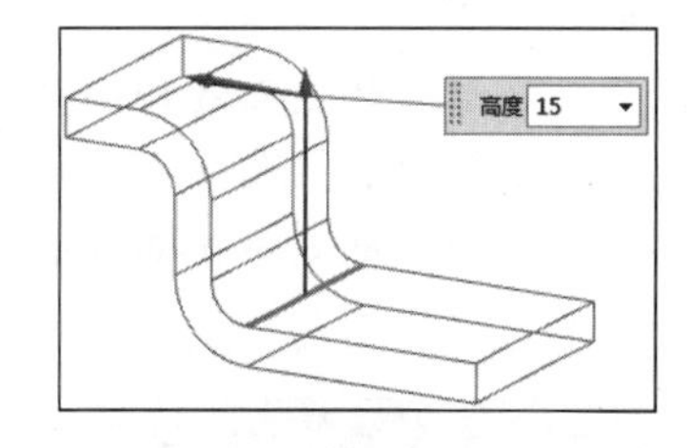

（d）折弯外侧

图 9-22　设置不同位置选项凸凹特征示意图

4. 延伸截面

勾选该复选框，定义是否延伸直线轮廓到零件的边。

9.1.7　钣金筋特征

在菜单栏中选择“插入”→“冲孔”→“筋”，或单击“主页”选项卡→“冲孔”库→“筋”图标，弹出如图 9-23 所示的“筋”对话框。

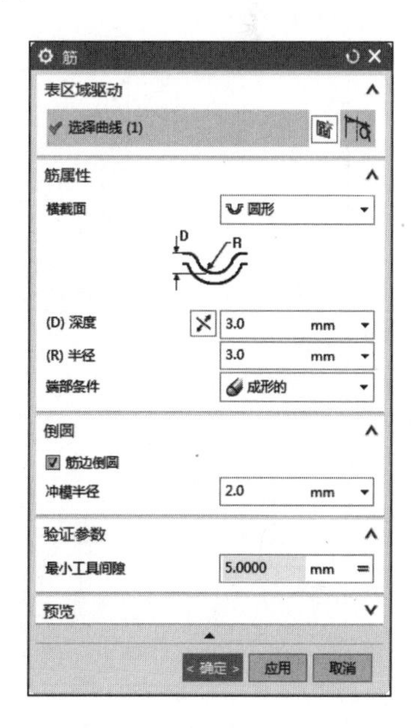

图 9-23　“筋”对话框

横截面

包括圆形、U 形和 V 形 3 种类型，如图 9-24 所示。

（1）圆形：创建“圆形筋”，主要参数如下。

- 深度：圆形筋的底面和圆弧顶部之间的高度差值。
- 半径：圆形筋的截面圆弧半径。
- 冲模半径：圆形筋的侧面或端盖与底面倒角半径。

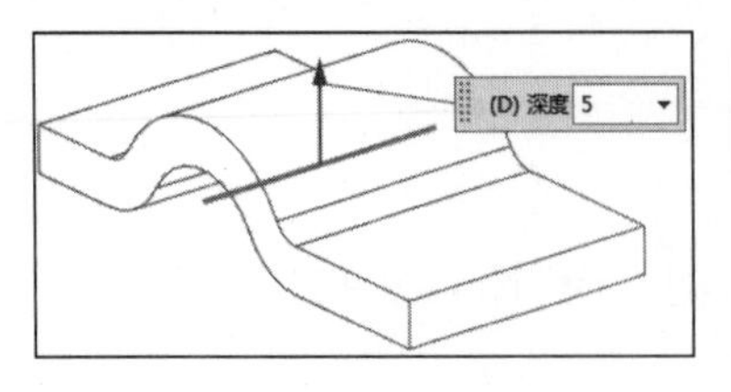

(a) 圆形筋

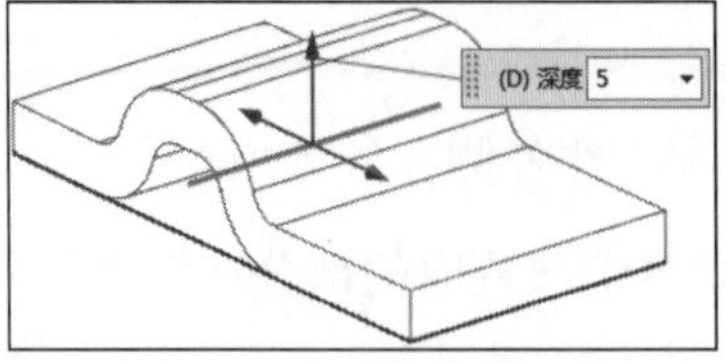

(b) U 形筋

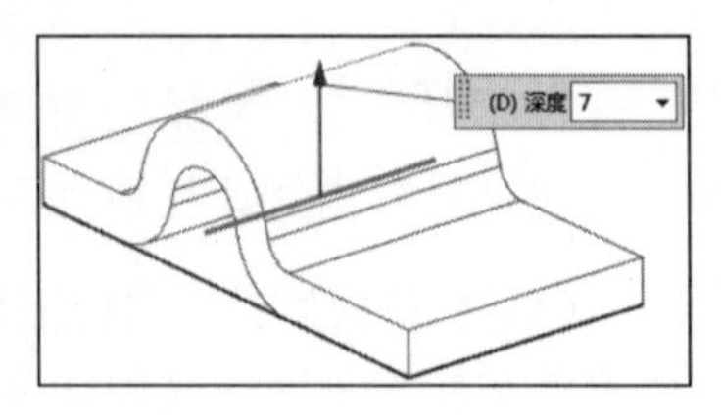

(c) V 形筋

图 9-24　各类筋零件体示意图

(2) U 形：选择 U 形筋，系统显示如图 9-25 所示的参数。

- 深度：U 形筋的底面和顶面之间的高度差值。
- 宽度：U 形筋顶面的宽度。
- 角度：U 形筋的底面法向和侧面或者端盖之间的夹角。
- 冲模半径：U 形筋的顶面和侧面或者端盖倒角半径。
- 冲压半径：U 形筋的底面和侧面或者端盖倒角半径。

(3) V 形：选择 V 形筋，系统显示如图 9-26 所示的参数。

- 深度：V 形筋的底面和顶面之间的高度差值。
- 角度：V 形筋的底面法向和侧面或者端盖之间的夹角。
- 半径：V 形筋的两个侧面或者两个端盖之间的倒角半径。
- 冲模半径：V 形筋的底面和侧面或者端盖倒角半径。

图 9-25　U 形筋参数

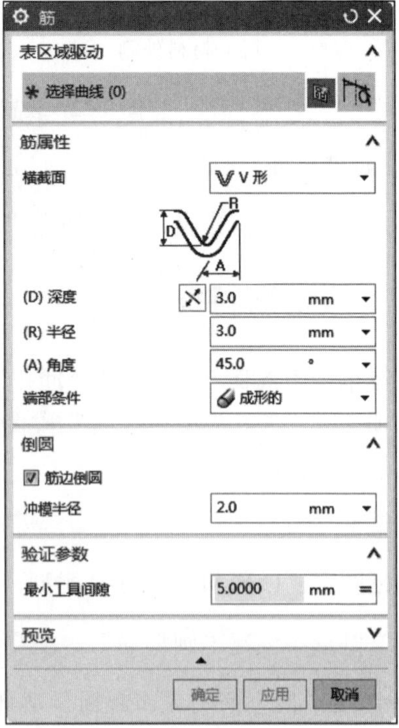

图 9-26　V 形筋的参数

9.1.8 钣金折弯特征

在菜单栏中选择“插入”→“折弯”→“折弯”，或单击“主页”选项卡→“折弯”组→“更多”库→“折弯”库→“折弯”图标，弹出如图9-27所示的“折弯”对话框。

图9-27 “折弯”对话框

1. 内嵌

包括外模线轮廓、折弯中心线轮廓、内模线轮廓、材料内侧和材料外侧共5种。

（1）外模线轮廓：轮廓线表示在展开状态时平面静止区域和圆柱折弯区域之间连接的直线，示意图如图9-28所示。

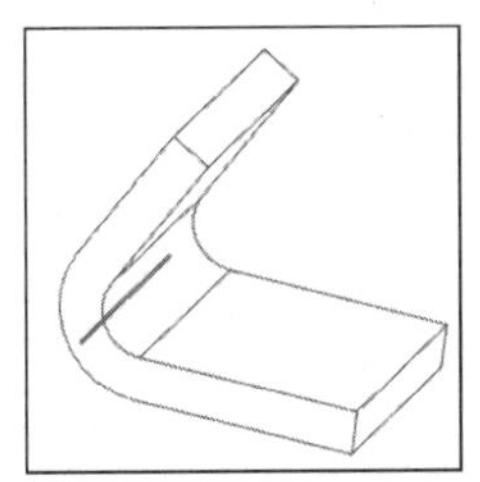

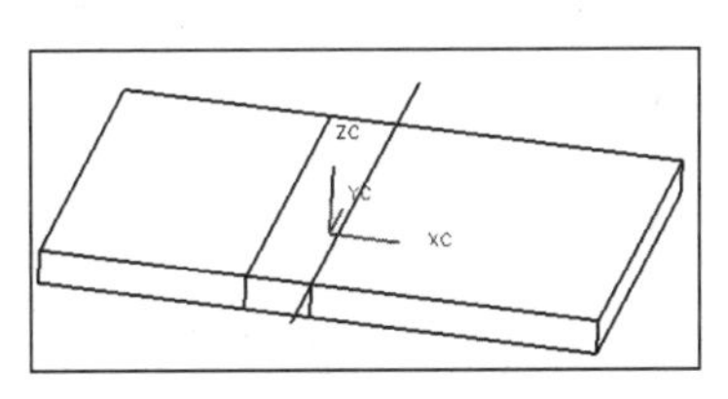

图9-28 “外模线轮廓”示意图

（2）折弯中心线轮廓：轮廓线表示折弯中心线，在展开状态时折弯区域均匀分布在轮廓线两侧，示意图如图9-29所示。

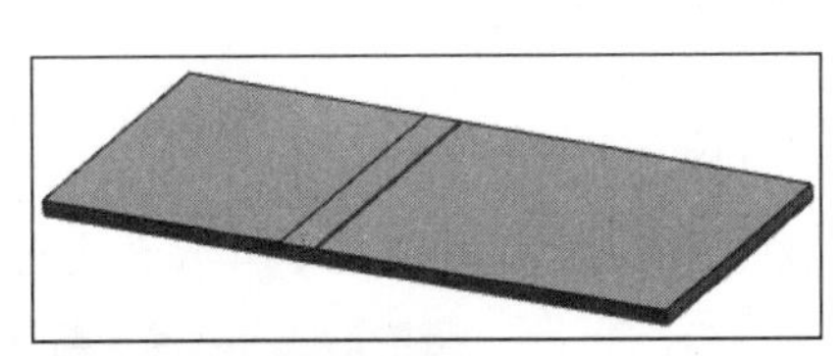

图9-29 “折弯中心线轮廓”示意图

（3）内模线轮廓：轮廓线表示在展开状态时的平面Web区域和圆柱折弯区域之间连接的直线，示意图如图9-30所示。

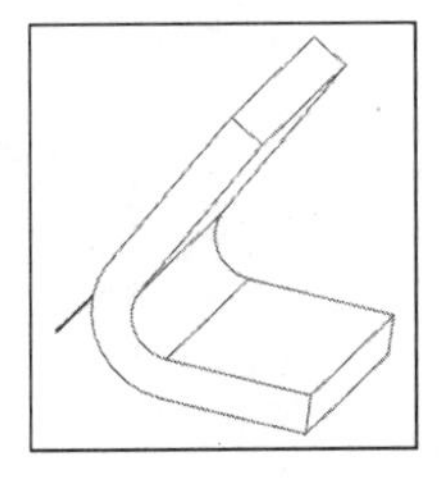

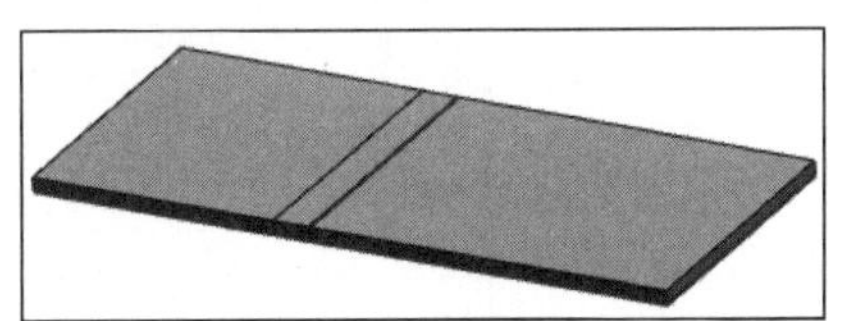

图9-30 “内模线轮廓”示意图

（4）材料内侧：在成形状态下轮廓线在 Web 区域内侧平面内，采用“材料内侧”选项创建折弯特征，示意图如图 9-31 所示。

（5）材料外侧：在成形状态下轮廓线在 Web 区域外侧平面内，采用“材料外侧”选项创建折弯特征，示意图如图 9-32 所示。

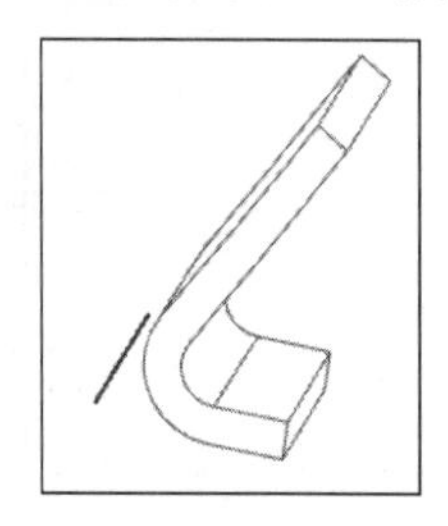

图 9-31 “材料内侧”选项示意图

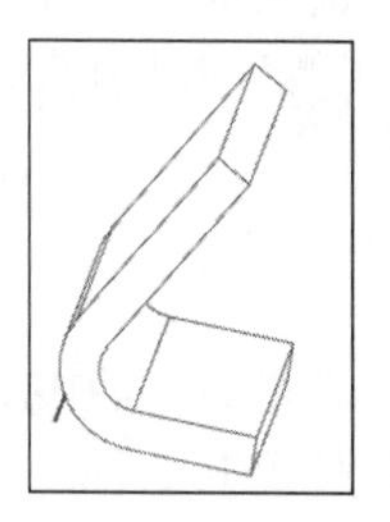

图 9-32 “材料外侧”选项示意图

2. 延伸截面

定义是否延伸截面到零件的边，示意图如图 9-33 所示。

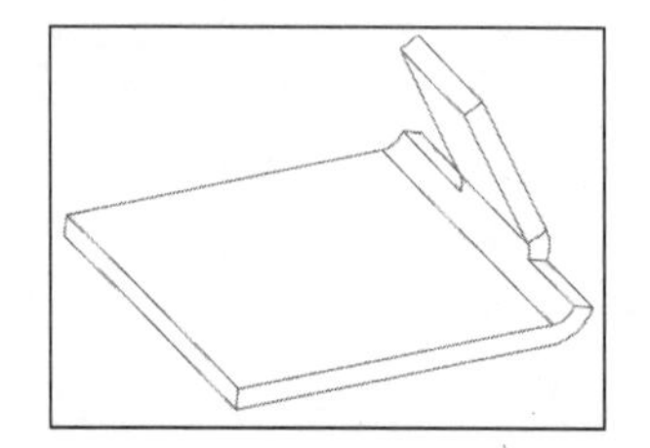

勾选“延伸截面”复选框

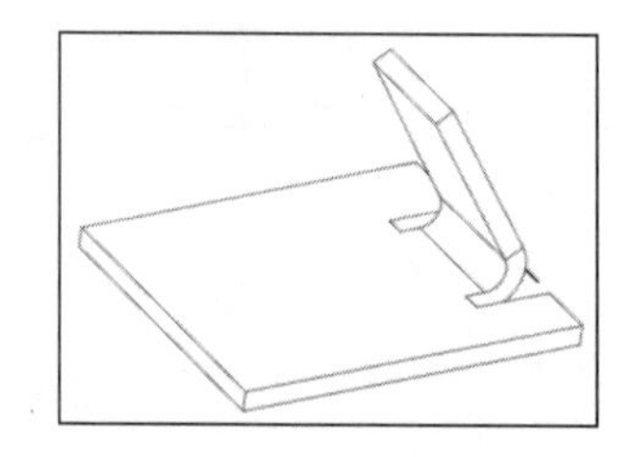

撤选“延伸截面”复选框

图 9-33 “延伸截面”示意图

9.1.9 钣金法向开孔特征

在菜单栏中选择“插入”→“剪切”→“法向开孔”，或单击“主页”选项卡→“特征”组→“法向开孔”图标，弹出如图 9-34 所示“法向开孔”对话框。

图 9-34 “法向开孔”对话框

1. 切割方法

主要包括“厚度”“中位面”和“最近的面”3种方法，示意图如图9-35所示。

- 厚度：在钣金零件体放置面沿着厚度方向进行裁剪。
- 中位面：在钣金零件体放置面的中间面向钣金零件体的两侧进行裁剪。

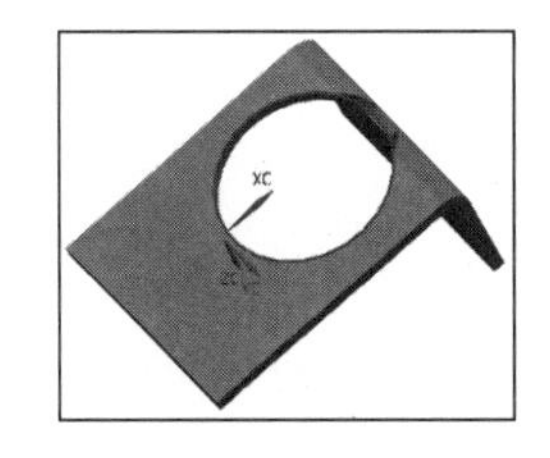

厚度

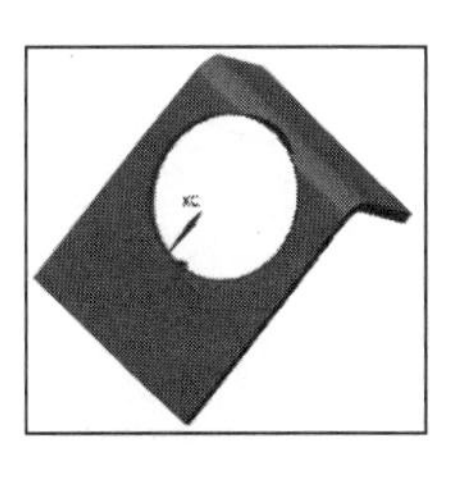

中位面

图9-35 “法向开孔”方法示意图

2. 限制

包括“值”“所处范围”“直至下一个”和“贯通”共4种类型。

（1）值：沿着法向，穿过至少指定一个厚度的深度尺寸的裁剪。

（2）所处范围：沿着法向从开始面穿过钣金零件的厚度，延伸到指定结束面的裁剪。

（3）直至下一个：沿着法向穿过钣金零件的厚度，延伸到最近面的裁剪。

（4）贯通：沿着法向，穿过钣金零件所有面的裁剪。

3. 对称深度

选择在深度方向向两侧沿着法向对称裁剪，示意图如图9-36所示。

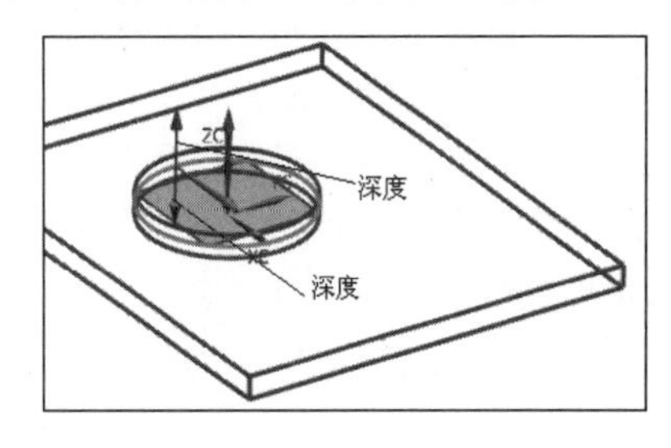

图9-36 “对称深度”示意图

9.1.10 钣金冲压开孔特征

在菜单栏中选择“插入”→“冲孔”→“冲压开孔”，或单击“主页”选项卡→“冲孔”库→“冲压开孔”图标，弹出如图9-37所示的“冲压开孔”对话框。

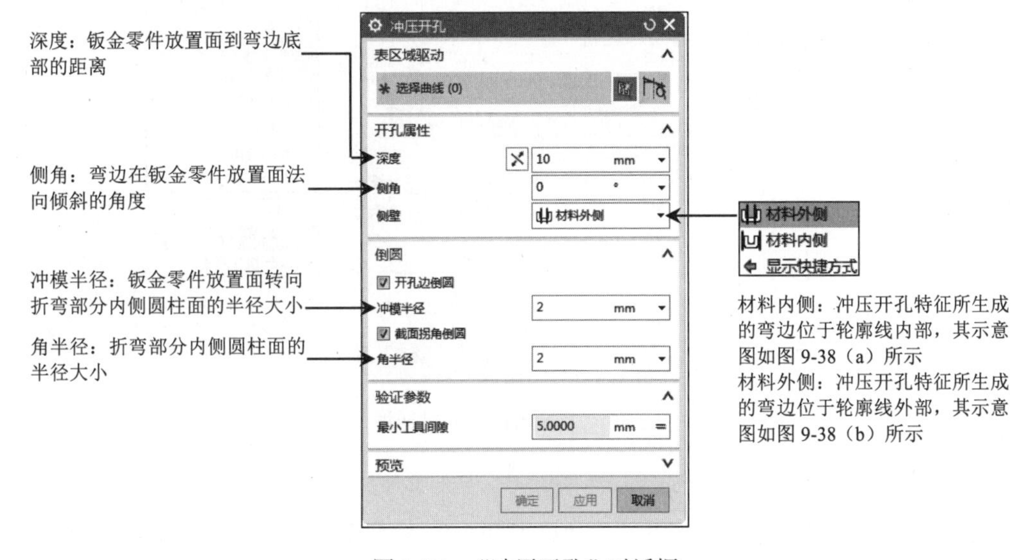

图9-37 “冲压开孔”对话框

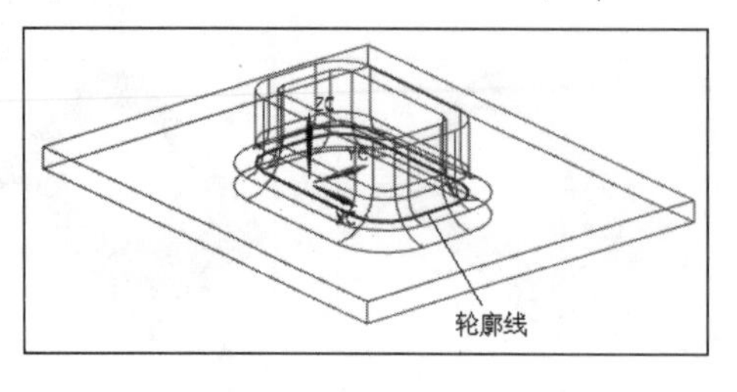

（a）材料内侧

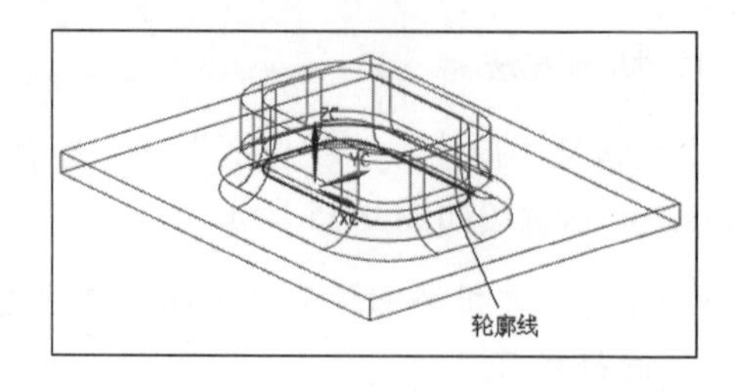

（b）材料外侧

图 9-38 “侧壁”各项含义示意图

9.1.11 钣金凹坑特征

凹坑是指用一组连续的曲线作为成形面的轮廓线，沿着钣金零件体表面的法向成形，同时在轮廓线上建立成形钣金部件的过程，它和冲压开孔有一定的相似之处，主要不同的是成形不裁剪由轮廓线生成的平面。

在菜单栏中选择“插入”→“冲孔”→“凹坑”，或单击“主页”选项卡→“冲孔”库→“凹坑”图标，弹出如图 9-39 所示的“凹坑”对话框。

与“法向开孔”功能的对应部分参数含义相同，不再详述。

图 9-39 “凹坑”对话框

9.1.12 钣金封闭拐角特征

在菜单栏中选择“插入”→“拐角”→“封闭拐角”，或单击“主页”选项卡→“拐角”库→“封闭拐角”图标，弹出如图 9-40 所示“封闭拐角”对话框。

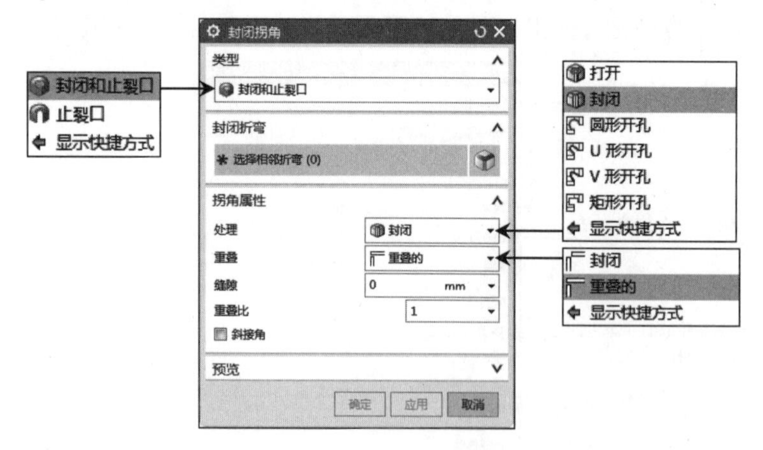

图 9-40 “封闭拐角”对话框

1. 处理

包括“打开”“封闭”“圆形开孔”“U 形开孔”“V 形开孔”和“矩形开孔”6 种类型。前 3 种的含义示意图如图 9-41 所示。

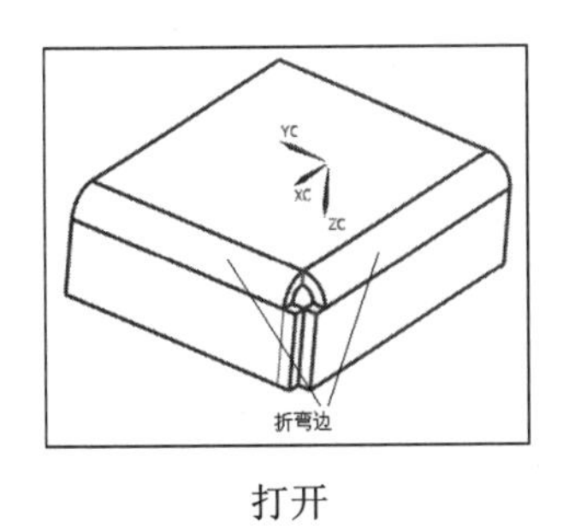

打开

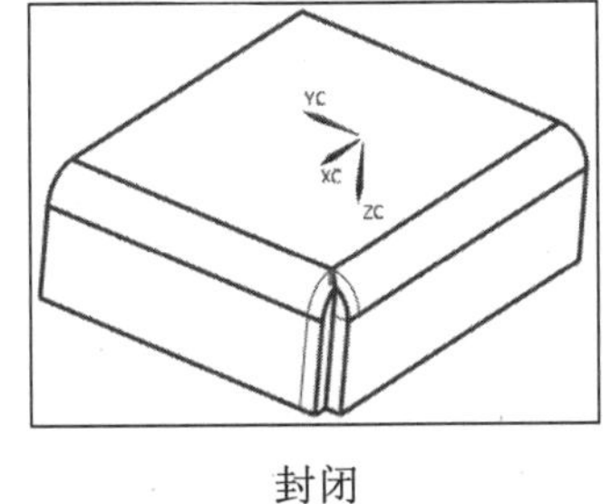

封闭

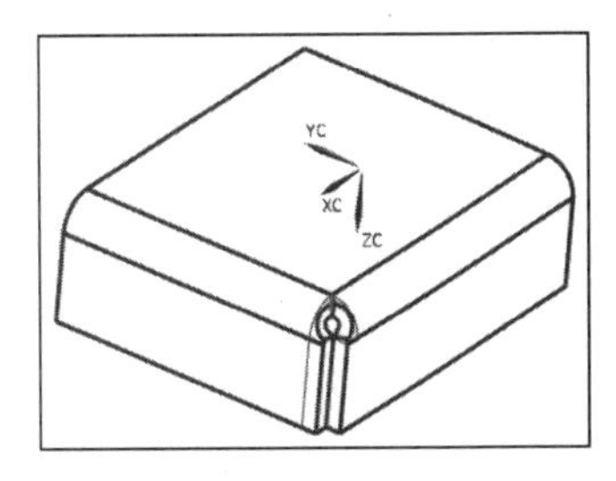

圆形开孔

图 9-41 “封闭拐角”类型示意图

2. 重叠

有“封闭”和“重叠的”两种方式。

（1）封闭：对应弯边的内侧边重合，其示意图如图 9-42（a）所示。

（2）重叠的：一条弯边叠加在另一条弯边的上面，示意图如图 9-42（b）所示。

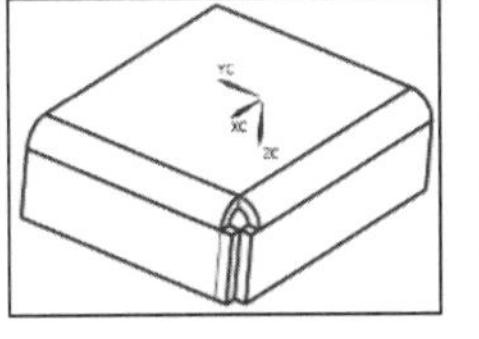
（a）“封闭”方式

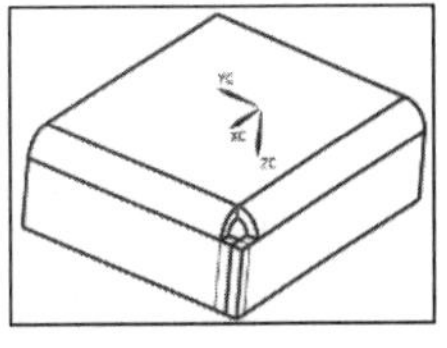
（b）“重叠的”方式

图 9-42 封闭拐角创建方式示意图

3. 缝隙

两弯边封闭或者重叠时铰链之间的最小距离，其含义示意图如图 9-43 所示。

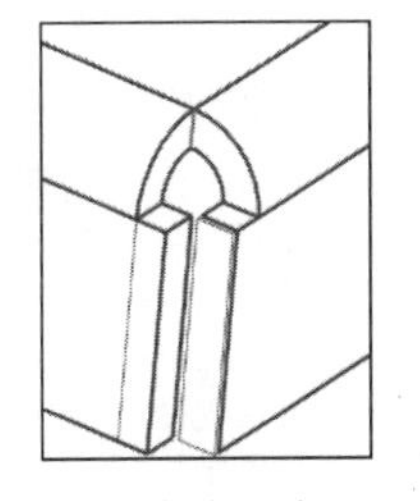
（a）“缝隙”为 0.5

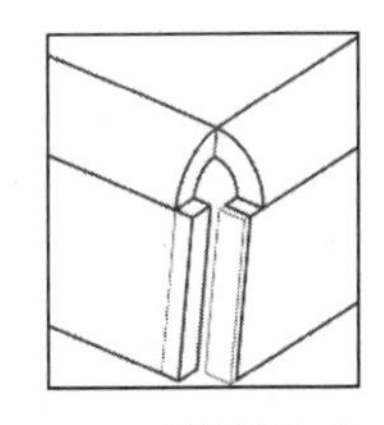
（b）“缝隙”为 1

图 9-43 封闭拐角“缝隙”示意图

9.1.13 钣金撕边特征

在菜单栏中选择“插入”→“转换”→“撕边”，或单击“主页”选项卡→“基本”组→“转换”库“撕边”图标，弹出如图 9-44 所示的“撕边”对话框。

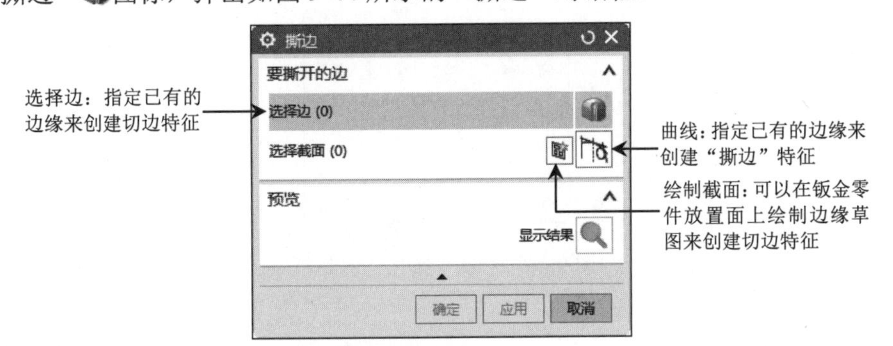

图 9-44 “撕边”对话框

9.1.14 转换为钣金特征

在菜单栏中选择“插入”→“转换”→“转换为钣金”，或单击“主页”选项卡→“基本”组→“转换”库“转换为钣金”图标，弹出如图 9-45 所示的“转换为钣金”对话框。

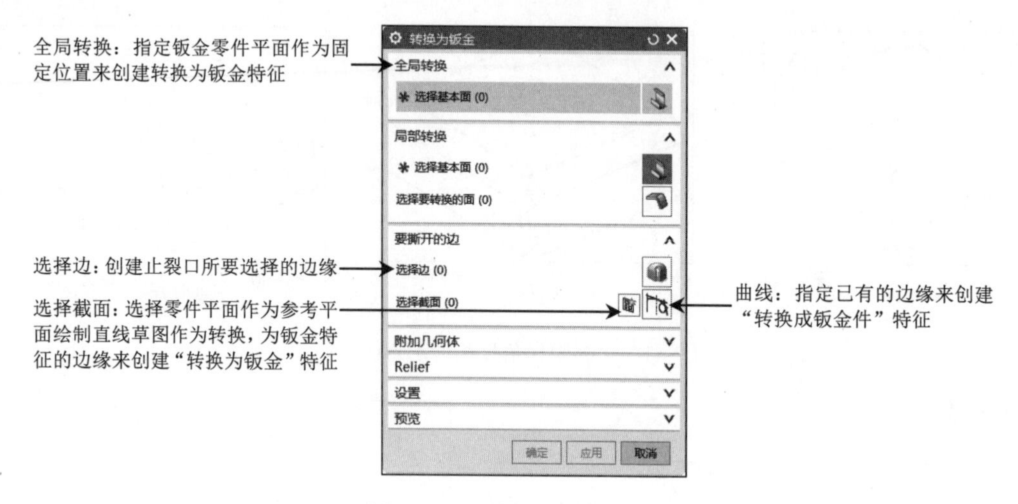

图 9-45 “转换为钣金”对话框

9.1.15 钣金展平实体特征

在菜单栏中选择“插入”→“展平图样”→“展平实体”，或单击“主页”选项卡→“展平图样”库→“展平实体”图标，弹出如图 9-46 所示的“展平实体”对话框。

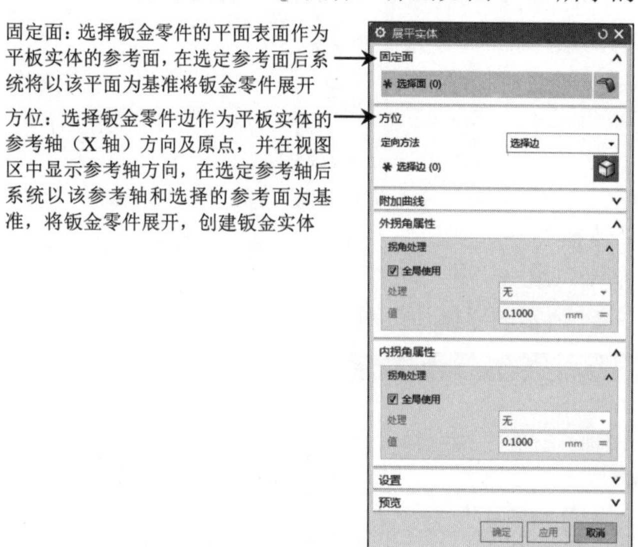

图 9-46 “展平实体”对话框

9.2 思 考 题

1. 在使用 NX 钣金特征创建钣金件之前要进行哪些设置？
2. 法向开孔和冲压开孔有什么区别？
3. 凹坑和实体冲压有什么区别？

9.3 综合实例：绘制合叶

先预设置钣金参数，再通过创建突出块、折弯、埋头孔等特征创建 NX 钣金文件，然后通过抑制折弯特征等编辑操作绘制合叶。

01 新建 HeYe 文件，在模板里选择“NX 钣金”，单击“确定”按钮，进入建模模块。

02 钣金参数预设置。在菜单栏中选择“首选项”→“NX 钣金”命令，弹出如图 9-47 所示的“钣金首选项”对话框。设置“全局参数”中的“材料厚度”为 1，“弯曲半径”为 1.5❶，在“方法”下拉列表中选择“公式”，在“公式”下拉列表中选择“折弯许用半径”❷，单击“确定”按钮，完成 NX 钣金预设置。

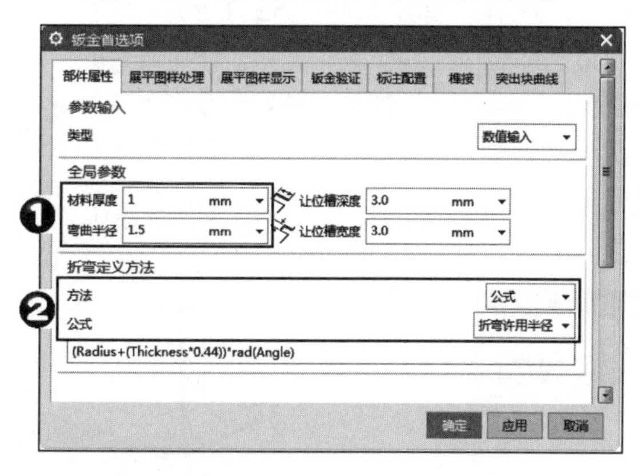

图 9-47 “钣金首选项”对话框

03 创建突出块特征。在菜单栏中选择“插入”→“突出块”，或单击“主页”选项卡→“基本”组→“突出块”图标，弹出如图 9-48 所示的“突出块”对话框。在“类型”下拉列表中选择“底数”❶，单击“截面”选项组中的图标❷，弹出如图 9-49 所示的“创建草图”对话框。设置“水平”面为参考平面❸，单击“确定”按钮，进入草图绘制环境，绘制如图 9-50 所示的草图。单击“完成”图标，草图绘制完毕，返回“突出块”对话框。单击“确定”按钮，创建突出块特征，如图 9-51 所示。

图 9-48 “突出块”对话框

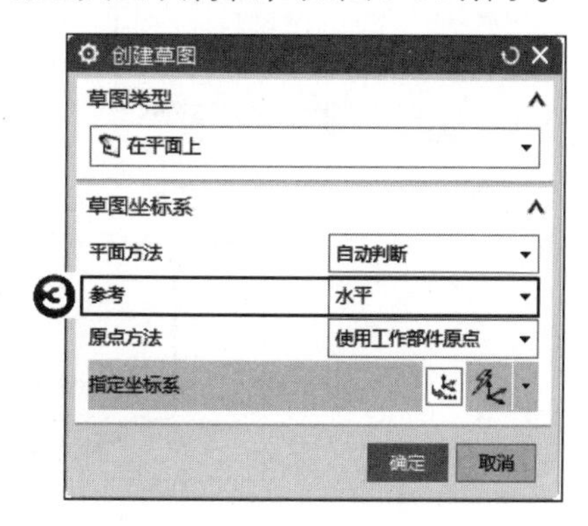

图 9-49 “创建草图”对话框

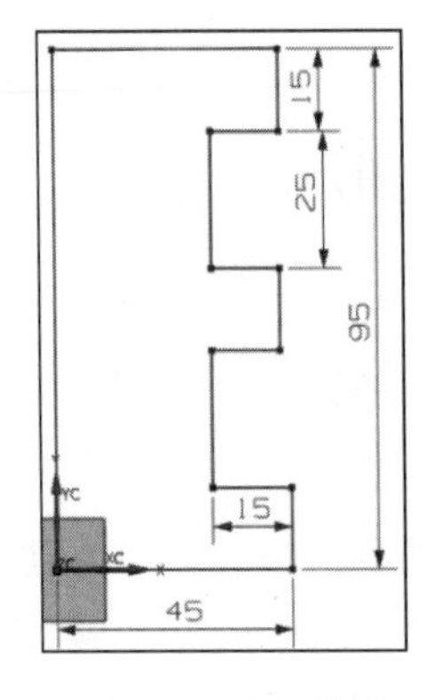

图 9-50　绘制草图

图 9-51　创建突出块特征

04　创建折弯。在菜单栏中选择“插入”→“折弯”→“折弯”，或单击“主页”选项卡→“折弯”组→“折弯”图标，弹出如图 9-52 所示的“折弯”对话框。单击图标，打开“创建草图”对话框。在视图区选择草图工作平面❶，如图 9-53 所示。单击“确定”按钮，进入草图设计环境，绘制如图 9-54 所示的折弯线❷。单击“完成”图标，草图绘制完毕。返回到“折弯”对话框，在“角度”文本框中输入 280，在“内嵌”下拉列表中选择“折弯中心线轮廓”，在“弯曲半径”文本框中输入 2。单击“确定”按钮，创建折弯特征，如图 9-55 所示。

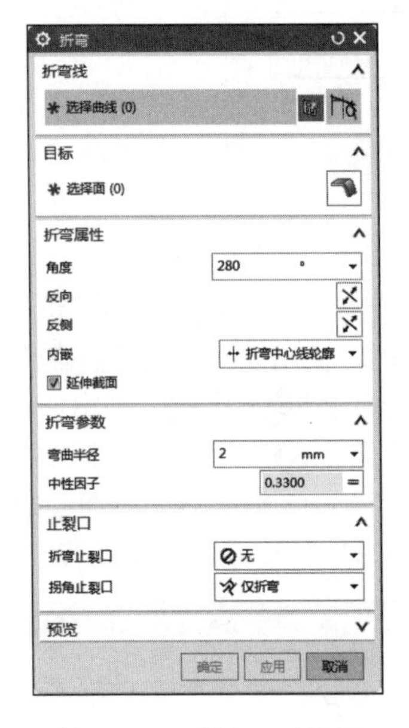

图 9-52　“折弯”对话框

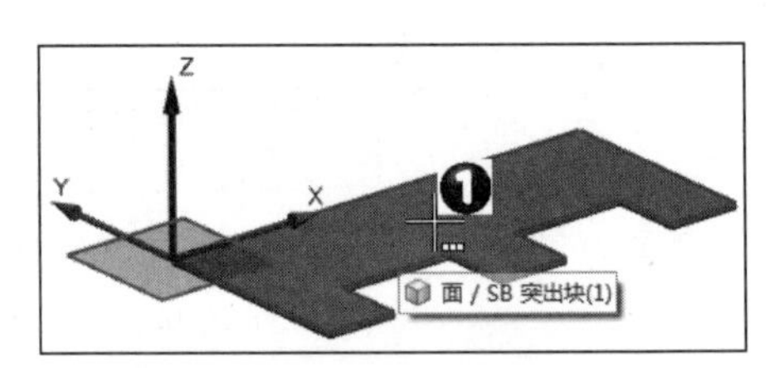

图 9-53　选择草图工作平面

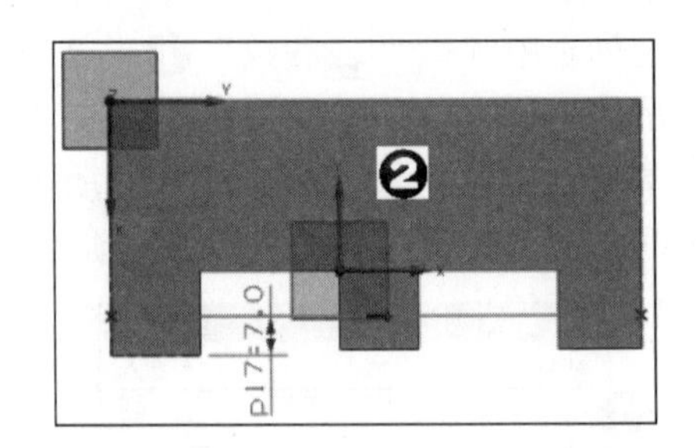

图 9-54　绘制折弯线

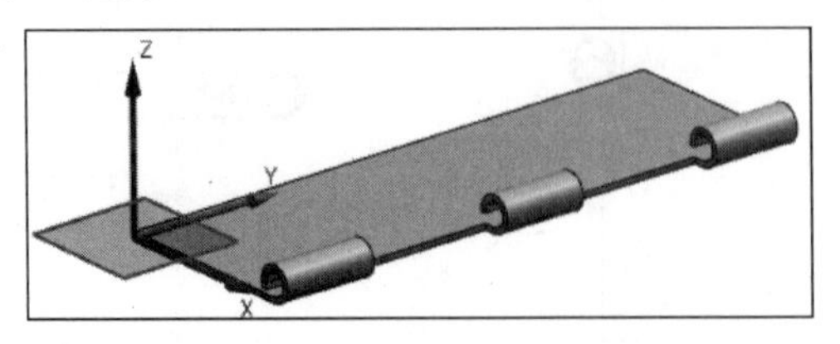

图 9-55　创建折弯特征

05 创建埋头孔特征。选择“插入”→“设计特征”→“孔”，或单击“主页”选项卡→“特征”组→“孔”图标，弹出如图 9-56 所示的“孔”对话框。在“成形”下拉菜单中选择“埋头”❶，在“埋头直径”“埋头角度”和“直径”文本框中分别输入 5、90 和 4 ❷。单击图标，弹出“创建草图”对话框，在视图区选择放置面❸，如图 9-57 所示。单击“确定”按钮，弹出如图 9-58 所示的“草图点”对话框。绘制如图 9-59 所示的点。单击“完成”图标，草图绘制完毕，返回“孔”对话框，单击“确定”对话框，创建埋头孔，如图 9-60 所示。

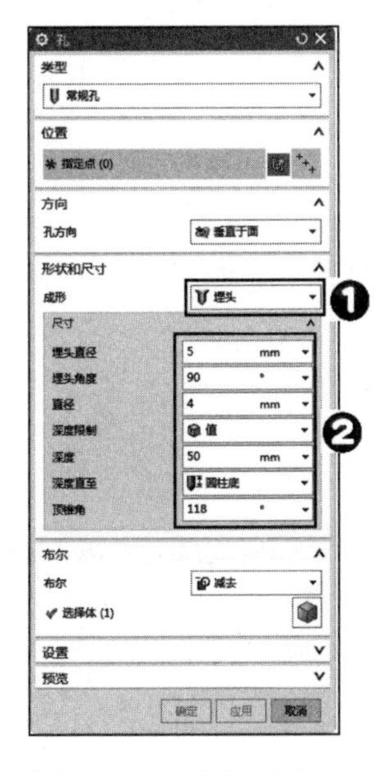

图 9-56 “孔”对话框

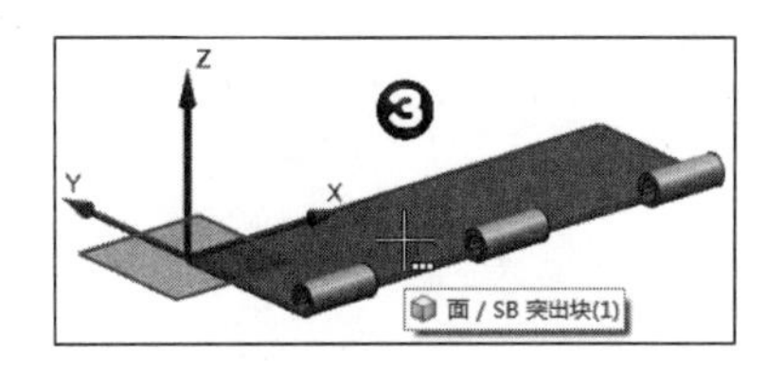

图 9-57 选择放置面

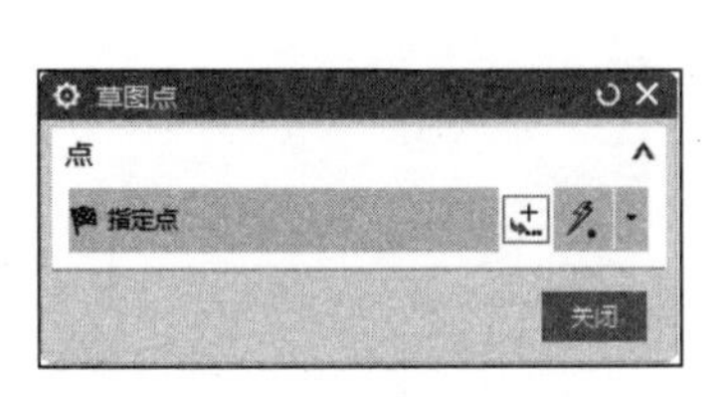

图 9-58 “草图点”对话框

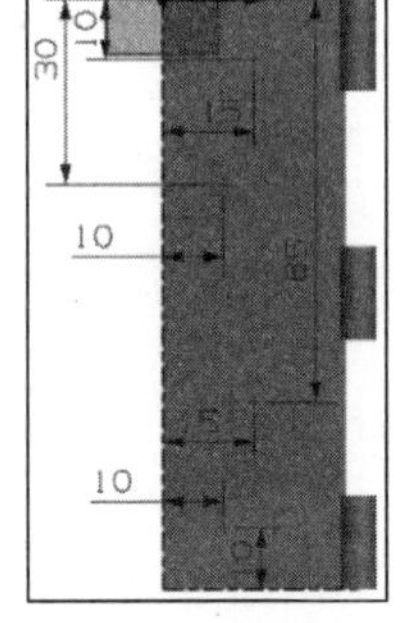

图 9-59 绘制点

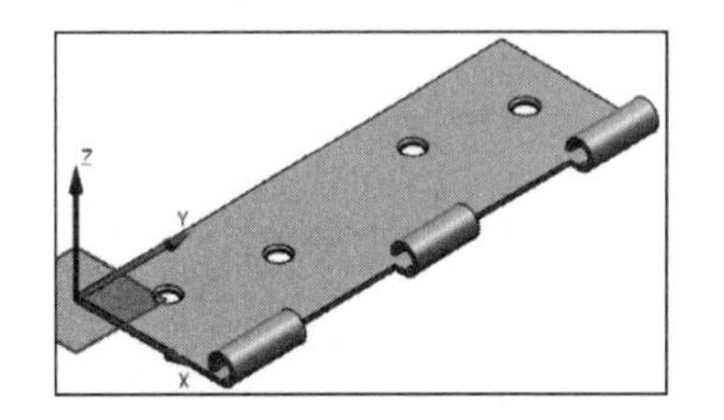

图 9-60 所有埋头孔特征创建完毕的钣金零件体

06 另存为 NX 钣金文件。在菜单栏中选择“文件”→“另存为”，弹出“另存为”对话框。在“文件名”文本框中输入“HeYe-Right”，单击“OK”按钮，进入 UG NX 钣金设计环境。

07 抑制折弯特征。单击视图区左侧的图标，弹出图 9-61 所示的“部件导航器”面板。撤选“SB 折弯（2）”，或单击鼠标右键后选择“抑制”命令，视图区显示如图 9-62 所示的钣金零件体。

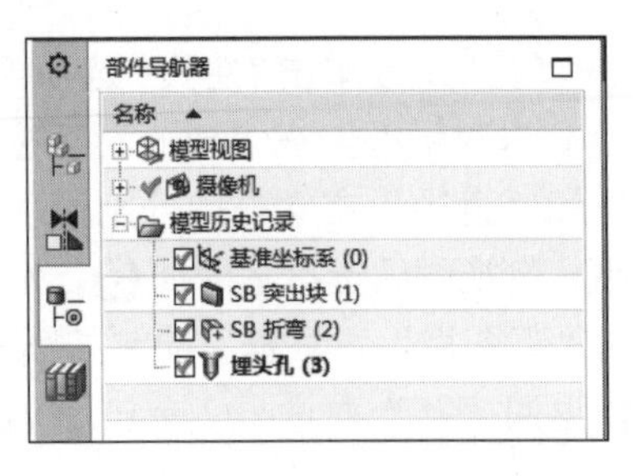

图 9-61 “部件导航器”面板

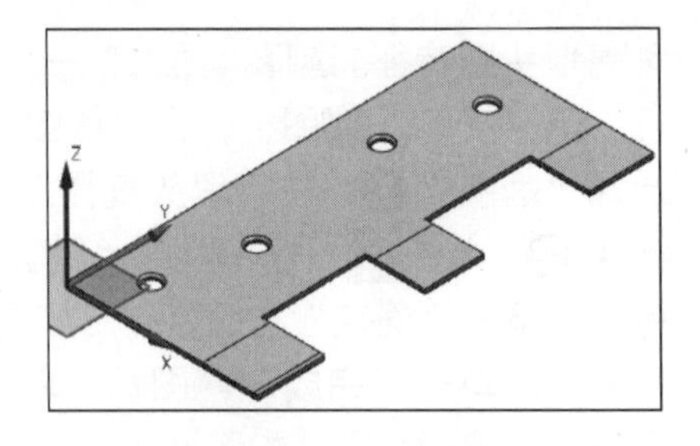

图 9-62 抑制折弯特征

08 编辑突出块特征。单击视图区左侧的图标，弹出“部件导航器”面板。在“SB 突出块（1）”特征上右击，弹出如图 9-63 所示的快捷菜单。单击“编辑参数”❶，弹出如图 9-64 所示的“突出块”对话框。单击图标❷，进入草图设计环境，绘制如图 9-65 所示的草图❸。单击工具栏上的图标，草图绘制完毕，返回“突出块”对话框，同时视图区预览显示如图 9-66 所示的钣金件。单击“确定”按钮，突出块特征编辑完毕，如图 9-67 所示。

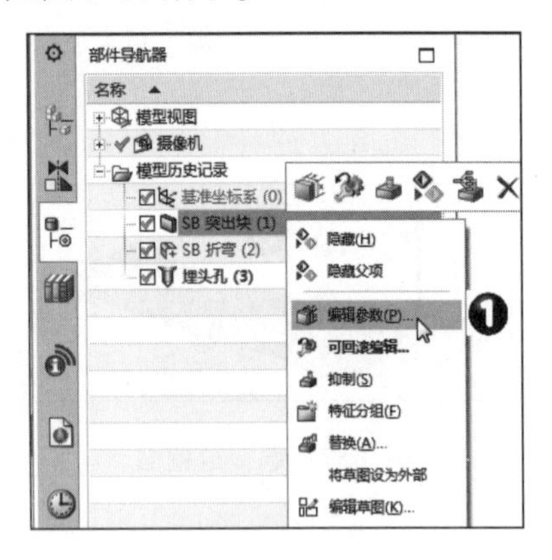

图 9-63 弹出菜单

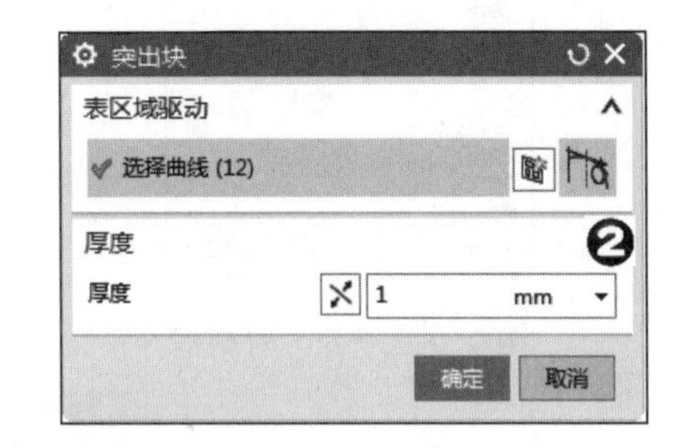

图 9-64 “突出块”对话框

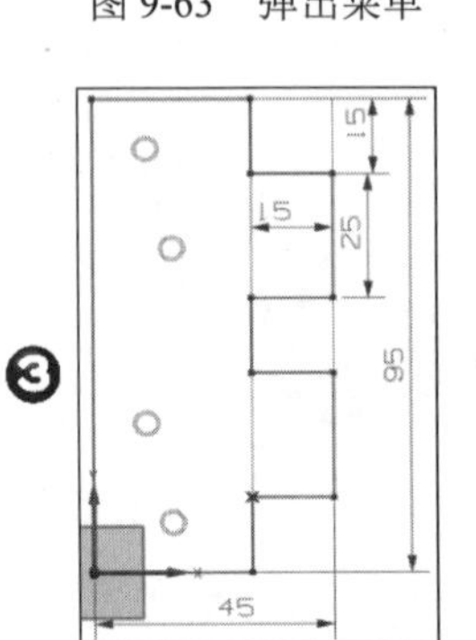

图 9-65 绘制草图

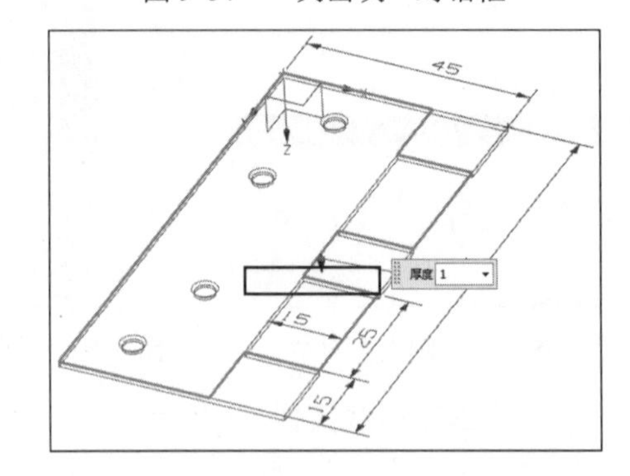

图 9-66 预览显示“编辑”的突出块特征

09 创建折弯特征。在菜单栏中选择“插入”→“折弯”→“折弯”，或单击“主页”选项卡→“折弯”组→“折弯”图标，弹出“折弯”对话框。单击图标，打开“创建草图”对话框。在视图区选择草图工作平面，如图 9-68 所示。单击“确定”按钮，进入草图设计环境，绘制如图 9-69 所示的折弯线。单击“完成”图标，草图绘制完毕，视图区预览显示如图 9-70 所示的钣金件。在如图 9-52 所示的“折弯”对话框中，在“角度”文本框中输入 280，在“内嵌”下拉列表框中选择“+折弯中心线轮廓”，在“弯曲半径”文本框中输入 2。单击“确定”按钮，创建折弯特征，如图 9-71 所示。

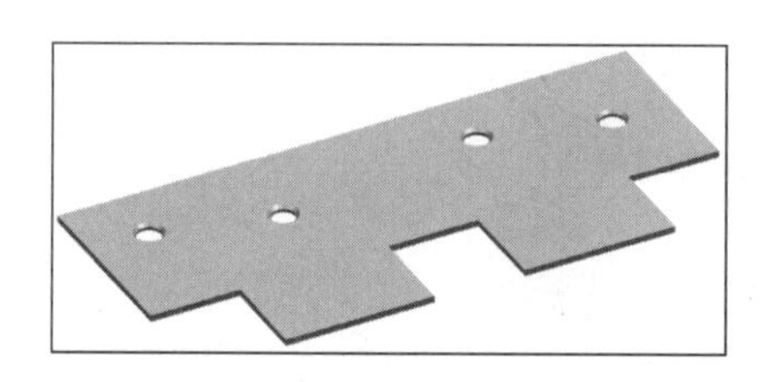

图 9-67 突出块特征编辑完毕的钣金零件体

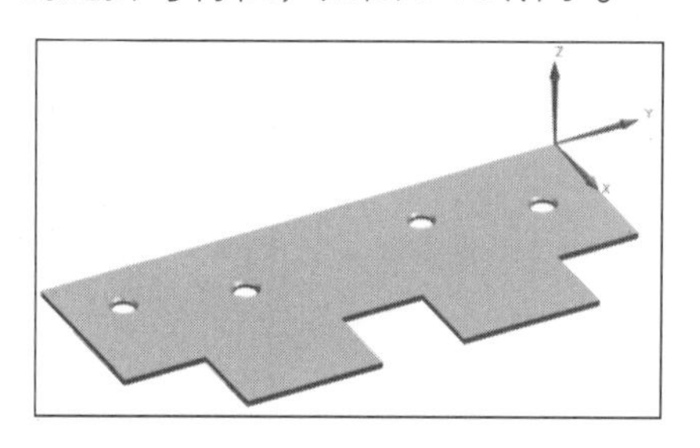

图 9-68 选择草图绘制面

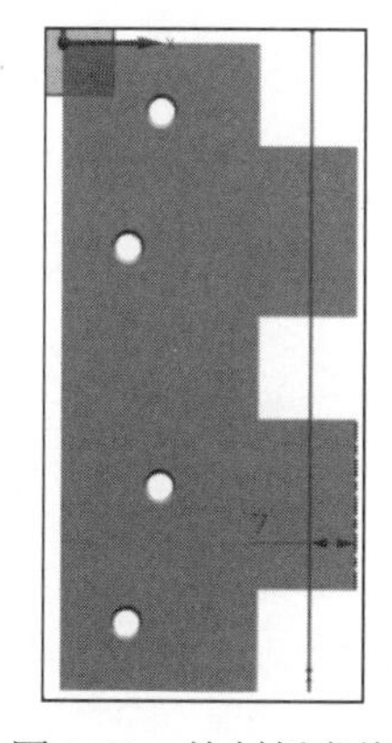

图 9-69 绘制折弯线

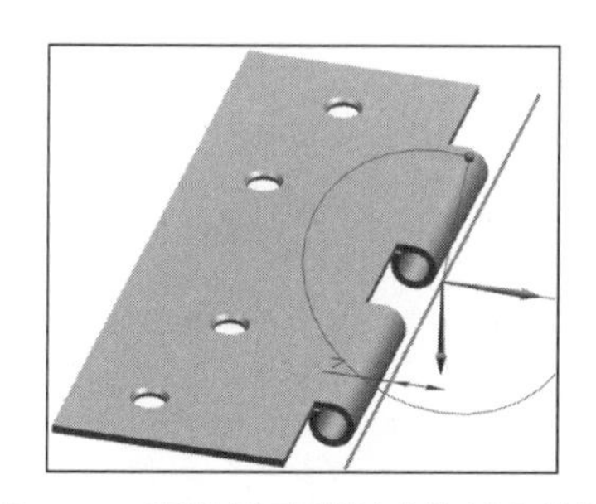

图 9-70 预览显示所创建的折弯特征

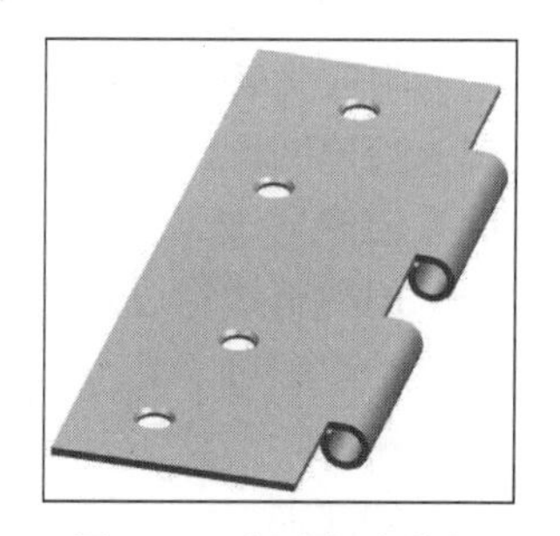

图 9-71 创建折弯特征

9.4 操作训练题

1．完成图 9-72 所示花盆的绘制。

图 9-72 花盆

操作提示

（1）创建突出块。

（2）创建凹坑。

（3）法向开孔。

2．完成图 9-73 所示盖板的绘制。

图 9-73　盖板

操作提示

（1）拉伸成实体。

（2）将实体转换为钣金件。

（3）创建凹坑。

（4）创建弯边。

（5）创建折边弯边。

（6）创建凹坑。

（7）镜像特征。

（8）创建筋。

第10章

装配特征

本章将详细介绍 UG NX 12.0 的装配功能，即如何利用 UG NX 12.0 的强大功能将多个零件装配成一个完整的组件。

10.1 装配概述

UG NX 12.0 的装配建模过程其实就是建立组件装配关系的过程。本节主要介绍装配中常用的术语以及引用集的使用。

10.1.1 装配相关术语和概念

下面主要介绍装配中的常用术语。

- 装配：在装配过程中建立部件之间的连接功能，由装配部件和子装配组成。
- 装配部件：由零件和子装配构成的部件。在 UG 中允许在任何一个.prt 文件中添加部件构成装配，因此任何一个.prt 文件都可以作为装配部件。UG 中零件和部件不必严格区分。当存储一个装配时，各部件的实际几何数据并不是储存在装配文件中，而是储存在相应的部件（零件文件）中。
- 子装配：在高一级装配中被用作组件的装配，子装配也拥有自己的组件。子装配是一个相对概念，任何一个装配可在更高级的装配中作为子装配。
- 组建对象：一个从装配部件链接到部件主模型的指针实体。一个组件对象记录的信息有部件名称、层、颜色、线型、线宽、引用集和配对条件等。
- 组建部件：装配里组件对象所指的部件文件。组件部件可以是单个部件（零件），也可以是子装配。组件部件是装配体引用而不是复制到装配体中的。
- 单个零件：在装配外存在的零件几何模型，可以添加到一个装配中去，但它本身不能含有下级组件。
- 主模型：利用 Master Model 功能来创建的装配模型，是由单个零件组成的装配组件，是供 UG 模块共同引用的部件模型。同一主模型，可同时被工程图、装配、加工、机构分析和有限元分析等模块引用，当主模型修改时，相关引用自动更新。

- 自顶向下装配：在装配级中创建与其他部件相关的部件模型，是在装配部件的顶级向下生成子装配和部件（零件）的装配方法。
- 自底向上装配：先创建部件几何模型，再组合成子装配，最后生成装配部件的装配方法。
- 混合装配：将自顶向下装配和自底向上装配结合在一起的装配方法。例如，先创建几个主要部件模型，再将其装配到一起，然后在装配中设计其他部件，即为混合装配。

10.1.2 引用集

在零件设计中包含了大量的草图、基准平面及其他辅助图形数据，如果要显示装配中各组件和子装配的所有数据，一方面容易混淆图形，另一方面由于要加载组件所有的数据需要占用大量内存，因此不利于装配工作的进行。于是，在 NX 12.0 的装配中为了优化大模型的装配，引入了引用集的概念。通过引用集的操作，用户可以在需要的几何信息之间自由操作，同时避免了加载不需要的几何信息，极大地优化了装配的过程。

1. 引用集的概念

引用集是用户在零组件中定义的部分几何对象，代表相应的零组件进行装配。引用集可以包含：实体、组件、片体、曲线、草图、原点、方向、坐标系、基准轴及基准平面等。引用集一旦产生，就可以单独装配到组件中。一个零组件可以有多个引用集。

UG NX 12.0 系统包含的默认的引用集有以下几种。

（1）模型：只包含整个实体的引用集。

（2）整个部件：表示引用集是整个组件，即引用组件的全部几何数据。

（3）空：表示空的引用集，即不含任何几何对象。当组件以孔的引用集形式添加到装配中时，在装配中看不到该组件。

2. “引用集”对话框

在菜单栏中选择“格式”→“引用集”，弹出如图 10-1 所示的“引用集”对话框。该对话框用于对引用集进行创建、删除、更名、编辑属性、查看信息等操作。

图 10-1 “引用集”对话框

（1）添加新的引用集：用于创建引用集。组件和子装配都可以创建引用集。组件的引用集既可在组件中建立，也可在装配中建立。但组件要在装配中创建引用集，必须使其成为工作部件。单击该图标，在“添加新的引用集”列表框中显示新引用集。

（2）删除：用于删除组件或子装配中已创建的引用集。在“引用集”对话框中选中需要删除的引用集后，单击该图标，删除所选引用集。

（3）属性：用于编辑所选引用集的属性。单击该图标，弹出如图 10-2 所示的“引用集属性”对话框。该对话框用于输入属性的名称和属性值。

（4）信息[i]：单击该图标，弹出如图 10-3 所示的“信息”窗口，该窗口用于输出当前零组件中已存在的引用集的相关信息。

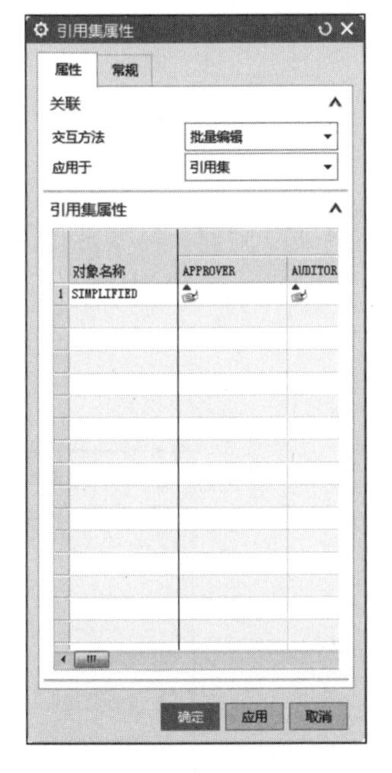

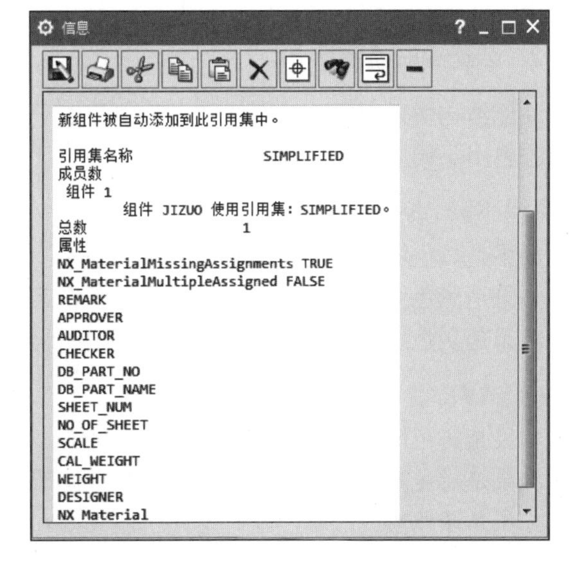

图 10-2　“引用集属性”对话框　　　　图 10-3　“信息”窗口

（5）设为当前的：用于将所选引用集设置为当前引用集。

在正确地建立完引用集以后，保存文件，以后在该零件加入装配的时候在“引用集”选项就会有用户自己设定的引用集了。在加入零件以后，还可以通过装配导航器在定义的不同引用集之间切换。

10.2　装配导航器

装配导航器也叫装配导航工具，提供了一个装配结构的图形显示界面，也被称为“树形表”，如图 10-4 所示。掌握了装配导航器才能灵活地运用装配功能。

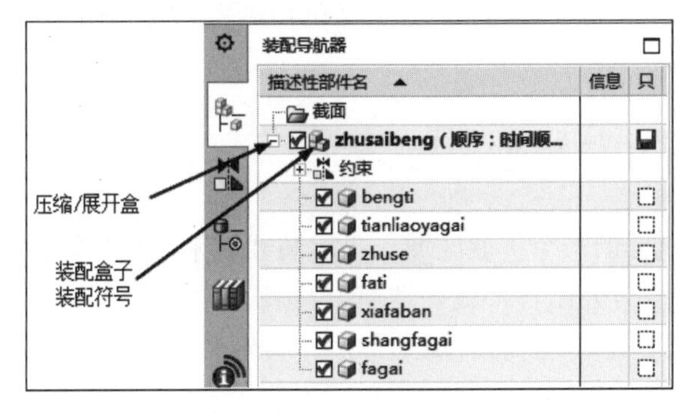

图 10-4　“树形表”示意图

10.2.1 装配功能概述

1. 结点显示

采用装配树形结构显示，非常清楚地表达了各个组件之间的装配关系。

2. 装配导航器图标

装配结构树采用不同的图标来表示装配中子装配和组件的不同。同时，各零部件不同的装载状态也用不同的图标表示。

（1）：表示装配或子装配。

如果是黄色图标，则此装配在工作部件内。

如果是黑色实线图标，则此装配不在工作部件内。

如果是灰色虚线图标，则此装配已被关闭。

（2）：表示装配结构树组件。

如果是黄色图标，则此组件在工作部件内。

如果是黑色实线图标，则此组件不在工作部件内。

如果是灰色虚线图标，则此组件已被关闭。

3. 检查盒

提供了快速确定部件工作状态的方法，允许用户用一个非常简单的方法装载并显示部件。部件工作状态用检查盒指示器表示。

（1）□：表示当前组件或子装配处于关闭状态。

（2）☑：表示当前组件或子装配处于隐藏状态，此时检查框显示为灰色。

（3）☑：表示当前组件或子装配处于显示状态，此时检查框显示为红色。

4. 弹出菜单

如果将光标移动到装配树的一个结点或选择若干个结点并右击，在弹出的快捷菜单中提供了很多便捷命令，方便用户操作，如图 10-5 所示。

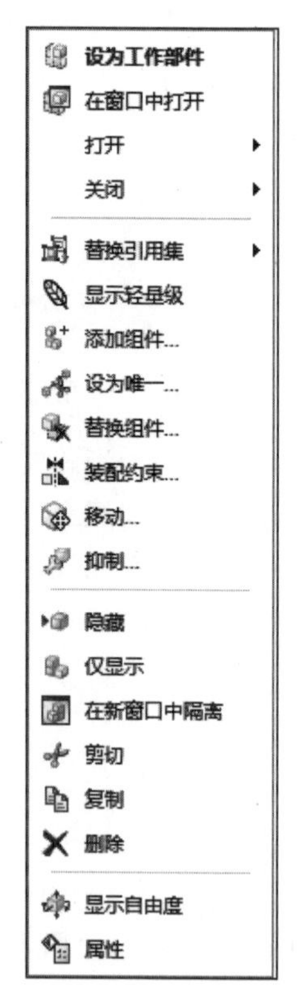

图 10-5 弹出的快捷菜单

10.2.2 预览面板和依附性面板

“预览”是装配导航器的一个扩展区域，显示装载或未装载的组件。此功能在处理大装配时，有助于用户根据需要打开组件，更好地掌握其装配性能。

“相关性”是装配导航器和部件导航器的一个特殊扩展。装配导航器的依附性面板允许查看部件或装配内选定对象的依附性，包括配对约束和 WAVE 依附性，可以用来分析修改计划对部件或装配的潜在影响，如图 10-6 所示。

图 10-6　预览面板和相关性面板

10.3　自底向上装配

自底向上装配的操作包括添加已存在组件、定位组件、装配爆炸图等。

10.3.1　添加已存在组件

在菜单栏中选择“装配”→“组件”→“添加组件”，或单击“装配”选项卡→“组件”组→“添加”图标，弹出如图 10-7 所示的“添加组件”对话框。

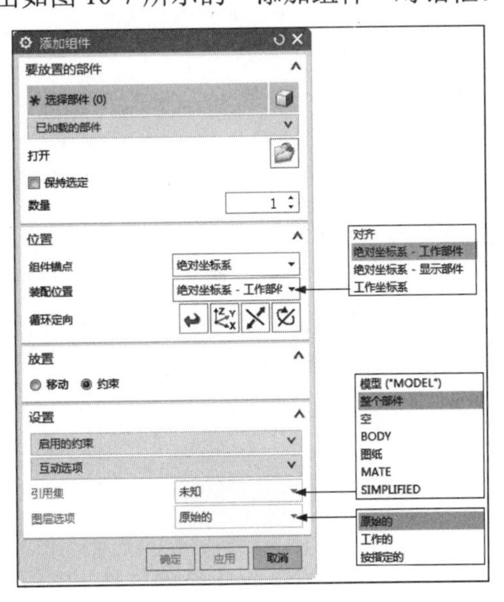

图 10-7　“添加组件”对话框

在没有进行装配前，此对话框中“已加载的部件”列表框是空的，但是随着装配的进行，该列表中将显示所有加载进来的零部件文件的名称，便于管理和使用。

1. “已加载的部件”列表框

在该列表框中显示已弹出的部件文件，若要添加的部件文件已存在于该列表框中，可以直接选择该部件文件。

2. “打开”按钮

单击该按钮，弹出如图 10-8 所示的“部件名”对话框，在该对话框中选择要添加的部件文件（*.prt）。

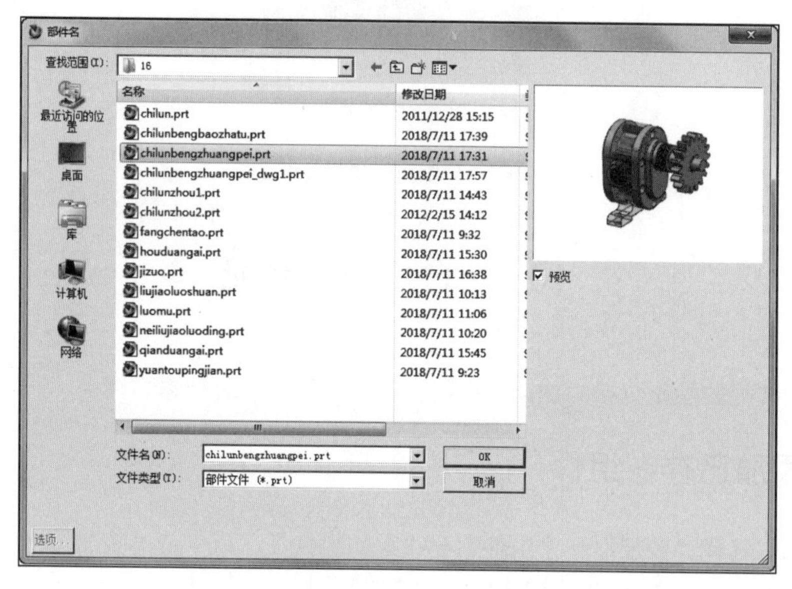

图 10-8 “部件名”对话框

3. 位置

（1）装配位置：装配中组件的目标坐标系。该下拉列表框中提供了“对齐”“绝对坐标系-工作部件”“绝对坐标系-显示部件”和“工作坐标系”4 种装配位置。

- 对齐：通过选择位置来定义坐标系。
- 绝对坐标系-工作部件：将组件放置于当前工作部件的绝对原点。
- 绝对坐标系-显示部件：将组件放置于显示装配的绝对原点。
- 工作坐标系：将组件放置于工作坐标系。

（2）组件锚点：坐标系来自用于定位装配中组件的组件，可以通过在组件内创建产品接口来定义其他组件系统。

4. 引用集

默认引用集是“模型”，表示只包含整个实体的引用集。用户可以通过其下拉列表选择所需的引用集。

5. 图层选项

用于设置添加组件到装配组件中的哪一层，其下拉列表包括“工作的”“原始的”和“按指定的”共3个选项。

(1) 工作的：表示添加组件放置在装配组件的工作层中。
(2) 原始的：表示添加组件放置在该部件创建时所在的图层中。
(3) 按指定的：表示添加组件放置在另行指定的图层中。

“部件文件”选择完后，单击“确定”按钮，系统将出现一个零件预览窗口，用于预览所添加的组件，如图10-9所示。

图10-9 预览添加的组件

10.3.2 定位组件

在装配过程中，用户除了添加组件，还需要确定组件间的关系。这就要求对组件进行定位。UG NX 12.0提供了“绝对原点”“选择原点”“通过约束”和“移动”共4种定位方式。

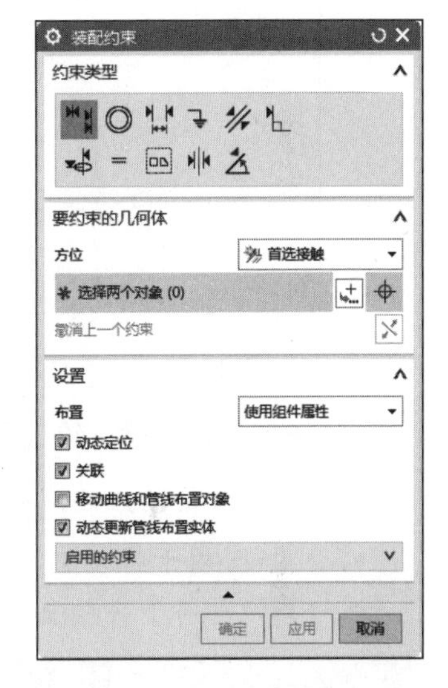

图10-10 “装配约束”对话框

1. 绝对原点

用于按绝对原点方式添加组件到装配的操作。

2. 选择原点

用于按绝对定位方式添加组件到装配的操作。在如图10-7所示对话框中选择“装配位置”为“对齐”，单击“点对话框”按钮，弹出“点”对话框，指定组件在装配中的目标位置。

3. 通过约束

选择“菜单”→“装配”→“组件”→“装配约束”命令或单击“装配”功能区“组件位置”组中的“装配约束”按钮，打开如图10-10所示的“装配约束”对话框。该对话框用于通过配对约束确定组件在装配中的相对位置。

(1) 接触对齐：用于约束两个对象，使其彼此接触或对齐，如图10-11所示。

- 接触：定义两个同类对象相一致。
- 对齐：对齐匹配对象。
- 自动判断中心/轴：使圆锥、圆柱和圆环面的轴线重合。

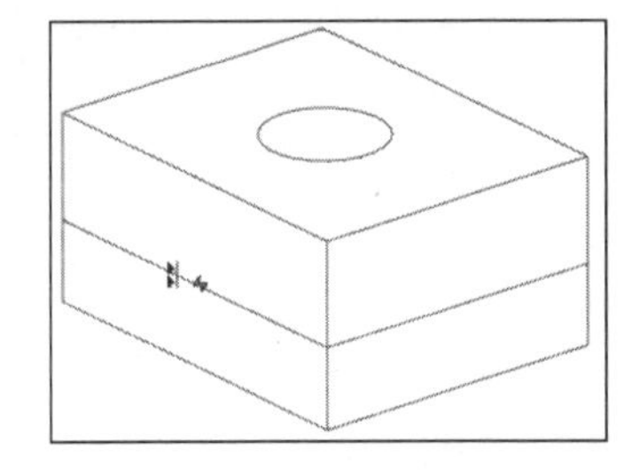

图10-11 “接触对齐”示意图

(2) 角度：用于在两个对象之间定义角度尺寸，约束相配组件到正确的方位上，如图10-12所示。角度约束可以在两个具有方向矢量的对象间产生，角度是两个方向矢量间的夹角。这种约束允许配对不同类型的对象。

(3) 平行：用于约束两个对象的方向矢量彼此平行，如图10-13所示。

（4）垂直：用于约束两个对象的方向矢量彼此垂直，如图 10-14 所示。

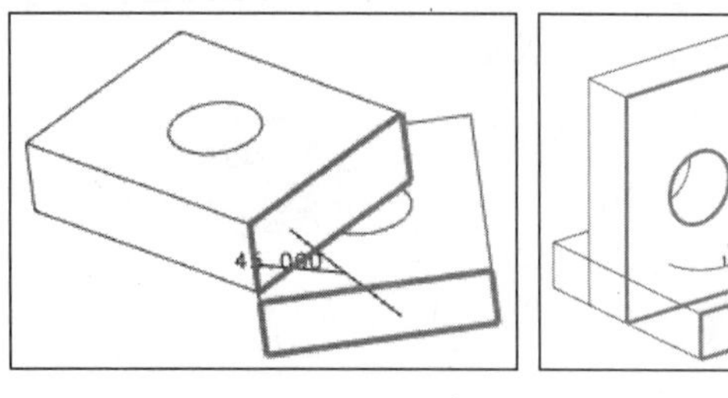

图 10-12 “角度”示意图

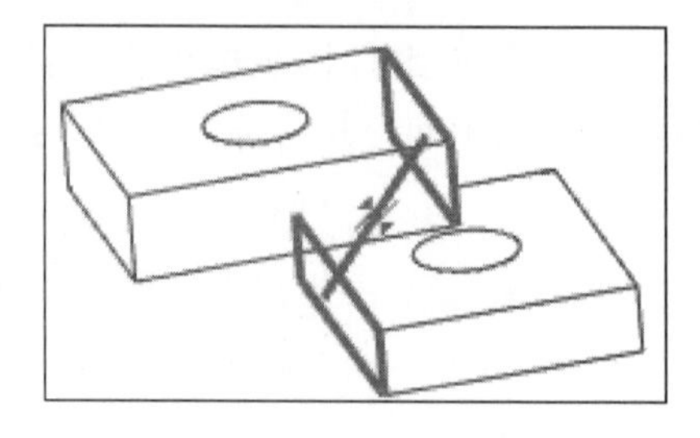

图 10-13 “平行”示意图

（5）同心：用于将相配组件中的一个对象定位到基础组件中的一个对象中心上，其中一个对象必须是圆柱或轴对称实体，如图 10-15 所示。

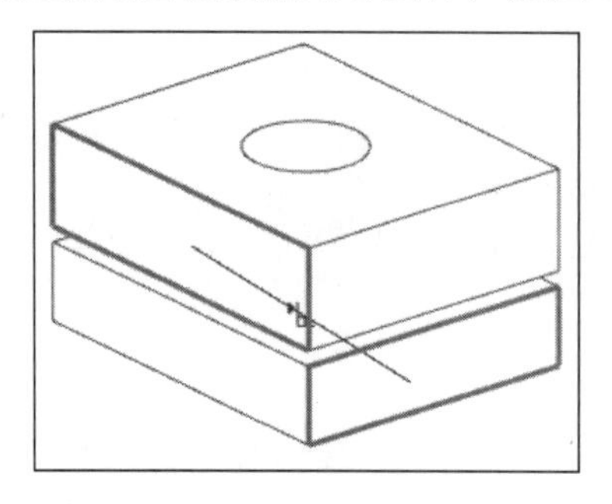

图 10-14 “垂直”示意图

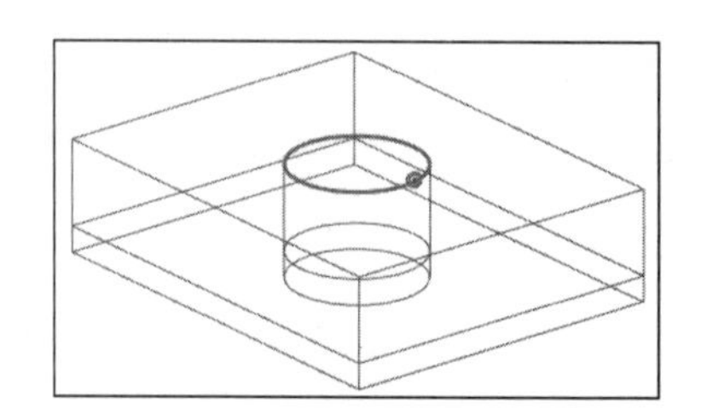

图 10-15 “同心”示意图

（6）中心：用于约束两个对象的中心对齐。

- 1 对 2：用于将相配组件中的一个对象定位到基础组件中的两个对象对称中心上。
- 2 对 1：用于将相配组件中的两个对象定位到基础组件中的一个对象上，并与其对称。
- 2 对 2：用于将相配组件中的两个对象与基础组件中的两个对象呈对称布置。

提 示

相配组件是指需要添加约束进行定位的组件，基础组件是指位置固定的组件。

（7）距离：用于指定两个相配对象间的最小三维距离。距离可以是正值，也可以是负值，正负号确定相配对象是在目标对象的哪一边，如图 10-16 所示。

（8）对齐/锁定：用于对齐不同对象中的两个轴，同时防止绕公共轴旋转。通常，当需要将螺栓完全约束在孔中时，这将作为约束条件之一。

（9）胶合：用于将对象约束到一起，以使它们作为刚体移动。

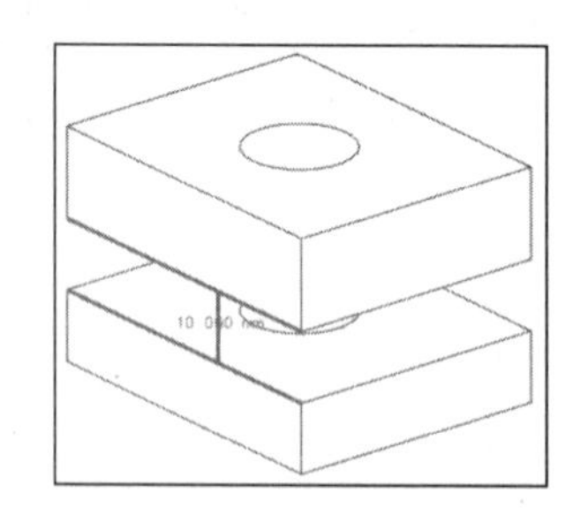

图 10-16 “距离”示意图

（10）适合窗口：用于约束半径相同的两个对象，例如圆边或椭圆边、圆柱面或球面。如果半径变为不相等，则该约束无效。

（11）固定：用于将对象固定在当前位置。

4．移动

选择“菜单”→“装配”→“组件位置”→“移动组件”命令或单击“装配”功能区“组件位置”组中的“移动组件”按钮，打开如图 10-17 所示的“移动组件”对话框。

（1）点到点：用于采用点到点的方式移动组件。在“运动”下拉列表框中选择“点对点”，然后选择两个点，系统便会根据这两点构成的矢量和两点间的距离沿着矢量方向移动组件。

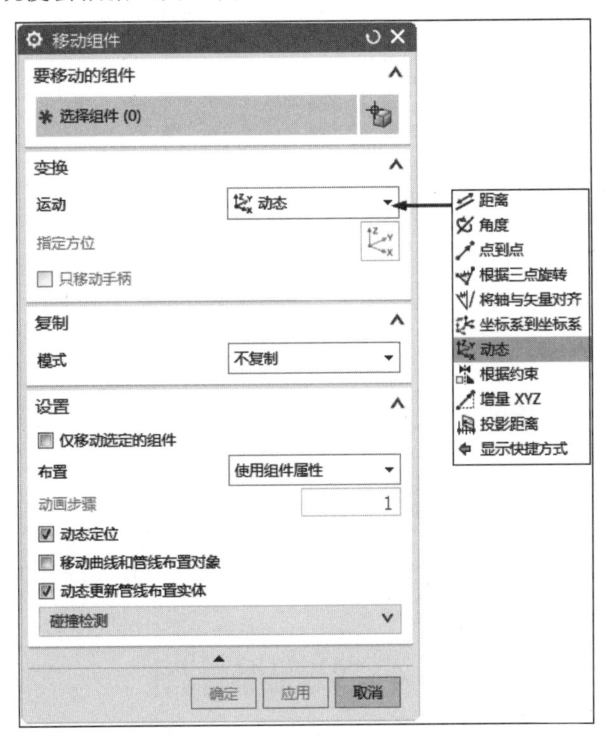

图 10-17　“移动组件”对话框

（2）增量 XYZ：用于平移所选组件。在“运动”下拉列表框中选择“增量 XYZ”，“移动组件”对话框如图 10-18 所示，用于设置沿 X、Y 和 Z 坐标轴方向移动一段距离。如果输入的值为正，则沿坐标轴正向移动；反之，则沿负向移动。

（3）角度：用于绕轴和点旋转组件。在“运动”下拉列表框中选择“角度”时，“移动组件”对话框如图 10-19 所示。选择旋转轴，然后选择旋转点，在“角度”文本框中输入要旋转的角度值，单击“确定”按钮即可。

（4）坐标系到坐标系：用于采用移动坐标方式重新定位所选组件。在“运动”下拉列表框中选择“坐标系到坐标系”时，“移动组件”对话框如图 10-20 所示。首先选择要定位的组件，然后指定参考坐标系和目标坐标系。选择一种坐标定义方式定义参考坐标系和目标坐标系后，单击“确定”按钮，则组件从参考坐标系的相对位置移动到目标坐标系中的对应位置。

（5）将轴与矢量对齐：用于在选择的两轴之间旋转所选的组件。在“运动”下拉列表框中选择“将轴与矢量对齐”时，“移动组件”对话框如图 10-21 所示。选择要定位的组件，然后指定参考点、参考轴和目标轴的方向，单击“确定”按钮即可。

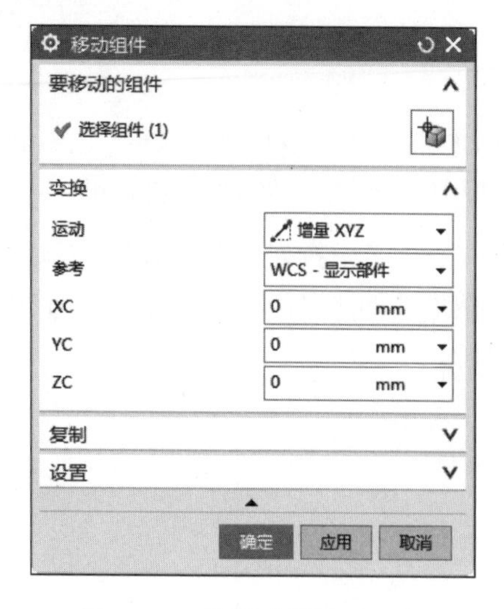

图 10-18　选择“增量 XYZ”

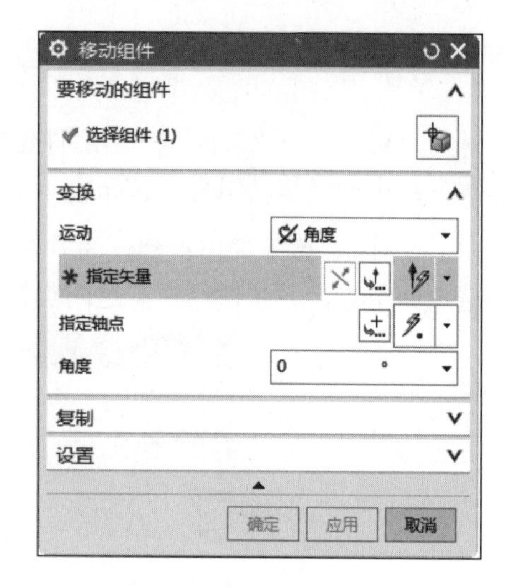

图 10-19　选择“角度”

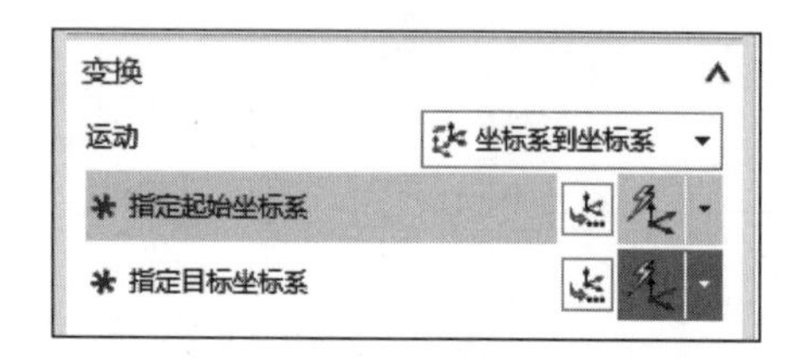

图 10-20　选择“坐标系到坐标系”

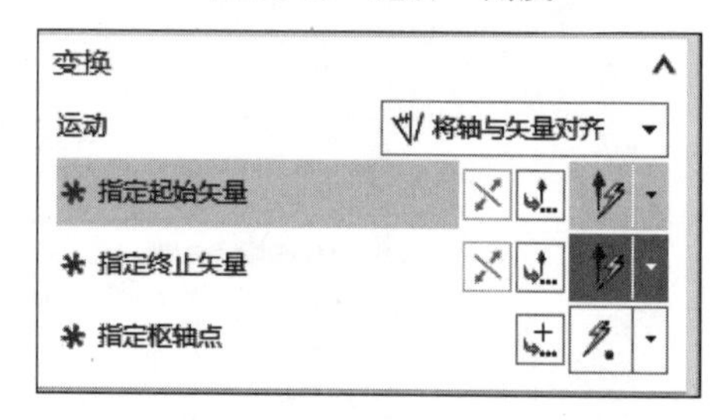

图 10-21　选择“将轴与矢量对齐”

10.4　装配爆炸图

爆炸图是在装配环境下把已装配的组件拆分开来，更好地表示整个装配组成状况的一种方法。

10.4.1　创建爆炸图

在菜单栏中选择“装配”→“爆炸图”→“新建爆炸”，或单击“装配”选项卡→“爆炸图”组→“新建爆炸”图标，弹出如图 10-22 所示的“新建爆炸”对话框。在该对话框中输入爆炸图名称，或接受默认名称，单击“确定”按钮，创建爆炸图。

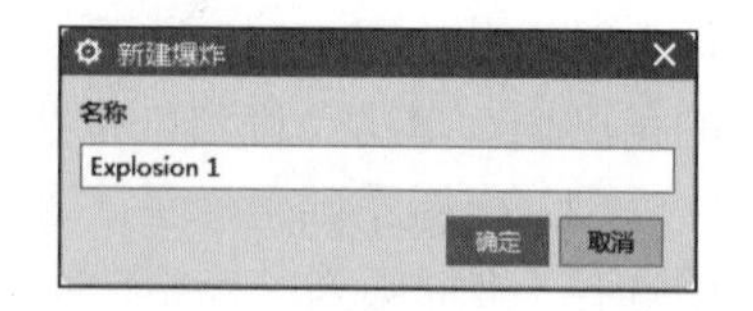

图 10-22　“新建爆炸”对话框

10.4.2　爆炸组件

新建一个爆炸图，然后使用自动爆炸方式将其完成，即基于组件配对条件沿表面的正交方向上选择自动爆炸组件。

在菜单栏中选择“装配”→“爆炸图”→“自动爆炸组件”，或单击“装配”选项卡→“爆炸图”组→“自动爆炸组件”图标，弹出“类选择”对话框，单击“全选”图标，选中所有的组件，就可对整个装配进行爆炸图的创建。利用鼠标连续选中多个组件，实现对这些组件的炸开。完成组件的选择后，单击“确定”按钮，弹出如图 10-23 所示的“自动爆炸组件”对话框。该对话框用于指定自动爆炸参数。

图 10-23　“自动爆炸组件”对话框

自动爆炸只能爆炸具有配对条件的组件，对于没有配对条件的组件需要使用手动编辑。

10.4.3　编辑爆炸图

如果没有得到理想的爆炸效果，就须对爆炸图进行编辑。

在菜单栏中选择“装配”→“爆炸图”→“编辑爆炸”，或单击“装配”选项卡→“爆炸图”组→“编辑爆炸”图标，弹出如图 10-24 所示的“编辑爆炸”对话框。在视图区选择需要进行调整的组件，然后在“编辑爆炸”对话框中选中“移动对象”单选按钮，在视图区选择一个坐标方向，“距离”“对齐增量”和“方向”选项被激活，在该对话框中输入所选组件的偏移距离和方向后，单击“确定”或“应用”按钮，即可完成组件位置的调整。

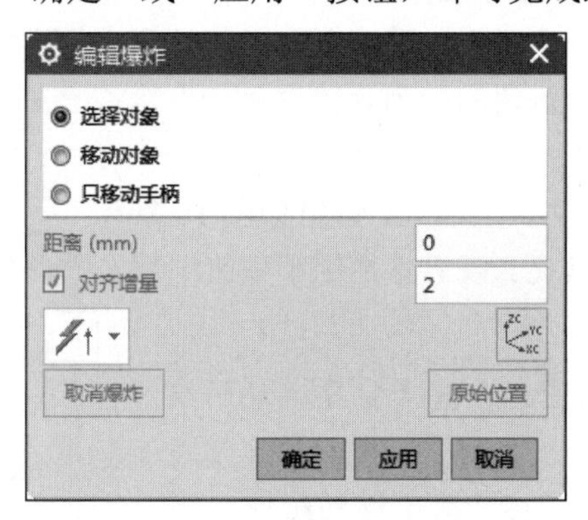

图 10-24　“编辑爆炸”对话框

（1）取消爆炸组件：在菜单栏中选择“装配”→“爆炸图”→“取消爆炸组件”，或单击“装配”选项卡→“爆炸图”组→“取消爆炸组件”图标，弹出“类选择”对话框，在视图区选择不进行爆炸的组件，单击“确定”按钮，使已爆炸的组件恢复到原来的位置。

（2）删除爆炸：在菜单栏中选择“装配”→“爆炸图”→“删除爆炸”，或单击“装配”选项卡→“爆炸图”组→“删除爆炸”图标，弹出“爆炸图”对话框，在该对话框中选择要删除的爆炸图名称，单击“确定”按钮，删除所选爆炸图。

（3）隐藏爆炸：在菜单栏中选择“装配”→“爆炸图”→“隐藏爆炸”，则将当前爆炸图隐藏起来，使视图区中的组件恢复到爆炸前的状态。

（4）显示爆炸：在菜单栏中选择“装配”→“爆炸图”→“显示爆炸”，则将已建立的爆炸图显示在视图区。

10.5 装配序列化

装配序列化的功能主要有两个：规定装配中每个组件的时间与成本特性和表演装配顺序，就像指定一线的装配工人进行现场装配。

完成组件装配后，可建立序列化来表达装配各组件间的装配顺序。

在菜单栏中选择“装配”→“序列”，或单击“装配”选项卡→“常规”组→“序列”图标，系统会自动进入序列环境，并弹出如图 10-25 所示的“主页”功能区。

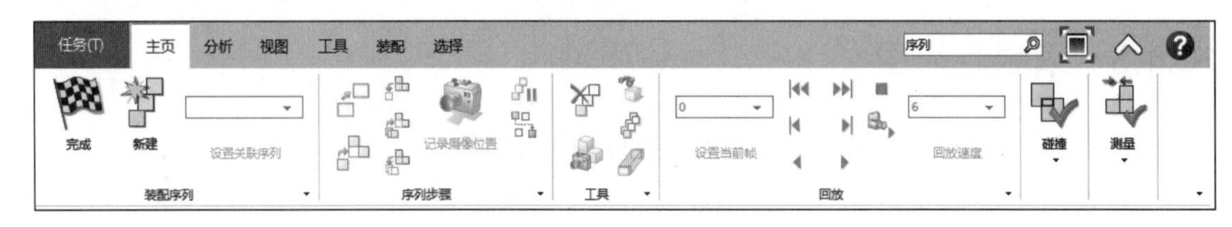

图 10-25　“主页”功能区

下面介绍该工具栏中主要选项的用法。

（1）完成：用于退出序列化环境。

（2）新建：用于创建一个序列。系统会自动将这个序列命名为“序列 1”，以后新建的序列为“序列 2”、“序列 3”等，依次增加。用户也可自定义名称。

图 10-26　“录制组件运动”工具栏

图 10-27　“首选项”对话框

（3）插入运动：选择“插入运动”，弹出如图 10-26 所示的“录制组件运动”工具栏。该工具栏用于建立一段装配动画模拟。

- 选择对象：单击该图标，选择需要运动的组件对象。
- 移动对象：单击该图标，用于移动组件。
- 只移动手柄：单击该图标，用于移动坐标系。
- 运动录制首选项：单击该图标，弹出如图 10-27 所示的“首选项”对话框。该对话框用于指定步进的精确程度和运动动画的帧数。
- 拆卸：单击该图标，拆卸所选组件。
- 摄像机：单击该图标，用来捕捉当前的视角，以便于回放的时候在合适的角度观察运动情况。

（4）装配：选择“装配”，弹出“类选择”对话框，按照装配步骤选择需要添加的组件，该组件会自动出现在视图区右侧。用户可以依次选择要装配的组件，生成装配序列。

（5）一起装配：用于在视图区选择多个组件后一次全部进行装配。“装配”功能只能一次装配一个组件，该功能在“装配”功能选中之后可选。

（6）拆卸：选择“拆卸”，在视图区选择要拆卸的组件，该组件会自动恢复到绘图区左侧。该功能主要是模拟反装配的拆卸序列。

（7）一起拆卸：“一起装配”的反过程。

（8）记录摄像位置：用于为每一步序列生成一个独特的视角。当序列演变到该步时，自动转换到定义的视角。

（9）插入暂停：系统会自动插入暂停并分配固定的帧数，当回放的时候，系统看上去像暂停一样，直到播放完这些帧数。

（10）删除：用于删除一个序列。

（11）在序列中查找：选择“在序列中查找”，弹出“类选择”对话框，可以选择一个组件，然后查找应用了该组件的序列。

（12）显示所有序列：用于显示所有的序列。

（13）捕捉布置：可以把当前的运动状态捕捉下来，作为一个装配序列。用户可以为这个排列取一个名字，系统会自动记录这个排列。

定义完成序列以后，可通过“装配回放”工具栏来播放装配序列。最左边的用于设置当前帧数，最右边的用于播放速度调节，从 1 到 10，数字越大，播放的速度就越快。

10.6　思　考　题

1．什么是主模型，采用主模型的设计思想非常重要，具体体现在哪？

2．什么是“自底向上装配”和“自顶向下装配”，具体什么情况下采用？

3．什么是引用集，为何要使用引用集，如何创建、编辑引用集？

4．在装配过程中导入组件的过程是引用还是复制，这样导入有什么好处？

10.7　综合实例：装配齿轮泵

将已绘制好的模型部件，装配成齿轮泵模型，创建爆炸图，便于观察。

10.7.1　装配组件

本例将主要介绍如何对齿轮泵的各部件进行装配操作，包括中心配对、面配对等。

01 新建 bengzhuangpei 文件，选择“毫米”，然后进入 UG 建模模块。

02 加入组件。在菜单栏中选择“装配”→“组件”→“添加组件”，或单击“装配”选项卡→“组件”组→“添加”图标，弹出“添加组件”对话框，如图 10-28 所示。单击“打开”按钮❶，弹出“部件名”对话框，根据组件的存放路径选择组件

chilunbengjizuo，单击“确定”按钮，返回到“添加组件”对话框，打开如图 10-29 所示的“组件预览”窗口。设置“装配位置”为“绝对坐标系-工作部件”❷，单击“确定”按钮，将实体定位于原点。依次添加其他组件，并为各组件定义不同的坐标位置。

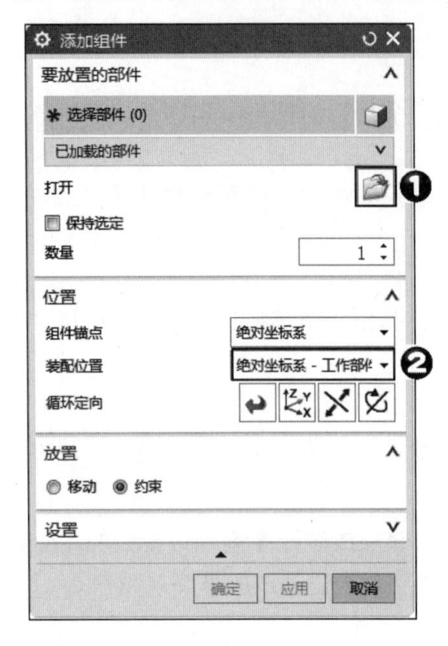

图 10-28 “添加组件”对话框

图 10-29 “组件预览”窗口

03 装配前端盖与机座。在菜单栏中选择“装配”→“组件”→“添加组件”，或单击“装配”选项卡→“组件”组→“添加”图标，弹出“添加组件”对话框。单击“打开”按钮，弹出“部件名”对话框，选择“qianduangai.prt”文件，单击“OK”按钮，弹出“组件预览”窗口，在“添加组件”对话框中，在“装配位置”下拉列表中选择“对齐”选项，在绘图区指定放置组件的位置，在“放置”选项组中选择“约束”。在“约束类型”中选择“接触对齐”选项，在“方位”下拉列表中选择“接触”方位。依次选择如图 10-30 所示机座的端面和前端盖的端面，完成面接触约束。

图 10-30 接触配对

04 选择“自动判断中心/轴”方位，依次选择如图 10-31 所示基座圆柱面和前端盖圆柱面；重复上述操作，选择如图 10-31 所示另一侧的基座圆柱面和前端盖圆柱面，单击“确定”按钮，完成基座和前端盖的装配，如图 10-32 所示。

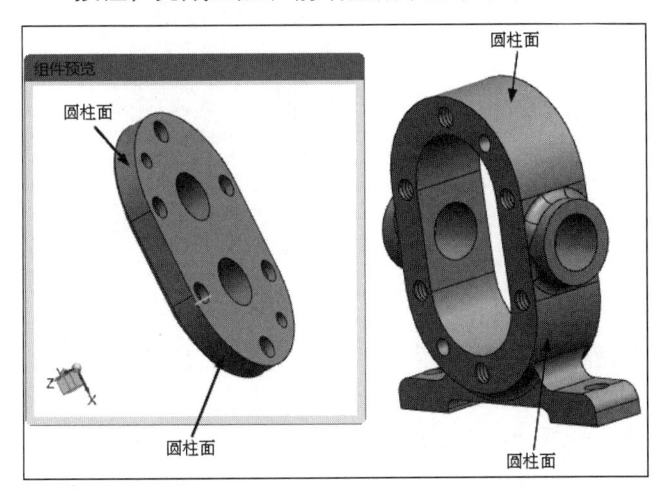

图 10-31 自动判断中心/轴配对

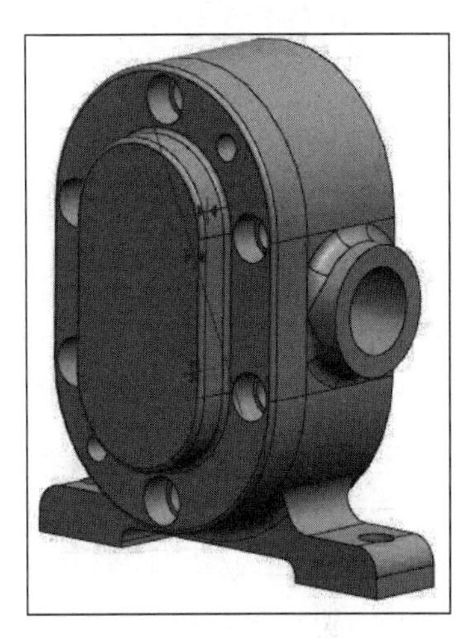

图 10-32 装配模型

05 装配齿轮轴 1 和前端盖。在菜单栏中选择“装配”→“组件”→“添加组件”，或单击“装配”选项卡→“组件”组→“添加”图标，弹出“添加组件”对话框。单击“打开”按钮，弹出“部件名”对话框。选择“chilunzhou1”文件，单击“OK”按钮，弹出“组件预览”窗口。在“添加组件”对话框中，在“装配位置”下拉列表中选择“对齐”选项，在绘图区指定放置组件的位置，在“放置”选项组中选择“约束”。在“约束类型”中选择“接触对齐”选项，在“方位”下拉列表中选择“接触”方位。依次选择如图 10-33 所示前端盖的端面和齿轮的端面，完成面接触约束。

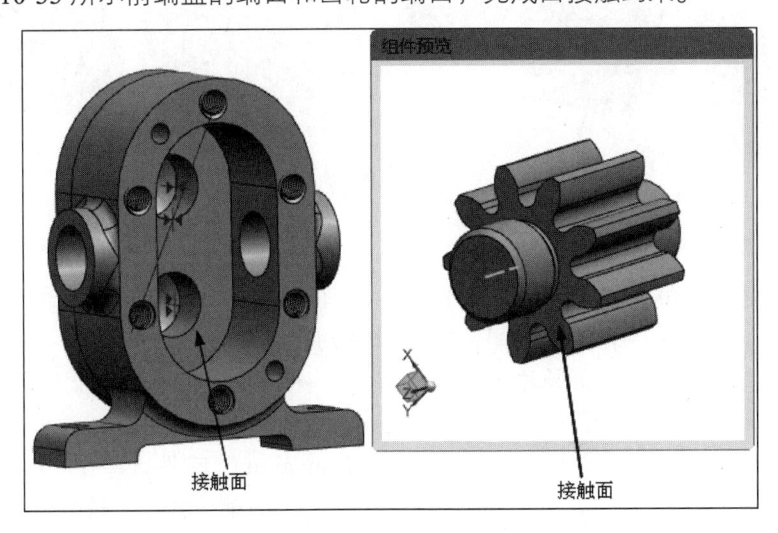

图 10-33 接触配对

06 选择“自动判断中心/轴”方位，依次选择如图 10-34 所示齿轮轴 1 圆柱面和前端盖圆柱面，单击“确定”按钮；完成齿轮轴 1 和前端盖的装配，如图 10-35 所示。

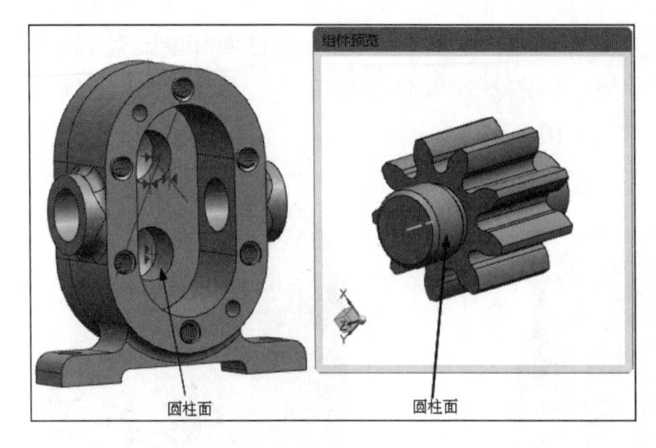

图 10-34　自动判断中心/轴配对

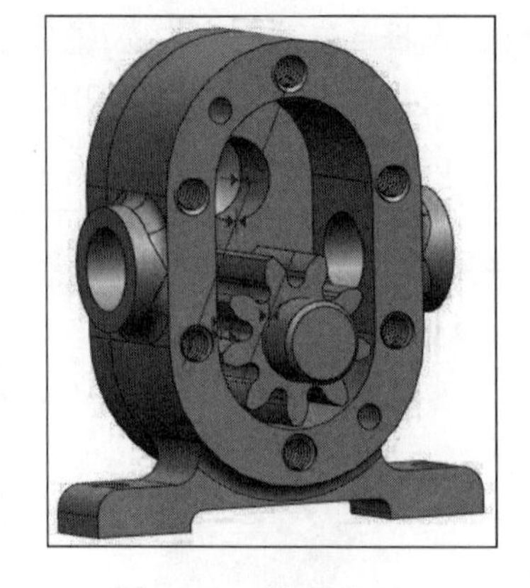

图 10-35　装配模型

07 装配齿轮轴 2。在菜单栏中选择“装配”→“组件”→“添加组件”，或单击“装配”选项卡→“组件”组→“添加”图标，弹出“添加组件”对话框。单击其中的“打开”按钮，弹出“部件名”对话框。选择“chilunzhou2.prt”文件，单击“OK”按钮，弹出“组件预览”窗口。在“添加组件”对话框中，在“装配位置”下拉列表中选择“对齐”选项，在绘图区指定放置组件的位置，在“放置”选项组中选择“约束”。在“约束类型”中选择“接触对齐”选项，在“方位”下拉列表中选择“接触”方位。依次选择如图 10-36 所示前端盖的端面和齿轮的端面，完成面接触约束。

08 选择“自动判断中心/轴”方位，依次选择如图 10-37 所示的齿轮轴 2 圆柱面和前端盖圆柱面。

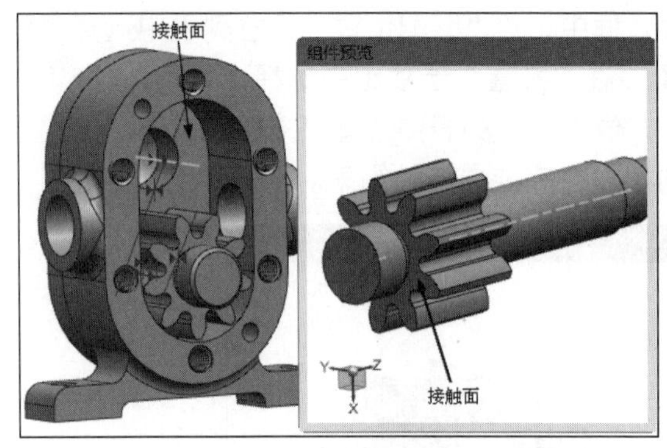

图 10-36　接触配对

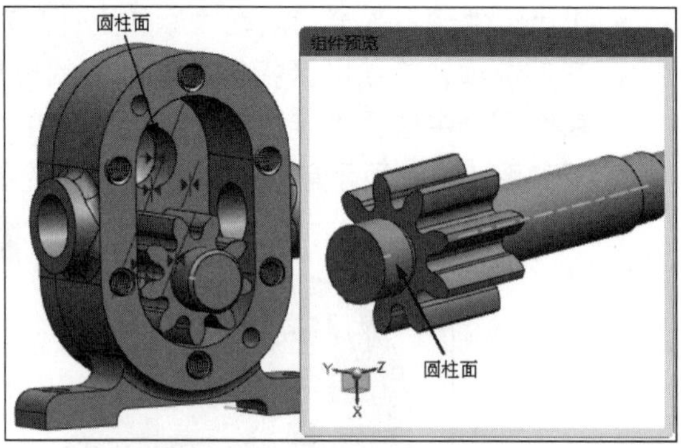

图 10-37　自动判断中心/轴配对

09 选择“接触”方位，依次选择如图 10-38 所示的齿轮轴 1 和齿轮轴 2 的齿面，单击“确定”按钮。完成齿轮轴 2 的装配，如图 10-39 所示。

10 装配后端盖和机座。在菜单栏中选择“装配”→“组件”→“添加组件”，或单击“装配”选项卡→“组件”组→“添加”图标，弹出“添加组件”对话框。单击“打开”按钮，弹出“部件名”对话框。选择“houduangai.prt”文件，单击“OK”按钮，弹出“组件预览”窗口。在“添加组件”对话框中，在“装配位置”下拉列表中选择“对齐”选项，在绘图区指定放置组件的位置，在“放置”组中选择“约束”。在“约束类型”中选择“接触对齐”选项，在“方位”下拉列表中选择“接触”方位。依次选择如图 10-40 所示机座的端面和后端盖的端面，完成面接触约束。

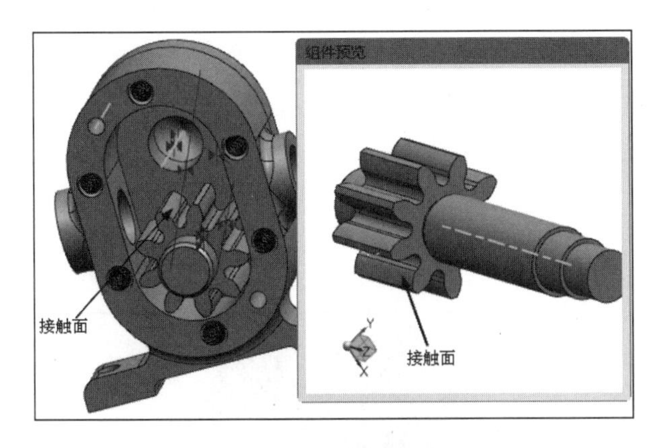

图 10-38 接触配对

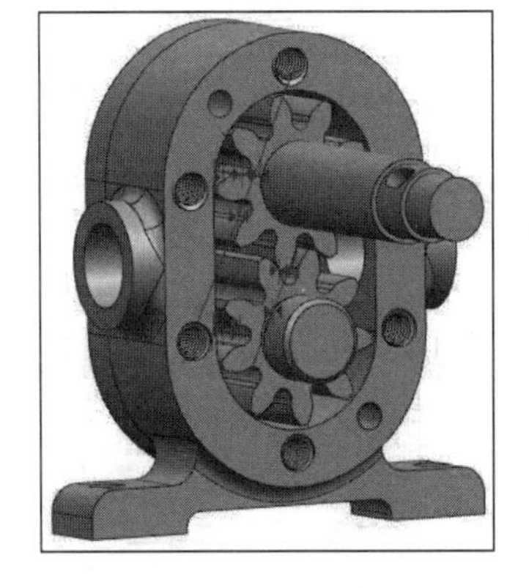

图 10-39 装配模型

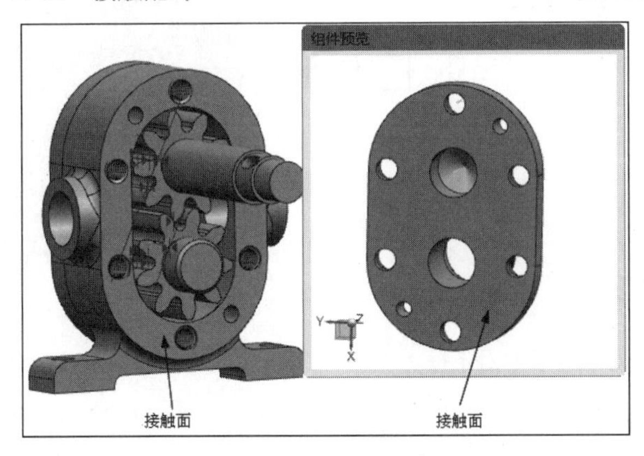

图 10-40 接触配对

11 选择“自动判断中心/轴”方位，依次选择如图 10-41 所示的基座圆柱面和前端盖圆柱面；重复上述操作，选择如图 10-41 所示另一侧的基座圆柱面和前端盖圆柱面，单击“确定”按钮，完成基座和前端盖的装配，如图 10-42 所示。

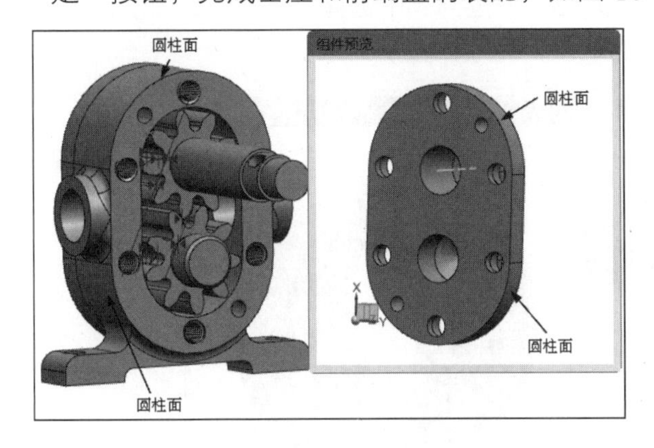

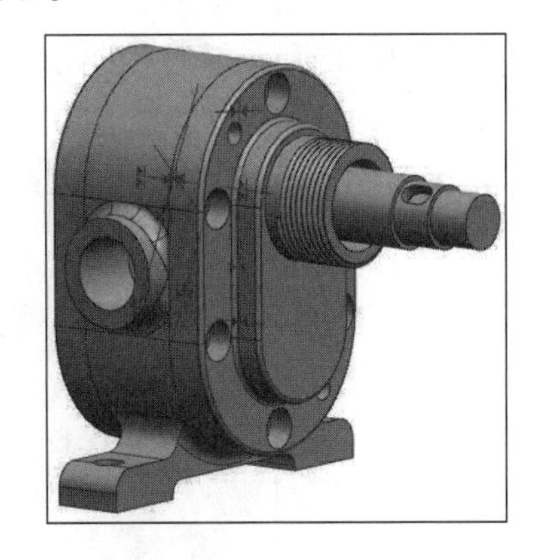

图 10-41 自动判断中心/轴配对

图 10-42 装配模型

12 编辑对象显示。在菜单栏中选择“编辑”→“对象显示”，弹出“类选择”对话框，选择后端盖，弹出“编辑对象显示”对话框，如图 10-43 所示。单击“颜色”选项❶，弹出“颜色”对话框，单击“浅蓝色”■，单击“确定”按钮，完成颜色的设置。同上选择机座，并在透明度滑竿设置项中拖动按钮到 70❷，这时模型设置为透明状态。编辑后的模型如图 10-44 所示。

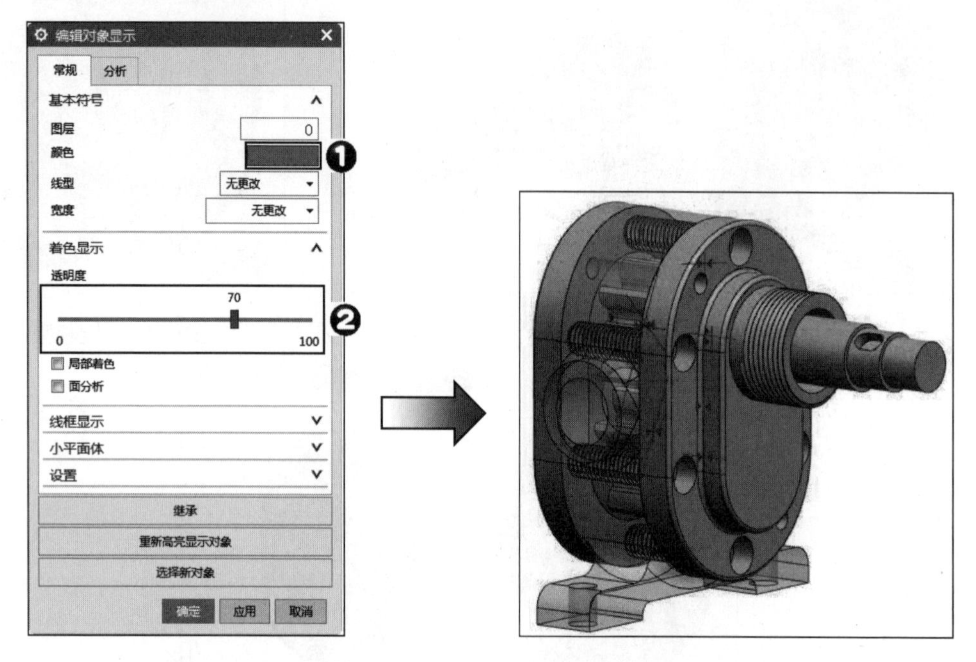

图 10-43 “编辑对象显示”对话框

图 10-44 模型

13 装配防尘套和后端盖。在菜单栏中选择“装配”→“组件”→“添加组件”，或单击“装配”选项卡→“组件”组→“添加”图标，弹出“添加组件”对话框。单击“打开”按钮，弹出“部件名”对话框，选择“fangchentao.prt”文件，单击“OK”按钮，弹出“组件预览”窗口。在“添加组件”对话框中，在“装配位置”下拉列表中选择“对齐”选项，在绘图区指定放置组件的位置，在“放置”选项组中选择“约束”。在“约束类型”中选择“接触对齐”选项，在“方位”下拉列表中选择“接触”方位。依次选择如图 10-45 所示前端盖的端面和齿轮的端面，完成面接触约束。

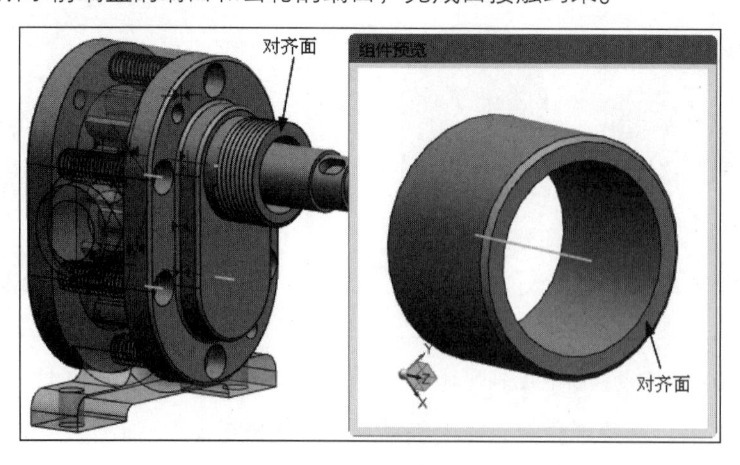

图 10-45 接触配对

14 选择“自动判断中心/轴”方位，依次选择如图 10-46 所示的齿轮轴 1 圆柱面和前端盖圆柱面。单击“确定”按钮，完成齿轮轴 1 和前端盖的装配，如图 10-47 所示。

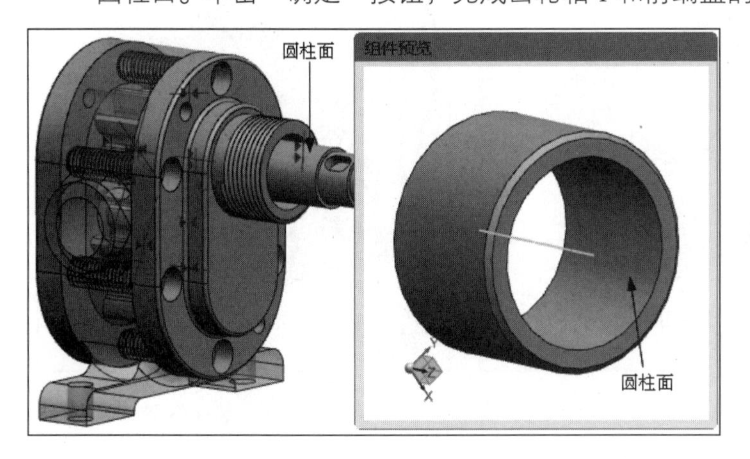

图 10-46 自动判断中心/轴配对

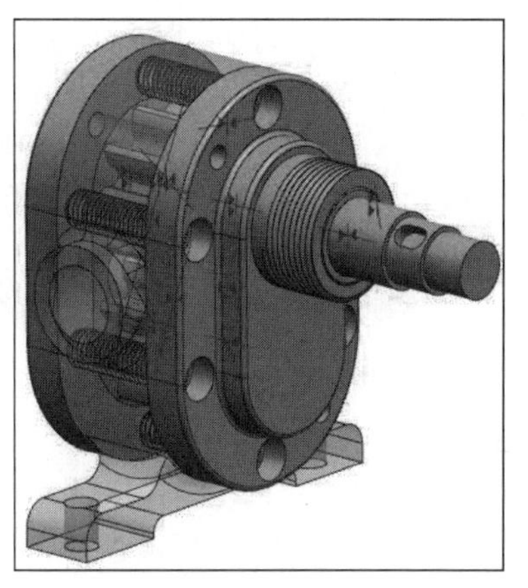

图 10-47 装配模型

15 装配键和轴 2。在菜单栏中选择“装配”→“组件”→“添加组件”，或单击“装配”选项卡→“组件”组→“添加”图标，弹出“添加组件”对话框。单击“打开”按钮，弹出“部件名”对话框。选择“yuantoupingjian.prt”文件，单击“OK”按钮，弹出“组件预览”窗口。在“添加组件”对话框中，在“装配位置”下拉列表中选择“对齐”选项，在绘图区指定放置组件的位置，在“放置”选项组中选择“约束”。在“约束类型”中选择“接触对齐”选项，在“方位”下拉列表中选择“接触”方位。依次选择如图 10-48 所示前端盖的端面和齿轮的端面，完成面接触约束。

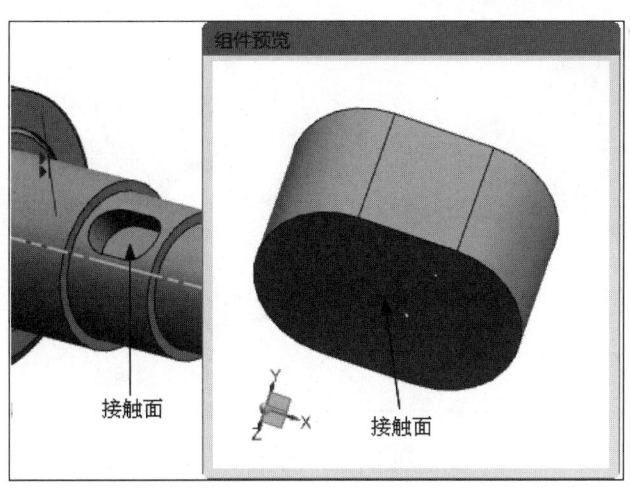

图 10-48 接触配对

16 选择“自动判断中心/轴”方位，依次选择如图 10-49 所示的齿轮轴 1 圆柱面和前端盖圆柱面。单击“确定”按钮，完成齿轮轴 1 和前端盖的装配，如图 10-50 所示。

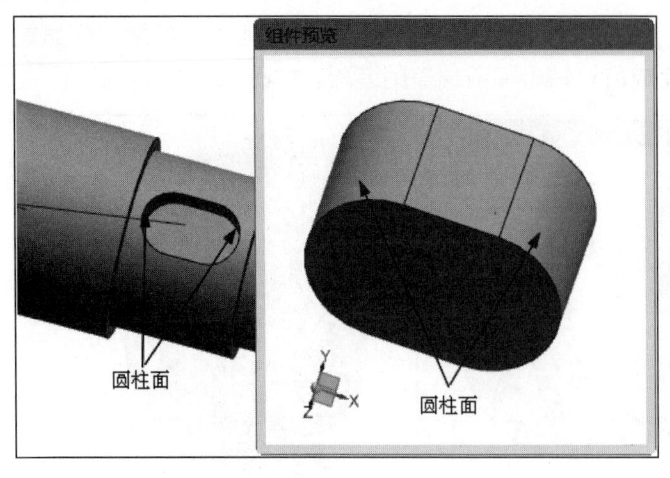

图 10-49　自动判断中心/轴配对

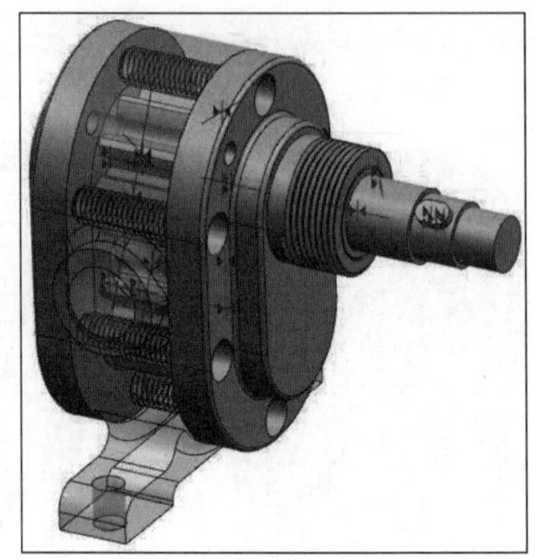

图 10-50　装配模型

17 装配大齿轮和轴 2。在菜单栏中选择“装配”→“组件”→“添加组件”，或单击“装配”选项卡→“组件”组→“添加”图标，弹出“添加组件”对话框。单击“打开”按钮，弹出“部件名”对话框。选择“chilun.prt”文件，单击“OK”按钮，弹出“组件预览”窗口。在“添加组件”对话框中，在“装配位置”下拉列表中选择“对齐”选项，在绘图区指定放置组件的位置，在“放置”选项组中选择“约束”。在“约束类型”中选择“接触对齐”选项，在“方位”下拉列表中选择“接触”方位。依次选择如图 10-51 所示的齿轮平端面和轴阶端面，完成面对齐约束。

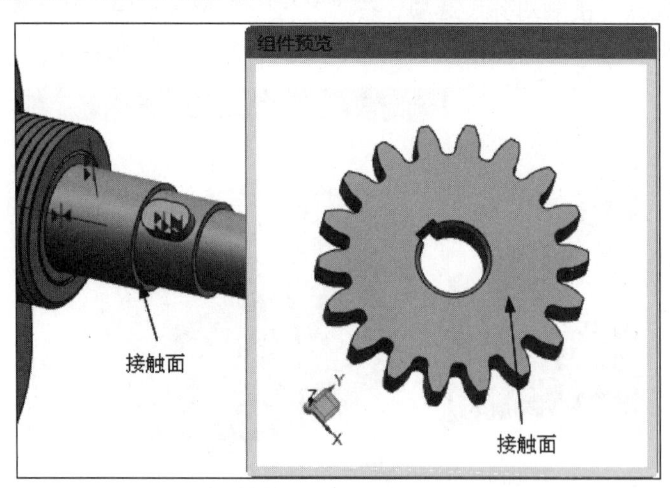

图 10-51　接触配对

18 选择“接触”方位，分别选择如图 10-52 所示的键槽一侧平面和键一侧面，单击“应用”按钮，完成对齐约束的操作。

19 选择“自动判断中心/轴”方位，依次选择如图 10-53 所示的大齿轮内孔面和轴 2 的圆柱面，单击“确定”按钮，生成如图 10-54 所示的模型。

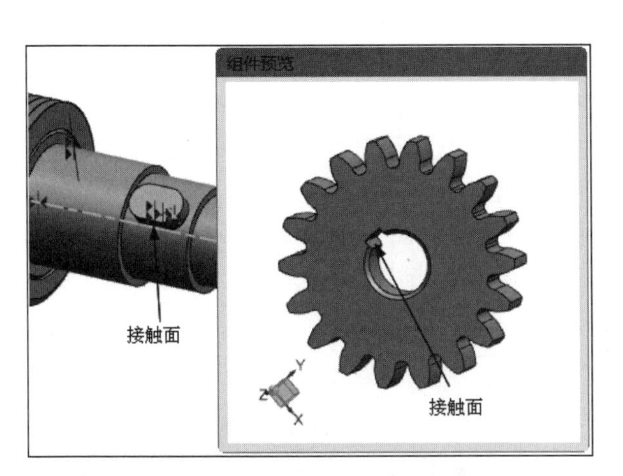

图 10-52 接触配对

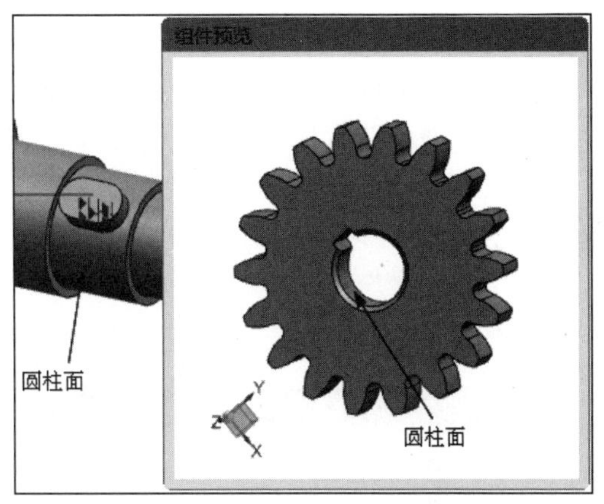

图 10-53 自动判断中心/轴配对

图 10-54 装配模型

10.7.2 创建装配爆炸图

本节将介绍对齿轮泵装配爆炸图的创建、编辑和删除操作。

01 打开文件 bengzhuangpei，进入 UG 建模模块。

02 创建爆炸视图。在菜单栏中选择“装配”→“爆炸图”→“新建爆炸”，弹出如图 10-55 所示的“新建爆炸”对话框，接受系统默认爆炸视图名称，单击“确定”按钮。

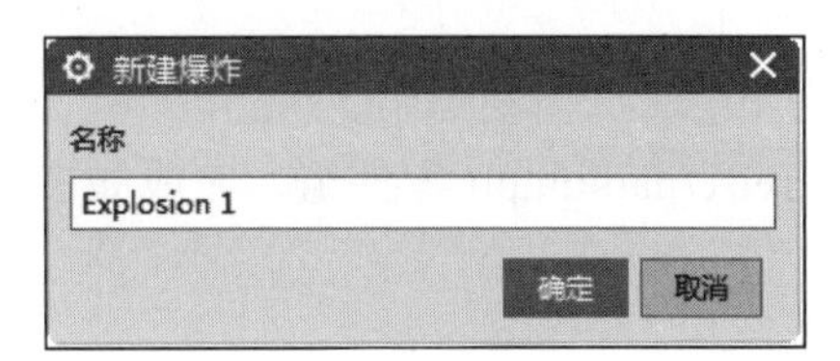

图 10-55 “新建爆炸”对话框

03 编辑爆炸视图。在菜单栏中选择“装配”→“爆炸图”→“编辑爆炸”，弹出“编辑爆炸”对话框，如图 10-56 所示。选择装配图中的前端盖，并在“编辑爆炸”对话框中选中“移动对象”单选按钮，选择 Y 轴，在对话框中设置距离为 50，单击“确定”按钮，完成爆炸视图操作，生成如图 10-57 所示的模型。

04 创建不爆炸组件。在菜单栏中选择“装配”→“爆炸图”→“取消爆炸组件”，弹出“类选择”对话框，选择图 10-57 所示的前端盖并单击“确定”按钮，创建的爆炸组件恢复到装配位置。

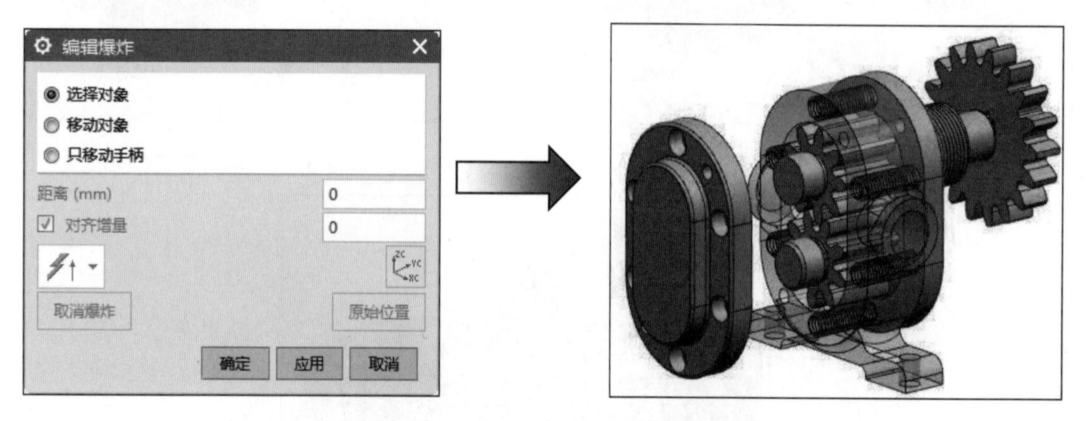

图 10-56 “编辑爆炸”对话框

图 10-57 爆炸图

05 删除爆炸视图。在菜单栏中选择“装配”→“爆炸图”→“删除爆炸”，弹出的“爆炸图”对话框如图 10-58 所示，选择要删除的爆炸图名称，单击“确定”按钮，完成删除操作。

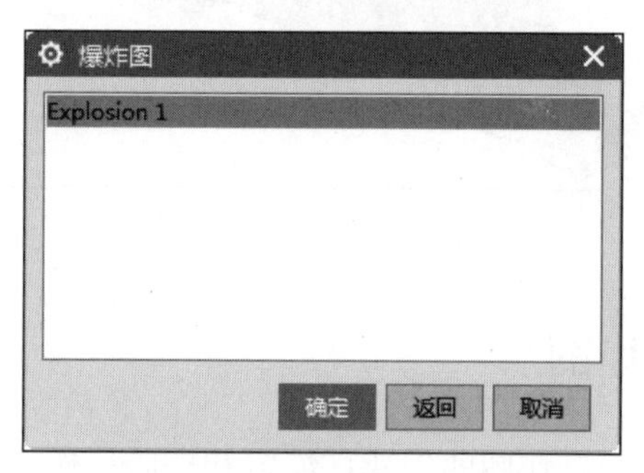

图 10-58 “爆炸图”对话框

10.8 操作训练题

1. 打开 yuanwenjian/9/exercise/jiaolun.prt 零件组，完成如图 10-59 所示的零件装配。

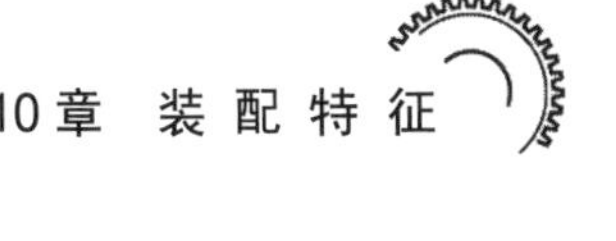

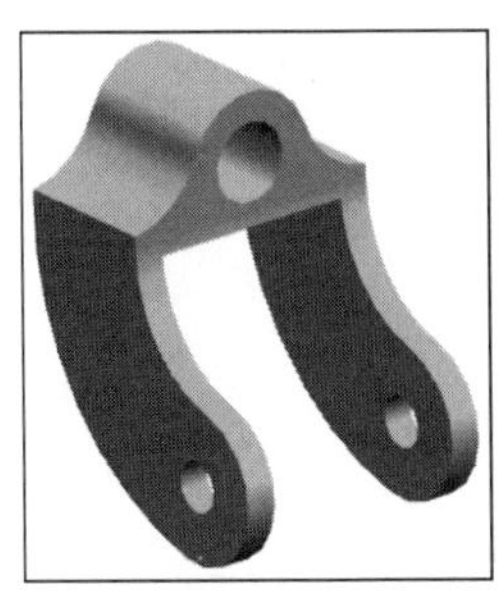

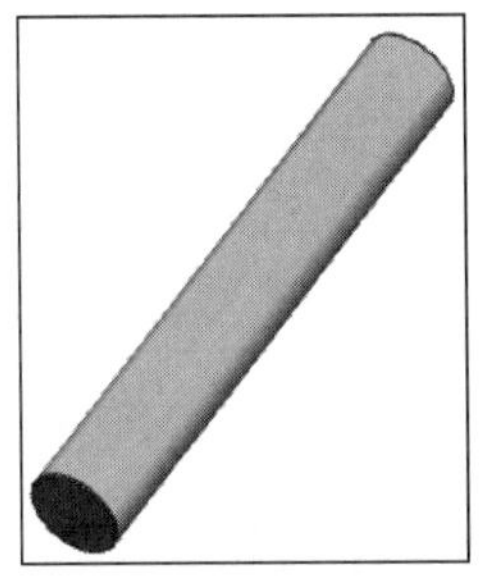

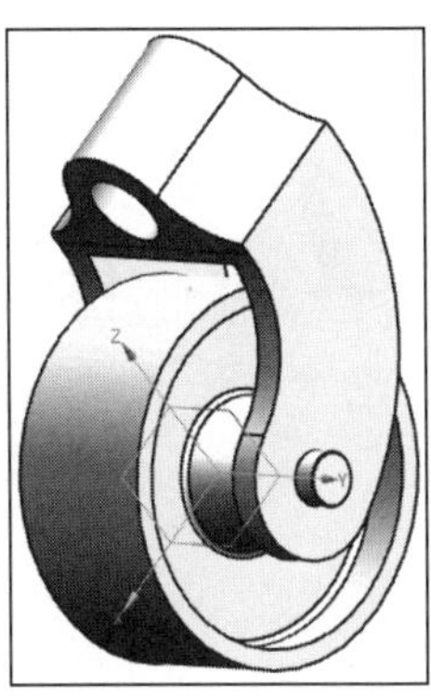

图 10-59 零件装配

操作提示

（1）采用自底向上的方式装配。

（2）执行“装配”→“组件”→“装配约束”命令。

2．打开 yuanwenjian/10/exercise/jiaolun.prt 零件组，创建实验 1 的爆炸图，如图 10-60 所示。

图 10-60 爆炸图

操作提示

（1）执行“装配”→“爆炸图”→“新建爆炸”命令，新建爆炸图。

（2）执行“装配”→“爆炸图”→“自动爆炸”命令，输入爆炸距离，创建爆炸图。

第11章

工程图特征

本章将主要讲述工程图的视图操作以及如何对工程图进行标注。

11.1　工程图概述

单击“标准”工具栏中的图标，弹出如图 11-1 所示的“新建”对话框。在该对话框中打开“图纸”选项卡，选择适当的图纸并输入名称，也可以导入要创建图纸的部件。单击“确定”按钮，进入工程图环境。

平面工程图是由三维实体模型投影得到的，与三维实体完全相关，实体模型的尺寸、形状以及位置的任何改变都会引起平面工程图的相应更新，更新过程可由用户控制。

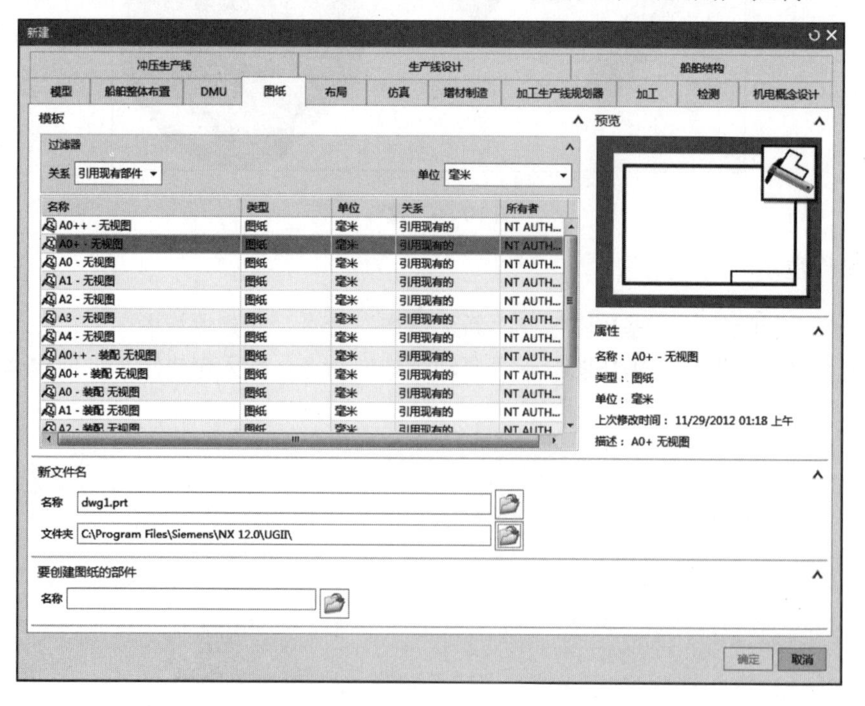

图 11-1　“新建”对话框

UG 工程绘图模块提供了自动视图布置、剖视图、各向视图、局部放大图、局部剖视图、自动、手工尺寸标注、形位公差、表面粗糙度符号标注、支持 GB、标准汉字输入、视图手工编辑、装配图剖视、爆炸图、明细表自动生成等选项，各选项卡如图 11-2～图 11-4 所示。

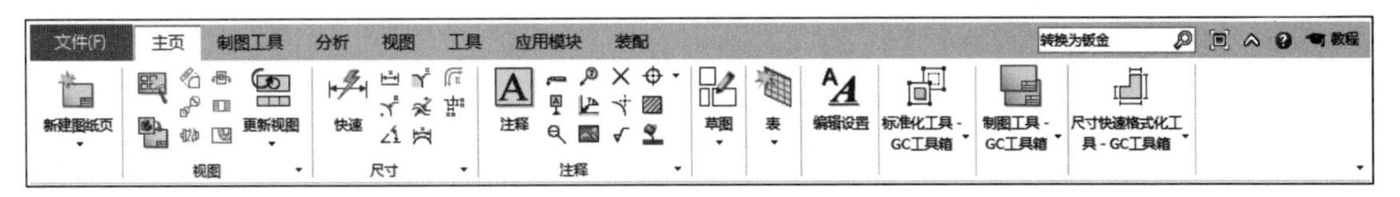

图 11-2 “主页”选项卡

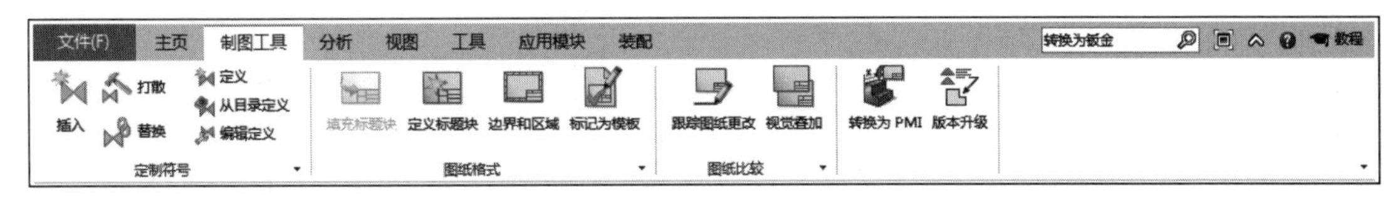

图 11-3 “制图工具”选项卡

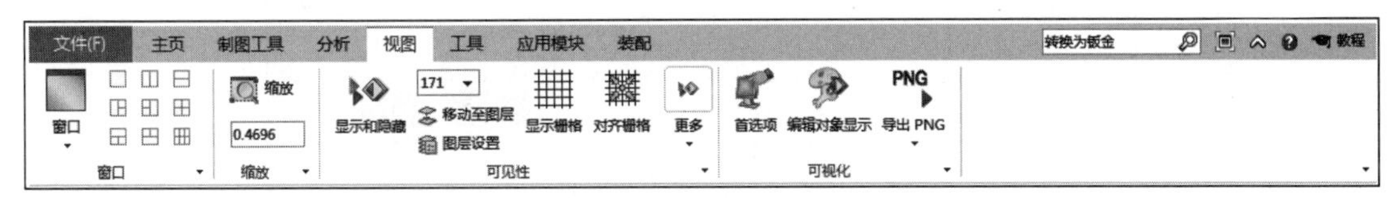

图 11-4 “视图”选项卡

11.2 工程图参数预设置

工程图参数用于设置在制作过程中工程图的情况，比如箭头的大小、线条的粗细、隐藏线的显示与否、标注的字体和大小等。NX 12.0 默认安装使用的是通用制图标准，其中很多选项是不符合中国国标的，因此需要用户设置符合国标的工程图尺寸，以方便使用。下面介绍一些主要参数的设置方法。

11.2.1 工程图参数设置

在菜单栏中选择“首选项”→“制图”，系统会弹出如图 11-5 所示的“制图首选项”对话框，用于进行“常规”“公共”“图纸格式”“视图”“注释”等 11 部分选项操作。该对话框各项功能一目了然，此处不再详述。

对于制图的预设置操作，在 UG NX 12.0 中“用户默认设置”管理工具中可以统一设置默认值。在菜单栏中选择“文件”→“实用工具”→“用户默认设置”，系统会弹出如图 11-6 所示的对话框，在该对话框中可对默认设置进行更改。

图 11-5 “制图首选项”对话框

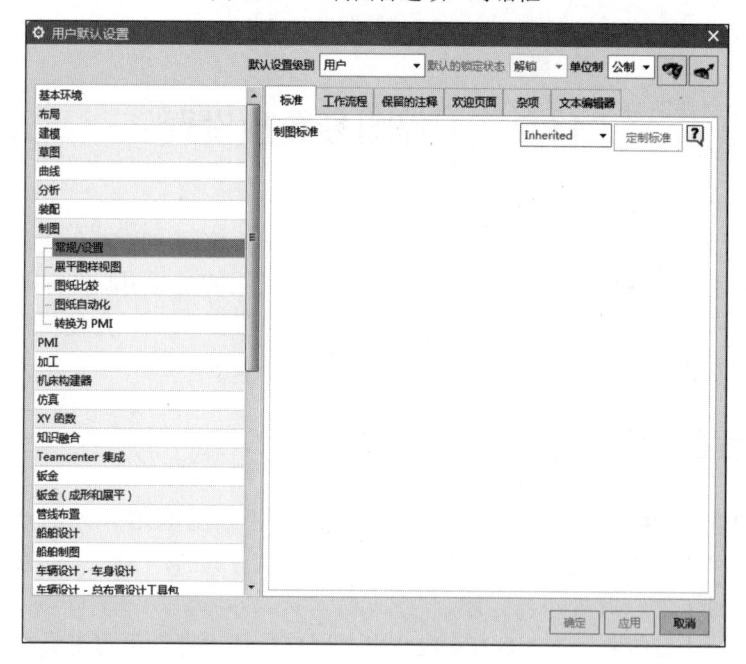

图 11-6 “用户默认设置”对话框

11.2.2 注释预设置

在工程图环境下，在菜单栏中选择“首选项”→“制图”，弹出“制图首选项”对话框，在“制图首选项”对话框中选择“注释”选项，弹出如图 11-7 所示的“注释”选项。

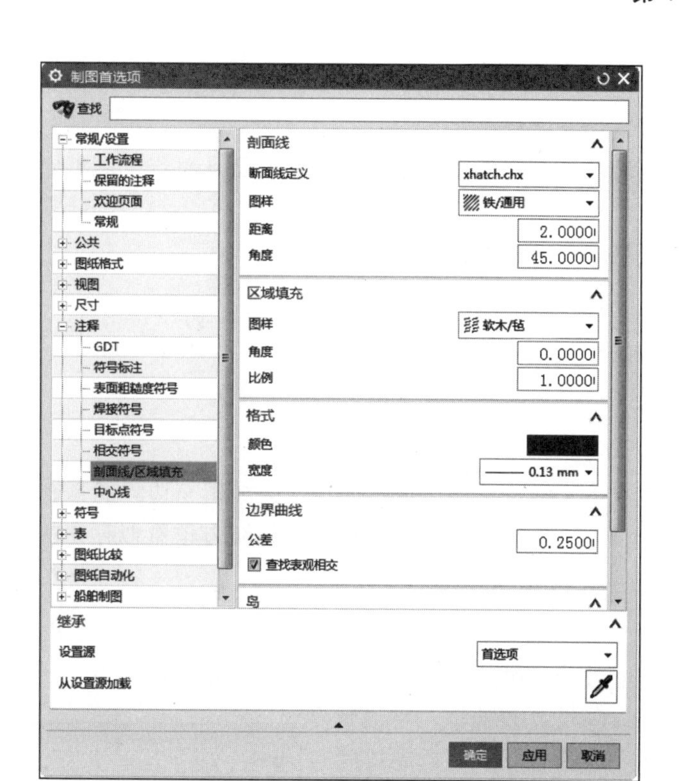

图 11-7　“注释”选项

1. GDT

（1）格式：设置所有形位公差符号的颜色、线型和宽度。

（2）应用与所有注释：单击此按钮，将颜色、线型和线宽应用到所有制图注释，该操作不影响制图尺寸的颜色、线型和线宽。

2. 符号标注

（1）格式：设置符号标注符号的颜色、线型和宽度。

（2）直径：以毫米或英寸为单位设置标注符号的大小。

3. 焊接符号

（1）间距因子：设置焊接符号不同组成部分之间的间距默认值。

（2）符号大小因子：控制焊接符号中的符号大小。

（3）焊接线间隙：控制焊接线和焊接符号之间的距离。

4. 剖面线/区域填充

（1）剖面线

① 断面线定义：显示当前剖面线文件的名称。

② 图样：从派生自剖面线文件的图样列表设置剖面线图样。

③ 距离：控制剖面线之间的距离。

④ 角度：控制剖面线的倾斜角度。从正的 XC 轴到主剖面线沿逆时针方向测量角度。

（2）区域填充

① 图样：设置区域填充图样。

② 角度：控制区域填充图样的旋转角度。该角度是从平行于图纸底部的一条直线开始沿逆时针方向测量的。

③ 比例：控制区域填充图样的比例。

（3）格式

① 颜色：设置剖面线颜色和区域填充图样。

② 宽度：设置剖面线和区域填充中曲线的线宽。

（4）边界曲线

① 公差：用于控制 NX 沿着曲线逼近剖面线或区域填充边界的紧密程度。

② 查找表观相交：表现相交和表观成链是基于视图方位看似存在的相交曲线和链，但实际上不存在于几何体中。

（5）岛

① 边距：设置剖面线或区域填充样式中排除文本周围的边距。

② 自动排除注释：勾选此复选框，将设置剖面线对话框和区域填充对话框中的自动排除注释选项。

5. 中心线

（1）颜色：设置所有中心线符号的颜色。

（2）宽度：设置所有中心线符号的线宽。

11.2.3 视图预设置

在工程图环境下，在菜单栏中选择“首选项”→“制图”，弹出“制图首选项”对话框，在“制图首选项”对话框中选择“视图”选项，弹出如图 11-8 所示的“视图”选项。

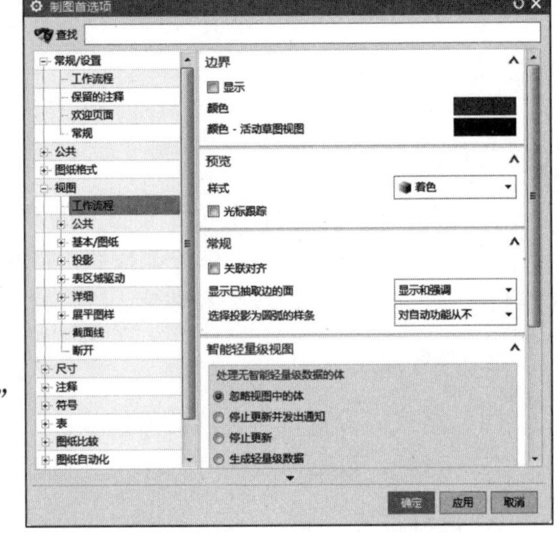

图 11-8 “视图”选项

1. 公共

（1）隐藏线：用于设置在视图中隐藏线所显示的方法。其中有详细的选项可以控制隐藏线的显示类别、显示线型、粗细等。

（2）可见线：用于设置可见线的颜色、线型和粗细。

（3）光顺边：用于设置光顺边是否显示以及光顺边显示的颜色、线型和粗细，还可以设置光顺边距离边缘的距离。

（4）虚拟交线：用于设置虚拟交线是否显示以及虚拟交线显示的颜色、线型和粗细，还可以设置理论交线距离边缘的距离。

（5）常规：用于设置视图的最大轮廓线、参考、UV 栅格等细节选项。

（6）螺纹：用于设置螺纹表示的标准。

（7）PMI：用于设置视图是否继承在制图平面中的形位公差。

2. 表区域驱动

（1）格式

① 显示背景：用于显示剖视图的背景曲线。

② 显示前景：用于显示剖视图的前景曲线。

③ 剖切片体：用于在剖视图中剖切片体。

④ 显示折弯线：在阶梯剖视图中显示剖切折弯线。仅当剖切穿过实体材料时才会显示折弯线。

（2）剖面线

① 创建剖面线：控制是否在给定的剖视图中生成关联剖面线。

② 处理隐藏的剖面线：控制剖视图的剖面线是否参与隐藏线处理。此选项主要用于局部剖和轴测剖视图，以及任何包含非剖切组件的剖视图。

③ 显示装配剖面线：控制装配剖视图中相邻实体的剖面线角度。设置此选项后，相邻实体间的剖面线角度会有所不同。

④ 将剖面线限制为+/-45 度：强制装配剖视图中相邻实体的剖面线角度仅设置为 45°和 135°。

⑤ 剖面线相邻公差：控制装配剖视图中相邻实体的剖面线角度。

（3）截面线

用于设置阴影线的显示类别，包括背景、剖面线、断面线等。

（4）详细

用于设置剖切线的详细参数。

11.3　图纸管理

在 UG 中，任何一个三维模型都可以通过不同的投影方法、图样尺寸和比例创建灵活多样的二维工程图。本节将介绍工程图纸的创建和编辑。

11.3.1　创建图纸

在菜单栏中选择“插入”→“图纸页”，或单击“主页”选项卡→“新建图纸页”图标，弹出如图 11-9 所示的“工作表”对话框。

1. 大小

（1）使用模板：选择此选项，如图 11-9（a）所示，在“图纸页模板”列表框中选择所需的模板即可。

（2）标准尺寸：选择此选项，如图 11-9（b）所示，设置标准图纸的大小和比例。

（3）定制尺寸：选择此选项，如图 11-9（c）所示，可以自定义设置图纸的大小和比例。

（4）大小：用于指定图纸的尺寸规格。

（5）比例：用于设置工程图中各类视图的比例大小，系统默认的比例为 1∶1。

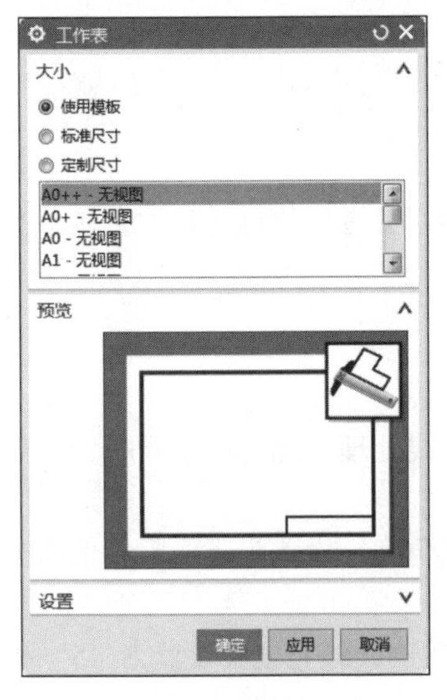

（a）使用模板

（b）标准尺寸

（c）定制尺寸

图 11-9 “工作表”对话框

2. 图纸页名称

用于输入新建图纸的名称，输入的名称由系统自动转化为大写形式。系统会自动编号为 SHT1、SHT2、SHT3 等，也可以由用户指定相应的图纸名。

11.3.2 编辑图纸

在菜单栏中选择“编辑”→“图纸页”，弹出如图 11-10 所示的“工作表”对话框。

可按 11.3.1 节介绍创建图纸的方法，在该对话框中修改已有的图纸名称、尺寸、比例和单位等参数。修改完成后，系统就会以新的图纸参数来更新已有的图纸。在图纸导航器上选中要编辑的图纸，右击，选择“编辑图纸页”，也可弹出相同的对话框。

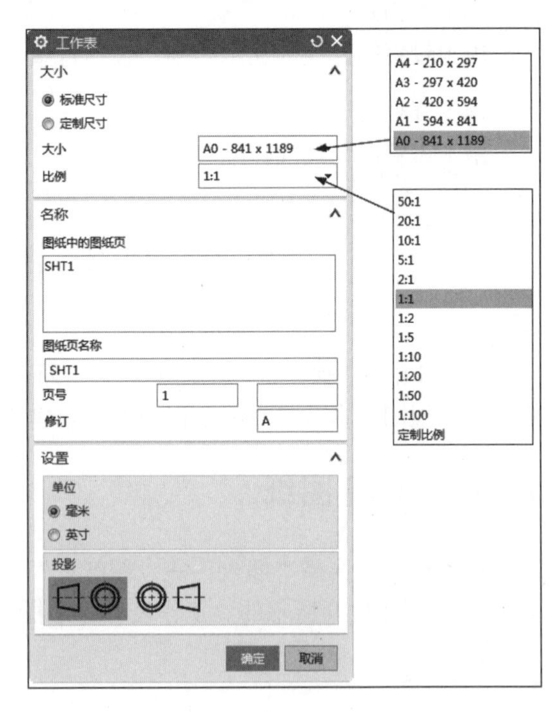

图 11-10 “工作表”对话框

11.4　视 图 创 建

创建完工程图纸之后，接下来在图纸上绘制各种视图来表达三维模型，UG 制图模块提供了各种视图的创建。

11.4.1　基本视图

在菜单栏中选择“插入”→“视图”→“基本视图”，或单击“主页”选项卡→“视图”组→“基本视图”图标，弹出如图 11-11 所示的“基本视图”对话框，该对话框用于将基本视图添加到图纸页。

下面介绍该工具栏中主要选项的用法。

（1）要使用的模型视图：用于设置向图纸中添加何种类型的视图同，包括“俯视图”“前视图”“右视图”“后视图”“仰视图”“左视图”“正等测图”和“正三轴测图”共 8 种类型的视图。

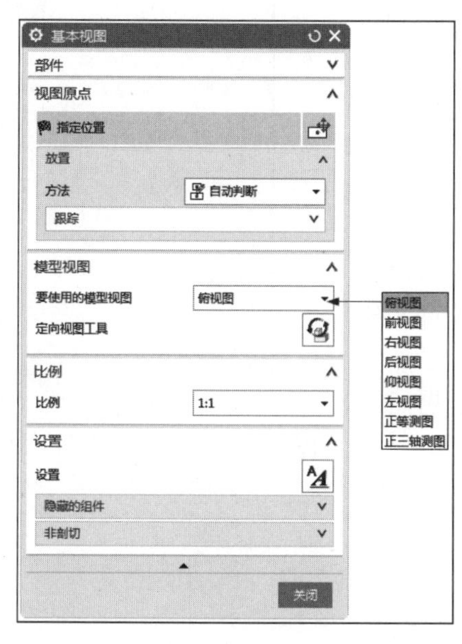

图 11-11　“基本视图”对话框

（2）定向视图工具：单击图标，弹出如图 11-12 所示的“定向视图工具”对话框。该对话框用于自由旋转、寻找合适的视角、设置关联方位视图和实时预览。设置完成后，单击鼠标中键就可以放置基本视图。

（3）比例：用于设置图纸中的视图比例。

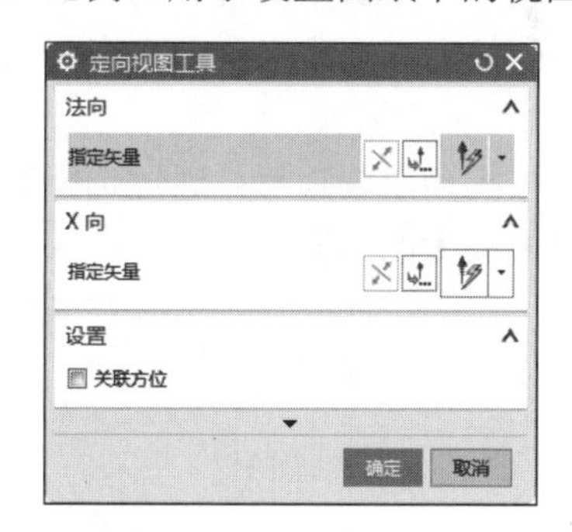

图 11-12　“定向视图工具”对话框

11.4.2　投影视图

在添加完主视图后，系统会自动出现如图 11-13 所示的“投影视图”对话框。在菜单栏中选择“插入”→“视图”→“投影视图”，或单击“主页”选项卡→“视图”组→“投影视图”图标，也可打开相同的对话框。该工具栏可从任意父视图创建投影正交或辅助视图。

下面介绍该工具栏中主要选项的用法。

（1）父视图：系统默认选择上一步添加的视图为主视图来生成其他视图，但是用户可以单击“选择视图”按钮，选择相应的主视图。

（2）铰链线：系统会默认在主视图的中心位置出现一条折叶线，同时用户可以拖动鼠标方向来改变折叶线的法向方向，以此来实时预览生成的视图。用户可以勾选“反转投影方向”复选框，此时系统会按照铰链线的反向方向生成视图。

（3）移动视图：用于在视图放定位置后重新移动视图。

采用投影生成视图，可以一次生成各种方向的视图，同时可以预览三维实体，只有在放定以后才真正生成最后的图纸。

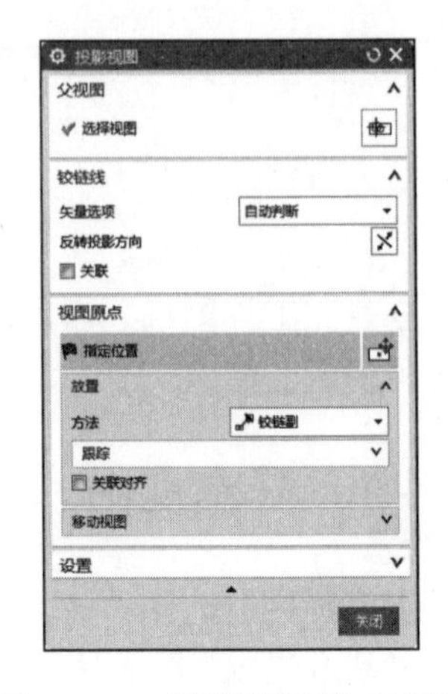

图 11-13 “投影视图”对话框

11.4.3 局部放大图

在菜单栏中选择“插入”→“视图”→“局部放大图”，或单击“主页”选项卡→“视图”组→“局部放大图”图标，弹出如图 11-14 所示的“局部放大图”对话框。该对话框用于创建一个包含图纸视图放大部分的视图，如图 11-15 所示。

下面介绍对话框中的“类型”选项。

（1）圆形：用于指定视图的圆形边界。用户可以选择圆形中心点和边界点来定义圆形大小，还可拖动鼠标来定义视图边界大小。

（2）按拐角绘制矩形：通过选择对角线上的两个拐点创建矩形局部放大图边界。

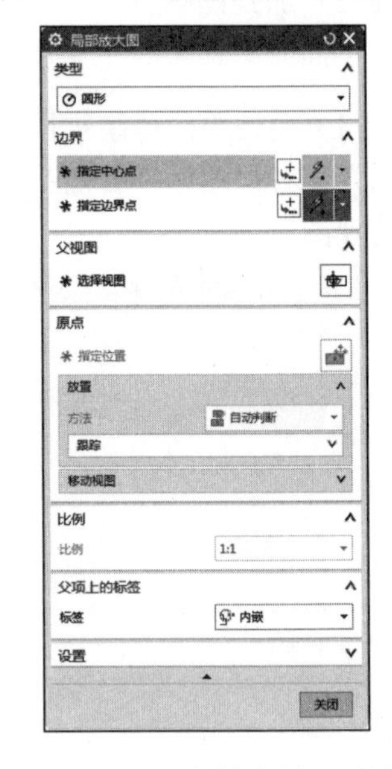

图 11-14 “局部放大图”对话框

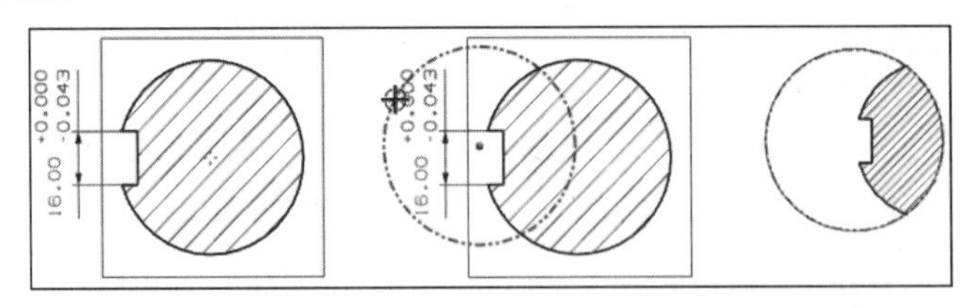

图 11-15 “局部放大图”示意图

（3）按中心和拐角绘制矩形：通过选择一个中心点和一个拐角点创建矩形局部放大图边界。

11.4.4 剖视图

在菜单栏中选择“插入”→“视图”→“剖视图”命令，或者单击“主页”选项卡→“视图”组→“剖视图”图标，弹出如图 11-16 所示的“剖视图”对话框。

1. 简单剖/阶梯剖

（1）在“剖视图”对话框中，在“方法”下拉列表框中选择“简单剖/阶梯剖”选项。

（2）系统提示定义剖视图的切割位置，选择基本视图中的圆心为剖切位置。

（3）拖动视图到适当位置，完成剖视图的创建。调整各视图位置，最终工程图效果如图 11-17 所示。

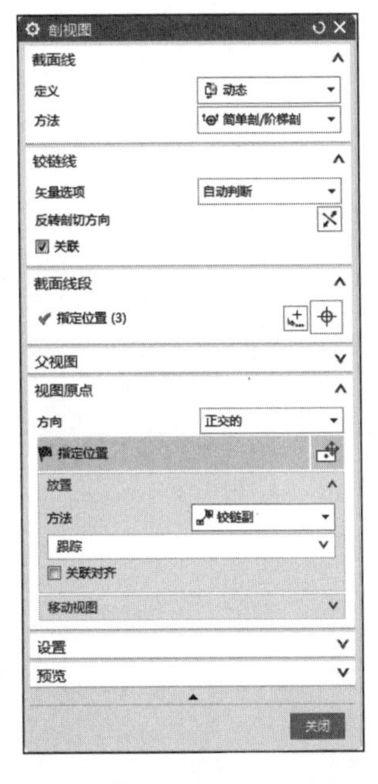

图 11-16　“剖视图”对话框

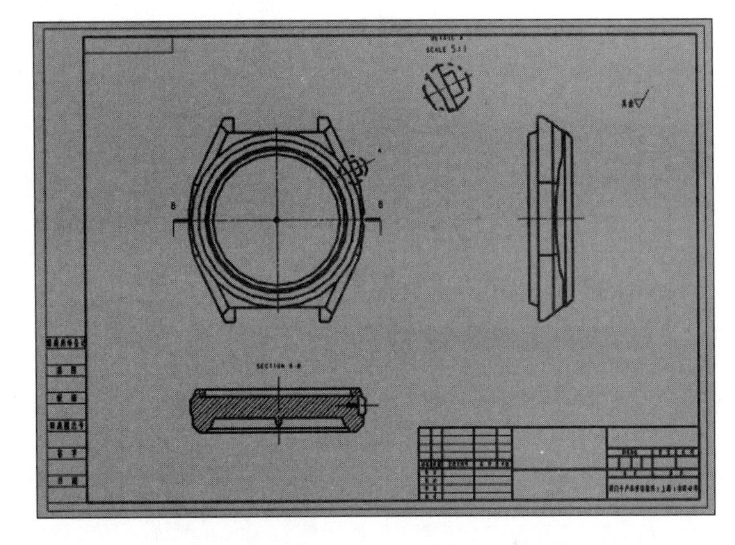

图 11-17　“简单剖/阶梯剖”工程图

2. 半剖

（1）在“剖视图”对话框中，在“方法”下拉列表框中选择“半剖”选项，如图 11-18 所示。

（2）系统提示定义剖视图的切割位置，选择基本视图中的圆心为剖切位置 1，然后选择半剖的剖切位置 2。

（3）拖动视图到适当位置，完成剖视图的创建。调整各视图位置，最终工程图效果如图 11-19 所示。

3. 旋转

（1）在“剖视图”对话框中，在“方法”下拉列表框中选择“旋转”选项，如图 11-20 所示。

（2）系统提示定义剖视图的切割位置，选择基本视图中的圆心为剖切位置，在基本视图上确定“旋转剖”的角度范围。

（3）拖动视图到适当位置，完成剖视图的创建。调整各视图位置，最终工程图效果如图 11-21 所示。

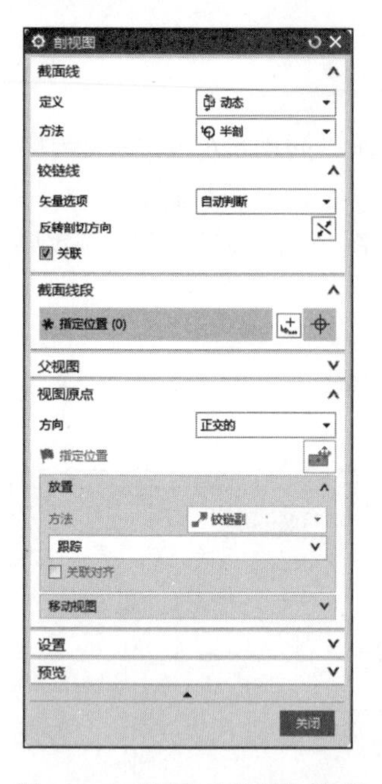

图 11-18　选择“半剖”选项

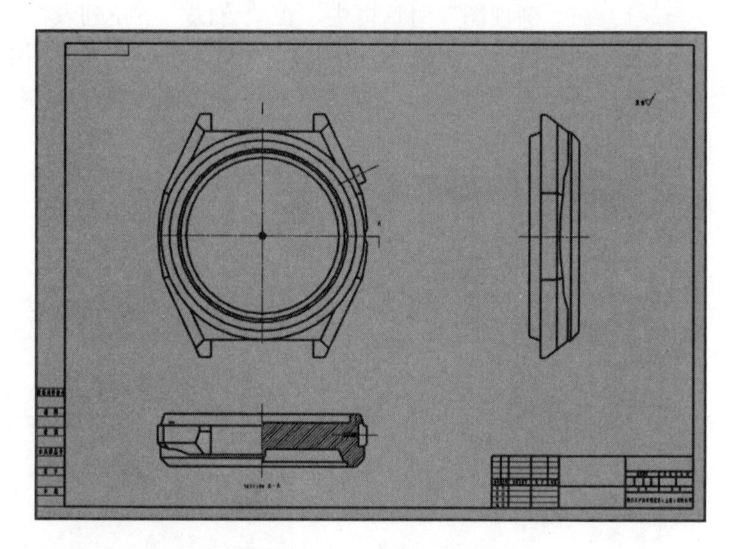

图 11-19　“半剖”工程图

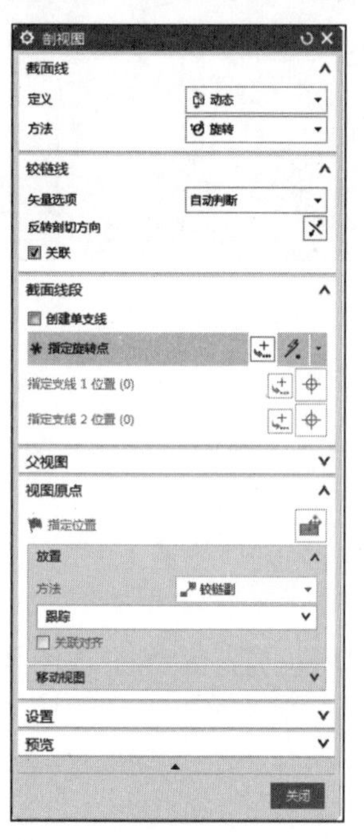

图 11-20　选择“旋转”选项

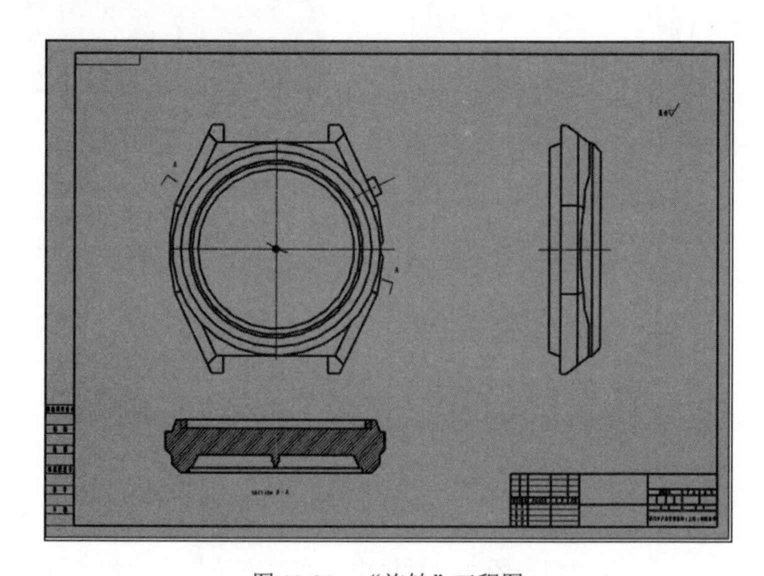

图 11-21　“旋转”工程图

11.4.5　局部剖视图

在菜单栏中选择“插入”→“视图”→“局部剖”，或单击“主页”选项卡→“视图”组→“局部剖视图”图标，弹出如图 11-22 所示的“局部剖”对话框。该对话框用于通过在任意父图纸视图中移除一个部件区域来创建一个局部剖视图，其示意图如图 11-23 所示。

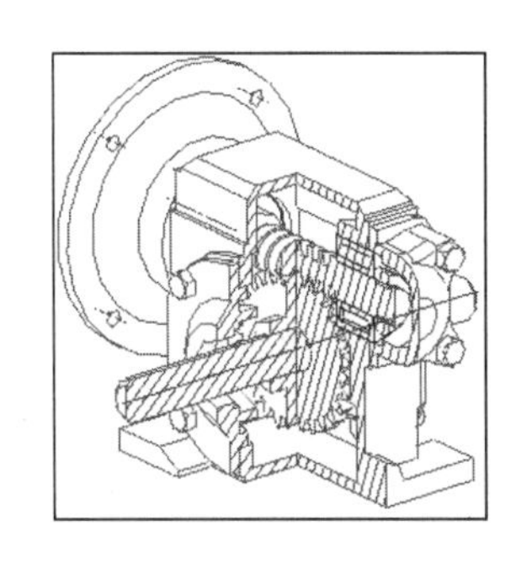

图 11-22 “局部剖”对话框　　　　图 11-23 “局部剖”示意图

（1）选择视图：用于选择要进行局部剖切的视图。

（2）指出基点：用于确定剖切区域沿拉伸方向开始拉伸的参考点，该点可通过“捕捉点”工具栏指定。

（3）指出拉伸矢量：用于指定拉伸方向，可用矢量构造器指定，必要时可使拉伸反向，或指定为视图法向。

（4）选择曲线：用于定义局部剖切视图剖切边界的封闭曲线。当选择错误时，可单击“取消选择上一个”按钮，取消上一个选择。定义边界曲线的方法是：在进行局部剖切的视图边界上右击，在弹出的快捷菜单中选择“扩展成员视图”，进入视图成员模型工作状态，用曲线功能在要产生局部剖切的位置创建局部剖切边界线。完成边界线的创建后，在视图边界上右击，再从快捷菜单中选择“扩展成员视图”命令，恢复到工程图界面。这样就建立了与视图相关联的边界线。

（5）修改边界曲线：用于修改剖切边界点，必要时可用于修改剖切区域。

（6）切穿模型：勾选该复选框，则剖切时完全穿透模型。

11.4.6 断开剖视图

在菜单栏中选择“插入”→“视图”→“断开视图”，或单击“主页”选项卡→“视图”组→“断开视图”图标，弹出如图 11-24 所示的“断开视图”对话框。该对话框用于将图纸视图分解成多个边界并进行压缩，从而隐藏部分部件，来减少图纸视图的大小，示意图如图 11-25 所示。

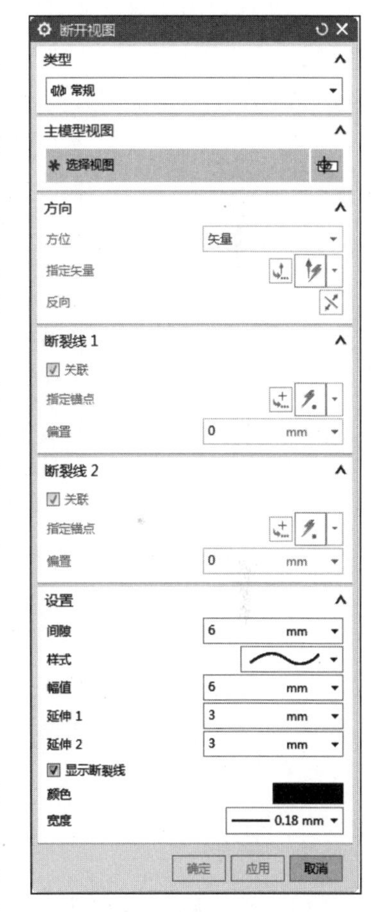

图 11-24 “断开视图”对话框

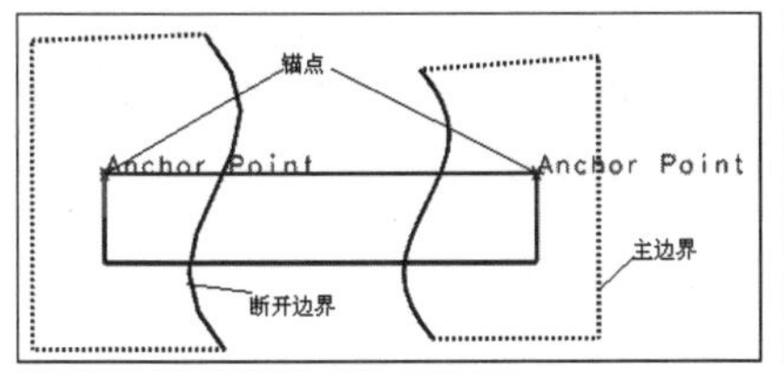

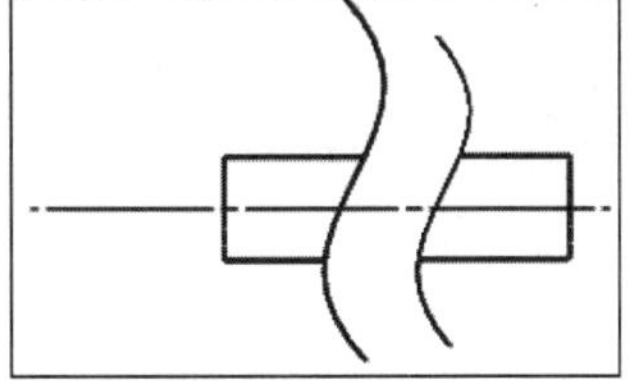

图 11-25 “断开视图”示意图

11.5 视 图 编 辑

视图的编辑操作包括对齐视图、编辑视图、定义剖面线、编辑剖面线边界、移动/复制视图、更新视图、编辑视图边界等。

11.5.1 视图对齐

在菜单栏中选择“编辑”→“视图”→“对齐”，或单击“主页”选项卡→“视图”组→“编辑视图”下拉菜单→“视图对齐”图标，弹出如图 11-26 所示的“视图对齐”对话框。该对话框用于调整视图位置，使之排列整齐。

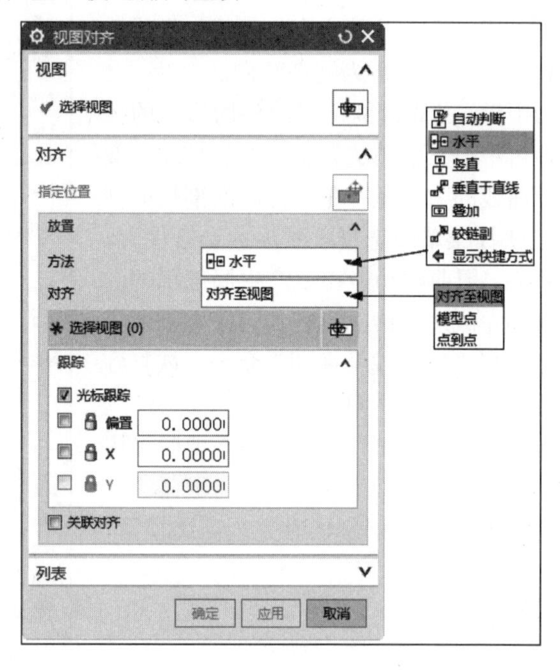

图 11-26 “视图对齐”对话框

1. 方法

（1）叠加：将所选视图重叠放置。

（2）水平：将所选视图以水平方向对齐。

（3）竖直：将所选视图以竖直方向对齐。

（4）垂直于直线：将所选视图与一条指定的参考直线垂直对齐。

（5）自动判断：自动判断所选视图可能的对齐方式。

2. 对齐

（1）对齐至视图：用于选择视图对齐视图。

（2）模型点：用于选择模型上的点对齐视图。

（3）点到点：用于分别在不同的视图上选择点对齐视图。以第一个视图上的点为固定点，其他视图上的点以某一对齐方式向固定点对齐。

11.5.2　视图相关编辑

在菜单栏中选择“编辑”→“视图”→“视图相关编辑”，或单击“主页”选项卡→“视图”组→“编辑视图”下拉菜单→“视图相关编辑”图标，弹出如图 11-27 所示的“视图相关编辑”对话框。该对话框用于编辑几何对象在某一视图中的显示方式，而不影响在其他视图中的显示。

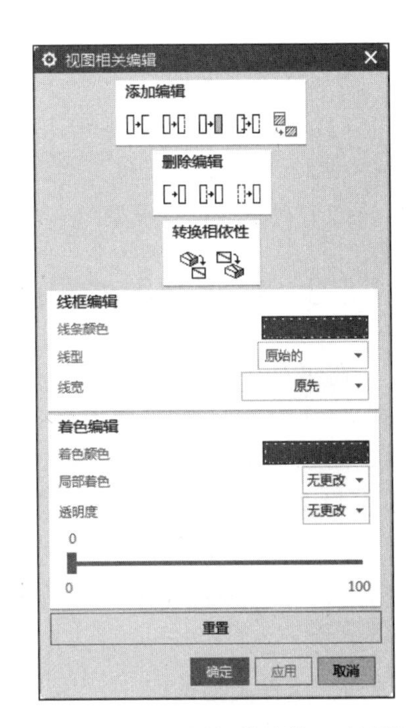

图 11-27　“视图相关编辑”对话框

1. 添加编辑

（1）擦除对象：擦除选择的对象，如曲线、边等。擦除并不是删除，只是使对象不可见而已，使用“删除选择的擦除”命令可使被擦除的对象重新显示。若要擦除某一视图中的某个对象，则先选择视图；若要擦除所有视图中的某个对象，则先选择图纸，再选择此功能；然后选择要擦除的对象并单击“确定”按钮，则所选择的对象被擦除。

（2）编辑完全对象：编辑整个对象的显示方式，包括颜色、线型和线宽。单击该按钮，设置颜色、线型和线宽，单击“应用”按钮。弹出“类选择”对话框，选择要编辑的对象并单击“确定”按钮，则所选对象按设置的颜色、线型和线宽显示。要隐藏视图对象，只用设置对象的颜色与视图背景色相同即可。

（3）编辑着色对象：编辑着色对象的显示方式。单击该按钮，设置颜色，单击“应用”按钮。弹出“类选择”对话框，选择要编辑的对象并单击“确定”按钮，则所选的着色对象按设置的颜色显示。

（4）编辑对象段：编辑部分对象的显示方式，用法与编辑整个对象相似。选择编辑对象后，可选择一个或两个边界，则只编辑边界内的部分。

（5）编辑剖视图背景：编辑剖视图背景线。在建立剖视图时，可以有选择地保留背景线。可以对背景线进行编辑，既可以删除已有的背景线，也可以添加新的背景线。

2. 删除编辑

（1）删除选定的擦除：恢复被擦除的对象。单击该图标，将高亮显示已被擦除的对象，选择要恢复显示的对象并确认。

（2）删除选定的编辑：恢复部分对象在原视图中的显示方式。

（3）删除所有编辑：恢复所有对象在原视图中的显示方式。单击该图标，将弹出警告信息对话框，单击“是”按钮，则恢复所有编辑；单击“否”按钮，则相反。

3．转换相依性

（1）模型转换到视图：转换模型中单独存在的对象到指定视图中，且对象只出现在该视图中。

（2）视图转换到模型：转换视图中单独存在的对象到模型视图中。

11.5.3　编辑视图边界

在菜单中选择“编辑”→“视图”→“边界”，或单击“主页”选项卡→“视图”组→“编辑视图”下拉菜单→“视图边界”图标，打开如图 11-28 所示的“视图边界”对话框。该对话框用于重新定义视图边界，既可以缩小视图边界只显示视图的某一部分，也可以放大视图边界显示所有视图对象。

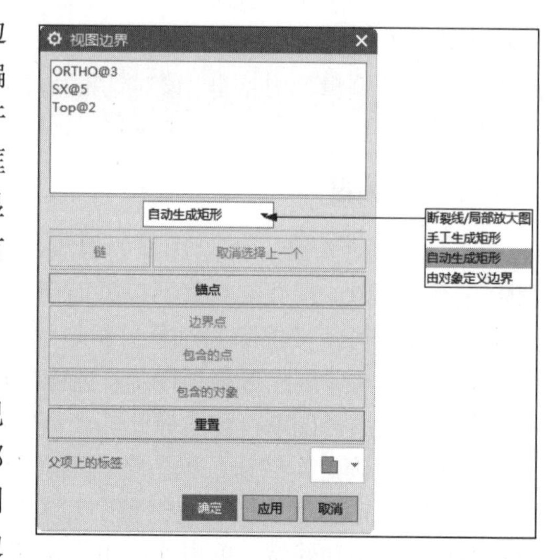

图 11-28　“视图边界”对话框

1．边界类型选项

（1）断裂线/局部放大图：定义任意形状的视图边界，使用该选项只显示出被边界包围的视图部分。用此选项定义视图边界，则必须先建立与视图相关的边界线。当编辑或移动边界曲线时，视图边界会随之更新。

（2）手工生成矩形：以拖动方式手工定义矩形边界，该矩形边界的大小是由用户定义的，可以包围整个视图，也可以只包围视图中的一部分。该边界方式主要用在一个特定的视图中隐藏不要显示的几何体。

（3）自动生成矩形：自动定义矩形边界，该矩形边界能根据视图中几何对象的大小自动更新，主要用在一个特定的视图中显示所有的几何对象。

（4）由对象定义边界：由包围对象定义边界，该边界能根据被包围对象的大小自动调整，通常用于大小和形状随模型变化的矩形局部放大视图。

2．其他参数

（1）锚点：用于将视图边界固定在视图对象的指定点上，从而使视图边界与视图相关。当模型变化时，视图边界会随之移动。锚点主要用于局部放大视图或用手工定义边界的视图。

（2）边界点：用于指定视图边界要通过的点。该功能可使任意形状的视图边界与模型相关。当模型修改后，视图边界也随之变化，也就是说，当边界内的几何模型尺寸和位置变化时，该模型始终在视图边界之内。

（3）包含的点：视图边界要包围的点，只用于由“对象定义的边界”定义边界的方式。

（4）包含的对象：选择视图边界要包围的对象，只用于由“对象定义的边界”定义边界的方式。

（5）父项上的标签：用于设置圆形边界局部放大视图在父视图上的圆形边界是否显示。

11.5.4　移动/复制视图

在菜单栏中选择“编辑”→“视图”→“移动/复制视图”，或单击“主页”选项卡→“视图”组→“编辑视图”下拉菜单→“移动/复制视图”图标，弹出如图 11-29 所示的“移动/复制视图”对话框。该对话框用于在当前图纸上移动或复制一个或多个选定的视图，或者把选定的视图移动或复制到另一张图纸中。

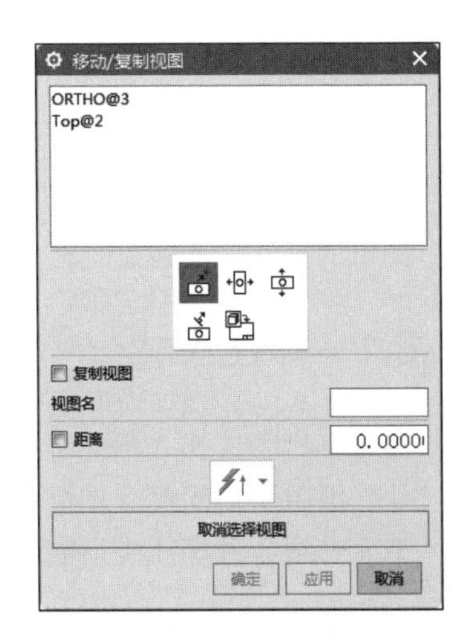

图 11-29　“移动/复制视图”对话框

（1）至一点：移动或复制视图到指定点，该点可用光标或坐标指定。

（2）水平：在水平方向上移动或者复制视图。

（3）竖直：在竖直方向上移动或复制视图。

（4）垂直于直线：在垂直于指定方向上移动或复制视图。

（5）至另一图纸：移动或复制选定的视图到另一张图纸中。

（6）复制视图：勾选该复选框，用于复制视图，否则移动视图。

（7）距离：勾选该复选框，用于输入移动或复制后的视图与原视图之间的距离值。若选择多个视图，则以第一个选定的视图作为基准，其他视图将与第一个视图保持指定的距离。若不勾选该复选框，则可移动光标或输入坐标值指定视图位置。

11.5.5　更新视图

在菜单栏中选择“编辑”→“视图”→“更新”，或单击“主页”选项卡→“视图”组→“更新视图”图标，弹出如图 11-30 所示的“更新视图”对话框。该对话框用于当模型改变时更新视图。

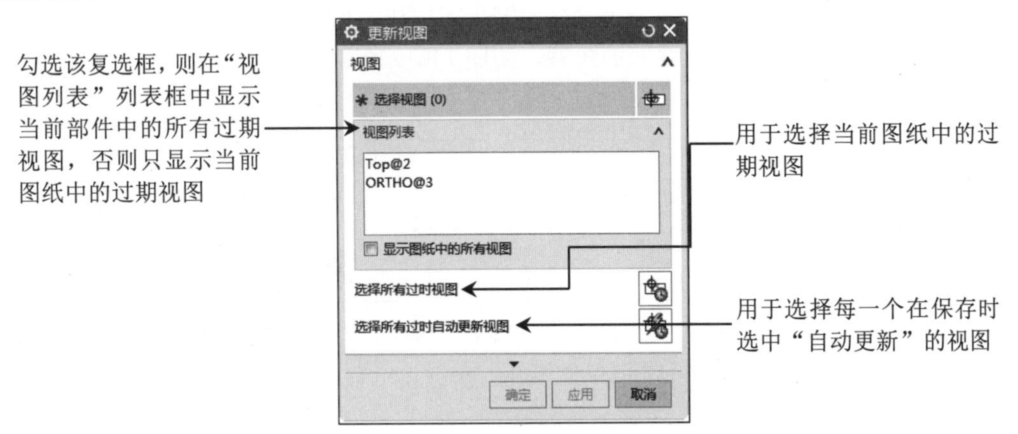

图 11-30　“更新视图”对话框

11.6 图纸标注

图纸的标注主要包括标注尺寸、注释、标注实用符号、定制符号等。

11.6.1 标注尺寸

在菜单栏中选择“插入”→“尺寸”，在“尺寸”子菜单中选择所需的尺寸类型，或单击“尺寸”组中所需的尺寸图标标注尺寸。

下面介绍各种标注类型的用法。

（1）快速：可用单个命令和一组基本选择项从一组常规、好用的尺寸类型快速创建不同的尺寸。以下为快速尺寸对话框中的各种测量方法：

① 水平：用于标注所选对象间的水平尺寸，如图 11-31 所示。

② 竖直：用于标注所选对象间的竖直尺寸，如图 11-32 所示。

③ 点到点：用来标注工程图中所选对象间的平行尺寸，如图 11-33 所示。

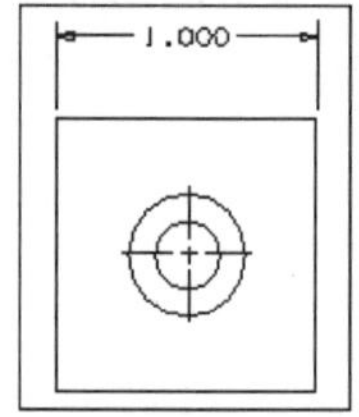

图 11-31 “水平”示意图

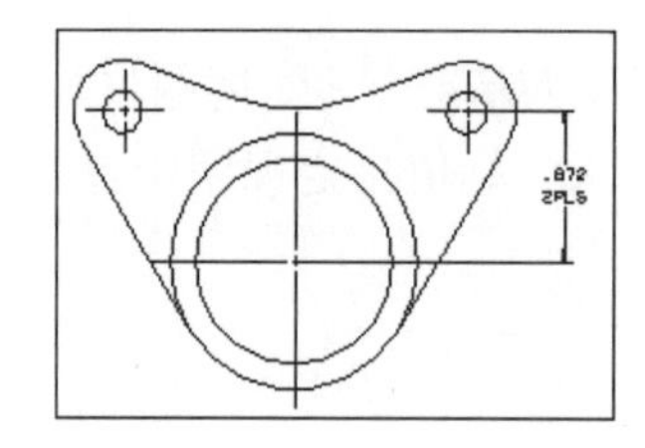

图 11-32 “竖直”示意图

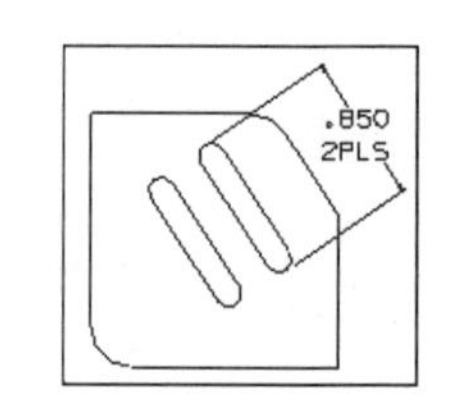

图 11-33 “点到点”示意图

④ 垂直：用于标注点到直线（或中心线）的垂直尺寸，如图 11-34 所示。

（2）倒斜角：用于标注对于国标的 45°倒角的标注，如图 11-35 所示。

（3）角度：用于标注两直线间的角度，如图 11-36 所示。

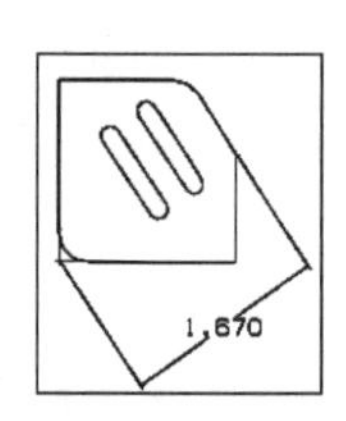

图 11-34 “垂直”示意图

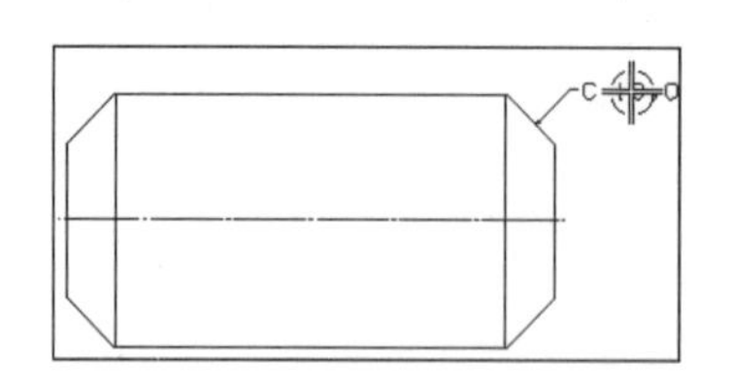

图 11-35 “倒斜角”示意图

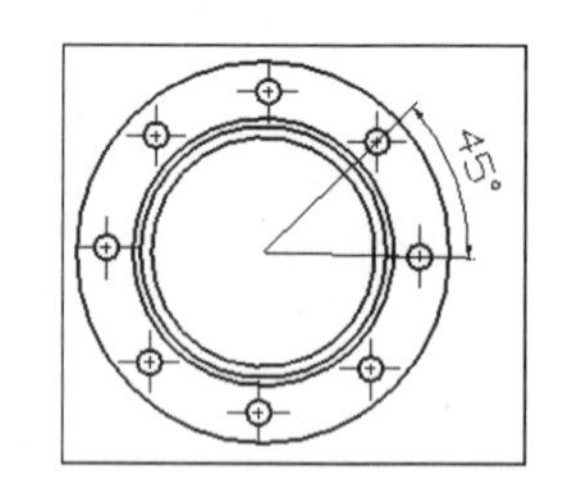

图 11-36 “角度”示意图

（4）线性：可将 6 种不同线性尺寸中的一种创建为独立尺寸，或者在尺寸集中选择链或基线，创建下列尺寸类型。

① 链：用来在工程图上生成一个水平方向（XC 方向）或竖直方向（YC 方向）的尺寸链，即生成一系列首尾相连的水平/竖直尺寸。（注：在测量方法中选择“水平”或“竖直”，即可在尺寸集中选择链。）

- 水平：在测量方法中选择“水平”，用于连续标注多个首尾相连的水平尺寸，如图 11-37 所示。
- 竖直：在测量方法中选择“竖直”，用于连续标注多个首尾相连的竖直尺寸，如图 11-38 所示。

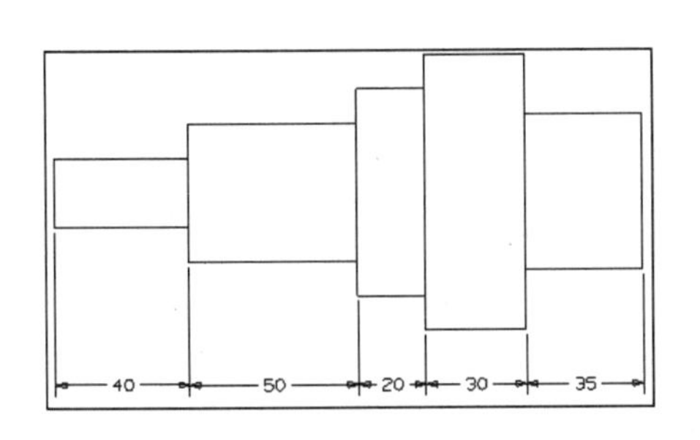

图 11-37　“水平链”示意图

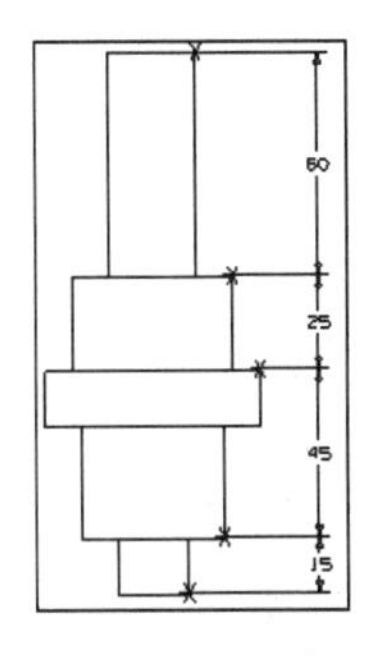

图 11-38　“竖直链”示意图

② 基线：用来在工程图上生成一个水平方向（XC 方向）或竖直方向（YC 方向）的尺寸系列，该尺寸系列分享同一条水平/竖直基线。（注：在测量方法中选择“水平”或“竖直”，即可在尺寸集中选择基线。）

- 水平：在测量方法中选择“水平”，用于以一条基线为基准连续标注一组水平尺寸，如图 11-39 所示。
- 竖直：在测量方法中选择“竖直”，用于以一条基线为基准连续标注一组竖直尺寸，如图 11-40 所示。

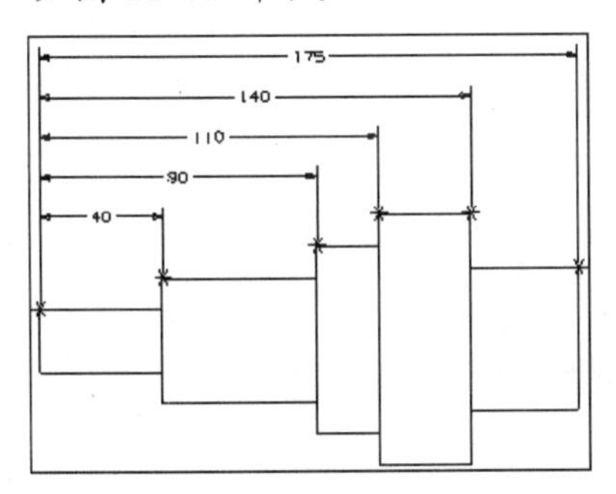

图 11-39　“水平基线”示意图

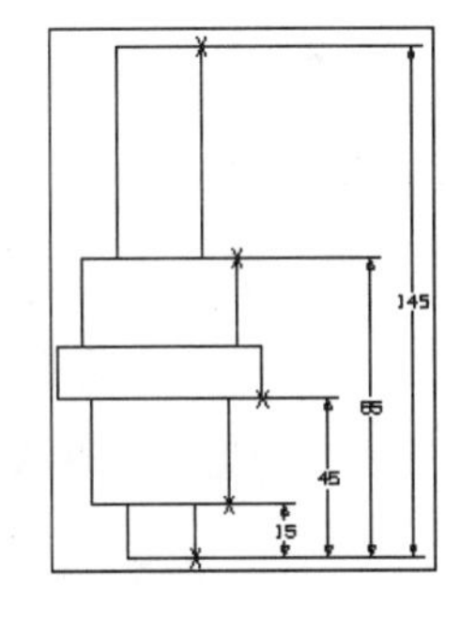

图 11-40　“竖直基线”示意图

③ 圆柱式：用于标注圆柱对象的直径尺寸，如图 11-41 所示。
④ 孔标注：用于标注孔特征的尺寸，如图 11-42 所示。

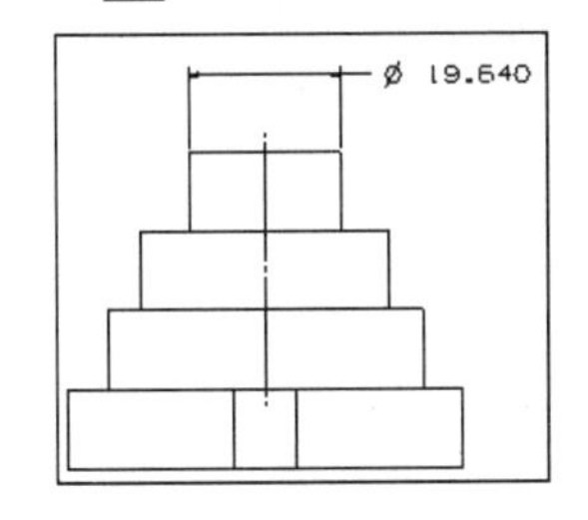

图 11-41　“圆柱式”示意图

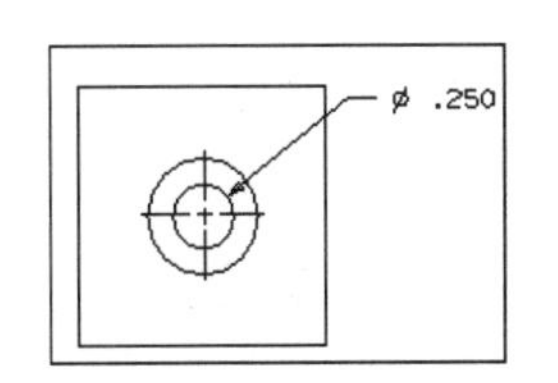

图 11-42　“孔标注”示意图

（5）径向：用于标注圆弧或圆的半径或直径尺寸。下面介绍测量方法。

① 直径：用于标注圆或圆弧的直径尺寸，如图 11-43 所示。
② 径向：用于标注圆或圆弧的半径尺寸，标注不过圆心，如图 11-44 所示。

（6）厚度：用于标注等间距两对象之间的距离尺寸，例如两个半径的同心圆弧之间的距离尺寸，如图 11-45 所示。

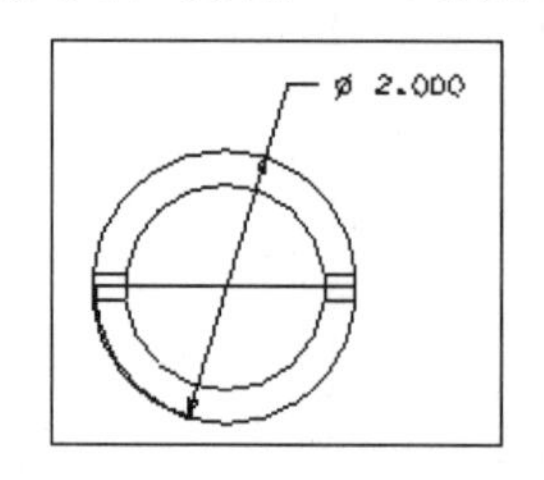

图 11-43 “直径”示意图

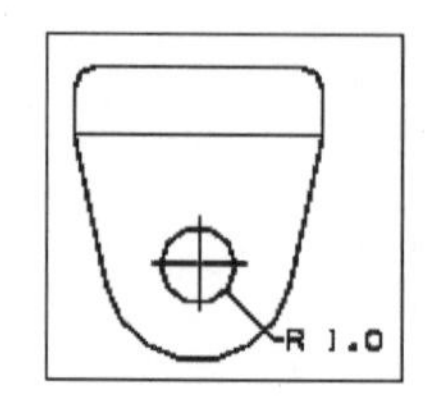

图 11-44 “径向”示意图

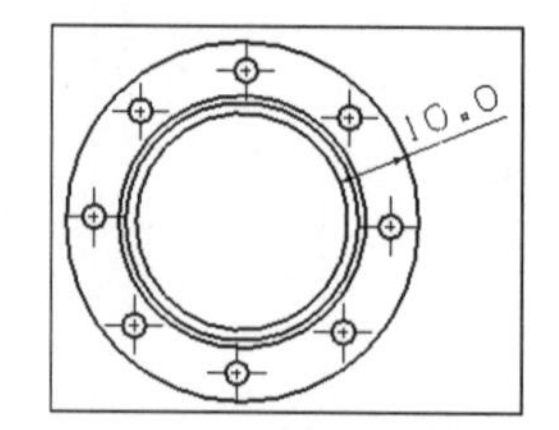

图 11-45 “厚度”示意图

（7）弧长：用于标注圆弧的弧长尺寸，如图 11-46 所示。
（8）坐标：用于修改尺寸的放置位置，如图 11-47 所示。在放置尺寸值的同时，系统会打开图 11-48 所示的“编辑尺寸”对话框（也可以单击每一个标注图标，然后在拖放尺寸标注时单击鼠标右键，选择“编辑”命令，打开此对话框），其功能如下：

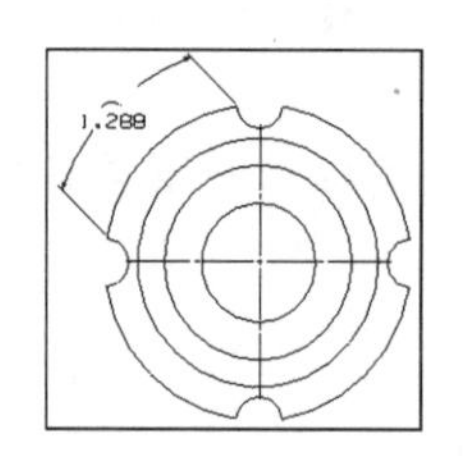

图 11-46 “弧长”示意图

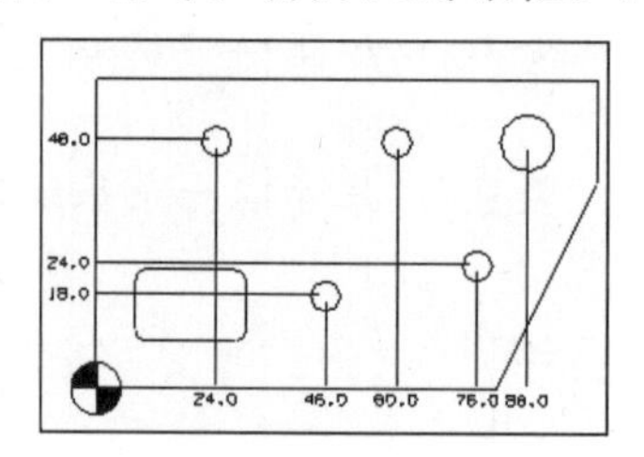

图 11-47 “坐标”示意图

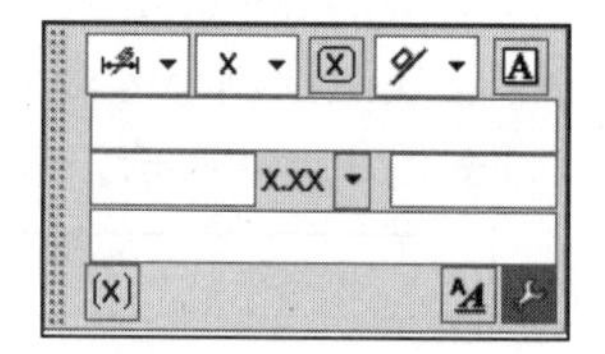

图 11-48 “编辑尺寸”对话框

- 文本设置：单击该图标，弹出如图 11-49 所示的“文本设置”对话框，用于设置详细的尺寸类型，包括尺寸的位置、精度、公差、线条和箭头、文字和单位等。

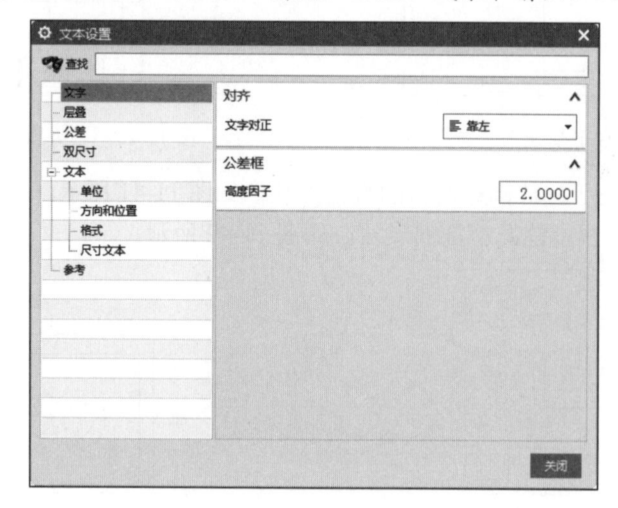

图 11-49 “文本设置”对话框

- 精度[x.xx▾]：用于设置尺寸标注的精度值，可以从其下拉列表中选择所需精度。
- 公差[▾]：用于设置尺寸标注的公差类型，可以从其下拉列表中选择所需的公差类型。
- 编辑附加文本[A]：单击该图标，弹出如图 11-50 所示的“附加文本”对话框。该对话框用于设置文本的放置方式、字体大小、字体类型、字体式样、形位公差符号等。

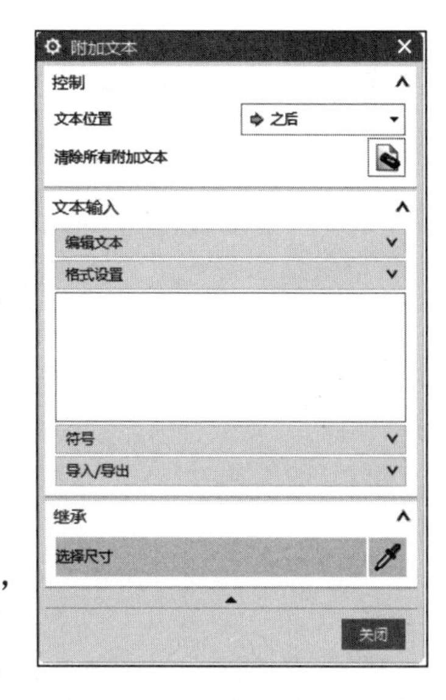

图 11-50 “附加文本”对话框

11.6.2 标注基准特征符号

在菜单栏中选择“插入”→“注释”→“基准特征符号”，或单击“主页”选项卡→“注释”组→“基准特征符号”图标，弹出如图 11-51 所示的“基准特征符号”对话框。该对话框用于创建和编辑特征符号。

图 11-51 “基准特征符号”对话框

1. 原点

用于设置和调整基准特征符号的放置位置。

2. 指引线

用于为标识符添加指引线，可以通过“类型”下拉列表指定指引线的类型。

3. 基准标识符

用于设置基准标识符的字母。

11.6.3 标注基准目标符号

在菜单栏中选择“插入”→“注释”→“基准目标符号”，或单击“主页”选项卡→“注释”组→“基准目标”图标，弹出如图 11-52 所示的“基准目标”对话框。该对话框用于创建和编辑基准目标点、线和区域。

图 11-52 “基准目标”对话框

1. 类型

用于设置基准目标类型，系统提供了 8 种类型，包括点、直线、矩形、圆形、环形、球形、圆柱形和任意。

2. 目标

用于设置目标的标签和索引符号。

11.6.4 标注特征控制框符号

在菜单栏中选择“插入”→“注释”→“ 特征控制框”，或单击“主页”选项卡→“注释”组→“特征控制框”图标，弹出如图 11-53 所示的“特征控制框”对话框。该对话框用于创建形位公差基准特征符号，以便在图纸上指明基准特征。

1. 框

（1）特性：指定几何控制符号类型。

（2）框样式：可指定样式为单框或复合框。

（3）公差：该选项组用于设置公差参数，有多个选项。

- 单位基础值：适用于直线度、平面度、线轮廓度和面轮廓度特性。可以为单位基础面积类型添加值。

- 形状：可指定公差区域形状的直径、球形或正方形符号。
- 0.0：输入公差值。
- 修饰符：用于指定公差材料修饰符。
- 公差修饰符：设置投影、圆 U 和最大值修饰符的值。

（4）第一基准参考/第二基准参考/第三基准参考：

- ：用于指定第一基准参考字母、第二基准参考字母或第三基准参考字母。
- ：指定公差修饰符。
- 自由状态：指定自由状态符号。
- 复合基准参考：单击此按钮，打开“复合基准参考”对话框。该对话框允许向第一基准参考、第二基准参考或第三基准参考单元格添加附加字母、材料状况和自由状态符号。

2．文本

（1）文本框：用于在特征控制框前面、后面、上面或下面添加文本。
（2）符号-类别：用于从不同类别的符号类型中选择符号。

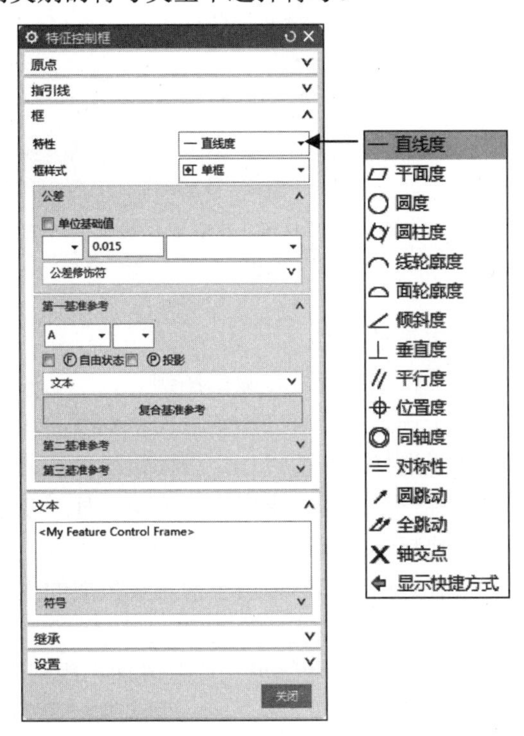

图 11-53　“特征控制框”对话框

11.6.5　标注表面粗糙度符号

在菜单栏中选择“插入”→“注释”→“表面粗糙度符号”，或单击“主页”选项卡→“注释”组→“表面粗糙度”√图标，弹出如图 11-54 所示的“表面粗糙度”对话框。该对话框用于创建符号标准的表面粗糙度符号。

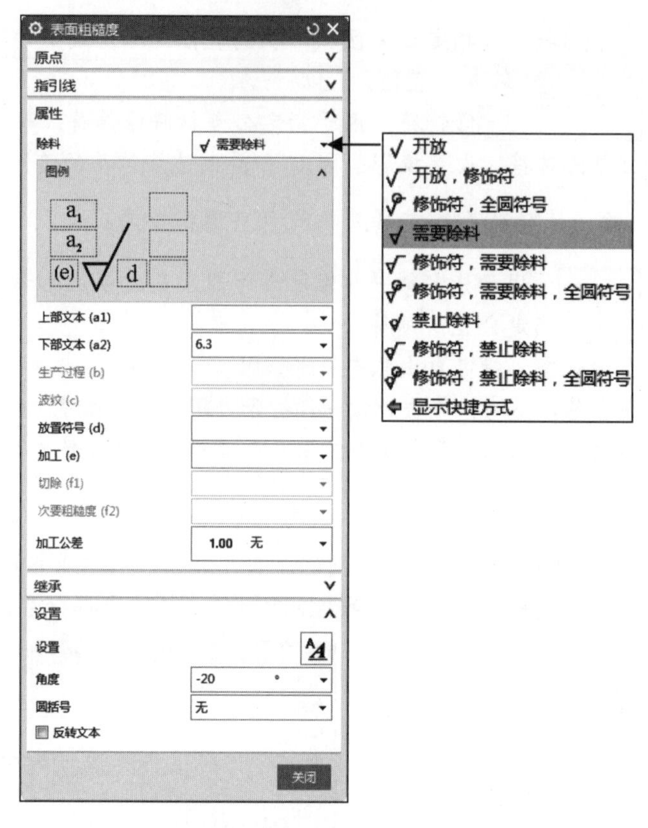

图 11-54 “表面粗糙度”对话框

1. 属性

（1）除料：用于指定符号类型。

（2）图例：显示表面粗糙度符号参数的图例。

（3）上部文本：用于选择一个值以指定表面粗糙度的最大限制。

（4）下部文本：用于选择一个值以指定表面粗糙度的最小限制。

（5）生产过程：选择一个选项以指定生产方法、处理或涂层。

（6）波纹：波纹是比粗糙度间距更大的表面不规则性。

（7）放置符号：放置是由工具标记或表面条纹生成的主导表面图样的方向。

（8）加工：指定材料的最小许可移除量。

（9）切除：指定粗糙度切除。粗糙度切除是表面不规则性的采样长度，用于确定粗糙度的平均高度。

（10）次要粗糙度：指定次要粗糙度值。

（11）加工公差：指定加工公差的公差类型。

2. 设置

（1）设置：单击此按钮，打开“设置”对话框，用于指定显示实例样式的选项。

（2）角度：更改符号的方位。

（3）圆括号：在表面粗糙度符号旁边添加左括号、右括号或二者都添加。

11.6.6　剖面线

在菜单栏中选择“插入”→“注释”→“剖面线”，或单击“主页”选项卡→“注释”组→“剖面线”图标，弹出如图 11-55 所示的“剖面线”对话框。该对话框为指定区域填充图样。

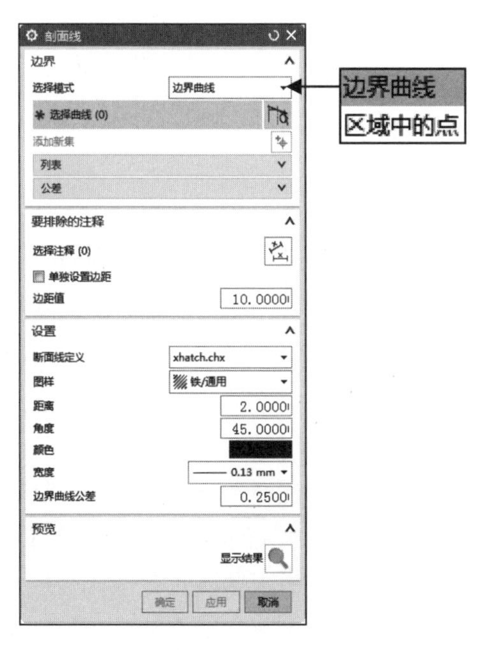

图 11-55　“剖面线”对话框

1. 边界

（1）选择模式：包括“边界曲线”和“区域中的点”两个选项。

- 边界曲线：选择一组封闭曲线。
- 区域中的点：用于选择区域中的点。

（2）选择曲线：选择曲线、实体轮廓线、实体边及截面边来定义边界区域。
（3）指定内部位置：指定要定位剖面线的区域。
（4）忽略内边界：撤选此复选框，排除剖面线的孔和岛，如图 11-56 所示。

撤选“忽略内边界”复选框

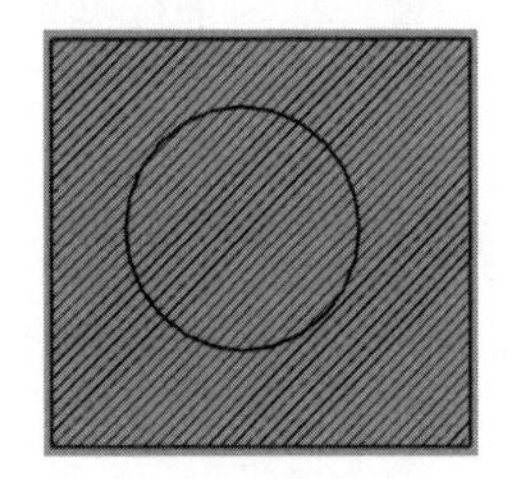

勾选“忽略内边界”复选框

图 11-56　忽略内边界效果对比

2. 要排除的注释

（1）选择注释：选择要从剖面线图样中排除的注释。

（2）单独设置边距：勾选此复选框，将在剖面线边界中任意注释周围添加文本区。

3. 设置

（1）断面线定义：显示当前剖面线文件的名称。

（2）图样：列出剖面线文件中包含的剖面线图样。

（3）距离：设置剖面线之间的距离。

（4）角度：设置剖面线的倾斜角度。

（5）颜色：指定剖面线的颜色。

（6）宽度：指定剖面线的密度。

（7）边界曲线公差：控制 NX 如何逼近沿不规则曲线的剖面线边界。值越小，就越逼近，构造剖面线图样所需的时间就越长。

11.6.7 添加注释

在菜单栏中选择“插入”→“注释”→“注释”，或单击“主页”选项卡→“注释”组→“注释”A图标，弹出如图 11-57 所示的“注释”对话框。该对话框用于标注和编辑各种文字，放置文字并对文字添加指引线等。

图 11-57 “注释”对话框

1. 原点

用于设置和调整文字的放置位置。

2. 指引线

用于为文字添加指引线，可以通过类型下拉列表指定指引线的类型。

3. 文本输入

（1）编辑文本：用于编辑注释，其功能与一般软件的工具栏相同，具有复制、剪切、加粗、斜体及大小控制等功能。

（2）格式设置：是一个标准的多行文本输入区，使用标准的系统位图字体，可用于输入文本和系统规定的控制符。

11.6.8 定制

在菜单栏中选择“插入”→“符号”→“定制”，或单击“制图工具”选项卡→“定制符号”组→“定义”图标，弹出“定义定制符号”对话框，如图 11-58 所示。

（1）名称：在该选项下显示选中的通用元件库。

图 11-58　“定义定制符号”对话框

（2）搜索：在下拉列表中输入符号名称，单击“在树中向上搜索”图标，进行搜索，单击“搜索设置”按钮，弹出“搜索设置”对话框。

11.7　思　考　题

1．如何进行工程图参数的预设置，从而定制自己的制图环境？
2．如何创建“阶梯剖视图”？
3．如何创建装配件的爆炸视图的工程图？

11.8　综合实例：绘制轴工程图

将现成的轴模型绘制成轴工程图。

01　单击“打开”图标，在“打开”对话框中，选择“文件名”为 zhou 的轴零件，如图 11-59 所示。单击 OK 按钮，在建模模式下打开轴零件。

02　单击“新建”按钮，弹出如图 11-60 所示的“新建”对话框。选择“A2-无视图”图纸，单击“确定”按钮，系统按默认参数进行设置。

03　在菜单栏中选择“首选项”→“制图”，弹出“制图首选项”对话框，打开“光顺边”选项卡，撤选“显示光顺边”复选框，如图 11-61 所示。单击“确定”按钮，关闭对话框，创建的工程视图将不显示光顺边。

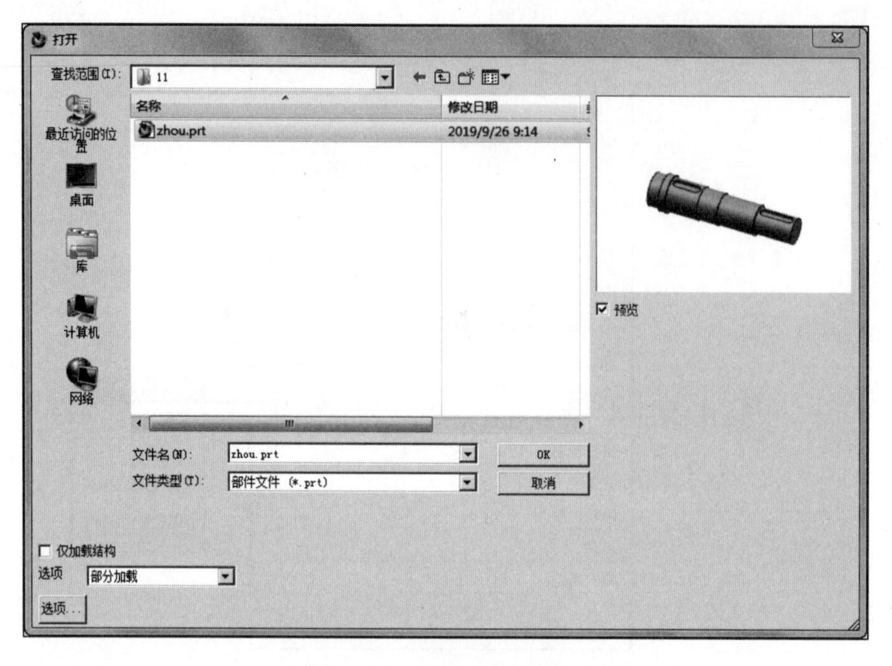

图 11-59 “打开”对话框

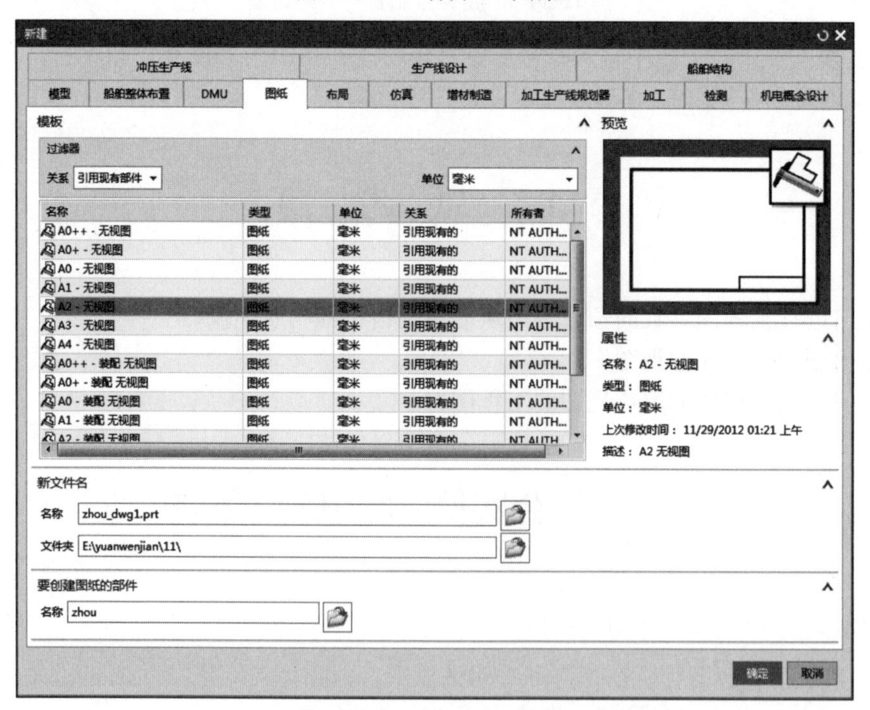

图 11-60 “新建”对话框

04 添加基本视图。在菜单栏中选择“插入”→“视图”→“基本”，或单击“主页”选项卡→“视图”组→“基本视图”图标，弹出如图 11-62 所示的“基本视图”对话框。

05 此时在窗口中出现所选视图的边框，拖曳视图到窗口的左下角，单击鼠标将此视图定位到图样中，此为三视图中的俯视图，效果如图 11-63 所示。

图 11-61　“制图首选项”对话框

图 11-62　“基本视图”对话框

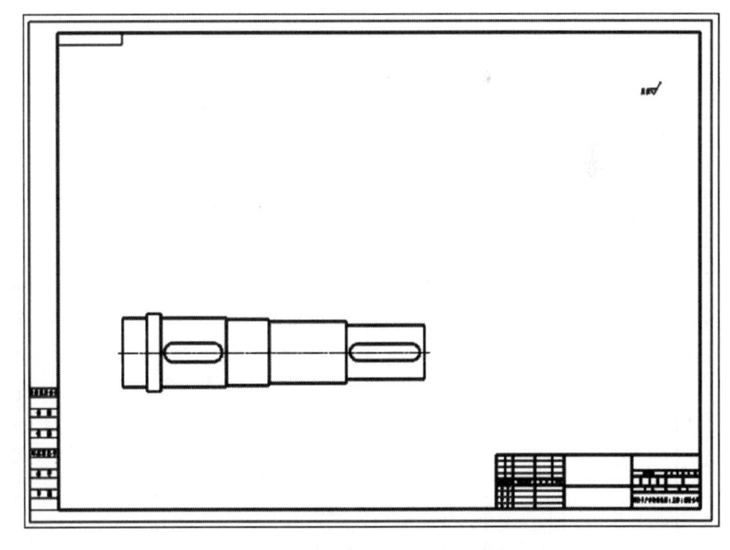

图 11-63　生成俯视图

06 添加投影视图。在菜单栏中选择“插入”→“视图”→“投影”，或单击“主页”选项卡→“视图”组→“投影视图”图标，弹出“投影视图”对话框（见图 11-64），为刚生成的俯视图建立正交投影视图。在图样中单击俯视图作为正交投影的父视图❶。此时出现正交投影视图的边框，沿垂直方向拖曳视图，在合适位置处单击，将正交投影图定位到图样中，以此视图作为三视图中的正视图❷，效果如图 11-65 所示。

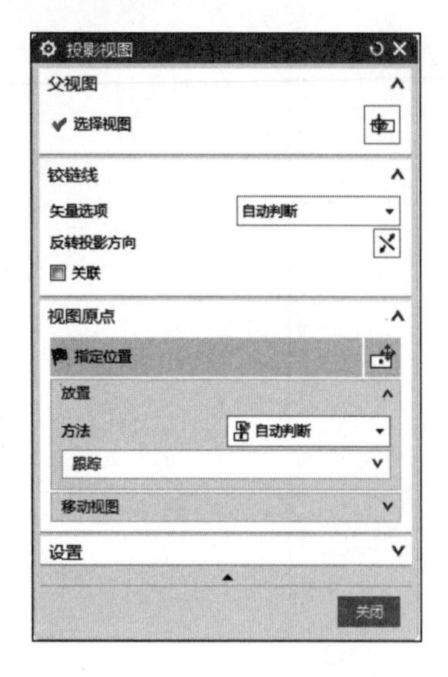

图 11-64 “投影视图”对话框

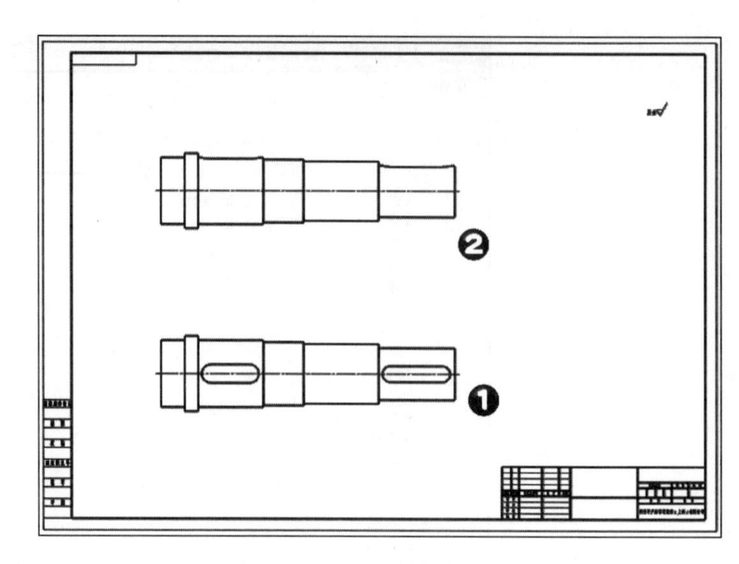

图 11-65 生成投影视图

07 以同样的方法创建右视图，最终的三视图效果如图 11-66 所示。

08 添加剖视图。单击“主页”选项卡→“视图”组→“剖视图”图标，弹出“剖视图”对话框（见图 11-67），选择俯视图为父视图❶，拾取俯视图中键槽的中点❷，如图 11-68 所示。

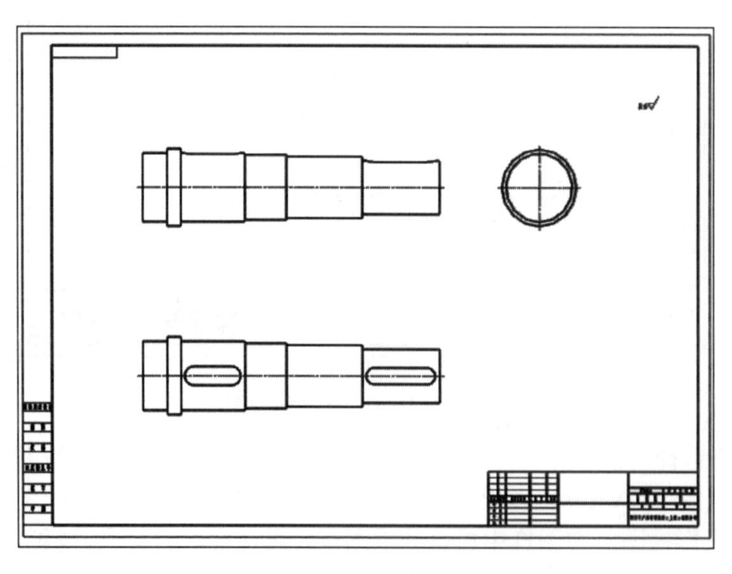

图 11-66 生成右视图

图 11-67 “剖视图”对话框

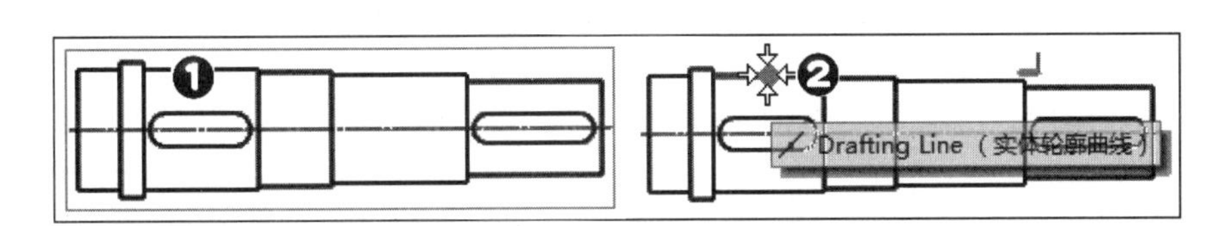

图 11-68　剖切线箭头位置

09 沿水平方向将剖切视图向右拖曳到理想位置，单击将简单剖视图定位在图样中❸，效果如图 11-69 所示。

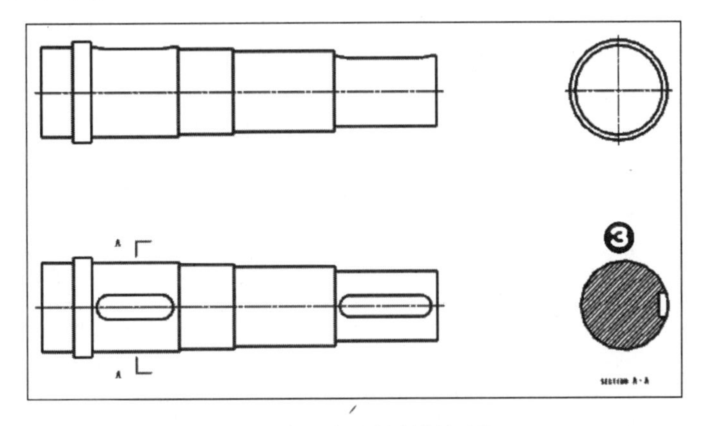

图 11-69　生成简单剖视图

10 修改标签。将光标放于剖视按钮签处，单击将其选中，然后单击鼠标右键，打开如图 11-70 所示的命令菜单，选择其中的“设置”命令，打开如图 11-71 所示的“设置”对话框。

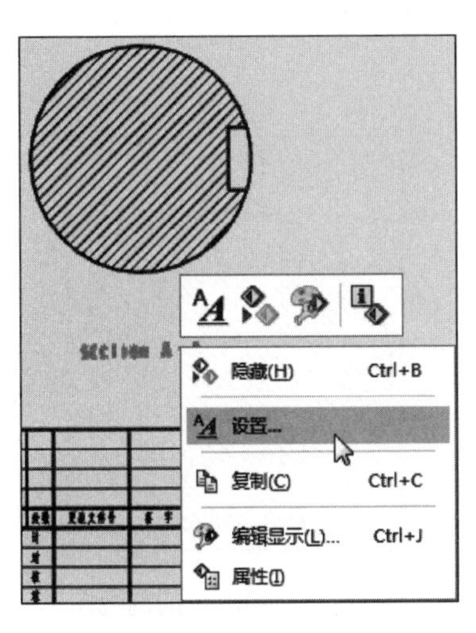

图 11-70　快捷菜单

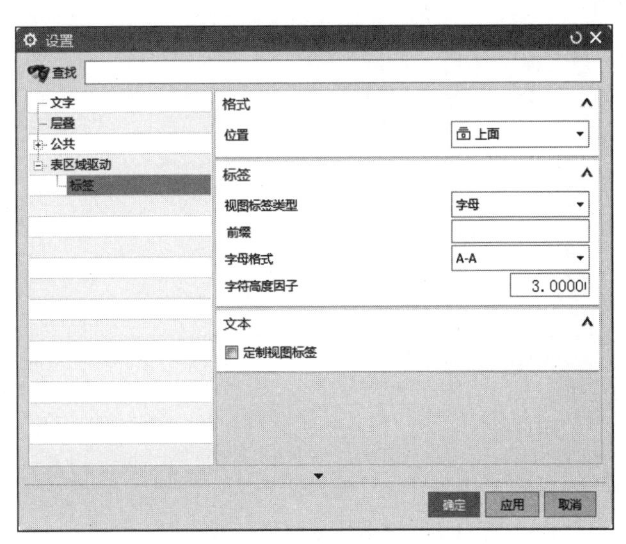

图 11-71　“设置”对话框

11 在“设置”对话框中单击“表区域驱动”下的“标签”选项，将“前缀”文本框中的默认字符删除，“字母高度因子”设置为 3，其他参数保持默认，单击“确定”按钮，图样中的剖视按钮签变为“A-A”，效果如图 11-72 所示。

12 修改剖视图背景。将光标放置于剖视图附近，待光标改变状态时单击将其选中，然后右击，打开如图 11-73 所示的快捷菜单，选择其中的“设置”命令，打开“设置”对话框。

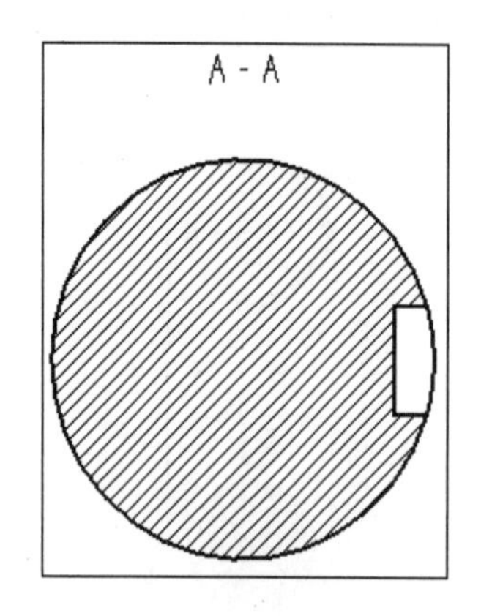

图 11-72　修改后的剖视按钮签

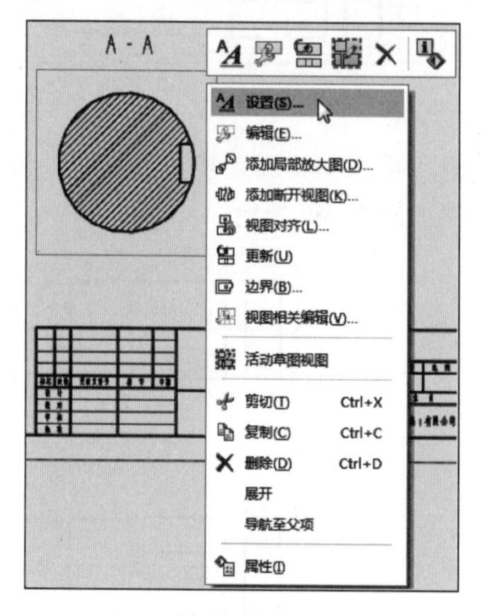

图 11-73　快捷菜单

13 在“设置”对话框中打开“表区域驱动”选项卡，取消勾选“显示背景”复选框，如图 11-74 所示。

14 单击“确定”按钮，则剖视图不显示背景投影线框，如图 11-75 所示。

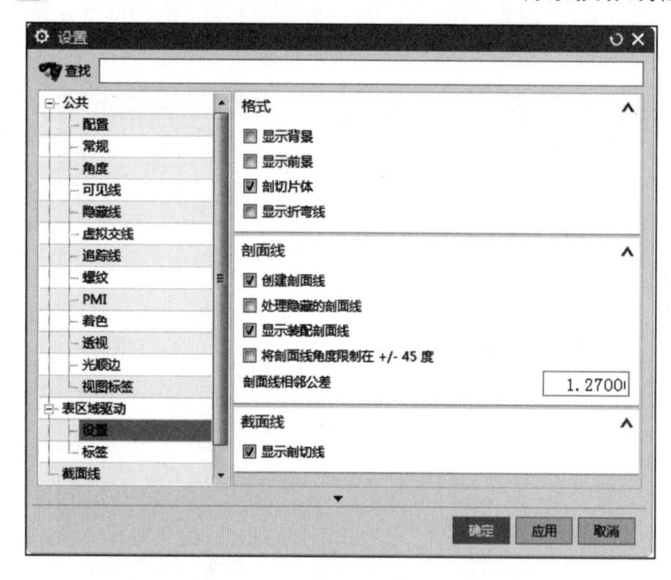

图 11-74　“表区域驱动”选项卡

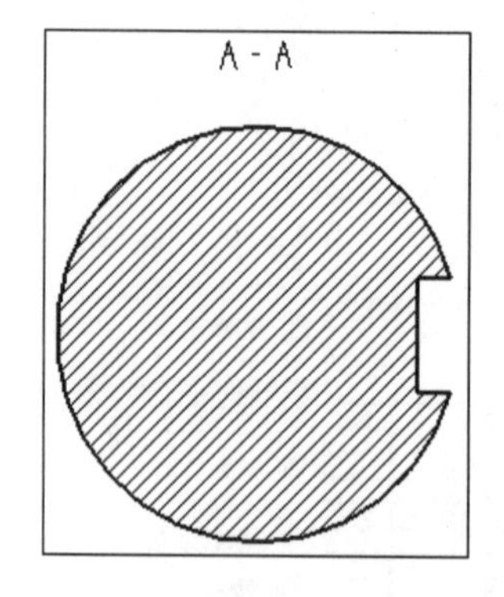

图 11-75　修改后的剖视图

15 修改剖面线。双击剖视图中的剖面线，弹出如图 11-76 所示的“剖面线”对话框。更改剖面线间的“距离”为 4，单击“确定”按钮，完成剖面线的更改，如图 11-77 所示。

图 11-76　“剖面线”对话框

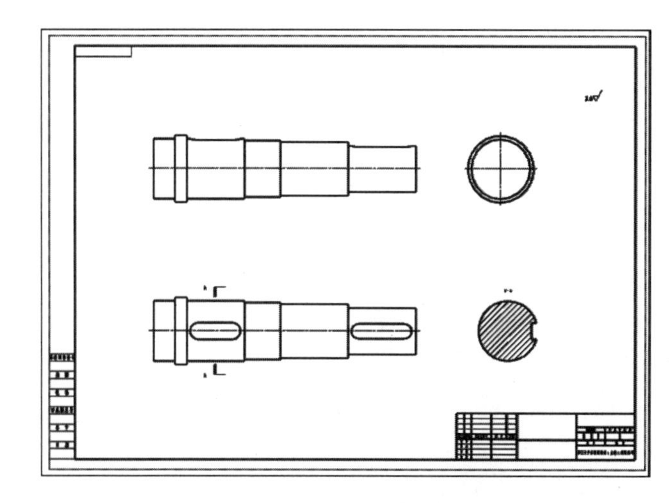

图 11-77　修改剖面线

16 标注尺寸。单击“主页”选项卡→“尺寸”组→“线性”图标，弹出“线性尺寸”对话框，参数设置如图 11-78 所示。

17 标注水平尺寸。在“测量”选项组的“方法”下拉列表框中选择“水平”，在俯视图中选择竖直直线上的两个任意点(可以利用界面底端的捕捉工具捕捉线上不同位置的点)，系统自动弹出水平的尺寸线和尺寸值，拖动尺寸到合适位置，单击将水平尺寸固定在鼠标指定的位置处，效果如图 11-79 所示。

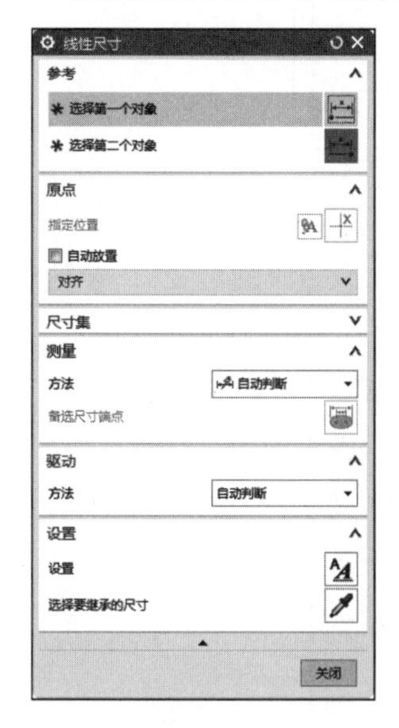

图 11-78　“线性尺寸”对话框

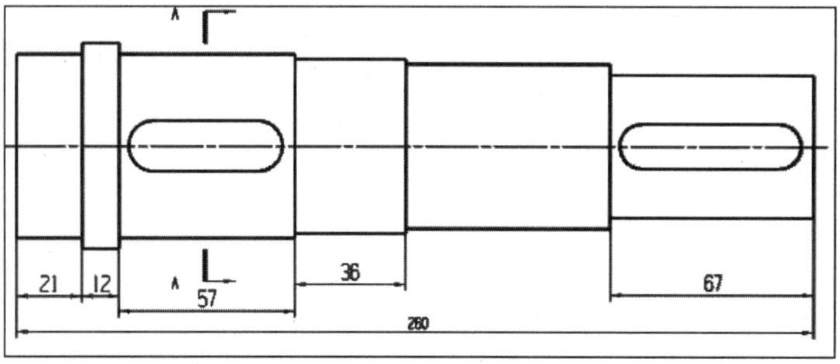

图 11-79　水平尺寸

18 标注竖直尺寸：在“测量”选项组的“方法”下拉列表框中选择“竖直”，将竖直尺寸固定在鼠标指定的位置处，方法与标注水平尺寸类似，并标注公差值，效果如图 11-80 所示。

19 标注垂直尺寸：在“测量”选项组的“方法”下拉列表框中选择“垂直”，参数设置如图 11-81 所示。

20 在俯视图中，选择最右端的竖直直线，再选择键槽左端圆弧的最高点。拖动弹出的尺寸到合适位置处，单击固定尺寸，效果如图 11-82 所示。

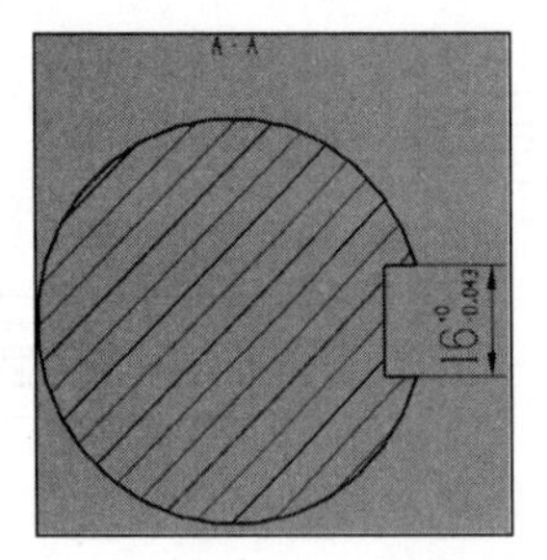

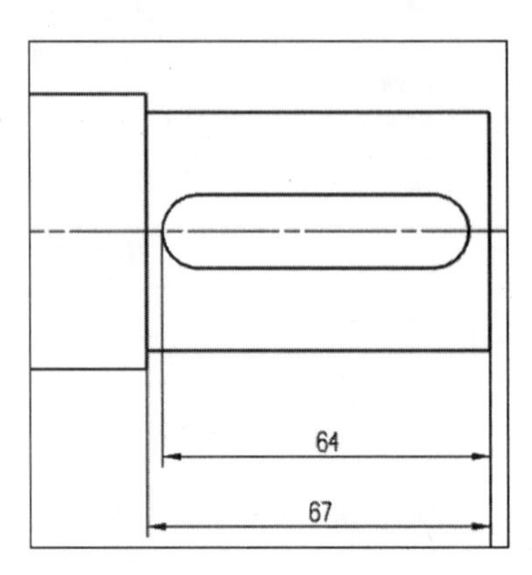

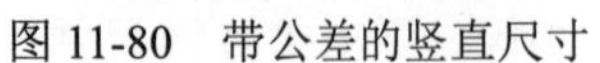
图 11-80　带公差的竖直尺寸　　图 11-81　选择“垂直”方法　　图 11-82　标注垂直尺寸

21 以“点到点”的测量方法标注另一个键槽尺寸，效果如图 11-83 所示。

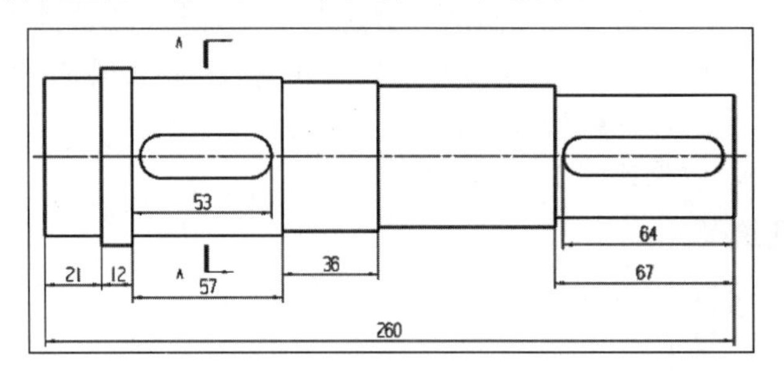

图 11-83　点到点的距离尺寸

22 标注圆柱尺寸：在“测量”选项组的“方法”下拉列表框中选择“圆柱式”，参数设置如图 11-84 所示。

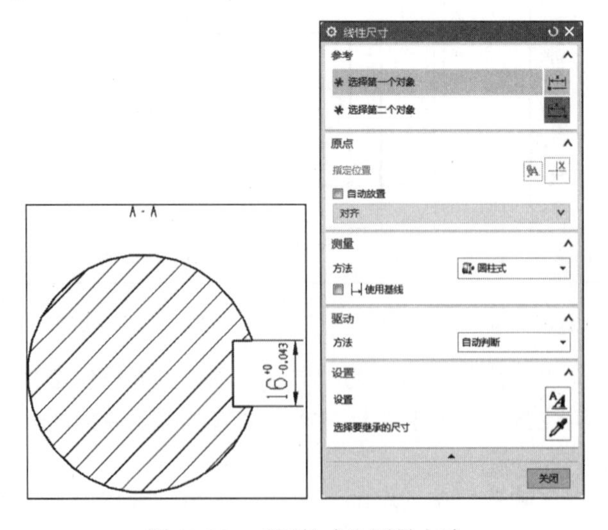

图 11-84　“圆柱式”测量方法

23 在俯视图中，选择第三段圆柱（从右向左数）的上下水平线，拖动圆柱形尺寸到合适位置处，单击固定尺寸，效果如图 11-85 所示。

24 重复上述步骤，标注其余的圆柱尺寸，如图 11-86 所示。

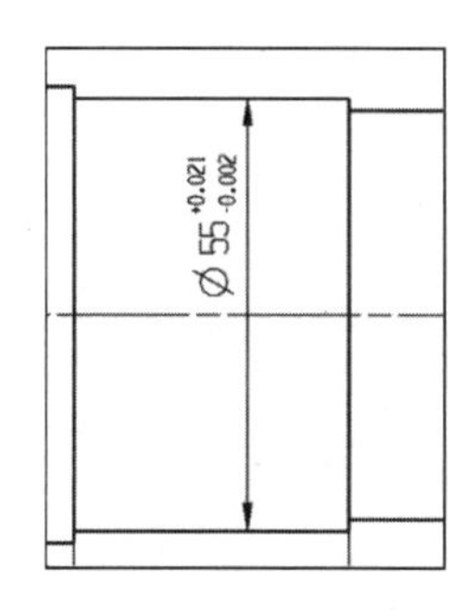

图 11-85　带公差的圆柱形尺寸

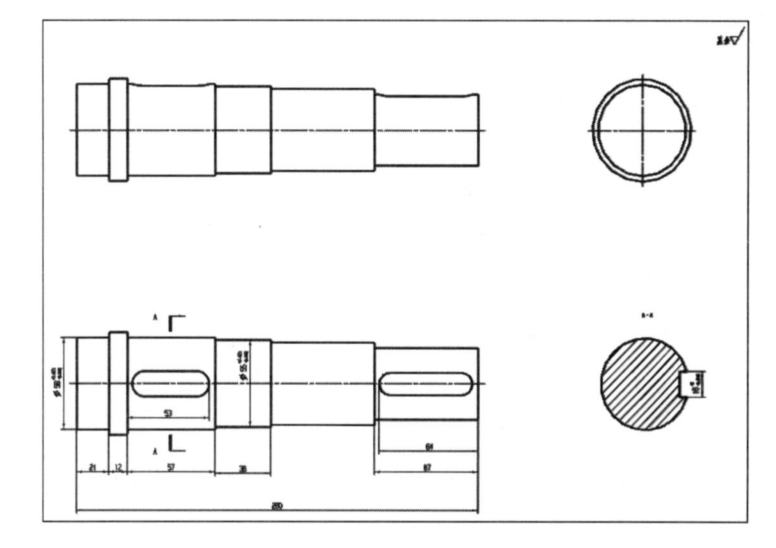

图 11-86　轴零件的工程图

25 添加技术要求。在菜单栏中选择“插入”→“注释”→“注释”，或单击“主页”选项卡→“注释”组→“注释” A 图标，弹出如图 11-87 所示的“注释”对话框。在“文本输入”文本框中输入技术要求文本，拖动文本到合适位置处，单击将文本固定在图样中，效果如图 11-88 所示。

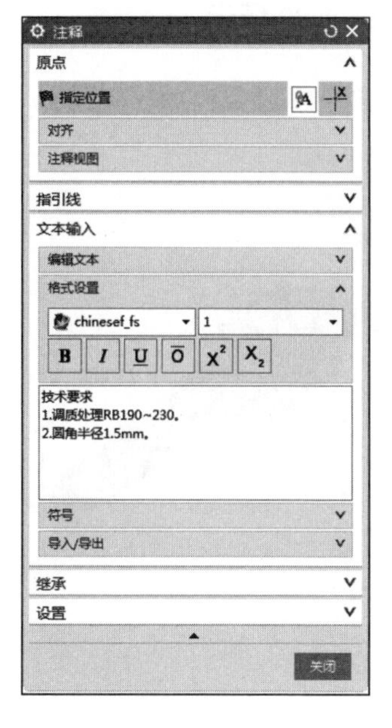

图 11-87　“注释”对话框

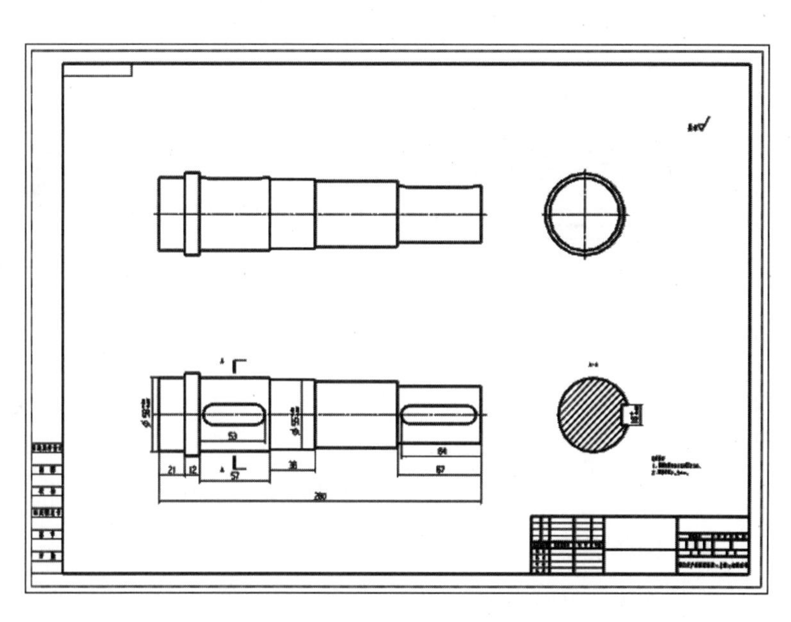

图 11-88　生成的技术要求文本

11.9　操作训练题

1．打开 yuanwenjian/11/exercise/ 1.prt，创建零件的工程图，如图 11-89 所示。

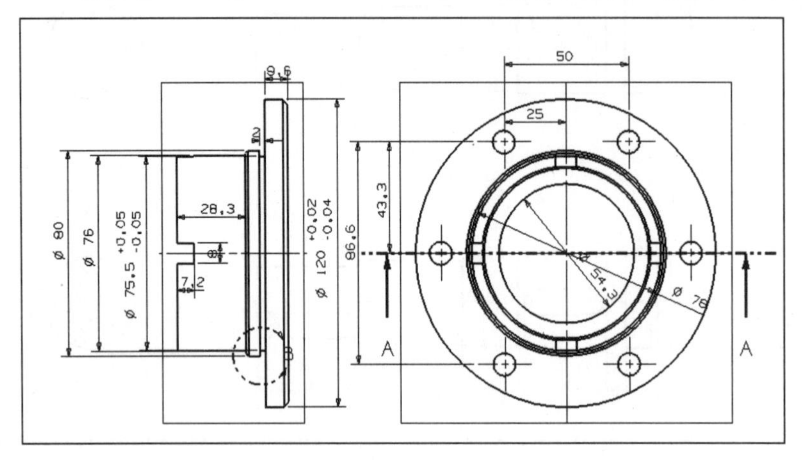

图 11-89　零件草图

操作提示

（1）执行“插入”→“视图”→“基本视图”命令，创建基本视图。
（2）执行“插入”→“尺寸”命令，标注尺寸。

2．打开 yuanwenjian/11/exercise/2.prt，创建零件的工程图，如图 11-90 所示。

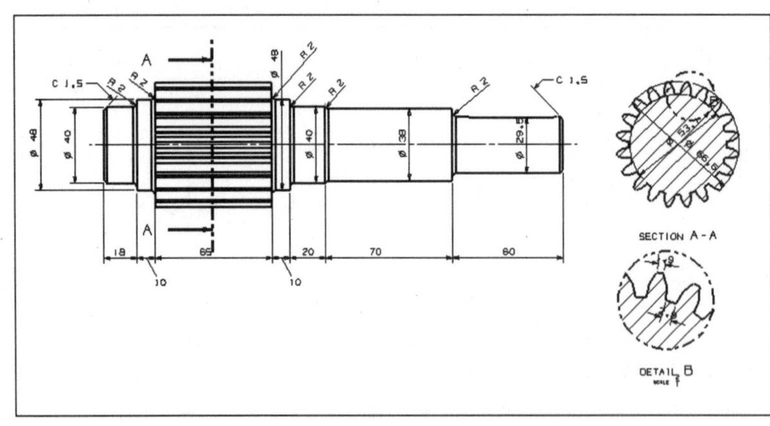

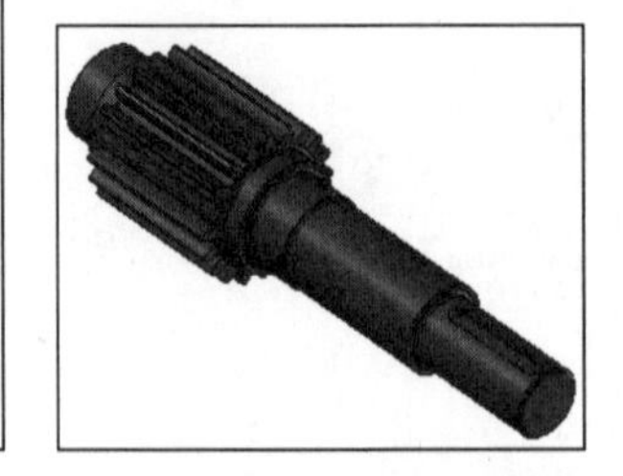

图 11-90　零件草图

操作提示

（1）设置剖视图样式。
（2）设置剖面线式样。
（3）设置好尺寸式样。